U0180814

21 世纪经典工程结构设计解析丛书

经 典 回 眸

北京市建筑设计研究院有限公司篇

北京市建筑设计研究院有限公司　编

中国建筑工业出版社

图书在版编目（CIP）数据

经典回眸：北京市建筑设计研究院有限公司篇 / 北
京市建筑设计研究院有限公司编.— 北京：中国建筑工
业出版社，2023.8
（21世纪经典工程结构设计解析丛书）
ISBN 978-7-112-28970-7

Ⅰ．①经…　Ⅱ．①北…　Ⅲ．①建筑结构—结构设计—
作品集—中国—现代　Ⅳ．①TU318

中国国家版本馆 CIP 数据核字（2023）第 140084 号

责任编辑：刘瑞霞　梁瀛元
责任校对：张　颖

21 世纪经典工程结构设计解析丛书
经典回眸　北京市建筑设计研究院有限公司篇
北京市建筑设计研究院有限公司　编
＊
中国建筑工业出版社出版、发行（北京海淀三里河路 9 号）
各地新华书店、建筑书店经销
国排高科（北京）信息技术有限公司制版
天津图文方嘉印刷有限公司印刷
＊
开本：880 毫米×1230 毫米　1/16　印张：30 1/2　字数：905 千字
2023 年 8 月第一版　　2023 年 8 月第一次印刷
定价：**298.00** 元
ISBN 978-7-112-28970-7
（41273）

丛书编委会

（按姓氏拼音排序）

顾　问：陈　星　　丁洁民　　范　重　　柯长华　　李　霆

李亚明　　龙卫国　　齐五辉　　任庆英　　汪大绥

杨　琦　　张　敏　　周建龙

主　编：束伟农

副主编：包联进　　戴雅萍　　冯　远　　霍文营　　姜文伟

罗赤宇　　吴宏磊　　吴小宾　　辛　力　　甄　伟

周德良　　朱忠义

编　委：蔡凤维　　贾俊明　　贾水忠　　李宏胜　　林景华

龙亦兵　　孙海林　　王洪臣　　王洪军　　王世玉

王　载　　向新岸　　许　敏　　袁雪芬　　张　坚

张　峥　　赵宏康　　周定松　　周　健

主编单位：北京市建筑设计研究院有限公司

参编单位：中国建筑设计研究院有限公司

华东建筑设计研究院有限公司

上海建筑设计研究院有限公司

同济大学建筑设计研究院（集团）有限公司

中国建筑西南设计研究院有限公司

中国建筑西北设计研究院有限公司

中南建筑设计院股份有限公司

广东省建筑设计研究院有限公司

启迪设计集团股份有限公司

丛书总序

伴随着中国的城市化进程，我国土木与建筑工程领域经历了高速发展时期，行业技术水平在大量工程实践中得到了长足发展。工程结构设计作为土木与建筑工程领域的重要组成部分，不仅关乎建筑物的安全与稳定，更直接影响着建筑的功能和可持续性。21 世纪以来，随着社会经济发展和人们生活需求的逐步提升，一大批超高层办公楼、体育场馆、会展中心、剧院、机场、火车站相继建成。在这些大型复杂项目的设计建造过程中，研发的先进技术得以推广应用，显著提升了项目品质。如今，我国建筑业发展总体上仍处于重要战略机遇期，但也面临着市场风险增多、发展速度受限的挑战，总结既往成功经验，继续保持创新意识，加强新技术推广，才能适应市场需求，促进建筑业的高质量发展。

为了更好地实现专业知识与经验的集成和共享，推动行业发展，国内十家处于领军地位的建筑设计研究院汇聚了 21 世纪以来经典工程项目的设计研究成果，编撰成系列丛书，以记录、总结团队在长期实践过程中积累的宝贵经验和取得的卓越成绩。丛书编委会由十家大院的勘察设计大师和总工程师组成，经过悉心筛选，从数千个项目中选拔出 200 余项代表性大型复杂项目，全面展现了我国工程结构设计在各个方向的创新与突破。丛书所涉及的项目难度高、规模大、技术精，具有普通工程无法比拟的复杂性。这些案例均由在一线工作的项目负责人主笔撰写，因此描述细致深入，从最初的结构方案选型，到设计过程中的结构布置思考与优化，再到结构专项技术分析、构造设计和试验研究等，进行了系统性的梳理归纳，力求呈现大型复杂工程在设计全过程中的思维方式和处理策略。

理论研究与工程实践相结合，数值分析与结构试验相结合，是丛书中经典工程的设计特点。土木工程是实践性很强的学科，只有经得起工程检验的研究成果才是有生命力、有潜力的。在大型复杂工程的设计建造过程中，对新技术、新工艺的需求更高，对设计人员也是很大的考验，要求在充分理解规范的基础上，大胆创新，严谨验证，才能保证研发成果圆满落地，进而推动行业的发展进步。理论与实践的结合，在本套丛书中得到了很好的体现，研究团队的技术成果在其中多项工程得到应用，比如大兴国际机场、雄安站、上海中心大厦、中央电视台新台址 CCTV 主楼等项目，加快了建造速度，提升了建筑品质，取到了良好的效果。

本套丛书开创了国内大型建筑设计院合作著书的先河，每个大院以一册的形式总结自己的杰出工程案例，不仅是对各大院在工程结构设计领域成就的展示，也是对我国工程结构设计整体实力的展示。随着结构材料性能提高、组合结构发展、分析手段完善、设计方法进步，新型高性能材料、构件和结构体系不断涌现，这些新材料、新技术和新工艺对推动建筑行业科技进步起到了重要作用，在向工程技术人员提出了更高挑战的同时也提供了创新空间。未来的土木工程学科将是追求高性能、高质量发展的学科，工程结构设计领域的发展需要不断的学习、积累和创新。希望这套丛书能够为广大结构工程师和相关从业人员提供有价值的参考，激发他们的灵感和创造力。同时，也希望通过这套丛书的分享和传播，进一步推动我国工程结构设计领域的创新和进步，为我国城镇建设和高质量发展贡献更多的智慧和力量。

中国工程院院士
清华大学土木工程系教授
2023 年 8 月

本书编委会

顾　问：柯长华　齐五辉

主　编：束伟农

副主编：甄　伟　朱忠义　苗启松　盛　平　周　笋

编　委：（按姓氏拼音排序）

卜龙瑰　常　婷　常为华　陈　晗　陈　林

宫贞超　郭晨喜　郭惠琴　韩　巍　靳海卿

李伟政　李志东　龙亦兵　祁　跃　宋子魁

王鑫鑫　王　轶　卫　东　薛红京　杨　洁

杨蔚彪　杨育臣　于东晖　袁立朴　张　翀

张　琳　张　曼　张　胜　张万开　张龑华

章　伟　周思红　周忠发

序 一

　　北京市建筑设计研究院有限公司（BIAD）一直与我国的城市建设同步发展。作为与共和国同龄的设计院，成立七十余年以来，累计承接了超过 2.5 万个工程项目，完成了超过 2.5 亿 m^2 的设计工作，经过几代 BIAD 人的开拓创新，在建筑设计领域取得了突出的成绩，贡献了不同时期的经典设计工程。在首届"北京十大建筑"评选中，BIAD 作品占其中八项；在亚运会和两届奥运会中，完成了一系列代表性场馆；进入 21 世纪以来，又陆续完成了国家大剧院、中信大厦、500m 口径射电望远镜、大兴国际机场等标志性工程。这些工程实现了建筑与结构相协调、美学与力学相结合，达到了建筑艺术与技术的统一。经典工程的完美呈现，是 BIAD 持续进步的体现，是过去七十余年历史中几代结构工程师集体智慧和工程经验的结晶。将这些工程总结提炼，集合成册呈现给行业，是 BIAD 结构工程技术积累到一定阶段的自然结果。

　　这本书是写给广大结构工程师的，并不拘泥于规范条文的解读和计算分析数据的罗列，而是侧重于结构设计方法的灵活运用和工程实践经验的总结提炼。对于每一个经典工程，从建筑特点和结构设计条件入手，阐述结构工程师如何在结构方案设计中进行抉择和优化；图文并茂地展示了工程结构布置和主要分析结果，并提炼出建筑结构的专项创新点，加以详细解读；对于服务于工程的结构试验和结构监测，也给予了概要的介绍。文章整体逻辑清晰，论述严谨，以一个个生动翔实的案例为依托，阐述了 BIAD 的结构设计理念：不断探求应用自然法则而不是盲从现行规范，让设计聚焦到结构材料的合理运用和结构体系的优化上来。

　　本册书中呈现了 21 个代表性工程，涵盖了机场、火车站、体育场、会展中心、超高层建筑等各种建筑类型，其中绝大部分我本人都参与过，每个项目都有匠心独运之处，能够在几十页的篇幅里面把一项大型复杂工程的结构设计理念完整地呈现出来，殊为不易。为此，编委会付出了很多努力，编委会的成员均是 BIAD 工作在设计一线的骨干，对结构设计有着深刻的体会和感悟，相信本书会拓宽大家的视野，激发读者的思考，为结构工程师的设计实践提供有益的帮助。期望本书的出版，能够进一步促进我国建筑结构设计技术的进步和发展。

全国工程勘察设计大师

北京市建筑设计研究院有限公司顾问总工程师

2023 年 6 月于北京

序 二

进入 21 世纪，中国经济的高速发展令世界瞩目，建筑业更是取得了前所未有的成就。北京市建筑设计研究院有限公司作为国内名列前茅的民用建筑设计院，在这一时期完成了数千万平方米建筑项目的设计，其中不乏得到社会广泛关注、业内高度认可的经典工程项目。

在"21 世纪经典工程结构设计解析丛书"中，《经典回眸 北京市建筑设计研究院有限公司篇》分册通过对 21 个经典项目的介绍，展现了进入 21 世纪以来北京市建筑设计研究院有限公司结构专业设计团队在设计、科研、技术创新等方面的成果。这些经典工程，涵盖了交通建筑、体育建筑、会展建筑、剧院建筑、超高层建筑和其他复杂综合类建筑。这些项目不仅有其独具魅力的建筑风格和重要的社会功能，在结构设计上也极具挑战性。每个项目的结构都独具特色、各有特点，其设计理念和技术创新成果都具有很高的参考价值。

通过《经典回眸 北京市建筑设计研究院有限公司篇》分册，可以深入地了解这些经典项目结构设计的关键技术及其细节，诸如北京大兴国际机场航站楼 C 形柱-屋盖一体化巨型网格结构体系及设计方法、高铁轨行区与航站楼共构结构的高铁列车振动分析和控制的解决方案。可以看到凤凰中心项目在设计中是如何实现结构设计与建筑专业及工程建造在复杂曲面找形、对接上的完美统一，还可以分享国家速滑馆采用的带外侧斜拉马鞍形圈梁索网结构的设计理念以及该网格体系的找形、分析、优化方法。在超高层建筑部分，介绍了中信大厦——在高烈度（8 度，0.2g）区唯一一栋已建成的高度超过 500m 的超高层建筑，所采用的巨型外框筒抗震设计技术以及上部结构-桩-土共同工作等领域的技术突破……诸如此类，本书值得业内同行们深入阅读的内容不胜枚举。

本书最有特色和价值之处，在于书中不仅有这些经典工程项目的结构设计概况介绍，更重要的是对这些项目核心专业技术进行的"解析"，这是一种更深入的解读和更详细的阐述，是高水平的技术总结，可以为同行设计人员提供极好的技术交流和科研、技术创新成果的分享。

真心地希望这套丛书的出版，能够促进业内的技术交流、技术进步与创新，为我国建筑结构设计行业高质量的发展做出贡献。

齐五辉

全国工程勘察设计大师

北京市建筑设计研究院有限公司顾问总工程师

2023 年 6 月 28 日于北京

前　言

　　北京市建筑设计研究院有限公司（BIAD）作为大型国有建筑设计咨询机构，始终活跃在工程建设领域的最前沿，致力于向社会提供高品质的设计服务。伴随着新中国的建设与发展，BIAD承担并完成了众多国内外重要的工程项目，呈现了不同时期的结构设计经典，其中，许多建筑都成为国家和城市的标志性建筑。

　　"21世纪经典工程结构设计解析丛书"由国内有影响力的10家设计单位共同完成，《经典回眸　北京市建筑设计研究院有限公司篇》分册，涵盖了21世纪以来BIAD的21项经典工程。本分册力争通过工程实践，从多个视角向广大读者展示BIAD近年来在超大型、复杂建筑工程方面的结构设计及创新成果。

　　本分册共分21章。第1～3章为机场航站楼建筑，包括国家重大工程——北京大兴国际机场、昆明长水国际机场、深圳宝安国际机场；第4～6章为铁路站房建筑，包括广州南站、南京南站、银川火车站；第7～9章为体育建筑，包括国家速滑馆、新北京工人体育场、绍兴体育场；第10、11章为会展建筑，包括国家会议中心二期、重庆国际博览中心；第12～14章为剧院建筑，包括国家大剧院、哈尔滨大剧院、珠海歌剧院；第15～17章为复杂类型建筑，包括凤凰中心、腾讯北京总部大楼、保利国际广场；第18～21章为超高层建筑，包括丽泽SOHO中心、深圳中洲控股金融中心、国瑞·西安金融中心、中信大厦。本书着重介绍21项工程的结构设计创新与实践，涉及大跨度结构、超高层结构、索结构、减隔震结构、复杂结构等方面的新理论、新方法和新技术，以期为相关领域的科研、学校师生及工程技术人员提供可供参考的设计案例。

　　参加编写的人员都是BIAD结构专业的设计骨干及专家，有着丰富的工程设计经验。本书从开始编写到最终完成，先后几易其稿，在1年内完成，实属不易。编写工作得到了BIAD公司领导的大力支持。本书得以出版，首先得益于各位参编专家的认真编写，同时获得了中国建筑工业出版社刘瑞霞编审的悉心指导和帮助，在此谨表示诚挚的谢意！

　　分册所选工程，不仅是BIAD结构工程师不断进取、努力探求的技术结晶，更是与业内众多同仁广泛交流、通力合作的实践成果，希望本书对大家有所帮助，共同推动我国建筑结构设计的创新发展与应用。

北京市建筑设计研究院有限公司结构设计总监、总工程师

2023年6月于北京

目　录

第 1 章

北京大兴国际机场航站楼

1.1　工程概况

1.1.1　建筑概况

北京大兴国际机场（图 1.1-1）位于永定河北岸，北京市大兴区礼贤镇、榆垡镇和河北省廊坊市广阳区之间，北距天安门 46km，属国家重点工程。航站区主要包括航站楼、综合服务楼和停车楼三个主要的建筑单元，总用地面积 27.9 万 m²，用地南北长 1753.4m，东西宽约 1591m；总建筑面积约 143 万 m²，其中航站楼建筑面积约 78 万 m²，综合服务楼（办公楼及酒店）建筑面积约 14 万 m²，停车楼建筑面积约 25 万 m²，轨道交通建筑面积约 26 万 m²。

航站楼南北长 996m，东西宽 1144m，由中央大厅和东北、东南、西北、西南、正南 5 个指廊组成，中央大厅地下 2 层、地上 5 层，其他区地下 1 层，地上 2～3 层，航站楼平面构形为五角星形。

航站楼室内 ±0.000 标高 24.550m。

图 1.1-1　航站区鸟瞰及室内效果图

1.1.2　设计条件

1. 主体控制参数（表 1.1-1）

控制参数　　　　　　　　　　　　　　　　　　　　　　　　　　　表 1.1-1

结构设计基准期	50 年	建筑抗震设防分类	重点设防类（乙类）
建筑结构安全等级	一级（结构重要性系数 1.1）	抗震设防烈度	8 度（0.2g）
地基基础设计等级	甲级	设计地震分组	第一组
建筑结构阻尼比	0.02（钢结构）/0.05（混凝土结构）	场地类别	Ⅲ类

2. 荷载信息

本项目选用 50 年一遇风压（0.45kN/m²）及 100 年一遇风压（0.50kN/m²），基本雪压 0.45kN/m²（100年重现期），地面粗糙度类别为 C 类。项目开展了风洞试验，模型缩尺比例为 1∶250，风向角间隔 10°，共计 36 个风荷载工况，采用了规范风荷载和风洞试验结果进行位移和强度包络验算。

1.2　建筑特点

1.2.1　航站楼平面超大超长

北京大兴国际机场航站楼是世界最大的单体航站楼，屋顶投影面积约为 36 万 m²，南北长 996m，东西宽 1144m。航站楼由中央大厅和 5 个间隔 60°夹角的放射状指廊构成。在航站楼以北的中轴线上是综合服务楼，综合服务楼的东西两侧是两栋停车楼，综合服务楼的平面形状与航站楼的指廊相同，与航站楼共同形成了一个形态完整的总体。该构形外包直径为 1200m（图 1.2-1），航站区的各建筑都包罗在这个圆形之中。航站楼中心区单层面积达到了 18 万 m²，可将"鸟巢"置于其上，相当于 25 个标准足球场。

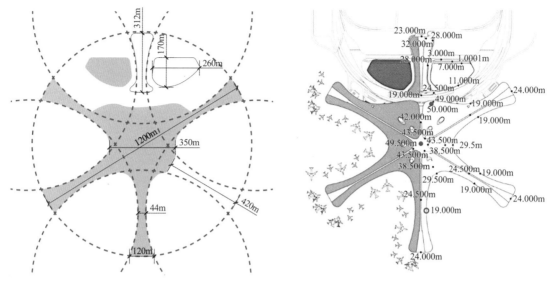

图 1.2-1　航站楼平面尺寸及标高控制图

1.2.2　不规则大跨度自由曲面屋盖

北京大兴国际机场航站楼宛若一只展翅的"金凤凰"。航站楼从中心区分别向东北、东南、正南、西南、西北五个方向延伸出五条指廊。其中，正南指廊宛若凤头，其余四个指廊恰似羽翼，而综合服务楼则被 C 形快速路从主体结构中分割出来，与之共同组成凤尾。C 形柱是航站楼内最富特色的设计亮点，相当于从侧面切开不规则空心圆柱体，横截面呈 C 形。航站楼顶部有 8 个气泡状天窗，天窗下就是 C 形柱，如图 1.2-3 所示。航站楼中，中心天窗下是最明亮的区域，阳光像瀑布一样倾泻而下。机场核心区面积 18 万 m²，仅以 8 根 C 形柱为主要支撑，最大的跨度在核心区，两根 C 形柱间距 180m，这是大兴国际机场在施工过程中面临的最大挑战。

屋顶结构布置如图 1.2-2、图 1.2-3 所示。

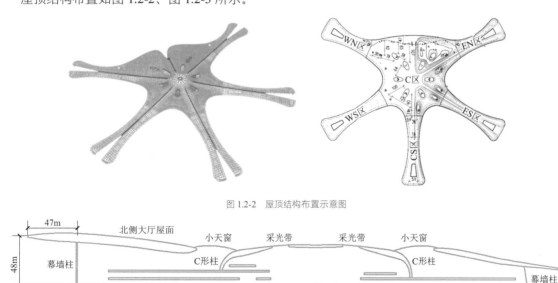

图 1.2-2　屋顶结构布置示意图

图 1.2-3　中央区屋顶钢结构示意图

1.2.3 高铁高速穿越航站楼

北京大兴国际机场是京津冀一体化重点交通枢纽工程,航站楼下方有京雄城际铁路、北京大兴国际机场地铁专线、廊涿城际铁路通过,同时预留了 R4 线及预留线的站台。其中京雄高铁和廊涿城际铁路都有不停靠站台的正线,列车全速通过,是国内首个有地下穿行高速铁路的航站楼,铁路站台区总宽度约270m,相当于把整个北京火车站塞进航站楼里,这在全球都堪称壮举。地下铁路与地上建筑交叉关系如图 1.2-4 所示。

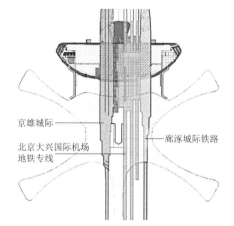

京雄城际

北京大兴国际机场地铁专线

廊涿城际铁路

图 1.2-4 北京大兴国际机场地下铁路与地上建筑交叉关系示意图

1.3 体系与分析

1.3.1 结构方案

1. 钢结构方案

航站楼屋盖结构跨度大、支承构件少,是 C 形柱支承的自由曲面大跨度钢结构体系。如何实现大跨度异形空间与钢结构一体化设计成为首要问题,C 形柱的竖向和水平承载能力、抗连续倒塌能力和抗震能力较为特殊,现行规范、规程均未提及其设计方法,应重点研究。

钢结构设计结合放射形的平面功能,在主楼 C 区(中心区)中央大厅设置六组 C 形柱,形成直径180m 的中心区空间,在跨度较大的北中心区加设两组 C 形柱来减小屋盖结构跨度;北侧幕墙为支撑框架,可以给屋盖提供竖向支承及抗侧刚度,同时设置支撑筒,支撑筒顶与屋盖连接处按照方案比选结果采用不同的连接方式,为主楼 C 区屋盖提供可靠竖向支承和水平刚度。指廊区由布置在采光顶两侧的钢柱和外幕墙柱形成稳定结构体系。C 区钢结构屋盖及支承体系示意如图 1.3-1 所示。

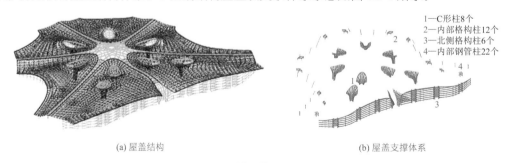

1—C形柱8个
2—内部格构柱12个
3—北侧格构柱6个
4—内部钢管柱22个

(a) 屋盖结构   (b) 屋盖支撑体系

图 1.3-1 C 区钢结构屋盖及支承体系示意图

航站楼屋顶为不规则自由曲面,在直立锁边金属屋面范围内采用桁架或网架结构。钢结构杆件采用圆钢管截面,节点为焊接球,部分受力较大部位采用铸钢球节点或铸钢节点。在玻璃采光顶范围内采用桁架结构连系,采光顶范围内钢结构杆件为方钢管截面,采用相贯节点。屋盖结构厚度2～8m不等,最大跨度125m,对应的结构高度为8m,跨高比约1/15;北侧悬挑最大为47m,根部结构高度为7m,对应的跨高比约1/7。

航站楼核心区支承结构复杂,C形柱在平面中占据的空间较大,根据建筑造型需要,C形柱与混凝土柱并无一致关系,为保证建筑功能的连续性,提高建筑面积的利用效率,每个C形柱下均设型钢混凝土交叉结构梁将荷载转换到相邻的混凝土柱上。转换结构部位受力复杂,是屋盖支承结构传力的关键部位,需通过可靠的分析计算和构造措施实现。C形柱结构转换如图1.3-2所示。

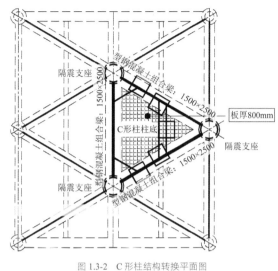

图1.3-2 C形柱结构转换平面图

2. 与轨道交通共构设计

大兴国际机场航站楼下,有三条南北方向的轨道交通线,且京霸线高铁包含正线,部分车次列车高速穿越。项目建设指挥部与各条轨道交通业主组织相关主体设计单位进行了多轮方案讨论,最终决定采用"共构共建"方案。采用此方案的优势如下:

(1)整个航站楼及下穿的轨道层形成结构整体,结构设计由航站楼设计单位总体负责,统一汇总各轨道设计院。因此,整个结构体系均在统一模型下计算,使得结构传力体系更加明确,计算模型更能准确反映实际工况。

(2)在建筑使用功能上,从轨道站台、站厅进入航站楼更加便捷,旅客的步行距离更短,效率更高。

(3)在"共建共构"方案下,穿越航站楼的各轨道交通线采用"共坑"方式,一次开挖,总体考虑支护及降水方案,工程造价大幅降低。

(4)仅设一家设计总包单位和一家施工总承包单位,设计及施工周期都可大幅缩短,保证了整体建设进度。

由于高铁和地铁车站结构柱的位置与航站楼结构柱的位置不同,航站楼的结构柱需要进行结构转换,如图1.3-3所示。高铁轨行区与航站楼结构共构设计尚属首例,高铁运行对航站楼振动及噪声影响复杂,需要专项研究。

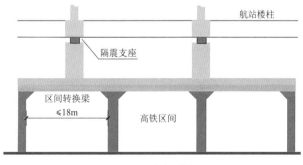

图1.3-3 柱网转换结构剖面图

3.隔震方案

航站楼核心建筑功能均布置在 C 区，C 区因支承结构复杂，存在较多的竖向转换、结构单元超长、超大（约545m×445m），温度作用显著。同时航站楼 C 区下部设有高铁和地铁车站，高铁高速通过时对上部结构产生振动激励。为提高 C 区抗震性能，减小温度变化对主体结构底层边柱的水平作用，减弱高铁高速通过对上部结构的振动激励，在 C 区地下 1 层顶设置隔震层。C 区有高铁和地铁穿过的部分设置两层地下室，没有高铁和地铁穿过的部分未设地下室，基础底标高不在同一个标高上，无法实现基础隔震，因此在地下室顶板处进行层间隔震。

隔震预期目标为将隔震层上部结构的水平地震作用及有关的抗震措施按照降低 1 度（即 7 度）设计，竖向地震作用及抗震措施不降低。水平向减震系数

$$\beta = \alpha_{max1}\psi/\alpha_{max} = 0.225 \times (0.85 - 0.05)/0.45 = 0.4$$

式中：α_{max} 为非隔震的水平地震影响系数最大值，α_{max1} 为隔震后的水平地震影响系数最大值，ψ 为支座类型调整系数。

北京大兴国际机场航站楼中心区典型剖面如图 1.3-4 所示，下部有地铁和高铁穿航站楼，上部为混凝土主楼、屋顶钢结构和其支承结构。

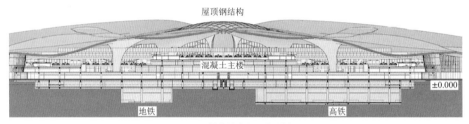

图 1.3-4　航站楼中心区典型剖面

4.地基基础方案

本工程具有建筑体量大、功能综合性强、建筑形式复杂、结构多体系组合、质量标准高等特点。同时，航站区中心区地下 2 层设有高铁和地铁车站，且从南到北有高铁等轨道贯穿，根据《高速铁路设计规范》TB 10621-2014，地基基础变形控制更为严格。就岩土工程而言，本工程还具有：柱荷载大且分布不均、地基基础设计条件复杂、技术要求高；存在基础抗浮整体稳定性问题，设计难度高；不同结构单元体系之间的相互影响问题突出；施工工序复杂，土方开挖支护技术要求高等特点。

结合本工程结构受力的特点，对岩土工程主要有关问题进行了认真的分析，航站楼主体部分采用桩基础方案，基础桩采用混凝土大直径钻孔灌注桩，桩径为 800mm。为减小基础沉降，提高单桩承载力，采用桩底、桩侧后压浆施工工艺。

铁路车站和城市轨道车站采用桩基础，既可以满足结构承载力要求，也能解决基础抗浮问题；行李传送通道和预留的 APM（自动旅客捷运系统）捷运通道的抗浮问题，可采取抗拔桩或通过配重来解决。

采用大直径摩擦型钻孔灌注桩基础的优点是：（1）解决了软土地基承载力不足问题；（2）控制了由于上部荷载相差较大产生的地基不均匀沉降；（3）解决了地基承载力和基础抗浮问题；（4）适应施工单位分段流水作业的施工要求，保证施工工期。

1.3.2　结构布置

为满足建筑布局灵活多变的功能要求，经综合考虑，航站楼主体结构采用钢筋混凝土框架结构，分为 19 个单元（图 1.3-5），单元尺寸如图 1.3-6 所示。整个地下室结构连通，仅设伸缩缝及诱导缝，在地上按防震缝设置。航站楼屋顶投影面积约为 36 万 m²，南北长996m，东西宽1144m，屋顶及支承屋顶的结构为钢结构。航站楼上部钢结构分为 6 个单元（图 1.3-7），包括主楼 C 区、西北指廊 WN 区、东北指廊 EN 区、中央南指廊 CS 区、西南指廊 WS 区和东南指廊 ES 区，结构单元尺寸如图 1.3-8 所示。

航站楼主体结构基本柱网为9m×9m、9m×18m,支撑钢结构屋面的柱网为36m×36m、36m×24m。混凝土结构柱为圆形,直径800~2100mm不等;框架梁采用主次梁结构,梁高600~2500mm,主梁梁宽400~3000mm,次梁梁宽300~600mm。部分结构楼层梁和托柱转换梁跨度较大或荷载较重,采用了预应力技术。楼板采用钢筋混凝土全现浇主次梁楼盖体系,板厚150mm、200mm。

航站楼主要支承钢结构采用Q460GJC钢,屋盖钢结构以Q345B钢为主,C区钢结构屋盖主要支承结构为C形柱,C形柱由圆管和箱形钢柱组成,双层处圆管截面尺寸为219mm×12mm~800mm×30mm,单层处圆管截面尺寸为1500mm×40mm、变截面箱形钢柱截面尺寸为1500mm×1000mm×50mm~2100mm×1000mm×50mm,大尺寸截面构件采用Q460GJC钢,小尺寸截面构件采用Q345钢。

中央大厅长(504m)、宽(462m)两个方向的尺度较大,建筑功能复杂,屋顶钢结构支承条件复杂,采用层间隔震措施,隔震目标为:隔震层上部结构在水平地震作用下的结构抗震设防烈度降低1度。

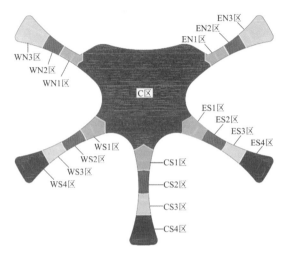

图 1.3-5 混凝土结构单元示意图

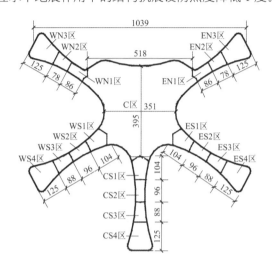

图 1.3-6 混凝土结构单元尺寸(单位:m)

图 1.3-7 钢结构单元示意图

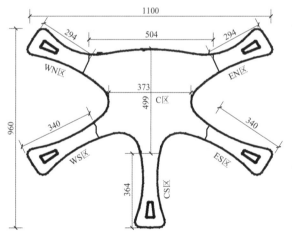

图 1.3-8 钢结构单元尺寸(单位:m)

1.3.3 性能目标

考虑到结构体系特殊、体型复杂、结构超限以及工程的重要性,采用了性能化抗震设计方法。

1. C区存在如下不规则项

(1)由于高铁和地铁车站结构柱的位置与航站楼结构柱的位置不同及建筑使用功能的要求,很多混凝土柱或钢柱落在了梁上，形成转换梁，因此本工程局部存在竖向抗侧力构件不连续的问题。

（2）由于功能及建筑的需要，本工程2层以上楼层竖向收进较大，上部形成分塔结构，计算结果表明，6层为薄弱层。

（3）计算结果表明，仅个别楼层的层间位移比略超1.2，但小于1.4。

（4）存在局部的穿层柱，局部存在夹层。

（5）平面尺寸为545m×445m，属于超限大跨空间结构。

2．指廊区主要存在如下不规则项

（1）楼板不连续，开洞尺寸超出该层楼板典型宽度的50%或开洞面积大于该层楼面面积约30%。

（2）竖向抗侧力构件不连续，存在个别结构柱转换。

（3）每个指廊屋面钢结构平面尺寸均超出限值，属于超限大跨空间结构。

3．主体结构超限应对对策

（1）对超长混凝土结构进行考虑混凝土收缩和徐变的施工和使用阶段的温度分析，对温度应力较大的楼面结构采用预应力加强措施，并研究有利于减小温度应力的后浇带布置。

（2）对转换结构、薄弱部位采取加强措施，提高抗震性能指标。

（3）补充单塔结构验算，并结合整体结构分析采用包络设计。

（4）中震时出现小偏心受拉的混凝土构件采用《高层建筑混凝土结构技术规程》JGJ 3-2010中规定的特一级构造。

（5）进行罕遇地震下的弹塑性验算，确保整体结构满足大震不倒的抗震设防目标。

（6）对大厅隔震结构进行专项研究。

4．屋盖结构超限应对对策

（1）明确屋盖结构中的关键构件、关键节点和薄弱部位，制定完备的抗震性能目标和构造控制指标（如长细比、高厚比、宽厚比等的控制指标）。

（2）对结构的整体承载能力和单个C形柱的承载能力进行详细的分析，并在施工图阶段进行必要的试验研究。

（3）对屋盖整体结构进行抗连续性倒塌设计，找出支承结构的薄弱部位，进行有针对性的加强。

（4）进行罕遇地震下的弹塑性验算，确保屋盖结构满足大震不倒的抗震设防目标。

（5）对关键节点进行非线性承载能力分析，确保节点不早于构件发生破坏。

5．抗震性能目标

（1）中心区：首层楼板下采用隔震措施，上部结构水平地震作用及抗震措施降低一度；支撑隔震支座的柱中震弹性，大震不屈服；支撑转换梁的柱、转换框架梁、托柱梁中震弹性，大震不屈服；C形柱弦杆及单层柱中震弹性，大震不屈服；支撑筒柱肢中震弹性，大震不屈服；北侧幕墙结构柱中震弹性，大震不屈服；屋顶钢结构关键构件中震弹性，其他杆件中震不屈服；其他未说明构件（不含幕墙构件）中震弹性。

（2）指廊区：与上部钢结构连接的柱中震弹性；C形柱中震弹性；开口部位钢柱中震弹性，大震不屈服；其他部位钢柱中震弹性；支撑屋顶钢结构的幕墙结构柱中震弹性，幕墙梁中震不屈服；屋顶钢结构关键构件中震弹性，其他杆件中震不屈服。

1.3.4　结构分析

采用多个程序校核计算结果，计算结果按多个模型分别计算并采用包络设计。除常规计算分析外，补充了大量专项技术分析，确保计算分析的可靠性及安全性。

1）计算模型

主要包括各段混凝土结构与屋顶钢结构模型、下部混凝土结构与屋顶钢结构组合模型，如图 1.3-9 所示。

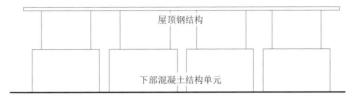

图 1.3-9 组合计算模型示意图

2）计算分析

（1）混凝土结构：进行了小震、中震弹性反应谱分析、大震非线性动力时程分析。

（2）钢结构：除常规计算分析外，进行了 C 形柱承载力分析（包括 C 形柱考虑与不考虑屋盖侧向约束、C 形柱竖向承载力及水平抗侧承载力、C 形柱下部单层壳取消斜腹杆的竖向承载力及水平抗侧承载力分析等）、C 区钢结构竖向承载力分析、C 区钢结构水平承载力分析、抗连续性倒塌分析以及关键节点承载力分析等。

（3）隔震分析

采用时程分析方法；隔震分析模型为整体结构计算模型，模型中包括下部混凝土结构、屋顶支承钢结构、屋顶结构以及隔震层。除小震、大震计算分析外，进行了超长结构温度效应分析（考虑设置后浇带的影响）。

（4）多维多点分析。

（5）结构大震动力弹塑性时程分析。

1.4 专项设计

1.4.1 基础与层间组合隔震系统设计

北京大兴国际机场航站楼的主要功能集中在中心区，抗震要求高；同时中心区屋盖的主要支承结构为 C 形钢柱、支承筒及幕墙支承框架，结构复杂，且结构纵、横向刚度不对称，如何保证地震下结构安全，给抗震设计提出了更高的要求。北京大兴国际机场位于 8 度抗震设防区，地震风险大，传统抗震采用"硬抗"方式，设计目标为"小震不坏、中震可修、大震不倒"，但往往导致大震后建筑自身损伤过大，难以满足航站楼等大型公共建筑高标准的抗震安全需求。隔震技术"以柔克刚"，是国内外公认的实现"建筑、结构、设备设施三保护"高性能隔震的最有效技术。

航站楼中心区结构超长、超大（约545m×445m），中心区面积约 18 万 m²，温度作用影响很大。同时航站楼中心区下部设有高铁和地铁车站，高铁需要高速通过，对轨道变形要求高。如何合理设置隔震层，超大平面结构隔震如何设计，如何解决超大平面结构的温度效应，都成为这个航站楼超大平面隔震系统设计必须要解决的关键技术难题。鉴于此，项目组从超大平面结构隔震设计方法、大直径隔震产品和新型隔震构造研发三个方面进行了技术研究，形成了一套超大平面结构隔震技术。

1. 提出了基础隔震与层间隔震组合隔震新形式

航站楼中心区钢结构屋盖的主要支承结构是 C 形钢柱和钢支撑筒，如果在 C 形钢柱和钢支撑筒顶设置隔震支座，大屋盖受地震作用产生的水平剪力通过隔震支座传递到 C 形钢柱上，对 C 形柱的稳定性不利。因此，隔震层不能布置在 C 形柱和钢支撑筒顶部。航站楼中心区下部有高铁和地铁穿过，高铁对于基础的不均匀变形和水平变形要求非常高,如果在高铁下部的基础上布置隔震层,高铁通过时隔震垫的竖向变形可能不均匀,并且会引起隔震层的水平变形,对高铁的安全行驶带来隐患;而在没有地铁和高铁穿过的区域没有地下室,导致中心区基础顶不在同一个标高上,因此也无法采用基础隔震。由于基础隔震或屋盖隔震均无法满足航站楼中心区的隔震需求,提出了一种基础隔震与层间隔震相结合的隔震形式,即部分隔震支座布置在基础底板、部分布置在楼层之间,将隔震层设置在航站楼±0.000标高的基础柱顶与基础底板。攻克了高铁穿越航站楼的隔震层设置难题,如图1.4-1所示。

图1.4-1 隔震层剖面位置

2. 建立了超大平面组合隔震设计方法

基于航站楼中心区超大平面隔震系统,建立了包含隔震层隔震装置布置、竖向和水平刚度控制、隔震效能计算的超大平面组合隔震设计方法:(1)利用叠层橡胶隔震支座、铅芯橡胶隔震支座、弹性滑板支座和速度型阻尼器(黏滞阻尼器、电涡流阻尼器等)的不同特性,建立了18万 m^2 超大平面组合隔震系统(图1.4-2),隔震质量超过100万t;(2)通过设置大行程、大吨位黏滞阻尼器,实现了隔震层的减震消能和变形控制;(3)在竖向刚度控制方面,攻克了超大平面隔震层竖向刚度调整技术。564m×436m超大隔震层的1152个不同类型隔震支座中,重力代表值下相邻隔震支座最大竖向变形差仅为1/3333;(4)在水平刚度控制方面,为保证18万 m^2 隔震层的减震效果,提高隔震层抗扭刚度,研发了超大平面组合隔震层水平刚度调整方法,地震下最大扭转角仅1/15365;(5)隔震系统减震效率62%以上,地震作用大幅减小,大震下混凝土框架结构最大层间位移角仅为1/328,钢结构最大层间位移角仅为1/433,实现了航站楼大震不屈服的性能目标。隔震层支座布置如图1.4-2所示,地震振动台模拟试验证明,结构隔震效果显著。

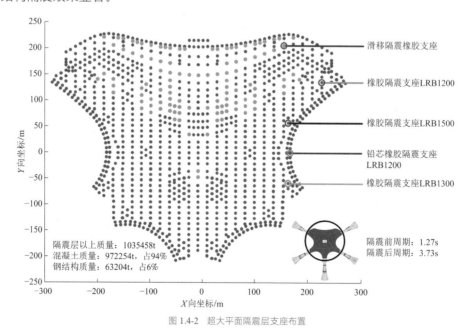

图1.4-2 超大平面隔震层支座布置

注:不同颜色代表不同直径和类型的隔震支座。

经典回眸 北京市建筑设计研究院有限公司篇

在大直径隔震产品的应用上，北京大兴国际机场航站楼实现了我国最大直径的橡胶隔震支座LNR1500、1500mm 直径的弹性滑板支座 ESB1500 和 800mm 大行程黏滞阻尼器在国内重大工程应用上的突破。

隔震层顶板混凝土结构平面尺寸达564m×436m，温度应力和混凝土收缩徐变应力大，易导致混凝土结构开裂和隔震层支座在正常使用状态下发生较大水平位移，严重影响结构正常使用与支座隔震性能。首创 150m 大间距后浇带的结构设置方法以及钢筋断开、错开搭接的结构后浇带设计构造，显著降低混凝土收缩徐变。隔震后楼板温度应力大幅降低，最大降低 88%，最小降低 60%，建成后楼板未出现任何裂缝，创造了 18 万 m^2 单层混凝土楼板不设置伸缩缝的工程奇迹。

1.4.2　大跨度自由曲面钢结构

航站楼中心区屋面为超大型不规则自由曲面，屋面投影面积达 18 万 m^2，屋面起伏大，最大高差达27m，支承构件少、结构跨度大，最大跨度达到 180m；同时屋盖结构采用 C 形柱支承，由于 C 形柱为单轴对称的开口型截面，受力复杂，国内外均无案例可以借鉴，也无规范可作为依据。为保证北京大兴国际机场航站楼的顺利实施，针对 C 形柱支承的超大曲面钢结构进行结构网格全参数化成型系统研发、大跨度结构体系创新和设计理论的突破，解决了全球最大航站楼的体系选择难题。

1. 建立了全参数化曲面成型系统

攻克了北京大兴国际机场航站楼曲面大跨钢结构的参数化曲面成型难题。航站楼屋顶为不规则自由曲面，研发了一套整合屋面、采光顶、幕墙、钢结构等多专业的全参数化曲面成形系统，在营造建筑空间体验的同时蕴含结构逻辑，以空间定位主钢结构网格节点为基础，实现对外围护系统的层级控制（图 1.4-3）。以 C 形柱、门头柱等主要支承结构为约束条件，借助曲面结构线分布和重力、电磁等矢量场分布的形态相似性，将定性的受力分析、审美判断与量化的约束条件相结合，攻克了屋盖钢结构主控网格的曲面成形难题，实现了大跨度异形空间的外观与钢结构一体化设计。

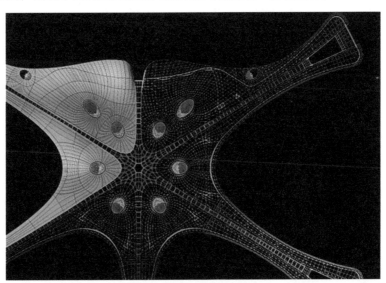

图 1.4-3　屋盖钢结构的主控网格

2. 提出了 C 形柱与支撑筒组合支承体系

针对航站楼等超 500m 的巨大平面尺度以及少柱、大空间的建筑需求，提出一种适用于大型建筑的新型结构体系构建理念，即以若干独立承载的大型子结构单元为基础，通过延伸与扩展，将不同大型子结构单元与毗连空间的网格结构结合形成一体化巨型网格结构体系。其中大型子结构单元可独立承担竖向荷载和水平侧移，多个大型子结构单元共同支承中心网格结构，中心网格结构的荷载传递到周圈大型子结构单元。

北京大兴机场航站楼的一体化网格结构体系如图 1.4-4 所示，周边为 6 个 C 形柱与支撑筒组成的大型子结构单元，各大型子结构单元自 C 形柱根部起向心交汇，与中心拱壳采光顶连接为一体，自然编织出中心穹顶，形成 C 形柱、支撑筒与屋盖一体化的网格结构体系（简称巨型网格结构），实现了优美的建筑外观与合理的结构受力。

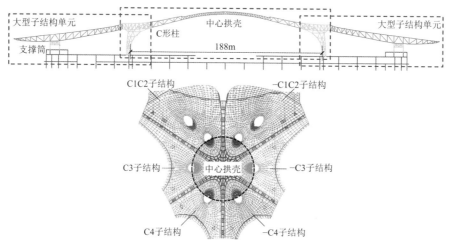

图 1.4-4 巨型网格结构

C 形支承柱造型源于建筑理念，在建筑方案深化阶段，综合诸如优化空间体验、增强抗震性能、降低热工负荷、争取自然采光等造型统筹目标，通过调转靠中心位置的 8 根 C 形柱开口方向，由向心方向改为离心方向，在平衡楼内自然采光与热工负荷的同时，使 8 根 C 形柱共同组成受力更为合理的拱壳形态，如图 1.4-5 所示。

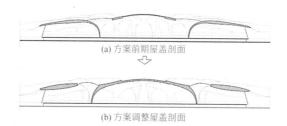

图 1.4-5 C 形柱的开口方向调整对比

C 形截面为单轴对称截面，易发生弯扭屈曲，构件承载力较低。为此，提出 C 形柱-支撑筒三点支承结构，抗侧刚度大的支撑筒通过屋盖网架有效约束 C 形柱顶部的扭转，限制了 C 形柱中央截面的翘曲，显著提升了 C 形柱的承载力。组合支承模型考虑支撑筒对 C 形柱顶的水平约束作用，仅 C 形柱模型不考虑支撑筒对 C 形柱顶的水平约束，两类支承的竖向承载力比较如图 1.4-6 所示，纵坐标承载力系数为支承体系的竖向承载力与初始竖向荷载（1.0 恒荷载＋1.0 活荷载）的比值，横坐标位移为竖向加载过程中支承体系顶部的竖向位移值，可见 C 形柱顶部受到支撑筒约束后承载力可提高 3 倍以上。

由于本项目提出的 C 形柱-支撑筒与屋盖一体化的巨型网格结构设计无案例借鉴，规范中也尚无明确的设计规定，为此针对本项目的巨型网格结构设计方法进行了探索，主要涵盖竖向承载能力、水平抗侧能力、防连续倒塌、竖向抗震以及其他提供网

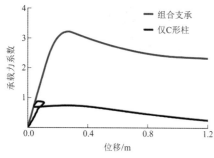

图 1.4-6 仅 C 形柱与组合支承下竖向承载力对比

格结构性能的主要技术措施。

（1）子结构之间的网格结构对巨型网格结构的传力机制影响较大，在进行巨型网格结构的承载力设计时，应对子结构独立模型和整体模型进行包络设计。

（2）屋盖支承构件的抗侧能力应与其承担的重力荷载比例相匹配，当支承构件承担的地震剪力小于其承担的重力荷载比例时，应对支承构件承担的地震剪力进行调整，以提高支承构件的抗侧能力。

（3）从构件和支承系统两个层级进行防连续倒塌分析，可有效评估不同构件、不同 C 形柱的重要性等级，为提高结构的抗倒塌能力、进行关键构件的加强设计提供依据。

（4）通过对 C 形柱 Q460GJ 相贯节点不同构造的试验研究，揭示了 C 形柱 Q460GJ 钢相贯节点的受力机理。

屋盖钢结构采用焊接球和相贯节点（图 1.4-7a、图 1.4-7b）。C 形柱采用相贯节点、钢材选用 Q460GJ 钢，由于没有相贯节点的承载力计算公式，为此进行了多个 C 形柱足尺节点试验的研究，获得了关键节点的应力分布模式，验证了节点构造（图 1.4-7c）。

幕墙柱柱顶和柱底带关节轴承的销轴节点如图 1.4-7（d）所示，C 形柱柱底节点采用抗震球铰支座（图 1.4-7e）。支承筒筒顶由于存在较大拔力，设置了抗拔拉索（图 1.4-7f），对拉索施加了预应力使支座处于受压状态，改善了抗震球铰支座的受力性能。

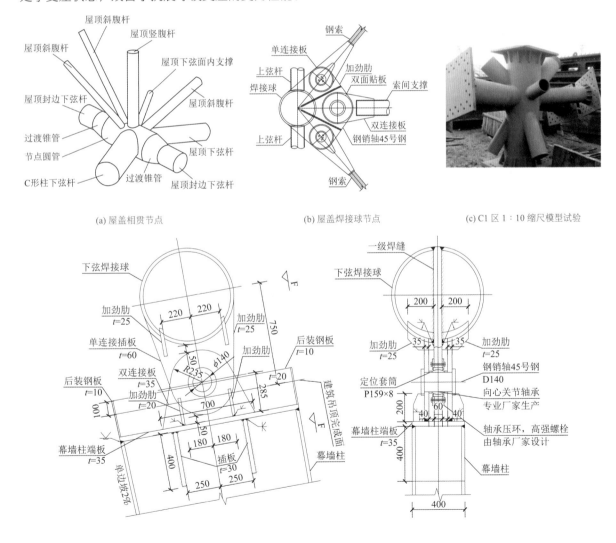

(a) 屋盖相贯节点　　　　　　(b) 屋盖焊接球节点　　　　　　(c) C1 区 1：10 缩尺模型试验

(d) 幕墙柱顶销轴节点

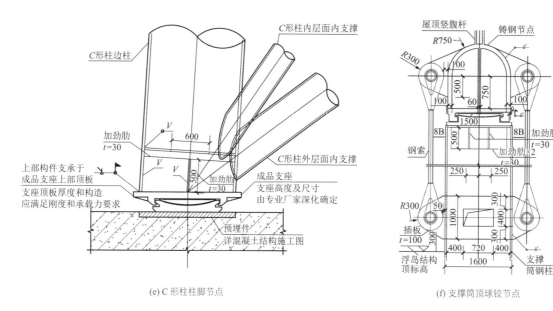

(e) C形柱柱脚节点　　　　　　　　　(f) 支撑筒顶球铰节点

图 1.4-7　屋盖大跨结构主要节点形式

1.4.3　高铁轨行区与航站楼共构设计研究

1. 大跨柱网转换设计方法及措施

（1）高铁柱网与航站楼柱网转换

在抗震规范中，对转换结构构件的加强要求（计算 + 构造措施）有明确的规定，本工程为乙类建筑，抗震设防烈度为 8 度，托柱梁之类的重要转换构件需要加强。对转换连接节点进行深入细致的受力分析和节点构造设计，使实际构造满足受力要求，保证节点安全可靠。

考虑梁的变形、配筋和建筑限制，荷载较大的转换梁采用了型钢混凝土结构。对每处型钢混凝土转换梁都进行了仔细的分析计算，并在此基础上进行优化。设计中考虑型钢与混凝土共同工作，但重要部位可只考虑型钢受力，混凝土作为安全储备。型钢梁均按实际尺寸进行了放样设计，使施工具有可操作性，确保施工质量可以满足设计要求，转换梁大样见图 1.4-8。

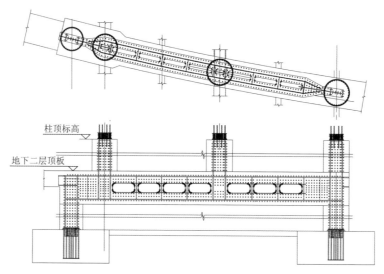

图 1.4-8　转换梁大样

（2）C形柱结构转换

除钢筋混凝土柱的局部转换外，C 区 C 形柱支点在钢筋混凝土主体结构中的转换尤为重要。钢筋混凝土主体结构需将 C 形柱承受的约 40000kN 的竖向荷载通过转换结构可靠地传递到下部结构中，以单排落地的 C3 柱为例说明 C 形柱转换的设计思路，C3 柱结构转换的平面示意见图 1.4-9。

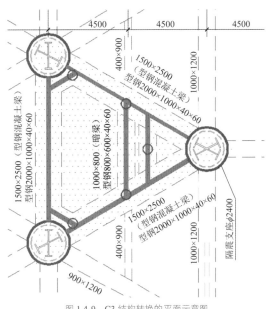

图 1.4-9　C3 结构转换的平面示意图

通过将 C 形柱范围内的主体结构柱设置为型钢混凝土组合柱、在 C 形柱落地点设置型钢混凝土组合梁、在转换区域内设置 800mm 厚板三项措施，将支承屋盖的 C 形柱承受的荷载可靠地传递到钢筋混凝土主体结构中。计算分析时，混凝土结构和型钢梁柱结构均可分别承受 C 形柱承受的竖向荷载，见图 1.4-10。

图 1.4-10　两种计算模式转换层的受力状态

2. 变刚度调平桩基设计与成桩工艺质量控制

本工程建筑规模宏大、主体结构体系复杂、地层土质不均匀，基础沉降变形控制严格，通过对勘察报告地层参数指标和试验桩数据的分析，比选确定基桩桩型、桩端持力层与桩长、成桩施工工艺及后注浆工艺参数，考虑基桩-筏形基础-地基协同作用，并依据岩土工程数值计算分析结果来指导桩基设计方案的调整优化，经过多次反复迭代循环，最终所确定的桩筏基础设计方案能满足建筑基础差异变形的严格控制要求。

1）单桩承载性状分析

本工程场区地表层人工填土及新近沉积的黏性土属软弱土，其下至 20m 左右的黏性土、粉土及粉、细砂属中软土，20m 以下一般第四纪沉积的各土层属中硬土。总体呈多层土体结构，为粉土、黏性土与砂土交错，具体见图 1.4-11。

本工程占地范围广，各区域地层有一定的变化，尤其是桩端持力层变化大，为确保工程安全，查找场地土质条件较差区域，根据勘察报告钻孔资料，对中心区轨道和非轨道区的桩基单桩竖向抗压承载力进行统计分析。结合桩基施工钢筋笼一次性吊装要求，设计计算桩长控制在 40m 以内。

中心区桩基计算参数如下：轨道区域桩径 1.0m、桩长 40m，非轨道区域桩径 1.0m、桩长 35m，桩侧桩端复式注浆。桩侧摩阻力、桩端阻力及后注浆提高系数均按照勘察报告提供的设计参数计算，计算单桩竖向抗压承载力特征值见图 1.4-12。

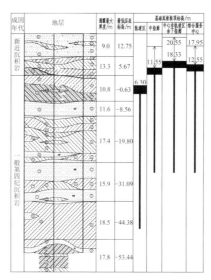

图 1.4-11 地层及桩基剖面示意图

注：（1）各土层序号与表 1 各序号及地层名称一一对应。（2）各区域基础底板顶标高不等，图中给出相应范围。

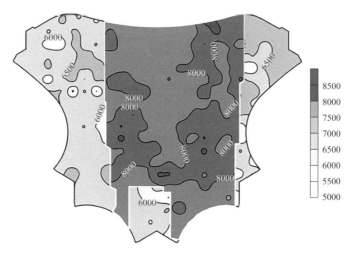

图 1.4-12 中心区单桩竖向抗压承载力特征值计算结果（单位：kN）

由图 1.4-12 可见，计算的基桩的竖向抗压承载力特征值差异较大，故在工程桩承载力取值时适当考虑该因素。选取工程桩检测桩位时，在确保均匀选取和不影响施工进度的情况下，优先选取计算的竖向抗压承载力特征值较低区域的基桩。

2）桩基础设计

（1）变刚度调平桩基平面设计

根据 3 个试验区试验成果，并结合施工质量控制和施工工艺要求，设计桩长不超过 40m，最终确定各建筑区域桩型和设计参数，基于变刚度调平理论进行桩基平面布置设计，桩基平面布置见图 1.4-13。

（2）沉降计算分析

航站区中心区地下两层均设有高铁和地铁车站，且从南到北有高铁等轨道贯穿，经过多次优化调整设计，最终整个轨道区最大沉降值 6.9cm，满足设计及规范要求；最大差异沉降为 $0.04\%l$（l 为相邻柱距），小于 $0.1\%l$ 的规范限值要求，轨道区施工后沉降平均小于 5mm，满足高铁和地铁设计及运行需求。

（3）基坑开挖支护与桩基础设计相互影响分析

航站楼中心区深基坑采用一桩一锚的支护结构，对局部受基础桩或承台影响的部位的锚杆间距及水平角度进行调整，并用双排桩弥补加强。对于航站楼中心浅区临近深基坑位置的桩基础，由于深基坑开挖对桩侧土的扰动，因此在设计桩基础时，对桩侧阻力进行适当折减。航站楼中心区基坑支护与桩基础平面位置示意见图 1.4-14。

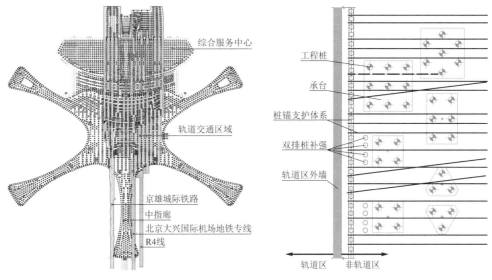

图 1.4-13 桩基平面布置图　　　　　　图 1.4-14 航站楼中心区基坑支护与桩基础平面位置示意

施工过程中对如下指标进行了监测：桩顶水平位移、桩顶竖向位移、桩体水平位移、锚索拉力、地表竖向位移、坡顶水平位移、坡顶竖向位移、地下水位，并定期巡查。监测结果表明，本基坑工程均处于正常状态，施工过程中监测数据变化平稳。

3）桩基施工难点分析

本工程桩基工程量巨大，工期紧，质量要求高，施工难度大。中心区桩基共计 8275 根，基坑面积超过 16 万 m²、周长约 2000m，中心深槽轨道区底标高−20.900m，属超深超大基坑。基坑土方量约 247 万m³，护坡桩 1329 根，预应力锚杆约 74000m，降水井 352 眼。设计支护形式包含桩锚支护、双排桩支护、护坡桩＋桩顶对拉等多种支护形式，且区内还分布着不同标高的基础桩。为确保工程质量，要求采用旋挖钻机打孔，且钢筋笼一次吊装，即钢筋笼下放过程中不再拼接。经过施工单位的精心组织和施工，圆满完成施工任务，桩基均达到设计要求。

1.4.4 高铁高速穿越航站楼振动控制研究

如图 1.4-15 所示，北京大兴国际机场下方有铁路线路通过，其运行对航站楼振动及噪声影响复杂。为此项目组对高铁、地铁穿越大兴机场航站楼产生的振动和噪声问题进行了系统的研究。

图 1.4-15 航站楼下部轨道交通

1. 基于多场景转换的列车风压时程分析及车体气动噪声源模拟方法

高铁穿越航站楼经过了明线、隧道、建筑内部地下站场多种断面形式，涉及多场景转换，列车风荷载时程和气动噪声源模拟复杂，为此，提出了基于多场景转换的列车风压时程分析及车体气动噪声源模拟方法。基于光滑启动技术、隧道截断技术和动网格技术，创立了考虑多场景转换计算模型的建模技术，攻克了列车速度初始化引起的气流扰动、隧道截断长度选取及多工况计算（匀速、加减速、会车）等难题，建立了空间域长度超3km、网格数超300万、多场景转换的计算模型，在保证精度前提下，高效地获得了高铁高速穿行航站楼的列车风激励和车体气动噪声源及多场景转换条件下的列车风分布规律，为高铁高速穿越航站楼的振动和噪声分析提供了前提。

2. 提出了共构结构高铁列车振动分析及振动控制整体解决方案

高铁轨行区与航站楼结构共构建设，对于共构结构，高铁列车下穿封闭空间所引起的风压随着列车行驶速度的提高呈指数增大，列车风在某些位置所引起的振动峰值超过轮轨激励引起振动，不容忽视。因此，为同时考虑轮轨激励和列车风激励的影响，建立了上部结构-下部筏板和桩基-分层地基土模型-采用三维黏弹性人工边界的振动分析模型，提出了航站楼共构结构的高铁列车振动分析及振动控制整体解决方案。通过定量分析各类振动控制措施的减振效果，掌握了不同措施的减振规律。首次完成了高铁350km/h高速穿行条件下，复杂共构结构的振动控制设计。通过调整结构形式和布置，调整楼板刚度和重量，采用厚板基础及桩基础，同时控制沉降差，实现了对受振体的控制。振动分析模型见图 1.4-16，列车通过时结构竖向加速度云图见图1.4-17。

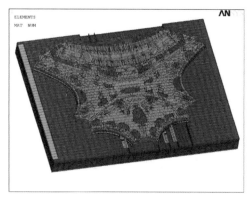

图 1.4-16　振动分析模型的建立

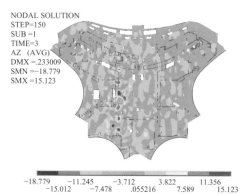

图 1.4-17　列车通过时结构竖向加速度云图

3. 创新了复杂场景下的高铁穿越航站楼气动噪声分析方法

基于多场景下的气动噪声源，建立了同时考虑高铁轨行区和航站楼的整体空间分析模型，创新了复杂场景下的高铁高速穿越航站楼气动噪声传播分析方法，获得了多场景转换、不同列车过站速度下产生的噪声传播及分布规律，为航站楼的噪声控制提供了重要技术支撑，保证了乘客舒适性。高铁高速穿越航站楼的气动噪声远场传播模型见图1.4-18。

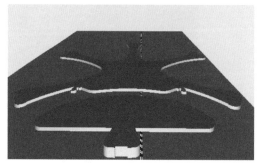

图 1.4-18　高铁高速穿越航站楼的气动噪声远场传播模型

1.5 试验研究

1.5.1 C形柱支撑系统试验

C形柱作为整个航站楼中心区最为关键的竖向构件,是航站楼结构设计的重点。已有文献研究表明:C形截面为单轴对称截面,在竖向和水平荷载下易发生弯扭屈曲,导致构件承载力较低,如何避免C形截面在竖向和水平荷载下出现弯扭失稳是设计的难点和重点。针对C形柱与支撑筒或幕墙框架形成的巨型子结构单元,通过1∶10缩尺模型试验进行了验证(图1.5-1),试验结果表明原型结构可以承受超过9度的罕遇地震作用,结构具有较高的安全储备,抗震性能良好。

图 1.5-1 C1区1∶10缩尺模型试验

1.5.2 钢结构节点研究

C形柱采用相贯节点、Q460GJ钢,由于没有高强钢材料钢管的相贯节点的承载力计算公式,为此进行了多个C形柱足尺节点试验的研究,获得了关键节点的应力分布模式、验证了节点构造,C形柱足尺节点模型见图1.5-2。试验研究表明:节点设置加劲肋后在1.4倍设计荷载下仍能保持弹性,安全储备较大。

图 1.5-2 C形柱足尺节点模型试验

1.5.3 主体结构振动台试验

北京大兴国际机场航站楼作为全球最大隔震机场,结构复杂,为研究隔震后航站楼中心区的抗震性能,对航站楼进行了振动台试验研究。原型结构尺寸非常大,钢屋盖长574m,宽456m,为保证试验模型的有效性同时考虑振动台能承受的尺寸以及构件加工制作便利,确定其几何相似比为1/60。考虑到振动台噪声、台面承力和振动台性能参数等,确定加速度相似比为2。选定受力性能较好,性能稳定的常用振动台试验的金属材料紫铜为模型材料,从而确定应力相似比为0.524,网架模型的整体配重情况见图1.5-3。

选出El Centro波、Cholame-Shandon波以及Gengma波,又通过拟合本工程地震反应谱曲线从PEER(太平洋地震工程研究中心)地震动记录数据库结果中交叉选出位于第一位与第五位的两条天然地震波,即El Centro波、Cholame-Shandon波,作为本试验所用的天然地震波。进行了从小震、中震到大震的振动台试验，并考虑三向输入。

试验研究表明：航站楼整体结构设计合理，可满足"小震不坏，中震可修，大震不倒"的抗震设防水准和 8 度的设计设防烈度要求。

图 1.5-3　网架模型的整体配重

1.5.4　屋盖抗风揭试验

北京新机场航站楼南北向总长 996m，东西向总宽 1144m，指廊宽度为 44～115m，总屋面展开面积为 29.1 万 m²。如此巨大的金属屋面，除了屋面主体结构安全外，金属屋面板及其连接件和次檩条的受力情况也关系到整个机场在极端天气下能否安全运行。为确定航站楼屋盖局部最不利位置的风荷载及受力情况，保证屋面维护体系的安全性，拟通过模型测压试验进行屋盖抗风揭试验，测量均匀流和紊流下模型表面的压力分布。同时测量装饰板典型测点的变形、典型连接件和次檩条的内力。最后对屋盖进行均匀流下的破坏试验，得出风揭破坏的临界风速。

试验模型为局部屋面原型，共有两种：第一种屋盖表面无天沟（图 1.5-4），模型主体尺寸为 5.4m（长）× 4.9m（宽），模型最上层为 6 块装饰板，各板之间有约 10cm 的空隙；第二种屋盖表面带天沟（图 1.5-5），主体尺寸为 4.5m（长）× 4.9m（宽），模型最上层为 4 块装饰板，天沟前后板间距为 50cm。两类模型均为前高（1.2m）后低（0.85m）的整体倾斜结构。

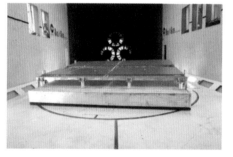

图 1.5-4　无天沟模型（A1 模型）　　　　图 1.5-5　有天沟模型（B1、B2 模型）

通过对新机场屋盖局部实物模型的风洞试验，获得了各测点风压分布、风致响应及应变，有以下主要结论：

（1）均匀流试验，屋面装饰板上表面沿轴线测点的平均风压系数均为负压，且距离前缘越远，风压绝对值呈减小趋势。装饰板下表面平均风压系数除个别情况外基本亦为负压，多数测点平均风压系数绝对值小于上表面对应点；下表面平均系数分布沿轴线的变化率也比上表面小。下层屋面板各测点的风压系数规律与相对应的装饰板下表面测点分布规律相似。

（2）均匀流试验，靠近迎风前缘以及天沟一侧气流分离点处测点的平均负压绝对值最大。较宽的天沟使得特定风向角下，前、后两块装饰板风压分布呈现出一定程度的独立性。各测点脉动风压系数均较小，绝大部分测点脉动风压系数小于0.05。各测点峰值风压系数变化规律类似平均风压系数，最小峰值风压系数约为−1.6。综合考虑上下表面中轴线压力系数分布，装饰板整体结构的净风压系数不大。

（3）紊流试验风压变化规律大体上与均匀流相似，整体风压系数有所增加，平均负压绝对值最大处同样靠近迎风前缘侧。除靠近迎风前缘侧处，大部分区域上下表面风压系数变化趋势相同。

（4）试验风速范围内，雷诺数对表面压力系数分布的影响较小。

（5）各测点风致位移值和应变值均随风速增加而增大；风向角为0°和10°时的位移值和应变值均大于风向角为170°和180°时的值。A1位移最大值的极值为6.5mm；B1为7.0mm；位移均方差值都较小，小于0.5mm。B2屋面板应变值较大。

（6）短时极端强风下（10min，风速50m/s），试验用局部实物样品结构安全可靠。

1.6　结构监测

1.6.1　隔震层观测

大兴机场航站楼中心区是世界最大单体隔震建筑，为了确保主体结构使用安全，保证建筑结构和减隔震装置健康运行，同时监测隔震技术的使用效果，由北京新机场建设指挥部立项，北京港震科技股份有限公司实施，建成了"大兴机场航站楼振动及位移监测"系统。航站楼中心区检测点水平布置示意见图1.6-1，航站楼中心区检测点竖向布置示意见图1.6-2。

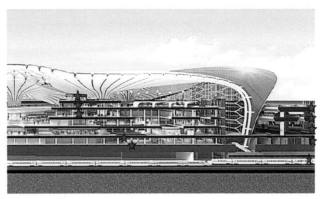

图1.6-1　航站楼中心区检测点水平布置示意　　　　图1.6-2　航站楼中心区检测点竖向布置示意

该系统能够实时监测航站楼振动形态及隔震层位移并发出警报，它由2个相对独立的系统组成：覆盖整个航站楼35个振动测点的"结构振动监测系统"；核心区负一层的6个位移测点组成的"隔震层位移监测系统"（包括21组位移计、一个轨迹仪和3台摄像机）。

大兴国际机场航站楼振动及位移监测项目有如下特点：

（1）该系统是国内首个超大型机场航站楼健康监测系统，也是首个超大型隔震结构地震安全监测系统。

（2）监测系统采用最先进的一体化强震仪，具有动态大、精度高的特点，通过灵活的安装固定方式监测主体结构的振动。

（3）所有数据传输全部采用4G/5G无线网络通信方式，实时传输所有测点总计126道振动及位移波形数据。

（4）振动监测采用了多种结构和震源的比较监测，包括航站楼内部隔震与未作隔震的比较监测，航站楼与相邻综合楼多个楼层的振动比较，航站楼下高速铁路穿行产生的振动监测，航站楼下地铁振动监测。

（5）位移监测结合了振弦式位移计，大轨迹位移盘，摄像仪等多种方式记录，全面记录隔震结构的位移状态。

（6）健康监测系统平台通过结构振动模态识别，给出结构准实时动态展示和关键健康信息提示，方便业主监测管理。

1.6.2　大兴机场航站楼运行保障健康监测体系

北京大兴国际机场采用超大型大跨屋盖结构体系，结构体系新颖、复杂，大量采用新技术、新材料和新工艺，在很多方面超出了国内乃至国际现行建筑结构相关规范的范畴，在设计、施工、运行上具有很大的创新性与挑战性。为了在大兴机场的整个生命周期贯彻平安与智慧理念，延续新机场的创新思想，迎接结构使用维护阶段可能出现的新挑战，提高建筑的舒适度与安全性，需要对北京新机场屋盖进行使用阶段的长期、全面监测。

屋盖表面风荷载是关系大跨度结构健康安全的关键控制荷载。大型航站楼规划用地周边平坦，为满足航空器安全飞行要求，一般无较高建筑物遮挡，其风荷载作用效应显著。大型航站楼围护系统次结构一般为简支构造，结构冗余度低，容易发生风灾破坏。近年来台风登陆我国大陆的次数和强度明显增加，大型航站楼围护系统频频遭受强风考验，经济损失较大，影响航空器停靠和飞行安全。急需一套完整的技术体系和技术装备，厘清围护系统风荷载分布规律及其在风荷载作用下的受力机制，通过实测数据进行理论分析和研究，掌握其客观规律，进而预测风灾情况并发出预警，在极端天气来临前减少或消除围护系统安全隐患。

不仅如此，大兴国际机场作为超大跨结构，屋面积水问题不容忽视。强降雨带来的屋面及天沟积水形成屋面附加荷载，造成结构的安全隐患。为保障强降雨时的建筑结构安全，需要一整套降水及水位监测设备，展示降雨时屋盖天沟积水分布情况，防止屋盖严重积水。

综上，在大兴机场建设指挥部的主持下，决定对大兴机场航站楼屋面风荷载及其引起的屋面振动和屋面降雨量进行监测，如图 1.6-3 所示。具体监测内容包括：

图 1.6-3　屋面监测系统

（1）新机场航站楼位主楼与指廊的风速、风向监测；

（2）新机场航站楼整体屋面的风压监测；

（3）新机场航站楼排水槽、水斗处的水位监测；

（4）新机场航站楼主楼与指廊的降雨量监测。

此套建筑监测系统，是国内大型航站楼首次采用，在大兴国际机场航站楼的全生命周期内将持续发挥作用。

1.7 结语

2019 年，在新中国七十华诞之际，被称为新"世界七大奇迹"之一的北京大兴国际机场建成通航，充分展示了中国工程建设的雄厚实力，体现了中国精神和中国力量。北京大兴国际机场的成功设计，是北京市建筑设计研究院有限公司一代又一代设计师多年机场设计实践的成果集成，为中国民航事业发展提供了开创性的探索，做出了历史性的贡献，为全球综合交通枢纽建设提供了"中国方案"。

北京大兴国际机场航站楼是全球已建成的最大航站楼。航站楼独特的建筑造型、巨大的建筑规模、高铁下穿航站楼、抗震设防烈度高等给结构设计带来了巨大挑战，设计过程中解决了诸多关键技术问题，完美地实现了建筑设计理念，形成了系列创新成果。主要包括：

（1）建立了航站楼曲面大跨钢结构的参数化曲面成型系统；首创 C 形柱-屋盖一体化巨型网格结构体系及设计方法，大幅提升了 C 形柱支承的自由曲面大跨度钢结构体系的承载力和跨越能力。

（2）提出了基础隔震与层间隔震相结合的隔震新形式，研发了大直径隔震支座、全球最大的弹性滑板支座、大行程黏滞阻尼器及适用于大变形的新型隔震构造，建成了由 1152 个不同类型大型隔震支座和 112 套大型阻尼器组成的全球最大组合隔震系统。

（3）建立了考虑轮轨激励与列车风共同激励作用的车致振动影响分析方法，攻克了基于多场景转换的列车风压时程分析及车体气动噪声模拟的难题，提出了高铁轨行区与航站楼共构结构的高铁列车振动分析及振动控制的解决方案，显著提升了航站楼在高铁高速通过时的结构安全及乘客舒适度。

（4）首创 150m 大间距后浇带的结构设置方法以及钢筋断开、错开搭接的结构后浇带设计构造，采用隔震技术以及多项超长结构控制措施，创造了 18 万 m² 单层混凝土楼板不设置伸缩缝的工程奇迹。

（5）提出了 C 形柱及大跨柱网转换设计方法及措施，采用了基础协同设计方法、统筹兼顾设计与成桩工艺质量控制，充分满足轨道交通的基础变形要求，实现了高铁轨行区与航站楼共构设计，建成了全球最大空地一体化交通枢纽工程。

从方案论证、初步设计、超限审查、施工图设计、工地及后期服务，结构专业参与了大兴国际机场航站楼全过程的设计和配合工作。在设计过程中，为了给乘客最大化的公共空间，设计师简化了建筑形式，将 C 形柱顶部与气泡天窗连接，使屋面与承重结构形成一体，整个屋顶仅用 8 根 C 形柱支撑，创造了几乎无柱的巨大中庭。如何构建结构体系，找到足够的支撑确保建筑的整体稳固性，是结构工程师必须要解决的首要问题。为了实现"零距离"换乘，航站楼地下二层有轨道交通线穿过，建筑柱网与轨道柱网如何合理衔接与变换、复杂钢结构与混凝土结构如何顺畅连接与转换是设计要考虑的重点问题。通过反复分析论证，与建筑师充分沟通与协作，所有问题均逐一化解。大兴国际机场如凤凰展翅，是建筑之美与结构之美的完美结合。

1.8 延伸阅读

扫码查看项目照片、动画。

参考资料

[1] 束伟农, 朱忠义, 祁跃, 等. 北京新机场航站楼结构设计研究[J]. 建筑结构, 2016, 46(17):1-7.

[2] 束伟农, 朱忠义, 秦凯, 等. 北京新机场航站楼钢结构设计[J]. 建筑结构, 2017, 47(18):1-5.

[3] 李华峰, 甘明. 动力弹塑性分析在大跨空间结构抗震设计中的应用[C]//第十三届空间结构学术会议论文集. 深圳, 2010.

[4] 同济大学风工程研究所. 北京新机场航站楼风洞试验报告[R]. 2015.

[5] 北京市建筑设计研究院有限公司, 中国民航机场建设集团公司. 北京新机场航站区工程——航站楼工程: 航站楼及换乘中心结构超限审查报告[R]. 2015.

设计团队

结构设计单位：北京市建筑设计研究院有限公司（初步设计 + 施工图设计）

结构设计团队：束伟农、朱忠义、祁　跃、张　翀、秦　凯、张　琳、张　硕、方云飞、冯俊海、张　硕、杨　轶、
　　　　　　　吴建章、常坚伟、王　哲、梁宸宇、周忠发、王　媛

执　笔　人：祁　跃、周忠发、张　翀

获奖信息

2021 年国际桥梁与结构工程协会（IABSE）杰出结构奖；

2021 年中国勘察设计协会建筑设计一等奖；

2021 年北京工程勘察设计协会建筑结构专项奖一等奖；

中国公路学会 2021 世界人行桥奖；

2019 年中国钢结构金奖杰出工程大奖。

第 2 章

昆明长水国际机场航站楼

2.1 工程概况

2.1.1 建筑概况

昆明长水国际机场位于昆明市区西南部官渡区大板桥镇，与市区直线距离为24.5km，是"十一五"期间批准建设的大型机场，定位为"面向东南亚、南亚，连接欧亚的国家门户枢纽机场"。机场航站楼的造型，充分体现了多彩云南的地域特色，翘曲的双坡屋顶表现了云南当地民族传统建筑的神韵，构成了航站楼最显著的建筑特色。屋面将航站楼各个主要建筑空间有机整合在一起，使航站楼从南至北沿中指廊中轴形成了一条连续贯通的曲线屋脊，呈现了更加恢宏的建筑形象和完整、连续的天际线。航站楼主体部分的支承结构采用了不同于常规的钢结构"彩带"，7条钢结构彩带沿南北方向有序展开，不仅将航站楼离港层主要功能区予以划分，也以卓越的科技力量将现代美学与地域文化特色完美结合，成为整个建筑立面和内部空间的标志，给旅客以全新的空间体验。

航站楼南北长约850m，东西宽约1120m，总建筑面积约548300m²，由核心区（A区）、前端东西两侧指廊、中央指廊、远端东西Y形指廊等组成。航站楼地上3层，首层为国内到达，层高4.80m；二层为办公区，层高5.60m；三层为国内出发及票务大厅；地下一层为国内到达及行李提取处，层高4.5m；地下二层为服务通道，层高7.60m；航站楼±0.000标高2102.350m（按场地整平）。该项目2012年建成并投入使用，其建筑总平面和立面如图2.1-1~图2.1-3所示。

图2.1-1　总平面图（效果图）　　　　　　　图2.1-2　建筑立面图

图2.1-3　航站楼局部表现图

2.1.2 设计条件

1. 主体控制参数（表2.1-1）

控制参数　　　　　　　　　　　　　　　　　　　　　　　　　　　　　表2.1-1

结构设计基准期	50年	建筑抗震设防分类	重点设防类（乙类）
建筑结构安全等级	一级（结构重要性系数1.1）	抗震设防烈度	8度（0.2g）
地基基础设计等级	甲级	设计地震分组	第二组
建筑结构阻尼比	0.05（小震）/0.07（大震）	场地类别	Ⅱ类

2. 风荷载

按 100 年一遇取基本风压为 0.35kN/m²，地面粗糙度类别为 B 类。

2.2 建筑特点

2.2.1 场地环境复杂

根据中国建筑西南勘察设计研究院提供的《昆明新机场新航站区岩土工程勘察报告》，场地跨越多个地貌单元，地形起伏不平，场区属岩溶区，岩溶非常发育，多条断层从场区穿过，属高地震烈度区。场地岩土种类多，包括不同地质时代的灰岩、白云岩、白云质灰岩、砂岩、泥岩、红黏土等。挖填方后地基极不均匀，为土岩组合地基。场地地质构造见图 2.2-1。

航站区地形在浑水塘油库南面较为平坦，地形起伏不大，总体上向西南倾斜，高程逐渐降低。该区域钻孔孔口标高在 2064.000～2085.000m 之间，高差 21m。场区地貌总体以岩溶地貌为主，其次为构造剥蚀丘陵地貌。根据地貌的成因与形态，昆明新机场工程可划分为三个地貌单元区：岩溶地貌、构造剥蚀地貌及冲洪积地貌。航站楼与场地地质关系见图 2.2-2。

场地地下水总体上可划分为南、北两个水文地质单元，北属扬官庄水文单元，南属大板桥水文单元，分水岭位于 F_{10} 附近，可能存在动态变化。航站区分水岭位于 P_1d 泥岩分布带，南侧地下水丰水期埋深 40～50m，标高 2022.000～2045.000m；北侧丰水期地下水埋深 35～50m，标高 2030.000～2045.000m，水位季节变化幅度约为 5.0～8.0m，地下水对降雨（特别是强降雨）反应迅速，降雨后水位迅速提高。

根据云南省地震工程研究院提供的《昆明新机场新航站区场地地震安全性评价报告》，工程场地位于近南北向小江地震带中段西缘，历史上主要受小江地震带的影响，受场地周边其他地震带影响较小。近场区为历史强震多发地段，自公元 1599 年以来共有 4.7 级以上地震 7 次，其中 5～5.9 级 4 次、6～6.9 级 2 次、8 级 1 次，主要集中在场地东侧，为小江地震带内强震，即场地主要受本地强震的影响。距机场仅 12km 的小江断裂带为世界上活动级别最高的断裂带之一，近 500 年来，平均每 150 年发生一次近 8 级地震，至今已有 170 年没有 7 级以上地震，形势愈来愈严峻。场地断层分布见图 2.2-3。

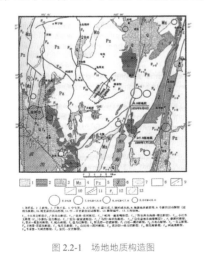

图 2.2-1 场地地质构造图

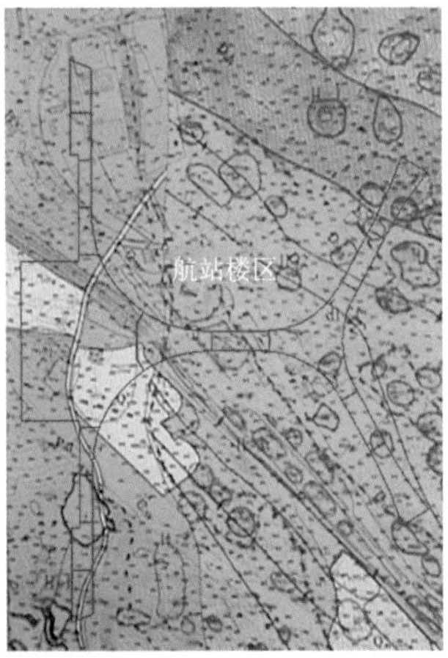

图 2.2-2 航站楼与场地地质

图 2.2-3 场地断层分布图

2.2.2 飘逸的钢彩带造型

昆明长水国际机场主楼的形象有几个造型元素，即高耸的大出挑的屋面、彩带状的支撑结构以及全通透、镶嵌于彩带间的拉索玻璃幕墙。正是这种简单的造型元素组合，形成了航站楼清晰的建筑轮廓和形象特征。航站楼的翘曲双坡屋顶造型优美，如果从空中鸟瞰，航站楼整体昂首向上，恰似大鹏展翅，气势恢宏，金色的屋面在阳光下熠熠生辉。不仅充分展示了云南民族传统建筑的神韵，更将航站楼各主要建筑空间有机地结合起来。

昆明长水国际机场航站楼的彩带形式独树一帜。为了让旅客在站流程更加顺畅，减小结构构件对整个航站楼空间的割裂影响，将"彩带"设计与旅客的主要办理流程设计相结合。七道"彩带"之间最大间距72m，每一道"彩带"都由多个连续的拱形连接而成，单个拱券的跨度36m、24m不等，没有任何工艺设计上的重复。彩带支撑形式有效释放了建筑空间，进而让航站楼的空间更加完整、流畅，创造了新颖的"无柱"空间形式。彩带既可作为承重构件又能起到装饰作用；既坚硬又柔美；既是建筑工艺，又能体现文化理念；既体现了现代完美主义，又有七彩云南的民族特性；是现代科技与文化艺术的完美结合。在结构设计上，摒弃传统结构体系，采用了非常规的结构体系，能够最大程度上减小巨大的结构构件对空间产生的负面作用。屋顶钢结构见图2.2-4，立面见图2.2-5。

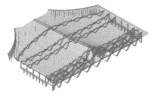

图 2.2-4 屋顶钢结构

图 2.2-5 屋顶钢结构立面图

2.2.3 高大空间索幕墙

航站楼人流量大，其内部公共空间按照明确且相对固定的使用要求、行为模式布局，空间形态一般为线性水平展开的大跨度、高大开敞空间，具有很强的连续性和导向性。在昆明长水国际机场航站楼结构设计中，旅客入港到出港的所有公共空间序列外墙系统均采用了通透的玻璃幕墙。在外观表现上，航站楼幕墙设计仍突出"完整性"这一主题，采用了均质、标准化的手法，其重点是为航站楼内部空间提供连续、统一、完整的空间界面，使旅客行进在这一空间序列中，与外界自然环境的视线始终通畅无碍。

航站楼的主入口正立面，其内部是航站楼中最为重要的出发、到达大厅等公共空间，其立面效果至关重要。昆明长水国际机场航站楼幕墙南北长850m，东西宽1120m，在彩带之间，镶嵌着形状各异的玻璃。达到了通透的外观效果，实现了最大的采光度，体现了钢结构彩带的立面特色，表现出昆明特色风貌的建筑形象，索幕墙局部效果见图2.2-6。航站楼中心区是整座建筑在功能和主体形象上的核心节点，幕墙设计采用单层拉索幕墙，取其简洁通透，以彰显航站楼主体屋檐和彩带结构的完整性和轻灵形象，索幕墙布置见图2.2-7。

图 2.2-6 索幕墙局部（效果图）

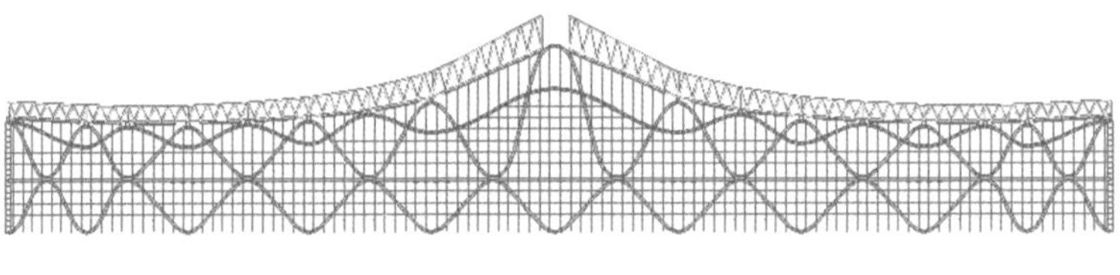

图 2.2-7 索幕墙布置图

2.3 体系与分析

2.3.1 结构方案

1. 地基基础方案论证

本工程地质条件非常复杂,场地岩溶发育中等,有各种岩溶地区的不良地质现象发育,场区地面起伏大,存在大面积填方区和高填方区,设计中分别对天然地基及桩基进行了可行性分析。由于场区存在大量填方区,航站楼大部分区域落在填方场区上,进行了回填方案与架空方案的经济比较。

场地平整后航站楼地基属土岩组合地基,南北指廊端部地基为中风化碳酸盐,属坚硬岩石,中指廊为填方区,填方厚度30m左右,加上原地基土,可压缩层厚度达30~45m,中指廊至端部可压缩地基土逐渐变薄过渡至岩石地基,对于天然地基,存在地基不均匀问题,容易出现不均匀沉降,且存在地下岩溶局部塌陷的可能性。对于压实填土作为持力层的浅基础方案,如何保证回填土的质量和均匀性是首要问题,特别是在大面积和回填深度较大时,难度很大且不易保证。桩基础方案具有结构受力合理,能解决沉降和不均匀沉降问题,并能有效解决岩溶问题的优点。虽然拟建场地岩层高差起伏较大,长短桩很多,但可以通过结构分段来解决。

考虑柱底荷载较大,根据现场的工程地质条件,以及当地的工程经验,航站楼主要采用桩基础方案,桩端持力层为中等风化岩,并根据回填方案和可操作性,确定桩基为人工挖孔灌注桩。航站楼部分指廊结构区段基底标高位于中风化岩或接近中风化岩,基础采用天然地基独立柱基加拉梁的做法,持力层为中风化基岩。

2. 减隔震方案论证

昆明长水国际机场项目,是我国西南地区航空运输的生命线工程。确保昆明长水国际机场工程的抗震安全性,对于保障机场正常运行,减轻地震损失,保障抗震救灾工作的顺利开展,具有十分重要的意义。云南省地震多发、抗震设防烈度高,项目场地位于近南北向小江地震带中段西缘,航站楼距小江断裂约12km,在昆明长水国际机场工程中采取减震措施,确保其抗震安全性十分必要和迫切。

采用抗震设计方案,彩带的层间变形不容易满足玻璃幕墙所能承受的极限变形,可能导致大震作用下玻璃幕墙大量破碎,造成严重的经济损失和人员伤亡。再者,机场工程航站楼部分采用了许多先进的电子仪器设备,如行李分拣与输送系统、安保系统,这些贵重的仪器设备在大震中可能遭受严重破坏,导致系统中断服务。

采用消能减震方案无法避免产生较大的局部变形,意味着结构局部将产生较大的内力,有可能导致钢结构彩带失稳或幕墙玻璃破碎。另外,昆明长水国际机场采用大跨结构、玻璃幕墙,如采用支撑形式,既影响视觉效果,又妨碍交通组织。再者,由于结构体积、自重大,抗震设防烈度高,采用消能减震设计方案时,设计阻尼力大,工程建设时大吨位黏滞阻尼墙、黏弹性阻尼墙等产品还不成熟,尚无工程实践经验。

采取隔震设计方案,上部结构的地震反应将大幅度降低,从而明显减小上部复杂结构的内力和幕墙玻璃的变形,确保上部结构、幕墙玻璃及仪器设备的安全性。国际上,高烈度地震区的大跨建筑有许多采取隔震设计的成功经验,如美国旧金山国际机场、土耳其安塔利亚国际航站楼等。因此,对昆明长水国际机场航站楼采取隔震设计是必要的,也是可行的。

3. 彩带结构分析

昆明长水国际机场航站楼采用了国内罕见的钢彩带形式,钢彩带结构的设计难度很大,如平面外计算长度取值（规范没有规定）、彩带的稳定、节点构造、钢结构制作问题等。钢彩带如何成型是设计中首先要考虑的问题。外形控制要充分满足建筑设计要求，达到自然、流畅、飘逸的艺术效果，既有彩带结构的曲面找形，也有截面尺度的控制。通过反复的数值拟合分析，逐步逼近理想的建筑效果，最终通过美妙的数学函数完美地表达出来。

彩带结构不仅仅是建筑表达要素，更是结构的关键受力构件，要充分考虑结构的安全性、合理性、可行性及经济性。设计中分别建立了两种方案的彩带模型进行对比分析，即箱形梁方案和桁架方案。分别建立梁单元模型和板壳单元模型进行对比研究。

4. 幕墙方案比选

昆明长水国际机场航站楼前中心区是出发、到达大厅等公共空间，其正面和侧面采用点式悬索幕墙系统。

如图 2.3-1 所示，其中 EWS-5.1 为南侧中心区南立面悬索点式彩带垂直型玻璃幕墙（陆侧）；WS-5.2 为中心区陆侧东、西两侧悬索点式垂直型玻璃幕墙系统（陆侧）。EWS-5.1 南立面彩带悬索幕墙遵循统一的模数制原则，水平间距 3000mm，竖向间距 1600mm。EWS-5.1 南立面悬索彩带幕墙以钢结构彩带、次级彩带作为主体支撑结构。采用平面钢索结构，追求通透的外观效果，突出"彩带"在幕墙立面上的效果。不锈钢索与屋架结构、彩带钢结构及地下一层混凝土楼面有效连接，采用夹板式抓件。南侧幕墙如图 2.3-2 所示。

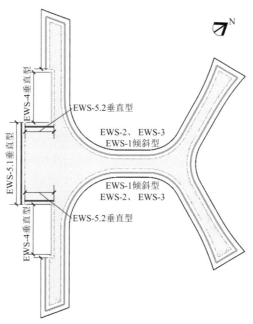

图 2.3-1 航站楼幕墙分区图

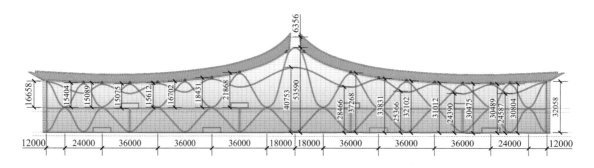

图 2.3-2 南侧幕墙示意图

经过方案分析对比后，决定以竖向单索为主，局部高度较大处增设水平索。索结构设于彩带钢结构平面中间，上下贯通，上、下端头固定在屋架和混凝土主体结构上。在穿越彩带结构处设索头连接件，承受水平向荷载，降低拉索跨度。幕墙彩带钢结构中间局部中空，利于索上下穿行。每根竖向钢索需穿行 3 个洞口，共计约 327 个洞口（南侧竖向主钢索 109 根），如图 2.3-3 所示。

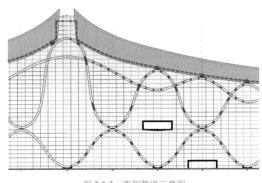

图 2.3-3　南侧幕墙示意图

该方案的优点有：

（1）彩带突出幕墙玻璃，彩带外观效果鲜明，避免了锚具大量外露。

（2）索结构系统计算体系较简明，避免大量短索的出现，索的整体调节更易操作。

此方案的缺点及难点：

（1）彩带钢结构需根据幕墙索的定位协调开口位置，满足拉索安装要求。彩带钢结构设计、施工复杂，难度加大。

（2）彩带处设拉索连接件较多，对施工、造价有影响。

（3）与彩带钢结构连接的索与周边非连接索的受力、变形差异将对玻璃板块产生影响。

（4）拉索穿越彩带钢结构桁架的部位需采用铝合金（钢板）包覆，规格多，加工、施工要求高，难度大。

（5）玻璃异型板材多，加工、施工难度较大。

2.3.2　结构布置

1. 结构选型

为满足建筑布局灵活多变的功能要求，经综合考虑，航站楼主体结构采用现浇钢筋混凝土框架结构，钢筋混凝土柱为圆柱。屋顶及支承屋顶的结构为钢结构，屋顶形状为双曲面，采用正放四角锥网架结构，屋顶支承结构为钢彩带、锥形钢管柱、变截面箱形摇摆柱，其中央大厅屋顶支撑结构为"钢彩带"，以体现"七彩云南"的主题。

由于昆明长水国际机场建设面临严峻的地震形势和复杂的工程地质问题，加之航站楼结构复杂，前中心区支撑屋顶的钢结构采用了国内罕见的彩带形状，为保证航站楼结构的安全，前中心区主体结构采用了隔震技术。隔震层位于基础与地下室底板之间，隔震层层高 3m，采用（铅芯）橡胶支座与黏滞阻尼器组合隔震体系。

2. 结构单元

主体钢筋混凝土框架结构分为 16 个单元，按防震缝设置；屋顶钢结构分为 7 个单元，单元与单元之间设伸缩缝。如图 2.3-4、图 2.3-5 所示。

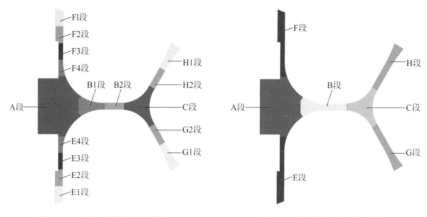

图 2.3-4 混凝土结构分段示意图　　　　　　　图 2.3-5 屋顶钢结构分段示意图

由于航站楼主体结构较长，单元划分后的地上及地下混凝土结构长度仍超过规范建议值较多，设计中采用了一系列措施解决结构超长问题，如在结构较长的楼层的梁、板内设置了预应力钢筋。

虽然下部钢筋混凝土框架结构分为 16 个单元，上部屋顶钢结构分为 7 个单元，但仍然属于超长结构。特别是航站楼 A 区（核心区）结构平面为324m×256m；E 区、F 区下部混凝土结构分为 4 个单元，屋顶钢结构连成整体，结构计算长度超过了 300m。根据规范要求，此部分结构需进行多点多维地震输入。

3．结构构件

航站楼主体结构基本柱网为12m×12m、12m×18m，支撑钢结构屋面的柱网为36m×36m、36m×24m。混凝土结构柱为圆形，直径 1200～2800mm 不等。框架梁采用主次梁结构，部分区域为满足造型要求，采用了清水混凝土结构。结构梁高主要为 700～900mm，主梁梁宽主要为 1000～1300mm，次梁梁宽主要为 500～600mm。次梁间距按结构合理性确定，部分次梁间距根据顶棚尺寸确定。结构楼板厚主要为 160mm、200mm。部分结构楼层梁及托柱转换梁，跨度较大或荷载较重，采用了预应力技术。

彩带、锥形钢管柱和变截面箱形摇摆柱为屋顶支承结构，彩带截面高 750mm，宽 2000～4500mm；（东西侧面）南北向平面框架柱截面为组合"T"形截面，宽 2000mm，高 1675mm；内部锥形钢管柱，柱悬臂高 10～21m，柱顶半径 971mm、柱底半径 2000mm；弧线边界摇摆柱截面为变高度梯形，分为六种尺寸的截面，宽 250～700mm，高 550～1300mm。

屋顶为变厚度双曲面网架结构，采用正放四角锥网架形式，大部分网格尺寸为4.0m×4.0m，局部区域网格尺寸为6.0m×4.0m，边界部位为不规则网格。南侧中部悬挑网架根部最大高度为 8.0m，沿南北、东西方向网架高度减小，最小高度 2.5m。网架最大跨度 72m，南端为悬挑结构，最大悬挑跨度 36m（不包括 6m 挑檐）。

2.3.3　性能目标

考虑到结构体系特殊、体型复杂、结构超限以及工程的重要性，采用了性能化抗震设计方法。

1．针对 A 区（核心区）结构超限的主要抗震措施

（1）采用基础隔震，隔震后的设防烈度定为 7.5 度。

（2）按抗震性能设计目标进行结构设计，对关键部位的节点和构件提高抗震性能指标。

（3）进行多点输入地震反应分析，根据计算分析结果，调整边柱和角柱的内力，并根据边部和角部的位移调整结构防震缝的预留宽度。

（4）针对楼板开洞面积较大，在计算分析和构造上对结构进行加强，计算中考虑弹性楼板的作用。

（5）隔震区（A区）的主要抗震性能目标：彩带结构中震处于弹性阶段，钢柱结构中震不屈服，屋顶结构的构件按中震不屈服，支座构件及节点大震不屈服。

2．针对E区、F区（指廊区）结构超限的主要抗震措施

（1）按抗震性能设计目标进行结构设计，对关键部位的节点和构件提高抗震性能指标；

（2）进行多点输入地震反应分析，根据计算分析结果，调整边柱和角柱的内力，并根据边部和角部的位移调整结构防震缝的预留宽度。

2.3.4 结构分析

采用多个程序校核计算分析结果，按多个模型分别计算并取包络值。除常规计算分析外，补充了大量专项技术分析，确保计算分析的可靠性及安全性。

1．计算模型

主要包括各段混凝土结构与屋顶钢结构模型、下部混凝土结构与屋顶钢结构组合模型，如图2.3-6所示。

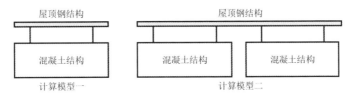

图 2.3-6　计算模型示意图

2．计算分析

（1）混凝土结构：进行了小震、中震弹性反应谱分析，大震非线性动力时程分析。

（2）钢结构：除常规计算分析外，进行了摇摆柱计算长度系数，彩带结构平面内、外计算长度系数，彩带非线性稳定分析，结构动力特性分析，大震下结构反应评估，彩带关键节点承载力分析，幕墙钢索更换或损坏对主彩带结构的影响，考虑某支座失效对结构的影响，屋盖内力传递有效性验证等分析。

（3）隔震分析

采用时程分析方法；隔震分析模型为整体结构计算模型，模型中包括下部混凝土结构、屋顶支承钢结构、屋顶结构以及隔震层。除小震、大震计算分析外，进行了风荷载及超长结构温度效应分析（考虑设置后浇带的影响）。

（4）多维多点分析

高填方地基条件下的多维多点输入地震反应分析（考虑不同角度及回填区与非回填区场地剪切波速的差别）。

2.4 专项设计

2.4.1 地基基础处理

1）地基基础方案

针对本工程复杂的地质条件，进行航站楼地基基础选型时考虑岩溶、断裂带、高填方和地震作用等不利因素的影响：

（1）地基基础根据场地情况分区分段处理，分为天然地基和桩基；

（2）挖方区采用天然地基，填方区采用桩基，如图 2.4-1 所示；

（3）桩基采用人工挖孔大直径灌注桩基础；

（4）桩端持力层为中风化岩层；

（5）桩基础施工前进行详细的施工勘查，查明持力层岩性、破碎程度、岩溶等不利情况。

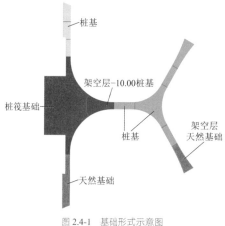

图 2.4-1　基础形式示意图

2）地基处理的技术要求

根据航站楼工程详细勘察报告及工程场区的安评报告，航站楼前中心区地基处理的设计要求如下：

（1）在人工挖孔桩施工前应先进行场地平整和地基处理。

（2）场区大面积回填部分，回填土采用土石比 2：1 的混合土，采用 3000kN·m 能级强夯分层回填，局部回填采用分层碾压回填。

（3）建议场区石料回填的粒径小于 200mm，以适应人工挖孔桩的要求；或采用其他能满足上述回填要求的填筑方案。

（4）场地平整和地基处理后，回填后的地基土承载力应≥200kN/m²，变形模量应≥15MPa。

（5）基于施工勘查结果，根据地下溶洞根据埋深、顶盖厚度、洞口大小、是否为充填溶洞等，确定具体的处理办法。

（6）对地表岩溶采用碎石垫层或土石比 2：1 的混合土强夯进行处理。

（7）航站楼内落水洞，不宜对其进行堵塞，先清理洞底虚土，下部用粒径较大的石料回填，上部采用级配砂石回填，采用 1000kN·m 能级强夯进行处理。

（8）回填土压实系数控制在 0.93。

（9）在平整场地过程中测定剪切波速，保证场地回填土的剪切波速达到 200m/s 以上。

（10）回填后的地基土应达到 II 类场地土的要求。

（11）场区回填施工方案需经勘察单位及地震安评单位确认后方可实施。

3）由于本工程场地存在大量填方区，航站楼大部分区域落在填方场区上，进行了回填方案与架空方案的经济比较，对航站楼无地下室的区域采用结构架空层的做法，其优点有：

（1）能够解决基础同步施工的问题；

（2）减小场区地基回填处理工作量；

（3）节约造价。

2.4.2　彩带结构研究

航站楼工程中支撑屋顶的钢结构采用的彩带形钢结构国内罕见，其中，空间交叉彩带拱结构更是国内目前的空白。彩带形钢结构的选型、曲面拟合、分析模型的建立、动力分析和结构抗震设计方法等专题的研究在国内尚属罕见。

1．彩带成形研究

（1）彩带结构外形控制

彩带结构共 7 榀，其中 5 榀为垂直于地面的平面彩带、另有与地面倾斜的彩带相交形成的空间彩带；彩带 5～彩带 7 落在三层楼面，标高 10.400m，其余彩带落在地下一层楼面上，标高−5.000m。除空间彩带（即彩带 2 和彩带 3）外，五榀平面彩带上还设有次级飘带，按照建筑造型，彩带 1～彩带 4 落在两榀下彩带上。

彩带结构模型如图 2.4-2 所示。

彩带 1 位于结构最南端，沿东西方向布置，属于平面连续拱，中间拱跨度 36m，边部拱跨度 24m。与地面倾斜的彩带 2 和彩带 3 交叉形成的三维空间拱结构。彩带 4～彩带 7 位于东西方向布置，平面连续拱，中间拱跨度 36m，边部拱跨度 24m。次级拱不仅能为主拱提供支撑，而且可以减小屋顶结构的跨度。彩带截面高度均为 0.75m，宽度 2.0～4.5m 不等。

图 2.4-2　彩带结构模型

（2）彩带结构曲线找形

彩带采用分段曲线进行拟合，在彩带的底部和顶部采用抛物线，中间段采用三次曲线，连接处各段曲线相切。以 36m 跨彩带为例说明彩带结构曲线找形，如图 2.4-3 所示。

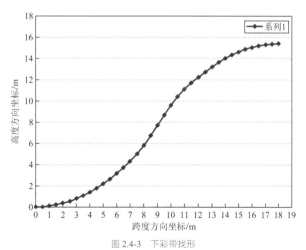

图 2.4-3　下彩带找形

曲线分段方程为：

0～5m，
$$y = 22x^2/250$$

5～13m，
$$y = -\frac{37}{3200}(x-9)^3 + \frac{287}{200}(x-9) + 7.2$$

$13 \sim 18\text{m}$,
$$y = -22(x - 18)^2/250 + 14.4$$

三段曲线的连接点坐标为：(5,2.2)、(13,12.2)，均为光滑连接（即两端曲线在连接位置的斜率相等）。按上述方法能生成整个下彩带，如图2.4-4所示，与建筑造型要求吻合良好。

图2.4-4 下彩带

2. 彩带结构选型

分别建立了箱形梁方案和桁架方案的彩带模型进行对比计算。

（1）计算模型

箱形梁彩带模型和截面分别如图2.4-5、图2.4-6所示。

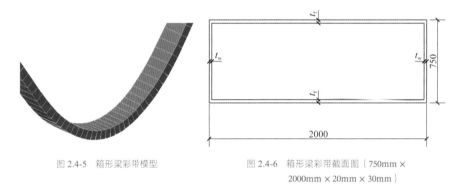

图2.4-5 箱形梁彩带模型　　　　　图2.4-6 箱形梁彩带截面图（750mm×2000mm×20mm×30mm）

为了保证得到相同的承载能力，按截面刚度等效的原则，将750mm×2000mm×20mm×30mm的箱形梁截面等代为桁架模型，此时，桁架的弦杆截面尺寸为750mm×600mm×24mm×48mm。模型及截面如图2.4-7、图2.4-8所示。

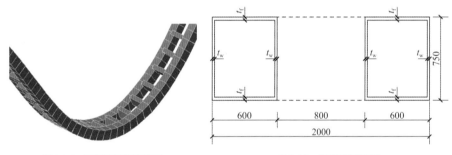

图2.4-7 桁架彩带模型示意图　　　　　图2.4-8 桁架彩带截面图

二者弱轴方向刚度（即彩带平面内刚度）基本相等，桁架方案强轴方向刚度（即彩带平面外刚度）大。

（2）通过位移、应力计算结果分析，采用桁架方案和箱形梁方案刚度及承载力差别不大。但从建筑的角度讲，箱形梁方案更符合创作意图。最终采用箱形梁方案进行设计。

3. 计算模型研究

考虑到彩带截面尺寸较大，如直接采用梁单元分析有可能存在较大偏差；而如果采用板壳单元进行整体计算，单元数量巨大，影响计算分析的效率。为了在满足设计精度同时能保证设计效率，采用不同分析单元对上述两种计算模型的强度及稳定性进行了对比。

由于加劲板的存在，板壳单元模型刚度比梁模型大。两者的应力计算结果有些差别，板壳模型的应力计算结果更大，高应力区出现在加载和支座部位，以及弯矩最大段的受压区域，应该说板壳模型的计算结果更加真实，也有可能是由局部建模不够平滑和支座拱顶应力集中引起的。在实际设计中，可以通过设置加劲板的方式减小受力较大部位的集中应力。

根据计算结果对比，强度计算大体上差别不大，仅在容易产生应力集中的支座位置存在差别，稳定性对比结果相差较小。因此，可以认为结构的整体计算分析时采用梁单元模型可以满足设计精度要求，设计彩带结构时采用板壳模型计算分析。这样既能提高整体分析的效率，也能保证彩带结构设计准确。

4. 彩带结构平面内、外计算长度系数

规范对于典型框架柱的计算长度系数有比较明确的规定，但对于本结构中的彩带拱结构并没有相关规定。为了采用规范的稳定计算公式校核彩带结构的承载力，必须对彩带结构的计算长度系数进行相关研究。

利用 MIDAS 建立彩带模型，施加单位力，对模型进行屈曲计算，求解彩带各相应位置处的欧拉临界力。屈曲分析结束，依次读取各模态，提取各临界力，进而可求得各榀彩带每拱的计算长度系数，如表 2.4-1 所示。

各彩带的计算长度   表 2.4-1

	平面内计算长度	平面外计算长度
平面主彩带	0.80 弧长	1.00 弧长
空间彩带	0.80 弧长	1.00 弧长
次彩带	1.20 弧长	1.20 弧长

注：1. 主彩带的弧长取下约束点与彩带顶支撑屋面点之间的弧长。
2. 次彩带的弧长取与主彩带相交节点之间的弧长或主彩带相交点与彩带顶支承屋面点之间的弧长。

5. 彩带非线性稳定分析

彩带为拱形结构，在竖向荷载下彩带有较大的压力，存在稳定问题，必须对结构进行非线性稳定分析。稳定分析时，考虑结构的大变形、材料非线性、平面内和平面外初始缺陷，如图 2.4-9 所示。

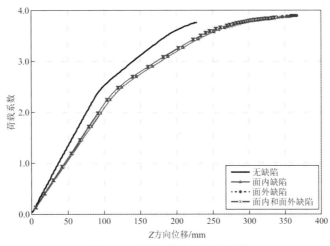

图 2.4-9　1 号彩带关键点荷载-位移曲线

6. 钢彩带关键节点分析

为保证结构在大震下的安全，彩带关键节点在大震下须保持弹性。彩带关键节点主要有彩带支座节点、上下彩带的交接处的节点、空间彩带节点等。以 1 号节点为例，即 1 号上彩带、1 号下彩带、空间彩带以及钢横梁的交点。该类交叉彩带节点计算模型按板壳单元建立，下端连接下彩带变截面梁单元，约束下彩带底部自由度。通过沿着彩带方向建立的梁单元施加梁单元集中荷载、弯矩和扭矩来模拟彩带传递给节点的荷载，所施加的荷载为隔震结构在大震作用下时程分析的结果。计算模型及结果如图 2.4-10～图 2.4-12 所示，节点应力云图显示最大应力小于材料的屈服强度。

图 2.4-10　1 号关键节点模型　　　　图 2.4-11　1 号关键节点　　　　图 2.4-12　1 号关键节点应力云图

2.4.3　组合隔震技术

1. 隔震层位置的选择

通常，对于大跨建筑，隔震层的位置可以选择在支承屋盖的柱顶、±0.000 附近或地下室底板顶面等部位。对于昆明长水国际机场航站楼，由于支承钢结构屋盖的是非对称布置的钢结构彩带，其间还镶嵌着幕墙玻璃。如果在彩带顶设置隔震支座，大屋盖受地震作用产生的水平剪力通过隔震支座传递到彩带上，可能导致彩带失稳，或由于彩带变形引起幕墙玻璃破碎，彩带因承受罕遇地震作用而难以设计。而且，由于屋盖较柔，且其重量仅占整体结构的 1/25，采用屋盖隔震意义不大。因此，建议隔震层不布置在彩带顶部。

当隔震层布置在 ±0.000 平面时，由于建筑功能要求，结构首层楼面开洞较多，影响了隔震层以上楼面的整体刚度。对大底盘隔震来说，需要通过提高隔震层以上楼面的整体刚度来克服可能出现的地基不均匀沉降导致的不利影响，同时确保上部结构做整体运动。另外，由于机场功能复杂，安装自动扶梯、电梯等设备，布置幕墙玻璃、锥形钢管柱等不适合穿过隔震层。因此，建议不在 ±0.000 处布置隔震层。

当在结构地下室底板顶面布置隔震层时，一方面不影响整体建筑的功能布置，另一方面可充分发挥隔震效果，降低因上部结构采用复杂结构形式带来的风险，从根本上提高整体结构的抗震性能。

因此，对昆明长水国际机场航站楼工程，采用在地下室底板顶面设置隔震层的设计方案。隔震层位于 −14.2m 以下，即 B3 层之下与基础顶面之间。

2. 隔震层布置

（1）采用组合隔震；在隔震层布置一定数量的阻尼器来控制大震位移。

（2）中心区叠层橡胶隔震支座，外围采用铅芯橡胶隔震的组合来提高隔震效率，同时限制隔震层的偏心率，避免隔震结构的扭转。

（3）为解决柱轴力过大，采用了在一个柱下并联多个隔震支座的做法，如图 2.4-13 所示。

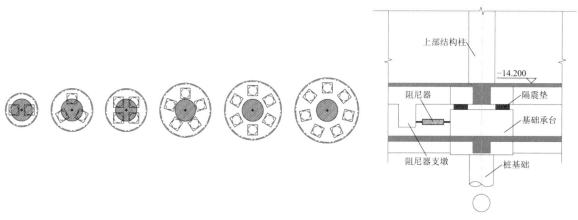

图 2.4-13　橡胶垫排列形式示意图　　　　　　　　图 2.4-14　隔震层构造示意图

（4）基于国内当时隔震支座的生产现状，采用直径 1000mm 的隔震支座。

隔震层设置 1000mm 的铅芯橡胶垫 654 个、1000mm 的叠层橡胶垫 1156 个，共计 1810 个；阻尼器类型为黏滞性阻尼器, 共 108 个, 如图 2.4-14～图 2.4-16 所示。

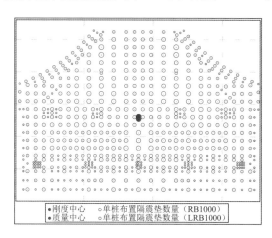

图 2.4-15 隔震垫布置示意图

图 2.4-16 现场安装

3. 隔震设计

隔震后上部结构的设防烈度为 7.5 度。

采用时程法进行隔震计算, 使用的地震波考虑地震输入方向、行波和场地效应的影响。针对不同的计算目的, 采用不同的输入方式:

（1）确定减震系数时, 采用单方向水平输入;

（2）大震位移计算时, 按双向水平输入（$X : Y = 0.85 : 1$ 或 $1 : 0.85$）;

（3）计算隔震垫极限拉、压应力时, 按三向输入（$X : Y : Z = 0.85 : 1 : 0.65$ 或 $1 : 0.85 : 0.65$）。

通过计算分析, 可以达到预定的隔震目标。虽然本工程为混凝土结构和钢结构组成的复杂结构体系, 屋顶支承结构比混凝土结构刚度小, 但仍然可以取得预期的隔震效果。在温度效应和风荷载下, 隔震层的位移均很小。隔震层以上的结构, 采用隔震后的设防烈度进行小震设计, 满足《建筑抗震设计规范》第 5.2.5 条的要求。

4. 多点多维地震分析

本工程选用时程分析法作为多维多点输入地震反应分析的主要方法, 多点地震输入分析主要考虑行波效应。地震波在基岩的传播速度很快, 在软土层中传播速度较慢, 近似取为剪切波速。针对本工程不同的区域回填情况, 在分析时各区域按照不同的波速分析。多维多点输入时考虑回填区与非回填区场地剪切波速的差别, 回填区 200m/s, 非回填区 500m/s, $X : Y$ 向地震加速度峰值比例 $= 0.85 : 1$。隔震结构多维多点输入时程分析, 采用中国建筑科学研究院提供的 169、170、202、203 地震波和人工 31 地震波, 对 90°（图 2.4-17）、135°（图 2.4-18）、180° 和 225° 四个方向进行了计算。

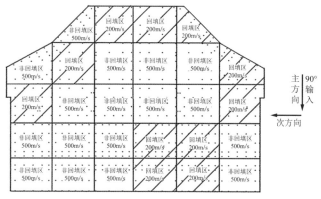

图 2.4-17 A 区地震波传播波速分布示意图（90°方向）

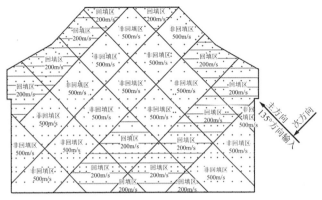

图 2.4-18　A区地震波传播波速分布示意图（135°方向）

分析中采用扭转角度来反映结构在多点输入下的扭转效应，详细对各层扭转位移、隔震层相对位移、柱内力变化进行了比较和分析，并考察了上部各层柱剪力的变化情况。采用时程分析法对采用隔震支座的大跨空间结构进行了考虑行波效应的抗震分析，并与一致输入分析结果进行比较。结果显示，行波效应所致扭转效应不可忽略，特别是下部结构，当结构体型不规则时多维多点输入的结果可能远大于一致输入。采用隔震技术后，虽然隔震层的扭转效应在多维多点输入下有显著增强，但上部结构的扭转趋于同步，上部各层的层间扭转很小，也就是说行波效应给上部结构带来的影响得到了有效控制。

根据分析计算结果，针对本工程得出如下结论：

1）由于地震输入存在相位差，多点输入对结构的扭转影响较大。

2）多点输入对隔震结构隔震层的位移影响较小，多点输入的位移较单点输入的位移稍小或相当。

3）多点输入对隔震结构的内力影响较小，三条波计算的柱子剪力平均值较一致输入的剪力稍小或相当。在结构设计中考虑到各种偶然因素，对小震的柱子剪力适当放大，放大系数取 1.1，中震验算时不考虑此系数。

4）对非隔震区，多点输入对不同部位柱子的剪力影响不同，在小震承载力设计时，对柱子内力做如下调整：

（1）12 号混凝土柱子南北轴线上的所有混凝土柱子剪力放大 3.25 倍；其他混凝土角柱、边柱剪力放大 1.5 倍；考虑多点的地震剪力放大系数不与偶然偏心同时考虑。

（2）1 号和 2 号钢柱剪力放大系数取为 1.25，其他钢柱剪力放大系数取 1.1。

（3）中震验算时不考虑剪力调整系数。

2.4.4　索幕墙结构体系

1. 结构模型

（1）整体模型（图 2.4-19）

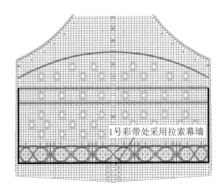

图 2.4-19　整体模型示意图

（2）简化模型

由于整体模型节点单元数量巨大，采用了如下局部简化模型进行幕墙的详细计算，南侧幕墙简化模型如图 2.4-20 所示。

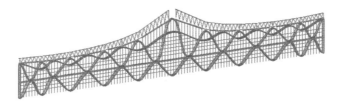

图 2.4-20　南侧幕墙简化计算模型

图 2.4-21 所示为简化模型的边界条件，其中：①彩带底部为全固定约束；②索与地面是铰接连接；③屋面采用桁架模拟，桁架在平面外采用具有一定轴向刚度的短杆支撑，以模拟屋面网架对于幕墙彩带的面外支撑作用；④大连桥和边柱相应的位置也采用具有一定轴向刚度的短杆支撑，以模拟大连桥和边柱南北向梁的面外支撑作用。拉索上端固定在网架下弦，下端固定在 4.800m 标高梁上，中间在 10.4m 梁上设置侧向支撑。

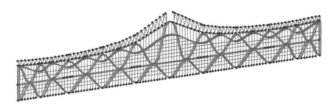

图 2.4-21　南侧幕墙简化模型的边界条件

2．荷载

（1）幕墙玻璃自重按 25mm 厚的玻璃考虑，约为 $70kg/m^2$，索的自重由程序自动考虑。

（2）风荷载按《点支式玻璃幕墙工程技术规程》CECS 127: 2001 第 5.3.6 条，计算拉索支承结构的位移和强度时风荷载标准值公式计算。

（3）水平向地震作用按《玻璃幕墙工程技术规范》JGJ 102-2003 中垂直于玻璃幕墙平面的分布水平地震作用标准值公式计算。

3．索布置及其预张力设置

南侧幕墙索的布置如图 2.4-22 所示。

图 2.4-22　南侧幕墙索布置图

南侧幕墙的索张力参数见表 2.4-2：表中索断面面积和最小破断力按坚朗公司《点支式幕墙配件典型产品目录》（2008 版）取值。

南侧幕墙的索张力参数　　表 2.4-2

索编号	索预张力/t	索标称直径/mm	钢索断面面积/mm²	最小破断力/kN	预张力/最小破断力
竖索 D40	28	40	945.07	1069	26%
竖索 D36	20	36	765.51	822	24%
竖索 D30	14	30	531.60	542	26%
横索 D40	28	40	945.07	1069	26%

4．正常使用极限状态计算

按《玻璃幕墙工程技术规范》JGJ 102-2003 中第 5.4.4 条的规定，考虑单独在重力荷载和风荷载的标准值作用下，进行结构正常使用极限状态的验算。南侧幕墙的最大位移发生在中部最高的彩带分格内，最大值 452mm，为索跨度的 1/46；东西两侧幕墙的最大位移 375mm，为索跨度的 1/45。

5．承载力极限状态计算

为验算拉索的承载力，南侧幕墙拉索考虑以下三种荷载组合情况：

$$1.2D + 1.4W + 0.65EQ$$

$$1.2D + 1.4W + 0.65EQ + TEMP(+20)$$

$$1.2D + 1.4W + 0.65EQ + TEMP(-20)$$

其中，D 为恒荷载，W 为风荷载，EQ 为地震作用，TEMP 为温度作用。

拉索的拉力承载力设计值取最小破断力的 1/1.8。南侧幕墙直径 40、36、30 竖索的最大张力分别为 503kN、366kN、276kN，直径 40mm 横索的最大张力分别为 568kN。东西侧幕墙直径 36mm 竖索的最大张力为 352kN。

6．特殊措施

本工程索结构有以下几个方面的特点：幕墙的受力索穿过钢彩带结构；索网结构不规则；支撑索结构的是钢彩带结构，钢彩带与索结构的变形会相互影响；索节点的构造复杂；索的张拉施工难度很大。根据索幕墙的特点，采取的主要措施有：

1）幕墙拉索上端固定于屋面网架，所以屋面网架必须加强，满足强度和刚度的要求，网架在此区域的杆件截面和节点球都会相应增大。

2）幕墙拉索的张力最终由幕墙彩带承受，所以幕墙彩带必须加强。需要注意的是，幕墙彩带本来就是负担最重的一榀彩带，主要原因在于：

（1）38m 的大悬挑由幕墙彩带承担，因此幕墙彩带的负荷面积最大；

（2）此部位网架的厚度最大，网架的自重最大。

3）对主彩带立面的建筑构型进行微调，结构受力更加合理。

4）调整次级彩带的立面定位，适当降低拉索竖向跨度。

5）幕墙彩带的上下彩带之间增设水平钢梁，增强整体强度，同时与入口连桥妥善连接，进一步提高彩带系统的横向整体性能。

6）控制索的初始张拉力、变形。

7）根据结构受力计算适当增大彩带断面。

8）先按简化模型计算分析，最后再根据索的布置，进行整体模型计算分析。

9）根据整体计算结果再对索结构的初张力、索直径等进行调整。

2.5 试验研究

昆明长水国际机场航站楼作为当时全球最大的隔震机场，结构复杂，为掌握结构在不同水准地震作用下的动力特性变化情况、测量结构在多遇、基本、罕遇地震作用下的位移和加速度反应并验证其隔震效果、考察结构在不同水准地震作用下的破坏形态及其破坏机理、提出相应的设计建议或改进措施，对航站楼进行了振动台试验研究。

试验工况按照隔震和非隔震两类分别进行，选用了 El Centro 波、Taft 波和人工波（多遇/基本烈度采用 Wave61，罕遇烈度采用 Wave31）作为振动台输入的台面激励。试验地震水准按照地震安全性评价进行模拟。隔震模型试验加载工况按照 8.2 度多遇、8.2 度基本和 8.2 度罕遇的顺序分 3 个阶段进行。上述试验完成后，拆除隔震层的阻尼器后进行 8.2 度多遇和 8.2 度罕遇烈度 El Centro 波激励下的模型试验，见图 2.5-1。试验工况按照 $X + 0.85Y$ 或 $0.85X + Y$ 进行双向输入，天然波采用三向地震记录，人工波采用单向记录（或对人工波仅进行单向地震激励）。在 8.2 度多遇工况中进行 X、Y、Z 三向输入试验。

图 2.5-1 地震模拟振动台试验

试验研究表明：隔震结构的加速度反应要小于非隔震结构，其位移也比非隔震结构小得多，各工况下隔震结构的扭转角都要比非隔震结构对应的扭转角小。在小震下，个别层的加速度在有阻尼器的结构中比无阻尼器略大，大震下阻尼器的作用要更加明显。综上，阻尼器对结构耗能减震是起明显作用的隔震结构隔震效果较好。

从整体上看，该航站楼结构设计基本合理，隔震效果明显，可满足"小震不坏，中震可修，大震不倒"的抗震设防水准和 8.2 度的设计设防要求。

2.6 结构监测

根据中国地震台网测定，2015 年 3 月 9 日 17 时 59 分在云南省昆明市嵩明县（北纬 25.3 度，东经 103.1 度）发生 4.5 级地震，震源深度 12km。震中在小街镇附近，距离嵩明县城约 7km，距昆明长水国际机场 27km 左右。

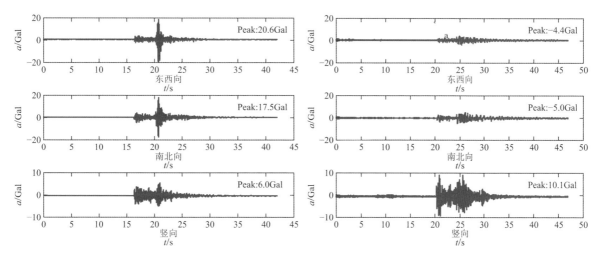

图 2.6-1 基础三个方向的加速度时程   图 2.6-2 隔震后 3 层三个方向的加速度时程

如图2.6-1所示，隔震层底板水平地震记录：东西向20.6Gal；南北向17.5Gal。如图2.6-2所示，隔震后3层水平地震记录：东西向4.4Gal；南北向5.0Gal；隔震后3层的加速度仅为地面的1/5~1/3，矢量合成后为地面的1/4；竖向地震：底板为6Gal；3层为10Gal；虽然有所放大，但比非隔震还是有所减小。

2.7 结语

昆明长水国际机场航站楼工程为超长、超大型建筑，结构复杂、工程地质条件复杂又处于地震活动带上，通过采取有效的技术措施，解决了结构设计中遇到的各种问题，并进行了地震模拟振动台试验验证，也经历了实际地震的考验。昆明长水国际机场航站楼建成后，成为当时世界上最大的、最复杂的隔震建筑，其工程意义和科技意义深远。

昆明长水国际机场航站楼工程主要创新点如下：

（1）率先在高烈度地震区航站楼采用隔震技术，应用于昆明长水机场，建成了当时世界上最大的基础隔震建筑；

（2）提出了适用于航站楼的空间交叉拱支承结构体系，应用于昆明长水国际机场。

2.8 延伸阅读

扫码查看项目照片、动画。

参考资料

[1] 束伟农, 朱忠义, 柯长华, 等. 昆明新机场航站楼工程结构设计介绍[J]. 建筑结构, 2009(5):6.

[2] 束伟农, 朱忠义, 柯长华, 等. 昆明新机场航站楼钢结构设计[J]. 建筑结构, 2009(12):6.

[3] 北京市建筑设计研究院. 昆明新机场航站楼超限审查结构分析报告[R]. 2008.

[4] 唐家祥, 刘再华. 建筑结构基础隔震[M]. 武汉: 华中理工大学出版社, 1993.

[5] 周福霖. 工程结构减震控制[M]. 北京: 地震出版社, 1997.

[6] 周锡元, 阎维明, 杨润林. 建筑结构的隔震,减振和振动控制[J]. 建筑结构学报, 2002, 23(2):2-12.

设计团队

结构设计单位：北京市建筑设计研究院有限公司（初步设计 + 施工图设计）

结构设计团队：束伟农、王春华、祁　跃、朱忠义、吴建章、耿　伟、张　硕、陈　冬、秦　凯、王　毅、卜龙瑰、王　旭、冯俊海、张　翀

执　笔　人：祁　跃、张　翀

获奖信息

2013 年度全国优秀工程勘察设计行业奖建筑工程公建一等奖；

2013 年度全国优秀工程勘察设计行业奖建筑结构专业一等奖；

2015 年度全国优秀工程勘察设计行业奖建筑抗震专项一等奖；

2013 年度北京市第十七届优秀工程设计一等奖；

2013 年度北京市第十七届优秀工程设计建筑结构专项一等奖；

2013 年第八届全国优秀建筑结构设计一等奖；

2016 年《昆明新机场隔震及复杂钢结构成套技术研究》获中国建筑学会科技进步奖一等奖；

2015 年《昆明新机场工程建造关键技术创新与实践》获中国施工企业管理协会科学技术奖特等奖；

2014 年第十二届中国土木工程詹天佑奖。

深圳宝安国际机场 T3 航站楼

3.1 工程概况

3.1.1 建筑概况

深圳宝安国际机场是中国的第五大机场（2019 年吞吐量全国第五），也是重要的国内干线机场及区域货运枢纽机场。工程选址于珠江口东岸，宝安区福永镇，广深高速公路西侧一片滨海平原上，距深圳市区直线距离约 32km。深圳机场 T3 航站楼与本区域的香港机场、广州机场、澳门机场、珠海机场形成一个规模宏大的珠三角机场群，对本地区的社会与经济影响深远。

T3 航站楼极具特色和富有前瞻性的设计，表达出真正的抵达之感。以空气动力学曲线为布局的屋面，既蕴涵航空工程学的最佳原理，又能引发深圳这座年轻的滨海城市所带给人们的浪漫体验和诗情画意。航站楼是建筑、设计和技术融合为一的艺术珍品，将高质量的设计细节和实用需求完美融合，正是这一成功设计的主要特点。新航站楼内部空间高大宽敞，旅客身临其间，透过玻璃幕墙，四周美景一览无遗。而它行云流水般的屋面设计以及变幻无穷的光影空间，使得旅客们沐浴在多彩的美景之中。

航站楼中央主指廊南北长约 1128m，东西次指廊宽约 640m，地下层包括行李传送通道、预留的捷运通道及轨道交通枢纽，建筑面积约 45 万 m²，建成后年旅客吞吐量约 4500 万人次。

航站楼实景和内景如图 3.1-1、图 3.1-2 所示。

图 3.1-1 航站楼实景

图 3.1-2 航站楼内景

3.1.2 设计条件

1. 主体控制参数（表 3.1-1）

控制参数表　　　　　　　　　　　　　　　　　　表 3.1-1

结构设计基准期	50 年	建筑抗震设防分类	重点设防类（乙类）
建筑结构安全等级	一级（结构重要性系数 1.1）	抗震设防烈度	7 度（0.10g）
地基基础设计等级	一级	设计地震分组	第一组
特征周期	0.55s（安评）	场地类别	II 类

2. 风荷载

风荷载按 100 年一遇取基本风压为 0.90kN/m²，场地粗糙度类别为 A 类。项目开展了风洞试验，采用规范风荷载和风洞试验结果进行包络设计。

3. 温度作用

钢结构的合龙温度取 15～25℃，钢结构计算的温度作用如表 3.1-2 所示。

		升温	降温	说明
正常参与组合的温度作用	有屋面板覆盖的钢结构	32.2℃ − 15℃ = 17.2℃ 考虑热辐射，取 25℃	11.7℃ − 25℃ = −13.3℃ 偏安全取 −15℃	（1）施工阶段的温度作用仅和结构自重组合，荷载分项系数取 1.0，材料强度取设计强度； （2）部分构件的安装温度在图纸中特别标明
	无屋面板覆盖的钢结构	70℃ − 15℃ = 55℃ 太阳直射后，构件温度达到 70℃		
施工阶段温度作用		70℃ − 15℃ = 55℃ 太阳直射后，构件温度达到 70℃		

注：表中最高、最低温度取 1971—2007 年深圳气温统计中月平均最高气温和最低气温。

3.2 建筑特点

3.2.1 场地环境

深圳机场 T3 航站楼拟建场地原始地貌单元为浅海—海岸堆积阶地，地势开阔、平坦，后经回填、人工改造，形成人工填海陆地，地表堆积厚度较大的填土（砂）层，地形平坦。主要不良地质作用为海水潮汐、波浪作用引起的侵蚀作用和场地软土（淤泥）对拟建海堤及拦淤堤的稳定性的影响及填海造陆时会产生较大变形。场地广泛分布的淤泥为含水量高、压缩性高、强度低及渗透性很差的软弱土，厚度变化大，其主要问题是地基的长期固结沉降和不均匀沉降。

此外，由于工程场地抗浮设计水位较浅（−2.2m），而地下室深度最深达−14m，工程使用期间的抗浮问题也是基础设计需要考虑的重点之一。

3.2.2 建筑屋面造型

航站楼的屋面形状来源于为海洋生物"蝠鲼"的仿生形象，具有流线型向四周平行伸展的外轮廓。生态流线型外表面覆盖及连接主航站楼及进出港指廊，生态流线型外表皮作为建筑的遮盖并延伸至覆盖停车场的交通中心（图 3.2-1、图 3.2-2）。整个机场包裹在一个钢结构的、有变化的肌理的双层表皮内。

巨大的全景窗户以不同的方式沿着指廊切入屋面结构，让更多的外部景观进入室内（图 3.2-3）。屋顶本身在某些点以挤压和凹凸的形式形成天窗让光线进入室内。双层表皮之间的结构形成轻巧的金属网架横跨指廊，使航站楼指廊中间没有任何柱子（图 3.2-4）。

图 3.2-1　航站楼效果图

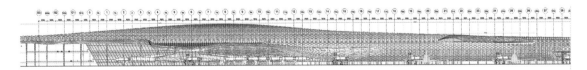

图 3.2-2　航站楼立面图

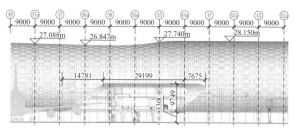

图 3.2-3　全景窗示意图　　　　　　　　　　　　　图 3.2-4　指廊区域双层表皮示意

3.2.3　中心区钢柱形式

　　与其他航站楼不同，建筑师希望深圳机场 T3 航站楼中心区钢柱采用上大下小的截面形式，钢柱落地截面最小直径 1100mm，最大直径 1400mm。较小的落地钢柱在视觉上更纤细，同时可以给楼层提供更多的使用空间。如图 3.2-5、图 3.2-6 所示。

图 3.2-5　中心区钢柱施工照片　　　　　　　　　　图 3.2-6　中心区钢柱建成后照片

3.3　体系与分析

3.3.1　方案对比

1. 地基基础方案

　　T3 航站楼建设场地原始地貌单元为浅海—海岸堆积阶地，地势开阔、平坦。自上而下的地层结构分别为：人工填砂填土层，海陆交互相沉积淤泥层，黏土，粉质黏土层，淤泥质黏土层，砂质粉质黏土层，混合花岗岩全风化、强风化、中风化、微风化层。

　　本工程地上 3~4 层（局部 5 层），地下两层，下部主体混凝土柱网跨度大，分布不均匀；而支撑屋顶大跨度钢结构的柱网间距则更大，分布更离散。这就造成了工程中单柱荷载大，荷载分布不平衡的现象。考虑到承载力及沉降敏感度的要求，场地不具备采用天然地基的条件，须采用以混合花岗岩层为持力层的桩基础方案。

　　在基础的方案比选中，深圳本地应用较多且较成熟的基础形式主要有钻冲孔灌注桩、预应力管桩、人工挖孔桩和抗浮锚杆等。

　　采用钻（冲）孔灌注桩基础，可以嵌岩至中风化甚至微风化岩层，它的优点是单桩承载力巨大，施工工艺穿透能力强，桩长、桩径及桩端持力层选择余地大。但缺点是对施工工艺控制要求较高，施工难度较大，施工过程控制不当易造成缩颈、夹泥、断桩、桩底沉渣超标以及泥浆污染环境等问题。同时，施工周期较长且造价较高。

采用预应力管桩基础，主要以全风化、强风化岩为持力层，其优点是施工速度非常快，工程成本低；缺点是单桩承载力有限，桩长过长时容易斜桩、断桩，基岩层较硬或有大量孤石存在时，桩的穿透能力较弱；预应力管桩抗浮性能有待商榷。

采用人工挖孔桩，优点是速度快，造价低，岩面直观易于控制；缺点是桩长不宜过长，水位之下很难施工，且工人施工条件较差，风险大，受地方政策限制较多。

采用抗浮锚杆抗浮，施工快，成本低，但对于底板建筑防水破坏加大，防水隐患增多。

工程前期，经过反复论证，航站楼基础采用了钻（冲）孔灌注桩与预应力管桩相结合的基础方案，如图 3.3-1 所示。

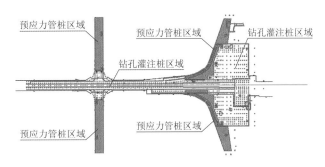

图 3.3-1　桩基平面布置图

在航站楼无地下室的指廊区域及局部楼层不多、荷载较小的区域，采用预应力管桩基础，可大大加快施工进度，减少工程造价。而在主要荷载较大区域及有地下室区域，采用扩底型钻（冲）孔灌注桩，既可满足荷载承重需要，又可以将灌注桩设计为抗浮桩，保证工程的抗浮安全。两种桩型分别在不同区域施工，既不相互干扰，又为上部结构流水施工创造了条件。

为保证灌注桩安全可靠，在灌注桩桩底还采用了后压浆技术，从而有效控制了桩底沉渣和泥皮的不利影响。通过最终的钻芯取样验证，达到了预期的效果。

2. 屋盖支承钢柱方案

钢柱采用上大下小的锥管柱。钢柱柱底截面较小，不能依靠下部混凝土结构提供刚接约束，仅能提供竖向和水平的位移铰接约束。钢柱柱顶截面较大，可以通过插入屋盖结构的方式，利用屋盖桁架约束钢柱柱顶的转角，实现刚接约束。钢柱采用这样的约束条件后，大厅屋盖结构体系类似于门式刚架。

钢柱柱顶抗弯刚度较大，依靠桁架约束时，在地震和风荷载作用下，与钢柱直接连接的屋盖桁架弦杆和腹杆将承担很大的局部次弯矩，导致桁架构件截面较大，受力不合理。为此，采用耳板销轴的连接方式，释放弦杆和腹杆的抗弯刚度，减小局部次弯矩，桁架构件以轴力为主，如图 3.3-2 所示。

柱底节点常规可采用耳板销轴支座或者抗震球铰支座。钢柱柱底存在较大的双方向剪力，耳板销轴支座不适合。钢柱内部设有 2 根或 4 根雨水管，如采用抗震球铰支座，雨水管无法下穿支座，需从钢柱柱底侧壁开孔，削弱钢柱同时影响建筑美观和使用，抗震球铰支座也不适合。为此，采用了一种新型的推力关节轴承支座，该支座可以实现自由转动，同时具有各方向的抗剪能力，尺寸较小，可同时满足雨水管从钢柱直接下插至下部结构，如图 3.3-3 所示。

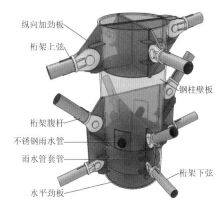

纵向加劲板
桁架上弦
钢柱壁板
桁架腹杆
不锈钢雨水管
雨水管套管
桁架下弦
水平劲板

图 3.3-2　钢柱柱顶节点设计

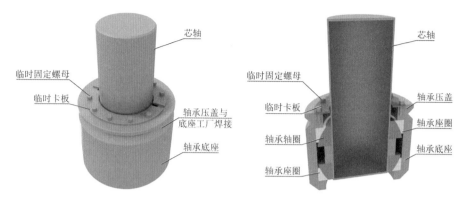

图 3.3-3 钢柱柱底节点设计

3.3.2 结构布置

1. 混凝土结构

根据建筑造型及布局，结合航站楼建筑公共区域面积大、建筑空旷通透的特点，主体结构采用全现浇钢筋混凝土框架结构。承担建筑竖向交通的"混凝土筒"，设计成 200mm 薄墙，并隔一段间距设诱导缝，使整个结构受力均匀，避免局部应力集中。屋顶及支撑屋顶的结构构件采用钢结构，以满足顶层大厅大跨和屋面造型的要求。

T3 航站楼为正交柱网，中央大厅为 9m 和 18m 柱网，其余区域为 9m 柱网，中央大厅支撑屋顶钢结构的为 36m 柱网。为了满足建筑效果，同时能够节省造价、缩短工期，公共区采用混凝土圆柱，非公共区域采用混凝土方柱，屋顶钢结构采用圆钢柱。

机场项目为单体超长、超大型公共建筑，使用荷载大，需要在设计中尽量减小结构自重和混凝土用量，所以工程楼板体系采用的是十字梁薄板体系。梁板尺寸：9m 跨主梁为600mm×600mm，次梁300mm×550mm，18m 跨主梁为1600mm×1300mm（预应力梁），次梁600mm×1000mm，梁间距4.5m，板厚120mm。

如图 3.3-4 所示，航站楼下部混凝土结构分为 15 结构单元，大厅分为 A、E1、E2、F1、F2 共 5 个结构单元，主指廊分为 B1、B2、B3、D1、D2 共 5 个结构单元，次指廊分为 G1、G2、H1、H2 共 4 个结构单元，交叉指廊为 C 单元。

2. 屋面钢结构

屋顶为自由曲面，长 1128m、宽 640m，采用网（架）壳结构，分为 6 块，包括主指廊 D、次指廊 G 和 H、交叉指廊 C、过渡区 B 以及大厅 A，如图 3.3-5、图 3.3-6 所示。钢结构设计时，针对不同分区的结构特点，制定相应的设计标准。

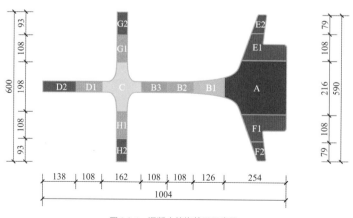

图 3.3-4 混凝土结构单元示意图

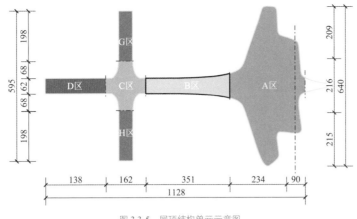

图 3.3-5 屋顶结构单元示意图

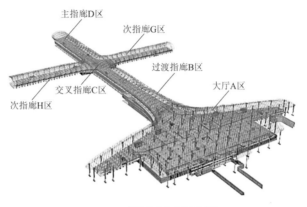

图 3.3-6 航站楼整体结构透视图

1）主指廊、次指廊屋顶钢结构

指廊屋顶钢结构均采用带加强桁架的斜交斜放的双层网壳。网壳曲面延伸到标高 4.400m 的二层楼面，与下部混凝土支承结构对应，屋顶结构每隔 18m 设一支座铰接于混凝土异形柱，并且在与支座对应的屋顶部位，设置两榀加强桁架作为主要受力体系。沿结构跨度方向，支座间距为 44.8m，其中北指廊 D 区结构最宽处为 61.1m 左右，次指廊 G 区、H 区结构最宽处为 54.9m 左右。次指廊（G 区和 H 区）屋顶曲面较简单、统一，网壳沿纵向各剖面相同，其中网壳最厚处为 4.2m；主指廊 D1 区屋顶曲面有凹陷区，沿结构纵向屋顶曲面变化较大，网壳沿纵向和横向均变厚度，其中网壳最厚处为 8.8m。沿结构纵向，斜交斜放形成的菱形网格对角线长度为 9m，另一方向对角线长度在 6m 左右，局部网格加密。图 3.3-7 是主指廊平面、剖面图，次指廊剖面如图 3.3-8 所示。

因网壳面内刚度较大且网壳较长，为减小屋顶的温度内力，除在屋顶侧面开洞的加强桁架处设置固定铰支座外，其余支座沿网壳纵向布置刚度 $K = 6000\text{kN/m}$ 的弹簧支座。同时弹簧支座也能减小由于屋顶分块和混凝土分块不对应、下部混凝土和上部网壳变形不一致造成的上、下部相互影响。

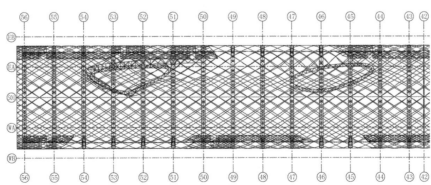

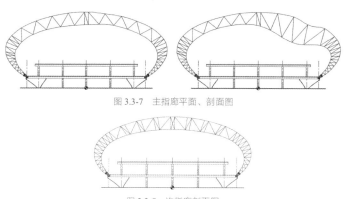

图 3.3-7　主指廊平面、剖面图

图 3.3-8　次指廊剖面图

2）交叉指廊 C 区屋顶钢结构

交叉指廊 C 区的屋顶由南北指廊（B 区、D 区）和次指廊（G 区、H 区）屋顶交叉形成，采用带加强桁架的斜交斜放网壳结构，图 3.3-9 为 C 区屋顶结构图。其中主指廊方向屋顶长度为 162m，包括 4 榀落在二层楼面上（标高 4.400m）的加强桁架；次指廊方向长度为 198m，包括 8 榀落在二层楼面上的加强桁架。在 56m×72m 的中心区域四周布置由四组双 V 形摇摆柱支承的加强桁架，双 V 形摇摆柱落在三层楼面（标高 8.800m）上。另外，为改善结构的受力状态、提高结构刚度、减小关键加强桁架的内力，设置 8 根水平拉杆将轴 41、35、WB、EB 的加强桁架与三层楼面的混凝土结构拉接。C 区网格尺寸与 D 区相差不大，支座采用沿切线弹簧的铰支座。

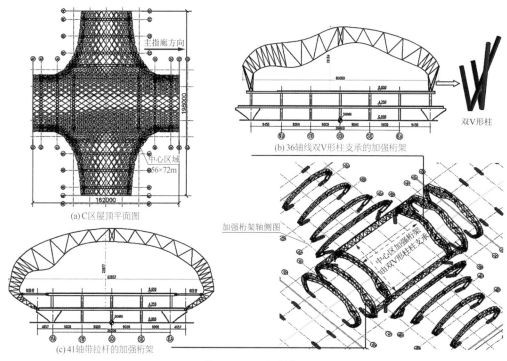

(a) C 区屋顶平面图

(b) 36 轴线双 V 形柱支承的加强桁架

双 V 形柱

加强桁架轴侧图

(c) 41 轴带拉杆的加强桁架

图 3.3-9　C 区屋顶结构图

3）大厅 A 区屋顶钢结构

大厅屋顶跨越 E 区、A 区和 F 区三个混凝土结构单元，东西方向长约 636m，南北方向宽约 324m，投影面积约为 12.3 万 m²，结构最高点标高 43.000m，图 3.3-10 为大厅屋顶结构平面图。

屋顶支承结构由倒锥形钢管柱底与下部混凝土结构铰接、柱顶与网架上下弦杆连接的网架-钢支承柱空间框架、钢筒体、两榀拱形桁架以及摇摆柱组成，承担屋顶的竖向荷载、水平荷载以及幕墙的各种荷载。

其中框架柱、摇摆柱、筒体的柱网有 36m×36m 和 36m×27m 两种，拱形桁架间距 18m，屋顶支承结构体系如图 3.3-11 所示，支承结构有四个组成部分。

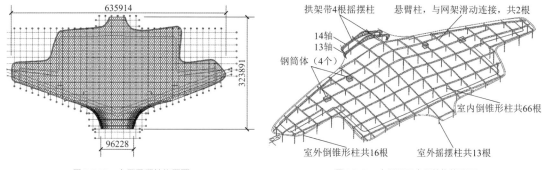

图 3.3-10　大厅屋顶结构平面　　　　　　　　　图 3.3-11　大厅屋顶支承结构体系图

（1）82 根室内和室外倒锥形柱下端铰接，上端与屋顶加强桁架上下弦连接，形成下端铰接、上端刚接的框架体系，为结构主要的抗侧力体系。

（2）4 个筒体和 2 个悬臂柱，此部分抗侧刚度较大，且位于结构北部，为避免结构扭转，采用与屋顶水平滑动连接的方式，并在滑动支座对应位置设置黏滞阻尼器提高结构的抗震性能，正常使用时可以减小温度作用，如图 3.3-12 所示。安装在不同区域的黏滞阻尼器参数如下：核心筒上，阻尼系数为 1200kN/(m/s)、阻尼指数为 0.35；悬臂柱和拱脚支座上，阻尼系数为 1000kN/(m/s)、阻尼指数为 0.35。

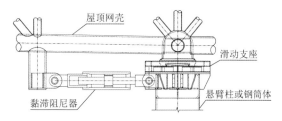

图 3.3-12　黏滞阻尼器布置示意图

（3）13 根落在市政桥上倒锥形钢柱，为减小市政桥结构和航站楼结构两种不同结构体系在温度、地震下对屋顶结构的影响，采用上下端均铰接的摇摆柱。

（4）北侧两榀直接落在二层楼面的拱形拱架，可以提高东西方向的抗侧刚度。

屋顶结构采用斜交斜放曲面网架，在钢柱轴线上布置正交正放的平面桁架加强，形成带加强桁架的斜交斜放网架结构。菱形网格两个对角线长度分别约为 9m 和 6m，网架厚度 3.2m 左右。

大厅支承结构除核心筒和加强桁架外，支承于市政桥上的钢管柱采用摇摆柱，摇摆柱为常截面钢管柱，支承于航站楼大厅混凝土主体结构上的钢柱为变截面钢管柱，柱截面单边坡度为 2%，钢柱下端与混凝土主体结构铰接，上端与屋盖结构刚接，柱底直径如图 3.3-13 所示。

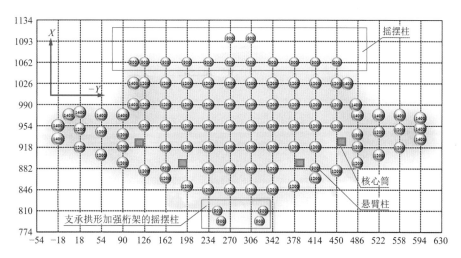

图 3.3-13　钢柱柱顶直接布置示意图

3.3.3 性能目标

（1）指廊屋顶钢结构

指廊屋顶钢结构均为带加强桁架的筒壳，屋顶支座落在巨型混凝土柱上。屋顶钢结构和巨型混凝土柱的抗震性能列于表 3.3-1 和表 3.3-2。

屋顶钢结构的抗震性能   表 3.3-1

抗震设防水准	第一水准(小震)	第二水准（中震）	第三水准（大震）
抗震性能	不损坏	基本完好	不倒塌
分析方法	反应谱法为主，时程法补充计算	反应谱法为主，时程法补充计算	时程法计算
控制标准	按照弹性设计	中震弹性的构件：支座腹杆、主拱桁架弦杆，其他构件不屈服	屋顶网架挠度≤L/50，支座节点不屈服

巨型混凝土柱的抗震性能   表 3.3-2

抗震设防水准	第一水准（小震）	第二水准（中震）	第三水准（大震）
抗震性能	不损坏	不损坏	基本完好
分析方法	反应谱法为主，时程法补充计算	反应谱法为主，时程法补充计算	反应谱法时程法
控制标准	按照弹性设计	抗弯弹性	抗剪弹性

（2）交叉指廊 C 区屋顶钢结构

C 区由主指廊和次指廊交叉形成，屋顶结构由落在楼面上的加强桁架、摇摆柱、拉杆组成。屋顶的性能目标列于表 3.3-3。

屋顶结构的抗震性能   表 3.3-3

抗震设防水准	第一水准（小震）	第二水准（中震）	第三水准（大震）
抗震性能	不损坏	基本完好	不倒塌
分析方法	反应谱法为主，时程法补充计算	反应谱法为主，时程法补充计算	时程法计算
控制标准	按照弹性设计	中震弹性的构件：支座腹杆、主拱桁架弦杆、与摇摆柱联系的加杆件，其他构件不屈服	屋顶网架挠度≤L/50，支座节点不屈服，水平拉杆及水平拉杆节点弹性，与水平拉杆联系的杆件不屈服

（3）大厅 A 区屋顶钢结构

A 区屋顶结构为斜交斜放网架，并在支承柱和支承筒体处设置正交正放的桁架。屋顶支承结构由钢筒体、下端铰接上端与网架刚接的倒锥形柱以及等截面摇摆柱组成。屋顶的性能目标列于表 3.3-4，屋顶支承结构的性能目标列于表 3.3-5。

屋顶结构的抗震性能   表 3.3-4

抗震设防水准	第一水准（小震）	第二水准（中震）	第三水准（大震）
抗震性能	不损坏	基本完好	不倒塌
分析方法	反应谱法为主，时程法补充计算	反应谱法为主，时程法补充计算	时程法计算
控制标准	按照弹性设计	中震弹性的构件：支座腹杆、加强桁架，其他构件不屈服	屋顶网架挠度≤L/50，支座节点不屈服，与钢筒体连接的杆件不屈服

表 3.3-5

屋顶支承的抗震性能

抗震设防水准	第一水准（小震）	第二水准（中震）	第三水准（大震）
抗震性能	不损坏	不损坏	不倒塌
分析方法	反应谱法为主， 时程法补充计算	反应谱法为主， 时程法补充计算	时程法计算
控制标准	按照弹性设计，层间位移角 ≤ 1/200。 框架柱承担的最小剪力取以下较大值： 不小于总剪力的 25%； 框架部分地震剪力的 1.8 倍	构件弹性	层间位移角 ≤ 1/40 筒体不屈服

3.3.4 结构分析

以中心区屋顶钢结构展开说明，中央大厅结构前三阶周期列于表 3.3-6，振型如图 3.3-14 所示。

结构前三阶振型

表 3.3-6

序号	周期/s	振型方向因子			振型特点	备注
		X方向	Y方向	Z方向		
1	1.55	18.4	81.4	0.2	Y向平动为主	第一扭转周期/第一平动周期 = 0.75
2	1.39	98.6	1.2	0.3	X向平动	
3	1.16	58.6	40.6	0.9	扭转	

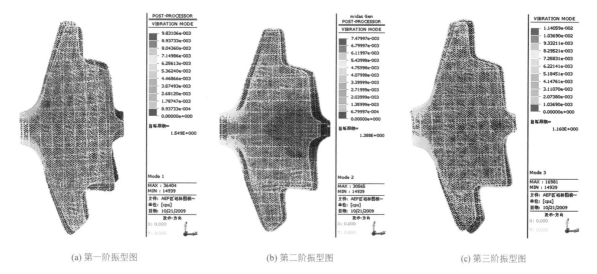

(a) 第一阶振型图　　　　　(b) 第二阶振型图　　　　　(c) 第三阶振型图

图 3.3-14　结构前三阶自振特性

小震时程分析选用了两组实际地震记录和一组人工模拟的地震加速度时程曲线，并按照安评报告对地震波进行调幅。三条地震波作用下的基底剪力与反应谱计算的基底剪力比较见表 3.3-7 与表 3.3-8，均满足规范要求。

X向地震波输入比较

表 3.3-7

时程法/kN		反应谱法/kN	时程法/反应谱
人工波	117335	118235	0.99
天然波 1	111065		0.94
天然波 2	129898		1.10
平均值	119433		1.01

第 3 章　深圳宝安国际机场 T3 航站楼

时程法/kN		反应谱法/kN	时程法/反应谱
人工波	153887		1.05
天然波 1	128065	146911	0.87
天然波 2	175691		1.20
平均值	152548		1.04

地震波单向输入，钢柱最大水平位移及屋盖最大竖向位移与反应谱比较见表 3.3-9。钢柱最大水平加速度及屋盖最大竖向加速度与反应谱比较见表 3.3-10。

钢柱顶水平位移及网架竖向位移   表 3.3-9

地震方向	位移	反应谱	时程分析算得位移/mm			时程/反应谱算得位移/mm			
			El-h	Taft-h	Acce63-1	El-h	Taft-h	Acce63-1	平均值
X	D_X	56	44.6	44.8	45.0	0.80	0.80	0.80	0.80
	D_Y	39	37.5	46.5	43.1	0.96	1.19	1.11	1.09
Y	D_X	26	24.6	22.0	15.7	0.89	0.64	1.83	1.12
	D_Y	61	78.1	55.2	61.0	1.28	0.90	1.00	1.06
Z	D_Z	15	15.5	13.2	15.5	1.03	0.88	1.03	0.98

钢柱顶水平加速度及网架竖向加速度   表 3.3-10

地震方向	加速度	反应谱	时程分析算得加速度/（m/s²）			时程/反应谱算得加速度/（m/s²）			
			El-h	Taft-h	Acce63-1	El-h	Taft-h	Acce63-1	平均值
X	A_X	1.90	1.37	1.58	1.76	0.72	0.83	0.93	0.83
	A_Y	2.61	2.67	3.38	2.46	1.02	1.30	0.94	1.09
Y	A_X	2.41	1.07	1.54	1.13	0.44	0.64	0.47	0.52
	A_Y	2.66	1.81	1.70	1.55	0.68	0.64	0.58	0.63
Z	A_Z	2.87	2.22	2.08	2.25	0.77	0.72	0.78	0.76

通过大震弹塑性时程分析研究了网架-支承柱空间框架抗侧结构体系的抗震性能和延性能力。在罕遇地震下位于支承柱间的屋盖网架加强桁架均处于弹性阶段，加强桁架之间的网架出现少量屈服，仅少量钢柱出现了轻微的塑性铰，如图 3.3-15、图 3.3-16 所示。

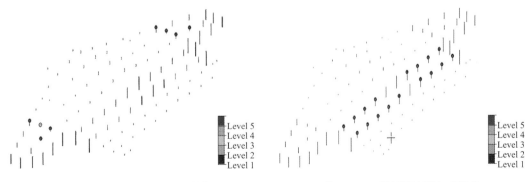

图 3.3-15 天然波屋顶支承柱 R_y 塑性铰   图 3.3-16 天然波屋顶支承柱 R_z 塑性铰

3.4 专项设计

3.4.1 直指廊钢结构屋面设计

在指廊区设计过程中，为减小屋顶结构的温度效应以及下部不同混凝土分区在地震、温度下变形不协调对屋顶结构影响，采用了固定支座和碟形弹簧支座相组合的形式。见图3.4-1。

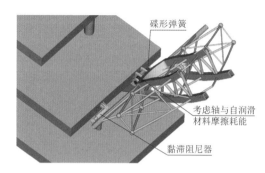

图 3.4-1 弹簧支座与黏滞阻尼器关系示意图

下面以指廊D区为例分析蝶形弹簧支座对屋顶的隔震作用以及支座摩擦和阻尼器对减震的影响。D区总长度为292.5m，混凝土为两块，D1区长144m，D2区长146.7m，两区之间设伸缩缝。D区指廊屋顶为一整块，跨越在不同混凝土分块上。屋顶钢结构采用带加强桁架的斜交斜放网架，每隔18m设置加强桁架。D区有14榀加强桁架，28个支座。支座长向为弹簧支座。根据结构的受力要求，弹簧支座满足以下要求：（1）满足各方向转动要求；（2）弹簧刚度6000~8000kN/m；（3）静摩擦系数不大于10%，动摩擦系数不大于3%；（4）弹簧位移量60mm。图3.4-2是D区指廊立面及平面图，图3.4-3为D区结构的局部透视及支座节点图。

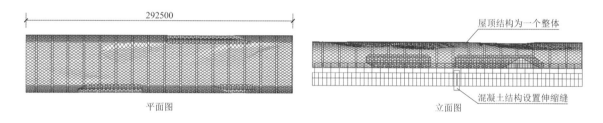

图 3.4-2 D区指廊立面及平面图

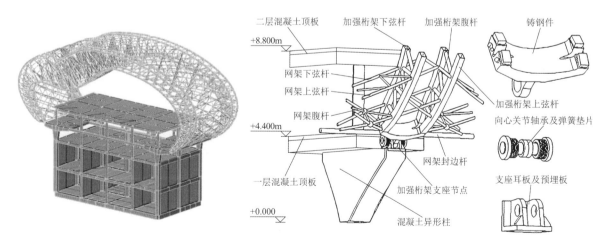

图 3.4-3 D区局部透视及支座节点图

为了减小温度及水平地震作用对结构的影响，沿长向的钢结构支座上布置了刚度 $K = 6000\text{kN/m}$ 的弹簧以释放沿长向较大的支座反力。设置弹簧支座前后周期沿指廊长向的振动周期对比如表 3.4-1 所示。从结果可以看出隔震前后指廊结构沿隔震方向的自振周期明显延长，隔震后周期是隔震前的 2.97 倍。

指廊 D 区隔震前后周期对比（指廊长向、隔震方向）   表 3.4-1

项目	隔震前	隔震后	隔震后/隔震前
周期/s	0.605	1.80	2.97

隔震前后的指廊在大震作用下总支座总剪力对比如表 3.4-2 所示，隔震后指廊总剪力约为隔震前的 53.4%，达到了较好的隔震效果。

大震下指廊 D 区隔震前后支座总剪力对比（指廊长向、隔震方向）   表 3.4-2

项目	隔震前	隔震后	减震系数
总剪力/kN	26033	13900	0.534

为选择合理的边界条件，比较不同边界条件下，升温30℃支座的反力如下：

（1）全部支座采用固定铰支座，产生1788kN的水平推力，如图 3.4-4 所示。

（2）采用工程确定的边界条件，但不考虑支座销轴和耳板的摩擦力，产生 164kN 的水平推力，如图 3.4-5 所示。

（3）采用工程确定的边界条件，考虑 10% 的摩擦力，克服摩擦力后弹簧提供刚度，按照图 3.4-6 所示理想刚弹性模型计算，最大产生 583kN 的水平力。

通过比较，因此采用弹簧支座可以大幅减小温度效应，同时在混凝土分缝处，减小由于地震作用带来的屋顶支座反力的突变。另外在计算温度效应时，应该考虑摩擦力的影响。

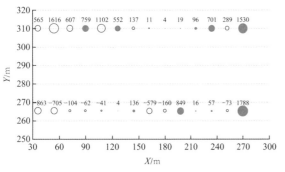

图 3.4-4　全固定铰情况，温度作用下的支座反力（单位：kN）

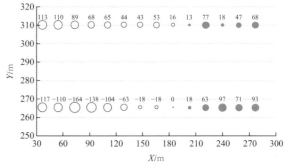

图 3.4-5　长向弹簧支座情况，温度作用下的支座反力（单位：kN）

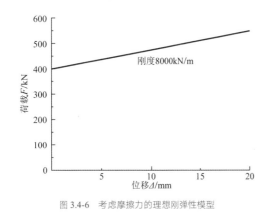

图 3.4-6　考虑摩擦力的理想刚弹性模型

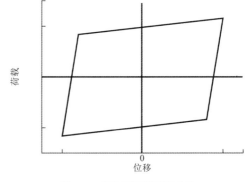

图 3.4-7　摩擦-弹簧耗能滞回曲线

工程纵向采用弹簧支座后，减小了结构支承刚度，降低了温度作用，延长了屋顶结构的纵向周期，起到了对屋顶的隔震作用，但大震下弹簧支座的水平位移达到 160mm，远超出弹簧的变形限值。为减小弹簧的变形，采取了以下措施：（1）设置黏滞阻尼器，减小位移；（2）作为安全储备，考虑销轴和耳板自润滑材料之间的摩擦，消耗地震能量，降低结构响应，减小弹簧变形。图 3.4-7 所示为考虑弹簧刚度和摩擦耗能的滞回曲线。

结构不同模型在大震作用下的主要减震计算结果见表 3.4-3，可以看出：

（1）采用弹簧支座后，减震效果明显，减震系数为 0.534。

（2）弹簧支座与阻尼器组合的减震效果与单独弹簧支座的相当，但弹簧变形由 160mm 减小到54mm。

（3）弹簧支座同时考虑摩擦耗能后，减震系数达到 0.373，说明销轴和耳板自润滑材料之间的摩擦，消耗了地震能量，降低了地震下结构响应。

（4）当考虑弹簧支座 + 阻尼器 + 摩擦耗能组合后，总体减震效果与弹簧支座 + 阻尼器的相当，但弹簧变形略有减小。

图 3.4-8 为支座全铰接和弹簧支座 + 阻尼器两种边界条件下支座最大剪力时程曲线。

大震下指廊 D 区不同模型减震结果（指廊长向、隔震方向）　　　　表 3.4-3

模型	支座总剪力/kN	阻尼器总剪力/kN	总剪力	减震系数	最大位移/mm
固定铰支座	26033	0	20633	—	0
弹簧支座	13900	0	13900	0.534	160
弹簧支座 + 阻尼器	6406	7834	13415	0.515	54
弹簧支座 + 摩擦耗能	9717	0	9717	0.373	75
弹簧支座 + 阻尼器 + 摩擦耗能	6943	6748	13709	0.526	46

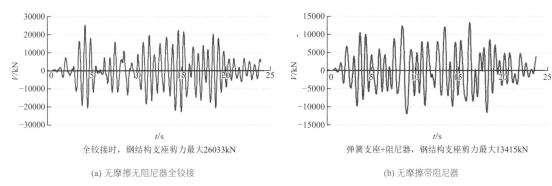

全铰接时，钢结构支座剪力最大26033kN　　　　　　弹簧支座+阻尼器，钢结构支座剪力最大13415kN

　　　　　（a）无摩擦无阻尼器全铰接　　　　　　　　　　　　　　（b）无摩擦带阻尼器

图 3.4-8　支座最大总剪力时程曲线

3.4.2　中心区钢结构屋面设计

网架-支承柱整体抗侧体系的抗震性能受多种因素的影响，受力复杂，为系统研究网架-支承柱整体抗侧体系的性能，采用 ABAQUS 通用有限元分析软件，分析不同参数对网架-支承柱整体抗侧体系抗震性能的影响。

（1）采用斜交斜放网架的情况下（图 3.4-9），不同网架结构高度对整体抗侧体系抗震性能的影响，包括破坏特征、承载力、变形等；

（2）网架采用正放四角锥网架的情况下（图 3.4-10），整体抗侧体系抗震性能、破坏机制的研究；

（3）研究双向水平荷载作用下，整体抗侧体系抗震性能研究。

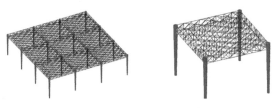

图 3.4-9　网架-支承柱整体抗侧体系及基本单元（网架为斜交斜放网架）

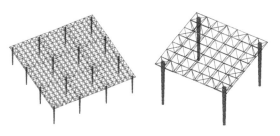

图 3.4-10　正放四角锥网架-支承柱整体抗侧体系及典型单元

图 3.4-11 为网架采用正放四角锥网架的网架-支承柱整体抗侧体系在往复水平荷载下的滞回曲线。图 3.4-12 为正放四角锥网架和斜交斜放网架的网架-支承柱整体抗侧体系在单向水平荷载下的力-位移曲线。图 3.4-13 为采用正放四角锥网架的网架-支承柱体系在不同层间位移角时的塑性分布。

经典回眸 北京市建筑设计研究院有限公司篇

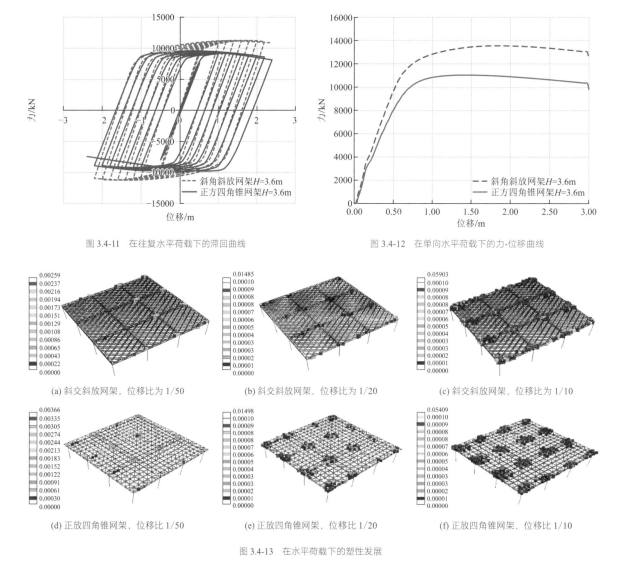

图 3.4-11　在往复水平荷载下的滞回曲线　　　　　图 3.4-12　在单向水平荷载下的力-位移曲线

图 3.4-13　在水平荷载下的塑性发展

分析发现：

（1）在相同网架高度的情况下，两种网架形式的网架-支承柱整体抗侧体系的滞回曲线均较为饱满，具有良好的延性。

（2）由于正方四角锥网架的弦杆没有直接与柱子连接，而是通过面内斜腹杆与柱子相连，导致传力不直接；而斜交斜放网架通过加强边桁架直接与钢柱连接，传力直接。因此在相同网架高度的情况下，采用斜交斜放网架的网架-支承柱体系的初始弹性刚度和承载力均比正放四角锥网架有明显提高。

（3）网架采用正放四角锥后，仍以端部杆件最先屈服，但随着塑性的发展，屈服的杆件逐渐向跨中和非加载方向的桁架杆件扩展。与采用斜交斜放网架的网架-支承柱体系相比，采用正放四角锥的杆件塑性应变发展的区域更为集中，在单向水平加载下，当结构达到1/10的层间位移角时，柱子周围两个方向的杆件均进入塑性状态。

为研究双向水平荷载下结构体系的抗震性能和损伤机制，对两种不同网架形式的网架-支承柱整体抗侧体系进行水平荷载分析。图 3.4-14 为不同网架形式双向加载时的网架-支承柱整体抗侧体系在水平荷载下的力-位移曲线。图 3.4-15 为不同网架形式在双向加载时的网架-支承柱体系塑性发展。

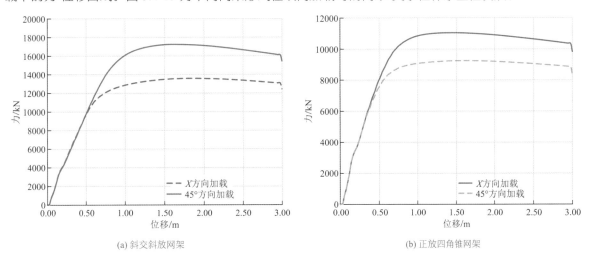

图 3.4-14　不同加载方式水平荷载下的力-位移曲线

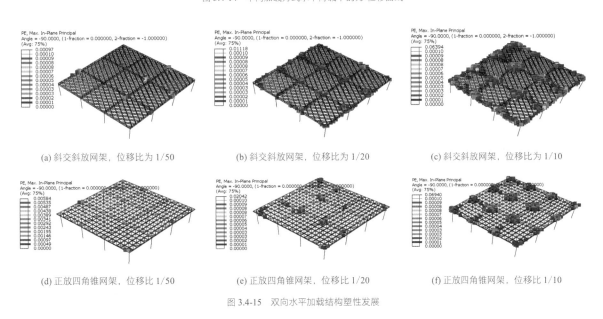

图 3.4-15　双向水平加载结构塑性发展

通过对网架-支承柱空间框架抗侧体系在不同网架高度、不同网架形式、加载方向、端部杆件约束方式及杆件形式的研究，得出如下结论：

（1）网架-支承柱空间框架抗侧体系水平荷载下在大位移角时仍具有较大承载力，具有较好的抗震延性。

（2）随着网架高度的增加，网架-支承柱空间框架抗侧体系的水平承载力和初始水平抗侧刚度逐渐提高。不同结构高度的网架-支承柱空间框架抗侧体系在水平荷载下均在桁架端部杆件最先屈服，随着荷载的增加，塑性逐渐向跨中发展。对于斜交斜放网架，柱间加强桁架是整个网架-支承柱空间框架抗侧体系的主要抗侧构件。

（3）相比较于正放四角锥网架，采用斜交斜放网架的网架-支承柱空间框架抗侧体系承载力更高，延性更好，空间整体受力性能更好。

（4）对于网架为斜交斜放网架的网架-支承柱体系，在双向水平加载情况下，其水平承载力明显提高；而对于网架为正放四角锥网架的网架-支承柱体系，其水平承载力略有降低。无论单向加载还是双向加载，采用采用斜交斜放网架的水平承载力均大于正放四角锥网架的网架-支承柱体系。

3.5 试验研究

3.5.1 碟形弹簧支座试验研究

为解决温度作用和地震作用对狭长型大跨结构边界条件的不同需求，同时保证支座具有较大的抗拔承载力，研发了一种采用碟形弹簧支座的大跨结构水平单向隔震支座，并获得了国家专利——建筑用带弹簧的万向铰支座及其安装方法（ZL201110398982.0）。该支座具有单向水平弹簧刚度、空间转动能力、抗拔和抗压承载能力相同等特点。

支座如图3.5-1所示，主要包括底座和转动滑移机构，由底板、两块支撑耳板、向心关节轴承、连接耳板和销轴共同组成。支撑耳板的耳孔内壁涂有滑移材料，与销轴两端的滑移轴套之间形成摩擦副。带滑移轴套的销轴上套有碟形弹簧，碟形弹簧的一端顶在支撑耳板上，另一端与安装在滑移轴套外端的端盖板连接，滑移轴套与销轴之间为机械过盈配合连接，以保证轴套与销轴共同受力。

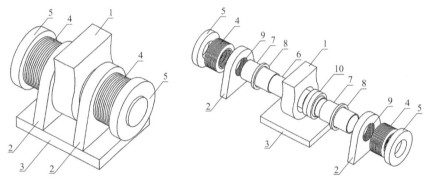

图 3.5-1　带弹簧的万向铰支座的构造

1—连接耳板；2—支撑耳板；3—底板；4—碟形弹簧；5—端盖板；6—销轴；7—滑移轴套；8—轴承封板；9—润滑圈；10—向心关节轴承。

哈尔滨工业大学深圳研究生院联合完成了"碟形弹簧组性能试验"（图3.5-2）"摩擦系数的试验""支座整体模型试验"（图3.5-3）"T形铸钢节点试验研究"。

图 3.5-2　碟形弹簧组性能试验照片

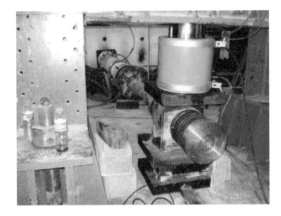

图 3.5-3 支座整体模型试验加载装置照片

3.5.2 振动台试验

为充分研究网架-支承柱整体抗侧体系的抗震性能，验证该体系的可靠性，对深圳机场 T3 航站楼大厅屋顶钢结构进行了 1：55 比例模型的振动台试验，地震模拟实验按 7 度小震、中震、大震分别输入地震波。试验模型如图 3.5-4、图 3.5-5 所示。通过对中心区大厅、交叉指廊区结构模型的抗震模拟实验，依据模型在小、中和大震地震模拟实验中的破损情况，发现该结构满足"小震不坏，中震可修，大震不倒"的抗震能力要求，说明网架-支承柱整体抗侧体系具有良好的抗震性能。

图 3.5-4 深圳机场大厅模型大震实验后概貌

图 3.5-5 交叉指廊地震台模拟实验

3.6 结语

深圳国际机场 T3 航站楼将成为深圳 21 世纪的标志性建筑，设计以流线型的动感元素及自然演变来的生态形式为城市带来新的想象力和冲击力。针对超长、超大的屋面造型，中央大厅选用了网架-支承柱的结构体系，指廊采用带加强桁架的斜交斜放的双层网壳体系，完美演绎出建筑的造型。

在设计过程中，研究完成了两个创新点：

（1）提出了一种网架-支承柱空间框架抗侧结构体系，钢柱柱底与基础或下部主体结构铰接，钢柱柱顶与网架上下弦杆铰接连接，依靠网架的整体抗弯刚度，在钢柱顶形成抗弯区域，抵抗横向荷载，成为网架-支承柱空间框架抗侧结构体系。理论分析和试验研究均表明，该体系利用网架的竖向刚度，与底部铰接钢柱形成整体抗侧体系，水平承载力高、延性好，可作为大柱网公共建筑的抗震、抗风结构体系，能有效减小结构占用的室内空间。

（2）提出一种适用于狭长型大跨结构的单向水平隔震系统，有效解决了温度作用和地震作用对狭长型大跨结构边界条件的不同需求，同时保证支座具有较大的抗拔承载力，并应用于 T3 航站楼指廊大跨结构隔震设计。沿长向布置碟形弹簧和阻尼器，可以减小支座约束刚度，增加结构阻尼，形成大跨度结构水平隔震系统，减小地震作用，提高了结构抗震性能，同时减小了结构温度效应。

参考资料

[1] 束伟农，朱忠义，王国庆，等. 深圳宝安国际机场 T3 航站楼结构设计[J]. 建筑结构，2013, 9(17).

[2] 北京市建筑设计研究院. 深圳机场 T3 航站楼超限审查报告[R]. 2008.

[3] 张琳，秦凯，杨育臣，等. 深圳宝安国际机场 T3 航站楼屋顶钢结构支座节点设计与隔震耗能分析[C]. 第十四届空间结构学术会议，2012.

[4] 杨育臣，朱忠义，秦凯，等. 深圳宝安国际机场 T3 航站楼消能减震结构研究[J]. 建筑结构，2015, 9(18).

设计团队

结构设计单位：北京市建筑设计研究院有限公司（初步设计 + 施工图）
　　　　　　　FUKSAS 公司（方案 + 初步设计）

结构设计团队：王国庆、朱忠义、陈　清、靳海卿、秦　凯、张　琳、庞　磊、王　哲、张　翀、石　昇、徐宇鸣、杨育臣、常　虹、常　乐

执　笔　人：靳海卿、张　琳

获奖信息

2015 年全国优秀工程勘察设计行业建筑工程一等奖；

2016 年第九届全国优秀建筑结构设计一等奖；

2017 年全国优秀工程勘察设计行业结构二等奖；

2015 年北京市第十八届优秀工程设计公建一等奖；

2017 年北京市优秀工程勘察设计结构专项一等奖；

2015 年亚洲建协建筑奖（AAA）金奖；

2015 年度中国建筑结构设计奖；

2016 年中国建筑学会建筑创作公共建筑类金奖；

2019 年中国建筑学会科技进步奖二等奖。

第 4 章

广州南站

4.1 工程概况

4.1.1 建筑概况

广州南站位于广东省广州市番禺区石壁街道南站北路，是中国铁路广州局集团有限公司管辖的特等站，是中国客运量最大、最繁忙的火车站，2010 年 10 月全面建成通车，2021 年全年客流量达 1.24 亿人次，连续多年蝉联全国火车站客流量第一。广州南站连接京广高速铁路、广深港高速铁路、贵广高速铁路、南广铁路、广珠城轨和粤西沿海铁路，是粤港澳大湾区、泛珠江三角洲地区的铁路核心车站，是广州铁路枢纽的重要组成部分。广州南站是国内第一个高架铁路车站，建筑面积 56 万 m²，站场按照 15 台 28 线布置，集客运专线、城际铁路、普通铁路、城市轨道交通、海关、机场客运、巴士、出租、社会车等多种交通方式于一体，实现了真正意义上的交通零换乘。

广州南站主站房长 476m，宽 222m，地下 1 层，地上 3 层，地下室主要为车库、机房，层高为 3.95m；首层主要为停车场、公交站等，层高 12.0m；二层为旅客上下火车的站台层，层高 9.0m；三层为高架候车层，屋面由各种不同的空间曲面组成，最高点标高为 50.000m，最低点标高为 23.600m。主站房两侧为无站台柱雨棚区，相互独立，高度在 13～26m 之间，无站台柱雨棚屋面由圆弧形曲面组成。车站造型新颖，以层叠的芭蕉叶状单元为屋顶造型的主体，体现了岭南的地域特征。高架中央大厅及地面中央大厅为高大空间，给人以恢宏壮阔的空间感受。

站台层平面图见图 4.1-1，建筑剖面图见图 4.1-2，俯视图见图 4.1-3。

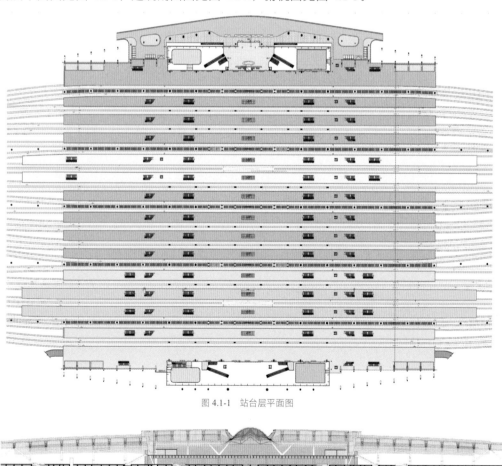

图 4.1-1　站台层平面图

图 4.1-2　广州南站剖面图

图 4.1-3　广州南站俯视图

4.1.2　设计条件

1. 主体控制参数

控制参数见表 4.1-1。

控制参数表　　　　　　　　　　　　　　　　　　　　表 4.1-1

结构设计基准期	50 年	建筑抗震设防分类	重点设防类（乙类）
建筑结构安全等级	一级（结构重要性系数 1.1）	抗震设防烈度	7 度（0.10g）
地基基础设计等级	一级	设计地震分组	第一组
建筑结构阻尼比	0.045（小震）/0.065（大震）	场地类别	Ⅱ类

2. 风荷载

基本风压按 100 年一遇取值（番禺地区）：0.70kN/m²。按照中国建筑科学研究院《广州新客站风荷载与风环境试验研究报告》结果，取每 15° 一个风向角作为一荷载工况。两侧悬挑屋顶百叶透空率 > 50%，根据数值风洞分析结果，此处的风荷载折减 50%。

4.2　建筑特点

4.2.1　建筑功能复杂，各层差异悬殊

广州南站工程体量大，结构复杂：

（1）各层结构形式不同：地下室为钢筋混凝土框架结构；二层为铁路桥梁结构，跨度 32～68m，采用拱和连续梁相结合的结构体系，以线性结构为主，平行轨道方向抗侧刚度很大，垂直轨道方向抗侧刚度相对较小；三层主要采用预应力钢筋混凝土梁结构，以框架结构为主；屋顶采用大跨索拱和索壳等空间结构。

（2）各层柱网和柱类型不同：地下室柱网为 8m×8m；首层柱网一般为 32m×23.5m，中部为 64m×23.5m，由铁路桥墩和轨道梁形成钢筋混凝土拱形结构；二层柱网一般为 16m×23.5m、32m×23.5m，采用钢管混凝土柱和混凝土柱；屋顶层柱网一般为 32m×68m，采用钢柱。

（3）各层分缝不同：平面尺寸为 398m×192m，地下室在垂直轨道方向被地铁分为左右两部分；二层站台层平行轨道方向共设了九道缝；三层高架候车层平行轨道方向设了三道缝；屋顶钢结构不设缝。

（4）执行规范标准不同：二层执行铁路桥梁设计规范；地下室、三层以及屋顶执行建筑设计规范。

4.2.2 站桥合一

广州南站的最主要特点就是火车从建筑物楼层中间穿过，采取站桥合一方案。站桥合一是指火车站候车室和铁路桥梁站台层这两个结构体合二为一。从结构体系上讲，这两个体系相差较大：火车站候车室为一般民用公共建筑，结构体系为框架结构；铁路桥梁站台层为铁路桥梁结构，主要为线性结构体系，构件尺寸较大，列车在其上通过或停车，以列车相关的荷载为主，为室外建筑。铁路桥梁平行轨道方向设缝较多，而主站房候车室只能少量设缝，其上的屋顶钢结构由于功能的需要无法设缝，无站台柱雨棚位于主站房的两侧，与主站房的屋顶钢结构不直接相连。

受建筑功能的限制，无法布置钢筋混凝土剪力墙或斜撑结构，因此采用了"框架结构"体系。列车在这个建筑物中间经停，其中在正线上，列车将以200km/h的速度通过，列车启动、停车和高速通过，对候车室振动和舒适度将产生较大的影响。

4.2.3 屋面造型复杂

主站房屋顶平面尺寸东西长468.8m，南北宽222.0m，雨棚屋盖平面尺寸（单侧）421.8m×189.6m，体量巨大，空间关系复杂，结构体系多样。站房钢结构屋盖体形由多个筒形和波浪形体块相互切割而成，采用分片叠合的造型，寓意南国的芭蕉叶，上面分布45°的斜纹，象征叶子的脉络。综合建筑效果和结构受力要求，采用以索拱和索壳为主的结构体系，短跨方向以倒三角形钢桁架作为主梁，长跨方向采用索拱或张弦梁支承屋面，中央采光带采用拉索加劲的单层筒壳体系。本项目采用了一种新型的索拱体系，跨度36～90m不等，拉索与拱身同向弯曲，索拱的上弦拱矢跨比为1/8，下弦拉索矢跨比为1/20，这种形式的索拱具有造型美观、稳定和抗风性能好等特点。入口区域由各空间曲面交会形成复杂的相贯面，利用此相贯的体型，在交会区采用了三向张弦梁体系，在入口挑檐区采用了单层索壳体系，最大跨度78.5m，根据计算设定预应力张拉参数和优化体型，达到了合理的结构受力状态，实现了建筑效果和结构体系的完美结合。

4.3 体系与分析

4.3.1 屋盖钢结构方案对比

主站房屋顶在建筑方案的初期，结构专业就进行了密切配合，先后采用了双层网壳方案、单层网壳＋稳定索方案、索拱＋索壳方案等，最后决定选择与建筑效果贴合最好的索拱＋索壳方案。

屋顶的建筑造型经过多轮方案比选后，将图4.3-1所示方案1与最后实施的方案2列为最终比选方案。方案1结构主要由两部分组成，两侧的连续跨索拱结构和中央柱壳，中央柱壳总长为469m，温度作用引起的内力很大，但结构整体性较强，各部分衔接较好。方案2结构主要由三部分组成：两侧的连续跨索拱结构、中央柱壳和两端入口处壳体，两端入口壳体和中央柱壳间使用单向拱形结构相连，中央柱状壳体总长为348m，为方案1的75%。由于两侧屋顶的索拱结构对温度作用相对不敏感，温度应力及变形的最大值主要由中央柱壳控制，因此方案2的温度作用反应小于方案1。和方案1相比，方案2整体性相对弱些，入口连接略显生硬。

经典回眸 北京市建筑设计研究院有限公司篇

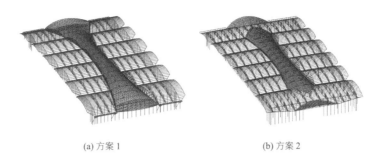

(a) 方案 1   (b) 方案 2

图 4.3-1　主站房屋盖方案对比

选取典型的荷载工况分析，屋盖结构两种方案的主要计算结果对比如表 4.3-1 所示。

站房屋盖方案计算对比表　　　　　　　　　　　　　　　　表 4.3-1

方案	前两阶振型	西入口悬挑端竖向最大变形/mm	温度下水平位移最大值/mm	入口区域用钢量/t
方案 1	整体平动，平动＋入口区竖向振动	−213.5	71.2	1510.3
方案 2	西入口区竖向振动，东入口区竖向振动	−293.1	50.1	1003.6

从分析结果可见，方案 1 整体性相对较好，第一阶振型为整体平动，刚度也较方案 2 略大。方案 1 在温度作用下的屋盖最大水平位移为 71.2mm，温度应力也比较大，需在中央柱壳适当的位置上设温度变形缝；方案 2 在温度作用下的屋盖最大水平变形为 50.1mm，经计算分析，应力在允许范围内，可以不设温度变形缝。方案 1 的主入口处单层柱壳跨度较大，为 103m（图 4.3-2），用钢量大；方案 2 主入口跨度为 96m（见图 4.3-2），用钢量较方案 1 少 506.7t。综合各种因素，最后决定选取方案 2 为广州南站实施方案，同时加强了入口区域的面内交叉支撑，使结构整体性得到改善。

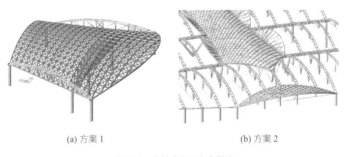

(a) 方案 1   (b) 方案 2

图 4.3-2　主站房入口方案做法

4.3.2　结构布置

1. 结构体系特点

广州南站主站房可算作框架结构，但有如下几点特殊性：（1）各层结构的形式不同，站台层由桥墩和变截面预应力混凝土轨道梁组成，高架候车层由钢管混凝土柱、混凝土柱、预应力钢筋混凝土大梁和钢桁架组成，屋顶主要由钢管柱和预应力索拱结构组成；（2）各层结构的柱网不同，高架候车层的柱子部分落在站台层的桥墩上，部分落在站台层轨道梁上，部分直接穿过站台层落在桥梁承台上；（3）各层结构的质量和刚度相差悬殊，站台层质量和刚度最大，其次是高架候车层，屋顶最轻、刚度最小。

2. 基础

基础采用钻孔灌注桩，桩径以 1250mm 和 1000mm 为主，持力层为弱风化岩。

3. 地下室结构

地下室被地铁分为左右两区域，主要为车库、机房，每区域长为 359m，宽为 178m，层高为 3.9m，采用现浇钢筋混凝土框架结构，柱网主要为8m×8m，一般结构柱截面为500mm×500mm，桥墩截面为2800mm×4800mm，桥墩柱网主要为32m×23.5m，结构不留伸缩缝，一般地下室结构柱至首层地面即终止，与上部结构无关，而铁路桥的桥墩不仅支撑铁路桥梁，而且还要支撑其上的候车室和屋顶。地铁位于站房的中心地下部位，与铁路的轨道方向垂直，地铁的结构与地下室及其上部结构完全脱开，不对主体结构的受力产生影响，站房结构剖面如图4.3-3所示。

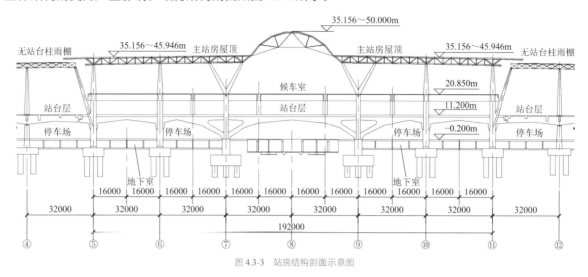

图4.3-3 站房结构剖面示意图

4. 首层结构

首层除局部机房外为停车场，是铁路桥梁结构的架空层，仅有桥墩存在。

5. 站台层结构

站台层桥梁主要为线性结构，沿着轨道方向，轨道梁的刚度较大，垂直轨道方向，轨道梁之间连接较弱，一般采用铰接的站台板相连，不考虑整体空间作用。在主站房区，轨道梁长205.5m，在中间跨与桥墩形成拱形结构，为了减小温度作用的影响，在边跨、两端与桥墩相连接的支座均为滑动支座，仅支撑候车室的柱子，全部落在轨道梁上，既支撑候车室，又支撑屋顶的柱子，落在桩基承台或铁路桥墩上，如图4.3-3所示。

为了减小列车振动对上部结构的影响，将正线（列车以200km/h高速通过的轨道线）两侧与一般轨道梁设缝分开，正线上方候车室采用大跨钢结构跨越，以尽量减小正线上列车的振动对候车室的影响。

在无站台柱雨棚区，轨道梁与桥墩之间为滑动支座和铰接支座交替布置的形式，以"最有效地释放温度应力"为布置原则。

6. 高架候车层结构布置

高架候车层包括落客平台、贵宾候车室和普通候车室，总长436.7m，宽256.0m，其中候车室部分长341.4m，宽197.3m，面积达7.6万m²，为了防止结构单方向过长，减小在温度作用下产生的应力和变形，使用钢桁架沿长度方向将整个高架候车层分为四个钢筋混凝土区，三个钢桁架，中间最大的一块混凝土区尺寸达到114.5m×192m，钢桁架区起"伸缩缝"的作用，钢桁架均支承在混凝土区并在混凝土区设置滑动支座。

钢筋混凝土区结构布置、柱网布置两个方向不同，平行轨道方向的柱间距为16m和32m，垂直轨道方向的柱间距为21.5m和23.5m，柱截面为1400mm×2000mm，直径2600mm。梁为现浇预应力钢筋混凝土梁，平行轨道方向的梁截面主要为1500mm×3200mm、800mm×3200mm、650mm×2600mm等，垂直轨道方向的梁截面主要为1500mm×2600mm、1000mm×2600mm、600mm×2600mm，部分梁在支座位置竖向加腋至3200mm高，楼板为现浇混凝土楼板。

支撑高架候车层的柱比较复杂，由钢管混凝土柱和钢筋混凝土柱组成：钢管混凝土柱有的落在铁路桥墩的桩基承台上，从铁路轨道梁之间穿过，轨道梁以下截面为1800mm×2400mm，候车室以下变为了格构式柱子，以便自动扶梯可以穿过柱子将站台层与候车室连在一起，候车室以上部分为A形柱，直接支撑屋顶钢结构；还有的落在铁路桥墩上，在轨道梁之间穿过（图4.3-4），直径为2600mm。钢筋混凝土柱直接落在轨道梁上，截面为1400mm×2000mm，轨道梁与桥墩间为单向滑动支座。

钢桁架区即客车高速（以200km/h左右）通过的正线区域，跨度为44.75m，采用单向钢桁架结构体系，由于铁路限界的要求，桁架结构总高度（边缘尺寸）为2450mm，支承在两边的钢筋混凝土结构上，楼面为组合楼板。

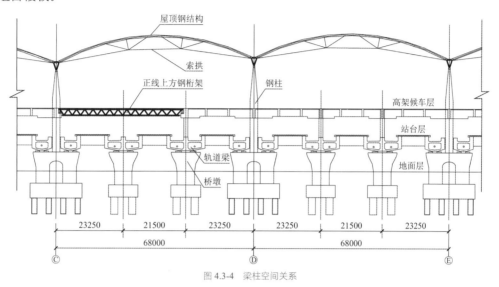

图 4.3-4 梁柱空间关系

7．主站房屋顶结构布置

主站房屋顶平面尺寸东西长468.8m，南北宽222.0m，筒形屋盖沿南北方向共有6片，每片均为上凸的柱面，长222.0m，中间四片柱面半径为72.300m，东西两侧的两片柱面半径分别为78.385m和101.605m。在屋盖正中，贯通东西方向有一道中央采光带，呈半径渐变的柱面造型，采光带总长347.600m，半径最小处（中部）19.110m，半径最大处（两端）75.680m，与6片南北向的柱状叶片相贯。在东西主入口处，采光带柱面向上翘起，与水平面成6.5°夹角。

结合建筑造型，屋面主要采用预应力索拱和索壳两种基本结构体系（图4.3-5，图4.3-6），在拱下加预应力以改善拱形结构的刚度和稳定性，同时还可以增加这两种结构的抗风能力。

预应力索与拱、壳同方向，索拱跨度为36.0～89.8m，中央采光带索壳跨度为34.0～58.4m。为了将索拱和索壳能够很好的结合为一个整体，在其间设置了拱形三角形桁架，见图4.3-6。

屋顶柱网尺寸较大，垂直轨道方向为68m，平行轨道方向为32m和64m，最大为96m，钢柱为锥形或A形，截面为圆形或长圆形。

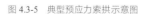
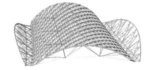

图 4.3-5 典型预应力索拱示意图   图 4.3-6 预应力索壳及拱形三角形桁架示意图

4.3.3 性能目标

对于广州南站结构，小震下结构要保持弹性；中震下构件不屈服；在罕遇地震作用下其主要构件和次要构件可以部分屈服，但支撑屋顶的钢管混凝土柱作为主要的支撑构件，要具有足够的强度，以保证遭遇大震后其仍有足够的能力支撑整体结构而不倒塌。综合考虑，制定性能目标如表 4.3-2 所示。

主要构件抗震性能目标　　　　　　　　　　　　　　　　　表 4.3-2

地震烈度	小震	中震	大震
抗震性能	不损坏	可以修理	不倒塌
分析方法	反应谱、时程分析	反应谱	时程分析
允许层间位移角	1/550（混凝土） 1/300（钢屋顶）	1/180（混凝土） 1/100（钢屋顶）	1/50
高架候车层框架	弹性	不屈服	可部分屈服
屋顶钢构件	弹性	不屈服	可部分屈服
支撑屋顶钢管混凝土柱	弹性	不屈服	可少量屈服

4.3.4　结构分析

1. 小震弹性计算分析

1）小震反应谱分析

采用 MIDAS 整体计算模型，对主站房结构进行了小震下的反应谱分析，表 4.3-3 为主要的计算结果。

小震反应谱计算结果　　　　　　　　　　　　　　　　　表 4.3-3

性能指标	X 向		Y 向	
	剪重比/%	Δ_{max}/H	剪重比/%	Δ_{max}/H
站台层	4.3	1/6529	4.0	1/5122
高架候车层	4.1	1/3600	2.9	1/3000
屋顶	6.0	1/2392	4.3	1/2173

经验证，结构满足规范剪重比（7 度小震最小剪重比 1.6%）、最大层间位移角（混凝土部分小于 1/550，钢结构屋顶小于 1/300）的要求，各类构件均满足规范抗震承载力的要求。

2）小震弹性时程分析

（1）时程波选取

采用 MIDAS 程序进行小震弹性时程分析，根据地震安评报告，选择了中国建筑科学研究院提供的三组地震波（一组人工波，两组天然波）作为非线性动力时程分析的地震输入，多遇地震条件下水平方向加速度峰值为 45Gal。

（2）基底剪力与最大层间位移角

经验证，所选时程波满足"每条时程波计算得到的基底剪力不小于反应谱法计算值的 65%，三条时程波的平均基底剪力不小于反应谱法计算值的 80%"的要求。基底剪力对比见表 4.3-4，最大层间位移角见表 4.3-5。

基底剪力对比（单位：kN）　　　　　　　　　　　　　　　　表 4.3-4

性能指标	X 向		Y 向	
	基底剪力	与反应谱法比值	基底剪力	与反应谱法比值
人工波	286572	0.99	271437	1.00
天然波 1	340198	1.17	281981	1.04
天然波 2	393373	1.35	265252	0.98

最大层间位移角　　　　　　　　　　　　　　　　　　表 4.3-5

结构层	X 向			Y 向		
	站台层	高架候车层	屋顶	站台层	高架候车层	屋顶
人工波	1/4122	1/2143	1/1474	1/4200	1/2093	1/1519
天然波 1	1/5113	1/2368	1/2347	1/4353	1/1800	1/1662
天然波 2	1/5314	1/2500	1/2353	1/4724	1/1957	1/1130

结果表明，结构层间位移角均满足规范要求。三组时程波中，人工波的地震反应与反应谱法计算值接近，两组天然波的地震反应均大于反应谱法的计算值。将反应谱法和时程分析法的计算结果进行比较，对混凝土构件按照最不利的内力配筋。

（3）预应力索内力变化规律

对于预应力张拉结构体系，索内预张力的大小对结构的安全性具有至关重要的作用。在地震发生时，如何避免索发生应力松弛进而导致结构失效，是工程界十分关心的问题。工程设计中确定索内预应力值的原则之一就是确保在多遇地震作用下拉索不会发生应力松弛。

经过验证，在三组时程波多遇地震时程分析全过程中，全部417根索未出现松弛现象，其中拉索最小拉应力设计值为60MPa，出现在"天然波1"工况下，拉索最大拉应力952MPa，均处于弹性状态。

2．大震弹塑性分析

（1）计算模型

采用 ABAQUS 软件进行弹塑性时程分析，计算模型中均为杆系单元，采用 B31 梁单元模拟。该单元采用格林应变计算公式，能正确计算梁在大转动、大应变和大位移时的应变。对构件的塑性采用纤维模型模拟，即通过截面纤维的积分得到构件的塑性特性，双向的拉弯和压弯性能均可通过材料的滞回特性精确体现。

结构在遭遇地震作用前，已承担重力荷载。为更合理地分析构件的受力和结构整体抗震性能，在时程分析前将重力荷载代表值施加在结构上。重力荷载代表值取 1.0 恒荷载＋0.5活荷载。采用初始应力法来模拟拉索的初拉力。

（2）地震波的选取和输入

选用由中国建筑科学研究院提供的 2 组天然波和 1 组人工波，输入地面加速度曲线的持续时间统一为 20s，主水平方向的加速度曲线峰值调整为 220Gal。

（3）计算方法

分析时采用弹塑性时程分析方法。结构的动力平衡方程建立在结构变形后的几何状态上，考虑了"$P\text{-}\Delta$"效应，材料的非线性特性采用纤维模型模拟，动力方程积分方法采用隐式积分法。

（4）节点位移计算结果

模型在施加地震作用前已加预应力并施加竖向恒荷载和活荷载，静力荷载下的最大竖向位移为 355mm。

在各组地震波作用下，屋顶钢结构X向最大位移为 162.3mm，最大层间位移角为 1/389；Y向最大位移 314.3mm，最大层间位移角为 1/113，均满足规范"弹塑性层间位移角不大于 1/50"的限值。Z向最大竖向位移为 1265mm，发生在端部悬挑网壳处。

（5）高架候车层塑性发展情况

在罕遇地震作用下，大部分矩形混凝土柱已经屈服，少数柱中钢筋的塑性变形已超过极限应变。而支撑屋顶钢结构的钢管混凝土柱则仅有几根屈服，且塑性程度较轻。大多数混凝土梁已经屈服，少量梁已破坏。钢桁架的弦杆在竖向地震的作用下，大部分构件屈服。

（6）屋顶钢结构塑性发展情况

绝大部分预应力索拱构件 Mises 应力小于屈服强度值 345MPa，处于弹性工作状态。最大应力为 373MPa，出现在构件端部连接处。

绝大部分支承索拱的桁架及拱、壳结合部位的桁架的 Mises 应力小于屈服强度值 345MPa，处于弹性工作状态。

绝大部分采光带网壳构件未屈服，最大应力为 370MPa，发生在端部连接处，端部悬挑网壳的大部分构件也未屈服。

预应力拉索的最大应力为 1121MPa，均处于弹性状态。

3．抗震性能总结

（1）结构自振频谱非常密集，从第 1～70 阶振型，频率只相差 2.3Hz，频谱变化均匀，无频率跳跃现象，体现了该结构动力特性的复杂性。

（2）采用了"站桥合一"的结构形式，经过计算，站台层、高架候车层和屋顶的质量和刚度相差悬殊，绝大多数振型表现在刚度小的结构上部，站台层可以作为上部结构的嵌固层。

（3）对结构进行了小震下的反应谱分析和弹性时程分析，结构的剪重比和位移角均满足规范要求，时程分析中人工波的地震反应和反应谱法比较接近，两条天然波的计算地震反应均大于反应谱法的计算值，故应按照时程分析的结果校核结构构件，确保小震下构件满足承载力要求。

（4）在多遇地震时程分析全过程中，全部 417 根索未出现松弛现象，其中拉索最小拉应力设计值为 60MPa，最大拉应力 952MPa，均处于弹性状态。

（5）对结构进行了中震下的反应谱分析，结构的最大层间位移角满足预定的抗震性能目标要求，各个构件均满足"中震不屈服"的抗震性能目标要求。

（6）在罕遇地震作用下，高架候车层钢桁架在竖向地震作用下多数构件屈服，需要在设计过程中考虑竖向地震对钢桁架的影响，屋顶钢结构大部分构件仍保持弹性，局部构件屈服，但塑性程度较低，屈服构件多位于不同结构体系的连接部位或几何突变位置，所有拉索在罕遇地震作用下保持弹性。

（7）在罕遇地震作用下，结构的破坏主要表现为许多高架候车层混凝土梁屈服、部分高架候车层混凝土柱屈服且破坏，个别支撑屋顶的钢管混凝土柱屈服，但未引起结构较大的整体变形，最大层间位移角远小于 1/50，结构的整体刚度和整体承载能力没有明显下降，故结构设计达到了预定的抗震设防性能目标。

4.4 专项设计

4.4.1 大型站桥合一的客站设计

1．站桥合一的设计原则

站桥合一的结构体系，关键是如何将上部结构荷载传递给桥梁结构，广州南站结构体系传力途径非常明确，仅支撑候车室的柱子全部落在轨道梁上；既支撑候车室又支撑屋顶的柱子，落在桩基承台或铁路桥墩上，梁柱相对关系见图 4.3-3、图 4.3-4。

对于铁路桥梁结构，由于承受了候车室结构荷载，其受力特性相对普通桥梁结构更为复杂，但其受力本质并未变化，按照铁路规范采用容许应力法进行设计，设计中将上部房屋结构荷载按其标准值与其他荷载组合，再进行桥梁结构验算。同时，铁路桥梁的刚度对上部结构整体性能又有直接影响，因此设计中建立了全面反映站房结构、铁路桥梁结构及其连接关系的整体分析模型，由于站房结构和桥梁结构依据的规范体系不同，在荷载输入和计算结果提取上，采用在同一模型上"各自施加，整体计算、各取所需"的原则。

2．站桥合一结构舒适度

建筑结构设计既要保证安全性，也要保证其实用性、舒适性。列车高速运行导致的桥梁的振动会引起建设在其上建筑物的振动及周围建筑物的振动，这样长期的振动易使建筑物产生振动疲劳破坏，缩短建筑物的使用寿命，降低使用者的舒适度，因此如何有效地控制振动的产生，阻止振动的传播，使振动控制在人们可接受的水平是一个亟需解决的课题。

广州南站共有 24 条到发线和 4 条高速（速度大于 200km/h）列车正线。火车从一层框架结构顶部穿过。列车运动对建筑物振动的影响是一个复杂的问题，运动中的列车将自身的振动能量通过轨道、枕木等传给桥梁，再传给桥墩、桩基，最后通过地基土壤传给周围的建筑物，这种振动传递是一个非常复杂的过程。

广州南站振动的传递比一般列车对建筑物振动的传递要复杂得多，这主要与我们的建筑物结构体系和功能布置有关，火车从建筑物中间穿过，线路设在一层的框架顶，各层质量和刚度严重不均匀，一层质量和刚度很大，二、三层的相对较小。质量相对较小和刚度相对较弱的框架结构对抵抗列车的振动不是很有利。为了降低高速列车对候车室振动的影响，在正线轨道和到发线轨间设置了结构缝，这样可以有效地减小高速列车对建筑物振动的直接影响，即减小了对候车室的影响。

通过现有的列车与结构动力耦合体系仿真方法，计算车站主要部位在列车高速通过时的振动响应。经计算，结构模型的前 10 阶振动频率如表 4.4-1。

结构模型的前 10 阶振动频率　　　　　　　　　　表 4.4-1

阶数	1	2	3	4	5
频率/Hz	0.6213	0.6892	0.8118	0.9098	1.1884
阶数	6	7	8	9	10
频率/Hz	1.2287	1.2883	1.2908	1.2920	1.2926

采用国产先锋号列车组进行计算，该车组为 6 辆编组，其中第 1、3、4、6 车为动车，第 2、5 车为拖车。每车全长 25.5m，定距 2.5m，轴距 18m。动车轴重 14.2t，拖车轴重 13.5t。

根据轨道条件和运营条件，选择秦沈线实测轨道不平顺作为系统激励。该不平顺样本有一定的代表性，在国内科研和工程领域得到广泛认可，是一种适用于进行 160～200km/h 速度的铁路动力仿真分析的不平顺激励。计算中采用不平顺样本序列全长 2500m，不平顺测点间距 0.25m，其高低不平顺幅值为 8.59mm，水平不平顺幅值为 3.84mm。

火车站候车室属于人员嘈杂的公共场所，其舒适度限值应介于商场建筑和室外人行天桥的限值之间。本研究以候车室楼板（即模型中立柱顶）的水平、竖向合成加速度作为候车室的加速度并以此作为评判的限值指标。

利用北京交通大学结构动力分析软件 DRVB8.5，计算了国产先锋号列车组以 200km/h 通过广州南站正线时的结构加速度响应，该程序将车辆-结构相互作用问题分为车辆子系统和结构子系统两部分。以刚体动力学方法模拟车辆子系统，建立有限元法模型结构子系统，以改进的 Kalker 蠕滑理论和轮轨密贴假定定义轮轨间水平、竖向作用力，采用时程积分方法求解车桥体系的动力方程。该程序已经京沪高速铁路、秦沈客运专线、南京南站、深圳北站、新武汉站等多项大型、重点项目验证，具有计算精度高、计算稳定性好的特点。计算结果输出了列车通过车站的 20s 内候车室地面水平、竖向加速度的时程。计算结果显示，所研究结构柱顶最大水平、竖向合成加速度为 0.0185g，可认为候车室楼板的振动加速度不超过该数值，满足室外人行天桥的振动加速度标准，但未能达到其关于商场的振动加速度标准。候车室内人员行走时，其峰值加速度满足舒适度要求。

4.4.2 新型预应力索拱索壳结构体系

1. 结构体系

索拱是构成屋面形状的主要因素，跨度为 36～90m，间距 16m，支承在倒三角形空间桁架上。综合建筑效果和结构受力要求，采用了一种新型的索拱体系，拉索与拱身同向弯曲，索拱的上弦拱矢跨比为

1/8，下弦拉索矢跨比为 1/20，这种形式的索拱具有造型美观、稳定和抗风性能好等特点，跨度 66m，用于中间四跨屋盖，索拱弦杆为两根并排的圆钢管D650×20，撑杆为D245×10，拉索为两道$\phi5\times187$，典型索拱如图 4.4-1 所示。东、西两边跨索拱的跨度从 36～90m 不等，由于跨度较大，且端部柱抗水平力条件较差，采用了拉索与拱身反向的张弦梁结构，索拱弦杆为两根并排的圆钢管D750×25，撑杆为D325×12，拉索为两道$\phi5\times223$。索拱弦杆与支承桁架间、弦杆与撑杆间均采用销轴连接，撑杆与预应力拉索间采用索夹连接。

中央采光带的结构形式为拉索加劲的单层筒壳结构，筒壳长347.6m，跨度由中部的 34.0m 渐变为端部的 58.4m，壳体边界支承在封边三角形桁架和柱顶上，柱顶的支座刚度相对较大，桁架处的支座刚度相对较小。网格形状为菱形，每个网格的边长约为 3～4m，壳体构件为矩形钢管，矩形钢管沿壳面扭曲走向布置，钢管截面的弱轴方向均指向其所在的与采光带径向垂直的切面的圆心。根据受力大小，构件截面有600mm×250mm×16mm×20mm等规格，支座周边区域壳体构件应力较大，采用较大的壁厚，材质采用 Q390GJC，其他区域壳体构件材质为 Q345B。网格内设置十字交叉钢拉杆以加强面内刚度，钢拉杆截面有D30、D50、D70、D100四种类型。为平衡单层筒壳的推力，改善壳体刚度，沿筒壳纵向间隔22m 设置一道预应力拉索，根据刚度和强度需要，拉索截面有$\phi5\times61$、$\phi5\times253$、$\phi5\times337$三种，支座刚度大的部位，拉索截面较大。支座拉索通过撑杆与筒壳组合成空间杂交体系，下弦拉索为三折线形状，由于三段拉索之间内力差较大，索夹节点的夹紧力不足以限制拉索的滑动，因此拉索在折点处断开，直接与撑杆铰接连接，施工时各段拉索分别张拉。中央采光带结构布置如图 4.4-2 所示。

东、西主入口大厅的结构形式复杂，由向上倾斜的悬挑单层网壳檐口、主站房边跨索拱柱面和中央采光带相贯而成，竖向支承条件少，利用与悬挑檐口边梁相交的幕墙柱和角点的 4 根柱共同提供支撑。悬挑拱形网壳檐口平面形状为透镜体，东西向悬挑长度约为 40m，南北向跨度96m，拱的高跨比为 1/10，拱脚处水平设置四道$\phi5\times337$预应力拉索，以平衡拱形网壳支座处的巨大水平推力。菱形网格的边长为 4～5m，壳体构件为矩形钢管，构件截面有750mm×300mm×20mm×30mm、750mm×300mm×30mm×30mm等规格。网格内设置十字交叉钢拉杆以加强面内刚度，钢拉杆截面有D70和D100两种。为了满足建筑效果要求，根据入口区域壳体相贯的特点，在交会区域采用了三向张弦梁体系，张弦梁弦杆既是中央采光带壳体的边界，也是支承屋面的索拱体系的一部分，实现了相贯体的自然衔接和通透的建筑效果。三向张弦梁跨度 89.2m，上弦截面D850×25，撑杆截面D325×12，下弦拉索$\phi5\times337$，三个上弦分支均支承在柱顶。悬挑檐口壳体和三向张弦梁组成了入口处的主要受力结构，支承在 6 根柱子上。入口区结构如图 4.4-3 所示。

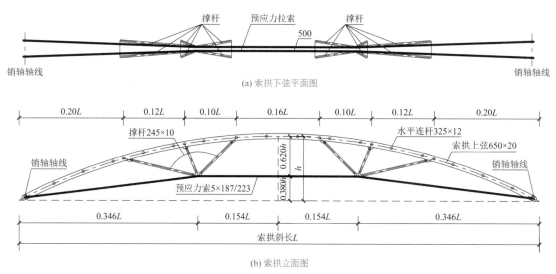

(a) 索拱下弦平面图

(b) 索拱立面图

图 4.4-1 典型索拱图

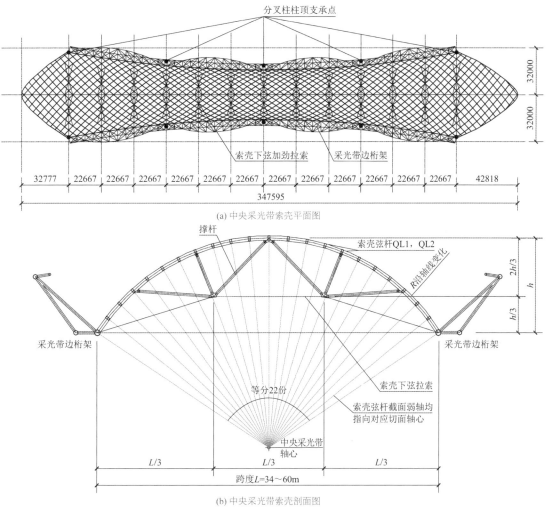

分叉柱柱顶支承点

索壳下弦加劲拉索　采光带边桁架

32000

32000

32777　22667　22667　22667　22667　22667　22667　22667　22667　22667　22667　22667　22667　42818

347595

(a) 中央采光带索壳平面图

撑杆

索壳弦杆QL1，QL2

R沿轴线变化

2h/3

h

采光带边桁架

h/3

采光带边桁架

等分22份

索壳下弦拉索

索壳弦杆截面弱轴均指向对应切面轴心

中央采光带轴心

L/3　L/3　L/3

跨度L=34～60m

(b) 中央采光带索壳剖面图

图 4.4-2　中央采光带结构布置图

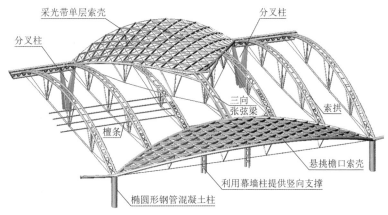

采光带单层索壳

分叉柱

分叉柱

三向张弦梁

索拱

檩条

悬挑檐口索壳

利用幕墙柱提供竖向支撑

椭圆形钢管混凝土柱

图 4.4-3　入口区结构示意图

主站房屋盖空间关系复杂，结构体系多样，融合了桁架、单层网壳、索拱、张弦梁等多种结构形式，为了改善屋盖结构的整体性，在屋面檩条面内布置了较强的交叉支撑，使屋面各区域有效地整合起来，具有较好的整体稳定性能和抗侧力性能。

2．分析模型

为了全面、准确地分析下部结构和屋顶结构的相互影响，特别是地震作用下整体结构的性能，建立了考虑下部混凝土结构的整体分析模型。分析模型主要包括以下三部分：（1）第一部分为屋顶钢结构，桁架弦杆、索拱弦杆、网壳构件采用梁单元，桁架腹杆、索拱撑杆、钢拉杆采用杆单元，拉索采用索单元计算；（2）第二部分为下部结构，高架候车层的钢结构桁架采用杆单元、梁单元模拟，混凝土楼盖采用板单元模拟，桥梁层的轨道梁、桥墩采用梁单元模拟；（3）第三部分为各种连接单元，包括幕墙柱与屋顶的竖向滑动单元、柱底弹性支座等。

3．屋盖结构设计中的关键问题

（1）屋盖结构设计标准

结构刚度控制标准为：屋顶内部结构挠度控制 $\leqslant L/400$，周边悬挑檩条结构 $\leqslant L/125$，主入口单层悬挑索壳结构 $\leqslant L/250$。柱侧移控制标准：地震作用下 $h/300$，风荷载作用下 $h/400$。构件强度控制标准为：非抗震组合和多遇地震下构件强度、稳定应力比 $\leqslant 0.85$。拉索控制标准：非抗震设计和多遇地震作用下钢索内力与破断力之比 $\leqslant 0.3$。钢拉杆控制标准：非抗震设计和多遇地震作用下钢拉杆内力与破断力之比 $\leqslant 0.5$。

考虑了恒荷载、活荷载、风荷载、温度作用、水平和竖向地震作用等工况。主站房屋顶钢结构的主要设计荷载取值如下：

屋面恒荷载：中央采光带网壳区域（ETFE 膜材）为 $0.10kN/m^2$，索拱屋面（岩棉夹芯屋面板）为 $0.50kN/m^2$，两侧悬挑屋面（透空百页）为 $0.30kN/m^2$。

屋面活荷载包括屋面检修、屋面吊挂（马道、机电管线、灯具等）及雨水荷载，总计取为 $1.0kN/m^2$。

风荷载：详见 4.1.2 节。

温度作用：广州地区最高气温 38.7℃，最低气温－2.6℃，假定屋顶合龙温度为 10～30℃之间，并考虑到阳光暴晒的影响，主站房中央采光带网壳区域取升温 40℃，降温－30℃；主站房其他区域取升温 30℃，降温－30℃。

（2）预应力设计

屋盖结构设计中，预应力的确定是关键问题。确定预应力值时考虑了以下原则：①在任何荷载下，钢索不退出工作（索应力＞50MPa）；②在各种荷载工况下，钢索应力控制在 1/3 破断应力以下，在中震下，钢索拉力设计值小于 0.5 倍的钢索破断荷载；③满足结构位移要求；④调整结构构件的应力水平满足设计标准；⑤保证施工过程中，钢索能够张紧；⑥使索拱、索壳结构在日常使用荷载下对支座的推力最小。

根据以上原则，进行了拉索的截面优化设计和张拉内力选定。根据跨度不同，索拱结构最大预应力张拉控制值为 1825kN，最小预应力张拉控制值为 840kN。中央采光带索壳的拉索直径和预应力值均根据壳体几何形状、支座刚度进行调整，使截面利用率和对支座的作用达到最优化的效果。壳体边界支承在三角形桁架和分叉柱柱顶，柱顶的支座刚度大，故此区域索壳在整体承载中发挥的作用较大，下弦拉索的内力也相应较大。

（3）主要静力、动力性能

在使用工况荷载组合下，构件应力比均控制在 0.85 以下，满足规范要求。索拱结构弦杆受力以轴力为主，在恒荷载作用下柱顶位移较小，表明预应力张拉控制合理，体现出较好的受力状态。竖向变形值如表 4.4-2 所示。风荷载作用下，柱顶平均位移 11.57mm，平均层间侧移 $h/1124$。

主要竖向变形列表　　　　　　　　　　　　　　　　　　表 4.4-2

荷载组合	索拱跨中最大挠度/m	中央采光带索壳最大挠度/m	主入口悬挑索壳最大挠度/m	悬挑檩条最大挠度/m
1.0 恒荷载＋1.0 活荷载	−136.7（1/591）	−154.5（1/414）	−293.1（1/328）	−100.2（1/132）
0.9 恒荷载＋1.0 风荷载	33.8（1/1953）	2.1（1/22590）	22.9（1/4192）	19.6（1/443）

注：（）中为挠跨比。

根据站房结构整体计算的结果，屋盖结构的刚度远小于下部桥梁结构的刚度，前若干阶振型均以屋盖结构振动为主。

（4）温度分析

为满足建筑效果要求，同时考虑到屋盖形状为连续拱形，利于释放温度变形，屋盖未设永久温度缝。对于如此庞大的超静定结构，多余约束将在结构内部产生复杂的温度次应力，温度作用是结构设计的控制荷载之一。

一方面对屋盖结构的抗侧力构件，即屋顶柱进行了综合比较计算，既保证其变形和承载能力，又不能使其刚度太大，以便于释放温度应力和变形。在包含温度作用的标准组合工况下（1.0 恒荷载 + 0.7 活荷载 + 1.0 升温 40℃），屋盖结构最大水平位移 111.3mm，柱顶最大水平位移 53.5mm（1/206），屋盖结构和幕墙体系均可以承受此变形要求。

由于屋盖尺度很大，在日照作用下会呈现不均匀的温度分布，进行了屋盖结构的不均匀温度分析计算。首先应用生态建筑设计软件 Ecotect 确定了不均匀温度场的分布，然后代入结构计算程序进行计算，并与整体均匀升温对结构的影响进行了比较。

整体升温工况（TL1）：采光带部分升温 40℃，其余部分升温 30℃。不均匀升温工况则根据 Ecotect 软件分析结果，取酷暑天 9 时、酷暑天 13 时、晴天 8 时、晴天 9 时、晴天 13 时这五个具有代表性的时刻温度，选择 21℃作为合龙温度，对应建立五个不均匀升温荷载工况 H1～H5。

分别计算了恒荷载 + 活荷载 + 温度作用，恒荷载 + 活荷载 + 风荷载 + 温度作用几种工况组合。计算结果表明，有 35.9%的杆件是由不均匀升温控制的。因此，整体均匀升温不能完全反映结构实际经历的最不利温度工况，在设计与分析的时候应该考虑不均匀升温的影响。

（5）三向张弦梁及入口处结构设计

入口区域由各空间曲面交会形成复杂的相贯面，利用此相贯的体型，在交会区采用了三向张弦梁体系，入口挑檐区采用了单层索壳体系，如图 4.4-3 所示，实现了建筑效果和结构体系的完美结合。

三向张弦梁最大跨度 78.5m，三肢长度分别为 58.1m、58.1m、22.9m，矢高 8.86m。三向张弦梁的特殊位置，决定了其承载作用非常重要，其受力性能对周边结构也有很大影响。通过合理调整拉索线形、弦杆截面、拉索截面和预应力值，使其在整体结构中发挥最优作用。下弦拉索截面$\phi 5 \times 337$，拉索张拉力均取 2375kN。分析结果表明，三向张弦梁最大竖向位移 154.5mm（1/508），轴力分布均匀，体现出较好的受力性能。

入口单层索壳下弦拉索基本水平布设，主要作用是改善单层壳体的稳定性能和调节壳体支座处的水平推力。经比较计算，确定了下弦四道$\phi 5 \times 337$预应力拉索每根内力 3500kN。在恒荷载作用下，壳体支座处不平衡力仅为 690kN，支座柱顶水平位移 5mm，使得入口壳体在日常使用工况下处于一个低应力工作状态。在恒荷载 + 活荷载工况组合下，主入口索壳竖向位移−293.1mm（1/328），小于 1/250；在 0.9 恒荷载 + 风荷载工况组合下，主入口索壳竖向位移 22.9mm（1/4192），满足要求。

4.4.3　大跨度钢结构稳定性分析

1. 计算模型及荷载

（1）计算模型

结构整体稳定性分析采用 ANSYS 软件进行。其中，线性分析时，拱、桁架弦杆及壳构件采用 BEAM44 单元模拟，拉索及桁架腹杆等构件采用 LINK8 单元模拟，屋面板则采用 SHELL164 单元模拟；非线性分析时拉索则采用只受拉的 LINK10 单元模拟。模拟屋面板的 SHELL164 单元主要作用为传导荷载，其弹性模量和厚度均取极小值，不参与结构整体受力。拉索预应力根据实际荷载模拟。材料特性均按实际情况采用，非线性分析时，材料简化为理想弹塑性模型。非线性屈曲计算方法为弧长法。

（2）荷载

根据常见荷载及不利荷载组合的原则，在分析中主要考虑了以下几种荷载组合工况：①恒荷载＋活荷载；②恒荷载＋风荷载；③恒荷载＋升温荷载。其中恒荷载主要包括结构自重和屋面做法，采光带网壳取 $0.1kN/m^2$，索拱取 $0.5kN/m^2$；活荷载主要包括屋面检修、屋面吊挂及雨水荷载，取 $1.0kN/m^2$。风荷载大小根据风洞试验结果取值，升温荷载取升温30℃。荷载均取标准值。

2. 结构整体稳定分析

广州南站屋顶钢结构主要由预应力索拱和预应力索壳结构组成，在进行屋盖整体稳定分析之前，分别对索拱结构和索壳结构进行了单元稳定分析和参数分析，结构整体稳定分析也是在此基础上进行的。整体稳定分析包括线性稳定分析和考虑材料非线性、几何非线性的非线性稳定分析。

（1）线性稳定分析

线性稳定分析，也就是特征值屈曲分析，是对理想结构的整体稳定分析，不考虑几何、材料的非线性，同时也不考虑结构的初始缺陷。通常，线性稳定分析得到的屈曲临界荷载无实际工程意义，但通过线性稳定分析可对结构的整体稳定特性有一个大致的了解，同时也为非线性稳定分析提供了基础。

由于线性稳定分析得到的低阶屈曲模态多为局部屈曲，因此，这里仅列出了有代表性的屈曲模态及屈服荷载系数，见表4.4-3。

主站房屈曲模态及荷载系数　　　　　　　　　　　　　　　　表4.4-3

荷载组合工况	阶数	荷载系数	屈曲模态
（1）	1 24 30 152 194	1.707 8.327 8.638 13.507 15.648	索壳与索拱结合部位交叉支撑局部屈曲 南北两侧悬挑端的面外屈曲 索拱桁架之间檩条的面外屈曲 南北挑檐屈曲 索拱屈曲
（2）	1 3 30 55 59 81	14.181 14.820 29.989 34.070 34.934 39.778	索壳与索拱结合部位交叉支撑局部屈曲 索拱桁架之间檩条的面外屈曲 南北两侧悬挑端的面外屈曲 索壳屈曲 索拱屈曲 南北挑檐屈曲
（3）	1 5 191	3.288 5.543 20.383	索壳与索拱结合部位交叉支撑局部屈曲 索拱桁架之间檩条的面外屈曲 索拱屈曲
（4）	1 3 160	2.424 3.994 12.630	索壳与索拱结合部位交叉支撑局部屈曲 索拱桁架之间檩条的面外屈曲 索拱屈曲

（2）非线性稳定分析

按照《网壳结构技术规程》JGJ 61-2003 的规定，空间结构进行全过程分析时应考虑初始曲面形状的安装偏差的影响；可采用结构的最低阶屈曲模态作为初始缺陷分布模态，其最大计算值可按网壳跨度的1/300取值。但本工程结构的低阶屈曲模态均为局部屈曲，如果将其作为初始缺陷分布模态则无实际工程意义。对于这种情况，可选取有代表性的高阶整体屈曲模态或者荷载作用下的结构变形作为初始缺陷的分布模态。本工程即选取了荷载组合工况作用下的结构变形作为初始缺陷分布模态，最大计算值仍取跨度的1/300。

按照弹性方法计算得到的极限承载力，在大于5倍的标准荷载情况下，结构可能有部分构件已经进入屈服状态。在这种情况下，弹性稳定分析无法得到结构真实的反应。因此，为了得到结构的实际极限承载能力，需要同时考虑材料非线性和几何非线性进行全过程分析，即弹塑性非线性稳定分析。

各荷载组合工况作用下的荷载因子和破坏模态见表4.4-4。

荷载组合工况	荷载因子	破坏模态
（1）	6.3	南北挑檐变形过大
（2）	7.2	南北挑檐变形过大
（3）	4.4	屋面交叉支撑屈曲
（4）	4.6	南北挑檐变形过大

各荷载组合工况作用下的荷载-位移曲线见图4.4-4。

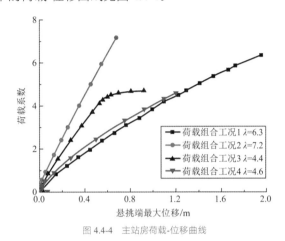

图 4.4-4 主站房荷载-位移曲线

各荷载组合工况作用下,结构非线性稳定最小屈曲荷载系数为4.4,《网壳结构技术规程》JGJ 61-2003中规定了弹性非线性稳定最小屈服荷载系数为 5.0,而对考虑材料非线性的稳定最小屈服荷载系数则无规定。按照通常工程经验,同时考虑材料非线性和几何非线性的非线性稳定分析最小屈服荷载系数需大于3.0,因此,工程满足整体稳定要求。

4.4.4 关键节点设计

相应于复杂的结构体系,主站房屋盖钢结构的节点也有很多类型,典型节点可以归并为以下几类。

1. 柱顶节点

针对站房不同类型的柱,柱顶节点有板式焊接节点、铸钢节点等,通过有限元分析计算,确定节点的强度和应力状态,节点区焊接连接均采用全熔透等强焊缝。典型节点形式如图4.4-5、图4.4-6所示。

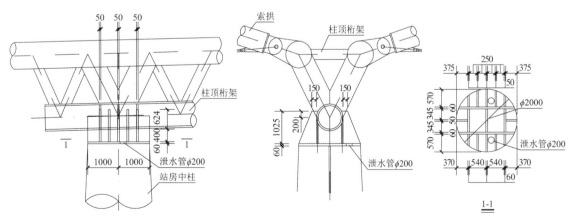

图 4.4-5 柱顶板式节点图

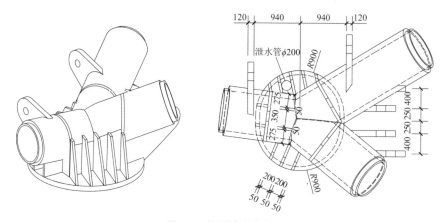

图 4.4-6　柱顶铸钢节点图

2. 檩托节点

由于建筑构造要求，主站房屋盖的檩条置于索拱拱身之上，连续布置，因此檩托具有双重作用，一方面支撑檩条，另一方面也成为屋面构件（檩条、支撑）和索拱结构的联系，对保证索拱结构的平面外稳定性能和屋盖结构的整体性有着重要作用。因此，檩托节点按照与檩条抗弯和轴向等强的原则进行设计，保证屋面传力的连贯。图 4.4-7 为典型檩托节点示意图。

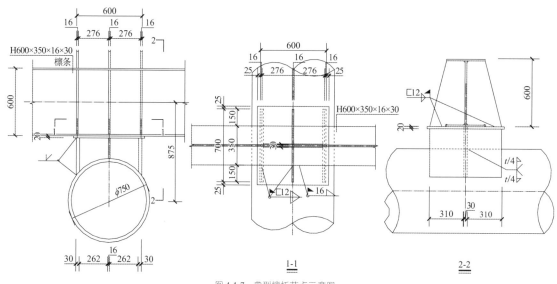

图 4.4-7　典型檩托节点示意图

3. 索夹节点

屋顶结构中采用的索拱体系，在受力状态下，索夹两侧拉索的不平衡力很大，因此对索夹要求很高，既要施工方便，又要保证能够将索夹紧，且受力性能满足要求。由于形式复杂，故采用铸钢节点。为实现索夹的功能，先后比较了多种设计方案，综合考虑受力性能、施工可操作性、节点加工精度等因素，最后选定了图 4.4-8 所示的索夹方案，板件厚度和细部倒角尺寸均通过有限元分析确定。图 4.4-9 为索夹的模型图及其在索拱中位置的示意。

张拉过程中，拉索被限定在凹形的索夹里面，因此在夹板螺栓未拧紧时，也可保证不会滑出，从而使拉索与索夹在张拉过程中可以自由滑动。对夹板和索夹与拉索的接触面进行防滑处理，增大摩擦系数，通过计算确定夹紧螺栓数量，保证使用过程中能够将索夹紧。为防止夹板意外滑脱，在索夹主体上多处设置挡块，挡块和夹板之间预留 10mm 间隙。索夹采用铸钢节点，材质 G20Mn5QT，铸造圆角半径为 5～15mm，企口根部单边留 2mm 间隙，不做焊接坡口。

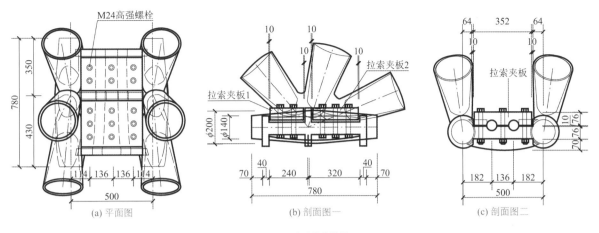

图 4.4-8　索夹节点详图

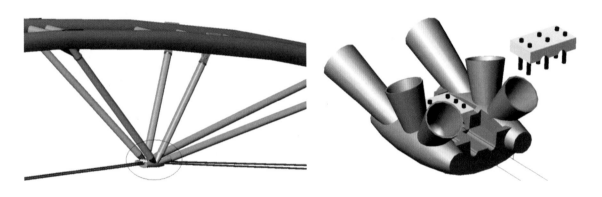

图 4.4-9　索夹节点模型图

通过试验确定索与索夹之间的摩擦系数。根据索夹工作特点，需要测定的是拉索相对索夹的静摩擦系数。根据相关资料，未经处理的拉索与索夹之间的滑动摩擦系数为 0.15。由于内凹式索拱的索夹两侧不平衡力较大，应采取措施增大拉索与索夹之间的摩阻力，因此，在索夹段将拉索外 PE 保护层剥去并进行特殊防滑防腐处理，并在索夹和夹板内壁设置凸块和进行防滑处理。对经此措施处理后的索与索夹间静摩擦系数进行了试验测定。试验结果表明，在极限情况下，索与索夹之间的静摩擦系数为 0.4 左右。

4.5　试验研究

4.5.1　试验设计

索拱结构是本工程的关键构件，为进一步了解索拱结构特性，采用 1∶3 缩尺模型进行加载试验（见图 4.5-1）。

采用两级分配梁 + 千斤顶的加载方式，分布的荷载通过荷载分配集中到加载点上。测试中主要量测的数据有以下四项：关键点位移、关键杆件应力、预应力拉索索力、支座水平反力。对于关键杆件的应力，采用应变片进行监测，为了分离轴力引起的应变和弯矩引起的应变，每根杆件截面按环向四等分，分别布置上下左右四个应变片，这样可以通过平截面假定推知整个杆件的应力分布。预应力拉索索力通过拉压力传感器进行测试，支座反力的测试通过支座压力传感器测试。

试验分三个部分进行：第一，张拉成形阶段，考察预应力索拱索力建立过程能否达到预计的张拉效果；第二，在张拉后结构上进行四种典型设计工况（1.0 恒荷载＋1.0满跨活荷载，1.35 恒荷载＋0.98满跨活荷载，1.2 恒荷载＋1.4半跨活荷载，1.2 恒荷载＋1.4满跨活荷载）的静载试验，考察设计工况下力学性能；第三，分别在两榀索拱上以1.2 恒荷载＋1.4半跨活荷载和1.2 恒荷载＋1.4满跨活荷载的荷载模式等比例加载直至结构破坏，考察结构的破坏特征和承载能力。

图 4.5-1　索拱试验模型

4.5.2　试验现象与结果

弹性阶段加载-卸载试验表明，各测点的荷载-位移关系曲线在加载阶段呈直线状态，位移呈线性变化趋势。卸载阶段荷载-位移关系呈斜率逐渐降低的曲线。完全卸载后，结构位移基本能够恢复为 0，这表明此时索拱仍然处于弹性工作状态，并没有塑性区的发展。

加载至破坏阶段试验表明，前几级荷载作用时，位移呈较好的线性状态，各级荷载-位移关系曲线斜率基本一致。在加载至第 10 级荷载之后，各测点对应荷载位移曲线斜率开始降低，位移增幅变大，在加载到第 12 级荷载（5 倍设计荷载）的过程中，荷载难以继续增加，之后索拱结构失稳破坏，加载系统卸载至某较低荷载后，结构变形趋于稳定，此时竖向位移增大很多，荷载位移曲线出现明显的下降段。经检查发现索拱在右拱脚附近发生局部凸起屈曲，导致主拱破坏，即宣告整个结构失效。

将试验结果与理论分析结果比较，两者的弦杆构件从应力性质和数值上都能较好地吻合，误差在 5%以内，且以轴应力最为吻合；索力的理论值和实测值吻合较好，最大误差不超过 5kN。说明理论模型能够模拟实际结构受力状态。

4.5.3　试验结论

经过对广州南站内凹式索拱结构静力试验，分析试验实测数据及试验值与理论结果的对比，主要得到如下几点结论：（1）内凹式预应力索拱引入拉索和拉杆，有效地改善了普通拱结构对缺陷和荷载分布方式敏感问题，增大其稳定性和极限承载力；（2）张拉成形阶段张拉方法简单易行，索力能够有效建立，基本达到目标位形，说明张拉原则可行；（3）设计工况下结构表现出良好的线性力学特征，说明在结构设计时采用线性分析方法是可行的；（4）两种极限工况破坏试验表明结构具有很好的承载能力和延性，由其组成的屋盖结构有足够的安全度；（5）索夹的处理是该结构的关键点之一。

4.6　结语

广州南站为我国重要交通枢纽，建筑面积大，空间关系复杂，结构体系特殊，在结构设计过程中，主要完成了以下几方面的创新性工作：

1. 站桥合一体系结构抗震分析

本工程为站桥合一的大型工程，国内尚属首例，首次将整个站房和桥梁作为一个整体进行抗震性能研究，最终结果表明，整体结构抗震性能良好，满足抗震要求。

2. 索拱、索壳、三向张弦梁受力性能的研究

索拱、索壳结构为预应力索与拱同向弯曲的张弦结构，从而较好地解决了张弦梁及壳体结构的抗风问题和在吸风下拉索的松弛问题，改善了索拱结构的受力性能，尤其在不利的半跨荷载作用下的稳定性能。

通过索拱、索壳的研究发现，预应力索加大了索拱、索壳结构的刚度，在相同荷载作用下使拱、壳的变形明显减小；提高了结构的稳定极限承载力；改善了拱、壳在对称荷载作用下的缺陷敏感性；增加了结构的延性；通过对拉索施加一定的预应力，可以调节拱脚处的水平推力，降低对支承条件的要求。对索拱的矢高提出了建议值。

站房大厅主入口区域是多个受力体系（索拱、索壳体系）的交会区，同时也是多个建筑曲面交会的核心区，是建筑和结构都关心且受力复杂的关键部位。此处采用"Y"形三向张弦梁将各个体系在此进行有机结合。对该80m跨度的三向张弦梁的受力性能、变形状况、稳定、索的布置、索力的控制等进行了分析研究，同时还对此区域不同的布置方案进行了分析研究。

进行了1∶3比例的索拱模型试验，试验结果验证了理论研究的正确性。

3. 结构振动及舒适度的研究

首次针对高速列车通过时其振动对候车室舒适度的影响进行研究，同时对候车室大跨钢桁架楼盖在人行荷载下的舒适度进行了分析研究。

4.7　延伸阅读

扫码查看项目照片、动画。

参考资料

[1] 盛平, 柯长华, 甄伟, 等. 广州新客站结构总体设计[J].建筑结构, 2019,39(12):1-5.

[2] 盛平, 柯长华, 甄伟. 广州新客站结构设计方案的比较研究[J].建筑结构, 2019,39(12):6-10.

[3] 土轶, 张力, 甄伟, 等. 站桥合一的大型客站站房结构抗震性能研究[J]. 建筑结构, 2019, 39(12): 23-27.

[4] 蔡德强. 广州南站桥建合建结构设计综述[J]. 铁道标准设计, 2015,59(6):164-168.

[5] 盛平, 王轶, 张楠, 等. 大型站桥合一客站建筑的舒适度研究[J]. 建筑结构,2019,39(12):43-45.

[6] 甄伟, 盛平, 柯长华, 等. 广州新客站主站房屋盖钢结构设计[J]. 建筑结构,2019,39(12):11-16.

[7] 秦凯, 徐福江, 柯长华, 等. 广州新客站屋顶钢结构整体稳定性分析[J]. 建筑结构, 2019, 39(12): 33-35.

[8] 甄伟, 冯健, 盛平. 广州新客站雨棚钢结构设计及索拱实验[J]. 建筑结构, 2019,39(12):17-22.

经典回眸 北京市建筑设计研究院有限公司篇

设计团队

结构设计单位：北京市建筑设计研究院有限公司（初步设计＋施工图）

　　　　　　　中铁第四勘察设计院集团有限公司（初步设计＋施工图）

　　　　　　　德国施莱希工程设计（SBP）公司（结构方案）

结构设计团队：盛　平、甄　伟、王　轶、徐福江、赵　明、张　力、高　昂、王金辉、刘家菱

执　笔　人：王　轶、盛　平、甄　伟

获奖信息

2019 年度全国优秀工程勘察设计行业奖优秀建筑工程设计一等奖；

2019 年北京市优秀工程勘察设计奖综合奖（公共建筑）二等奖；

2011 年第七届全国优秀建筑结构设计奖二等奖；

2011—2012 年度中华人民共和国铁道部优秀设计一等奖。

第 5 章

京沪高铁南京南站

5.1 工程概况

5.1.1 建筑概况

南京南站是新建京沪高速铁路南京大胜关长江大桥南京南站及相关工程中的一个子项，由中铁第四勘察设计院集团有限公司与北京市建筑设计研究院组成的联合体共同完成，项目位于南京市南部的主城区和江宁开发区、东山新区之间，由宁溧路、机场高速、绕城公路、秦淮新河等围合的区域，距南京市市中心约 10.5km，如图 5.1-1～图 5.1-3 所示。

本工程地上三层（含两个夹层），地下一层，局部地下二层，总建筑面积为 206000m²。各层使用功能如下：地下二层为 1 号、3 号地铁站台层，地下一层局部为 1 号、3 号地铁站厅层，局部设置机电用房和预留商业用房。首层为出站大厅、铁路与地铁、公交、社会车辆等换乘大厅；二层（标高 10.250m）为站台层，主要用于列车停靠及旅客上下车使用。三层为候车大厅（结构标高 22.180m），候车层东西两侧局部设有层高 6.00m 的商业夹层。建筑物室外檐口高度 49.03m。作为京沪高铁特大高铁枢纽站，南京南站集高铁客运专线、城际铁路、城市轨道交通、公交、出租和社会车辆出行等多种交通方式于一体，实现真正意义的交通零换乘。

图 5.1-1　南京南站鸟瞰图

图 5.1-2　南京南站南立面

图 5.1-3　南京南站北立面

5.1.2 设计条件

1. 主体控制参数（表 5.1-1）

控制参数　　　　　　　　　　　　　　　　　　　　　　　　表 5.1-1

结构设计基准期	50 年	建筑抗震设防分类	重点设防类（乙类）
建筑结构安全等级	一级（结构重要性系数 1.1）	抗震设防烈度	7 度（0.10g）
混凝土结构耐久性	100 年	设计地震分组	第一组

地基基础设计等级	一级	场地类别	Ⅱ类
场地特征周期		0.35s（多遇地震）/0.40s（罕遇地震）	
建筑结构阻尼比	钢结构	0.02（多遇地震）/0.035（罕遇地震）	
	混合结构	0.04（多遇地震）/0.05（罕遇地震）	

由于本工程首层为承托列车的主要结构，场地地表地震水平向峰值加速度、场地特征周期、地表加速度反应谱参数等还应与《南京南站工程场地地震安全性评价报告》提供的参数对比，取不利值进行抗震计算。

2．列车荷载

本工程采用建桥合一的结构形式，列车荷载作为结构设计的一种特殊荷载，参与站房结构整体分析中。除三条正线外（正线采用桥梁结构，与上部站房结构完全脱开），其他站台均为到、发线，承轨层列车荷载按《铁路桥涵设计基本规范》TB 10002.1-2005、《新建时速200～250公里客运专线铁路设计暂行规定》铁建设〔2005〕140号等规定的荷载取值。

3．风荷载

基本风压为0.45kN/m²（100年一遇），地面粗糙度类别为B类。主站房结构体型复杂，风荷载相关参数除按《建筑结构荷载规范》GB 50009-2001（2006年版）计算外，还应参照《南京南站站房风洞试验报告》提供的风洞试验结果，取包络值设计。

4．温度作用

根据南京市气象参数、结合结构单元所在位置的建筑保温做法及施工组织设计方案，结合计算流体动力学CFD模拟分析结果，温度作用计算条件如下：

（1）±0.000层：整体升温15℃，整体降温15℃（合龙温度5～10℃）；

（2）首层顶板：整体升温20℃，整体降温20℃（合龙温度10～15℃）；

（3）候车层顶板：±25℃（合龙温度10～15℃）；

（4）屋面结构：±30℃（合龙温度15～20℃）；

5.2　建筑特点

5.2.1　建桥合一的高铁枢纽站

新建南京南站作为京沪高速铁路沿线的特大型枢纽站，站内设有京沪站场、沪汉蓉宁杭站场及宁安城际站场，共计15台28线，采用上进下出的进出站模式，站台位于12.40m，最高聚集人数为8000人/h。图5.2-1、图5.2-2为主站房剖面图。

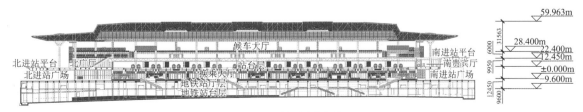

图 5.2-1　主站房南北向剖面

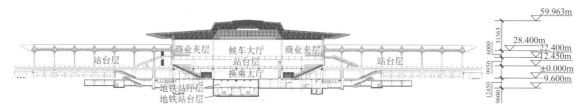

图 5.2-2 主站房东西向剖面

首层为车站出站厅、换乘厅，层高 12.40m；为突出"古都新站"的建筑理念，建筑专业采用模数化设计方法，统一整合出站厅及出站广场的空间设计效果。为达到理性、返璞归真、充满现代感的建筑设计理念，出站层大面积采用清水混凝土，对主要构件截面规格及最终完成效果等均有详尽的要求。根据建筑要求，框架柱截面规格基本为 2200mm×2200mm，本层的框架梁，梁宽为 1200~1500mm，其中承轨梁高度统一为 2400mm（图 5.2-3、图 5.2-4）。

图 5.2-3 中央换乘大厅

图 5.2-4 北进站广场

二层南北两端为车站站房，中间为高架站台（图 5.2-5）。除正线外，其他到发线的高铁列车均停靠在高架站台，站台层层高 10.00m。

三层（建筑标高为 22.400m）为候车大厅（图 5.2-6），层高 27.60m，东、西两侧局部设置 6.00m 高商业夹层；旅客候车区规则排布的柱廊，高大疏阔的无柱空间，结合中国特色的三组屋面造型藻井，使得这座现代化车站中流动着传统文化的神韵，体现了古都南京的地域风格和深厚的文化底蕴。

图 5.2-5 站台层

图 5.2-6 候车大厅

5.2.2 平面体量巨大的站房建筑

主站房首层为旅客出站层，其顶板为承轨层，直接承托列车荷载，主要柱网与正线结构柱网保持协调一致，东西向柱网为 2×21.00m+3×24.00m+2×21.00m，南北向建筑长度为 417.20m。

三层候车层大厅为满足大量旅客同时候车要求，东西向柱距为 42.00m+72.00m+42.00m，南北向柱距为 43.00m。本层平面尺寸为 395.80m×156.00m。

根据建筑屋面造型要求，屋盖结构四边均为大悬挑，南北向最大挑出长度为 30.00m，东西向最大挑出长度为 30.00m，角部最大挑出长度达 42.00m。为满足屋面整体防水保温要求，整个屋面未设置温度缝，平面尺寸达456.00m×216.00m。

地下室东西向长度为156.0m，南北向长度约为350.47m。为满足地铁工艺要求，地铁区域未设永久结构缝，仅考虑预留施工缝和诱导缝；地下室顶板在正线桥附近预留部分不贯通结构缝，地下室外墙和底板未留结构缝。

5.2.3 造型独特的斗拱柱

为体现南京古都风貌，在南、北进站口采用中式斗拱列柱支撑屋面，如图 5.2-7 所示。北进站口设置 6 根斗拱节点柱，寓意"六朝古都文脉"，南进站口设置 8 根斗拱节点柱，寓意"笑迎八方宾朋"，如图 5.2-8 所示。斗拱列柱顶由纵横向梁错层叠退至屋顶，形成斗拱；斗拱上部采用透空形式，是实现建筑效果的重要构件。

图 5.2-7 斗拱列柱

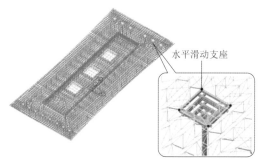

水平滑动支座

图 5.2-8 斗拱节点结构简图

5.3 体系与分析

5.3.1 方案比选

1. 方案一，站房与桥梁各自独立设计的站桥合一方案

高铁线上站房结构采用站桥合一的方案时，以承轨层为界，承轨层以上为候车层和屋面结构组成的站房结构，承轨层以下为线性桥梁结构。站房结构计算时假定以下部桥梁结构为嵌固层，结构设计执行民用建筑设计规范，站房结构的主要竖向受力构件（如结构柱、支撑等）嵌固于桥墩中，并向桥梁专业提供上部结构的基底包络内力。下部桥梁结构设计时除承托列车荷载外，还需计入上部结构的基底反力，桥梁结构承载力及结构变形除满足铁路桥梁的相关设计规范要求外，还应满足上部站房结构的要求。在此基础上作为辅助验证手段，桥梁结构与站房结构统一建模分析，明确两部分结构的相互影响。

线性桥梁结构 + 站房结构这种站桥合一高架站房结构体系，存在下列不足：

桥梁结构为单向线性结构，沿轨道方向由承轨梁与桥墩组成连续刚性结构，垂直于轨道方向的站台梁与承轨梁和桥墩弱连接，这导致站台层沿轨道方向与垂直于轨道方向的整体刚度相差悬殊，不是一种理想的抗震结构体系。

桥墩和承轨梁构件截面巨大，对建筑功能和效果产生不利影响。承轨层作为主站房结构的嵌固层，其结构设计除满足铁路桥梁相关规范的要求，还要满足上部结构对于垂直于轨道方向的承载和结构刚度要求，这使得桥墩柱在垂直于轨道方向的截面很大，通常到达 6.0m 以上。由于高架站房桥梁下部空间多为站房的出站层，密布的巨柱使旅客感到较大的压迫感，影响建筑效果。

结构分析精度有待提高。受计算假定所限，桥梁结构设计时仅考虑了上部站房柱传来的包络内力，难以充分考虑站房结构活荷载不利分布造成的站房柱内力变化的影响，并将这种影响与桥梁结构的不利荷载进行组合，桥梁设计中有可能遗漏不利工况；同样，站房设计中也未充分考虑桥梁不同线路上列车荷载变化对站房结构的影响，有可能遗漏站房设计中的不利工况组合。

2．方案二，站房与桥梁一体化设计的建桥合一方案

建桥合一方案的设计理念是，将承轨层多条线路下墩柱在顺轨方向和垂直轨道方向通过结构梁双向拉接在一起，形成双向刚接的框架承轨层结构，承轨层结构柱网与上部站房结构布置有机结合，形成自上而下完整的结构体系。

采用建桥合一的结构形式时，承轨层采用双向刚接框架结构，相对于桥梁结构的线性结构，大大改善了垂直于轨道方向的结构刚度，加强了承轨层对上部站房结构的双向约束，提高了站房结构的整体抗震性能。进行结构整体分析，采用通用结构分析软件进行全楼三维空间实体建模，列车荷载作为特殊的活荷载输入结构模型，按照结构实际边界条件进行整体分析计算，有效地提高了结构分析精度。

采用建桥合一结构形式时，承轨层结构直接承托列车荷载，结构的极限承载力、裂缝宽度及结构变形等各项指标，应同时满足相关民用建筑及铁路桥梁规范的各项要求。

通过方案比选可知，建桥合一的结构形式具有更好的结构性能，结构传力路线明确，能够更好地满足建筑效果、站房使用功能要求，最终确定南京南站主站房采用建桥合一的结构方案。

5.3.2 结构布置

南京南站主站房结构采用建桥合一的框架结构形式。主站房首层（承轨层）采用钢筋混凝土框架结构，通过结构缝划分为七个独立的结构单元；二层为钢管混凝土柱＋双向刚接桁架组成的钢框架结构，为减小温度区段长度，设置温度缝（共两条）形成三个结构单元，三个单元之间采用单向限位滑动支座连接。三层屋面为钢管混凝土柱与网架组成的网架结构，屋面网架结构是一个完整的结构单元。主站房地上各层结构分缝做法不同，结构缝平面位置不同，各层结构特性不同；同层之间、层与层之间，各结构单元既相互独立又相互影响，形成竖向结构特性非常复杂的空间框架结构。上部结构竖向分段如图 5.3-1 所示。

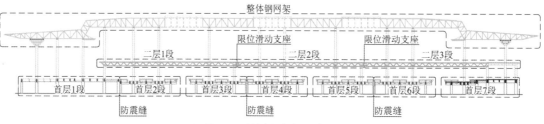

图 5.3-1　主站房竖向分段示意图

主站房首层（建筑标高 12.400m）采用钢筋混凝土框架结构。其中正线采用传统的线性连续桥梁结构，桥梁结构与地上站房结构完全脱开。其他到发线则采用双向钢筋混凝土框架结构，轨道下设承轨次梁，列车荷载通过承轨次梁传递给框架承轨梁，最终传递给框架柱，部分框架梁及承轨次梁（直接承托列车荷载）采用劲性混凝土梁。首层顶板防震缝分成七个结构单元（图 5.3-2、图 5.3-4）。

二层（建筑标高 22.400m）采用钢管混凝土柱与双向钢桁架、钢梁共同组成的钢框架结构。钢桁架上弦及钢梁顶面设置 150mm 厚混凝土组合楼板，部分区域桁架下弦设有 120mm 厚组合楼板，作为设备机房层使用。南北向桁架最大跨度 43.00m。东西向托架跨度为 21.00～24.00m，桁架矢高 2900mm。本层

楼板平面尺寸达到395.80m×156.00m，为减小结构温度区段长度，控制温度作用对结构的不利影响，在⑥轴、Ⓜ轴钢管柱及托架侧设置牛腿及限位滑动支座，将楼板分成三块，尺寸分别为132.55m×156.00m、107.50m×156.00m、155.75m×156.00m（图5.3-3）。

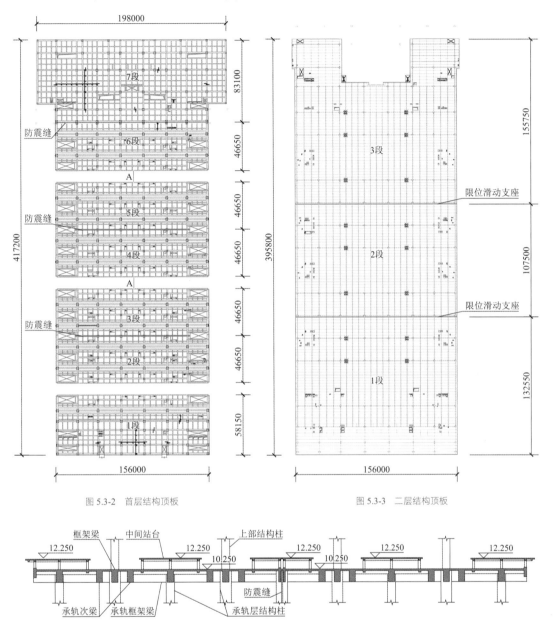

图 5.3-2　首层结构顶板　　　　　　　　图 5.3-3　二层结构顶板

图 5.3-4　A-A 剖面

屋顶为双向正交正放网架结构，采用周边与中间点支承相结合的支承形式。网架结构平面投影为矩形，中间局部略高，最高点高度为58.164m，最低点高度为41.200m，倾斜角度约为6°，网架厚度在0～7.414m间均匀变化。为了释放温度应力，网架南北两端通过双向滑动支座支承在斗拱柱上；网架与其他钢管混凝土边柱、中柱铰接连接，钢管柱柱顶设置固定铰支座。网架结构杆件采用空心圆管，节点采用焊接球节点（图5.3-5、图5.3-6）

本层局部设有6.00m高商业夹层，采用钢框架结构，框架柱支承于标高22.400m钢桁架上。

地下室采用钢筋混凝土框架剪力墙结构，基础底板、外墙未设永久结构缝；地下一层顶板在正线桥附近预留部分结构缝，地下室外墙在对应地下室顶板留缝处，在−4.00m以上设置诱导缝。地铁区域楼板完全连通，仅设置了施工后浇带并增加部分构造措施（图5.3-7）。

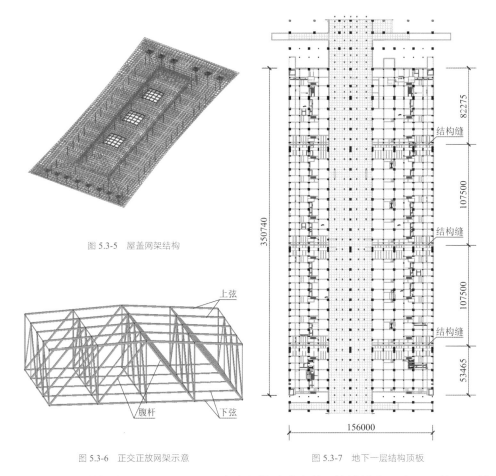

图 5.3-5　屋盖网架结构

图 5.3-6　正交正放网架示意

图 5.3-7　地下一层结构顶板

基础采用桩基础,基桩为ϕ1000～1800mm大直径钻孔灌注桩,桩端持力层为弱风化泥质粉砂岩及泥质砂岩,单桩竖向极限承载力标准值11989～33440kN。

结构各部位抗震等级如下:首层钢筋混凝土框架抗震等级为一级,二层及以上各层钢结构抗震等级为三级;地下室剪力墙抗震等级为三级,框架抗震等级同首层。嵌固层为地下一层结构顶板。

5.3.3　性能目标

1. 结构超限情况

主站房结构首层及以下采用钢筋混凝土结构(含钢筋混凝土钢骨梁),二层采用钢管混凝土柱钢桁架刚接结构形式,三层采用钢管混凝土柱与钢网架铰接的结构形式,这样的结构体系已超出现有《建筑抗震设计规范》GB 50011-2001(2008年版)、《高层建筑混凝土结构技术规程》JGJ 3-2002、《高层民用建筑钢结构技术规程》JGJ 99-98等相关规范的适用范围,没有相应的设计规范指导抗震设计。

主站房首层为七个独立的结构体,二层为三个通过单向滑动铰联系在一体的结构体,三层为屋盖与柱铰接的一个独立体,同层之间、各层之间各独立体既相互独立又相互影响,是复杂的空间结构。

根据建质〔2006〕220号《超限高层建筑工程抗震设防专项审查技术要点》,对规范涉及结构不规则性的条文进行了检查,站房主结构为多重复杂的、特殊类型高层、大跨度空间结构,存在扭转不规则、多塔、连体等多项超限问题。

2. 抗震设计性能目标

主站房结构的抗震性能目标如下:

(1)首层(承轨层)框架柱按50年中震(0.1g)弹性设计,承轨梁及框架梁按50年多遇地震(0.038g)

弹性设计。

（2）二层、三层框架柱按50年中震（0.1g）不屈服设计。

（3）二层承托次桁架的托架按50年中震（0.1g）弹性设计；二层限位支座的牛腿按50年中震（0.1g）弹性设计，并满足罕遇地震（0.22g）承载能力；限位支座按50年中震（0.1g）不屈服设计，限位考虑罕遇地震不脱落。

（4）屋顶网架支座按罕遇地震（0.22g）作用下不屈服设计。

5.3.4　结构分析

本工程采用通用有限元软件进行全楼三维空间实体建模，整体分析计算。结构分析软件以 MIDAS Gen（V7.30）为主，并与SAP2000等其他软件的计算结果进行对比。在承轨层计算中，列车荷载作为特殊工况活荷载，按线路有车、无车情况进行活荷载不利布置，在荷载组合中进行排列组合，求取承轨层构件的包络内力进行相关构件设计。在抗震计算时，列车静活荷载顺桥向和横桥向的组合值系数均为0.5，参与结构整体抗震计算。结构整体模型计算简图如图5.3-8所示。

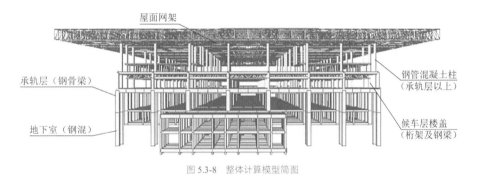

屋面网架

承轨层（钢骨梁）

地下室（钢混）

钢管混凝土柱（承轨层以上）

候车层楼盖（桁架及钢梁）

图 5.3-8　整体计算模型简图

1. 多遇地震弹性分析

本工程的结构复杂，采用多个软件进行对比计算，明确其结构动力特性。从 MIDAS 软件和 SAP2000 计算结果可以看出，两种软件计算的第一阶振型均为X向平动＋扭转，第三阶均为Y向平动，第二阶明显不同，周期数值略有差异。扭转周期与平动周期的比值均大于 0.9，反映了本建筑物各层单体间相互影响，整体抗扭刚度较弱。

采用反应谱法进行了多遇地震整体计算，在X方向上，首层 7 个单体位移比均小于 1.2；二层有两个单体（1、3 段）位移比大于 1.2，但小于 1.3，属扭转不规则；三层位移比小于 1.2。在Y方向上，各层各段位移比均小于 1.2。站房结构存在轻微扭转不规则，在结构设计时应采取必要的加强措施；各层最大层间位移角、剪重比均满足规范要求。

根据《南京南站工程场地地震安全性评价报告》提供的峰值加速度值，补充多遇地震弹性时程分析，将各层、各段结构的最大层间位移、层间剪力等结构指标的时程分析结果汇总后，与反应谱法计算结果进行分析对比，明确结构薄弱部位，调整结构设计方案。

2. 罕遇地震弹塑性分析

根据站房结构罕遇地震下的弹塑性时程分析结果，主站房最大塑性层间位移角为1/64。首层钢筋混凝土梁和柱均出现了塑性铰，柱单元塑性铰出现较多，大部分梁单元也出现了塑性铰；候车层桁架单元出现的塑性铰很少。计算结果说明，大部分构件进入弹塑性工作状态，出现强度退化，但退化不大。部分构件进入塑性出现强度退化后，整体结构具有足够的能力进行内力重新分布维持其整体稳定性，能够承受地震与重力荷载。满足罕遇地震作用下结构不倒塌的抗震性能目标。

3．多点多维地震分析

南京南站下部混凝土结构长 422.00m、宽 156.00m，属于超长型结构，地震传播过程中的时滞效应对超长结构的影响无法忽略，应进行多点输入地震反应补充分析。

多维多点输入地震反应分析采用时程分析法，计算结论如下：

（1）采用水平双向多点输入，由于地震输入存在相位差，结构扭转效应有较明显增大趋势，该趋势将对结构的安全性产生一定的影响。

（2）对竖向构件而言，多点激励与一致激励相比，剪力有大有小，影响因子比较大的单元一般出现在混凝土结构的周边和角部。

（3）对竖向构件而言，水平双向多点输入地震反应分析对其扭矩有一定影响，但由于扭矩基数较小，其绝对影响有限，可忽略水平双向多点输入地震反应分析对其扭矩的影响。

（4）根据竖向构件在水平双向多点地震作用下柱端剪力的变化，考虑水平构件的内力变化，设计时可以根据柱内力的调整情况适当考虑多点输入对水平构件的影响。

根据多点地震输入地震反应分析的结论，对主站房框架柱水平剪力进行调整：站房各层角柱和南北两侧边柱地震剪力放大 1.1 倍。

4．车致振动对站房结构的影响分析

由于站房结构采用建桥合一的结构形式，高铁列车高速通过（350km/h）及列车进出站时的启动、制动，都会对主体结构产生动力冲击，使结构发生振动，对结构的工作状态产生影响，如果这种振动超出一定范围，不仅会使候车乘客感到不适，还会影响结构自身的安全和耐久性。另一方面，结构自身的振动也会对运行车辆的平稳性和安全性产生影响。为此专门委托中国建筑科学研究院进行了高速列车振动对站房结构和无柱雨棚影响的专题研究。

通过对构件的内力、变形极值和自振频率的分析，表明现有结构满足《铁路桥涵设计基本规范》等相关规范的要求，且不存在构件疲劳问题；通过对楼层竖向加速度极值、速度极值和振动级的分析表明，现有站房结构在列车振动影响下不会产生人员舒适度问题。

5.4 专项设计

5.4.1 双向刚接框架结构承轨层设计

1．框架结构承轨层的荷载及其组合

《铁路桥涵设计基本规范》《新建时速 200～250 公里客运专线铁路设计暂行规定》将桥梁结构所承受的荷载分为主要荷载、附加荷载和特殊荷载。根据南京南站站场布置的实际情况，整体计算需要考虑的列车荷载见表 5.4-1。

结构计算实际考虑的桥涵荷载   表 5.4-1

荷载分类		荷载名称	荷载分类	荷载名称
主要荷载	恒荷载	结构构件及附属设备自重 混凝土收缩和徐变的影响 基础变位的影响	附加荷载	制动力或牵引力 风荷载 温度变化的作用
	活荷载	列车竖向静活荷载 列车竖向动力作用 长钢轨纵向水平力（伸缩力和挠曲力） 横向摇摆力 人行道人行荷载	特殊荷载	列车脱轨荷载 施工临时荷载 地震作用 长钢轨断轨力

在首层顶板荷载组合过程中，将列车竖向静活荷载、列车竖向动力作用、牵引力和制动力、轨道伸缩力、断轨力等看作是可变荷载，其标准值取自《铁路桥涵设计基本规范》和其他相关规范提供的数值，其组合值系数、频遇值系数和准永久系数根据《建筑结构荷载规范》和《公路桥涵设计通用规范》JTG D62-2004 中对类似可变荷载的相关规定取用；对于温度作用，《建筑结构荷载规范》（2006 年版）中没有明确给出组合值系数、频遇值系数和准永久系数，参照欧洲规范 EN1991-1-5，在不同的设计组合中，对温度作用效应的组合值系数取 0.6，频遇值系数取 0.5，准永久值系数取 0。表 5.4-2 为承轨层各种荷载所对应的组合系数。

列车荷载组合系数汇总表　　　　　　　　　　　　　　表 5.4-2

荷载名称	荷载类型	分项系数	组合值系数	频遇值系数	准永久值系数
结构自重及附属设备	永久荷载	1.2 或 1.35			
混凝土收缩和徐变的影响	永久荷载	1.2			
基础变位的影响	永久荷载	1.2			
列车竖向静活荷载	可变荷载	1.4	0.7	0.7	0.6
列车竖向动力作用	可变荷载	1.4	0.7	0.7	0.6
制动力或牵引力	可变荷载	1.4	0.7	0.7	0.6
长钢轨纵向水平力（伸缩力和挠曲力）	可变荷载	1.4	0.7	0.7	0.6
人行道人行荷载	可变荷载	1.4	0.7	0.6	0.5
风荷载	可变荷载	1.4	0.6	0.4	0
温度作用	可变荷载	1.4	0.6	0.5	0
长钢轨断轨力	可变荷载	1.4	0.7	0.7	0.6
地震作用	可变荷载	1.3			
横向摇摆力	可变荷载	1.4	0.7	0.7	0.6

2．根据影响线理论模拟列车静活荷载

根据原铁道部颁布的《新建时速 200～250 公里客运专线铁路设计暂行规定》，列车竖向静活荷载为 ZK 活荷载，ZK 活荷载包括 ZK 标准活荷载（图 5.4-1）和 ZK 特种活荷载（图 5.4-2），其对结构的影响应通过影响线的方法进行求解。但现有民用结构分析软件并不具备求解此类荷载的能力，故必须对其进行合理简化，以模拟列车荷载的影响。

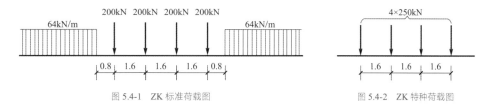

图 5.4-1　ZK 标准荷载图　　　　　　　图 5.4-2　ZK 特种荷载图

南京南站承轨层在轨道下均设有直接承托列车荷载的承轨次梁，其典型跨度为 2×21.00＋3×24.00＋2×21.00m，端部各出挑 1.55m，列车荷载首先通过轨道下对应的承轨次梁传递给承轨框架梁，再通过承轨框架梁传递给框架柱。在整体计算之前，应先求解出承轨次梁在列车荷载作用下的支座包络反力，再将此反力作为点荷载加到整体计算模型中，根据影响线原则，按需要求解的框架内力的种类及位置，改变点荷载的分布，最终达到求解出承轨层框架结构的包络内力的目标。

如果要求出承轨梁次梁不同部位的跨中最大弯矩、支座最大弯矩及剪力，必须首先明确单位移动荷载在不同的结构部位产生的不同内力影响线，然后据此布置列车竖向动荷载。根据结构力学，连续承轨次梁的内力影响线如图 5.4-3 所示。

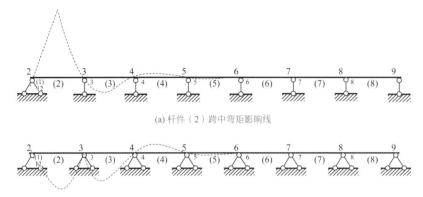

(a) 杆件（2）跨中弯矩影响线

(b) 节点 3 支座负弯矩影响线

杆件（2）极值位置位于距左端 0.575L 处，极值为 2.1561；
杆件（3）极值位置位于距左端 0.385L 处，极值为 1.6805。

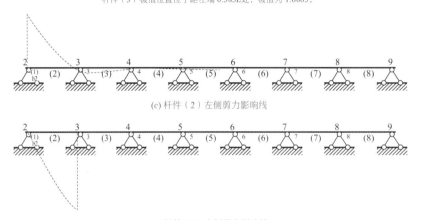

(c) 杆件（2）左侧剪力影响线

(d) 杆件（2）右侧剪力影响线

图 5.4-3　承轨次梁内力影响线

根据计算部位及内力的不同，相应布置列车动荷载，具体布置如图 5.4-4 所示：

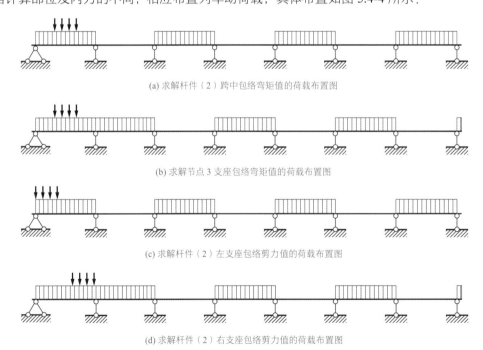

(a) 求解杆件（2）跨中包络弯矩值的荷载布置图

(b) 求解节点 3 支座包络弯矩值的荷载布置图

(c) 求解杆件（2）左支座包络剪力值的荷载布置图

(d) 求解杆件（2）右支座包络剪力值的荷载布置图

图 5.4-4　承轨次梁列车动荷载布置

根据此计算原理，可得出列车荷载作用下，承轨次梁各截面内力包络如图 5.4-5 所示，计算结果的精度满足工程设计要求。

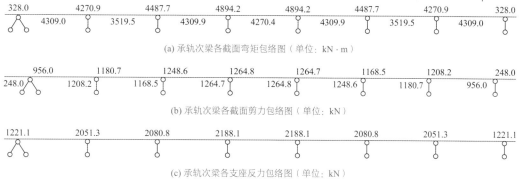

| 328.0 | | 4270.9 | | 4487.7 | | 4894.2 | | 4894.2 | | 4487.7 | | 4270.9 | | 328.0 |
| 4309.0 | | 3519.5 | | 4309.9 | | 4270.4 | | 4309.9 | | 3519.5 | | 4309.0 | |

(a) 承轨次梁各截面弯矩包络图（单位：kN·m）

| 956.0 | | 1180.7 | | 1248.6 | | 1264.8 | | 1264.7 | | 1168.5 | | 1208.2 | | 248.0 |
| 248.0 | | 1208.2 | | 1168.5 | | 1264.7 | | 1264.8 | | 1248.6 | | 1180.7 | | 956.0 |

(b) 承轨次梁各截面剪力包络图（单位：kN）

| 1221.1 | | 2051.3 | | 2080.8 | | 2188.1 | | 2188.1 | | 2080.8 | | 2051.3 | | 1221.1 |

(c) 承轨次梁各支座反力包络图（单位：kN）

图 5.4-5 承轨次梁内力包络图

将承轨次梁各截面在列车荷载作用下的包络弯矩和包络剪力与其承担其他静荷载、活荷载下的内力进行组合，可求出承轨次梁的包络弯矩和剪力，用于承轨梁的构件设计，各种荷载的组合系数参照《建筑结构荷载规范》的相关规定确定。上图中的支座反力则作为集中力加载于整体计算模型中，以模拟列车在行驶过程中的不同阶段对结构不同部位产生的内力，求解承轨层框架结构的包络内力，其荷载布置原则也是根据影响线图来确定的。图 5.4-6 以某结构单元的第一跨为例，说明不同工况下的荷载布置方式：

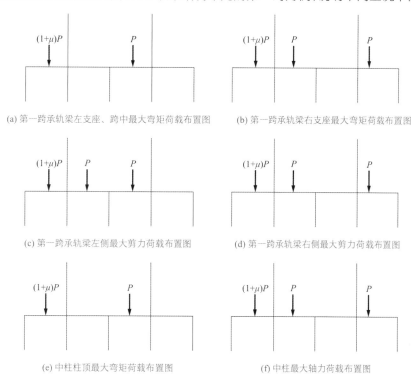

(a) 第一跨承轨梁左支座、跨中最大弯矩荷载布置图　　　　(b) 第一跨承轨梁右支座最大弯矩荷载布置图

(c) 第一跨承轨梁左侧最大剪力荷载布置图　　　　(d) 第一跨承轨梁右侧最大剪力荷载布置图

(e) 中柱柱顶最大弯矩荷载布置图　　　　(f) 中柱最大轴力荷载布置图

图 5.4-6 某结构单元第一跨不同工况荷载布置方式

3．框架承轨层梁、柱构件设计

主站房首层结构顶板即为承轨层，采用框架结构形式。承轨次梁、承轨框架梁为型钢混凝土梁，典型框架柱截面规格为2200mm×2200mm，上部候车层结构的钢管混凝土柱支承在本层框架柱内，其他框架柱内按构造要求，设置十字形钢骨或 H 形钢骨，以优化梁柱节点构造。典型节点做法如图 5.4-7 所示。

承轨层的型钢混凝土梁采用充满型实腹 H 形钢骨，主要计算内容包括：承载能力极限状态下的正截面受弯承载力的计算、斜截面受剪承载力的计算；正常使用极限状态下的裂缝和挠度验算。根据《铁路桥涵钢筋混凝土和预应力混凝土结构设计规范》TB 10002.3-2005，混凝土梁的保护层厚度为50mm，裂缝宽度限值为 0.2mm，对于到发线连续梁因列车竖向静活荷载所引起的竖向挠度，边跨不得大于$L/800$，中间跨不得大于$L/700$，反拱量不得大于$L/1800$。

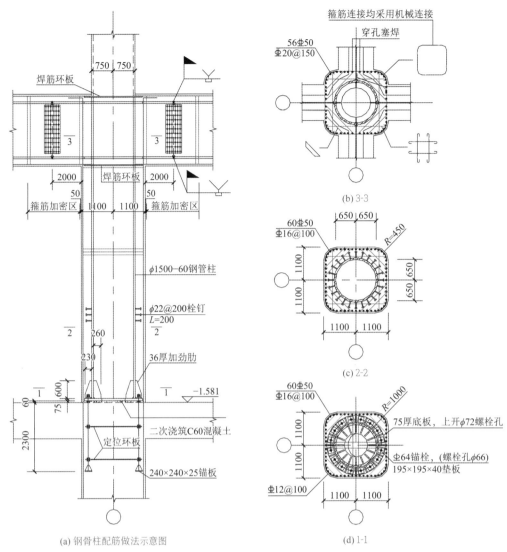

图 5.4-7　承轨层框架柱典型节点做法示意图

通过计算可知，按裂缝计算得到的配筋量远远大于按截面受弯极限承载力计算所得配筋，钢筋应力水平很低，σ_{ss} 基本小于 120N/mm²，没有充分利用高强钢筋的强度，这也是《铁路桥涵钢筋混凝土和预应力混凝土结构设计规范》不要求使用高强钢筋的原因。梁配筋详见图 5.4-8、图 5.4-9。

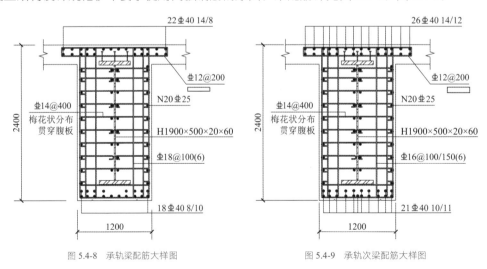

图 5.4-8　承轨梁配筋大样图　　　　　　　　图 5.4-9　承轨次梁配筋大样图

通过对构件裂缝反复优化计算可知，型钢混凝土梁内的钢骨对减小构件裂缝的作用不如钢筋，在构造允许的情况下应优先通过增加配筋减小裂缝宽度w_{max}，但如果钢筋根数过多，则会导致梁柱节点施工难度加大，当钢筋层数超过两层时，梁柱节点几乎无法满足构造要求。因此，在设计劲性混凝土框架结构时，应对节点构造做法予以高度关注。

为保证轨道平顺，承轨梁的竖向变形验算也需要高度关注。大跨度承轨梁的起拱值应按计算确定，避免其在短期内返拱值过大，不满足规范要求。通过对多个典型梁在不同工况下变形结果的统计分析，对梁的起拱量明确规定如下：

（1）对于承轨次梁和南北基本站台的框架梁按$L/1000$起拱。

（2）承托承轨次梁的承轨梁跨度10.5m，可以不起拱。

（3）其他钢筋混凝土梁按现行施工规范确定起拱值。

5.4.2 候车层双向钢桁架设计

候车层结构是由钢管混凝土柱和双向钢桁架、钢梁共同组成的复杂钢框架体系，该层南北向设有与框架柱相连的桁架 HTR，HTR 之间还设有与托架相连的次桁架 TR，桁架跨度从 21.50～43.00m 不等。东西向桁架为直接与框架柱相连的托架 ZTR，其典型跨度为$2 \times 21.00m + 3 \times 24.00m + 2 \times 21.00m$。受建筑高度和高铁工艺的限制，桁架矢高均为 2900mm，为便于桁架拼接、减少梁柱节点处水平加劲肋的层数、保证钢管混凝土柱的混凝土浇筑质量，桁架上下弦高度均为 600mm，通过调整构件规格的方法满足不同的承载力要求。典型桁架做法详见图 5.4-10～图 5.4-14。

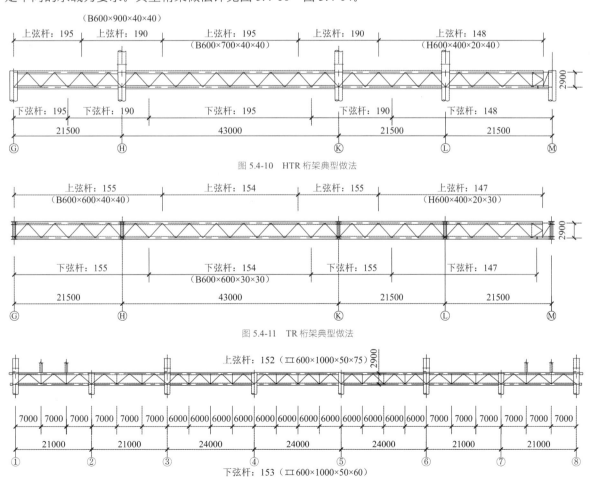

图 5.4-10 HTR 桁架典型做法

图 5.4-11 TR 桁架典型做法

图 5.4-12 ZTR 桁架典型做法

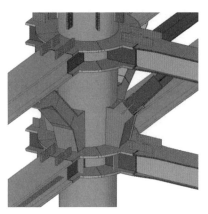
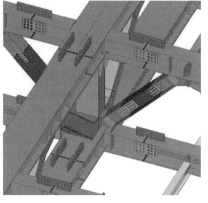

图 5.4-13　桁架梁柱节点做法　　　　　　图 5.4-14　托架与次桁架相交节点做法

由于本层楼面温度区段超长，采用在托架（圆钢管柱）下弦处伸出牛腿，牛腿上设置限位滑动支座的方式将楼面分成三块，分别为132.75m×156.00m、107.50m×156.00m和154.75m×156.00m。该处牛腿的设计标准为中震弹性、罕遇地震保持承载能力。

图 5.4-15 为该牛腿的大样图，下弦杆件向外延伸形成牛腿，其上承托可单向滑动的成品抗震支座，上弦杆件与另一侧桁架的上弦杆件通过销轴、连接耳板连接，连接耳板上开椭圆孔，以便销轴在长圆孔内滚动，椭圆孔长度根据计算确定，保证两端桁架在温度变化和发生中震时可以自由变形，销轴不受力；在发生罕遇地震时结构变形加大，作为防止桁架从牛腿脱落的第一道防线，两侧结构的上弦杆件通过销轴、连接耳板拉结在一起，防止出现过大变形；若罕遇地震时上弦销轴或连接耳板发生破坏，作为第二道防线，承托滑动支座的牛腿还设置了限位挡板，保证所承托桁架不从牛腿上滑落。

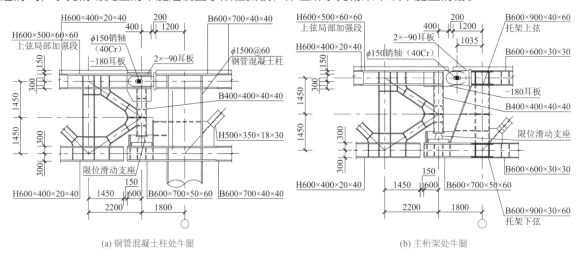

(a) 钢管混凝土柱处牛腿　　　　　　　　　　　(b) 主桁架处牛腿

图 5.4-15　候车层承托牛腿大样

5.4.3　斗拱节点设计

本工程中，南北两端钢管混凝土柱与屋面网架均采用斗拱连接，屋面结构的竖向荷载、温度工况及地震工况下钢管混凝土的剪力效应均要通过斗拱进行传递，斗拱构件构造独特，传力比较间接，必须确保其具有足够的承载能力及安全储备。

根据斗拱节点的性能设计目标，对斗拱节点进行如下两种分析：非地震作用组合下，斗拱承受竖向重力、水平剪力（滑动支座的水平摩擦力），此时节点须完全处于弹性工作状态，对节点进行静力线性分析，荷载及材料强度取设计值；罕遇地震作用组合下，斗拱承受竖向重力、水平剪力（系由温度作用和地震作用产生），节点整体承载性能应处于线弹性阶段，允许斗拱节点部分区域进入塑性，此时须对节点进行静力大挠度弹塑性分析，荷载及材料强度均取标准值（钢材本构关系按理想弹塑性考虑）。由于屋面网架重量较小，多遇地震工况下南北端钢管混凝土柱端剪力值和轴力值均小于非地震作用组合下的相应数值，因此针对斗拱节点的静力线弹性分析采用的是非地震作用组合下的内力结果。

静力线弹性分析中，各向荷载为固定值，取非地震作用各工况下的柱端内力包络值，因两个水平方向的剪力值相近，模型中为双向加载；非线性分析中，竖向荷载取固定值（重力荷载代表值），而在不同横向荷载工况下（EX 或 EY），两个方向的水平剪力数值相差较大，模型中简化为单向加载，并将其作为非线性分析中的累加变化荷载。静力线性分析结果如图 5.4-16、图 5.4-17 所示。

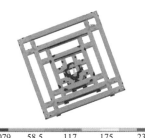

(a) 北侧斗拱 von Mises 应力云图（单位：MPa）   (b) 北侧斗拱第一主应力云图（单位：MPa）   (c) 北侧斗拱竖向位移云图（单位：mm）

图 5.4-16　北侧斗拱静力线性分析结果

北侧斗拱最大 von Mises 应力为 263MPa，最大第一主应力为 187MPa，竖向最大变形 22mm。

(a) 南侧斗拱 von Mises 应力云图（单位：MPa）   (b) 南侧斗拱第一主应力云图（单位：MPa）   (c) 南侧斗拱竖向位移云图（单位：mm）

图 5.4-17　南侧斗拱静力线性分析结果

南侧斗拱最大 von Mises 应力为 236MPa，最大第一主应力为 173MPa，竖向最大变形 16mm。

静力非线性分析结果如图 5.4-18、图 5.4-19 所示。由图可知，在斗拱各层板件相交角点处有局部很少钢材进入塑性，其余大部分板件仍保持弹性。斗拱局部板件进入塑性，其余大部分板件仍保持弹性。

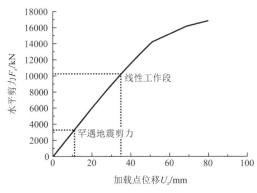

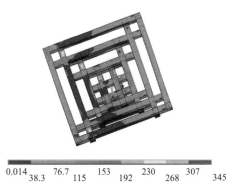

(a) 北侧斗拱节点水平荷载-位移曲线   (b) 罕遇地震组合下节点应力云图（单位：MPa）

图 5.4-18　北侧斗拱静力非线性分析结果

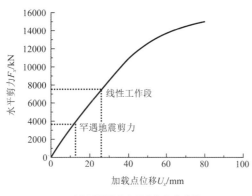
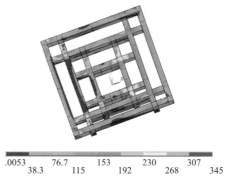

(a) 南侧斗拱节点水平荷载-位移曲线　　　　(b) 罕遇地震组合下节点应力云图（单位：MPa）

图 5.4-19　南侧斗拱静力非线性分析结果

通过以上分析可知，在非地震作用工况下，南北两侧的斗拱节点均处于弹性工作状态，板件的应力比和节点刚度均满足规范的相关要求，承载性能良好；罕遇地震工况下，在各层构件相交处有很少部分钢材进入塑性，但荷载位移曲线表明，结构的整体受力尚处于线性变形阶段，节点的刚度基本没有退化，具有较大的安全储备，承载性能良好。

5.5　斗拱试验研究

5.5.1　试验目的

为研究斗拱受力特点和抗震性能，检验数值模型的合理性，由清华大学土木工程系进行斗拱节点试验（详见《南京南站钢斗拱节点模型试验报告》）。

5.5.2　试验设计

根据斗拱节点的受力特点，进行三个试验：轴心受压试验，偏心受压试验和恒定轴压力下模拟地震水平往复加载试验（以下简称压剪试验），试件为缩比模型，斗拱节点模型试件的内力设计值见表 5.5-1。

斗拱节点模型试件内力设计值　　　　　　　　　　　　表 5.5-1

工况	荷载组合	轴力/kN	剪力/kN	弯矩/（kN·m）
正常使用状态	1.2 × DL + 1.4 × LL	880	0.03	57.8
多遇地震作用下	1.2 × DL + 0.6 × LL + 1.3 × EX	770	5.3	60.8
罕遇地震作用下	1.0 × DL + 0.5 × LL + 1.0 × EX	805	82	164

注：DL 表示恒荷载，LL 表示活荷载，EX 表示 X 向地震作用。

5.5.3　试验结果

1. 轴心受压试验（图 5.5-1）

轴心受压试验采用力控制单调加载方式，分级施加竖向轴力，达到加载设备的能力试验结束。

从图 5.5-2 可知，竖向轴力小于设计荷载时，竖向力与位移的关系呈线性，拟合得到的刚度为 476.5kN/mm。随着荷载的增大，试件的竖向力-位移关系开始出现非线性。竖向力达到 3400kN 时卸载，有 3.2mm 的残余变形，卸载刚度为 448.6kN/mm，与加载弹性刚度一致。

图 5.5-1 轴心受压试验现场照片

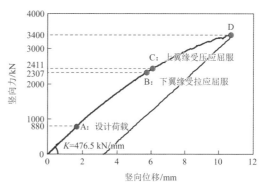

图 5.5-2 竖向力-位移关系曲线

2. 偏心受压试验（图 5.5-3）

从图 5.5-4 可知，竖向力小于设计荷载（880kN）时，竖向力与位移的关系呈线性，拟合得到的刚度为 497.6kN/mm。随着荷载的增加，试件开始进入非线性。竖向力达到 3700kN 时卸载，试件有 5.9mm 的残余变形，试件的卸载刚度为 439.7kN/mm，略小于加载刚度。

图 5.5-3 偏心受压试验现场照片

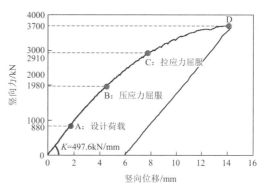

图 5.5-4 竖向力-位移关系曲线

3. 压剪试验

为了研究斗拱节点在地震水平往复荷载作用下的承载能力、变形和延性，进行了压剪试验。图 5.5-5 为试验现场照片，图 5.5-6 为加载规则。

图 5.5-5 剪压试验现场照片

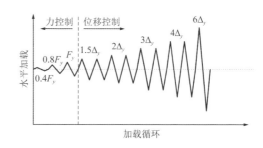

图 5.5-6 加载规则

图 5.5-7 所示为水平力-位移滞回曲线。图 5.5-8 为水平力-位移关系曲线。从图 5.5-8 看出，当水平作用力小于罕遇地震作用产生的剪力（82kN）时，水平力-位移关系呈线性，试件处于线弹性，初始弹性刚度为 93.6kN/mm。当水平推力或拉力分别达到 B 或 B'点时，试件进入局部受压屈服，水平力-位移曲线进入非线性，定义此状态为试件的屈服点，对应的位移角为 0.0022。当水平推力和拉力分别达到 C 或 C'点时，试件进入受拉屈服。当水平推力或拉力分别达到 1255kN 或 1284kN（D 或 D'点）时，试件局部焊

缝发生断裂。试件的屈服和极限水平力、屈服和极限位移角及延性系数列于表 5.5-2。

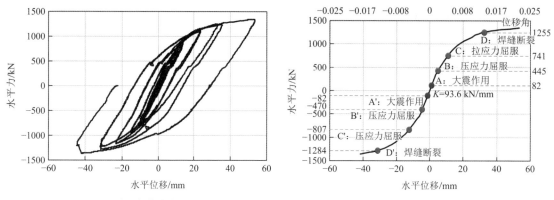

图 5.5-7 水平力-位移滞回曲线　　　　　图 5.5-8 剪压试验水平力-位移关系曲线

屈服和极限水平力、屈服和极限位移角及延性系数　　　　表 5.5-2

加载方向	屈服水平力/kN	屈服位移角	极限水平力/kN	极限位移角	延性系数
推	445	0.0022	1344	0.022	10.0
拉	470	0.0022	1364	0.017	7.7

5.5.4　数值分析验证

对应于轴心受压、偏心受压和压剪试验，分别建立了各试件的有限元模型，其几何尺寸与模型试件一致，支座简化为铰支座，试验结果见图 5.5-9～图 5.5-11。

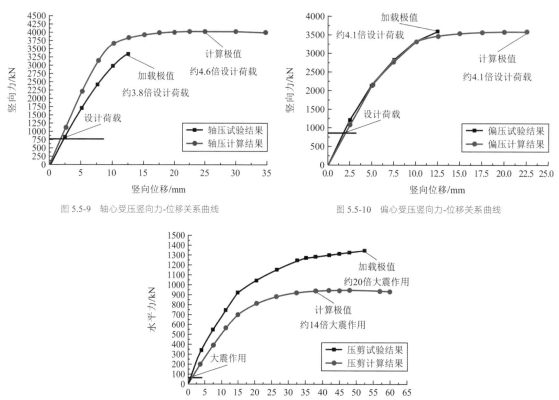

图 5.5-9　轴心受压竖向力-位移关系曲线　　　　图 5.5-10　偏心受压竖向力-位移关系曲线

图 5.5-11　压剪水平力-位移关系曲线

数值分析结果表明，轴心受压和偏心受压试件的竖向承载力达到其竖向设计荷载的 3.8 倍以上，压剪试件的水平承载力达到罕遇地震作用下地震剪力的 **14** 倍以上。斗拱节点冗余度高，某些构件屈服后，节点的承载力尚能继续增加，当承载力达到峰值后，力-位移关系曲线基本不下降或下降很小，斗拱节点具有良好的延性和变形能力。数值分析结果与试验结果吻合较好，有限元模型可用于斗拱节点原型的数值分析，其分析结果可以作为钢结构斗拱节点的设计依据。

5.5.5　试验结论

（1）轴压和偏压试件，加载结果与数值分析结果吻合较好；压剪试件，由于加载设备的约束作用，试验结果与数值分析结果相差稍大。

（2）无地震作用组合下，斗拱节点处于线弹性状态；罕遇地震作用组合下，斗拱节点整体处于线弹性阶段。斗拱节点具有足够大的承载力安全储备，能够保证施工阶段、正常使用状态和罕遇地震作用下的安全性。

（3）随着偏心距的增加，斗拱节点的竖向承载力降低，其降幅与偏心距基本呈线性关系。

（4）斗拱节点对钢板初始缺陷并不敏感，设计时可不考虑钢板初始缺陷的影响。

综上所述，斗拱节点延性良好，承载力满足设计要求，具有一定的安全储备，斗拱节点性能设计标准合理。

5.6　结语

南京南站作为京沪高铁特大型交通枢纽站，首次采用建桥合一的结构形式，在结构设计过程中，主要完成了以下几方面工作：

1．建桥合一体系的站房结构

国内首个采用建桥合一结构体系的高架站房，承轨层采用双向刚接框架结构，垂直轨道方向的结构刚度明显加强，站房主体结构的抗震性能大为改善。在结构分析时将列车及列车相关荷载作为特殊荷载工况加入整体计算模型中，进行整体建模分析，有效地消除了因计算假定而产生的系统误差，计算结果更为合理。本工程的成功建成和投入使用，为建桥合一体系在高架站房中的应用和推广起到了很好的示范作用。

2．承轨层构件的设计

通过明确列车及列车相关荷载分项系数、组合系数，按照《建筑结构荷载规范》的组合方式进行整体结构计算，并与《铁路桥涵设计基本规范》所要求的组合方式加以对比，分别进行构件计算，取包络值作为承轨层构件实际配筋。

3．斗拱节点设计

对钢斗拱节点的受力特性进行了深入的数值模拟分析，完成了缩比模型试验，数值分析结果与试验结果基本吻合。理论数值分析和试验结果均表明：钢斗拱节点设计合理，整体受力性能良好，具有较大的承载冗余度和良好的应力重分布能力，可以保证结构安全。

4．结构振动及舒适度的研究

车致振动专项表明，南京南站主站房结构，构件的内力、变形极值和自振频率等指标满足相关规范要求，承轨层构件不存在疲劳问题。现有站房结构在列车振动影响下，不会产生人员舒适度问题。

5.7 延伸阅读

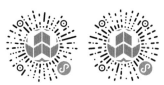

扫码查看项目照片、动画。

经典回眸 北京市建筑设计研究院有限公司篇

参考资料

[1] 建研科技股份有限公司.南京南站站房风洞试验研究报告[R].2008.

[2] 建研科技股份有限公司.南京南站高速列车对建筑结构振动影响研究报告[R]. 2009.

[3] 清华大学土木工程系.南京南站钢斗拱节点模型试验报告[R].2010.

设计团队

结构设计单位：北京市建筑设计研究院有限公司
中铁第四勘察设计院集团有限公司

结构设计团队：李伟政、袁立朴、李志东、甘　明、高　巍、李华峰、叶　彬

执　笔　人：李志东、李伟政

获奖信息

2013 年第八届全国优秀建筑结构设计奖一等奖；

2013 年度全国优秀工程勘察设计行业奖优秀建筑结构专业二等奖；

2013 年北京市第十七届优秀工程设计（建筑结构）二等奖；

2014 年第十二届中国土木工程詹天佑奖。

第 6 章

银川火车站

6.1 工程概况

6.1.1 建筑概况

银川火车站位于宁夏回族自治区银川市，建设单位为原铁道部兰州铁路局银川车站改造建设指挥部，该工程是在既有西站房正常运行前提下的扩建工程，主要包括新建东站房、站台雨棚及进站天桥三部分。图 6.1-1 为银川火车站正立面，图 6.1-2 为银川火车站全景。站场总规模为 10 台 18 线，基本站台 2 座，中间站台 3 座，预留中间站台 5 座。±0.000 设计标高为黄海高程 1113.700m。设计采用线侧式上进下出站型，日最高聚集人数 5000 人，新建站房建筑面积约 3 万 m²，总建筑面积 13.1 万 m²。工程分两期进行设计施工，其中一期工程包括东站房、天桥以及两跨站台雨棚，总建筑面积约 7.4 万 m²；二期工程为 5～10 号站台雨棚及与天桥连接设施，总建筑面积约 5.8 万 m²。

新建东站房位于线路东侧，与既有西站房遥相呼应，通过天桥相连，站房长约 243m，宽约 72m，局部地下一层，地上四层。地下室主要为出站通道、消防水泵房及消防水池，层高 8.6m；首层主要为进站厅、候车厅、售票厅、出站厅及旅客服务设施等，层高 9m，局部设置机房夹层，主要布置空调机房，层高 4.2m；二层为候车层，主要布置候车厅、软席候车厅、残疾人候车厅、母婴候车厅及旅客服务设施等，层高 6m；三层为站务办公层，主要为站务办公室及信息机房，层高 4.5m；四层为空调机房层，层高 6.5m；屋面由混凝土壳、玻璃屋面及钢结构轻屋面组成，女儿墙檐口标高为 26.150m，最高点标高为 38.000m。新建东站房通过进站天桥与既有西站房相连，进站天桥地上两层，首层层高为 9m，二层局部设计机电设备夹层，屋面最高点标高为 22.000m，同时进站天桥又将站台雨棚分为南北两部分，站台雨棚地上一层，屋面最高点标高为 17.410m。

图 6.1-1 银川火车站正立面

图 6.1-2 银川火车站全景

6.1.2 设计条件

1. 总体控制参数（表 6.1-1）

控制参数 表 6.1-1

结构设计基准期	50 年	建筑抗震设防分类	标准设防类（丙类）
建筑结构安全等级	二级（结构重要性系数 1.0）	抗震设防烈度	8 度（0.20g）
地基基础设计等级	甲级	设计地震分组	第一组
建筑结构阻尼比	0.05	场地类别	Ⅱ类
水平地震影响系数最大值	0.19	小震特征周期	0.37s

2．风荷载

基本风压按《建筑结构荷载规范》GB 50009-2001（2006 版）取值，为 0.65kN/m²（重现期 50 年），场地粗糙度类别为 B 类。做了风洞试验和风致振动分析，设计中采用了规范和风洞试验结果进行强度、稳定包络设计，根据风洞试验结果，风敏感的站台雨棚风荷载标准值按区域分别取 1.30kN/m²、0.70kN/m²、0.55kN/m²。

6.2 建筑特点

6.2.1 清水混凝土壳

站房中央的 3 个连续清水混凝土壳是本工程最大亮点，采用混凝土拱壳结构，表达了建筑的民族风格和厚重感。如图 6.2-1 所示，混凝土壳的形态较为特殊，并非完整的圆弧，是中心对称，单侧为圆弧、尖顶，垂直壳受力方向顶部开了很大的洞口，形成 3 个底部相连的落地拱。3 个壳厚度为 450mm，跨度分别为 24m、27m、24m，中央壳顶点标高为 37.571m，两侧壳顶点标高为 31.602m；垂直方向开的洞口在竖直立面上的投影形状为对称两段圆弧相切、顶部相交形成尖角，落地拱的净跨度约为 51.80m。

6.2.2 立面交叉拱

东西立面采用相交混凝土拱（图 6.2-2）外包石材，同样表达了民族特征。相交拱半径为 21m，落地跨度也为 21m。

图 6.2-1　清水混凝土壳　　　　　　　　　　　图 6.2-2　东立面交叉拱内景

6.2.3 造型大跨屋面

如图 6.2-3 所示，二层候车厅屋面沿纵向在中央为通长条形采光天窗，天窗中点为屋面最高点，向东西两侧找坡；室内吊顶随着天窗斜坡向下延伸，形成最低点。如此将屋面主结构沿纵向在中央断开，形成东西两部分。

6.2.4 五跨连续站台雨棚

如图 6.2-4 所示，无站台柱雨棚在线间立柱，每跨屋面横跨两个站台，跨度超过 40m。根据建设计划，一期完成 2 跨，并为将来预留形成 5 跨雨棚的条件。立柱沿火车线路的纵向间距为 21m，柱顶分叉形成两个支点，支承的张弦梁间距为 10.5m。张弦梁上弦为双钢管，在支座处交于一点，下弦为单索，每跨分为 8 格。火车线路上方镂空无屋面板，其他处采用轻型屋面。

图 6.2-3　候车厅造型大跨屋面

图 6.2-4　连续张弦梁站台雨棚屋面

6.2.5　多跨连续双弧面天桥

如图 6.2-5 所示，进站天桥为尖顶，双侧弧面外墙，形成近似三角形的横截面，弧面外墙分格为近似等边三角形，加上在侧投影面上沿竖向布置的腹杆，"竖向"腹杆截面加大突出斜向腹杆，并采用变截面方钢管，斜腹杆为圆钢管。

图 6.2-5　进站天桥

天桥柱与无站台柱雨棚柱相对应布置在铁路线间，天桥为 5 跨连续，每跨跨度均超过 40m，与既有西站房连接一侧为 12.5m 的悬挑跨。

6.3　体系与分析

6.3.1　方案比选

建筑方案突出民族特色，多处采用了弧线、尖顶造型；同时为满足使用功能要求，还需要很多大跨空间。综合以上两点，采用大范围大跨曲面（线）结构，供选择的结构方案从材料上可分为两种，即混凝土结构和钢结构。因为造型复杂无论采用哪一种方案，施工难度均很大；从设计角度、钢结构更方便准确建模，构件受力、传力清晰，分析会简单很多；但混凝土结构能够与建筑完美结合。对比详见表 6.3-1。

	方案一（混凝土结构）	方案二（钢结构）
优点	①可模性好。可通过异形模板准确塑造出要表达的建筑形态。 ②混凝土受压能力强与拱壳以受压为主的受力特点高度一致。 ③可以用真实的结构构件表达建筑的力量感，实现建筑与结构的高度统一。 ④在室内顶部曲面可采用清水混凝土，避免干挂石材可能坠落的安全隐患。 ⑤耐久性、耐火性好，便于使用中的维修、维护	①结构分析相对简单。 ②图纸表达相对容易。 ③施工难度相对小。 ④工期短
缺点	①结构分析很复杂。建模难度大；构件内力复杂、设计方法无规范依据；复杂混凝土壳的整体稳定分析方法欠缺。 ②图纸表达难度大。 ③施工难度大。需要大量异形模板和临时支撑，曲线形钢筋加工和混凝土振捣难度大。 ④三维曲面清水混凝土质量控制难度大。 ⑤工期长	①与建筑要表达的效果不统一，力量感不足。 ②外表面需完全覆盖装饰材料，施工难度大。 ③室内顶部曲面在无法使用干挂石材的情况下（甲方对安全的要求），装饰效果不佳。 ④耐久性、耐火性差，使用中需要定期维修、维护，且高空作业工作量大、难度大、危险性大。 ⑤钢结构加工、安装难度较大

　　经过与建筑师的充分沟通，最终选择了混凝土结构方案。顺利通过了审查，在装修方案的审查中，确定了中央三连壳的内部采用清水混凝土方案（图 6.2-1），满足了不允许在顶部干挂石材的规定。

　　进站天桥外观也呈双弧面尖顶形状，立柱与无站台柱雨棚相对应，因此跨度也比较大。备选方案有三个，方案一为连续钢梁，上托弧面幕墙；方案二为连续三角形截面桁架，内切弧面幕墙；方案三为双弧侧面加底面形成的近似三角形截面桁架。当时异形桁架做法还比较少，因此最初只考虑了前两个方案，但效果均不满意，最终提出了方案三（图 6.2-5），经过试算承载力和变形均能满足。

6.3.2　结构布置

　　整体结构由四个结构单元组成：新建东站房、南站台雨棚、北站台雨棚、进站天桥，图 6.3-1 为计算模型。其中，站台雨棚被进站天桥从中间断开分为南北两部分，为使结构体系更加简单、合理，设置橡胶支座将新建东站房与站台雨棚分开。东站房由钢筋混凝土框架、剪力墙、混凝土厚壳（墙）、拱形支撑构成钢筋混凝土框架-支撑-剪力墙结构体系，现浇钢筋混凝土梁板楼盖，屋面为大跨钢桁架加轻型屋面板。南、北雨棚为钢结构排架体系，屋面为多跨连续张弦梁加轻型屋面板；进站天桥为钢框架体系。

　　站房框架（含拱）和剪力墙（含壳）的抗震等级均为一级。

　　基础采用钢筋混凝土钻孔灌注桩，桩径分别为 800mm、600mm，桩长分别为 12.5m、22.5m，根据内力大小有选择地采用后注浆技术，持力层为非常厚的密实细砂层（地勘报告显示地下 6m 以下均为细砂层）。值得一提的是，这是在宁夏回族自治区第一次使用后注浆技术，实践证明在砂层中效果非常好。

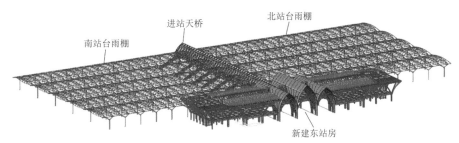

图 6.3-1　银川火车站结构计算模型

6.3.3　结构分析

1. 概念分析

　　本项目分为 4 个结构单元，相互之间又存在一定的联系，钢结构的无站台柱雨棚和进站天桥一端通过支座支承在混凝土结构的站房上，站房候车厅大跨屋面也是钢桁架结构。钢-混凝土混合结构的所有作用效应是钢结构与混凝土结构协同工作的结果，由于混凝土结构的竖向及侧向刚度较大，在类似工程的整体建模分析中受到软件功能制约，为简化设计，通常将钢结构与混凝土结构分开单独建模，相连处将混凝土结构作为钢结构的支座，同时将钢结构支座反力作为荷载加在混凝土结构上。简化的前提是简单合理的布置约束条件，并通过概念分析综合考虑刚度和动力特性，从而得到能够满足工程设计需要的近似结果。但对较复杂的混合结构，这种简化可能产生影响工程造价甚至是安全的误差。对于像本工程这样的空间作用效应明显且各部分之间刚度、质量差异较大的钢-混凝土混合结构，有必要进行整体结构的抗震性能分析以充分考虑不同结构单元之间协同工作和相互影响。

站房中央主入口处通高的进站大厅布置三个清水混凝土壳，既满足了建筑的造型要求又充分利用混凝土的受压性能。混凝土壳外形既非圆弧，也不是抛物线，而是两段圆弧相交，如图 6.3-2 所示，在壳的侧面开了很大的弧形洞口，这样垂直方向实际上是一个大型钢筋混凝土拱结构，拱脚的水平推力较大，仅靠桩基础的水平承载力无法承担，因此在拱脚设置无粘结预应力钢绞线作为拉杆来平衡拱脚推力；钢绞线的预拉力按照变形最小的原则确定，并考虑荷载施加的过程分步张拉。

结合建筑立面效果在站房东西两面沿纵向设置两排混凝土拱形支撑，提高了整体结构的抗扭、抗侧刚度，结合楼梯间布置剪力墙及混凝土筒，形成了站房结构体系。

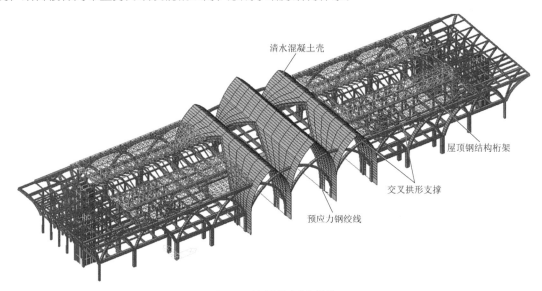

清水混凝土壳

屋顶钢结构桁架

交叉拱形支撑

预应力钢绞线

图 6.3-2　新建东站房结构模型

2. 站房反应谱分析

新建东站房的横向抗侧刚度主要由混凝土框架、剪力墙及厚壳提供，而纵向抗侧刚度则由混凝土框架、剪力墙、拱形支撑及厚壳提供，其结构体系较为复杂，且侧向及竖向刚度不均匀，分别采用 ETABS、MIDAS 两种结构软件分别进行小震反应谱分析，详细计算结果见表 6.3-2。前几阶主振型自振周期均近似，且振动形态也基本相对应。

小震反应谱计算结果　　　　　　　　　　　　　　　　　　　表 6.3-2

指标		ETABS		MIDAS	
		X 向	Y 向	X 向	Y 向
剪力系数/%		8.6	5.3	6.8	5.8
墙体、拱承担倾覆力矩比/%		90.5	92.7	91.4	95.4
层间位移角		1/1071	1/1055	1/2209	1/1563
基本周期/s	T_1	0.60237		0.58046	
	T_2	0.52633		0.55064	
	T_3	0.51992		0.53562	
扭转周期比		0.87		0.81	

分析结果

（1）结构总重量

Midas 模型的结构总重量为 61434kN，ETABS 模型的结构总重量为 66460kN，两者相差约 8%。

（2）结构自振周期

两个软件前几阶主振型自振周期均近似，且振动形态也基本相对应，典型振型如图 6.3-3～图 6.3-5 所示。

图 6.3-3　第 1 阶 Y 方向振型

图 6.3-4　第 3 阶 Z 方向振型

图 6.3-5　第 6 阶 X 方向振型

3. 站房弹性时程分析

采用 MIDAS 程序进行小震弹性时程分析，根据地震安评报告及场地类别和设计地震分组，选择了 8 条地震波（包括 2 条天然波和 6 条人工波），见表 6.3-3，人工波的平均地震影响系数曲线与本工程地震安全性评价报告所给出的目标反应谱曲线在统计意义上相符。每组地震波的两条水平波（X，Y）和一条竖向波（Z）峰值加速度峰值按 1∶0.85∶0.65 同时输入，最大峰值调整至 80Gal。站房弹性时程分析得到的基底剪力结果见表 6.3-4。

时程分析采用的地震波　　　　　　　　　　　表 6.3-3

El Centro 波	1940，El Centro Site，270°，顶点 = 0.3569g，持时 53.72s
Taft 波	1952，Taft Lincoln School，339°，顶点 = −0.1793g，持时 54.40s
人工波 1～人工波 6	50 年超越概率 63%，峰值 81.5gal（约 0.08g），持时 40.96s，步长 0.020s

结构基底剪力对比　　　　　　　　　　　表 6.3-4

地震波	基底剪力（X 向）/kN	与反应谱法比值（X 向）	基底剪力（Y 向）/kN	与反应谱法比值（Y 向）
El Centro 波	66565.00	1.507	32955.00	0.836
Taft 波	59812.00	1.354	36230.00	0.919
人工波 1	44929.00	1.017	42732.00	1.084
人工波 2	48093.00	1.089	37540.00	0.952

地震波	基底剪力（X向）/kN	与反应谱法比值（X向）	基底剪力（Y向）/kN	与反应谱法比值（Y向）
人工波 3	53922.00	1.221	40072.00	1.016
人工波 4	41784.00	0.946	38138.00	0.967
人工波 5	38218.00	0.865	52385.00	1.328
人工波 6	37411.00	0.847	34313.00	0.870

各条时程曲线均满足抗震规范要求（每条时程曲线计算所得结构底部剪力大于振型分解反应谱法计算结果的 65%，8 条时程曲线所得底部剪力平均值大于振型分解反应谱法计算结果的 80%）。时程分析的计算结果与振型分解反应谱有出入，基底剪力 X 方向平均值为反应谱的 1.10 倍，Y 方向平均值为反应谱的 0.98 倍，在设计时，将振型分解反应谱计算的 X 向地震作用乘以 1.10 的放大系数，Y 向不做调整。

4．站房静力弹塑性推覆（Pushover）分析

站房采用 MIDAS Gen V730 软件进行了静力弹塑性推覆分析，主要结论和应对措施：

（1）最大层间位移角为 1/76（Y 向），小于 1/50。

（2）仅局部柱底出现塑性铰，剪力墙等主要抗侧力构件均无塑性铰出现。

（3）结构的能力曲线，能穿越罕遇地震反应谱曲线，能满足大震不倒的需求。

（4）对底层柱、钢筋混凝土拱的配筋做适当加强。

5．整体建模结果分析

采用 MIDAS Gen V730 进行整体（一期）建模分析，站房与屋面桁架及站台雨棚采用弹簧连接模拟支座的实际刚度。采用基于 Rize 向量的 Rayleigh-Ritz 法进行水平及竖向的自振周期及振型计算，由于局部振型较多，选取了前 150 阶振型。混合结构中不同材料的能力耗散机理不同，相应构件的阻尼比也不相同（一般钢构件取 0.02，混凝土构件取 0.05），故计算整体结构的阻尼时采用振型阻尼比法，即对于每一阶振型，根据该阶振型下的不同材料的单元应变能采用加权平均的方法计算出该阶的振型阻尼比，然后对整体结构进行反应谱分析。

（1）整体建模与单独建模对比，应力比差别不明显，整体建模下钢结构构件应力比见图 6.3-6。对比位移，在恒荷载 + 活荷载组合下，整体建模：站房屋顶桁架变形约为 250.6mm，挠度约 1/267，站台雨棚变形约为 114mm，挠度约 1/350；单独建模：屋顶桁架变形约为 220.5mm，挠度约 1/304，站台雨棚变形约为 93mm，挠度约 1/430。整体建模分析位移结果相对较大，但均满足规范要求。

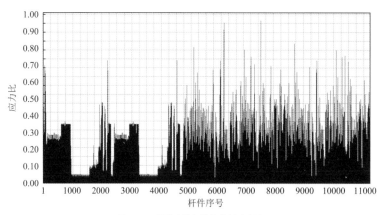

图 6.3-6　整体建模钢结构构件应力比

（2）由于整体建模分析模拟的支座刚度更符合真实情况，支承钢结构的混凝土构件的内力分析也较为精确。例如：支承站房屋面桁架的混凝土柱，该柱子伸出屋面，采用固定铰支座，水平力在柱底产生

较大弯矩，整体建模分析的水平反力较真实，柱子配筋由此弯矩控制；在整体建模分析时，发现支承站房屋面桁架的混凝土壳的水平反力较大，对混凝土壳不利，故在最终设计中将该支座水平刚度释放，简化了复杂混凝土拱壳的受力状态，同时释放了对桁架纵向温度作用的约束；站台雨棚支座处梁拱的设计也主要依据本整体建模分析的结果。

（3）站房屋面桁架及站台雨棚钢结构的支座刚度、支座位移及转角限值等支座条件也是根据整体建模分析结果确定的。

综上所述，根据整体建模计算结果，前若干阶阵型均以站台雨棚水平振动为主，说明东站房的抗侧刚度要远大于站台雨棚。因此在进行站台雨棚结构分析设计时，可以将站台雨棚与东站房连接处根据刚度等效原则简化为支座弹性约束，同时在对东站房进行结构分析时不考虑站台雨棚部分的刚度贡献，从而进行合理的简化以提高工作效率。

6．结构设计中特殊部位的处理措施

站房部分混凝土构件主要依据 ETABS 小震反应谱计算结果设计，对个别特殊部位构件遵循具体情况具体分析的原则进行分析设计，比较有代表性的有：

（1）站房中央的三个清水混凝土壳，体型复杂、受力特殊，类似钢筋混凝土壳的分析在以前的资料中未发现，对壳的整体稳定性借鉴了钢结构网壳的分析方法，运用通用有限元软件 ANSYS 对混凝土壳体进行分析，确定其失稳模态，得到拱壳结构对于附加荷载的反应以及自身屈曲性能，并适当提高了安全系数。壳体根据上述小震弹性计算的壳体应力结果进行配筋设计，考虑到该混凝土壳非常特殊，故取上述两种软件结果的应力较大值进行包络设计。

（2）钢筋混凝土拱受力复杂，其内力包含六项，即两个方向的弯矩和剪力、轴力、扭矩。参考国外规范的相关规定，分别按两个方向的压弯和剪扭进行设计，再做叠加。

（3）由于工程中双向梁的跨度均很大，预应力次梁单向布置，造成了分析中某些小跨非预应力混凝土次梁局部变形巨大的不正常情况。在设计中，充分考虑预应力筋对减小梁挠度的贡献，从而按真实情况做设计，减少浪费。

6.4 专项设计

6.4.1 站房超长结构分析

由于造型和使用的需要，二层楼面长度接近 250m，为控制楼板裂缝及减小温度作用，采取了一系列有效措施：布置了温度预应力筋；合理设置后浇带，并适当延长后浇带的封闭时间（120d）；同时控制施工时的合龙温度（3~12℃）。

1．温度作用

基本条件：日平均气温最低值−10.6℃，最高值 26.4℃；结构合龙温度取为 5~10℃；考虑徐变影响，混凝土弹性模量折减系数取 0.3。

工况一：混凝土收缩当量温差−10℃。

工况二：施工阶段降温 20.6℃。

工况三：板按工况二，梁温度滞后板温度 5℃（模拟梁和板因与大气接触面积不同引起的梁升降温滞后效应）。

超长楼板温度应力分析结果见图 6.4-1 和表 6.4-1。

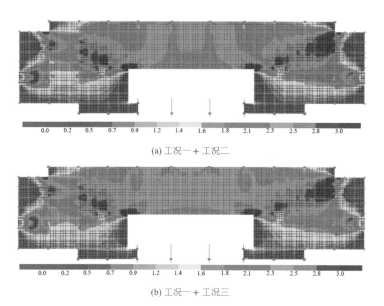

(a) 工况一 + 工况二

(b) 工况一 + 工况三

图 6.4-1　超长楼板温度应力分布图（单位：MPa）

超长楼板温度应力计算结果　　　　　　　　　　　　　　　表 6.4-1

工况	工况一	工况二	工况三	工况一 + 工况二	工况二 + 工况三
长向应力/MPa	1.06	2.27	2.38	3.33	3.40
短向应力/MPa	0.64	1.38	1.53	2.02	2.17

2．楼板温度预应力筋设计

在本层顶板（D 轴～J 轴范围）中，沿结构南北向另配置温度预应力钢筋，混凝土预压应力大小取 2.0MPa，此方向非预应力下部钢筋（D 轴～J 轴范围）伸入楼板支座长度为 L_a。

3．非预应力加强钢筋设计

在楼板开大洞的阴角应力集中部位，沿 45° 方向布置了 2m 长的 5 根 ±14 非预应力加强钢筋。

6.4.2　异形混凝土拱壳稳定分析及设计

站房楼中央主入口处的三个连续清水混凝土拱壳，南北向跨度分别为 24m、27m、24m，顶标高分别为 32.000m、38.000m、32.000m，东西向跨度为 51m。其中，每个壳体均由两段相同半径的筒壳顶部相接而成，其中两侧壳体半径为 23m，中间壳体半径为 32m。壳体南北向开洞（洞口边缘线为立面投影半径为 24m 的两段弧线），洞口边缘设置边框拱，外侧壳与壳之间在 21.850m 标高处通过局部混凝土板连接。

1．混凝土拱壳结构当时研究情况及稳定分析方法

（1）当时研究情况

混凝土拱壳结构是工程中广为采用的一种结构形式（图 6.4-2），当时除特殊情况如圆筒、球壳等，用各种壳体理论建立的解析方法冗长而繁杂，而有限元方法是最有效的。随着有限元理论以及相应数值求解技术的发展，采用有限单元法对薄壳结构进行同时考虑几何非线性和材料非线性的全过程分析成为可能。特别是一些大型通用有限元软件（ANSYS，SAP2000 等）的广泛使用，使得类似银川火车站站房结构的复杂混凝土壳体能够通过运用有限元方法来设计计算，但工程界相关的设计和研究资料较为缺乏。

（2）稳定分析方法

首先进行特征值屈曲分析，它用于预测一个理想弹性结构的理论屈曲强度，并得到特征值矢量屈曲形态；其次按此形态施加初始缺陷；然后逐步地施加一个恒定的荷载增量，直到解开始发散为止。

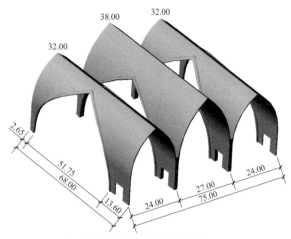

图 6.4-2 混凝土拱壳尺寸示意（单位：m）

在进行壳结构稳定分析的过程中，两个因素是非常重要的：第一，壳结构因几何形状及边界条件的不同，其结构性能差异很大。对于厚度小的薄壁壳，在很大的薄膜压应力作用下，壳体最终会丧失稳定性而呈现屈曲破坏。第二，由于几何缺陷和荷载缺陷的存在，实际中的壳通常还是会表现出弯矩内力，从而导致承载能力的减低。当外部荷载产生的弯曲作用不可忽略时，壳体呈弯曲破坏。对于钢筋混凝土壳，表现为混凝土压碎或钢筋屈服出现滑移等。

因此，通过有限单元法对壳结构进行非线性分析所得到的屈曲荷载要比根据经典的线弹性理论特征值分析得出的屈曲荷载低很多。

2．壳体结构稳定性有限元分析

为了简化分析，偏安全地忽略 9m 层高处楼板及壳东西两端连环拱对壳体的约束作用，模型采用 SHELL181 单元。该单元有 4 个节点，每个节点具有 6 个自由度：X、Y、Z方向的位移自由度和绕X、Y、Z轴的转动自由度，适合对薄的或具有一定厚度的壳体结构进行分析，也非常适用于分析线性的大转动变形和非线性的大形变，壳体厚度的变化是为了适应非线性分析。

分析时用细分的壳体单元近似模拟弧线壳体，因双非线性计算结果收敛性较差，计算中仅考虑几何非线性。混凝土等级为 C40，材料采用线性本构关系，弹性模量为 32500N/mm^2，泊松比为 0.2。

在有限元理论中，结构分析中的应力刚度矩阵S可以加强或减弱结构的刚度，这主要依赖于应力是压应力还是拉应力。对于受压情况，当外力F增大时，弱化效应增加，当达到某个荷载时，弱化效应超过了结构的固有刚度，此时没有了净刚度，位移无限增加，结构发生屈曲。ANSYS 中的线性屈曲分析采用类似的概念，使用特征值公式来计算造成结构负刚度的应力刚度矩阵的比例因子。

3．分析结果及讨论

1）特征值屈曲分析结果

经 ANSYS 计算，得到 450mm 厚混凝土壳体前三阶屈曲模态见图 6.4-3。

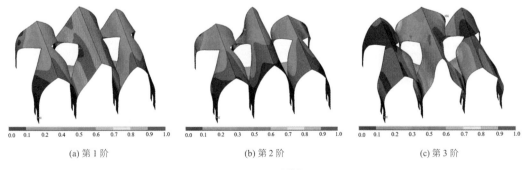

| (a) 第 1 阶 | (b) 第 2 阶 | (c) 第 3 阶 |

图 6.4-3 屈曲模态

从特征值屈曲分析结果可以看出整个壳体发生失稳时结构的变形状态：

（1）壳体最容易发生的失稳形式是侧倾，这与柱面拱壳两个方向的刚度相差较大的理论是吻合的。在站房结构中，壳东西两侧的连环拱南北向刚度较大，可对壳体相应部位提供足够的侧向刚度，起到很好的约束作用。

（2）从壳体的正对称失稳模态（第二、第三模态）中，可以看出，由于壳的西侧支撑条件相对较差，因此要比东侧更容易失稳，失稳时发生的位移也更大。实际站房结构中壳西侧 9.000m 标高处有大面积混凝土楼板的约束，并且楼层板在壳体拱脚相应位置上双向设置有较强的预应力混凝土梁，这些结构可以适当加强壳体在弱拱脚处的整体受力能力。

（3）由于三段壳体均是由两段圆柱壳相接而成，侧向刚度较弱，壳高度越高表现越明显。

通过特征值屈曲分析可以对结构特性有一个大致的感性了解，其屈曲形状可作为屈曲分析时施加初始缺陷或扰动荷载的依据，在此基础上对结构进行非线性分析就会更有目的性，从而得到一个更符合工程实际的解。

2）壳体整体稳定参数分析

为了在满足受力要求的同时保证一定的安全储备，有必要选择合适的壳体厚度。经 ANSYS 计算，得到不同厚度混凝土壳体承载力特征值（不考虑几何非线性和材料非线性）和承载力极限值（考虑几何非线性和初始缺陷）如图 6.4-4 所示。

（1）承载力极限值比特征值要小很多，壳厚度为 500mm 时仅为特征值的 42%。也就是说，仅考虑结构的线性屈曲问题会大大高估大跨混凝土拱结构的极限承载力。

（2）随着厚度增加，壳体的线性分析承载力特征值呈直线状上升，厚度超过 400mm 时，上升幅度有所加快。可以说明，虽然本结构为曲面复杂结构，但其力学性质尤其是线弹性稳定性仍有一定规律可循。

（3）随着厚度增加，与特征值相反，壳体的承载力特征值增速趋缓，并且上升趋势呈现明显的非线性。因而，单纯靠增加壳体厚度来提高其承载力的方法从经济性和充分发挥材料强度的角度考虑，是不妥当的。

（4）通过比较不同厚度承载力特征值与极限承载力的比值（图 6.4-5），随着厚度增加，结构非线性影响越来越明显，相对而言，薄壳比厚壳更容易发挥材料的承载性能，发挥拱壳的受力优势。

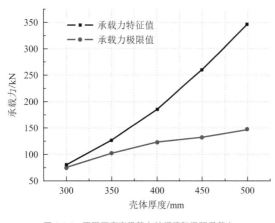

图 6.4-4　不同厚度壳承载力特征值和极限承载力

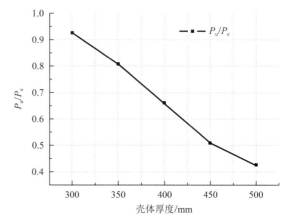

图 6.4-5　极限承载力/承载力特征值

3）结合规范确定拱壳结构稳定安全系数

拱结构稳定安全系数的最低容许值是与计算理论密切相关的。过去，由于计算手段的限制，设计时通常仅按照线性稳定理论计算稳定安全系数，这样计算出的稳定安全系数有可能会远大于实际结果，所以根据以往的经验采用较大的最低容许值，一般取 4.0～6.0。随着计算理论和计算手段的发展，考虑双重非线性求得的第二类稳定安全系数已经足够精确，众多的理论和试验研究成果都证明了这一点。所以，如果仍然采用上述最低容许值，必然导致安全系数过大，造成经济上的浪费。

大跨度拱壳结构的破坏形式多为第二类弹塑性失稳破坏，即在结构整体失稳破坏前已经有局部构件发生强度破坏。由于稳定破坏会直接导致拱结构承载能力的丧失，因而，稳定破坏应该比强度问题具有更高的安全储备。从文献[3]中提供的研究成果来看，拱结构稳定安全系数的最低容许值可以考虑取为2.0-2.5。

通过 ANSYS 及 SAP2000 两种软件的计算，可得相应的安全系数，见表 6.4-2。

两种软件壳体计算结果　　　　　　　　　　　　　　　　　　表 6.4-2

软件	特征值屈曲系数	极限承载力	荷载设计值	安全系数
SAP2000	315.84	264.25	17.03	15.5
ANSYS	257.73	131.84	17.03	7.7

由于网壳规程中规定非线性稳定安全系数大于 5，并考虑到本混凝土拱壳结构相对于一般的拱结构跨径较大，体积大（自重大），且施工难度大（施工中难免产生一定偏差），混凝土性能的离散度较大等因素，稳定性安全系数的取值要比文献[3]中建议的高一些。

4）保证壳体稳定的构造措施

壳体稳定研究成果是基于壳体在发生失稳前不发生局部强度破坏的前提，所以，在实际工程实践中，根据壳体实际应力分布相应配置受力钢筋，并在易发生应力集中的部位采用了一系列构造加强措施。

（1）为了防止壳体与两侧连环拱相接处有局部应力集中，在壳体的相应部位设置与连环拱截面相同的加强拱带（图 6.4-6），壳体内部也有部分圆弧拱支撑。这种做法可以将壳两侧拱连成整体，成为一榀连续的拱架，提高了相应位置的承载能力。

（2）为了防止屋面桁架传来的集中力造成壳体冲切破坏，壳体在相应标高设置支座的支承平台构件（图 6.4-7），同时，屋面桁架采用抗震支座并减弱水平方向约束，使壳主要承受竖向力。通过壳体冲切验算及应力校核，保证了支座处受力分布均匀。

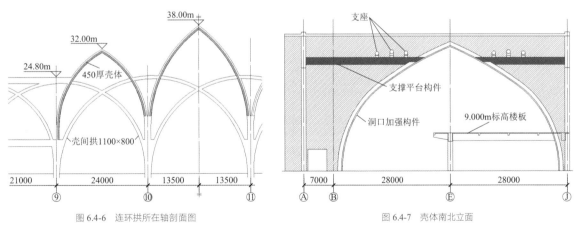

图 6.4-6　连环拱所在轴剖面图　　　　　　　　　　　　　图 6.4-7　壳体南北立面

（3）壳体南北向洞口边缘设置洞口加强构件（图 6.4-8），尤其 E 轴左右相接处（即平面上壳体最窄处）按折梁方法配筋予以加强（图 6.4-9），在满足应力要求同时，形成了东西方向的拱受力体系，使壳体的传力路径更为明确。

（4）对于壳体南北立面形成的拱结构，J 轴一侧支承条件相对较差，而实际站房结构中 9.000m 标高处的楼板（图 6.4-8）和相应位置双向布置的预应力混凝土梁，可以有效加强壳体在弱拱脚处的侧向刚度，达到 E 轴两边结构刚度较为接近，从而提高结构的整体稳定性能。

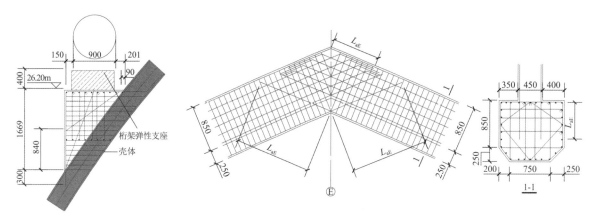

图 6.4-8　支座处支撑平台构件　　　　　　　　　　图 6.4-9　洞口加强构件 E 轴交接处

4．小结

运用大型通用有限元软件 ANSYS 分析了拱壳结构的稳定承载性能，通过对比特征值屈曲分析及施加初始缺陷、考虑几何非线性后的极限承载力分析，并结合相关文献、规范讨论了本工程结构的稳定安全系数，可以得到以下结论：

（1）拱壳受力及约束条件较为复杂，分析时需对其进行合理简化。通过软件分析并结合建筑造型要求，壳体采用 450mm 厚钢筋混凝土拱壳，可满足整体稳定要求。

（2）从特征值屈曲分析表现出的结构失稳模态，可以定性地分析结构的刚度及稳定特征，从而更有效、合理地布置结构，增加相应的构造措施。

（3）壳体的非线性稳定极限承载力比线性屈曲得出的承载力特征值有较大降低，在结构设计分析时必须考虑初始缺陷、荷载扰动等相关因素的影响。

（4）壳体的稳定承载力特征值随厚度线性增加，并且增加幅度明显高于极限承载力。壳体厚度要结合承载力、建筑要求及经济条件，以期获得更好的受力性能。

（5）参考相关规范及文献，在仅考虑几何非线性且忽略约束条件时，本结构稳定安全系数为 7.7，满足稳定要求，并留有一定的安全储备。

大跨度混凝土拱壳作为建筑与结构结合非常紧密的结构形式，如果在设计分析中能够相对准确地考虑结构的非线性特征，把握壳体稳定概念，选取合理的稳定安全系数，在实际工程中会有更广阔的应用前景。

6.4.3　沿纵向布置复杂截面屋盖桁架分析

站房二层中央清水混凝土壳两侧候车厅取消中间柱子形成大跨空间，根据建筑室内外装修效果的需要，沿纵向布置两个跨度约 67m 的巨型三角形桁架，在巨型主桁架东西两侧布置跨度分别为 14m 和 21m 的次桁架，在两个桁架之间布置型钢折梁作为玻璃采光屋面的支撑龙骨，以最大限度地将建筑造型与结构构件结合起来。主桁架分别支承于混凝土壳及混凝土柱上，次桁架一端与主桁架相连，另一端通过固定铰支座支承在混凝土边拱顶部的混凝土梁上，屋顶桁架结构模型见图 6.4-10，图 6.4-11 为桁架安装完成后的照片。

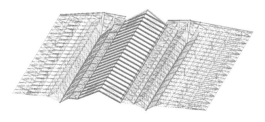 

图 6.4-10　候车厅屋顶桁架结构模型　　　　　　　　图 6.4-11　候车厅屋顶桁架安装完成

桁架坐落在混凝土壳、拱及梁柱结构上，分别采用钢结构单独模型及整体模型计算分析。单独模型根据实际支座类型对桁架相应节点进行约束（如固定铰支座处采用三向位移约束，三向转角释放来模拟；单项滑动支座根据支座刚度要求采用有刚度弹簧支座模拟）；而在整体模型里是根据支座要求采用弹簧连接模拟将桁架相应节点约束到相应的混凝土构件上。

通过对比发现，单独模型与整体模型中固定铰支座的水平反力相差较大，典型支座反力对比见图 6.4-12。甚至个别固定铰支座的反力相差达数十倍，这主要是因为混凝土拱架的面外刚度相对较弱，而单独分析模型在此方向上是完全约束的，从而导致单独模型的计算结果失真，整体模型则更接近结构的实际受力状况。

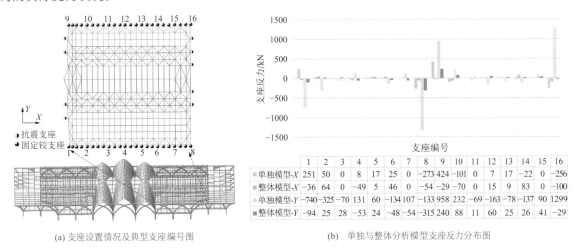

(a) 支座设置情况及典型支座编号图

(b) 单独与整体分析模型支座反力分布图

支座编号	1	2	3	4	5	6	7	8	9	10	11	12	13	14	15	16
单独模型-X	251	50	0	8	17	25	0	−273	424	−101	0	7	17	−22	0	−256
整体模型-X	−36	64	0	−49	5	46	0	−54	−29	−70	0	15	9	83	0	−100
单独模型-Y	−740	−325	−70	131	60	−134	107	−133	958	232	−69	−163	−78	−137	90	1299
整体模型-Y	−94	25	28	−53	24	−48	−54	−315	240	88	11	60	25	26	41	−29

图 6.4-12　单独与整体分析模型支座反力对比分析图

6.4.4　五跨连续张弦梁雨棚屋盖设计

站台雨棚位于新建东站房楼西侧，并与老站房楼相连，位于地上一层。南北（顺轨道）方向总长约 469m，被中央约 27m 宽进站天桥分为南北两部分，长度均为 227m；东西（垂直轨道）方向总宽约 220m。东西向柱子有六排（一期含东部三排），柱间距分别约为 44.4m、41m（以上为一期）、40.5m、41m、42m，南北向柱间距主要为 21m。站台雨棚模型详见图 6.4-13，建筑面积约为 99960m²（其中一期 38294m²、二期 58366m²）。

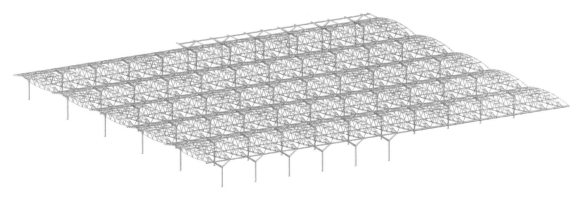

图 6.4-13　站台雨棚三维模型

南、北站台雨棚为地上一层，东西向为张弦梁结构组成的五跨排架（一期为两跨排架），张弦梁跨度从 40.5m 至 44.1m 不等，张弦梁跨中高度 4.8m，上弦杆采用φ530×14热轧钢管，节点做法见图 6.4-14；南北向为由钢管梁柱构成的多跨刚架，柱距均为 21m。与新建东站房相邻处通过橡胶支座与站房相连，屋面面内刚度由张弦梁之间张紧的φ20 交叉拉杆及与其连接杆件提供。

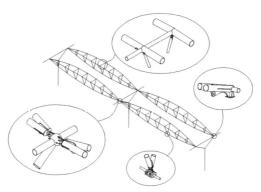

图 6.4-14　张弦梁节点做法

考虑上吸风的影响，根据风洞试验及风致振动分析结果，在上吸风荷载较大部位的上弦钢管中灌混凝土作为配重。下弦索的初拉力控制考虑了多工况下不同组合的情况，同时满足自重＋恒荷载（含配重）＋预应力组合下变形较小；自重＋恒荷载（含配重）＋预应力＋风荷载组合下索不松弛等要求。

屋顶桁架及站台雨棚钢结构的支座刚度及支座位移限值等支座条件也是根据整体建模分析结果确定的，即真实考虑下部混凝土结构刚度对上部钢结构的影响，从而可以尽可能减小站台雨棚结构的扭转效应，提高结构的整体抗震性能。采用整体计算模型，对支承在站房结构上的雨棚橡胶支座刚度的参数进行试算，刚度分别取 0kN/mm、1kN/mm、2kN/mm、3kN/mm、4kN/mm、5kN/mm，在站台雨棚张弦梁端部选取 5 个有代表性的控制节点，其中 A、B 两点处张弦梁支撑在钢管混凝土柱顶，C、D、E 三点处张弦梁通过橡胶支座与站房相连，具体控制节点位置见图 6.4-15。

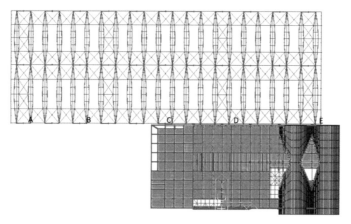

图 6.4-15　站台与雨棚连接支座参数分析控制节点布置图

不同刚度雨棚支座控制节点 Y 向地震下水平位移（单位：mm）　　　　表 6.4-3

支座刚度/（kN/mm）	A 点	B 点	C 点	D 点	E 点	B~E 均值	变异系数
0	32.98	20.44	20.01	32.65	42.04	28.79	0.37
1	32.85	21.72	22.57	26.78	31.54	25.65	0.18
2	36.10	22.14	20.73	22.63	26.82	23.08	0.11
3	37.25	22.71	19.17	18.79	23.51	21.05	0.11
4	37.42	23.08	16.50	17.75	23.71	20.26	0.18
5	37.29	23.14	14.78	17.73	23.44	19.77	0.21

由表 6.4-3 可知，A 点位移明显大于其他控制点，这主要是由于边跨上吸风荷载较大而在张弦梁上弦杆内灌混凝土作为配重，从而导致其地震反应较大，故分析时忽略此控制点对其余控制点进行统计分析。由分析结果可知支座刚度在 2kN/mm、3kN/mm 时变异系数最小，即此时雨棚结构在 Y 向地震作用下结构变形较均匀。考虑橡胶支座规格宜统一，而当支座刚度取 3kN/mm 时，C、D、E 点的位移更接

近，因此刚度确定为 3kN/mm。此时，E 点处张弦梁与下部钢结构的相对位移为 38.91mm，考虑罕遇地震作用下放大到 5.6 倍，支座位移限值确定为 ±250mm。

6.4.5 曲面桁架天桥设计

结合建筑造型的需要，天桥桁架采用了比较少见的弧面桁架，弧面需要考虑承担面外弯矩，因此桁架的腹杆不能按杆单元设计，为简化计算模型，仅将立面投影上的竖向腹杆设置为梁单元，并结合建筑造型，采用了变截面方钢管。进站天桥纵向长 221.5m，共分成五跨，在与西侧既有站房相连接处采用悬挑处理，桁架悬挑跨度为 12.5m，以方便柱下承台及桩基施工。

1. 多跨连续斜放双弧面桁架的分析

由于支承在进站天桥上的钢梯及扶梯下端采用抗震支座与基础相连，故其对结构整体计算影响不大，仅需考虑其竖向荷载效应即可。进站天桥为钢框架结构体系，其中纵向为多跨弧面钢管桁架，横向为单跨钢框架结构。由于天桥沿纵向较长，温度作用比较明显，因此分别对弧面桁架下的柱顶与方钢管梁的连接做法采取特殊处理（图 6.4-16）：中间两排的四根柱子与钢梁采用刚性连接，即钢柱与梯形钢梁采用栓焊等强连接；次外排的四根柱子与钢梁之间采用铰接连接，在柱顶设置固定铰支座；最外侧的四根柱子柱顶设置纵向滑动、横向刚接支座。同时与全部刚接的模型的柱底水平力进行了对比，见图 6.4-17，连接经特殊处理后，既一定程度地释放了结构纵向的温度作用效应，同时也保证了结构横向具有较好的抗侧刚度和一定的抗扭刚度。

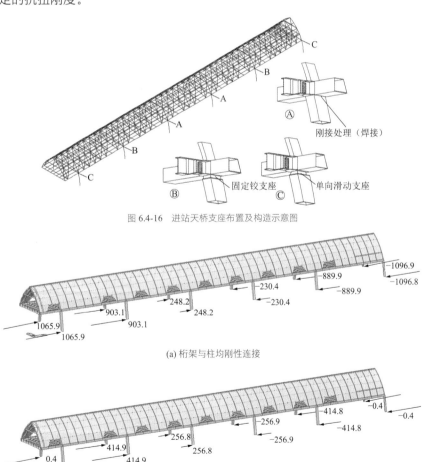

图 6.4-16 进站天桥支座布置及构造示意图

(a) 桁架与柱均刚性连接

(b) 桁架与柱连接特殊处理

图 6.4-17 进站天桥柱底纵向水平力（单位：kN）

2. 支座的细部有限元分析

球面铰支座，接触面板采用 MHP 四氟乙烯板，且板表面储油槽内涂以 5201-2 硅脂润滑油，其他加工技术要求根据《桥梁球型支座》GB/T 17955-2009 确定。单向滑动支座的做法比较特殊，且性能要求比较高，其接触面采用滑槽设计，承压面为镜面不锈钢板，接触面及滑槽内采用 5201-2 硅脂润滑油，单向滑动支座构造详见图 6.4-18。

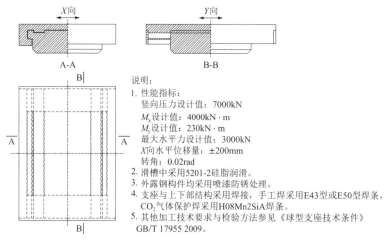

说明：
1. 性能指标：
   竖向压力设计值：7000kN
   M_x 设计值：4000kN·m
   M_y 设计值：230kN·m
   最大水平力设计值：3000kN
   X 向水平位移量：±200mm
   转角：0.02rad
2. 滑槽中采用5201-2硅脂润滑。
3. 外露钢构件均采用喷漆防锈处理。
4. 支座与上下部结构采用焊接，手工焊采用E43型或E50型焊条，CO_2气体保护焊采用H08Mn2SiA焊条。
5. 其他加工技术要求与检验方法参见《球型支座技术条件》GB/T 17955 2009。

图 6.4-18 进站天桥单向滑动支座详图

由于单向滑动支座做法特殊，且所承受荷载较大，除采用常规方法进行支座受力分析外，还采用了 ANSYS 通用有限元程序对其进行分析，支座铸钢材料采用 solid45 实体单元进行模拟，本构模型采用 von-Mises 屈服准则和理想双线性弹塑性模型（屈服强度 345MPa，弹性模量 2.06E5MPa，强化段切线模量 2.06E3MPa，泊松比 0.3），不锈钢板与铸钢的滑动面的接触效应采用接触单元 170 及 17 模拟。分析时将下支座板固定，同时在上支座板施加竖向压力、水平剪力及两个方向弯矩，静力弹塑性分析。支座变形及应力见图 6.4-19。

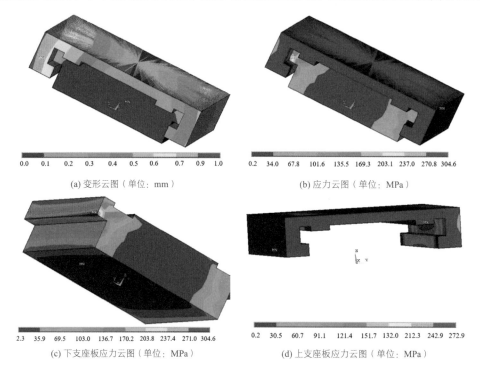

(a) 变形云图（单位：mm）

0.0 0.1 0.2 0.3 0.4 0.5 0.6 0.7 0.9 1.0

(b) 应力云图（单位：MPa）

0.2 34.0 67.8 101.6 135.5 169.3 203.1 237.0 270.8 304.6

(c) 下支座板应力云图（单位：MPa）

2.3 35.9 69.5 103.0 136.7 170.2 203.8 237.4 271.0 304.6

(d) 上支座板应力云图（单位：MPa）

0.2 30.5 60.7 91.1 121.4 151.7 132.0 212.3 242.9 272.9

图 6.4-19 支座有限元分析变形及应力云图

从构件应力云图可以看出，下支座板的最大应力为 304.6MPa，上支座板的最大应力为 272.9MPa，均小于铸钢的屈服强度（345MPa）。

6.5 结语

银川火车站作为宁夏回族自治区首府银川市的重要交通门户，建筑造型独特、典雅，极具少数民族特色，并有机融合了汉族的文化符号。其建筑规模虽然不是很大，但因出色的建筑方案，比肩众多巨大体量的火车站成为当年铁道部的重点建设项目。在结构设计上做到了与建筑的无缝结合，从结构体系到结构构件的造型，都体现了结构与建筑的融合，即将受力合理又形态特殊的混凝土拱壳结构与建筑使用空间和造型需求相统一。

结构设计中的主要创新点：

1．站房中央的清水混凝土三连拱壳及东西立面混凝土交叉连续拱

清水混凝土拱壳的特色造型、大跨度、大开洞和结构抗震体系需求，造成其分析的难度和复杂性。借鉴钢网壳，开创性地提出了复杂混凝土拱壳的整体稳定分析方法。

立面交叉连续混凝土拱需承担重力和双向抗侧，其受力状态复杂，提出了双向压弯和剪扭叠加的混凝土构件设计方法。

2．进站天桥弧面桁架

打破桁架杆件仅受轴力的概念，贴合建筑造型采用双侧弧面的大跨连续钢桁架；利用不同支座释放部分约束解决超长温度作用效应过大问题。

3．混合结构整体分析

对站房、站台雨棚、进站天桥各个相对独立又相互连接的结构单元采用整体建模分析，得到了相互依存的不同结构体系单元比较真实的分析结果，并据此优化连接做法使结构更加合理，分析结果更加可靠。在整体分析的基础上，得到单独模型的合理边界约束条件，创建较准确的单体模型，缩短过程中调整设计的分析时间，提高工作效率。

钢-混凝土混合结构可以发挥钢和混凝土两种材料的优点，既能满足建筑造型要求，又具有良好的受力性能，适用于大跨度结构，从而使其应用越来越普遍。对比较复杂的钢-混凝土混合结构，做整体建模分析、研究非常必要。

银川火车站站房结构体系特殊、复杂：横向抗侧力由混凝土框架、剪力墙及厚壳墙提供；纵向抗侧力由混凝土框架、剪力墙、交叉拱形支撑及厚壳提供。对结构的抗震作用计算采用了多软件、多方法的对比分析，以提高分析结果的可靠性；同时采用了结构概念设计方法，分析、加强特殊构件、特殊连接、特殊受力结构的构造做法和措施。

结构设计应是一种创造性的工作，是结构基本原理、基本概念的灵活应用，而非简单的重复和翻版。所以对结构构件、形式及构造也应该穷尽物理，了解其本质上的规律得到创造性的结果，结构的美往往存在于稍微偏离其合理性的地方，即用符合结构概念的方法巧妙地解决挑战性的难题。

6.6 延伸阅读

扫码查看项目照片、动画。

参考资料

[1] 虞季森. 中大跨建筑结构体系及选型[M]. 北京：中国建筑工业出版社, 1990.

[2] 张胜民. 基于有限元软件 ANSYS 7.0 的结构分析[M]. 北京：清华大学出版社, 2003.

[3] 席慧彩. 大跨径钢筋混凝土拱壳结构力学性能分析[D]. 天津：河北工业大学, 2006.

设计团队

结构设计单位：北京市建筑设计研究院有限公司（初步设计 + 施工图设计）

结构设计团队：于东晖、奥小磊、毕大勇、张如杭、张　胜、鲁广庆、倪　伟

执　　笔　人：于东晖、毕大勇、王鑫鑫

获奖信息

2013 年度全国优秀工程勘察设计行业奖　优秀建筑工程设计二等奖；

2013 年度全国优秀工程勘察设计行业奖　优秀建筑结构专业三等奖；

2013 年北京市优秀工程勘察设计奖　综合奖（公共建筑）一等奖；

2013 年北京市优秀工程勘察设计奖　专项奖（建筑结构）二等奖；

2013 年第八届全国优秀建筑结构设计奖二等奖。

第 7 章

国家速滑馆（冰丝带）

7.1 工程概况

7.1.1 建筑概况

国家速滑馆又名"冰丝带"，是北京 2022 年冬奥会标志性建筑，也是北京赛区唯一新建的冰上竞赛场馆，冬奥会期间承担速度滑冰项目的比赛任务，赛后将成为能够举办滑冰、冰球等国际赛事及大众进行冰上活动的多功能场馆。与国家体育场"鸟巢"、国家游泳中心"水立方"共同组成北京的标志性建筑群。图 7.1-1、图 7.1-2 分别为国家速滑馆的日景和整体鸟瞰实景照片。

图 7.1-1　国家速滑馆实景照片-日景

图 7.1-2　国家速滑馆实景照片-整体鸟瞰

国家速滑馆位于北京市朝阳区林萃桥东南侧，其用地西侧为林萃路，东侧邻奥林西路，北侧临北五环路，项目用地为北京 2008 年奥运会临时场馆（曲棍球场、射箭场）原址。

国家速滑馆平面投影为椭圆形，长轴 240m，短轴 174m，总建筑面积约 129800m²，地上部分总建筑面积 28925m²，地下部分总建筑面积 97075m²，由主场馆、东车库、西车库组成。地下 2 层，地上 3 层，建筑高度 33.8m，可容纳观众 12000 人，冰面面积最高可达到 12000m²（全冰面工况），为国内目前最大的速滑比赛场馆。场馆典型剖面和平面如图 7.1-3、图 7.1-4 所示。

(a) 南北向剖面

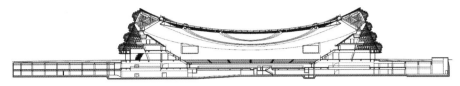

(b) 东西向剖面

图 7.1-3 国家速滑馆典型剖面图

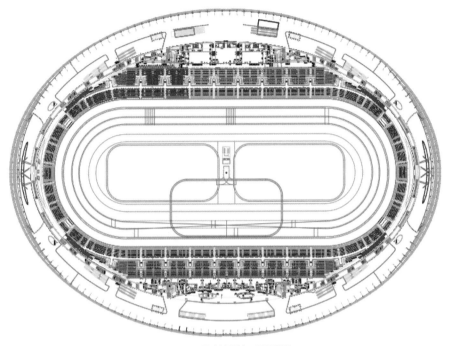

图 7.1-4 国家速滑馆二层平面图

地上看台三层，层高分别为 6.2m、4.8m、5.63m，冬奥会赛时功能为永久及临时看台，赛后临时看台将拆除并根据业主需求承担其他功能。地上外围护幕墙为波浪形玻璃幕墙。

主场馆下设两层地下室，层高分别为 5.4m（地下一层）和 4.5m，主要建筑功能为机房、体育器材储藏室、办公室等。比赛场地部分为地下一层的下沉式场馆，局部冰面下设管沟和通道。外围地下车库为地下两层，层高分别为 4.0m（地下一层）和 4.5m，主要建筑功能为车库、更衣室、办公室、机房等，地下二层局部设 6 级平战结合人防，平时为汽车停车库，战时为物资库。

7.1.2 设计条件

1. 主体控制参数（表 7.1-1）

控制参数   表 7.1-1

结构设计基准期	50 年	建筑抗震设防分类	主场馆及外 2 跨为重点设防类（乙类）；地下车库抗震设防类别（除主馆及外 2 跨）为标准设防类（丙类）
建筑结构设计使用年限（耐久性）	100 年		
建筑结构安全等级	一级	抗震设防烈度	8 度
结构重要性系数	1.1	设计地震分组	第二组
地基基础设计等级	一级	场地类别	Ⅲ类
建筑桩基设计等级	甲级	建筑结构阻尼比	主体结构取 0.04，钢结构屋盖取 0.02，索网取 0.01

2. 风荷载

基本风压：0.50kN/m²（100 年一遇）；地面粗糙度类别：B 类；风振系数：1.8；高度系数：1.39；体

型系数：根据建研科技股份有限公司编制的《国家速滑馆项目风洞测压试验报告》，按照图 7.1-5 分段取值，详见表 7.1-2。

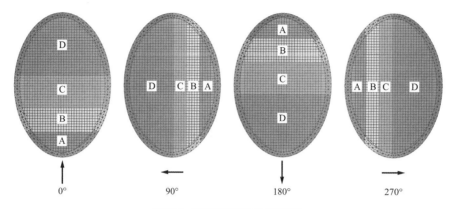

图 7.1-5　风荷载体型系数分段示意图

风荷载体型系数列表　　　　　　　　　　　　　　　　　　　　　　　表 7.1-2

工况	A	B	C	D
风吸工况	−1.17	−0.86	−0.54	−0.36
风压工况	0.9	0.68	0.41	−0.45

3. 雪荷载

基本雪压：$0.45kN/m^2$（100 年一遇）。雪荷载考虑 5 种不同的工况，不同工况雪荷载不均匀分布系数如图 7.1-6 所示。

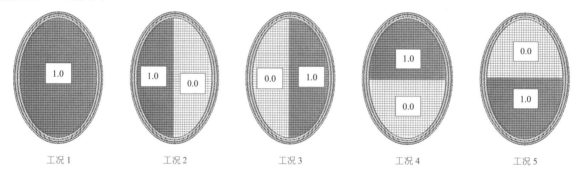

图 7.1-6　国家速滑馆雪荷载分布示意图

4. 温度作用

使用阶段温度作用：根据北京地区月平均气温分布情况，合龙温度为 15℃±5℃。钢结构升温 26℃，降温−33℃。混凝土升温 8.7℃，降温−12.6℃。

施工阶段温度作用：合龙温度为 15±5℃，钢结构施工升温 55℃。施工升温仅与恒荷载组合，荷载分项系数取 1.0。

为保证结构安全，钢结构考虑三种独立的温度作用：（1）考虑到混凝土结构合龙的不确定性，以及混凝土结构合龙和钢结构合龙时间不一致，无法确定混凝土结构和钢结构的合龙温差，因而在整体结构计算时，不考虑混凝土结构的温度变化，仅考虑钢结构正常参与组合的温度变化；（2）在整体结构计算时，同时考虑混凝土结构的温度变化和钢结构正常参与组合的温度变化；（3）在整体结构计算时，同时考虑混凝土结构的温度变化和钢结构施工阶段的温度作用。

施工阶段温度验算，根据施工周期进行施工阶段温度作用分析。

7.2 建筑特点

7.2.1 椭圆-马鞍形大跨屋面

国家速滑馆围绕 400m 标准速滑竞赛赛道，环绕竞赛场地（FOP）连续布置 12000 座看台和观众休息空间，形成长轴 240m、短轴 174m 的场馆正椭圆平面。顶棚采用沿椭圆短轴（东西）方向两端随看台升高，沿长轴（南北）方向两端随看台降低的一种马鞍形双曲面的屋面造型。较常规的平屋顶或拱形屋顶容积节省了 32% 和 62%。马鞍形双曲面的顶棚是压减比赛大厅空间容积最为有利的屋面造型。图 7.2-1 为国家速滑馆夜景远眺照片。

图 7.2-1　国家速滑馆夜景远眺照片

7.2.2 冰丝带曲面幕墙

国家速滑馆立面造型采用锥形"天坛"曲线，以"冰"和"速度"为象征，在设计上用静态的建筑展现了速滑项目的"动感"，又将坚硬的冰寓意成柔软的"丝带"，蕴含了中国人对自然的深层思考和刚柔相济的智慧，22 条透明的冰状丝带如同速滑运动员飞驰而过留下的痕迹，象征着无限的速度和激情，这 22 条丝带又代表着北京承办冬奥会的年份。国家速滑馆曲面幕墙如图 7.2-2 所示。

图 7.2-2　国家速滑馆曲面幕墙实景照片

7.2.3 全冰面 FOP

国家速滑馆实现了首例全冰面设计。速滑比赛场地按照国际滑联（ISU）标准设置 400m 赛道。通过冰面的分区控制，可满足速度滑冰、短道滑冰、花样滑冰、冰壶、冰球五大类冰上运动项目的竞赛要求；也可以实现各分区同时制冰，形成一整块无缝完整冰面，其面积约 1.15 万 m²，赛后能够实现 2000 人同时上冰的全民健身需求，助力"三亿人参与冰雪运动"，国家速滑馆室内实景照片如图 7.2-3 所示。

7.2.4　预制清水混凝土看台

"冰丝带"比赛大厅 8000 个永久座席采用了清水预制混凝土构件。清水预制看台构件除看台板外，还包括栏板、踏步、弧形通道侧板等。弧形区域曲率半径较小，采用的预制弧形看台板，为国内首例，看台实景照片如图 7.2-4 所示。

图 7.2-3　国家速滑馆室内实景照片　　　　　　　　图 7.2-4　拼装中的国家速滑馆看台

7.3　体系与分析

7.3.1　方案对比

方案阶段，对国家速滑馆的屋盖体系进行方案对比，研究并确定适宜的结构体系，需满足以下需求：（1）满足建筑使用功能和造型需求；（2）结构体系高效、传力直接；（3）使用最少的材料；（4）提高施工效率，易于实现平行施工；（5）为后期运维成本控制创造条件；（6）整体造价最省。图 7.3-1 给出了方案对比的示意图。

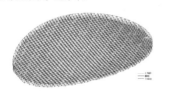

(a) 四角锥网架方案　　　　　　　(b) 桁架方案　　　　　　　(c) 索网方案

图 7.3-1　方案对比示意图

为保证室内净空需求，网架和桁架方案需分别将建筑物标高抬高 8m 和 10m，索网方案在比赛场地范围结构高度仅有 200mm，无需提高建筑物标高。对比结论如下：（1）网架或桁架方案，建筑物最高点标高需调整为 41.800m，无法满足规划需求；（2）立面形态原始为锥形，抬高后变为桶形，背离"天坛曲线"的建筑理念，建筑效果大打折扣；（3）网架、桁架和索网方案三者总体用钢量差异不大，但索网方案由于在工厂加工，现场地面拼装，施工措施费远低于网架和桁架方案，综合造价对比，索网方案可节省约 20%；（4）由于建筑物整体高度更低，索网方案可节省周圈幕墙玻璃面积约 4800m²（按建筑物高差 8m 计算），节省幕墙造价约 2880 万元；（5）索网方案有着更小的室内空间，减少空调设备投入约 400 万元，运行时可减小 5% 耗电负荷；（6）索网与环桁架在地上混凝土结构施工时即可提前开始施工，索网方案相比网架或桁架方案可节省工期约 3 个月。

综上所述，索网方案在建筑形态、理念、造价、运行成本、施工工期等各方面比网架和桁架方案更有优势，因此国家速滑馆屋面结构体系最终采用索网方案。

7.3.2　结构布置

本工程地上为一个独立的结构单元，不设永久结构缝。

地上首层为现浇钢筋混凝土框架结构，看台部分除梁柱为现浇外，看台板均为预制清水混凝土看台板；地上二层及三层为钢框架结构，看台板为预制清水混凝土看台板。

马鞍形双曲面屋盖采用单层双向正交索网，外圈设巨型环桁架，支承于看台斜柱上。用于支承屋盖的看台斜柱采用钢骨混凝土柱。外围护幕墙支承结构采用拉索-单层网格结构，拉索上端固定于顶部的巨型环桁架上，下端固定于混凝土主体结构首层顶板外圈悬挑梁端。

嵌固部位为地下一层顶板。主场馆混凝土结构抗震等级为一级，钢结构抗震等级为二级，支承钢结构屋盖的斜柱和柱顶梁抗震等级为特一级。

1. 混凝土结构

地上混凝土结构采用现浇钢筋混凝土框架结构，结构典型剖面如图 7.3-2 所示，其中对应于屋顶钢结构支座的位置设看台斜柱，共 48 根，倾斜角度 20°，斜柱顶由混凝土环梁连接。在东西两侧主入口大厅处，看台斜柱间距约 63m，其余间距约 9～11m。除主入口大厅两侧看台斜柱尺寸为 2000mm × 3000mm，其余看台斜柱尺寸为 1000mm × (2000～3000)mm，由南北两极向中间逐渐加大。斜柱顶标高随马鞍形屋盖形状变化，最高柱顶标高为 17.330m，位于主入口大厅两侧，最低柱顶标高为 6.237m，位于南北两极。斜柱柱顶最大跨度南北向约 214.5m，东西向约 141.5m。

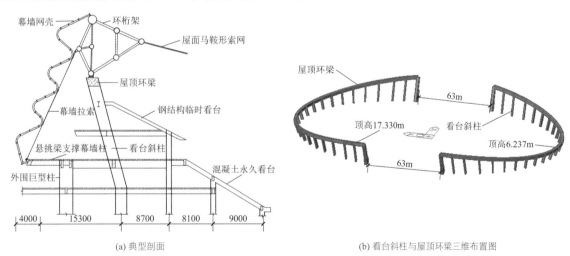

(a) 典型剖面 (b) 看台斜柱与屋顶环梁三维布置图

图 7.3-2　国家速滑馆主体结构

外围护幕墙柱上端固定于顶部的巨型环桁架上，下端固定于混凝土主体结构首层顶板外圈悬挑梁端。首层顶板从 32 根外围巨型柱挑出悬挑梁支承拉索幕墙，最大悬挑长度约 5m，外围巨型柱的尺寸约 900mm × 2000mm。

地下混凝土结构采用现浇钢筋混凝土框架-剪力墙结构，东西长 290m，南北宽 235m。图 7.3-3 给出了地下混凝土结构的空间模型，本工程地下结构分为西车库、东车库和主场馆三部分。地下结构连为一体，不设永久结构缝。

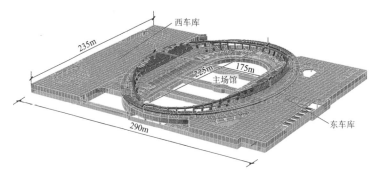

图 7.3-3　地下结构空间模型

2. 钢结构

地上钢结构体系由马鞍形屋面、巨型环桁架、拉索-单层网格结构幕墙组成。钢结构整体模型如图 7.3-4 所示，结构体系分解图如图 7.3-5 所示。

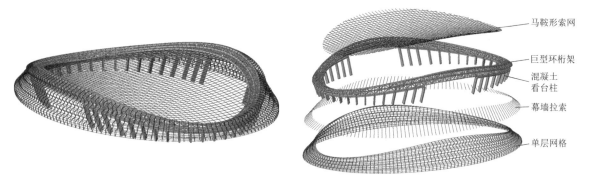

图 7.3-4　钢结构整体模型轴测图　　　　　　　　　图 7.3-5　钢结构体系分解示意图

国家速滑馆索网屋面采用国产新型高钒密封索。屋面结构马鞍形索网如图 7.3-6 所示。东西向承重索最大跨度 130m，垂度 9m，垂跨比约 1/14.4；南北向稳定索最大跨度 200m，拱高 7m，拱跨比约 28.6；网格投影间距 4m。图示每道单索对应的直径 64～78mm 的平行双索为高钒封闭索；索网端部拉结在环桁架上。屋面维护体系采用金属屋面系统，屋面上设置两道椭圆形玻璃天窗，屋面下部吊挂反辐射膜吊顶，中央区域设置斗屏。

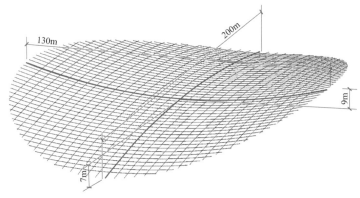

图 7.3-6　国家速滑馆钢马鞍面图

环桁架平面图如图 7.3-7 所示，采用立体桁架结构形式，东西向最大外轮廓尺寸 153m，南北向最大外轮廓尺寸 226m，支座所在下弦椭圆环东西向最大跨度 148m，南北向最大跨度 215m；环桁架剖面为菱形，典型剖面如图 7.3-7 所示，环桁架最高点位于东西两侧，桁架中心线高度约 10m，宽度约 11.5m；环桁架最低点位于南北两侧，桁架中心线高度约 5.2m，宽度约 14m；环桁架下部采用固定铰支座支承于混凝土钢骨柱上；环桁架采用圆钢管，最大钢管规格为 P1600mm×60mm，材质为 Q460GJC。

幕墙结构如图 7.3-8 所示。拉索采用高钒封闭索（单层封闭），索径 50～60mm，东西两侧最高点区域拉索长约 22m，与水平面夹角约 64°；最低点区域索长约 8.7m，与水平面夹角约 37°，索间距 4m。单层网格钢竖梁顶端与环桁架铰接，中间 3 个反弯弯曲处与拉索铰接，下端与混凝土结构内埋件铰接；22 道近似水平布置的钢横梁用于支撑建筑外直径 350mm 的玻璃管"丝带"，与竖梁之间刚接连接，相邻横梁间距约 2m。

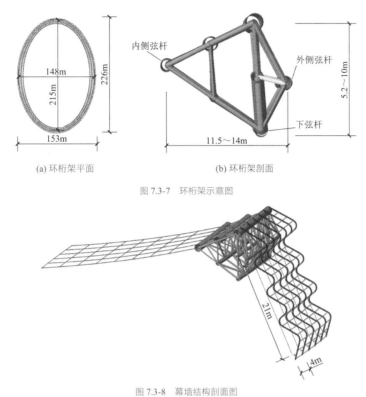

(a) 环桁架平面   (b) 环桁架剖面

图 7.3-7　环桁架示意图

图 7.3-8　幕墙结构剖面图

7.3.3　性能目标

本工程大跨索网屋面的跨度大于 120m，应进行超限审查，特制定结构性能标准如表 7.3-1 和表 7.3-2 所示。

结构非抗震性能标准表　　　　　　　　　　　　　　　　　表 7.3-1

结构	控制项目	类别	参数/目标
屋面索网	变形	恒荷载＋活荷载工况竖向	≤1/250
		恒荷载＋风荷载工况竖向	≤1/250
	承载力	非抗震组合，索应力设计值	≤0.9 倍索承载力设计值
	其他	最小索应力	≥50MPa
		索抗力分项系数	2.0
		索抗震承载力调整系数	1.0
环桁架钢结构	变形	恒荷载＋活荷载工况竖向	≤1/350
		恒荷载＋活荷载工况水平向	≤1/350
		恒荷载＋风荷载工况竖向	≤1/350
		恒荷载＋风荷载工况水平向	≤1/350

结构	控制项目	类别	参数/目标
环桁架钢结构	承载力	非抗震组合，构件强度、稳定应力比	≤0.85
	长细比		≤120
幕墙拉索	变形	风荷载横向变形	≤1/75
	承载力	非抗震组合，索应力设计值	≤0.9 倍承载力设计值
	其他	最小索应力	≥50MPa
		索抗力分项系数	2.0
		索抗震承载力调整系数	1.0
幕墙钢结构	承载力	非抗震组合，构件强度、稳定应力比	≤0.85
	长细比		≤120

结构抗震性能目标表   表 7.3-2

抗震烈度		多遇地震（小震）	设防地震（中震）	罕遇地震（大震）
屋面索网	拉索	≤0.8 倍索承载力设计值	≤索承载力设计值	≤索承载力标准值/1.5
	节点	弹性	弹性	弹性
环桁架	弦杆	弹性	弹性	不屈服
	腹杆	弹性	不屈服	
	节点	弹性	弹性	不屈服
幕墙	拉索	≤0.8 倍索承载力设计值	≤索承载力设计值	≤索承载力标准值
	钢构件	弹性	弹性	
	节点	弹性	弹性	不屈服
混凝土结构	变形	水平变形≤H/550		水平变形≤H/50
	高出看台且支承屋盖的混凝土框架	弹性	弹性	不屈服
	支承幕墙柱的混凝土悬挑梁及支承框架	弹性	弹性	
	其他	弹性		

7.3.4 结构分析

采用整体和分体两种模型计算。对于索网、环桁架采用整体模型计算；对于混凝土结构采用分体模型计算，考虑屋盖结构传来的反力。

1. 静力计算

非抗震荷载组合下，主要对索网形态、结构变形及承载力进行研究，详见 7.4 节。

2. 小震弹性计算分析

（1）振型：主体结构的第一阶振型为短向平动为主，第二阶振型为长向平动为主，第三阶振型为整体扭转。扭转周期比0.70 < 0.85。

（2）剪重比：X 向地震作用下首层结构剪重比 0.143，Y 向地震作用下首层结构剪重比 0.158，均满足规范不小于 3.2% 的要求。

（3）层间位移比：X向偶然偏心（规定水平力）下最大扭转位移比 1.47，Y向偶然偏心（规定水平力）下最大扭转位移比 1.36。

（4）层间位移角：X向地震作用下最大层间位移角 1/614，Y向地震作用下最大层间位移角 1/791，满足规范不大于 1/550 的要求。

（5）支承屋盖的巨型柱变形：在恒荷载 + 活荷载作用下斜柱柱顶最大位移 17mm，位于主入口两侧，斜柱柱顶最小位移 6mm，位于南北两端。在升温作用下斜柱柱顶最大位移 12mm，位于靠近主入口区域，斜柱柱顶最小位移 5mm，位于南北两端。在降温作用下斜柱柱顶最大位移 17mm，位于靠近主入口区域，斜柱柱顶最小位移 7mm，位于南北两端。在X向地震作用下斜柱柱顶最大位移 11mm，位于靠近主入口区域，斜柱柱顶最小位移 3mm，位于南北两端。在Y向地震作用下下斜柱柱顶最大位移 12mm，位于靠近主入口区域，斜柱柱顶最小位移 3mm，位于南北两端。

3．大震动力弹塑性时程分析

采用有限元软件 ABAQUS 对整体结构进行罕遇地震下动力弹塑性时程分析。主要用于考察结构抗震性能，研究结构关键部位、关键构件的变形形态和破坏情况，如图 7.3-9 所示。

大震下巨型柱最大层间位移角为 1/85，满足性能目标的要求。

各工况下巨型柱混凝土未达到强度标准值，大部分型钢截面未屈服，少数截面塑性应变达到 0.0013，塑性应变较大柱位置在结构南端和北端。环桁架始终未进入塑性，实现了大震不屈服的性能目标。

大震下索的最小安全系数为 3.0，具有较高的安全度。

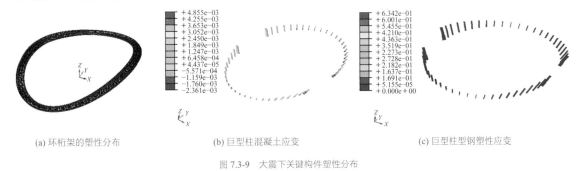

(a) 环桁架的塑性分布　　　　　(b) 巨型柱混凝土应变　　　　　(c) 巨型柱型钢塑性应变

图 7.3-9　大震下关键构件塑性分布

7.4 专项设计

7.4.1 超大跨度索网

1．索网形态分析

1）屋面索网

速滑馆屋面为马鞍形，采用单层双向正交索网体系，由东西向布置的 48 道承重索和南北向布置的 32 道稳定索组成，所有索两端均连接于环桁架之上，如图 7.4-1 所示。承重索和稳定索的水平投影形成正交正放网格，水平投影间距均为 4m（图 7.4-2）。承重索的跨度在 44～130m 之间，最大垂度为 9m；稳定索的跨度在 52～200m 之间，最大矢高为 7m。

索网采用高钒镀层封闭索，每道承重索和稳定索均为双索，其中承重索采用 $2\phi64$，稳定索规格

为 $2\phi74$。

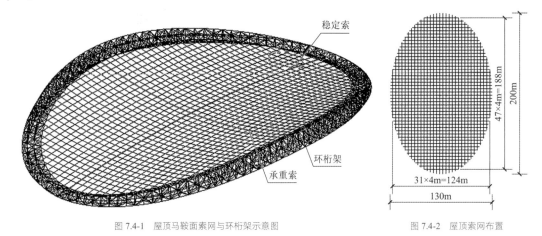

图 7.4-1　屋顶马鞍面索网与环桁架示意图　　　　　图 7.4-2　屋顶索网布置

2）找形原则

对于采用的马鞍形单层双向正交索网结构体系,首先需进行找形分析,得到合理的索网结构初始态。初始态包含索网自重和附加恒荷载的索力分布以及相应的几何位形,其中几何位形应与预期的建筑几何相符。对索网结构而言,初始态是后续荷载态分析和施工过程分析的基础,因此找形分析是索网结构分析和设计的核心内容。本项目的索网结构找形分析遵从下列原则:

（1）找形时除索网自重外,还要考虑 0.8kN/m^2 的附加恒荷载作用,包含金属屋面自重（0.6kN/m^2）和索网节点自重的等效均布荷载（0.2kN/m^2）；

（2）承重索和稳定索的水平投影在找形过程中保持正交正放；

（3）刚性边界条件（不考虑钢结构提供的弹性边界影响）时,索网的初始态与建筑几何一致；

（4）考虑钢结构提供的弹性边界影响时,对索网边界及预应力进行修正,使初始态的索网位形和预应力分布与刚性边界条件基本一致。

3）索网找形

图 7.4-3 和图 7.4-4 分别给出了刚性边界条件时索网初始态的索力和变形分布,可以看到:初始态的索网变形不足 1mm,满足初始态与零状态位形一致的目标；最边上两道承重索的索力约为 2370kN,其余承重索索力在 1990～2090kN 之间；最边上两根稳定索的索力约为 2810kN,其余稳定索索力在 3030～3120kN 之间。

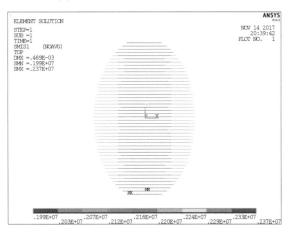

(a) 承重索

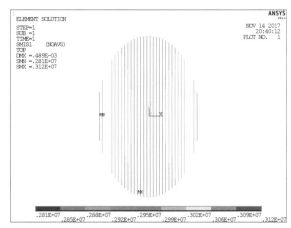

(b) 稳定索

图 7.4-3　刚性边界条件下索网初始态的内力分布（单位：N）

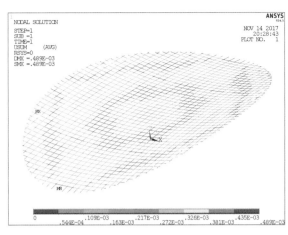

图 7.4-4 刚性边界条件下索网初始态变形（单位：m）

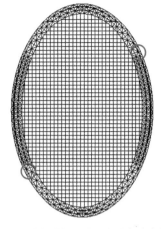

图 7.4-5 考虑弹性边界找形时环桁架支座布置

考虑钢结构环桁架对索网结构的弹性支承作用，对刚性边界条件下索网结构的找形结果进行修正。修正时环桁架的边界条件如图 7.4-5 所示，图中红圈处的环桁架支座为固定铰支座，其他支座仅约束竖向自由度，水平向完全放开，由此可以释放索网张拉引起的支座水平反力。

图 7.4-6 为零状态的整体结构模型，图 7.4-7 为整体结构在初始态的变形。索网结构变形非常小，最大变形为 28mm；环桁架产生了最大 463mm 的变形，位于东西两侧，图 7.4-8 给出了变形后的环桁架各节点坐标与设计坐标的距离，最大偏移量为 39mm，绝大部分分布在 10～30mm 之间，可见其变形后的位形与设计的建筑几何形状基本一致。

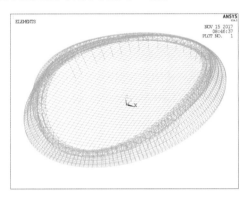

图 7.4-6 考虑弹性边界找形的整体结构模型（零状态）

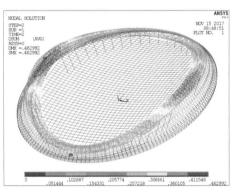

图 7.4-7 整体结构在初始态下的变形（单位：m）

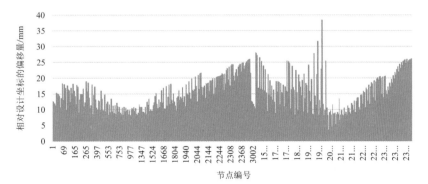

图 7.4-8 变形后的环桁架节点坐标与设计坐标的距离

图 7.4-9 给出了初始态下索网的内力分布，最边上两道承重索的索力约为 2350kN，其余承重索索力在 1730～2100kN 之间，稳定索的索力在 2840～3080kN 之间，总体上与刚性边界的结果一致。

4）找形成果

基于非线性有限元法对速滑馆屋面索网进行了找形分析，找形过程中考虑了结构自重和 0.8kN/m² 的附加恒荷载，以及周边钢结构的弹性支承作用，得到了与建筑几何基本吻合的结构初始态位形和相应的索网预应力分布。基于本节分析得到的初始态，对结构进行后续的荷载态分析，考察结构的各项受力性能指标。

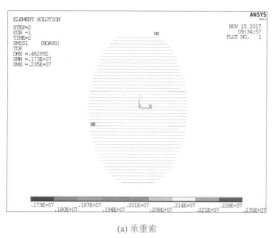

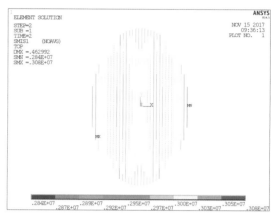

(a) 承重索

(b) 稳定索

图 7.4-9　考虑弹性边界时的索网初始态内力分布（单位：N）

2. 断索分析

针对整体结构中某一典型拉索发生断索进行模拟，考察断索对其周边乃至整个结构体系的影响，分析能否引起周边其他拉索连续断裂进而引起结构连续倒塌。图 7.4-10 给出了断索卸载的过程。

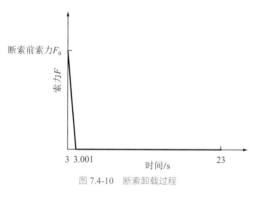

图 7.4-10　断索卸载过程

断索分析采用 ANSYS 瞬态动力分析模拟断索的整个动力过程，应用生死单元技术模拟拉索失效。钢索阻尼比取 0.01，钢构件阻尼比取 0.02。假定断索发生在第 3s 末，断索卸载时间取 0.001s，动力分析时长不低于 20s。断索分析总计分析了 3 个工况，图 7.4-11 给出了三种工况对应的断索位置。

工况 1：承重索（单元号 3075），在 1.0 恒荷载 + 1.0 活荷载（D + L）组合下发生断索；工况 2：抗风索（单元号 3482），在 1.0 恒荷载 + 1.0 风荷载（D + W）组合下发生断索；工况 3：幕墙索（单元号 37045），在 1.0 恒荷载 + 1.0 风荷载（D + W）组合下发生断索。

以下仅列出工况 1 的计算结果，断索部位跨中节点位移时程曲线如图 7.4-12 所示。断索、相邻承重索及相邻钢构件应力时程结果如图 7.4-13～图 7.4-15 所示。

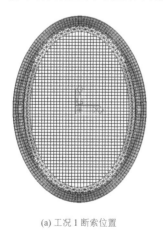

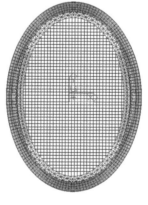

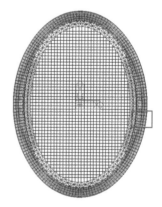

(a) 工况 1 断索位置

(b) 工况 2 断索位置

(c) 工况 3 断索位置

图 7.4-11　断索位置示意图

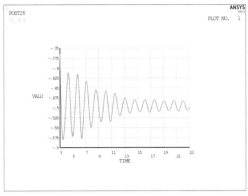

图 7.4-12 断索部位跨中节点位移时程（位移单位：m，时间单位：s）

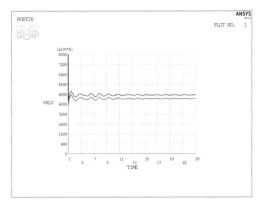

图 7.4-13 断索与相邻承重索应力时程（应力单位：Pa，时间单位：s）

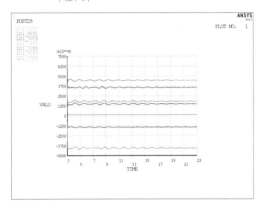

图 7.4-14 与断索相连的构件应力时程（应力单位：Pa，时间单位：s）

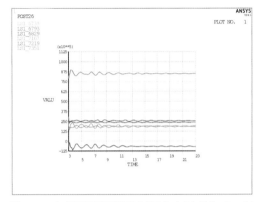

图 7.4-15 与相邻承重索相连的构件应力（应力单位：Pa，时间单位：s）

断索前后结构位移图和应力图如图 7.4-16～图 7.4-23 所示。

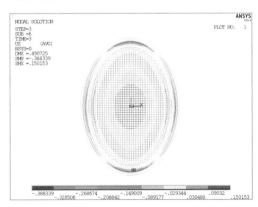

图 7.4-16 断索前位移（单位：m）

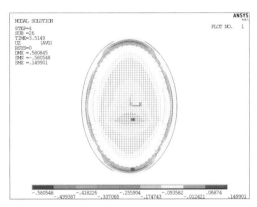

图 7.4-17 断索后 0.5149s 位移（单位：m）

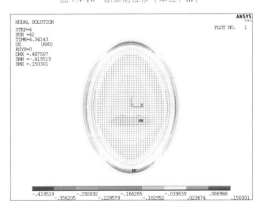

图 7.4-18 断索后 1.3414s 位移（单位：m）

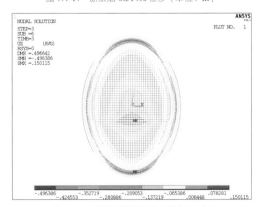

图 7.4-19 断索后最终位移（单位：m）

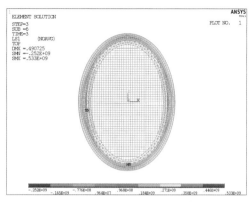

图 7.4-20 断索前应力（单位：Pa）

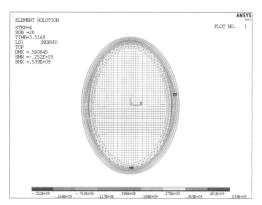

图 7.4-21 断索后 0.5149s 应力（单位：Pa）

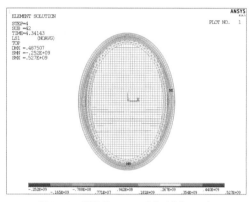

图 7.4-22 断索后 1.3414s 应力（单位：Pa）

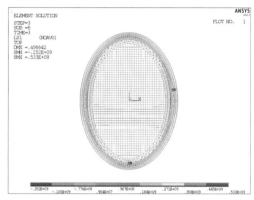

图 7.4-23 断索后最终应力（单位：Pa）

由上述分析结果可见，承重索偶然断开后，断索部位跨中区域出现短暂的较大位移，随后上下波动，最终逐渐回复到平衡位置，最大位移 193mm，断索后结构位移最大点向下移动 108mm；相邻承重索应力出现小幅增加，但增幅不大，断索后其最大应力达到 539MPa；相邻钢构件应力变化不大。整个结构其他部位应力和位移变化均很小，断索对结构其他部位影响不大。

3．环桁架稳定

利用 ABAQUS 自带的 Standard-Riks 分析模块分析环桁架钢结构的极限承载力，分析考虑双非线性的影响。构件缺陷p-δ为构件长度的 1/300。计算模型采用的基本荷载为：1.0 恒荷载 + 1.0 活荷载 + 1.0

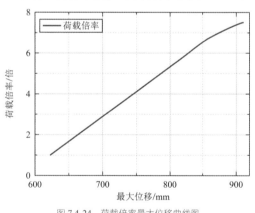

图 7.4-24 荷载倍率最大位移曲线图

预应力，计算分析分为两个分析步：

分析步 1，仅固定两个支座，其余支座仅竖向支承，在环桁架上施加索网的初张力及幕墙拉索的初张力。

分析步 2，在分析步 1 的基础上，施加后续荷载，并逐渐加倍该后续荷载。屋面后续荷载包括 0.5kN/m² 的屋面恒荷载以及 0.5kN/m² 的屋面活荷载；幕墙后续荷载为 1.2kN/m² 的幕墙玻璃荷载以及 0.45kN/m² 的积雪荷载。

分析结果如图 7.4-24 所示，在荷载倍率达到 6 倍时，结构为线性响应，超过 6 倍后为非线性响应，最大荷载倍率为 7.51。

7.4.2 施工过程研究

预应力结构的施工过程与索网成形形态及最终受力状态直接相关，因此结构设计时，必须考虑施工过程对结构的影响。

本项目支承钢结构的混凝土框架柱受到建筑使用功能限制，柱截面尺寸不能太大。施工过程释放环桁架支座的水平约束、支座设置为滑动状态，利用环桁架自平衡消化索网张拉及一部分恒荷载产生的水平力，以减小环桁架传递给混凝土柱顶水平力。综合考虑混凝土框架柱的水平承载力和钢结构的经济性，通过控制支座在整个施工过程中的滑动、锁定状态，来调整环桁架与混凝土结构分担的水平力，使环桁架和混凝土结构可以同时发挥最大作用。

综合以上各因素，混凝土支承结构施工完成后，钢结构主要施工步骤如下：

（1）环桁架安装，此时环桁架支座为滑动状态；

（2）屋面索网组网、张拉；

（3）索网区域配重吊装，配重的重量与屋面做法重量相同；

（4）环桁架支座锁定；

（5）屋面施工，同步等质量替换配重；

（6）吊顶、马道及幕墙结构施工。

7.4.3　全冰面 FOP

国家速滑馆 FOP 场地采用全冰面设计，拥有亚洲最大的冰面。冰面下的混凝土由于受到温度的剧烈变化，变形明显。FOP 底板采用抗冻抗渗混凝土，在制冰单元分块区域采用钢纤维增韧补偿收缩混凝土，解决了不同制冰单元温度变化引起的结构开裂问题。FOP 下采用抗冻混凝土，抗冻等级为 F250。每个制冰单元之间左右各 2m 区域为钢纤维增韧补偿收缩混凝土，如图 7.4-25 所示阴影范围，其符合《钢纤维混凝土》JG/T 472-2015 的要求，即限制膨胀率不小于 0.015%，钢纤维抗拉强度不小于 1000MPa，掺量不小于 30kg/m³。

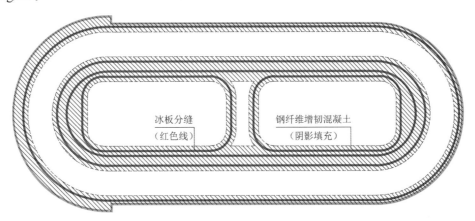

图 7.4-25　FOP 场地钢纤维增韧补偿收缩混凝土范围

7.4.4　巨型看台柱

支承环桁架的巨型柱作为结构的关键构件，承受环桁架在荷载作用下产生的外推力，由于柱子较高且均为斜柱，为研究支承柱在包络工况下的承载力，采用通用有限元软件 ABAQUS 对支承柱进行有限元分析。仅给出南北两端的巨型柱的计算结果，图 7.4-26 为巨型柱的计算模型，图 7.4-27 为巨型柱的荷载条件。

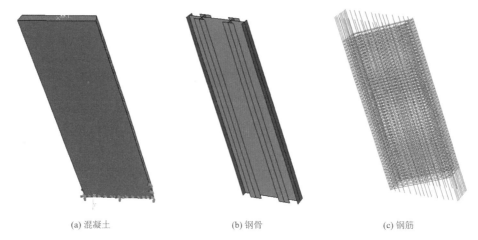

| (a) 混凝土 | (b) 钢骨 | (c) 钢筋 |

图 7.4-26 南北两端支承柱计算模型

1. 承载力-位移曲线

南北两端支承柱在最不利荷载工况下的有限元分析，结果表明支承柱的承载力满足设计要求，且均具有较大的安全储备，如图 7.4-28 所示。

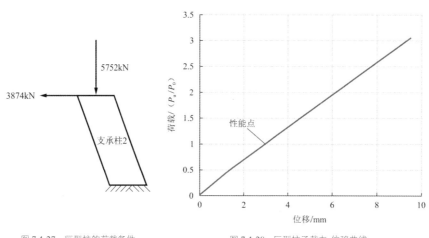

图 7.4-27 巨型柱的荷载条件   图 7.4-28 巨型柱承载力-位移曲线

2. 应力结果

混凝土柱受压区边缘区域，最大 Mises 应力为 39MPa 外，其他区域应力均较小。柱子钢骨翼缘最大 Mises 应力为 141.7MPa 左右，其他区域钢骨 Mises 应力较小。在约束端受压区位置，钢筋最大 Mises 应力为 218MPa，其他位置钢筋最大应力在 100MPa 左右。应力、应变如图 7.4-29、图 7.4-30 所示。

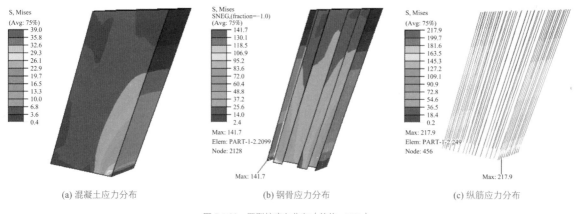

| (a) 混凝土应力分布 | (b) 钢骨应力分布 | (c) 纵筋应力分布 |

图 7.4-29 巨型柱应力分布（单位：MPa）

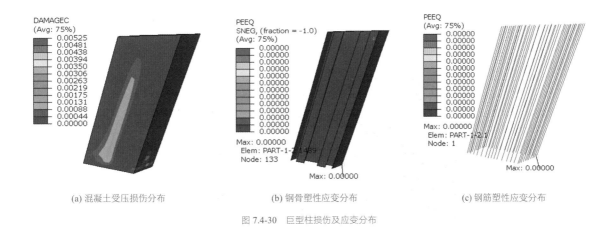

(a) 混凝土受压损伤分布　　　(b) 钢骨塑性应变分布　　　(c) 钢筋塑性应变分布

图 7.4-30　巨型柱损伤及应变分布

3. 应变结果

最大受压损伤集中在柱子底部受压区边缘区域，最大受压损伤为 0.00525（混凝土受压强度 f_c 对应的受压损伤为 0.2），说明混凝土没有达到受压强度。同时从横剖面可以看出，混凝土受压损伤主要集中在受压区边缘，且损伤程度远小于允许值。钢骨和钢筋处于弹性阶段。因此柱子处于弹性阶段。

7.5　试验研究

7.5.1　气弹模型试验研究

国家速滑馆屋面采用单元板块式屋面，板块之间采用柔性防水卷材连接。通常采用金属屋面的常规钢结构为风不敏感结构，而轻质的索膜结构为风敏感结构，但采用单元板块式屋面的索网无工程实施案例或文献研究借鉴，无法确定其是否属于风敏感结构。因此，索网-单元板块屋面是否为风敏感结构成为耐久性研究首要确定的问题，针对此项难题开展气弹模型试验研究。气弹模型试验通过测量索膜屋面在风作用下的响应，研究屋面承重结构的风致振动特性。试验主要结论：（1）气弹模型试验直接得到结构在 100 年重现期风荷载下的竖向加速度，从竖向加速度谱可以看出，高频振动对结构竖向响应贡献较高。（2）利用气动弹性模型试验得到的 100 年重现期风荷载下的结构关键位置的竖向位移随风向角变化规律一致，且除个别测点竖向位移略超过风振计算结果外，其他测试点竖向脉动位移均小于风振计算结果。（3）利用气动弹性模型试验得到的多个风速条件下结构关键位置的竖向位移，对应结构响应较大的风速，结构响应与风速变化规律一致，并未在小风速条件下出现较大位移。

基于气弹模型试验可初步判断：本项目并未出现明显的气动弹性效应，采用刚性模型测压试验数据及风振分析结果可满足工程应用。

7.5.2　模型试验

索网结构是典型的非线性结构，且国家速滑馆屋盖结构体量巨大，这都给工程的索网结构设计带来诸多的挑战。包括索网形状、屋盖刚度和预张力水平协调优化，环桁架的合理受力形状，环桁架和下部支承巨柱相对水平位移控制，索网张拉对幕墙索预张力的影响等问题。

由于索网的超大跨度及屋盖整体钢结构复杂的受力性能，索结构在施工建造中同样面临着诸多复杂技术问题。包括影响超大跨度索网结构初始平衡形态误差的关键因素和控制标准问题，超大跨度索网结构的张拉控制技术研究，超大跨度索网结构受力性能的模型试验验证，超大跨度索网结构的成形技术研究，超大跨度索网结构预张力监测技术研究等。采用理论分析和模型试验相结合，设计、制作 1 : 12 缩尺比例模型，进行试验验证，如图 7.5-1 所示。

图 7.5-1　模型试验照片

模型试验主要结论如下：

（1）本工程屋盖结构具有良好的刚度和承载能力。加载试验测试结果和理论分析结果吻合较好，说明结构设计所采用的计算模型和分析方法是有效和可靠的。

（2）各类误差对缩尺试验模型的预张力分布非常敏感。对于此类大跨索网结构，采用仅张拉稳定索，定长安装承重索的施工方法较难达到结构的设计预应力状态，有必要在张拉稳定索后，对承重索索力进行主动张拉和调整。

（3）在主动张拉承重索后，幕墙索的预张力偏差依然较大，表明主动张拉稳定索和承重索也较难调节幕墙索的预张力偏差。建议在实际工程中对幕墙索进行主动张拉和索力调整。

（4）同步对称牵引承重索使索网逐步成形的过程中，结构形状变化平稳，形态稳定，说明该成形方案是可行的。

（5）应采取可靠措施减小环桁架和支承结构的安装偏差。承重索应设置长度调节段。索结构施工之前，应对环桁架和支承结构上的拉索锚固节点的几何偏差进行精确测量，通过调节承重索的长度调节段来尽量抵消大部分几何偏差。

7.5.3　密封索疲劳耐久性研究

国家速滑馆索网屋面采用国产新型高钒密封索。新型索材与同类型进口索相比有着明显的价格优势且静力力学参数相当，但无实际工程应用案例，耐久性能未知。结合密封索实际工作状态，开展弯折状态工作密封索疲劳耐久性试验研究。基于 100 年一遇风荷载下索网结构应力和变形情况，制定疲劳试验的拉力范围和弯折角度要求，测量了不同疲劳周次下密封索弹性模量变化情况。

试验结果表明：国家速滑馆正常使用条件下弯折拉索疲劳周次达到 200 万次，可以满足本工程 100 年使用年限需求；弯折角度超过正常弯折角度并达到 4° 时，疲劳周次可以满足 200 万次，但会出现跳丝情况；超载并达到索材强度设计值时，密封索最外层钢丝出现断丝和跳丝损伤情况，但损伤位置距离锚具和索夹较远，循环周次可达到 40 万次以上；观察钢丝断口扫描电子显微镜（SEM）微观形貌发现疲劳裂纹在外层钢丝内侧转角部位最先出现，与有限元分析最大主拉应力位置相同；试验密封索初始弹性模量 170~180GPa，随着疲劳周次增加密封索等效弹性模量呈上升趋势，当存在少量断丝时该趋势不变。

7.6 结构监测

7.6.1 监测内容

通过对国家速滑馆各项结构指标的长期实时监测，综合利用多项结构性能指标，对结构的安全性与功能性进行实时的评价与预警；对荷载的长期效益以及结构的老化、病变进行定期的综合性诊断；建立结构的健康档案，为建筑的日常运行与维护提供可靠依据；通过动态实时显示的方式展现结构当前的受力状态，为结构可能出现的损伤提供预警。

7.6.2 测点布置

国家速滑馆监测内容主要有应力应变监测、位移测点、索力测点、加速度测点和风压测点。各类测点布置的主要依据是结构静动力计算、环桁架杆件敏感性分析和施工仿真模拟结果，在此基础之上，基于以下原则布置健康监测测点，如图 7.6-1 所示：（1）应力应变测点布置在结构受力较大的构件、对结构整体工作起关键性作用的构件和对外部荷载较为敏感的构件上。（2）位移测点主要布置在变形较大的部位，对于环桁架这类整体结构，在此基础之上测点布置还要能体现整体变形性能。（3）索力测点布置遵循满布、均布的原则，在索力较大的部位测点布置可相对密集，对张拉模拟过程中退出工作或者索力超限的索重点监测。（4）加速度测点布置主要考虑结构前 4 阶模态，在结构动力响应较明显的部位布置测点。（5）各类测点的布置遵循对称原则。

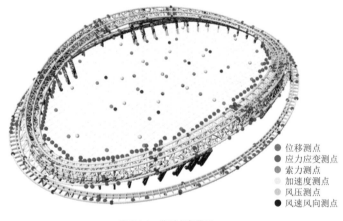

● 位移测点
● 应力应变测点
● 索力测点
○ 加速度测点
● 风压测点
● 风速风向测点

图 7.6-1　监测点布置图

7.6.3 监测总结

2018 年 11 月起，国家速滑馆项目结构健康监测系统正式开始记录数据，随着施工进度，传感器的数量与种类也相应的有所增加。在全过程监测的基础上，并对四个重要的施工过程（桁架滑移阶段、桁架卸载阶段、索网提升阶段、索网张拉阶段）进行重点监测，对于结构的安全以及施工情况进行把控，根据对整个施工过程的监测可以得到以下结论：

（1）屋面索网张拉施工完成后，环桁架南北两侧距初始位置（索网提升前）的支座移动距离为−12.2cm 和−11.8cm，东西两侧的支座移动距离为 12.5cm 和 13.4cm。（2）屋面索网张拉施工完成后，稳定索索力的最大值与最小值的索力编号分别为 WDS-20 与 WDS-1，其索力分别为 3220.3kN 与 2405.9kN；（3）屋面索网张拉施工完成后，承重索索力的最大值与最小值的索力编号分别为 CZS-45 与 CZS-40：其索力分别为 1913.3kN 与 1255.7kN，其中与设计索力偏差超过 15% 的索编号为：CZS-38（索力值：1270.5kN）、CZS-40（索力值：1255.7kN）；（4）屋面索网张拉施工完成后，幕墙索索力最大的编号分别为：MQS-61，其索力为 508.4kN，其中幕墙索存在个别未张紧的索，相应的索编号为：MQS-11、37、54、74 以及 91号；（5）屋面结构整体张拉成型，各部位测点应力变化规律与理论计算结果基本一致，结构受力沿纵轴对称。施工过程的不均匀平缓导致应力变化的分布为非对称的，因而不同部位的测点应力分布有差异；（6）在施工过程中，结构受力主要来自于施工荷载以及结构自重，但是在完成支座锁定、屋面板与玻璃幕墙等重要工序后，各项环境荷载（如风荷载、温度作用等）对于结构的影响将会大大增加，需要在已有的基础上继续安装监测各项环境影响的传感器。

7.7 结语

国家速滑馆为世界首个采用外侧带斜拉的马鞍形圈梁索网结构体系，其索网的跨度达到 198m×124m，边界条件复杂，南北向跨度在世界范围同类型体育馆中达到最大跨。

在结构设计过程中，主要完成了以下几方面的创新性工作：

（1）研发了多重弹性边界超大跨度索网的找形方法和优化方法；研究了弹性索网屋面结构风致振动的流固耦合特性；研究了首次应用于大型体育场馆的国产高钒封闭索在弯曲状态下的疲劳耐久性问题，获得了该型新材料的疲劳耐久性参数；提出适用于国家速滑馆屋面索网所处的室内大气湿热环境下，封闭索钢丝的加速腐蚀试验模拟方法；开发了全生命周期健康监测技术并建立了健康监测系统；研究了不同张拉方案对超大索网成形误差的影响，建立了超大跨度索网结构的误差预调体系。

（2）国家速滑馆 FOP 场地采用全冰面设计，拥有亚洲最大的冰面，FOP 底板采用抗冻抗渗混凝土，在制冰单元分块区域采用钢纤维增韧补偿收缩混凝土，解决了不同制冰单元温度变化引起的结构开裂问题，为冬奥会制冰工程打下了坚实的基础。

（3）国家速滑馆地下长 290m、宽 235m，地上长 225m、宽 175m，为一个独立的结构单元，未设永久结构缝。在水平构件及地下室外墙中大量采用补偿收缩混凝土解决了超长结构设计中混凝土的开裂问题，保证了结构耐久性。

（4）国家速滑馆看台采用了预制清水混凝土看台，其中弧形区域曲率半径较小，属于国内首个预制弧形看台板。

国家速滑馆是北京 2022 年冬奥会标志性的建筑，也是北京赛区唯一新建的冰上竞赛场馆，与国家体育场"鸟巢"、国家游泳中心"水立方"共同组成北京的标志性建筑群。

7.8 延伸阅读

扫码查看项目照片、动画。

参考资料

[1] 建研科技股份有限公司. 国家速滑馆项目风洞测压试验报告[R]. 2017.

[2] 北京市建筑设计研究院有限公司. 国家速滑馆超限高层建筑工程抗震专项审查报告[R].2017.

[3] 浙江大学空间结构研究中心. 国家速滑馆大跨度索网屋盖结构建造关键技术和模型试验研究报告[R].2018.

设计团队

结构设计单位：北京市建筑设计研究院有限公司

结 构 团 队：陈彬磊、杨育臣、王　哲、白光波、奚　琦、朱忠义、沈　莉、段世昌、王　毅、许　洋、杨晓宇、
邢珏蕙、马云飞、黄　飒、周　颖、刘　琦

执　笔　人：杨育臣、王　哲

本章部分图片由北京城建集团和浙江大学提供

获奖信息

2021 年度中国建筑金属结构协会科学技术奖特等奖；

2021 年度中国钢结构协会科学技术奖特等奖；

2021 年度第十四届第一批中国钢结构金奖杰出工程大奖；

2022 年度中国建设工程鲁班奖。

第 8 章

新北京工人体育场

8.1 工程概况

8.1.1 建筑概况

北京工人体育场于 1956 年开始设计，1959 年建成，是建国十周年的十大建筑之一，也是新中国体育史的见证者。原体育场总建筑面积约 8 万 m²，是一座综合体育场，采用钢筋混凝土框架结构，地上四层且无地下室。由于原计划在此举行 2023 年亚洲杯足球赛开闭幕式及北京赛区比赛，因此需将其改造为专业足球场，在如下方面进行功能提升：

（1）看台重排：按亚足联要求总座席数需不少于 65000 座，为保证观赛舒适性，座位宽度、间距、视角等要求均有所提高，场心形状发生改变，导致原看台结构不能满足使用要求。新方案中，看台和足球场草坪均向下延伸至−13.8m，并同时向上延伸突破原屋顶高度。

（2）增设罩棚：为满足高等级足球比赛观赛舒适性的需求，同时有利于足球场草坪采光通风，体育场上方需增设完全遮蔽观众席且中部开口的罩棚。但对历史建筑复建应尽量保留原有建筑风貌，故新方案建筑外立面力求维持原貌，屋顶增设的罩棚结构呈扁平状，使其在体育场周围近距离观看时不显露。

方案论证阶段对加固改造方案和拆除后复建方案进行了对比，考虑如下原因最终选择复建：

（1）8 度抗震设防标准难以满足：原体育场在 1990 年亚运会和 2001 年大运会前进行结构加固时未考虑地震影响，2008 年奥运会前加固改造时仅按《建筑抗震设计规范》GBJ 11-89 中 7 度抗震设防和 12 年使用年限（2020 年已期满）要求进行抗震加固设计。前述历次加固工程已采用加大截面、粘贴钢板、粘贴碳纤维、体外预应力、设置阻尼器等各种手段，而本轮改造不仅需满足专业足球场的使用需求，还需达到现行抗震加固标准中 8 度设防要求，加固改造方案难以满足。

（2）结构安全性能低：相关单位于 2018 年对体育场进行结构检测鉴定显示，体育场梁、板、柱混凝土强度介于 13～18MPa，钢筋强度设计值为 240MPa，检测鉴定结果为 D_{eu} 级，房屋结构安全性差，抗震能力严重不满足相关规范要求。

（3）基础及外围框架加固代价高：由于看台排布变动，需新增地下室结构并拆除体育场内部框架。然而，原外框柱下采用木桩加毛石砌筑的独立柱基础，基础埋深浅且整体性差，新增地下室对原体育场外围基础影响很大；同时，新增罩棚使外围柱负担荷载加大，外围框架和基础的加固费用高。

（4）现状外立面与初始方案差别过大：经多次改造加固，体育场立面外形以及构件尺寸已与建造初期有显著差别，增设的阻尼器和钢支撑显著影响了外立面整体效果（图 8.1-1）。

(a) 建成时（1950 年代）　　　　　　(b) 复建前（2010 年代）

图 8.1-1　原体育场建成时和复建前的外立面对比

经综合考虑，决定将工人体育场拆除后复建，以满足专业足球场使用功能要求和建筑结构安全性要求，大幅延长体育场使用寿命，同时尽量保留原建筑风貌，留住历史记忆。复建前后的体育场实景图如图 8.1-2 所示。

(a) 复建前（2010 年代）　　　　　　　　　　(b) 复建后（2023 年初）

图 8.1-2　北京工人体育场实景照片

8.1.2　设计条件

1. 控制参数（表 8.1-1）

控制参数　　　　　　　　　　　　　　　　　　　表 8.1-1

结构设计基准期	50 年	建筑抗震设防分类	重点设防类（乙类）
建筑结构安全等级	一级（结构重要性系数 1.1）	抗震设防烈度	8 度（0.20g）
地基基础设计等级	一级	设计地震分组	第二组
建筑结构阻尼比	0.02（钢）/0.05（混凝土）	场地类别	Ⅱ类

2. 荷载

屋面恒荷载主要包括主体结构、幕墙围护系统、排水系统、显示设备和体育工艺设备自重，根据不同区域和做法按表 8.1-2 预留。考虑屋面检修活荷载 $0.3kN/m^2$，施工活荷载 $0.5kN/m^2$ 且不小于实际值。

屋盖荷载条件　　　　　　　　　　　　　　　　　　表 8.1-2

荷载类别		取值
主体结构自重		考虑钢结构节点肋板、防腐涂料、防火涂料重量，将钢材重度放大 18%
幕墙围护结构	内悬挑区域	乙烯-四氟乙烯共聚物（ETFE）膜结构及固定龙骨：$0.30kN/m^2$
	中部区域	拱肋及交叉斜撑外包装饰造型：0.7kN/m；聚碳酸酯面板及固定龙骨：$0.50\sim0.64kN/m^2$
	外部区域	玻璃面板、光伏通风百叶及固定龙骨：$1.8kN/m^2$；根部扩宽段包覆造型：$2.0kN/m^2$
给水排水	纵向天沟	拱肋、交叉斜撑、内环梁构件表面：0.8kN/m
	环向天沟	次外环梁处第一道天沟：15kN/m；外环梁第二道天沟：25kN/m
显示设备	环屏幕	屏高 10m 沿内环桁架场心侧整圈布置，屏体 $20kg/m^2$，钢结构 $60kg/m^2$
	记分牌	设于长轴两端，单块屏高×宽＝12.96m×23.04m，预留荷载 320kN/块
体育工艺	照明	设于内环桁架弦杆及吊挂马道，预留均布线荷载 0.6kN/m
	音响	设于内环桁架弦杆及吊挂马道，预留荷载 2kN/台
	升降旗杆	设于内环桁架长轴与短轴象限点的下弦处，单组旗杆和设备荷载 8kN
检修马道		含内环桁架马道及壳面区径向、环向马道，考虑电气管线荷载后预留 $2.0kN/m^2$

罩棚结构设计风荷载需同时满足规范和风洞试验要求。承载力设计时，基本风压按 100 年重现期取

0.50kN/m²，按规范法分析时风振系数取 1.6，体型系数取−1.3（上吸）和 0.4（下压），可得风荷载标准值为−1.14kN/m²（上吸）和 0.35kN/m²（下压）。风洞试验所得典型风荷载分布如图 8.1-3 所示。可见，屋盖周边较为倾斜使得风压力较大，最大风压为 1.4kN/m²（120°风向角，体育场东南角）；屋盖开洞附近较为平坦使得风吸力较大，最大为−1.1kN/m²（270°风向角，西侧内环桁架附近）。根据风洞顾问单位建议，由于大部分屋盖顶面和底面风荷载合力体现为较小的负压，补充了考虑满布 0.8 倍极值下压风荷载的工况进行承载力包络设计。

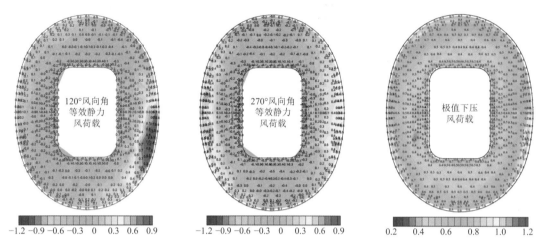

图 8.1-3 风洞试验典型风荷载分布图（100 年重现期）（单位：kN/m²）

8.2 建筑特点

8.2.1 大跨度大开口扁平形态罩棚

体育场罩棚外轮廓平面尺寸271m × 205m，为满足场内通风采光需求设置中部开洞。开洞范围应适中，一方面利于阳光充分照射后草坪生长，另一方面需完全覆盖下方观众座席区域，最终将其设计为125m × 85m的圆角矩形。为让体育场立面观感与初始设计基本一致，需在距体育场 60m 范围内的地面仰视时尽量隐藏新增的罩棚，使罩棚外轮廓视线和檐口视线尽可能接近（图 8.2-1），由此导致罩棚顶标高低，其矢跨比达 1：9.3（图 8.2-2），在国内外同类建筑中十分罕见。同时，为保证体育场高区观众能完整观看对侧环屏幕，并避免过低的罩棚对场内高区观众形成视觉压迫感，罩棚结构底标高不能过低（图 8.2-3），因而为后续设计带来了诸多挑战。

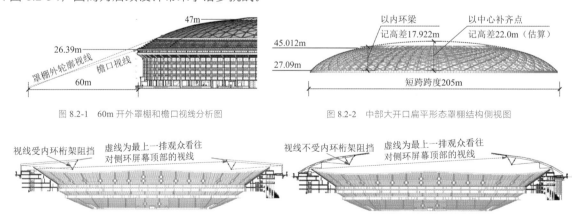

图 8.2-1 60m 开外罩棚和檐口视线分析图

图 8.2-2 中部大开口扁平形态罩棚结构侧视图

图 8.2-3 体育场高区观众视线阻挡关系分析图

8.2.2 超长清水混凝土建筑

按"传统外观、现代场馆"的总体设计原则，复建后体育场需保持原有的立面形式，通过清水混凝土工艺重塑庄重典雅的建筑风格（图 8.2-4）。本项目地下室外轮廓尺寸 502m×445m，体育场地上看台外轮廓尺寸 281m×214m，是国内清水混凝土工艺应用规模最大的单体建筑。其中，地上看台平屋面周边檐口周长近 800m，且均暴露于室外而成为外立面的重要组成部分，因此具有极高的外观需求。

(a) 建成时（1950 年代）　　　　　　　　(b) 复建后（2023 年初）

图 8.2-4　复建前后的工人体育场外观

8.2.3 大跨度轻薄连桥

本项目商业配套区地面拟建造 48m 跨度连桥（图 8.2-5），为实现轻薄的视觉效果，连桥梁高需小于 1m。为保持与周边场地景观的协调性，无法设置桥塔而使之成为斜拉桥或悬索桥，而传统大跨度梁式桥体的结构刚度不足，挠度和振动舒适度难以控制。

图 8.2-5　大跨度轻薄连桥效果图

8.3 体系与分析

8.3.1 方案对比

体育场屋顶罩棚采用钢结构，设计前期对如下方案进行了比选：

（1）单层拉索方案：如图 8.2-3 左图所示，由于高区观众观看对侧环屏幕视线受阻挡而未采用；

（2）弦支穹顶方案：如图 8.2-3 右图所示，可以解决视线遮挡问题，但由于场内视觉效果不如单层拱壳屋盖简洁而未采用；

（3）拱壳方案：为营造简洁的场内视觉效果，不采用双层拱壳方案，主要对肋环型、肋撑型和斜交网格型单层拱壳方案进行了对比（图 8.3-1）。考虑到肋撑型结构与建筑造型要求的"三交六椀"窗花效果最为接近，斜交网格结构双向主拱肋均为弯扭构件且节点加工困难，故最终选用肋撑型单层拱壳方案。

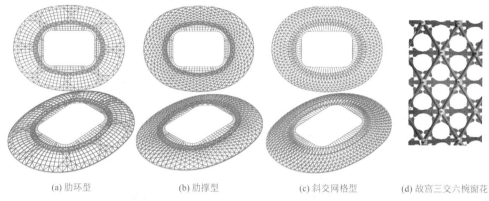

| (a) 肋环型 | (b) 肋撑型 | (c) 斜交网格型 | (d) 故宫三交六椀窗花 |

图 8.3-1　罩棚结构单层拱壳方案比选

单层拱壳罩棚形态扁平，在竖向荷载作用下对下部混凝土结构产生显著的径向推力。同时，罩棚为室外露天超长钢结构，在温度作用下伸缩量大于下部混凝土结构，对混凝土结构产生显著的环向拉力。为此，在罩棚钢结构与钢筋混凝土看台墩柱间设置隔震层，在解决上述问题的同时减小了屋盖结构承受的地震作用。对在罩棚钢结构与墩柱间采用隔震和非隔震方案进行对比分析显示，如表 8.3-1 所示，设置隔震层后，罩棚钢结构传至墩柱的剪力在结构自重及温度作用下减小了 95% 以上，拱肋和外环梁轴力在温度作用下减少 92% 以上，罩棚钢结构水平地震作用减少 78% 以上（详见 8.4.1 节），避免了在混凝土看台结构框架梁和框架柱中设置型钢，降低了结构用钢量，并极大简化了设计和施工过程。与隔震前相比，隔震后在自重作用下的拱肋轴力最大增大约 10%，尚处于设计可控范围；在竖向荷载作用下，隔震后罩棚钢结构外环梁拉力显著增大，但由于受拉钢构件无失稳问题，可采用高强钢以充分发挥出其材料强度优势，减少钢材用量并简化设计。综上，最终选用隔震方案。

隔震与非隔震方案对比　　　　　　　　　　　　　　　　表 8.3-1

工况	墩柱剪力/kN		罩棚钢结构外环梁轴力/kN		罩棚钢结构拱肋轴力/kN	
	隔震前	隔震后	隔震前	隔震后	隔震前	隔震后
结构自重	−3575～3195	−142～142	4315～10606	25244～36250	−4568～2503	−5412～2821
升温	−3070～2035	−69～68	−11157～−19201	−827～−457	−1370～1394	−63～56
降温	−1675～2896	−59～60	8571～15445	302～730	−1732～1563	−82～107

在隔震层选型中，对滑板支座、橡胶支座和摩擦摆隔震支座三种方案进行了比选，基于下述原因最终选择了摩擦摆隔震支座：

（1）摩擦摆支座通过改变曲面半径即可方便地调节屋盖结构的水平振动周期，可设计性强；

（2）受制于橡胶支座的第二形状系数，采用摩擦摆支座有利于减小支座尺寸；

（3）摩擦摆支座具有一定的起滑力，通过合理设计可以满足抗风滑移需求；

（4）摩擦摆支座具有一定的回复力，在引起支座滑动的水平作用力消失后有助于实现支座复位。

8.3.2　结构布置

体育场地上看台结构总计 6 层，采用框架-剪力墙结构体系，平面布置和核心筒分布见图 8.3-2。地上结构东西向总长 214m，南北向总长 281m，最大高度 46m。地上结构不设伸缩缝，采用后浇带以降低混凝土早期固结收缩产生的拉应力，同时在各楼层沿环向分段施张拉预应力以抵抗超长结构的温度应力。地下室为2层（局部3层）结构并采用桩筏基础。结构剖面布置见图8.3-3。

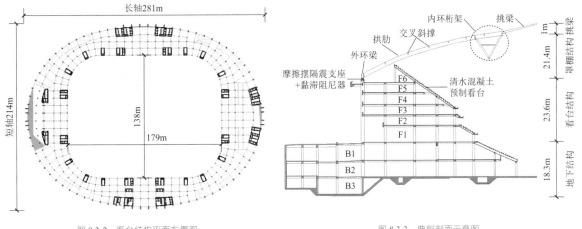

图8.3-2 看台结构平面布置图   图8.3-3 典型剖面示意图

罩棚钢结构主要平面尺寸见图8.3-4，分为主壳面区、内环桁架区和内悬挑区，沿长轴的最大悬挑长度为73m。屋盖结构主要包括外环梁、内环桁架、拱肋、交叉斜撑及内悬挑钢梁，其中拱肋呈放射状排布以保证竖向力能沿较短路径传递至支座，面内交叉斜撑与拱肋刚接，一方面为拱肋提供侧向支撑防止拱肋侧倾和扭转，另一方面协调不同榀拱肋间的轴力传递差异，使结构受力更加均匀。罩棚结构竖向传力体系基本单元如图8.3-5所示。

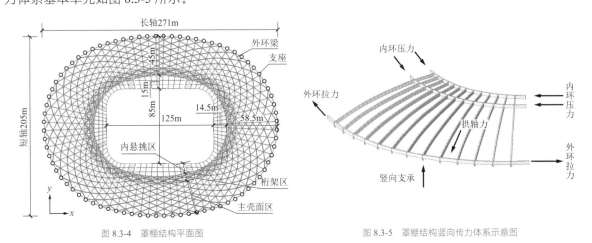

图8.3-4 罩棚结构平面图   图8.3-5 罩棚结构竖向传力体系示意图

罩棚结构主要构件材质及截面规格如表8.3-2所示。

屋盖构件截面、材质及分布位置   表8.3-2

构件		材料	截面
外环梁		Q460GJC	□1800×700×90×90，□1800×700×60×80
内环梁		Q460GJC	□1630×700×60×80
次内环梁		Q355C	□1600×400×25×25，□1600×400×20×20
拱肋		Q355C	□1600×600×(20×20)/(20×25)/(20×30)/(25×30)
交叉斜撑		Q355C	主壳面区：□800×300×(25×25/20×20/12×12) 内环桁架区：□1600×300×(35×35/20×20)
内环桁架	腹杆	Q355C	主腹杆：D550×(20~25)；次腹杆D273×8、D194×8
	下弦杆	Q355C/Q345GJC	D1000×(30~55)
内悬挑区	悬挑梁	Q355C	变截面梁□(h~300)×300×12×25，h=800/700/600/500
	连系梁/封边梁	Q355C	□300×200×10×10
	斜拉杆	2205不锈钢	D30圆棒

隔震层连接构造和三维摩擦摆隔震支座产品如图 8.3-6 所示。看台平屋面每根柱顶均设置 1 套摩擦摆隔震支座和黏滞阻尼器,总共布置 80 套摩擦摆隔震支座和 80 套黏滞阻尼器。黏滞阻尼器一端与外环梁底部下伸牛腿相连,另一端与墩柱顶部侧面相连。

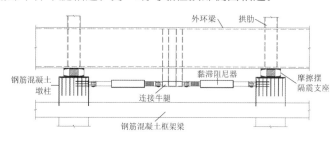

图 8.3-6　隔震层连接构造和三维摩擦摆隔震支座产品

8.3.3　性能目标

本项目高度不超限,看台结构存在扭转不规则、楼板不连续、刚度突变、局部不规则共计 4 项一般不规则项,屋盖结构跨度 271m×205m,采用高位屋盖隔震体系,属于超限大跨度屋盖建筑。根据抗震性能化设计方法综合确定混凝土构件和钢构件的抗震性能目标,如表 8.3-3 和表 8.3-4 所示。

混凝土看台结构抗震性能目标　　　　　　　　　　　　　　　　表 8.3-3

地震烈度			多遇地震	设防地震	罕遇地震
性能目标			C 级		
性能水准			1	3	4
层间位移角限值			≤1/800	—	≤1/100
关键构件	剪力墙	抗剪	弹性	弹性	满足受剪截面控制条件
		拉弯、压弯	弹性	不屈服	—
	支承屋盖的框架柱及隔震支墩	抗剪	弹性	弹性	不屈服
		拉弯、压弯	弹性	弹性(≥4 层)/不屈服(<4 层)	不屈服(≥4 层)/轻度损伤(<4 层)
	开大洞水平支撑		弹性	抗弯不屈服,抗剪弹性	轴向不屈服,满足受剪截面控制条件
普通构件	其他框架柱	抗剪	弹性	不屈服	满足受剪截面控制条件
		抗弯	弹性	不屈服	

罩棚钢结构抗震性能目标　　　　　　　　　　　　　　　　表 8.3-4

地震烈度		多遇地震	设防地震	罕遇地震
性能目标		C 级		
性能水准		1	3	4
竖向挠度限值		≤1/250	—	≤1/50
关键构件	内环梁、外环梁	弹性	弹性	不屈服
	内环桁架弦杆、腹杆	弹性	弹性	不屈服
	内外环梁间径向主肋	弹性	弹性	不屈服
	摩擦摆支座及支承节点	弹性	弹性	不屈服
普通构件	网壳交叉网格构件	弹性	不屈服	少量轻度损伤
节点		不先于构件破坏		

8.3.4 结构分析

1. 混凝土看台结构

考虑混凝土看台结构布置特点和不规则情况，采用了如表 8.3-5 所示分析模型和设计方法。

体育场混凝土看台结构分析模型和设计方法汇总表　　　　　　　　　表 8.3-5

类别	分析项	说明
基本分析	整体指标	合理选择嵌固端，考察周期、位移角、位移比、刚度比等整体计算指标
	承载力设计	考虑场心下沉，对嵌固端设置于地下室顶板和嵌固端下移至基础进行包络设计
第二软件对比分析		采用 MIDAS Gen 软件对多遇地震下结构特性进行对比分析
抗震分析	弹性时程分析	关注高阶振型及刚度、质量突变对结构的影响，发现结构软弱部位
	性能化设计分析	考察不同地震影响下构件是否满足设定的性能目标
	大震弹塑性时程分析	考察大震下结构变形和塑性发展情况，以发现软弱和薄弱部位，并对抗震性能化设计目标进行验证
	竖向地震补充分析	采用等效静力法、反应谱法、时程法得到竖向地震作用效应后进行构件包络设计
专项分析	墙肢拉应力设计	获取设防地震下墙肢拉应力作为墙内型钢设置依据
	穿层柱补充分析	采用特征值法评估计算长度系数，参照周边构件进行内力调整
	振动舒适度分析	对大跨度长悬挑结构和预制看台板进行模拟球迷有节奏运动下的振动加速度分析
	防连续倒塌分析	评估结构是否满足抗倒塌设计需求
	转换结构补充分析	消除上部被转换结构协同受力作用后，对下部转换结构进行承载力包络设计
	超长结构温度分析	作为超长结构混凝土构件（墙、柱、梁、板）设计依据

采用 SATWE 和 MIDAS Gen 进行小震弹性分析，主要计算结果如表 8.3-6 所示。经验算，地下一层与首层x向和y向的等效侧向刚度比分别为 4.34 和 4.17，但由于地下二层顶板、地下一层顶板在体育场附近开设洞口较多，故体育场结构嵌固端设置于基础顶，同时补充嵌固端设置于地下一层顶板的模型以进行构件承载力包络设计。

结构整体分析主要计算指标对比结果汇总表　　　　　　　　　表 8.3-6

计算软件		SATWE		MIDAS	
前三阶自振周期/s	第一平动周期（T_1）	4.322	x向平动	4.185	x向平动
	第二平动周期（T_2）	4.304	y向平动	4.169	y向平动
	第一扭转周期（T_t）	3.441	扭转	3.357	扭转
T_t/T_1		0.796		0.798	
最小剪重比	x	6.64% > 3.2%		4.53% > 3.2%	
	y	6.85% > 3.2%		4.77% > 3.2%	
规范反应谱多遇地震作用下最大层间位移角	x	1/1509 < 1/800		1/1986 < 1/800	
	y	1/1293 < 1/800		1/1703 < 1/800	
规范反应谱多遇地震作用下扭转位移比	x	1.49 < 1.5		—	
	y	1.46 < 1.5		—	

采用 SAUSAGE 进行罕遇地震下动力弹塑性时程分析，考虑了几何非线性、材料非线性和施工过程非线性的影响。分析时不采用刚性楼板假定，并考虑楼板开裂损伤对刚度退化的影响。由于采用了隔震设计，故选波时同时控制了隔震前后结构主要周期对应的波谱特性。分析显示，罕遇地震下混凝土看台结构最大层间位移角分别为 1/210（x向）和 1/212（y向），均满足不大于 1/100 的设计要求。

钢筋混凝土梁损伤较小；钢管混凝土柱和绝大多数钢筋混凝土框架柱损伤因子小于0.2，仅少量框架柱进入塑性（图8.3-7a）；主要剪力墙墙肢基本完好，首层部分墙肢达中度损伤，其余楼层仅局部轻微损伤（如图8.3-7b）；大部分连梁混凝土受压损伤因子超过0.5，发挥了屈服耗能作用；斜板损伤较大，故采用加大楼板配筋延缓破坏，使绝大部分楼板不超过中度损伤程度。

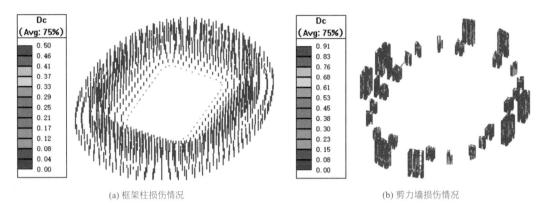

(a) 框架柱损伤情况   (b) 剪力墙损伤情况

图 8.3-7 大震弹塑性时程分析结构损伤情况

2. 罩棚钢结构

体育场罩棚钢结构分析模型和设计方法见表 8.3-7，其设计控制条件见表 8.3-8。通过三种分析方法对结构整体稳定性能进行全面评估，论证了结构整体稳定安全性；除计算长度法外，采用直接分析法对端部非理想约束弧形拱肋构件承载力进行了补充分析；通过隔震分析获取了隔震后屋盖结构的性能指标，评估了风荷载、温度作用和支座不均匀抬升作用下的结构安全性。上述分析均将在第 8.4 节专项分析中详述。

罩棚钢结构分析模型和设计方法汇总表   表 8.3-7

类别	分析项	说明
静力分析	计算长度法	合理标定拱肋计算长度系数，并按线性分析方法计算结构承载力和变形
	直接分析法	按非线性分析方法计算结构静力承载力和变形
抗震分析	多遇地震	获取小震下的结构特性和构件承载力
	设防地震	评估中震下构件是否满足设定的性能目标
	罕遇地震	评估大震下构件是否满足设定的性能目标
抗震分析	大震弹塑性时程分析	获取大震下结构、构件和隔震层真实的承载力和变形
	竖向地震补充分析	采用等效静力法、反应谱法、时程法得到竖向地震作用后进行构件包络设计
隔震分析	基本分析	评估减震效果，验算支座承载力和变形，获取减隔震装置滞回耗能行为特征
	抗风掀分析	评估风吸作用下支座拔起可能性
	抗风滑移分析	评估风荷载作用下支座滑移可能性
	温度滑移分析	估算设计使用年限内支座温度滑移累积行程，为支座设计和检测提供依据
	支座抬升影响分析	评估摩擦摆隔震支座因水平滑移产生的竖向变形对结构的影响程度
整体稳定分析	特征值分析	得到结构特征值屈曲变形特点及临界系数
	弹性全过程分析	得到极限状态下结构弹性破坏形式及临界系数
	弹塑性全过程分析	得到极限状态下结构弹塑性破坏形式及临界系数
局部稳定分析		评估轴压/压弯钢构件大高厚比板件的局部稳定承载力
防连续倒塌分析		评估结构是否满足抗倒塌设计需求
关键节点分析		评估复杂节点板件强度、斜交网格节点刚度，是否满足"强节点，弱构件"要求

项目	类别	控制值
长细比	压杆及拉力≤50kN 的拉杆	≤150
	拉力>50kN 的拉杆	≤200
挠度	1.0 恒荷载 + 1.0 雪荷载标准组合作用下	非悬挑构件≤ L/400,悬挑构件≤ L/200
	罕遇地震作用下	非悬挑构件≤ L/50,悬挑构件≤ L/25
	在 1.0 雪荷载或 1.0 风荷载作用下	≤ L/100
控制应力比	主要构件:拱肋、环梁、桁架腹杆和下弦	≤0.80
	次要构件:交叉斜撑、ETFE 区域构件	≤0.90
整体稳定性	弹性全过程分析临界系数	≥4.2
	弹塑性全过程分析临界系数	≥2.0

注:L 为构件长度。

各荷载组合下屋面构件应力比如表 8.3-9 所示,可见静力工况组合对构件承载力设计起控制作用,故可适当降低屋面钢构件板件宽厚比控制等级,最终按 S3 级进行设计。变形分析验算显示,结构长边侧内悬挑区竖向变形最大,其中 1.0 恒荷载 + 1.0 雪荷载作用下内环梁最大竖向变形为 537mm,约为悬挑长度的 1/85 > 1/200,需进行预起拱。由表 8.3-10,雪荷载、风荷载、罕遇地震作用下结构变形均满足设计需求。

屋盖构件应力比汇总表　　　　　　　　　　表 8.3-9

	拱肋	交叉斜撑	外环梁	内环梁	内环桁架腹杆	内环桁架弦杆
静力工况组合	0.85	0.91	0.82	0.91	0.31	0.80
小震弹性	0.50	0.53	0.43	0.40	0.30	0.44
中震不屈服	—	0.50	—	—	—	—
中震弹性	0.53	—	0.44	0.41	0.32	0.47
大震不屈服	0.56	—	0.43	0.40	0.36	0.53

屋盖竖向变形幅值汇总表　　　　　　　　　　表 8.3-10

荷载工况	绝对位移/mm	相对位移	备注
1.0 恒荷载 + 1.0 雪荷载	537	1/85	>1/200,预起拱
1.0 雪荷载	44	1/1022	<1/200
1.0 风荷载	95	1/476	<1/200
1.0 罕遇地震	90	1/487	<1/25

8.4　专项设计

8.4.1　屋盖隔震设计

1. 分析模型和分析方法

整体隔震计算采用 MIDAS Gen,结构整体分析模型和摩擦摆隔震支座本构模型分别如图 8.4-1 和图 8.4-2 所示。摩擦摆隔震支座的力学特性采用双线性的荷载-位移滞回曲线模型,力学参数如表 8.4-1 所示。黏滞阻尼器采用 Maxwell 模型,阻尼系数为 $950kN \cdot (s/m)^{0.3}$,阻尼指数为 0.3。

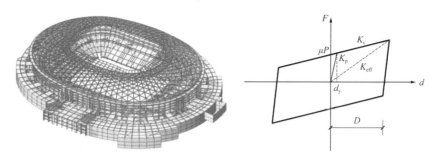

图 8.4-1 隔震设计整体分析模型   图 8.4-2 摩擦摆隔震支座本构模型

摩擦摆支座分析参数设定   表 8.4-1

摩擦面曲率半径/mm	摩擦系数（慢）	摩擦系数（快）	摩擦系数变化参数/（s/mm）	直径/mm	支座高度/mm
4330	0.03	0.05	0.02	1020	430

2. 静力工况分析

摩擦摆隔震支座在重力荷载代表值下的长期面压为19MPa < 25MPa（乙类），满足设计要求。

在风作用下罩棚钢结构支座可能受拔，需进行抗风掀验算。在0°~350°间隔10°，共计36个风向角风荷载的作用下，对应"自重−1.5风吸力"工况的支座压力最小值为894kN > 0，故支座无受拔情况。

罩棚钢结构所受侧向风荷载可能导致支座滑移，需进行抗风滑移验算。其中，主动力为风荷载，可通过风洞试验成果将各风向角下的风荷载施加于结构模型计算得到各支座水平反力W_{xy}；抗滑力为支座摩擦力，可由支座上方结构传给摩擦摆支座的净反力乘以摩擦摆支座的慢速摩擦系数得到，且净反力可取自重G减去受风产生的竖向拔力W_z。按式8.4-1验算各支座的抗风滑移性能，可知仅极个别支座慢速摩擦系数需求超过0.03，且最大抗滑移需求（$\mu_{max} = 0.343$）仅比支座摩擦系数（0.03）大14%。在考虑外围护结构重量后，摩擦摆支座在风作用下不会滑移。

$$\mu > \frac{1.5W_{xy}}{G - 1.5W_z} \tag{8.4-1}$$

摩擦摆支座在温度作用下可能发生滑移，长期往复滑动会导致滑块摩擦材料性能下降。参照规范《结构支座-第2部分：滑动单元》BS EN 1337-2相关要求，对使用年限内的摩擦摆隔震支座累积行程进行评估，以作为制定产品检测要求的依据。假定罩棚钢结构在重力荷载代表值下既不发生滑移也不产生相对滑移的趋势，以此时的结构温度作为基准温度。温度小范围升降使支座刚好不滑动时的状态定义为起滑临界状态，此时摩擦摆隔震支座为罩棚钢结构的固定铰支座，且支座因升降温产生的水平反力刚好等于静摩擦力。偏保守地，按起滑力为0kN进行温度累积行程评估，并取摩擦摆支座二次刚度作为滑动刚度，采用"月平均最高气温−月平均最低气温"作为本月每天的平均温差计算支座滑移行程，统计出升温和降温工况单位温差下的支座滑移量如图8.4-3所示。

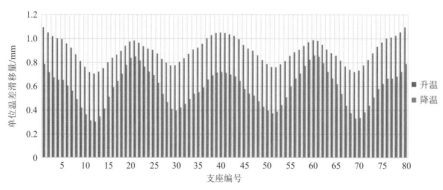

图 8.4-3 升温和降温工况下单位温差支座滑移量

假定每天进行一次"最高温—最低温—最高温"的循环，由此计算出各月的滑移行程，可累积得到100年内的最大行程估计值。经统计，支座全年累积滑移量为 8.3m，使用 100 年后累积滑移量为 830m，故偏安全地要求支座累积温度变形能力试验的控制行程≥1000m。

3．地震工况分析

选取 2 条天然波和 1 条人工波进行时程分析。分析显示，隔震后罩棚钢结构自振周期相比隔震前延长了 3 倍以上。隔震前结构前三阶振型为屋盖中部开口处及附近区域结构竖向振动，一阶周期为 1.33s，隔震后结构振型变为罩棚钢结构整体平动和扭转，一阶周期为 4.19s。隔震前后屋盖层剪力见表 8.4-2，中震下结构减震系数包络值为0.216 < 0.4，达到了显著降低地震作用的效果。

隔震前后屋盖底层剪力对比 表 8.4-2

地震波	非隔震结构	隔震结构	减震系数	地震波	非隔震结构	隔震结构	减震系数
R1-x	86418kN	16171kN	0.187	R1-y	103930kN	15584kN	0.150
T1-x	54312kN	10456kN	0.193	T1-y	58574kN	12635kN	0.216
T2-x	77624kN	10006kN	0.129	T2-y	88912kN	10011kN	0.113

摩擦摆隔震支座和黏滞阻尼器主要按表 8.4-3 所示进行了分析验算。经评估，大震下支座均未出现拔力，支座最大压应力为36MPa < 50MPa，满足设计要求。设置黏滞阻尼器后，罕遇地震下隔震层最大水平位移为 360mm，选用的摩擦摆隔震支座允许水平变形为 460mm，两者比值为0.78 < 0.85，满足相关设计要求。摩擦摆隔震支座和黏滞阻尼器滞回曲线饱满（图 8.4-4），起到了良好的耗能效果。

支座地震工况计算分析统计表 表 8.4-3

类型	荷载组合	控制条件
支座抗拔验算	1.0 × 恒荷载 + 1.0 × 水平地震 − 0.5 × 竖向地震 1.0 × 恒荷载 + 0.5 × 水平地震 − 1.0 × 竖向地震	罕遇地震作用下摩擦摆隔震支座不应出现拉力，否则应采用抗拔措施
支座短期面压验算	1.0 × 恒荷载 + 0.5 活荷载 + 1.0 × 水平地震 + 0.5 × 竖向地震 1.0 × 恒荷载 + 0.5 活荷载 + 0.5 × 水平地震 + 1.0 × 竖向地震	≤50MPa（乙类）
连接和下部结构验算	1.2(1.0 × 恒荷载 + 0.5 × 活荷载) + 1.3 × 水平地震 + 0.5 × 竖向地震 1.2(1.0 × 恒荷载 + 0.5 × 活荷载) + 0.5 × 水平地震 + 1.3 × 竖向地震	采用包络设计后的最大剪力和轴力用于支座与主体的连接计算及下部支承结构验算
隔震层变形验算	1.0 × 恒荷载 + 0.5 活荷载 + 1.0 × 水平地震 + 0.5 × 竖向地震 1.0 × 恒荷载 + 0.5 活荷载 + 0.5 × 水平地震 + 1.0 × 竖向地震	评估采用黏滞阻尼器减小隔震层水平位移的控制效果
滞回耗能情况评估	1.0 × 恒荷载 + 0.5 活荷载 + 1.0 × 水平地震 + 0.5 × 竖向地震 1.0 × 恒荷载 + 0.5 活荷载 + 0.5 × 水平地震 + 1.0 × 竖向地震	查看摩擦摆隔震支座和黏滞阻尼器的滞回耗能曲线是否饱满

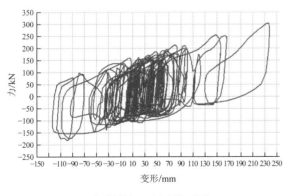

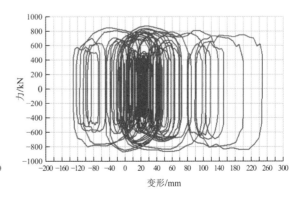

(a) 典型摩擦摆隔震支座滞回曲线　　　　　　(b) 典型黏滞阻尼器滞回曲线

图 8.4-4　罕遇地震下摩擦摆隔震支座和黏滞阻尼器典型滞回曲线

4. 三维隔震优势

三维摩擦摆隔震支座的竖向刚度远小于传统摩擦摆隔震支座，可起到减小竖向地震作用和调节支座不均匀抬升的有益效果。文献[4-5]对屋盖组合三维减隔震体系以及三维摩擦摆隔震支座的竖向隔震性能进行了研究，主要研究结论如下：

（1）在有限元软件 ABAQUS 中建立精细化三维摩擦摆隔震支座模型可以准确模拟滑块在滑动面上的滑动和抬升情况。

（2）自重作用下摩擦摆隔震支座间不均匀抬升不明显，但采用三维隔震支座可使相邻支座间的竖向反力分布更加均匀，相邻支座反力差最大减小48%。

（3）地震作用下摩擦摆隔震支座间不均匀抬升明显，采用三维隔震支座可使不均匀抬升减小10%；

（4）支座不均匀抬升效应对结构影响显著。考虑此效应后，罩棚钢结构竖向基底反力增加约10%，拱肋、悬挑梁等对竖向地震作用敏感的构件最大应力显著增加，其中拱壳开口区域悬挑端竖向加速度峰值增加约50%；

（5）地震作用下，采用三维摩擦摆隔震支座后，水平基底反力变化不明显，但竖向基底反力减小约10%，基本可以抵消支座不均匀抬升效应对结构产生的不利影响。三维隔震支座可使拱壳构件最大应力减小4%~6%，支座间竖向反力分布更加均匀，相邻支座内力差减小幅度超过40%，拱壳开口区域悬挑端竖向加速度峰值减小约12%，对保证结构安全产生显著的有益作用。

8.4.2 屋盖钢结构稳定设计

1. 结构整体稳定设计

采用 MIDAS Gen 进行特征值屈曲分析、弹性和弹塑性全过程分析。分析时均将各构件进行 4 分段以利于施加构件初始缺陷并考虑构件弯曲造成的二阶效应。由于雪荷载大于活荷载和风荷载，因此采用"1.0 恒荷载＋1.0 雪荷载"作为整体稳定分析基准荷载。

（1）特征值屈曲分析

如表 8.4-4 所示，考虑荷载不利布置，对荷载满跨均匀布置、长轴半跨布置、短轴半跨布置和斜向半跨布置 4 类情况分别进行模拟。各种荷载不利分布下，结构前两阶特征值屈曲模态均相同，如图 8.4-5 所示。分析发现，荷载满跨均匀分布为控制工况，其最小临界屈曲系数为 7.55。

弹性屈曲分析的荷载布置方式 　　　　　　　　　　　　　　　　　　　表 8.4-4

荷载分布形式	满跨均匀布置	长轴半跨布置	短轴半跨布置	斜向半跨布置
恒荷载系数	满布 1.0	满布 1.0	满布 1.0	满布 1.0
雪荷载系数	满布 1.0	阴影区 1.0，非阴影区 0	阴影区 1.0，非阴影区 0	阴影区 1.0，非阴影区 0
1 阶临界系数	7.55	7.64	7.84	7.78
2 阶临界系数	8.75	9.20	9.18	9.18

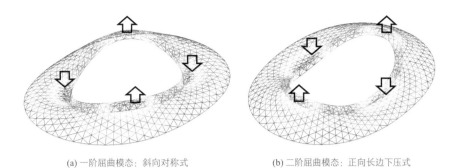

(a) 一阶屈曲模态: 斜向对称式   (b) 二阶屈曲模态: 正向长边下压式

图 8.4-5   特征值屈曲模态

（2）弹性全过程分析

选取多种缺陷形式进行弹性全过程分析，并根据初始缺陷形式进行相应的荷载布置（表 8.4-5）。分析可知：①在"1.0 恒荷载 + 1.0 全跨雪荷载"均布荷载和不同形式的非均布荷载作用下，各初始缺陷形态的结构弹性全过程分析临界系数最小值为4.62 > 4.2，满足设计需求。②在均布荷载作用下，各初始缺陷形态的结构弹性全过程分析临界系数最大值与最小值相差为 3.7%，说明本结构对初始缺陷形态不敏感；③同样初始缺陷形态下，均布和非均布荷载结构的弹性全过程分析临界系数数值最大相差仅 0.4%，说明本结构形式对非均布荷载分布不敏感。典型结构变形和分析曲线见图 8.4-6 所示。

弹塑性屈曲分析的荷载布置方式   表 8.4-5

编号	初始缺陷形态	均布荷载	临界系数	非均布荷载	临界系数
1	斜向对称	全跨 1.0 恒荷载 + 全跨 1.0 雪荷载	4.70		4.73
2	正向对称长边下压		4.62	蓝区 : 1.0 恒荷载 + 1.0 雪荷载 黄区 : 1.0 恒荷载	4.62
3	正向长边反对称		4.68		4.66
4	下压变形		4.79	—	—

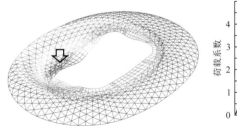

(a) 弹性全过程分析典型变形   (b) 典型全过程分析曲线

图 8.4-6   弹性全过程分析典型变形及全过程分析曲线

（3）弹塑性全过程分析

采用表 8.4-5 所示初始缺陷形态及荷载分布模式进行弹塑性全过程分析。分析时，所有杆件均考虑杆件初始缺陷。通过在细分后杆段两端设置塑性铰，可近似模拟整根杆件从杆端到中部先后出铰的状态，因此无需对弹性模量进行额外折减。通过设置塑性铰模拟各构件进入塑性的力学状态，各塑性铰均包含 F_x、V_y、V_z、T_x、M_y、M_z 共计 6 类塑性铰成分，可模拟轴力和弯矩导致的杆件屈服。钢材材料本构采用理想弹塑性模型，其平台段应力峰值取钢材强度设计值。

将不同荷载分布和缺陷形式模型的弹塑性屈曲临界系数汇总如表 8.4-6，可见弹塑性屈曲临界系数最小为 2.06 > 2.0，满足整体稳定性要求。

带缺陷模型弹塑性全过程分析屈曲系数统计表　　　　　　　　　　　表 8.4-6

初始缺陷形态	均匀布置荷载	非均匀布置荷载
斜向对称	2.29	2.22
正向对称（长边下压）	2.16	2.06
正向长边反对称	2.24	2.29
下压变形	2.19	—

（4）相关研究

本项目设计过程中还对大开口扁平拱壳结构整体形态、构件截面规格和支座刚度对整体稳定性能的影响进行了敏感性分析，评估了结构在特征值屈曲分析、弹性和弹塑性全过程分析下的受力性能。主要分析结论如下：①弹性全过程分析临界系数与特征值屈曲分析临界系数间具有强线性相关性，二者比值平均为 0.535，结构塑性折减系数平均值为 0.418。②考虑到屈曲分析比全过程分析更加快速简便，且不同临界系数间具有的较强相关性，建议在设计前期通过屈曲分析临界系数来粗略评估结构的整体稳定性能，待结构方案基本稳定后，再通过全过程分析对结构整体稳定性能进行准确评估。③拱壳结构整体形态类参数对结构整体稳定临界系数的敏感性相对较高，其中拱端高差敏感性最高，其次为拱肋矢高；构件截面规格类参数中，拱肋和外环梁截面规格的敏感性较高，支座刚度的敏感性相对较低。④提出了结构整体稳定设计流程，结合特征值屈曲敏感性分析结果、构件承载力富余度和弹塑性全过程分析出铰杆件类型进行综合分析，有助于提高结构整体稳定设计效率。详细介绍见参考文献[8]。

2. 构件稳定承载力设计

（1）计算长度法

准确获知构件的计算长度系数是采用计算长度法计算构件稳定承载力的前提。在本项目中，柱底摩擦摆支座水平刚度小，墩柱无法限制壳体外扩，故外环梁成为限制壳体外扩变形的关键构件，但外环梁对壳体外张所提供的约束刚度未知；同时，内环桁架可约束壳体在水平向的内缩趋势，并与拱肋、外环梁联合作用约束壳体开口在竖向的下凹趋势，但这两类约束均为柔性约束，水平和竖向约束刚度均未知。因此，需要通过欧拉法对计算长度系数取值进行合理评估。

考虑到拱肋轴力沿拱肋长度方向分布不均，不同位置拱截面不同，故选取各模态下拱肋变形最大肋节并采用其截面特性和轴力作为本榀拱肋的代表对计算长度进行标定。为得到结构整体下压式屈曲模态，可在结构上整体施加重力荷载代表值（自重＋恒荷载＋雪荷载）；为得到局部凹陷型屈曲模态，可在各榀拱肋端部施加沿拱肋轴向的点荷载。采用上述两种方法得到计算长度后取包络进行构件稳定承载力设计。

偏保守地考虑所计算拱肋的横向支撑构件远端均为铰接，可分别计算得到与拱肋弱轴屈曲（拱壳平面内屈曲）和拱肋强轴屈曲（拱壳平面外屈曲）相对应的屈曲模态（图 8.4-7），根据欧拉公式反算得到计算长度系数$\mu_1 = 0.95$（面内屈曲）、$\mu_2 = 1.37$（面外屈曲）。依次计算1/4网壳面范围内各拱肋的计算长度系数可知其介于1.40～1.72，少数拱肋的计算长度系数大于《空间网格结构技术规程》JGJ 7-2010中规定的数值1.6。构件设计时，偏安全地将计算长度系数取为1.8。

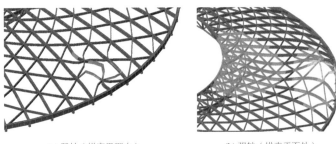

(a) 弱轴（拱壳平面内）　　　　　　(b) 强轴（拱壳平面外）

图 8.4-7　交叉斜撑拱肋第一阶屈曲模态

以"自重 + 恒荷载 + 雪荷载"作为基准荷载施加于整个结构，可得到如图8.4-8所示整体下压式屈曲模态，其屈曲因子为13.8。提取各拱肋变形最大肋节（图8.4-8红色高亮区域）的轴力、截面积、长度、抗弯刚度代表本榀拱肋属性进行计算，得到单榀拱肋计算长度为26.2～33m，可见本法得出的计算长度系数相比局部凹陷型屈曲更为不利。

综合以上两种方法计算结果，拱肋的计算长度按图8.4-9选取。除拱肋外其余构件的约束条件明确，故拱壳各主要构件对应的计算长度系数取值见表8.4-7。

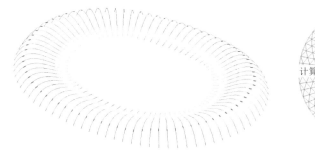
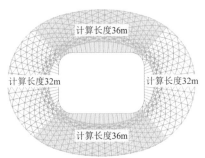

图 8.4-8　整体下压型屈曲模态　　　　　　图 8.4-9　拱肋的计算长度

主要构件计算长度和计算长度系数取值　　　　　　　　　　　　　　表 8.4-7

杆件形式	拱肋		内环桁架		面内斜撑	内外环梁	内悬挑区	
	拱壳面内	拱壳面外	腹杆	下弦			内挑梁	封边梁
计算长度系数（单独注明者除外）	1.0	32m/36m（计算长度）	1.0	1.0	1.0	1.0	1.0（l_0 = 拉索间距）	1.0

（2）直接分析法

由于真实构件中均存在初始缺陷和残余应力，故受压构件多发生极值点失稳，从而可将稳定问题转化为强度问题。通过直接分析法可对真实缺陷条件（包括结构整体和构件的初始缺陷以及残余应力）、真实约束条件（包括弹性支座刚度和节点连接刚度）、真实材料性能（考虑材料非线性并允许内力重分布）、真实荷载进行模拟，并可考虑几何非线性得到钢构件在相应荷载作用下的内力和位移，继而可直接采用强度验算公式对构件受压稳定承载力进行验算。其计算要点如下：

①构件在相邻节点间进行4等分以模拟拱肋弧形形态和初始缺陷变形并考虑几何非线性和材料非线性的影响，通过增大初始缺陷考虑残余应力影响；②由于低阶屈曲模态和控制荷载工况变形对应的结构位形对结构承载力和变形影响较大，故选取图8.4-10所示5阶低阶模态变形及2阶控制荷载工况下结构变形作为初始缺陷特征模式，并将变形最大幅值设定为内环最大悬挑长度的1/150以模拟整体初始缺陷；

③采用综合缺陷统一考虑构件挠曲和残余应力的影响，偏保守地对各构件统一按 D 类截面选取 1/250 作为综合缺陷代表值，对构件施加相应的正弦曲线式局部初始缺陷，如图 8.4-11 所示；④在将局部初始缺陷与整体初始缺陷进行叠加时，设定局部初始缺陷方向与整体初始缺陷相同，采用 GRASSHOPPER 施加局部初始缺陷；⑤钢材强度取设计值，弹性模量为 206GPa；⑥构件验算时不再考虑计算长度系数。

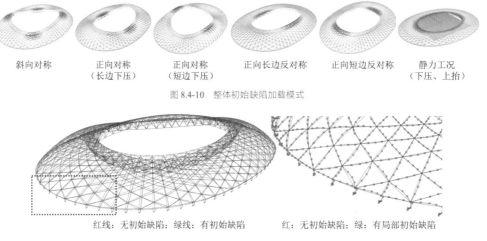

斜向对称　　正向对称（长边下压）　　正向对称（短边下压）　　正向长边反对称　　正向短边反对称　　静力工况（下压、上抬）

图 8.4-10　整体初始缺陷加载模式

红线：无初始缺陷；绿线：有初始缺陷　　　　红：无初始缺陷；绿：有局部初始缺陷

图 8.4-11　对整体和构件初始缺陷模拟方式的验证

经典回眸·北京市建筑设计研究院有限公司篇

（3）对比分析

表 8.4-8 所示为采用上述两种分析方法计算得到的构件强度应力（不考虑构件稳定）对比结果，可见：采用直接分析法得到的应力均大于计算长度法，增大幅度最大可达 36%。表 8.4-9 为采用上述两种分析方法计算得到的考虑构件稳定的应力比对比结果，可见：采用直接分析法得到的构件最大应力比与计算长度法的偏差为−7%～11%。最终采用计算分析法和直接分析法两类结果进行包络设计。包络设计后，关键构件（拱肋、环梁、内环桁架腹杆和下弦杆）平均应力比约为 0.6，个别关键构件应力比大于 0.80，个别次要构件（交叉斜撑）应力比大于 0.90，且超限幅度可控，基本满足既定的设计目标。

各荷载工况下屋盖构件应力汇总表　　　　表 8.4-8

构件类型	计算长度法 σ_l/MPa		直接分析法 σ_d/MPa		σ_d/σ_l	
	压应力	拉应力	压应力	拉应力	压应力	拉应力
拱肋	278	259	288	268	1.04	1.03
交叉斜撑	215	254	231	265	1.07	1.04
外环梁	—	316	—	339	—	1.07
内环梁	306	—	322	—	1.05	—
内环桁架腹杆	58	68	79	78	1.36	1.15
内环桁架下弦杆	—	194	—	219	—	1.13

屋盖构件应力比汇总表　　　　表 8.4-9

	计算长度法 σ_l/MPa	直接分析法 σ_d/MPa	σ_d/σ_l
拱肋	0.85	0.79	0.93
交叉斜撑	0.86	0.91	1.06
外环梁	0.78	0.82	1.05
内环梁	0.90	0.91	1.01
内环桁架腹杆	0.31	0.30	0.97
内环桁架下弦杆	0.72	0.80	1.11

8.4.3 超长混凝土结构设计

1. 混凝土结构温度分析

地下室混凝土结构外轮廓尺寸为 502m × 445m，地上混凝土结构外轮廓尺寸为 281m × 214m，均为不分缝结构。采用 YJK 软件进行混凝土结构温度分析。考虑超长结构混凝土收缩应变的当量温降−10℃，混凝土季节温差折减系数 0.4，混凝土收缩当量温降折减系数 0.3，温度分析所用温差见表 8.4-10。

173
第 8 章 新北京工人体育场

温度分析温差   表 8.4-10

	升温	降温
室外	$0.4 \times (30 - 10) = 8℃$	$-0.3 \times 10 + 0.4 \times (-10 - 20) = -15℃$
室内	$0.4 \times (20 - 10) = 4℃$	$-0.3 \times 10 + 0.4 \times (5 - 20) = -9℃$

降温工况下典型楼层温度应力分布见图 8.4-12 所示，可见：

（1）降温工况下地下室结构楼板典型拉应力为 1.9~3.0MPa，主要应力集中部位为开洞楼板周边、洞口间连通区域、场心大开洞四角，在上述部位需采取措施提高混凝土结构抗裂能力。

（2）降温工况下地上看台结构楼板典型拉应力为 1~3.5MPa，开洞四角最大拉应力约为 4.5MPa，超过混凝土抗拉强度标准值，需采取措施提高抗裂能力。

（3）地面对上部结构的约束作用随楼层上升而递减，低层楼板应力大于高层；

（4）地上看台结构开洞周边楼板应力不均，楼板呈现平面内受弯状态。降温时开洞斜向四角内侧受拉程度高，需在各楼层四周及开洞周边设置连续构件传递拉压力，并配置相应方向的构件拉通钢筋；

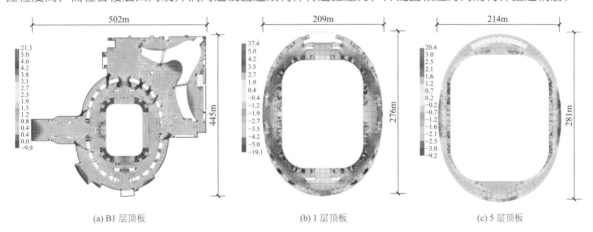

(a) B1 层顶板   (b) 1 层顶板   (c) 5 层顶板

图 8.4-12 降温工况下地下室各层楼盖温度应力分布

2. 传统防裂性能提升措施

基于温度分析结果，采取多种措施提升超长混凝土结构的综合抗裂性能。具体包括：

（1）每隔 30~40m 间距设置一道带宽 800~1000mm 的施工后浇带，在其两侧混凝土龄期达到 60d 后，选择气温较低时采用微膨胀混凝土封带；

（2）施工时不能随意在混凝土配合比中增加水泥用量。采用低热水泥，并在混凝土中掺入抗裂性能好的活性拌合料或粉煤灰以降低水化热，同时采用 60d 强度作为混凝土的抗压强度；

（3）按照温度应力分析结果增加超长楼屋面梁、板的通长构造钢筋，并沿体育场开洞周边楼板设置环向预应力筋增强防裂能力；

（4）在干燥及高温暴晒的天气条件下浇灌混凝土时应加强养护，防止混凝土失水过快，避免混凝土出现严重干缩裂缝。冬期施工时应采取措施确保混凝土工程质量。

（5）混凝土终凝后应立即进行养护，其湿润养护时间不少于 14d。部分外加剂对养护有特殊要求，应严格按其要求进行养护。

3. 配置"S形"弯折钢筋的混凝土结构诱导缝

除上述方式外，在屋面檐口、屋面板、地下室部分挡墙和楼板中还应用了配置"S形"弯折钢筋的诱导缝结构，通过弯折钢筋在外力拉伸作用下的良好变形能力（图8.4-13），显著降低混凝土在诱导缝处开裂时周边钢筋的应力增加幅度，更好地保证结构安全。为适应不同部位的诱导缝设置要求，针对檐口/挑板、楼板、地下室挡墙的不同特点对应研发了三类诱导缝结构（图8.4-14）。各类结构在弯折钢筋处的混凝土结构表面均开槽，通过削弱截面来控制开裂位置；在槽内设置油膏、止水条或在混凝土内铺设防水钢板以增强开槽部位的防水能力。其中，针对楼板诱导缝，在板底一侧设置牛腿承托楼板，并对设置诱导缝一侧边界按简支条件进行楼板配筋设计，以保证开裂后的结构安全。

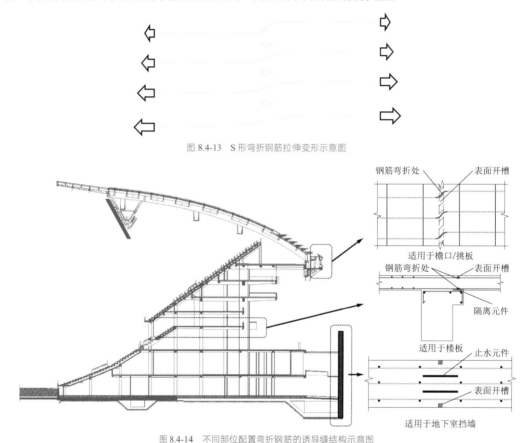

图 8.4-13　S形弯折钢筋拉伸变形示意图

图 8.4-14　不同部位配置弯折钢筋的诱导缝结构示意图

本项目设计过程中对配置弯折钢筋的诱导缝结构的作用原理和设缝间距进行了研究，并通过工地现场实测对不同季节温度下的钢筋应力进行了监测。研究表明，诱导缝处混凝土通过开裂释放温度应力，延缓了该诱导缝附近区域混凝土开裂，直线段钢筋应力仅为诱导缝弯折钢筋的71%。"S"形弯折钢筋诱导缝设置间距与构件高度和所受约束相关，通过计算分析得到本项目地下室外墙、环梁和女儿墙诱导缝设置间距分别约为11m、10m和9m。详细分析过程及结果见参考文献[6-7]。

8.4.4　大跨度连桥减振设计

通过在大跨度结构与地面或其他结构间布置持续张紧的下拉减振索可增加大跨度结构刚度，减小结构在使用荷载下的下挠变形和竖向振动加速度。下拉减振索可将大跨结构振动由无索结构的单波振动形态转变为双波振动形态（图8.4-15），由于全张紧状态下结构振动形态的波长小于无索状态，故持续张紧的减振索可起到增加结构约束、减小结构振动的有益效果。

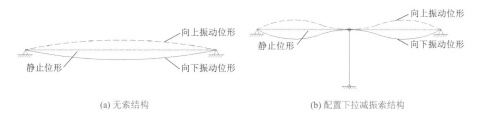

(a) 无索结构　　　　　　　　　　　　　(b) 配置下拉减振索结构

图 8.4-15　无索和配置下拉减振索结构的振动状态示意图

通过先期施加预变形可减小后期使用荷载下的结构变形。由于结构总变形为索预拉力产生的结构变形和后期使用荷载产生的结构变形之和，故在后期使用荷载作用下结构产生向下变形会减小索力和因向下索力产生的结构变形，从而使得结构总变形小于单纯由后期使用荷载产生的结构变形。由于减振索直接作用在结构体竖向变形方向，故其控制结构竖向变形的效率高于传统无索结构。

将 48m 大跨度连桥结构简化为单梁式有限元分析模型（图 8.4-16）进行方案设计，其索长为 10m，钢梁截面为 H1000 × 400 × 16 × 30，结构跨高比为 1/48。将索模量设置为拉压不等以在时程分析中模拟索体松弛，拉伸模量$E_{拉} = 206$GPa，压缩模量取$E_{压} = 10^{-6} \times E_{拉}$。结构阻尼采用 1Hz 和 4Hz 处的瑞利阻尼（取$\xi = 0.005$）。采用均布线荷载进行加载，恒荷载和活荷载分别取 6.1kN/m 和 3.5kN/m。连桥结构变化参数和结构性能计算结果见表 8.4-11。可见中置大直径拉索结构 M205 性能最优，活荷载下结构变形减小为无索结构 M0 的 8.6%，自振频率增大为无索结构的 3.15 倍，索力需求比偏置减振索结构 M203 减小 10.3%。通过扫频分析可得到结构振动响应（图 8.4-17）。各模型的最大响应频率、加速度、竖向变形等计算结果见表 8.4-11，可见配置下拉减振索结构在 1 阶自振频率处达到最大结构响应，其最大加速度为无索结构的 49%～71%。由于中置索对结构振动的控制效率高于偏置索，故建议工程中尽量使用中置索。

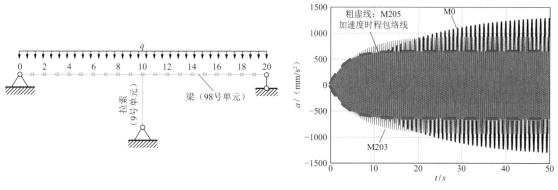

图 8.4-16　配置下拉减振索结构有限元分析模型　　　图 8.4-17　不同位置减振索结构加速度时程曲线

连桥结构变化参数和主要分析结果　　　　　　　　　　表 8.4-11

编号	拉索位置	索径d_c/mm	最小索力需求/kN	跨中竖向变形/mm	特征值分析f_1/Hz	时程分析最大响应频率/Hz	最大加速度/（mm/s²）	最大竖向变形/mm
M0	无索	0	—	174（1/275）	1.01	1.01	−1314～1314	−32.7～32.7
M105	中置	10	76	47（1/1016）	1.89	—	—	—
M205	中置	20	96	15（1/3235）	3.18	3.18	−651～651	−1.67～1.67
M203	偏置	20	107	37（1/1302）	2.17	2.17	−938～938	−4.95～4.95

通过此技术可以拓展高强钢、纤维增强复合材料（FRP）等高强材料的应用场景。传统高强钢、FRP等高强材料仅解决了大跨结构的承载力问题，并未解决其刚度问题，轻薄大跨结构的构件截面受结构变形和振动舒适度控制，不能发挥出高强材料的优势。通过将传统的"常规结构材料 + 大截面构件"的无索结构方案提升为"高强结构材料 + 小截面构件"的配置下拉减振索结构方案可实现减重节材，结构自重的降低也减轻了支座和基础的设计难度和材料用量。

本项目在设计研究过程进行了系统性的理论推导，提出了反映配置下拉减振索的大跨度空间结构基本特征的无量纲参数R，由此可快速计算出下拉减振索的最小索力需求、配置索体的大跨度结构的内力和变形、结构自振频率和振幅形状曲线，并提出了配置下拉减振索结构的设计流程。在建议的设计流程中，根据无索结构特性与控制目标的差异，先设定合理的R值再进行索体设计可显著提高设计效率。详细分析过程及结果见参考文献[9-10]。

8.5 结语

新北京工人体育场按复建原则进行设计，基本保留了原体育场建筑风貌，满足了高等级专业足球赛事的使用需求，达到了安全、优雅、适用、经济的目的。设计中主要包含了以下创新工作：

（1）通过联合应用三维摩擦摆隔震支座和黏滞阻尼器构成屋盖减隔震系统，释放了屋盖对下部混凝土结构产生的推力和温度作用，简化了下部混凝土结构设计和施工难度，并降低了屋盖结构的地震作用，提升了其抗震韧性，具有显著经济效益与社会效益。

（2）通过特征值屈曲、弹性全过程分析和弹塑性全过程分析，全面评估了中部大开口扁平拱壳形态罩棚结构整体稳定性能；通过计算长度法和直接分析法的联合应用，为准确评估非理想边界条件下弧形拱肋整体稳定承载力提供了依据。

（3）通过温度分析发现了混凝土结构易开裂部位，采用加强配筋、预应力技术、做好施工养护等措施提升了混凝土结构的防开裂能力，并采用配置"S形"弯折钢筋的诱导缝控制混凝土结构的裂缝产生位置，保证了超大尺度不分缝混凝土结构的安全性和视觉效果。

（4）合理配置下拉减振索可显著减小大跨度空间结构在使用荷载下的挠度和在动荷载激励下的结构振动加速度，有助于控制构件尺度，实现轻薄的建筑视觉效果。

8.6 延伸阅读

扫码查看项目照片、动画。

参考资料

[1] 严亚林, 唐意, 陈凯. 工人体育场改造复建项目风振响应和等效静力风荷载研究报告[R]. 北京市建筑设计研究院有限公司, 2021.

[2] 王轶, 张磊, 张龑华, 等. 北京工人体育场改造复建项目超限工程抗震设防专项审查可行性论证报告[R]. 北京市建筑设计研究院有限公司, 2021.

[3] 盛平, 张龑华, 甄伟, 等. 北京工人体育场结构改造设计方案及关键技术[J]. 建筑结构, 2021, 51(19): 1-6.

[4] 甄伟, 盛平, 张龑华, 等. 一种适用于大跨度结构的屋盖组合三维减隔震体系: 202122267333.9[P]. 2022-04-05.

[5] 李伟, 甄伟, 张龑华, 等. 设置三维摩擦摆支座的北京工人体育场单层网壳罩棚竖向隔震性能研究[J]. 建筑结构学报, 2023, 44(4):23-31.

[6] 盛平, 张龑华, 甄伟, 等. 一种带 S 形弯折钢筋的钢筋混凝土墙体诱导缝结构: 202121389705.9[P]. 2022-03-11.

[7] 邱意坤, 盛平, 慕晨曦, 等. 北京工人体育场超长混凝土结构温度效应和"S"形弯折钢筋诱导缝研究[J]. 建筑结构学报, 2023, 44(4): 140-148.

[8] 张龑华, 甄伟, 盛平, 等. 北京工人体育场开口单层扁薄拱壳罩棚钢结构整体稳定性能研究[J]. 建筑结构学报, 2023, 44(4):11-22.

[9] 张龑华, 盛平, 冯鹏, 等. 配置下拉减振索的大跨度空间结构受力性能分析[J]. 建筑结构学报, 2023, 44(4):32-41.

[10] 张龑华, 盛平, 冯鹏, 等. 一种用于结构振震双控的结构体系及设计方法: 202111197970.1[P]. 2023-04-18.

设计团队

结构设计单位: 北京市建筑设计研究院有限公司

结构设计团队: 盛　平、甄　伟、王　轶、张龑华、赵　明、张　磊、赵博尧、王　可、慕晨曦、张　慧、邱意坤、宋俊临、李　伟

执　笔　人: 张龑华、盛　平

本章部分图片由 CallisonRTKL 和云南震安减震科技股份有限公司提供。

第 9 章

绍兴体育场

9.1 工程概况

9.1.1 建筑概况

绍兴体育场坐落于江南水乡绍兴柯桥，东临会展中心和水务大厦，北侧华齐路、南侧钱陶公路与南北城市中心的主干线金柯桥大道相连，笛扬路、育才路贯穿用地南北，形成棋盘格局。绍兴体育场距绍兴市中心15km，距北侧杭甬高速5km，距萧山国际机场25km，发达和便利的交通，使体育中心成为柯桥全民健身的场所和绍兴市体育竞技的基地，是浙江省第十五届运动会的开幕式和比赛的主会场。

绍兴体育场取"珠•莲•璧•河"，隐喻建筑的灵动和完美，彰显绍兴水乡特色，其中体育场含苞待放、冰心玉洁为"莲"。绍兴体育场总建筑面积为77500m²，设观众座席40000个，建筑高度为44.9m，场心区域面积21623m²。场心区域可改造为展厅，设置标准展位单元1116个，周边设会展登录厅、会议中心及会展办公等用房。

体育场屋盖为开合屋盖，以常开状态为主。体育场罩棚的外膜及吸声内膜均采用PTFE膜材。下部混凝土看台采用清水混凝土，在体现建筑结构之美的同时减少了不必要的装饰。实景照片如图9.1-1所示。

(a) 场外视角实景　　　　　　　　　　　　　　　　(b) 场内视角实景

图9.1-1　绍兴体育场实景照片

9.1.2 设计条件

1. 主体控制参数（表9.1-1）

控制参数　　　　　　　　　　　　　　　　　　　　　　　　　表9.1-1

结构设计基准期	50年	建筑抗震设防分类	重点设防类（乙类）
建筑结构安全等级	钢结构主桁架及混凝土筒体：一级；其余：二级	抗震设防烈度	6度
结构重要性系数	钢结构主桁架及混凝土筒体：1.1；其余：1.0	设计地震分组	第一组
地基基础设计等级	一级	场地类别	Ⅲ类

2. 风荷载

按100年一遇取基本风压为0.50kN/m²，地面粗糙度类别为B类。根据风洞试验结果，确定0°、30°、60°、90°为四个不利风向角，对结构施加等效静力风荷载。

3. 温度作用

钢结构屋盖的合龙温度为25℃，钢结构温度工况计算中升温温差40℃，降温温差30℃。

9.2 建筑特点

9.2.1 大跨曲面开合屋盖

绍兴体育场是国内第三个开合屋盖体育场，也是当时国内活动屋盖跨度最大，可容纳观众数最多的开合屋盖体育场。体育场屋盖最大跨度尺寸为长轴方向 260m，短轴方向 200m，屋盖曲面半径为 872.6m，屋盖水平投影面积为 41878m²，其中固定屋盖 31690m²，开口面积 10188m²，活动屋盖 12660m²，开启率 24.3%。

开合方式为沿空间轨道平行移动开合，滑动轨道为同轴平行圆弧，轨道水平间距为 96.3m，长度为 236.5m。单片活动屋盖滑动距离为 59.7m，设计开启速度为 3m/min，开启时间 20min。开合屋盖开启示意见图 9.2-1。

9.2.2 混凝土分缝看台与钢结构整体屋盖

绍兴体育场下部看台采用清水混凝土，为控制裂缝，看台混凝土结构在主入口处通过温度缝分成 4 个独立的结构单元，上部钢结构固定屋盖为一个整体结构，支承于下部混凝土看台之上，形成连体结构。下部看台混凝土结构分缝情况如图 9.2-2 所示。

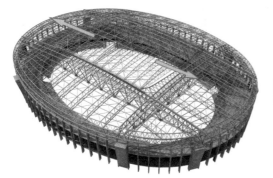

图 9.2-1　开合屋盖开启示意图

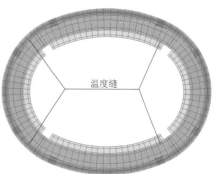

图 9.2-2　下部混凝土分缝示意图

9.3 体系与分析

9.3.1 固定屋盖主桁架方案对比

绍兴体育场活动屋盖的自身重量为 1100t，要保证活动屋盖在 260m 跨度的固定屋盖上顺利行走，即活动屋盖与台车可以顺畅滑行，需要固定屋盖具有足够的刚度。

此外，建筑整体高度较低，屋盖结构的高度受到限制，与观众的距离较近，需要尽量采用小截面的结构构件，以减小结构构件对观众产生的空间压迫感。为此对固定屋盖主桁架进行了张弦桁架、管桁架、下弦钢拉杆桁架等多方案的对比，如表 9.3-1 所示。

固定屋盖主桁架方案对比 　　　　　　　　　　　　　　　　　　表 9.3-1

主桁架方案	优点	缺点	备注
张弦桁架	结构通透性好，自重轻	刚度较小，施工不便	项目矢跨比小，不适用
管桁架	刚度大，方便施工	自重过大，建筑效果差	经济性差，不采用
并联柔性下弦组合桁架	刚度大，自重轻	施工要求高	建筑效果好，采用

经对比,绍兴体育场固定屋盖主受力桁架采用立体桁架,下弦采用并联 4 根直径 200mm 的 650 级高强钢拉杆,形成并联柔性下弦组合桁架体系,实现刚度、用钢量及建筑效果的相对平衡。

9.3.2 结构布置

绍兴体育场下部看台为钢筋混凝土框架-抗震墙结构,由 4 条温度缝分成 4 个单体,采用直径 800mm 灌注桩基础。在支承上部固定屋盖主桁架的位置处设置 8 个钢筋混凝土剪力墙核心筒,外圈框架柱支承次桁架,根据建筑效果为变截面楔形斜柱,截面为(2500~4500)mm × 700mm。为加强环向刚度,加大外围环梁截面,并于柱顶设环向扁梁。下部混凝土结构如图 9.3-1 所示。

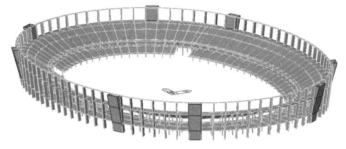

图 9.3-1 下部混凝土结构模型

上部钢结构屋盖由固定屋盖和活动屋盖组成,屋盖整体结构布置如图 9.3-2 所示。

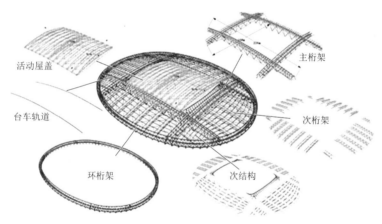

图 9.3-2 屋盖整体结构布置示意图

固定屋盖中部设"井"字形 4 榀主桁架,采用并联柔性下弦组合桁架,长向主桁架与活动屋盖运行轨道方向一致,跨中高度 19m,然后逐渐降低,端部高度 5m,台车轨道支承于长向主桁架上弦层轨道横梁;周圈设置环桁架以增加固定的整体刚度,环桁架采用上箱形下三角形的截面形式,高度为 5m,宽度约为 4.3m;环桁架与主桁架之间布置 28 榀次桁架及水平交叉支撑体系,以增加固定屋盖的面内刚度,次桁架采用三角形立体桁架,高度 4.4m,宽度约为 4.3m,水平支撑体系主要采用直径为 203mm,壁厚为 10mm 的圆钢管,固定屋盖剖面如图 9.3-3 所示。

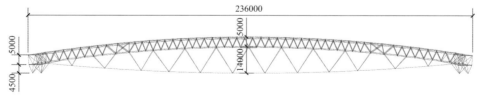

图 9.3-3 固定屋盖主桁架剖面图

活动屋盖采用平面桁架,沿跨度方向共设置 7 道主桁架,主桁架最大高度为 6.2m,最小高度为 1.5m。

在台车轨道纵向设置 1.5m 高的三角立体桁架，减少整个活动屋盖对变形的敏感性。为便于活动屋盖膜结构的张拉，主桁架上弦均采用变截面方钢管，其余杆件截面均为圆钢管。在活动屋盖纵向布置檩条，以保证主桁架的侧向稳定。活动屋面周圈设置水平支撑，以保证活动屋盖的整体刚度。活动屋盖尾部弧形边悬挑长度为 5m。活动屋盖剖面如图 9.3-4 所示。

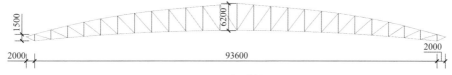

图 9.3-4 活动屋盖剖面图

9.3.3 性能目标

由于下部混凝土结构分为 4 个独立的结构单元，而屋顶钢结构固定屋盖为一个整体结构，属连体结构，上部钢结构与下部混凝土结构存在明显的竖向刚度不均匀；此外，屋顶钢结构南北向跨度 260m，东西向跨度 200m，均超过规范中 120m 的限制。针对以上问题，结合工程实际情况，制定性能化设计标准，见表 9.3-2。

性能化设计标准   表 9.3-2

抗震设防水准	小震	中震	大震
抗震性能	不损坏	基本完好	不倒塌
分析方法	反应谱法为主 时程法补充计算	反应谱法为主 时程法补充计算	时程法计算
屋盖钢结构 控制标准	按照弹性设计	支座腹杆、主桁架弦杆弹性 其他构件不屈服	挠度≤$L/50$ 支座节点不屈服
下部混凝土结构 控制标准	按照弹性设计 层间位移角≤1/550	构件弹性	层间位移角≤1/100 筒体抗剪不屈服

9.3.4 结构分析

绍兴体育场结构设计时，建立了包括下部看台混凝土结构、上部屋盖钢结构以及台车在内的整体模型，结构分析主要包括：静力分析、多遇地震弹性分析、罕遇地震动力弹塑性时程分析、支座抗震性能分析、关键铸钢节点分析等。

1. 多遇地震弹性分析

采用 MIDAS 与 ABAQUS 两个软件分别计算，钢结构阻尼比取 0.02，钢筋混凝土结构的阻尼比取 0.05；计算常遇地震，当仅考虑竖向地震作用时，竖向地震作用至少取重力荷载代表值的 10% 和反应谱法计算的较大值，抗震承载力调整系数取 1.0。取 50 个振型，比较重力荷载代表值及周期，结果见表 9.3-3。软件对比计算结果较为理想，满足误差精度要求。

重力荷载代表值与周期计算结果对比表   表 9.3-3

软件	MIDAS	ABAQUS	MIDAS/ABAQUS	备注
重力荷载代表值/kN	869294	878750	0.989	
T_1/s	1.084	1.094	0.991	竖向振型
T_2/s	1.014	0.995	1.019	竖向振型
T_3/s	0.844	0.829	1.018	竖向振型
T_4/s	0.790	0.745	1.060	X向平动
T_5/s	0.764	0.731	1.045	竖向振型
T_6/s	0.756	0.715	1.057	竖向振型

小震作用下的屋盖结构内力及支座最大反力见表9.3-4。地震作用对结构的作用较小，本工程中地震作用不是主要的控制因素。

小震作用下屋盖结构内力及支座反力 表9.3-4

荷载	最大内力	支座水平力	支座竖向反力
X向地震	419.7	388	732.8
Y向地震	419.6	440	1226

2. 罕遇地震动力弹塑性时程分析

罕遇地震下的动力弹塑性时程分析对象为活动屋盖全开和全闭两种状态下的整体模型。首先根据弹性设计的 MIDAS 模型，经细分网格并输入配筋信息后导入 ABAQUS 程序，然后考虑结构施工过程，进行结构重力加载分析，形成结构初始内力和变形状态，其次计算结构自振特性以及其他基本信息，并与原始结构设计模型进行对比校核，保证弹塑性分析结构模型与原模型一致，最后输入地震记录，进行结构大震作用下的动力响应分析。

（1）计算模型转换

计算模型是进行大震时程反应的基础，在大震弹塑性时程分析之前，首先进行了 MIDAS 模型的静力和模态分析，以及 ABAQUS 施工模拟和模态分析，用来校核模型从 MIDAS 转换到 ABAQUS 的准确程度。对比结果见表9.3-5，重力荷载代表值误差均在5%以内。

各模型计算结果比较 表9.3-5

活动屋盖状态	活动屋盖全开状态		活动屋盖全闭状态	
模型	MIDAS	ABAQUS	MIDAS	ABAQUS
重力荷载代表值（恒荷载＋0.5活荷载）/kN	839972	849000	869294	878750
T_1/s	1.0467	1.042	1.084	1.094
T_2/s	0.9756	0.914	1.014	0.995
T_3/s	0.9387	0.893	0.844	0.829
T_4/s	0.882	0.846	0.790	0.745
T_5/s	0.8679	0.809	0.764	0.731
T_6/s	0.8581	0.796	0.756	0.715

（2）重力加载分析

在进行罕遇地震下的弹塑性反应分析之前，进行了结构在重力荷载代表值下的重力加载分析，剪力墙混凝土在靠近上层看台楼板处出现局部应力集中，其他处均在弹性阶段。混凝土柱、混凝土梁、钢结构均处于弹性阶段。

（3）罕遇地震弹塑性分析

在进行6度罕遇地震弹塑性分析时，采用符合规范要求的一条人工波和两条天然波，共三条地震记录，地震波的输入方向，依次选取结构X或Y方向作为主方向，另两个方向为次方向。结构阻尼比取2%，主方向地震波峰值取125Gal。每个工况地震波峰值按水平主方向：水平次方向：竖向＝1：0.85：0.65进行调整。调换主方向总计6个工况的罕遇地震弹塑性分析，基底剪力和层间位移角等结果指标见表9.3-6及表9.3-7。

基底剪力结果 表9.3-6

地震波	活动屋盖全开状态				活动屋盖全闭状态			
	X主方向输入		Y主方向输入		X主方向输入		Y主方向输入	
	V_x/MN	剪重比	V_x/MN	剪重比	V_x/MN	剪重比	V_x/MN	剪重比
人工波	76.14	8.66%	71.72	8.16%	64.91	7.38%	79.16	9.01%
天然波1	63.55	7.23%	82.27	9.36%	81.36	9.26%	78.09	8.88%

地震波	活动屋盖全开状态				活动屋盖全闭状态			
	X主方向输入		Y主方向输入		X主方向输入		Y主方向输入	
	V_x/MN	剪重比	V_x/MN	剪重比	V_x/MN	剪重比	V_x/MN	剪重比
天然波2	78.15	8.89%	75.10	8.54%	62.89	7.15%	70.15	7.98%
三组波均值	72.62	8.26%	76.64	8.72%	69.91	7.95%	75.80	8.62%

楼层位移结果　　　　　　　　　　　　　　　　　　　　表9.3-7

地震波	楼层	活动屋盖全开状态		活动屋盖全闭状态	
		X主方向输入	Y主方向输入	X主方向输入	Y主方向输入
人工波	1	1/1658	1/1894	1/1619	1/1725
	2	1/1014	1/1175	1/1214	1/1404
	3	1/642	1/791	1/601	1/700
天然波1	1	1/1925	1/1668	1/1443	1/1596
	2	1/1125	1/1376	1/985	1/1190
	3	1/602	1/659	1/563	1/632
天然波2	1	1/1453	1/1645	1/1384	1/1413
	2	1/827	1/961	1/815	1/985
	3	1/533	1/605	1/441	1/518

（4）损伤破坏情况及位移结果

罕遇地震作用下，屋盖全闭状态时的剪力墙筒体结构基本完好，仅在与首层和二层看台楼板连接处以及筒体底层墙体局部有中度损伤。混凝土柱、混凝土梁所配钢筋均没有出现塑性，钢结构均处于弹性阶段；屋盖全开状态时的剪力墙筒体除在与首层和二层看台楼板连接处存在局部损伤外，其他基本完好，混凝土柱、混凝土梁所配钢筋均没有出现塑性，钢结构有个别构件进入弹塑性状态，最大塑性应变约为900ε（天然波2，Y向为主输入方向）。

闭合状态模型主桁架跨中节点最大挠度619mm，挠跨比1/380。开启状态模型主桁架跨中节点最大挠度558mm，挠跨比1/421。

（5）小结

在屋盖全开和全闭两个状态下的结构体系以及构件尺寸，满足"大震不倒"的抗震性能目标。

大震作用下两个结构状态的墙体混凝土基本完好，仅在与首层和二层看台楼板连接处以及墙体底部局部出现中度损伤；钢结构几乎没有杆件进入塑性阶段；整体结构强度退化不大，具有足够的能力进行内力重新分布以维持其整体稳定性、承受地震与重力荷载。

体育场全闭状态下混凝土结构顶最大位移为38.10mm；X向为主输入方向时，楼层最大层间位移角为1/441，Y向为主输入方向时，楼层最大层间位移角为1/518；主桁架最大挠度619mm，挠跨比1/380。

在全开状态下混凝土结构顶最大位移为34.96mm；X向为主输入方向时，楼层最大层间位移角为1/533；Y向为主输入方向时，楼层最大层间位移角为1/605。主桁架最大挠度558mm，挠跨比1/421。

两个结构均满足建筑抗震设计规范的抗震变形要求（钢筋混凝土框架-抗震墙弹塑性层间位移角限值：1/100）。

闭合状态模型主桁架挠跨比1/380，开启状态模型主桁架挠跨比1/421，均满足1/50的抗震要求。

9.4 专项设计

9.4.1 大跨曲面开合屋盖设计

开合屋盖的设计是集钢结构设计、钢结构施工方案、起重液压机械传动与自动化控制为一体的综合性系统工程，是跨学科的合作项目。开合屋盖体育建筑主要可分为固定屋盖、活动屋盖及屋盖驱动与控制系统三个重要组成部分。三个部分的设计过程是相互制约、相互协调的过程。

1. 钢结构设计

绍兴体育场屋盖建筑造型为空间曲面，活动屋盖的运行方式为沿有一定坡度的曲线平行轨道做空间移动，为刚性运动开合。活动屋盖支承于固定屋盖之上，相较于混凝土支承结构，钢结构固定屋盖属于柔性支承结构。作为活动屋盖停靠与运行可靠的支承结构，固定屋盖具有足够的刚度是确保活动屋盖顺畅运行的重要前提。活动屋盖从完全闭合至完全开启，并在两者中间 6 等分得到 5 个位置的状态，共计 7 种状态，最终计算结果取 7 种活动屋盖开合状态的包络值，如图 9.4-1～图 9.4-8 所示。

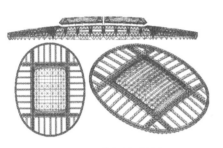

图 9.4-1 屋盖完全闭合状态

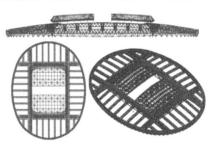

图 9.4-2 屋盖开启角度 0.92°（过程 1）

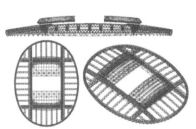

图 9.4-3 屋盖开启角度 1.84°（过程 2）

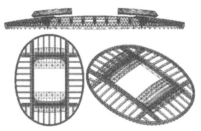

图 9.4-4 屋盖开启角度 2.76°（过程 3）

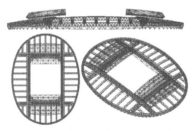

图 9.4-5 屋盖开启角度 3.68°（过程 4）

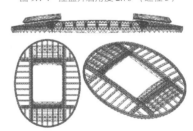

图 9.4-6 屋盖开启角度 4.60°（过程 5）

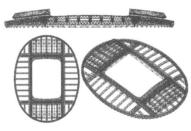

图 9.4-7 屋盖完全开启状态

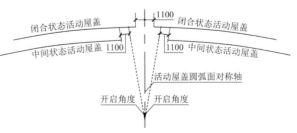

图 9.4-8 开启角度示意

（1）恒荷载与活荷载作用分析

绍兴体育场固定屋盖主桁架跨度较大，在台车移动过程中产生竖向及水平变形，为保证台车在正常使用情况下能正常运转，为台车等驱动及控制系统提供设计依据，结构设计时考虑恒荷载与活荷载作用对屋盖开合的影响，计算台车轨道在活动屋盖运行过程中的位移值，取单条轨道的计算结果见表 9.4-1。

屋盖运行过程中轨道最大变形（单位：mm） 表9.4-1

位移	全闭	过程 1	过程 2	过程 3	过程 4	过程 5	全开
X向	56.79	54.57	51.62	48.41	45.09	42.16	40.88
Z向	−385	−359	−332	−308	−286	−267	−258

可以看出，轨道跨度 234m，从全闭运行到全开状态，垂直轨道方向的位移差值为 15.91mm，为跨度的 1/14708；轨道竖向的位移差为 127.29mm，为跨度的 1/1838 < 1/1000。

（2）风荷载作用分析

大跨度空间结构属于风荷载敏感结构，绍兴体育场通过风洞试验，分别对活动屋盖开启状态、闭合状态以及 5 个中间状态的屋盖风荷载特性、活动屋盖开启对固定屋盖和活动屋盖风压系数影响性以及开合屋盖的净压变化规律等进行了分析研究，计算了 4 个风向下，开合屋盖 7 个状态时的内力与位移，见表 9.4-2。

四个风向角作用下开合屋盖结构最大内力及最大位移 表9.4-2

屋盖状态	参数	0°	30°	60°	90°
全闭状态	内力/kN	−2898	−2999	−3650	−3937
	X向最大位移/mm	−10.44	−11.69	−12.96	13.25
	Y向最大位移/mm	2.59	3.19	3.36	2.79
过程 1 状态	内力/kN	−2369	−2414	−2915	−3117
	X向最大位移/mm	−9.76	−10.99	−12.11	12.25
	Y向最大位移/mm	2.52	3.19	3.27	2.63
过程 2 状态	内力/kN	−1899	−1968	−2339	−2453
	X向最大位移/mm	−8.87	−10.10	−10.99	10.98
	Y向最大位移/mm	2.39	3.10	3.08	2.36
过程 3 状态	内力/kN	−1483	−1762	−2020	−1836
	X向最大位移/mm	−7.90	−9.13	−9.77	9.62
	Y向最大位移/mm	2.23	2.96	2.85	2.08
过程 4 状态	内力/kN	−1479	−1756	−2012	−1816
	X向最大位移/mm	−6.91	−8.15	−8.51	−8.31
	Y向最大位移/mm	2.06	2.80	2.61	1.80
过程 5 状态	内力/kN	−1482	−1759	−2014	−1818
	X向最大位移/mm	−6.04	−7.27	−7.39	−7.15
	Y向最大位移/mm	1.85	2.52	2.28	1.46
全开状态	内力/kN	−1484	−1761	−2016	−1820
	X向最大位移/mm	−5.65	−6.88	−6.90	6.48
	Y向最大位移/mm	1.72	2.31	2.05	1.22

开合屋盖结构内力在 90°风向角作用下最大，且活动屋盖由全闭状态逐渐开启的过程中，结构内力逐渐减小。随着活动屋盖由全闭状态逐渐开启直至全开状态，轨道变形逐渐减小，轨道最大变形量为 13.25mm，仅为跨度的 1/17699。

（3）温度作用分析

开合屋盖钢结构为大跨度超长超静定结构，结构形成约束后，环境温度变化与太阳辐射引起的结构温度变化，会产生较大的结构内力和变形，对结构的安全性和用钢量的影响较大。

通过对绍兴地区的气象温度统计，结合钢结构屋盖的不同开合状态，对绍兴体育场开合屋盖钢结构在极端温度作用下的结构响应进行分析，结果见表9.4-3。

温度作用下结构最大位移及最大内力 表 9.4-3

屋盖状态	温度作用	最大竖向位移/mm	最大轴力/kN
全闭状态	升温+40℃	87.24	−5698.6
	降温−30℃	63.30	4480.1
全开状态	升温+40℃	87.78	−5697.5
	降温−30℃	63.68	4479.2

温度作用下的钢结构屋盖的内力较大，温度作用对结构设计起控制作用。绍兴体育场固定屋盖设置环桁架，起到了非常重要的变形约束及内力传递作用。

综上，固定屋盖的刚度能够为活动屋盖的顺畅开合提供足够的支承。考虑适当的冗余度，最终绍兴体育场台车的设计参数为：机械系统需适应结构竖向变形300mm，侧向变形±100mm。

2. 开合屋盖驱动设计

开合屋盖的驱动系统是实现活动屋盖顺利开合的关键之一，由行走机构（轨道、台车等）与驱动系统（电动机、减速机、联轴器、制动装置等）两部分组成。驱动系统首先将活动屋盖的荷载安全地传递给固定屋盖，同时为活动屋盖顺畅运行提供可靠的动力。

驱动系统根据设计荷载、建筑几何尺寸、空间需求、可靠性、施工及操作维护等方面的因素综合确定，有如下应用较多且可靠性较高的驱动系统：

（1）钢丝绳驱动系统：活动屋盖通过钢丝绳，由卷扬机旋转实现开合。当活动屋盖的重心保持大于5°倾角时，可利用屋盖自重下滑实现屋盖开启，适用于行程较大的水平或空间轨道。

（2）轮式自驱动系统：驱动系统与台车一体化，在主动台车上安装驱动电机，通过减速器驱动车轮，利用轮轨之间的摩擦力驱动台车行走。适用于水平或坡度较小的轨道，对轨道变形及安装精度要求较高。

（3）齿轮齿条驱动系统：动力传动通过安装在固定屋盖轨道上的齿条，与移动台车上的齿轮相互啮合进行驱动。优点在于结构较为紧凑，适用于小型刚度较高的开合屋盖。缺点在于齿轮齿条对于安装要求精度极高，台车侧向位移会导致卡轨，齿轮啮合不畅；驱动点数变多增加，制动系统变得很复杂，日常维护工作量大；固定屋盖上的固定荷载大幅度增加，系统运行时活动屋盖所有驱动收反力全部增加至轨道桁架；精度要求很高，大幅增加制造、施工周期和成本。

（4）链条链轮驱动系统：工作原理与齿轮齿条驱动相近，通过设置在固定屋顶上的链条与行走台车上的链轮的咬合，进行链条运动的驱动方式。优点在于其对轨道的要求降低，可多点驱动。缺点在于固定屋盖上的固定荷载大幅度增加；对于台车结构功能过于集中，结构过于复杂，容易造成系统不稳定；驱动控制点数过多，导致控制系统变得很复杂；链轮链条对于安装要求精度高，台车侧向位移过大会导致卡轨，链条拉断。

绍兴体育场建筑采用空间曲面屋盖，具有跨度较大、活动屋盖行程较长，轨道曲率较小，柔性运行轨道等特点。为实现活动屋盖在沿空间弧线轨道上顺畅安全的平行移动开合，结合各驱动系统的特点，最终采用钢丝绳与摩擦轮混合驱动的方式。

卷扬机通过钢丝绳牵引活动屋盖实现屋盖的移动，同时为防止屋盖打开时，活动屋盖自重下滑力不足，增加驱动台车。既保证闭合时卷扬机能提供可靠的驱动，又保证屋盖开启时有足够的下滑驱动力。钢丝绳驱动为柔性牵引驱动方式，最大幅度地满足结构变形所产生的影响；卷扬机室位于地下，不影响建筑外观，不增加建筑运行荷载。

两片活动屋盖通过 28 个台车支承在固定屋盖的轨道上，28 个台车中有 12 个为自驱台车，其余 16 个为从动台车，自驱台车与从动台车间隔布置。驱动系统布置如图 9.4-9 所示。

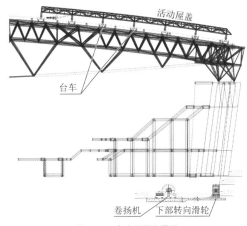

图 9.4-9　支座平面布置图

3．大跨度钢结构屋盖预起拱设计及施工模拟分析

开合屋盖的钢结构施工精度远高于普通大跨度屋盖，绍兴体育场根据开合屋盖钢结构分段吊装高空组拼的施工方法，以及支撑卸载点多、分布范围广等实际情况，从钢结构卸载过程中结构杆件内力及支撑反力入手，通过施工模拟分析及预起拱设计等措施，为轨道安装精度与活动屋盖单元运行调试提供前提条件。

（1）卸载方案

固定屋盖安装、焊接完成，质量检验合格后可进行整体卸载，将固定屋盖结构从支撑受力状态转换到自由受力状态。卸载过程遵循结构受力与变形协调，变化过程缓和、结构多次循环微量下降并便于现场施工操作的原则。全场共 32 个卸载点，分析模型如图 9.4-10 所示。

为使结构应力、变形变化缓和，将固定屋盖卸载分四级进行，每级卸载量为 10%→20%→30%→40%，实现荷载的平稳转移。

固定屋盖卸载采用砂箱卸载技术，参照最大受力及最大沉降量数据，并考虑安全余量，砂箱按照最大承载力 300t、最大伸缩量 400mm 进行设计，材质选用 Q345B 钢。

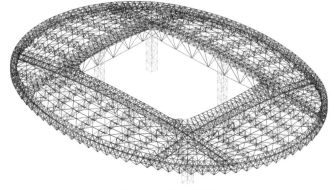

图 9.4-10　卸载分析模型

（2）施工过程模拟分析

分析主要目的是判断结构构件及支撑系统在安装过程中是否安全，并确定屋盖整体起拱值，主要施

工过程步骤如下：

第一阶段　结构单元：完成固定屋盖钢结构、马道及附属结构安装；

　　　　　边界条件：临时固定支座。

第二阶段　结构单元：支撑架完成同步卸载；

　　　　　边界条件：卸载前释放支座，卸载完成后固定支座。

第三阶段　结构单元：活动屋盖钢结构、轨道系统及台车安装；

　　　　　边界条件：约束小车，将其与主结构连接。

通过验算每个施工阶段杆件应力比，来判断施工过程是否安全，对杆件应力比超出设计要求的部分进行补强。

第一施工阶段时的杆件应力比如图 9.4-11 所示，竖向变形情况如图 9.4-12 所示，可见多根腹杆杆件应力比超过 1.0，需采取杆件截面加强措施，将应力比控制在 0.8 以下。最大竖向变形为 32.2mm。

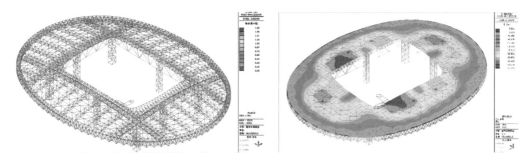

图 9.4-11　第一施工阶段杆件应力比　　　　　　　图 9.4-12　第一施工阶段竖向变形

第二施工阶段的杆件应力比如图 9.4-13 所示，竖向变形情况如图 9.4-14 所示，可见卸载完成后，个别杆件最大应力比为 0.65，无需进行截面加强措施。最大竖向变形达 375.0mm。

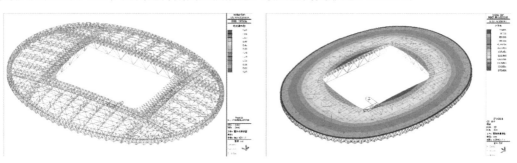

图 9.4-13　第二施工阶段杆件应力比　　　　　　　图 9.4-14　第二施工阶段竖向变形

第三施工阶段的杆件应力比如图 9.4-15 所示，竖向变形情况如图 9.4-16 所示，可见卸载后，整体屋盖结构完成安装后的最大应力比为 0.77，需进行截面加强措施，将应力比控制在 0.7 以下。最大竖向变形达 439.6mm。

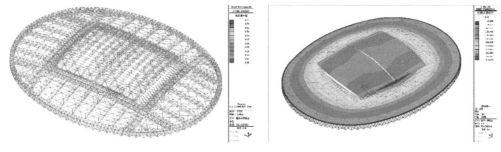

图 9.4-15　第三施工阶段杆件应力比　　　　　　　图 9.4-16　第三施工阶段竖向变形

同时，根据施工方案，对活动屋盖施工过程进行模拟计算，得出各阶段变形，活动屋盖最终竖向最大变形为170mm，如图9.4-17～图9.4-19所示。

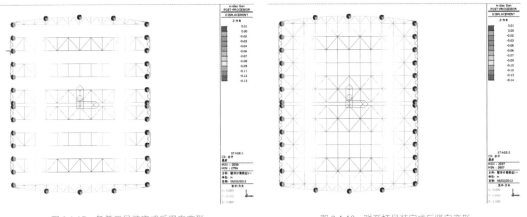

图9.4-17　各单元吊装完成后竖向变形　　　　　图9.4-18　联系杆吊装完成后竖向变形

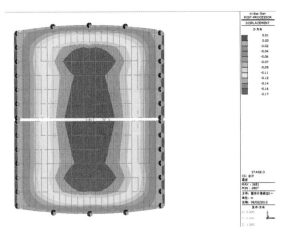

图9.4-19　活动屋盖膜结构安装完成后的竖向变形

（3）预起拱设计

根据施工模拟结果可知，固定屋盖变形较大，会影响活动屋盖运行轨道的定位；活动屋盖跨中最大挠度达170mm，会影响活动屋盖使用过程中车挡、索销等连接装置的正常工作。综合建筑外观的需求及以上两点原因，须对固定屋盖和活动屋盖进行精确的预拱设计，保证安装精度及开合屋盖的正常运行使用。

通过计算结构在恒荷载作用下的变形值，把节点竖向位移量列出，然后反号累加到原结构上，得到新的结构模型。通过计算新结构模型在恒荷载作用下的变形，将变形后的结构模型各节点坐标列出，与原结构设计模型节点坐标相减，如果计算所得最大值在允许容差范围内，则新结构模型即为预起拱后的结构深化设计所需模型。

空间桁架结构预起拱的实现方法分为加工之前预起拱和加工后分段预起拱。考虑大跨度桁架的特点，确定采用加工后预起拱来实现固定屋盖和活动屋盖整体预起拱的目标。

整榀管桁架根据理想曲线进行分段制作，不考虑挠度变形，通过现场整体拼装时在分段接头处进行起拱。具体制作时把每段看作一个整体，仅调整每段连接点处的变形值，而各段上其他节点处的坐标值也会随着改变，通过拼装胎架把构件各段支撑并固定好。计算得到各分段接头处的变形值，反号累加到原结构节点上，再把此值转化到抬架支座处的变化值，调整支座高度使各段的变形值接近预拱变形曲线，然后再进行各段的整体拼接。

轨道梁作为开合屋盖体育场中活动屋盖和固定屋盖之间的连接枢纽，要保证其安装完成后符合开合要求，如果轨道梁初始安装位置偏高，要调整降低难度较大，而轨道梁初始安装位置偏低，可采取加垫块方式，将轨道梁安装位置调整至设计标高。

为避免因起拱值设计偏大，影响轨道系统的安装及运行，体育场固定屋盖按施工安装第三阶段，即完成活动屋盖钢结构、轨道系统及台车安装后的竖向变形确定预拱值，不计入膜结构荷载对屋盖整体变形的影响。根据活动屋盖安装过程变形计算情况，对活动屋盖各榀桁架起拱150mm。

9.4.2 水平推力释放与承载优化

绍兴体育场开合屋盖钢结构在温度及自重下会产生较大水平推力，由于混凝土柱根据建筑造型向外倾斜、绍兴当地地基较软、挖孔灌注桩水平承载力较低等原因，下部混凝土结构可承受的水平力有限。

为解决这一难题，在环桁架下弦与下部混凝土柱顶之间增加斜支撑，减小上部钢结构对下部混凝土结构的水平力，同时减小下部混凝土结构分缝后对环桁架造成的局部影响。

开合屋盖钢结构环桁架斜支撑于下部84个混凝土柱柱顶，并通过支座相连。其中位于下部混凝土缝两侧的支座采用抗震支座，其余支座均采用固定铰支座如图9.4-20所示。

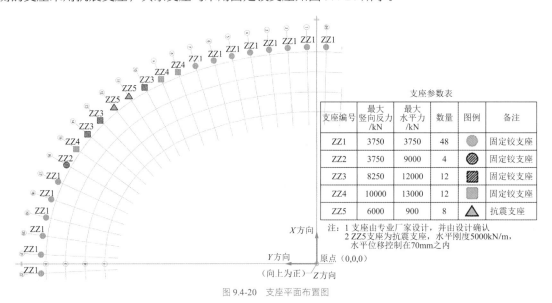

支座参数表

支座编号	最大竖向反力/kN	最大水平力/kN	数量	图例	备注
ZZ1	3750	3750	48	●	固定铰支座
ZZ2	3750	9000	4	◉	固定铰支座
ZZ3	8250	12000	12	▨	固定铰支座
ZZ4	10000	13000	12	▦	固定铰支座
ZZ5	6000	900	8	△	抗震支座

注：1 支座由专业厂家设计，并由设计确认
2 ZZ5支座为抗震支座，水平刚度5000kN/m，水平位移控制在70mm之内

X方向
Y方向   原点（0,0,0）
（向上为正） Z方向

图 9.4-20 支座平面布置图

同时，在施工安装阶段二中，通过支座滑动来释放固定屋盖自重产生的水平力，以实现保障结构安全与节省造价的目的，释放水平力前后的对比见表9.4-4。

释放水平力前后对比表 　　　　　　　　　　　　　　　　　　　表 9.4-4

支座号	释放水平力前		释放水平力后		结果对比	
	环向水平力/kN	环向水平力/kN	径向水平力/kN	环向水平力/kN	环向水平力降低比率/%	径向水平力降低比率/%
1	713	1121	1104	1784	35	37
2	−690	1113	−1072	1780	36	37
3	757	1111	1154	1784	34	38
4	−641	1125	−1083	1778	41	37
5	933	1119	1232	1799	24	38
6	−321	1070	−710	1787	55	40
7	2222	1237	1842	1789	21	31
8	3079	5240	−1869	9960	65	47
9	5750	4665	5545	8872	4	47

9.5 试验研究

9.5.1 试验目的

通过 1：15 的缩尺模型试验，研究绍兴体育场固定屋盖卸载过程中结构整体受力状态变化，优化卸载方案；同时，对活动屋盖处于开启、关闭及中间状态的不同位置进行加载试验，测试关键构件的应变及结构竖向挠度，掌握结构静力特性。

9.5.2 试验设计

试验测试 8 个卸载点的力与位移，测试 20 个支座的水平滑移，测试 292 个关键构件的应变，具体见表 9.5-1、图 9.5-1～图 9.5-6。

测点布置表 表 9.5-1

测试部位	测试内容	测试方法	数量	标记
上弦层	应变	应变片	76	⊞
中弦层			56	
主桁架钢拉杆			64	
球铰支座			96	
	位移	百分表	20	
临时支撑	位移	百分表	8	⊕
	支反力	力传感器		

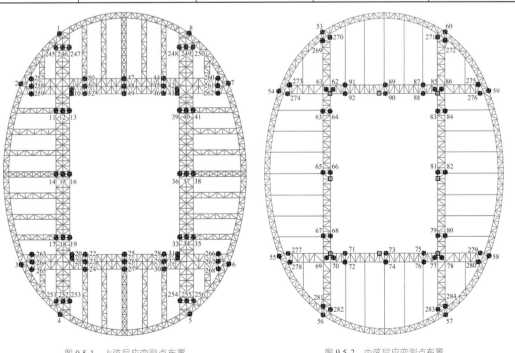

图 9.5-1 上弦层应变测点布置　　　　图 9.5-2 中弦层应变测点布置

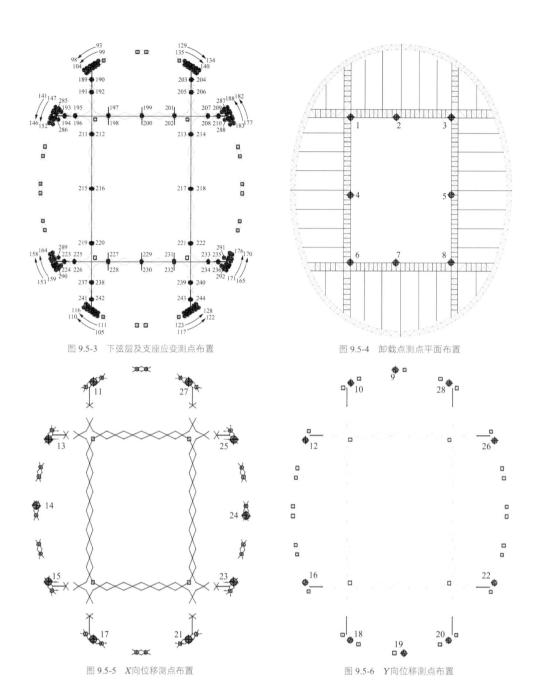

图 9.5-3 下弦层及支座应变测点布置

图 9.5-4 卸载点测点平面布置

图 9.5-5 X向位移测点布置

图 9.5-6 Y向位移测点布置

9.5.3 试验现象与结论

卸载试验中:

（1）卸载点最终卸载位移值与理论计算值基本吻合,但试验过程中 7 号卸载点下部拉杆发生滑移,造成拉杆应力突然下降, 7 号卸载点支反力突然升高,因此该点最终卸载位移值较大,达理论计算值的125%,说明拉杆与连接节点间若存在空隙会对卸载造成不利影响。

（2）支座水平滑移值与理论计算值符合,但由于模型加工误差等因素,模型存在一定的不对称性,造成支座水平滑移也存在一定的不对称性。

（3）试验结果总体与理论计算基本符合。

静力试验中:

（1）跨中处拉杆和上弦杆的应力实测值与理论值符合较好。

（2）边跨的拉杆应力值受约束条件影响大,而模型约束条件无法达到理论计算假设的完全固接,因此边跨拉杆应力实测值与理论值有一定差距。

（3）试验结果总体与理论计算基本符合。

9.6 结构监测

9.6.1 监测方案及测点布置

1. 应力应变测点布置

绍兴体育场开合屋盖结构体系复杂，斜向钢管支撑、钢拉杆、主桁架弦杆等部位承受较大的内力，选取受力不利的位置作为监测的关键构件布置测点，在整个屋盖的施工期、开合屋盖的调试期，对结构或构件应力应变分布规律、应力集中状况进行分析，获得测点部位应力应变的变化规律，并进一步检验结构及关键构件的强度储备，分析结构或构件设计的合理性。

重点监测固定屋盖四榀主桁架 8 个球铰支座处的斜向钢管支撑处、弦杆 1/4、1/2 跨处、下部钢拉杆 1/4、1/2 跨处的应力应变。每断面设应变测点 2～4 个，以全面把握构件的弯矩、扭矩与轴力。钢结构应力应变测点总数为 360 个。应变测点布置如图 9.6-1～图 9.6-5 所示。

HHJ-3
HHJ-7
HHJ-1
HHJ-9
HHJ-22
HHJ-14
HHJ-20
HHJ-16

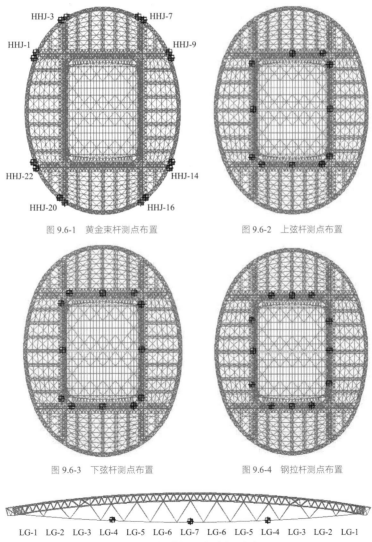

图 9.6-1 黄金束杆测点布置

图 9.6-2 上弦杆测点布置

图 9.6-3 下弦杆测点布置

图 9.6-4 钢拉杆测点布置

LG-1 LG-2 LG-3 LG-4 LG-5 LG-6 LG-7 LG-6 LG-5 LG-4 LG-3 LG-2 LG-1

图 9.6-5 钢拉杆（东西侧长向）测点布置图

2．变形测点布置

在施工、调试阶段，利用振弦式位移传感器对 4 榀主桁架 16 个球铰支座的侧移进行定期监测；对在施工调试阶段，固定屋盖 4 榀主桁架跨中部位挠度进行定期监测。总计布置 44 个测点，其中竖向挠度由全站仪监测，沿洞口一周进行布置，共 12 个测点；球铰支座的水平位移由振弦式位移传感器监测，共 32 个测点，如图 9.6-6 所示。

3．振动测点布置

绍兴体育场钢结构在强风、活动屋盖开启及闭合过程以及噪声的作用下会产生一定的随机振动。根据结构的模型振动分布情况，在钢结构上共布置 32 个测点，如图 9.6-7 所示。

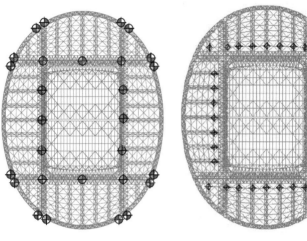

图 9.6-6　钢结构位移及挠度测点布置　　　　图 9.6-7　钢结构振动测点布置

9.6.2　施工全过程跟踪监测

记录了绍兴体育场自 2012 年 11 月以来日常施工阶段（每天定时 3 个时间段，每次采集 4 次）和特殊条件下（支撑架卸载及开合屋盖调试阶段）的监测数据，有如下结论：

（1）整个施工阶段各杆件应力变化在安全范围以内。

（2）从整个施工阶段全过程来看，支撑架卸载前应力变化稳定，支撑架卸载后应力变化逐步趋于稳定，但大多数构件在支撑架卸载过程中应力变化波动较大。

（3）整个施工阶段各杆件应力变化趋势来看，钢拉杆受拉，上弦杆受压，下弦杆受拉，符合理论分析规律。

（4）在施工后期阶段（主要为膜结构安装），施工影响对屋盖钢结构应力变化不明显，构件内部应力趋于稳定。

（5）开合屋盖对钢结构屋盖各杆件内力产生的影响均在安全范围内。

（6）各杆件承受轴力为主，但弯矩所产生的效应也不可忽略，即大部分杆件表现出偏心受压或偏心受拉。安装在同一截面的传感器应力变化趋势相同，但幅值大小不同，腹杆测点表现尤为明显。

（7）体育场施工过程中，温度效应对结构的影响较大，另外，卸载前环桁架处支座处于固定状态，这也增加了边界对结构的约束，因此结构的温度应力在卸载前表现明显。卸载阶段支撑架拆除所产生的效应远大于温度产生的应力，此时温度效应不明显。卸载后支座固定，结构稳定后又类似卸载前的状态，此时温度效应再次增加。

（8）部分杆件测点在整个施工阶段中，特别是在卸载阶段，出现突然变化，但最终恢复原趋势或趋于稳定，这是由支撑架拆除过程的复杂受力转变导致。

（9）测点的应力应变变化范围在结构设计范围内，测点的应力值均小于材料的容许应力。

9.7 结语

绍兴体育场是国内第三个开合屋盖体育场，也是当时国内活动屋盖跨度最大、可容纳观众数最多的开合屋盖体育场。为保证活动屋盖的安全顺畅地开合，并结合体育场屋盖结构矢跨较小等特点，屋盖结构设计时，主要完成了以下几方面的工作：

1. 并联柔性下弦组合桁架设计

开合屋盖中，固定屋盖作为活动屋盖的支承结构，需要具备足够的刚度以保证其变形梁在活动屋盖驱动系统的适应范围内。为此，绍兴体育场固定屋盖设计经过方案对比，在满足建筑造型及减小结构构件对观众产生的空间压迫感等前提下，创新设计了立体桁架与高强钢拉杆下弦组合桁架，实现了刚度、用钢量及建筑效果的相对平衡，为后续大跨度钢结构屋盖设计选型提供了一种理想的结构形式。

2. 固定屋盖自重水平力释放设计

为了保证活动屋盖的安全顺畅开合，大跨度固定屋盖无法采用滑动支座支承于下部混凝土结构之上，而由于建筑造型以及场地特点，下部结构及基础的水平承载力有限。为此，结合钢结构屋盖施工模拟分析，在固定屋盖安装时，通过支座滑移，释放自重产生的水平力后再进行支座固定，并在支座连接处设置斜向钢管支撑进行加强，降低了结构用钢量，保证整体结构的水平承载力处在安全范围内。

3. 混合驱动系统设计

开合屋盖设计是集钢结构设计、钢结构施工、驱动与控制系统为一体的综合性及跨学科系统工程设计。固定屋盖、活动屋盖及屋盖驱动与控制系统三个部分的设计是相互制约、相互协调的过程。为保证活动屋盖沿空间轨道平行移动开合，绍兴体育场选用钢丝绳与摩擦轮混合驱动的方式。

9.8 延伸阅读

扫码查看项目照片、动画。

参考资料

[1] 建研科技股份有限公司. 绍兴县体育中心风致振动分析报告[R]. 2011.

[2] 范重. 大跨度开合屋盖结构与工程应用[M]. 北京：中国建筑工业出版社，2022.

设计团队

结构设计单位：北京市建筑设计研究院有限公司（初步设计＋施工图设计）

结构设计团队：张　胜、齐伍辉、甘　明、李华峰、范　波、张如杭、王璐瑶

执　笔　人：张　胜、章　伟

获奖信息

2016 年第九届全国优秀建筑结构设计奖一等奖；

2017 年度全国优秀工程勘察设计行业奖优秀建筑工程设计三等奖；

2017 年度全国优秀工程勘察设计行业奖优秀建筑结构专业二等奖；

2017 年北京市优秀工程勘察设计奖专项奖（建筑结构）二等奖；

2017 年北京市优秀工程勘察设计奖综合奖（公共建筑）二等奖。

第10章

国家会议中心二期

10.1 工程概况

10.1.1 建筑概况

国家会议中心二期项目站在国家战略的高度和全球视野的角度进行功能定位和规划设计，秉承"全球视野、国际标准、中国特色、大国气派、科技引领"的理念，旨在增强北京核心功能区承接大型国际交往活动的吸引力和承载力，提升北京作为现代国际大都市的城市竞争力和影响力，与国家会议中心一期为一体，成为北京"会议铁三角 + 展览三峰"格局的核心支点，成为世界一流和功能完善的国家会展综合体。项目同时也是北京 2022 年冬奥会和冬残奥会主媒体中心（MMC）场所，是冬奥场馆中开工最晚、体量最大的单体建筑。图 10.1-1 为项目冬奥赛时实景照片。

图 10.1-1　国家会议中心二期项目实景照片（赛时使用）

项目位于北京市朝阳区奥林匹克中心区，大屯路隧道以北，毗邻国家会议中心一期，大屯北路从建筑中央穿过，与地铁 15 号线奥森公园站接驳。项目占地面积约 9.3 万 m²，总建筑面积约 41.9 万 m²，地下两层、地上三层，地上平面尺寸约为456m×144m。建筑主要檐口高度为 44.85m（局部拱形屋面51.80m）。主要建筑功能为展览中心、会议中心、高端政务、商务峰会活动中心及配套附属设施。

项目建筑功能由首层大型会展（8000m² 大会议厅、20000m² 大展览厅），二层会带展（12～36m 跨大、中、小型会议厅），三层高端政务、峰会（花园、峰会厅、大宴会厅、午宴厅等），这三大核心功能分区竖向"叠拼"组成，竖向功能分区布置如图 10.1-2 所示，建筑平面功能分层布置如图 10.1-3～图 10.1-5所示。首层中部 0～20m 高度范围内架空，大屯北路从建筑主体下方穿过，其北侧设置 30m 通高的握手厅，将建筑分为北区会议与南区会展两大功能区；每个功能区东侧为序厅，西侧为会议厅、展览厅等高大空间，上方"叠拼"二层会带展功能区以及三层高端政务、峰会功能区。其中三层设置252m×72m室内花园并在其中错落布置午宴厅、峰会厅等附属用房，花园上部拱形屋面设置玻璃天窗天幕系统，屋盖系统按外露结构与天幕系统一体化设计，中部 20m 范围玻璃天窗可开合。

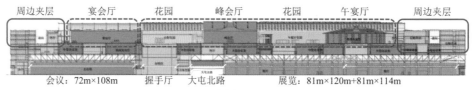

| 周边夹层 | 宴会厅 | 花园 | 峰会厅 | 花园 | 午宴厅 | 周边夹层 |

会议：72m×108m　　　握手厅　大屯北路　　　展览：81m×120m+81m×114m

图 10.1-2　建筑功能分区剖面示意

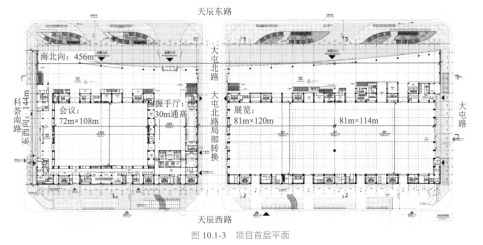

图 10.1-3 项目首层平面

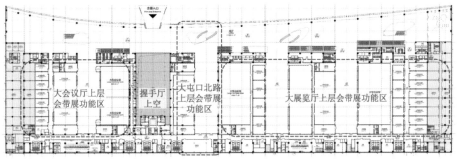

图 10.1-4 项目二层平面

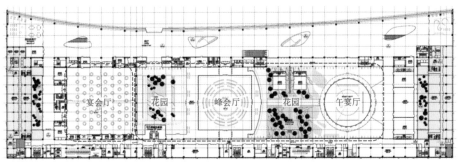

图 10.1-5 项目三层平面

10.1.2 设计条件

1. 主体控制参数（表 10.1-1）

控制参数 表 10.1-1

结构设计基准期	50 年	建筑抗震设防分类	重点设防类（乙类）
建筑结构安全等级	一级（结构重要性系数 1.1）	抗震设防烈度	8 度（0.20g）
地基基础设计等级	一级	设计地震分组	第二组
建筑结构阻尼比	0.04（小震）/0.06（大震）	场地类别	Ⅲ类

2. 风荷载

基本风压按《建筑结构荷载规范》GB 50009-2012 取 0.45kN/m²（重现期 50 年），场地粗糙度类别为 C 类。做了风洞试验和风致振动分析，设计中采用了规范和风洞试验结果进行强度包络设计。

3. 特殊设计荷载

1）重力荷载

（1）超常规使用功能活荷载标准值：首层会展功能区，大展览厅为 50kN/m²，其他展厅及大会议厅为 35kN/m²，大屯北路跨街区域为 20kN/m²，序厅为 10kN/m²；二层会带展功能区，大、中、小型会议厅为 7.5kN/m²，序厅为 5.0kN/m²；三层高端政务、峰会功能区，大宴会厅、午宴厅、峰会厅、序厅为 5.0kN/m²。

（2）三层花园区附加恒荷载标准值：三层花园区设有 0.5～1.0m 不等的种植土覆土区及水景区，其中种植土附加恒荷载为 10～20kN/m²，水景区域附加恒荷载为 7.5kN/m²。

2）温度作用

北京地区基本气温最低为 −13℃，最高为 36℃，主体结构合龙温度为 10～20℃，使用期间室内环境温度 5～30℃。屋顶花园外露钢构件，需考虑阳光直射（钢结构表面升温 30℃），使用阶段温度作用标准值为升温 50℃，降温 15℃；施工阶段温度作用标准值为升温 56℃，降温 33℃。

10.2　建筑特点

国家会议中心二期项目用地面积与一期工程基本持平，但建筑面积却是一期的 2.5 倍，特别是地上建筑面积，这使得常规的单层大空间会展建筑形式不能满足项目使用面积需求。为满足大型会展，大、中、小型会带展，高端政务、峰会这三大核心功能，同时最大限度地提高建筑整体空间使用效率、优化人流及货物运输、降低运维管理成本，建筑师最终采用了将大跨会展功能区置于多层建筑底部的功能排布方案，如图 10.2-1 所示。

在方案设计之初，结构工程师并未一味地追求结构合理性，而是在建筑功能与结构效率两者之间做出了让步，在适应建筑功能、成就建筑效果的同时，平衡结构效率，最终完成了这一"基于高效多功能性竖向叠层布置的大空间结构创新设计"工作。这也使得国家会议中心二期项目结构除了具有超长、大跨等会展建筑的共同特点之外，还同时具有高大空间叠层布置、重载多重转换、屋面体系杂交、附属结构错落等项目特色。同时冬奥场馆的功能转换要求、花园屋盖钢结构外露装饰化要求和极度紧张的建设周期，也给设计和施工团队带来了巨大的挑战。

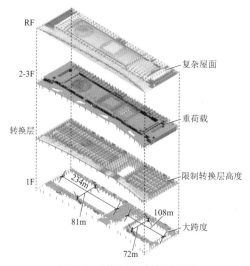

图 10.2-1　结构体系及功能分区示意

10.2.1　456m 超长无缝

项目南北向地上总长约为 456m，东西向总宽约 144m，长度远超规范建议值，在方案阶段即对结构是否分缝进行了论证。主立面（东立面）VIP 主入口处首层至屋面采用通高玻璃幕墙系统，以 VIP 主入口为界，南北两侧 6～20m 高度采用整体式群鸟幕墙系统，20m 高度至屋面采用通高玻璃幕墙系统，建筑立面效果如图 10.2-2 所示。从立面系统考虑，在主入口玻璃幕墙与两侧群鸟幕墙交接处设缝对建筑立面效果影响最小；从建筑平面功能考虑，主入口内首层、二层为通高握手厅设缝影响较小；在妥善处理分缝处防水构造的前提下，在三楼楼面横跨屋顶花园分缝，也是建筑师可以接受的方案。

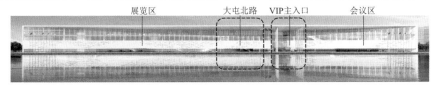

图 10.2-2　项目东立面效果图

虽然分缝是解决本项目结构超长问题最直接的方法，但握手厅周边结构设缝条件却并不理想。握手厅周边结构布置如图 10.2-3 所示，握手厅南侧与大屯北路跨街结构仅隔 1 跨（12m），该处为多重转换结构，下部吊挂首层夹层、上部支承二层及三层楼面及局部屋盖；握手厅北侧与大会议厅转换结构仅隔 1 跨（6m），且为屋顶花园与大宴会厅屋面分界位置。若在握手厅北侧柱网位置设缝（图 10.2-3 中红色虚线处），将主体结构分为南侧会展功能区（长度约 288m）、北侧会议功能区（长度约 132m）两个独立的结构单元，则南侧结构单元支承握手厅的边柱（柱高约 30m）刚度偏小，导致平面扭转不规则加剧，同时该位置三层楼面为花园 1m 覆土层，屋面为252m×72m屋顶花园拱形屋面支座位置，分缝条件并不理想（南侧设缝亦有相同问题）。综合前述对建筑的影响及结构条件，经采取措施和详细分析对比，最终形成了 456m 超长无缝的建筑方案。

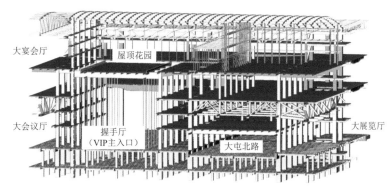

图 10.2-3　握手厅（VIP 主入口）两侧结构布置示意

10.2.2　高大空间叠层布置

本项目地上主要楼层共三层，层高分别为首层 20m，二层 10m，三层 15m。根据建筑使用功能的需要，首层主要为 72m 跨的大会议厅、81m 跨的大展览厅和最大约 40m 跨的序厅，以及从中央穿过的大屯北路；二层主要为 6～36m 跨的会带展功能区及序厅；三层主要为室内花园、峰会厅、大宴会厅、午宴厅及序厅，中部功能区屋面跨度为 72m，以午宴厅为代表的一些重要功能用房设计为坐落在室内花园内的房中房。所有房间的使用活荷载均较大，例如首层的大展览厅 50kN/m²，大会议厅为 35kN/m²，二层会带展用房为 7.5kN/m²。如此，形成了底部落地竖向构件很少、首层跨度最大、三层叠合布置、荷载大且很不均匀的极特殊的需求，这是结构设计的最大挑战。

10.2.3　大跨复杂屋面

屋盖总投影尺寸约为456m×144m，东侧为大挑檐，最大悬挑长度约 20m。屋面中央348m×72m为拱形屋面区域，周边为平屋面。拱形屋面南侧252m×72m范围花园上空为玻璃天幕区域（中部局部为泡沫玻璃屋面），其余拱形屋面及平屋面区域均采用"紧密型"复合泡沫玻璃屋面上敷装饰板系统，屋面系统如图 10.2-4 所示。花园上空玻璃天幕系统在中部宽 20m 范围内设有两片共 2000m² 滑动开合区，天窗采用正向加双 60°斜向平行螺旋线网格，围合成统一的筒壳面三角形，理论上所有三角形天窗单元是完全相同的"标准件"，非常有利于天窗幕墙单元的加工和安装，并大大降低造价。壳面结构与天幕系统网格完全对应，一体化设计，结构外露。

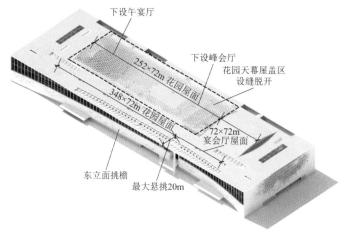

图 10.2-4　屋面系统示意图

10.2.4　特殊空间

1. VIP 入口雨篷

项目 VIP 主入口位于建筑东立面弧线柱网内凹最深、同时也是屋面挑檐出挑最大处，正对 30m 通高握手大厅。顺应主入口平面内凹的造型，设置巨型雨篷，雨篷平面呈梯形，上下底边长度分别约 14m、27m，宽度约 21m，两侧各设置两组通高超细柱列与屋面挑檐相连，彰显建筑整体恢宏气势，是主立面设计的点睛之笔。为满足雨篷结构竖向承载能力及抗侧刚度要求，同时控制构件截面，实现"薄"且"细"的整体建筑效果，采用主次梁全刚接的框架结构方案，水平构件最大结构厚度仅为 0.7m，柱列最大允许截面边长仅为 0.4m，雨篷效果图及主要结构布置如图 10.2-5 所示。雨篷柱柱脚与地下室顶板预留结构铰接，柱顶与屋面挑檐桁架杆件通过双销轴构造释放竖向约束仅做侧向支承，以避免屋面大悬挑对细柱受力的不利影响。同时对雨篷梁、柱连接节点进行了弱化处理，仅通过厚板内插连接，在实现刚接、保证面内刚度的同时，最大限度地保留细柱整体性。

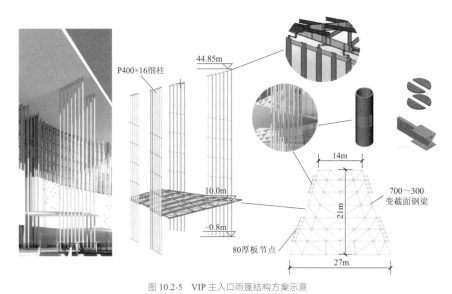

图 10.2-5　VIP 主入口雨篷结构方案示意

2. 午宴厅、峰会厅等室内"房中房"

为实现项目高端政务、峰会核心功能，在三层（30.800m 标高）楼面设置252m×72m四季花园，并在其中错落布置午宴厅、峰会厅等附属功能区，四季花园区功能排布及建筑效果如图 10.2-6 所示。

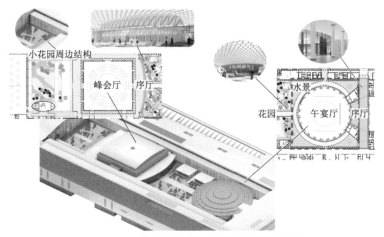

图 10.2-6 屋顶花园"房中房"功能排布及建筑效果示意

（1）午宴厅

午宴厅位于三层四季花园南端，南侧设序厅，其余三面环水，立面采用通高开合百叶幕墙，可远眺整个花园。柱网直径约 55m，挑檐外径 66.8m，屋面为圆锥形坡屋面，坡顶标高 48.200m（相对建筑地面 30.800m），最大使用净高要求为 9.5～12.75m。根据立面分格及开合百叶模数要求，沿圆周每 15° 设置结构柱，柱脚与下部 30.8m 楼面结构刚接，柱顶设边梁与屋面刚接，沿圆周均匀设置四道交叉支撑，形成框架支撑体系。为避免午宴厅屋面与索拱屋盖结构拉索干涉，屋面中部 22m 直径范围采用平屋面，结构顶标高约 45.600m，平屋面外部按建筑要求找坡，坡顶及柱顶设置环梁与屋面径向主梁形成整体拱壳受力体系并设置面内支撑增强锥壳面内刚度，午宴厅结构布置如图 10.2-7 所示。午宴厅结构专项设计中，还需要特别注意诸如钢柱在主体三层楼面的生根条件、屋面钢梁与索拱屋盖结构拉索杆件避让关系（午宴厅屋顶钢梁与索拱屋盖拉索净距最小处仅为 250mm）、与南侧屋面封边桁架结构衔接等设计细节，才能保证结构设计闭合性。同时，为保证建筑三面环水的通透效果，通过全专业三维协同设计，统一将机电管线布置于南侧序厅吊顶内，最大限度地保证了建筑效果与控高要求，午宴厅与主体结构构件及管线综合交接关系如图 10.2-8 所示，图 10.2-9 为现场安装照片。

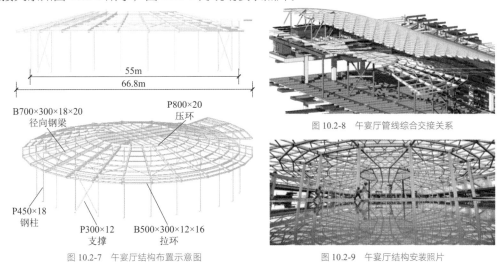

图 10.2-8 午宴厅管线综合交接关系

图 10.2-7 午宴厅结构布置示意图

图 10.2-9 午宴厅结构安装照片

（2）峰会厅及其周边结构

峰会厅位于三层四季花园中部，平面为 57m×57m 方形布置，立面延伸至索拱屋盖，不单独设置屋面。峰会厅四周设序厅与南北两侧花园及东西侧主体建筑相连，序厅屋面标高 39.6m（相对建筑地面 30.8m）。周边序厅结构顺应建筑立面密柱造型，采用梁柱刚接、柱底铰接框架结构，柱距 3m（局部 12m），序厅框架侧向与主体结构铰接以保证侧向刚度及整体稳定。建筑立面由三层花园地面一直延伸至拱形屋面，利用周边夹壁墙厚度设置双肢格构柱，作为立面幕墙及室内精装隔墙的支承构件，同时作为机电管线穿行路由。柱顶设通长系梁与屋面设缝脱开，屋盖拉索在柱间穿过，柱侧与周边序厅框架连为一体。峰会厅结构布置及其与主体结构连接关系如图10.2-10所示。

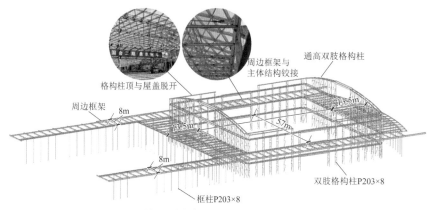

图10.2-10　峰会厅结构布置及其与主体结构连接关系示意图

针对附属"房中房"的专项结构设计，不仅需要解决附属结构自身大跨、超高、刚度不足等问题，还需要充分考虑其与下部楼面复杂生根条件、与周边主体结构构件拉结关系、与屋盖构件干涉问题等结构专业内设计协调性问题；同时还需要考虑峰会厅、午宴厅这些重点空间的幕墙、装饰预留条件，机电管线穿越与净高控制等跨专业统筹问题。这使得"房中房"结构专项设计"繁"而"难"，也使得"房中房"结构成为本项目的设计特点与难点之一。

10.3 体系与分析

10.3.1 方案比选

方案设计阶段，主要针对钢框架-钢混凝土组合剪力墙结构、钢框架-支撑结构两种抗侧力体系进行了比选分析，主要分析结果及经济型指标对比如表10.3-1、表10.3-2所示。

抗侧力体系选型主要分析结果对比　　　　　　　　　　　　　　表10.3-1

		钢框架-混凝土组合剪力墙		钢框架-支撑结构	
各层总质量/t		417818		351566	
底层地震剪力/kN		522163（X向）	409921（Y向）	364990（X向）	385714（Y向）
周期/s	T_1	0.6713		1.0222	
	T_2	0.6297		0.8529	
	T_3	0.5479		0.8267	
最大层间位移角	转换层以下	1/1666（X向）	1/2000（Y向）	1/984（X向）	1/1281（Y向）
	转换层以上	1/1092（X向）	1/1102（Y向）	1/807（X向）	1/746（Y向）

抗侧力体系选型主要经济指标对比　　　　　　　　　　　　　　表10.3-2

		钢框架-钢混凝土组合剪力墙	钢框架-支撑结构
材料用量	混凝土/m³	48996.06	27992.50
	钢材/t	102185.72	101385.91

在钢材用量比较接近的前提下，钢框架-钢混凝土组合剪力墙、钢框架-支撑两种结构体系均能满足

结构安全要求，在抗侧刚度方面也均具有相对较大的安全储备。但有别于常规抗侧力体系选型原则，本工程首层抗侧力构件也是转换结构的主要支承构件，相较于钢框架-支撑体系，钢框架-混凝土组合剪力墙体系可以提供更大的转动约束，更有效地减小转换结构跨中的弯矩和挠度，保证转换结构的刚度和舒适度；同时出于最大限度提高转换层结构抗侧刚度及安全冗余度考虑，转换层以下选用钢框架-钢混凝土组合墙结构体系。转换层以上，综合考虑减小结构自重、建筑使用功能及管线穿越开洞灵活性、工期要求等因素，采用钢框架-支撑结构体系。

10.3.2 结构布置

1. 结构体系

（1）抗侧力体系

转换层（20m）以下利用大会议厅、大展览厅周边建筑功能带设置组合抗震墙（钢板混凝土剪力墙/带钢斜撑混凝土剪力墙），序厅周边设置钢管混凝土柱，与大会议厅、大展览厅及大屯北路跨街转换桁架及序厅楼面钢梁一同形成钢框架（钢管混凝土柱）-组合抗震墙（钢板混凝土剪力墙/带钢斜撑混凝土剪力墙）结构体系，如图 10.3-1 所示；转换层以上采用钢框架-支撑框架结构体系，如图 10.3-2 所示；地下室采用钢筋混凝土框架-抗震墙结构体系。地上结构主要抗侧力构件截面参数如表 10.3-3 所示。

地上转换层（含）以下钢框架、组合墙抗震等级均为一级；转换层以上钢框架、支撑抗震等级均为二级。嵌固层为地下一层顶板。

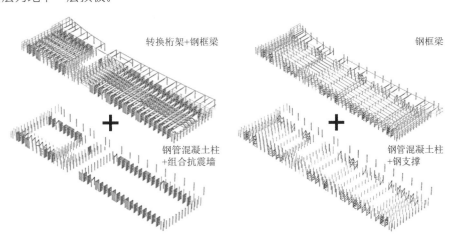

图 10.3-1　转换层以下结构抗侧力体系　　　　图 10.3-2　转换层以上结构抗侧力体系

抗侧力构件截面参数　　　　　　　　　　　表 10.3-3

抗侧力构件		截面	材质	壁厚/mm
钢板混凝土剪力墙	钢管混凝土端柱	B1200×1200/1500×1500	Q345GJ/Q390GJ/C50	40～60
	钢板	—	Q355	30
带斜撑混凝土剪力墙	钢管混凝土端柱	B(1500～2500)×1500	Q345GJ/Q390GJ/C50	50～80
	钢斜撑	H800×600～H1000×600	Q390GJ	50～80
钢管混凝土框柱	转换层以下	B1000×1000～B2200×2200	Q355/Q345GJ/Q390GJ	30～80
	转换层以上	B800×800～B1500×1500	Q345GJ	35～50
钢框柱	转换层以下	B800×800～B1000×1000	Q355/Q345GJ/Q390GJ	30～60
	转换层以上	B800×800～B1200×1200	Q355/Q345GJ	30～40

（2）转换结构

首层大会议厅、大展览厅及大屯北路跨街位置，共 3 处，需设置转换结构，支承二层会带展功能区增加的钢柱。转换结构采用与周边框架、组合墙刚接的转换桁架,同时形成抗侧力体系。转换结构布置及典型剖面如图 10.3-3 所示,主要转换构件截面参数如表 10.3-4 所示。

大展览厅大空间平面尺寸81m×234m,中央设置两个框架柱,形成81m×120m、81m×114m两个无柱空间,沿 81m 方向按柱距每 12m 设置一道主桁架,沿 234m 方向在中部 36m(柱距 9m)范围内集中设置四道次桁架,形成双向平面桁架体系,桁架跨中高度6.7m,支座处高度约5.67m。

大会议厅无柱空间平面尺寸72m×108m,沿 72m 方向按柱距每 12m 设置一道主桁架,沿 108m 方向每 18m(柱距 9m)设置一道次桁架,形成双向平面桁架体系,桁架跨中高度6.9m,支座处高度约5.67m。两区域主桁架端部支承于 9m 长组合墙或间距 9m 的双柱,双柱间在桁架高度由斜腹杆连接形成拉压杆承担转换桁架端弯矩。

大屯北路转换桁架空间平面尺寸36m×99m,按柱距每 12m 设置单向平面桁架,桁架高度5.67m。桁架北侧与握手厅周边框架贯通,形成 12m 双柱空腹桁架系统,平衡桁架端弯矩。南侧中部四榀桁架与大展览厅次桁架贯通,其余位置与大展览厅周边框柱相连。

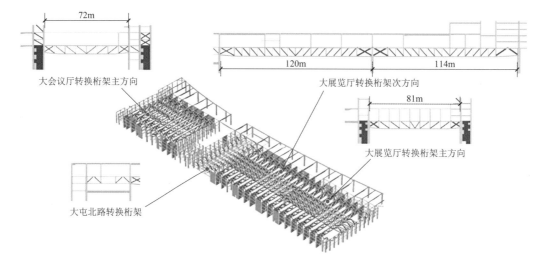

图 10.3-3 转换结构布置及典型剖面

转换构件截面参数   表 10.3-4

构件			截面	材质	壁厚/mm
大展览厅(81m)	弦杆	箱形	B1000×1000	Q345GJ	35~50
		Ⅱ形	B1000×(1500~1800)	Q345GJ/Q390GJ	45~80
	腹杆	箱形	B(400~1200)×1000	Q345GJ/Q390GJ	35~80
		H形	H1000×500	Q355	30
大会议厅(72m)	弦杆	箱形	B800×1000	Q345GJ	35~50
		Ⅱ形	B800×(1200~1500)	Q345GJ/Q390GJ	45~60
	腹杆	箱形	B(400~800)×1000	Q345GJ	35~50
		H形	H1000×400	Q355	30
大屯北路(36m)	弦杆	箱形	B(600~800)×(800~1000)	Q345GJ	35~40
	腹杆	箱形	B(400~500)×(800~1000)	Q355/Q345GJ	30~35

(3)楼面系统

地下室楼盖系统:钢筋混凝土现浇梁板结构,地下室顶板设置缓粘结预应力筋。地下一层顶板混凝土强度等级为 C35,地下二层梁板混凝土强度等级为 C30。

地上楼盖系统：大跨钢梁 + 钢筋桁架楼承板结构。转换层（20m）转换桁架区域楼板厚150m，混凝土强度等级为 C40；其余部位楼板厚 120mm，混凝土强度等级为 C30。序厅钢梁跨度约为 25～40m，局部楼、扶梯开洞形成主、次梁多重转换传力；二层会带展功能区顶板钢梁跨度为 12～36m，局部为 36m 大跨钢梁，且上方为花园覆土区或附属宴会厅、峰会厅等附属结构，属于大跨重载楼盖。二层、三层序厅楼面采用变截面鱼腹钢梁，以满足结构承载及机电管线穿行要求。局部楼板开洞形成的双侧临空位置，采用Ⅱ形-工字形变截面鱼腹钢梁，以避免钢梁畸变屈曲。三层典型楼盖结构布置如图 10.3-4 所示。

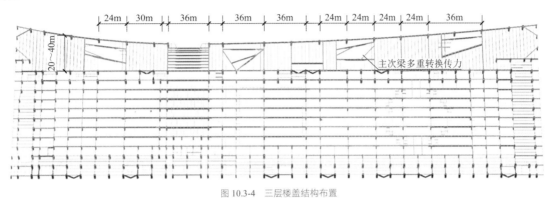

图 10.3-4　三层楼盖结构布置

（4）屋面系统

屋盖总投影尺寸约为456m×144m，屋面系统分区如图 10.2-4 所示，屋盖结构体系分区及分缝示意如图 10.3-5 所示。东侧序厅顶采用矩形钢管平面桁架，跨度 20～40m，桁架高度 2.5～3m，桁架间距 6m，支承于周边钢管混凝土框柱或边梁、边桁架（12～36m）；大宴会厅顶采用平面桁架，上弦为圆弧拱形、下弦为直线，跨度 72m，拱顶处高度约 7m，桁架间距 12m，支承于周边钢管混凝土柱或局部转换托梁（24m）；四季花园顶采用三折线索拱-三角形与矩形杂交网格网壳体系，通过固定、单向及双向滑动支座与整体屋面连接，支承于周边钢管混凝土柱、斜柱、局部转换桁架（36m）、转换托梁（24m），网壳杆件采用矩形截面 B(500～700)×200（壁厚 10～35mm），拉索采用 1570 级高钒密闭索（φ95、φ110），钢拉杆采用 460 级合金拉杆（φ40、φ45）。屋盖系统支承体系如图 10.3-5 所示。

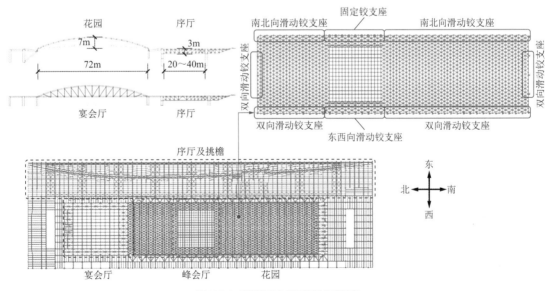

图 10.3-5　屋盖结构体系分区及分缝示意

（5）地基基础

本项目基础形式采用桩基 + 平板式筏形基础。荷载集中区域采用后注浆钻孔灌注桩，以细中砂或卵石为桩端持力层，桩径 1.0m，单桩竖向抗压承载力标准值为 9900kN；荷载较小区域采用天然地基，基础持力层为粉质黏土～重粉质黏土层，地基承载力标准值为 170kPa。上部荷载压重不足区域（下沉庭院，地下展厅等）采用抗拔桩抗浮。抗拔桩采用长螺旋压灌桩后插钢筋笼，桩侧后注浆，桩径 0.6m，单桩竖向抗拔承载力标准值为 750kN。筏板厚度为 800mm、1800mm，桩下局部承台厚度 1800～3300mm，基底标高约为−13.300m。

10.3.3　性能目标

1．结构超限分析及措施

本工程结构存在以下超限特征：扭转不规则；楼板不连续；大悬挑；构件间断，存在多处竖向构件不连续，其中有两处大跨（72m/81m）转换，属于特殊的结构布置。针对结构超限情况，采用了如下的措施确保结构安全：（1）分别采用 YJK-A、MIDAS Gen 及 BIAD-Paco 软件进行多模型对比分析，校核计算模型可靠性。在此基础上采用 YJK-A 软件进行小震下的弹性时程分析，并根据第（4）、（5）项分析结果，放大小震地震作用。（2）采用振型分解反应谱法、时程分析法、规范简化算法进行转换桁架竖向地震作用包络设计。（3）采用性能化的设计方法，对结构进行性能化评估，对各重点部位设定性能目标。（4）楼板采用"弹性膜"单元，真实考虑楼板面内刚度及变形；补充分塔模型考虑薄弱处楼板不连续对地震作用传递的影响。分别提取整体及分塔模型水平地震作用下首层典型边柱、角柱地震剪力进行对比分析，并根据分析结果，采用整体模型、分塔模型对相关构件包络设计。（5）采用多点多维地震输入时程分析，考虑行波效应对超长结构的影响。（6）大震动力弹塑性分析，考察各类结构构件的塑性发展程度及损伤情况，并控制大震下层间位移角：转换层以下不超过 1/200，转换层以上不超过 1/100，确保结构大震下不倒塌、竖向传力途径不失效。（7）转换桁架施工过程及传力路径分析。（8）转换桁架抗连续倒塌分析。（9）不考虑楼板有利作用，取"零板厚"验算转换桁架承载力。（10）屋面索拱网壳整体稳定分析。（11）大跨度楼盖舒适度分析。（12）超长结构温度作用效应分析。（13）整体结构施工模拟分析。

2．抗震性能目标

主要结构构件的抗震性能目标如表 10.3-5 所示。

抗震性能目标具体要求 表 10.3-5

地震水准		多遇地震	设防地震	罕遇地震
整体结构性能水准		基本完好	轻微损坏	中度～严重破坏
层间位移角	转换层以下	1/1000	—	1/200
	转换层以上	1/350	—	1/100
组合抗震墙		弹性	抗剪弹性 抗弯不屈服	抗剪不屈服
转换桁架及其相关构件	转换桁架	弹性	弹性	拉弯不屈服 压弯不屈曲
	与转换桁架相连的钢框架及钢支撑	弹性	弹性	拉弯不屈服 压弯不屈曲
局部桁架转换	局部桁架转换及其相连的框架	弹性	弹性	拉弯不屈服 压弯不屈曲
屋面大跨空间结构及其下部支承构件	端跨杆件 支座节点 下部支承构件	弹性	弹性	拉弯不屈服 压弯不屈曲
	屋面其他构件	不屈服	—	—

10.3.4 结构分析

1. 结构弹性分析

采用 YJK-A（主体结构）、MIDAS Gen（屋盖结构及整体施工模拟分析）作为主分析软件，MIDAS Gen，BIAD-Paco 作为辅助校核软件。整体弹性分析主要计算结果如表 10.3-6 所示。

小震弹性分析结果汇总   表 10.3-6

计算程序		YJK	
总质量/t		438905.8	
周期/s	T_1	0.856（0.98 + 0.02）	X向平动
	T_2	0.730（0.31 + 0.69）	扭转
	T_3	0.685（0.75 + 0.25）	Y向平动
扭转周期比	T_t/T_1	0.853	
底层剪力/kN（剪重比/%）	X向	295198.1（7.53%）	
	Y向	318993.0（8.14%）	
最大层间位移角	X向地震	转换层以下	1/1587
		转换层以上	1/769
	Y向地震	转换层以下	1/2088
		转换层以上	1/803

2. 动力弹塑性时程分析

采用 ABAQUS 软件进行了大震弹塑性时程分析。地震波的输入方向，依次选取结构X或Y方向作为主方向，另一个水平向和竖向为次方向，分别输入三组地震波的两个分量记录进行计算。结构初始阻尼比取 2%，附加阻尼由程序自动计算。地震波峰值按水平主方向：水平次方向：竖向 = 1：0.85：0.65。此外，补充了Z方向作为主方向进行计算，地震波峰值按水平主方向：水平次方向：竖向 = 0.85：0.65：1。

（1）楼层位移及层间位移角响应

X为主输入方向时，楼顶最大位移为 200mm，转换层（首层）层间位移角为 1/201；转换层以上层间位移角为 1/159（二层）；Y为主输入方向时，楼顶最大位移为 188mm，转换层（首层）层间位移角为 1/294；转换层以上层间位移角为 1/158（二层）。在罕遇地震作用下，转换层以下最大层间位移角均不大于 1/200，转换层以上最大层间位移角均不大于 1/100，满足性能目标要求。

（2）大跨结构竖向位移响应

选取大会议厅、大展览厅竖向位移较大的转换桁架跨中上弦节点以及屋面索拱网壳跨中节点作为竖向位移考察点，各考察点竖向位移响应最大值均出现在Z向为主方向的组合中。其中，大会议厅转换桁架最大竖向变形174mm，挠跨比1/413；大展览厅转换桁架最大竖向变形206mm，挠跨比1/392；屋面索拱网壳最大竖向变形229mm，挠跨比1/311。转换结构竖向刚度较大，满足性能目标要求。

（3）罕遇地震下结构损伤情况

主体结构部分连梁混凝土受压损伤因子超过 0.5，破坏较重，形成了铰机制，发挥了屈服耗能的作用。X向布置的钢板剪力墙损伤较重，剪力墙内部分钢板进入塑性阶段；Y向剪力墙内钢支撑未进入塑性阶段。钢管混凝土柱钢管未进入塑性阶段，仅部分混凝土出现受压损伤；转换层以上部分钢构件进入塑性阶段；转换层以上部分钢支撑进入塑性阶段，转换桁架、局部桁架转换、与大跨空间结构相连的构件及大部分钢支撑均未进入塑性阶段。Z方向为地震作用主方向输入时，转换桁架、局部桁架转换、与大跨空间结构相连的构件及大部分钢支撑均未进入塑性阶段；部分钢屋盖构件进入塑性阶段。分析结果表明整体结构及关键构件在大震下是安全的，达到了预期的抗震性能目标。

10.4 专项设计

10.4.1 超长结构分析与设计

1. 超长结构地震效应分析

针对主体结构超长且握手厅上空 0～30m 范围楼板不连续对地震作用传递及关键构件地震响应，分别对整体模型和握手厅两侧分塔模型进行比较分析。分别提取整体及分塔模型水平地震作用下首层典型边柱、角柱、中柱地震剪力进行比较，评估剪力墙间距超长及楼板不连续等对结构地震响应的影响（分塔模型地震剪力与整体模型地震剪力之比定义为剪力因子）。会议区分塔模型与整体模型对比，边柱X向最大剪力因子为 1.36，边柱Y向最大剪力因子为 1.02。展览区分塔模型与整体模型对比，边柱X向最大剪力因子为 1.28，边柱Y向地震剪力因子为 1.35。分塔模型中柱地震剪力与整体模型计算结果基本持平。设计中采用整体模型、分塔模型对主要抗侧力构件进行包络设计，以保证整体结构承载安全。

采用 ABAQUS 软件对整体模型通过支座大质量法进行多点多维时程分析。分别沿 0°、45°和 135°三个方向（每一角度均按水平双向 1∶0.85 输入），按支座分区进行多点时程输入（地震波剪切波速为 200m/s，加速度峰值为 70cm/s²，时间步长 0.02s），并与各分区一致输入计算结果对比，以对超长结构的地震效应进行定性及定量评估。各楼层的竖向构件，在多点激励与一致激励作用下相比差异较大，随着层数的增加，剪力影响因子（多点输入剪力计算结果与一致输入剪力计算结果的比值定义为影响因子）呈逐渐减小的趋势。设计中基于多点多维分析结果，整体结构采用 CQC 法进行抗震设计时，对首层、二层地震剪力进行调整，保证结构的整体安全。

2. 超长结构温度效应控制

1）基于实际施工情况的施工模拟分析及温度效应计算

由于建筑体量巨大，本项目地上钢结构工程、外幕墙及屋面系统总施工周期接近 2 年，施工周期跨度大，季节温度变化对钢构件，尤其是转换结构构件及外露屋面构件内力影响很大。因此在设计阶段即对转换结构及其上部结构的安装与卸载、超长结构分块施工、分区段合龙实际施工步骤进行了施工模拟分析，结合气象条件进行温度作用效应分析，以此作为结构初始状态进行后续正常使用阶段结构构件设计，并在施工配合阶段根据实际施工方案对模拟分析工作进行了动态更新与调整，以保证施工方案的可行性和结构的正常使用及安全性。

（1）施工模拟分步

分区施工、分块合龙。由于场地周边施工作业面受限，东侧序厅区域为主要的施工堆料及构件拼装场地，导致序厅结构晚于会议及展览区施工。根据实际施工进度计划，将地上主体钢结构工程分为会议区、展览区、序厅、握手厅、12 轴西侧屋面、12 轴东侧屋面等不同分区，采用分区安装、分区分阶段合龙的施工方案。具体施工分段如图 10.4-1、图 10.4-2 所示。主要施工顺序为：①分区同步安装会议及展览区转换桁架（2019.12—2020.02）→②会议及展览区各自区段内合龙、卸载（2020.04）→③分区同步安装会议及展览区二层及三层区域→④三层握手厅钢结构施工，会议及展览区区段间合龙（2020.04—2020.05）→⑤同步施工 12 轴西侧屋面、序厅以及 12 轴东侧屋面结构，实现结构整体合龙（2020.05—2020.08）。

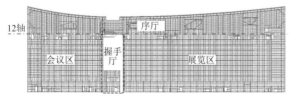

图 10.4-1 首层～三层钢结构安装分区示意

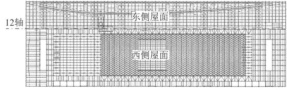

图 10.4-2 屋面钢结构安装分区示意

经典回眸
北京市建筑设计研究院有限公司篇

（2）分段合龙温度效应计算

根据施工进度计划，会议及展览区转换桁架需在 2020 年 3 月底 4 月初进行整体合龙卸载，因 3 月中下旬北京遭遇寒潮天气，合龙温度不能满足原设计 10~20℃的要求，因此对施工模拟温度作用取值进行了如下调整：会议区及展览区各自区段内合龙温度取为 5℃（2020.03—2020.04）；握手厅施工完毕（2020.05），两区段间合龙温度为 20℃；屋面施工完毕（2020.08），主体结构合龙温度为 20℃。整体合龙后最高季节温度为 36℃，施工阶段转换结构累计升温为 31℃（突破了原设计 26℃的升温限值）。

考虑分区施工、累积升温的施工模拟计算结果显示：分区安装、分区分阶段合龙方案各施工阶段结构刚度、累计升温等均与设计阶段采用的整体合龙方案有差异，但结构形成整体后的最终受力阶段，在重力荷载及累计升温作用下，转换结构整体变形与原设计整体合龙后一次性施加升温荷载（26℃）差异不大；结构边柱、转换桁架关键构件部分内力变幅达到 10%，对这些内力增幅较大的构件进行了重新校核，并根据计算结果采取了加强措施。经论证分析，采用分区施工、分区段合龙方案，会议及展览区桁架合龙温度可以比原设计合龙温度适当放松，转换桁架各自区段内提前合龙方案成立，不会对施工及结构正常使用阶段的安全性产生影响。

2）超长楼板抗裂措施

（1）地下室顶板：进行温度应力分析，楼板内设置缓粘结预应力筋。

（2）地上楼板：结合钢结构施工分段，沿握手厅南侧设置延后连接施工缝；进行楼板温度作用应力分析并采取加强楼板配筋等措施；对于楼板温度作用应力较大的首层顶板及其下部夹层，利用主入口楼板削弱位置设置诱导缝，释放温度作用效应，合理控制楼板开裂位置。

（3）合理设置施工后浇带，适当增加后浇带封闭时间并严控后浇带封闭温度。

10.4.2　大跨转换桁架设计

1. 转换结构选型

本项目采用的大跨度、重荷载转换结构在工程实践中较为少见，方案设计阶段分别对单向整层桁架、单向张弦桁架、单向双层张弦桁架、双向正交平面桁架等多种方案进行了对比分析。根据建筑平面功能、外立面造型、使用净高要求和施工工期的紧迫性，同时考虑为后续建筑平面功能调整提供最大的灵活性，最终选用了较为常规的双向正交平面桁架作为转换结构。该转换结构承载能力及刚度适中、整体性及抗连续倒塌能力强，大会议厅为由双向平面桁架支承的72m×108m大空间；大展览厅在中部设置两个巨柱，形成81m×120m及81m×114m的两个由双向平面桁架支承的近万平方米的大空间。

2. 转换桁架整体分析

在转换桁架整体分析时，按顺序施工计算转换桁架承载力，以此作为结构初始状态进行后续正常使用及地震作用分析，并分别采用时程分析、振型分解反应谱及规范简化算法对转换结构竖向地震作用效应进行了分析。计算结果表明，转换桁架杆件主要控制组合为重力荷载作用组合（恒 + 活），桁架端部受压弦杆最大轴压力标准值约 22000kN，跨中下弦杆最大轴拉力标准值约为 40000kN；结构自重效应（含转换结构自重，转换层楼板自重及上托多层框架层结构自重）约占总荷载效应的 40%（其中转换结构自重约占总荷载效应的 20%），附加恒荷载占比约 30%，活荷载占比约 30%。在恒荷载 + 活荷载标准组合下，转换桁架跨中最大挠度为 141mm，挠跨比为 1/574。

针对大会议厅及大展览厅典型主方向、次方向转换桁架，采用依次拆除重要构件（支座弦杆、腹杆）的方法对关键部位进行抗连续性倒塌验算。经分析，在选定关键构件退出工作后，转换桁架及周边相连构件承载能力均满足要求，转换桁架整体作用效应显著，具有较高的安全冗余度，不会因个别关键杆件失效而引起结构发生连续性倒塌破坏。

采用 ABAQUS 软件进行主体结构罕遇地震弹塑性分析，考察主体结构及关键构件在大震下的抗震性能。结果显示转换桁架构件均未进入塑性阶段，抗震性能可达到预定的抗震性能目标。

3．设计及优化

（1）次桁架布置

在保证转换桁架整体刚度及结构冗余度的前提下，为减轻结构自重，优化用钢量，对次桁架布置方式进行了优化设计，由原方案的每跨布置次桁架（9m 间距，大会议厅共 7 道、大展览厅共 8 道）调整为：大会议厅隔跨布置（18m 间距，共 3 道），大展览厅在中部 36m（两颗巨柱之间）集中布置 4 道的方案，并在取消次桁架的节间设置拉杆及端部竖向斜杆减小主桁架受压下弦杆计算长度，保证稳定。局部取消次桁架的方案与原方案相比，竖向刚度略有降低，设计中对竖向刚度减弱引起的上部构件次内力效应及楼板应力状态进行了分析与评估，对部分构件进行了局部加强；并在施工安装阶段对局部影响（变形）较大的构件通过延后固定的方法减小次内力。

（2）腹杆形式

重点比较了人字形和单拉斜杆 + 竖腹杆的方案，人字形腹杆竖向刚较大，构件次内力效应较小，但主次桁架节点相交杆件较多（9 根），且大量桁架上弦为托柱节点，主次方向双斜腹杆的节点构造复杂；采用单拉斜杆 + 竖腹杆的形式，整体刚度略有降低，桁架端部弦杆次弯矩有所增大，但主次桁架相交节点相交杆件有所减少（8 根），尤其是竖腹杆与桁架上托钢柱对应，可以简化节点做法；同时单拉斜杆无稳定问题，中部斜杆截面可进一步优化。综上所述，采用单拉斜杆 + 竖腹杆（主方向桁架按 9m 节间、次方向桁架按 6m 节间）的腹杆形式作为实施方案。大展览厅转换桁架典型腹杆布置方案对比如图 10.4-3 所示。

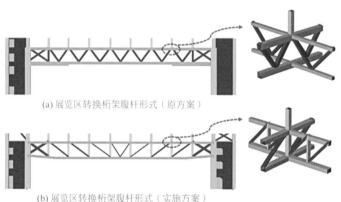

(a) 展览区转换桁架腹杆形式（原方案）

(b) 展览区转换桁架腹杆形式（实施方案）

图 10.4-3　大展览厅转换桁架腹杆形式对比

（3）基于节点做法的桁架杆件截面形式选取

除承载力要求外，桁架杆件截面形式选用重点考虑了节点做法的施工便宜性。由于桁架上生根的上部结构钢柱多为 24～36m 大跨重载楼盖支承柱，截面均统一采用 B1000×1000mm 箱形截面（根据承载力调整壁厚）。为简化桁架与钢柱连接节点，转换桁架上下弦均采用箱形截面，截面宽度均与上柱同宽，采用 1000mm，截面高度根据计算要求确定（展览区 1000mm，会议区 800mm），对于截面宽度不满足承载力要求的部位，采用腹板外边尺寸不变，上下翼缘外伸的"Ⅱ"字形截面；与上柱对应竖向腹杆均采用与柱相同的截面；无上柱位置的竖向腹杆及斜腹杆，采用截面宽度为 1000mm 的箱形截面，截面高度按计算确定；中部受力较小的斜腹杆，采用高度为 1000mm 的横放 H 型钢。如此，杆件相交节点板件宽度均统

图 10.4-4　"Ⅱ"形弦杆典型节点

一为 1000mm，在桁架面外方向，无须额外做节点扩大头，大大简化了节点构造，"Ⅱ"形弦杆典型节点如图 10.4-4 所示。

（4）复杂节点有限元分析

对关键节点采用有限元分析，以确定构件及节点板件在复杂节点区的应力状态，验证节点传力的可靠性。图 10.4-5 为典型转换桁架节点图示，图 10.4-6 为节点有限元分析结果，除局部区域进入屈服状态外，节点区域总体处于弹性范围内。

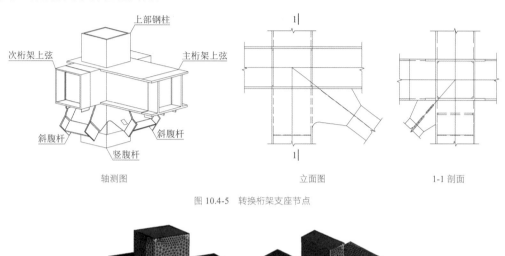

图 10.4-5 转换桁架支座节点

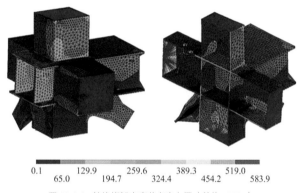

0.1		129.9		259.6		389.3		519.0	
	65.0		194.7		324.4		454.2		583.9

图 10.4-6 转换桁架支座节点应力图（单位：MPa）

4．带上部结构整体卸载的施工模拟分析

会议及展览区转换桁架于 2019 年 12 月开始安装，2020 年 2 月除预留合龙点外，转换桁架已基本安装完毕。根据施工时温度条件，4 月才可以桁架合龙、整体卸载。为保证 8 月封顶的施工进度要求，同时避免合龙温度与设计要求偏离过大，经多轮论证及分析，决定调整施工步序，先进行转换层楼板浇筑以及展览区部分二层钢构件安装，待转换层楼板达到设计强度，满足合龙温度条件后再进行合龙和整体卸载。

调整后会议区转换结构施工步序如下：①转换桁架安装→②₁转换层楼板浇筑→②₂整体卸载→③二～三层钢结构安装、楼板浇筑→④握手厅钢结构安装、楼板浇筑，会议及展览区区段间合龙（2020.04—2020.05）→⑤同步施工 12 轴西侧屋面、序厅以及 12 轴东侧屋面结构，实现整体合龙（2020.05—2020.08）。调整后展览区转换桁架施工步序如下：①转换结构安装→②₁转换层楼板浇筑→②₂二层局部钢构件安装→②₃整体卸载→③₁二层剩余钢结构安装，楼板浇筑→③₂二～三层钢结构安装、楼板浇筑→④、⑤同前述。

调整后施工步序与设计前期考虑的顺序施工方案差异主要为：①分块施工、分区合龙，即在整体封闭前，会议及展览区为独立的结构单元。经对比分析，分块施工方案对转换结构承载力及刚度影响不大；②转换层楼板作为转换结构的一部分，参与卸载工况的整体受力与变形，这明显减小了桁架内力，但对转换层楼板承载力提出了更高的要求，需采取加强措施；③展览区转换桁架上部先装的钢构件，在卸载工况作为空腹桁架的一部分参与整体受力与变形，这些构件在卸载工况的次内力水平应进行分析与评价并采取措施进行控制。展览区转换桁架整体卸载工况上部结构安装情况如图 10.4-7 所示。

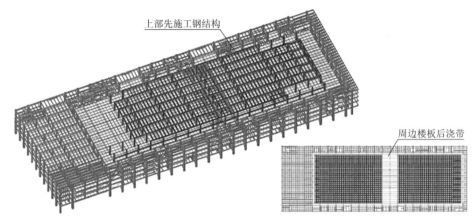

图 10.4-7　展览区转换桁架整体卸载工况

（1）转换桁架受力分析

以大展览厅转换桁架为例。转换桁架卸载工况如图 10.4-8 所示，分别按原设计及调整后施工步序进行了结构施工模拟分析，由于调整后施工方案卸载工况包含转换层楼板及部分上部先施工钢构件自重，结构总重约 28000t，是原顺序施工方案卸载总重的 1.75 倍，但桁架杆件内力及整体变形（图 10.4-9、图 10.4-10）仅增大约 20%～50%，说明转换层楼板及上部先施工钢构件作为转换结构的一部分，参与了卸载工况的整体受力与变形。随着施工步序推进，带楼板整体卸载对转换结构承载力及刚度的提高作用开始显现，结构封顶时桁架杆件内力及整体变形较原顺序施工方案显著减小，正常使用阶段（1.0 恒荷载 + 1.0 活荷载）重力荷载作用下，桁架杆件内力及整体变形约为原顺序施工方案的 90%。

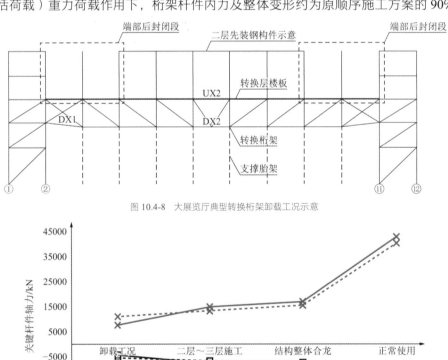

图 10.4-8　大展览厅典型转换桁架卸载工况示意

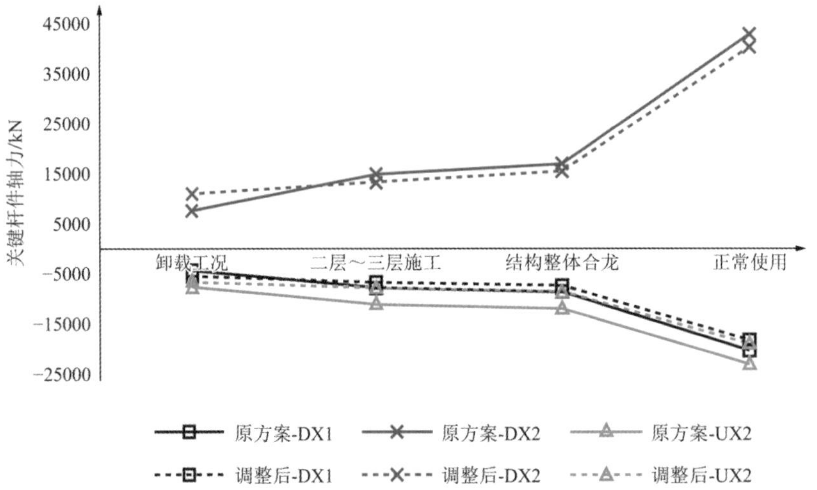

图 10.4-9　大展览厅典型转换桁架关键杆件各施工阶段轴力

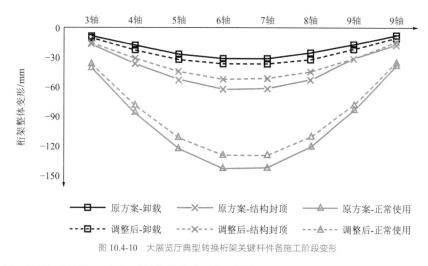

图 10.4-10 大展览厅典型转换桁架关键杆件各施工阶段变形

由上述分析,调整后的施工方案对转换桁架杆件承载力及刚度更加有利,方案可行。基于施工模拟分析结果,最终确定了本工程转换桁架的施工预起拱值,并与桁架整体卸载施工监测数据进行了对比,典型数据如表 10.4-1 所示。桁架卸载后直至二层施工完毕,稳定变形量实测值与施工模拟计算值符合程度较好。

施工模拟与施工监测数据对比   表 10.4-1

轴号		5 轴	6 轴	7 轴	8 轴
AG 轴变形/mm	计算值	−31	−38	−38	−31
	实测值	−32	−36	−35	−30
偏差值/(偏差率/%)		1(3.2%)	2(5.3%)	3(7.9%)	1(3.2%)

（2）转换层楼板分析与设计

转换桁架承载力及刚度的提高得益于转换层楼板在卸载过程中参与了整体受力。楼板作为转换结构的一部分,在卸载工况即参与整体受力与变形,这对转换层楼板承载力提出了更高的要求。转换层楼板整体受力状态与双向桁架整体竖向变形趋势一致,沿主、次桁架方向均呈端部受拉中部受压状态。在主、次桁架相交位置,受次桁架竖向刚度偏大的影响,楼板沿 9m 跨（次桁架间距方向）受弯效应显著。

设计中主要采取了如下措施改善转换层楼板应力状态:①根据上述桁架楼板组合后整体受弯状态,及楼板压应力分布情况调整次梁布置方向,避免局部受弯与整体受弯内力叠加后楼板应力过大;②在拉应力区设置楼板施工后浇带并根据施工模拟的楼板应力分析结果,控制后浇带封闭时间,避免混凝土受拉过大。③根据整体作用下楼板应力分布情况,进行配筋设计,并复核转换区桁架及钢梁等的栓钉,保证楼板与桁架可靠传力。

（3）上部结构次内力影响分析

大展览厅转换桁架上部先装的钢构件,在卸载工况作为空腹桁架的一部分参与整体受力与变形,在施工模拟分析中重点关注了上部构件的次内力水平,上部先装钢柱在主要施工阶段的柱底弯矩变化如图 10.4-11 所示。柱底弯矩分布趋势与桁架整体变形趋势一致,由于中部钢柱随桁架整体卸载,参与整体变形,在卸载完成时,初始内力较大,最终受力状态柱底弯矩较原顺序施工方案增大约 20%～30%,整体卸载产生的初始弯矩占正常使用阶段总荷载效应的 30% 左右。由上述分析,施工方案调整后,转换层上部构件的次内力效应不容忽视。设计中通过对次内力效应显著的端部位置钢构件采用局部后装或后连接,在不影响建筑功能及净高要求、不显著增加工程量的前提下,根据施工模拟分析结果调整上部结构构件截面及规格等方式,在保证施工方案的可行的同时,控制构件次内力水平,确保正常使用阶段结构的安全性。

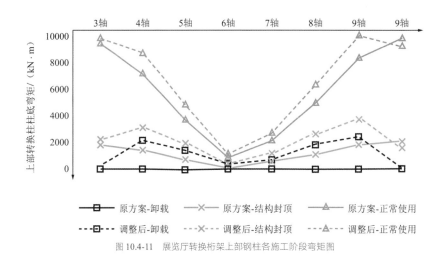

图 10.4-11　展览厅转换桁架上部钢柱各施工阶段弯矩图

经典回眸 北京市建筑设计研究院有限公司篇

10.4.3　新型组合墙设计

1．组合墙构件选型

由于本项目荷载大且质心高（大部分荷载集中在 20m、30.8m 楼面），对抗震极为不利，沿东西向布置的钢混凝土组合剪力墙是提供底层抗侧刚度的重要构件，也是转换桁架的支承构件，因此在前期方案比选中即确定了结构转换层以下采用钢框架-钢混凝土组合剪力墙体系，以为转换桁架提供足够的转动约束。与常规抗侧力组合墙不同，本工程组合墙在重力荷载作用下，即需要承担较大的剪力（斜向拉力），需对重力荷载下混凝土拉应力水平进行分析和控制，同时保证钢-混凝土协同工作；由于边框柱、暗梁（桁架弦杆的延伸）、暗撑截面很大，组合墙混凝土的连续和钢筋的连接与锚固构造等做法，均是本工程组合墙设计中需要着重解决的问题。

转换桁架面外方向，采用钢板混凝土剪力墙，可满足灵活开洞需要；转换桁架面内方向，因直接与转换桁架相连，在施工过程中结构自重作用下墙体局部受拉，为避免发生混凝土受拉开裂，采用了带钢斜撑混凝土剪力墙，墙内的钢斜撑随主体钢结构同步安装，在三层楼板施工完毕后再浇筑混凝土。即分别利用钢板剪力墙和带钢斜撑混凝土剪力墙的优点，既满足了建筑空间和墙体开洞的需要，又最大限度控制了重力作用下混凝土拉应力水平。为了方便与最大宽度为 1.5m 的箱形弦杆连接，带钢斜撑混凝土剪力墙采用了少见的钢管混凝土端柱，如此形成了一种新的组合墙构件，即钢管混凝土端柱-带钢斜撑混凝土剪力墙。

2．承载能力分析

为研究转换结构施工过程及正常使用过程中的受力状态及传力路径，分以下四阶段对转换结构关键构件受力进行分析：

0 阶段：施工至首层顶板（20.000m 标高楼面）。Ⅰ阶段：施工至二层顶板即 30.800m 标高楼面。Ⅱ阶段：施工至屋面（含屋面大跨钢结构自重）。0～Ⅱ阶段主要考察结构自重及施工活荷载作用下构件受力情况，其中，0～Ⅰ阶段组合墙受拉，带钢斜撑混凝土剪力墙中混凝土暂不浇筑；Ⅱ阶段，转换层剪力墙混凝土浇筑完毕；Ⅲ阶段（正常使用阶段）：主体结构进入正常使用阶段，主要考察结构在各荷载工况作用下，转换结构关键构件受力情况。

在 0 阶段、Ⅰ阶段，转换结构内侧框柱受压、外侧框柱受拉，最大拉力约为 2500kN；在 Ⅱ阶段，转换结构内、外侧框柱均以受压为主，结构自重作用下，内侧框柱轴压力约为 18500kN、外侧框柱轴压力约为 7500kN；Ⅲ（正常使用）阶段，剪力墙混凝土浇筑施工完毕与框柱及支撑共同承担竖向及水平荷载作用。内侧框柱最大轴压力标准值达 46528kN，外侧框柱最大轴压力标准值达 12049kN。在重力荷载作用下，剪力墙受压，最大轴压力标准值为 10608kN。

在水平地震作用下，组合墙以受压为主，墙肢局部受拉，多遇地震下最大轴拉力标准值为 8930kN，罕遇地震下最大轴拉力标准值为 26448kN。作为主要抗侧力构件，组合墙在地震作用下，倾覆力矩占比约为 70%～80%，罕遇地震下组合墙最大剪力接近 35000kN。多遇地震作用下最大层间位移角约为 1/1600，罕遇地震作用下最大弹塑性层间位移角约为 1/200。

采用 ABAQUS 软件进行主体结构罕遇地震弹塑性分析，考察组合墙在大震下的抗震性能。结果显示：部分连梁混凝土受压损伤因子超过 0.5，破坏较重，形成了铰机制，发挥了屈服耗能的作用；组合墙钢管混凝土端柱钢管未进入塑性阶段，仅部分混凝土出现受压损伤；部分混凝土损伤较重但剪力墙内钢支撑未进入塑性阶段。整体来看，结构在罕遇地震作用下的弹塑性反应和破坏机制，符合结构抗震概念设计要求，抗震性能可达到预定的抗震性能目标。

3. 构件截面设计

本项目所采用的钢管混凝土端柱-带钢斜撑混凝土剪力墙，与常规带钢斜撑混凝土剪力墙不同，除采用钢管混凝土端柱外，为有效约束转换桁架的端部弯矩，组合墙中的钢斜撑、端柱和暗梁含钢率均较大，为满足建筑功能，钢斜撑均为单向设置，以上三点明显区别于以往类似试验研究及工程实践。剪力墙混凝土强度等级 C50，钢斜撑钢材为 Q390GJ-C，钢斜撑截面为横放 H 形截面：H600×1000×50×80；H600×800×50×80。

由于现行规范在带钢斜撑混凝土组合剪力墙的分析计算中不考虑钢斜撑对组合构件截面刚度的影响，仅在构件承载力设计时对两种材料进行叠加。现有计算软件不能在计算模型中考虑钢支撑框架和混凝土剪力墙的组合作用，如此支撑框架与剪力墙协同受力的抗侧刚度未能真实考虑，得到的内力也会与实际有偏差。为保证工程安全，针对项目中采用的高含钢率新型钢管混凝土端柱-带钢斜撑混凝土剪力墙，进行了缩尺构件拟静力试验研究及数值模拟分析。研究显示，项目所采用的新型组合墙具有良好的组合受力性能，承载力及刚度均大幅提高。现行《组合结构设计规范》JGJ 138-2016、《矩形钢管混凝土结构技术规程》CECS 159:2004 中充分考虑端柱型钢及墙内钢斜撑对组合墙受剪承载力的贡献，仅控制墙体混凝土部分剪压比的设计方法，对于本工程采用的高含钢率钢管混凝土端柱-带钢斜撑混凝土组合墙构件设计是偏于不安全的。根据试验结果，结合现行规范，提出了组合墙简化设计方法及截面控制要求，并在设计中有针对性地采取了构造加强措施，保证组合墙构件设计安全可靠，满足工程实际需求。

4. 复杂节点设计

组合墙钢管混凝土端柱一侧与桁架弦杆及腹杆相连，另一侧与组合墙内钢斜撑及钢暗梁相连。为保证混凝土浇筑质量，组合墙内斜撑及暗梁采用横放 H 形截面（腹板开混凝土流淌孔），为简化节点做法，H 形截面高度与桁架"Ⅱ"字形桁架弦杆截面宽度统一，组合墙内斜撑、暗梁与钢管混凝土端柱连接节点及现场照片如图 10.4-12 所示。

墙内钢斜撑及洞边暗柱连接情况　　　　　　　　端柱与桁架杆件连接情况

图 10.4-12　转换桁架与钢管混凝土端柱节点

对关键节点采用有限元分析，以确定构件及节点板件在复杂节点区的应力状态，验证节点传力的可靠性。图 10.4-13 为转换桁架与钢管混凝土端柱节点，图 10.4-14 为典型节点有限元分析结果，除局部区域进入屈服状态外，节点区域总体处于弹性范围内。

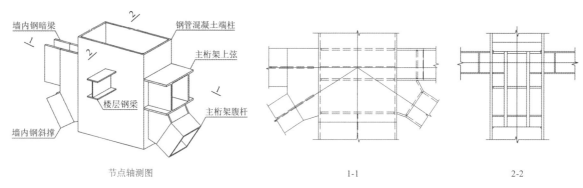

图 10.4-13　转换桁架与钢管混凝土端柱节点

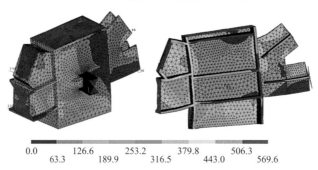

图 10.4-14　转换桁架与钢管混凝土端柱连接节点应力图（单位：MPa）

10.4.4　索拱网壳设计

1. 拱形屋盖方案选型

1）复杂设计条件

（1）跨度大、矢高小、结构超长：由于四季花园对室内净高及空间通透性要求较高，建筑师提出了结构外露并考虑屋面天幕系统一体化设计的方案，因此要求屋盖结构形式尽量简洁，避免构件过多，同时由于建筑限高，拱结构矢高受到限制。相较于常规大跨度柔性屋盖系统，由于屋面玻璃天幕的安装要求，尤其是中部天窗有开启需求，对屋面结构刚度提出了更高的要求。因屋面拱顶计算矢高仅为 7m，矢跨比不足 1/10；四季花园屋面投影尺寸252m×72m，结构超长且大面积采用玻璃天幕系统，需考虑太阳直射钢构件表面升温的影响，根据经验并经实际施工过程温度测量验证，最不利升温取值为 56℃，如何控制温度效应，也是屋盖结构设计的关键问题。

（2）复杂支承条件：与首层大展览厅顶转换结构相同，沿屋盖 72m 跨度方向，仅东西两侧 9m 跨度的建筑功能带内可布置竖向结构构件。筒壳屋盖两侧平屋面区域均为"紧密型"复合泡沫玻璃屋面系统且东侧序厅屋面跨度较大（20~40m），屋盖整体面内刚度较差，筒壳屋盖水平约束仅由两侧 9m 柱跨的支撑框架提供，刚度严重不足。这使得结构整体拱效应较弱，更偏向于以受弯为主的梁的受力模式，结构效率不高，不利于结构构件尺寸控制。屋盖沿东西向支承条件示意如图 10.4-15 所示。筒壳为东西向，其中南部西侧支座均无竖直柱，采用斜柱拉梁作为支承结构，东侧在花园入口处需要宽敞的通道，利用上部夹层的整层高度布置了 36m、24m 跨支承桁架或托梁；部分西侧斜柱及东侧柱下部生根于大屯北路转换桁架之上，这使得屋盖结构整体竖向支承刚度极不均匀，屋盖沿南北向支承条件如图 10.4-16 所示。

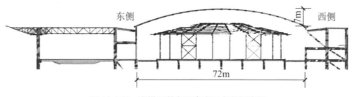

图 10.4-15 索拱屋盖东西向支承条件示意图

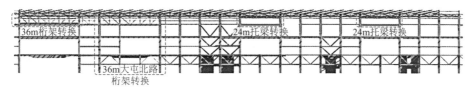

图 10.4-16 索拱屋盖南北向支承条件示意图

2）索拱方案确立

通过引入拉索，解决筒壳结构水平约束刚度不足问题，大大提高了拱效应发挥，形成双拉腹杆索拱-三角形与矩形杂交网格网壳体系，实现在小矢跨比条件下的大跨外露钢结构屋面。由于屋盖下加拉索对花园下部空间整体性及建筑净高有影响，因此建筑对拉索线型提出了明确要求，不允许采用索向下弯折的张弦梁结构，因此采用了向上折的索拱方案，而且为三折线形式。虽然三分点处拉杆会加大筒壳的下压力，但拱脚处由索提供了足够的抗推力，使得整体结构拱效应显著提高，杆件由受弯控制变成了受轴力为主，从而大大减小了截面高度，结构只有上弦拱为压弯构件，下弦和腹杆均为拉杆，下部结构更为简洁、轻巧。综合结构受力及建筑净高要求，三折线索拱中点处索与拱顶高差 4m，总矢高 7m。

无索时，由主体结构有限的抗侧刚度承担网壳推力，不仅主体结构承担的水平推力巨大，屋面整体温度作用效应也巨大；在增加了索以后，网壳屋面与主体结构由缝分开，大大减小温度作用的影响，且仅由索承担网壳的水平推力，避免受力的复杂性。沿主拱受力方向东侧约束，西侧释放，如此使拱受力方向完全由索平衡推力；两侧中部峰会厅范围约束网壳纵向（即垂直拱受力方向），峰会厅以外释放，具体支座设置实施方案如图 10.3-5 所示。如此纵向约束范围的长度大大减小，使支座处沿纵向最大剪力由释放前的 2466kN 减小到 719kN。在恒荷载＋活荷载＋温度作用的组合下，滑动支座纵向最大滑动长度在南侧，为 63mm；在西侧东西向最大滑动长度为 54mm，可满足屋面天幕安装要求及屋面复杂分缝构造要求。

通过上述比选分析，最终确定了屋顶花园拱屋面采用三折线索拱-三角形与矩形杂交网格网壳体系并与下部主体结构及周边屋盖系统设缝脱开的方案。与原 72m 单层筒壳方案相比，最终索拱屋面实施方案构件截面尺寸大大减小，用钢量减少约 1/3，主要杆件截面如表 10.4-2 所示。

索拱筒壳方案构件主要截面   表 10.4-2

构件	截面	材质	最大壁厚
主方向 次方向	箱形 700×200 箱形 500×200	Q355/Q345GJ Q355	$t=18\sim35$ $t=10\sim14$
拉索 拉杆	$\phi95/\phi110$ $\phi40/\phi45$	1570MPa 高钒密闭索 460 级合金钢拉杆	—

2. 索力控制

索力分配基本原则是控制筒壳的沿拱方向变形最小，即在全部恒荷载作用下滑动端变形为 0。因为存在边界条件不统一、支承刚度相差大、壳面网格形式差异、屋面荷载差异等多种因素影响，特别是斜交网格的存在和斜交（三角形）与正交（矩形）混杂，造成索与索之间互有影响，而且影响的程度也不统一。因此索预拉力需要经过多次的调整，才能达到预定的目标，最终索力控制为 2000～3000kN。在恒荷载＋活荷载标准组合下，索拱网壳跨中最大挠度为 178.5mm，挠跨比为 1/403。

3．整体稳定分析

考虑几何非线性进行荷载-位移全过程分析，分析中结构初始几何缺陷分布采用结构最低阶屈曲模态，缺陷最大值取结构跨度的 1/300。

（1）1.0 恒荷载 + 1.0 活荷载（满布活荷载）稳定分析：考虑初始缺陷的一阶屈曲模态及临界荷载系数为 5.00。选取一阶屈曲模态最大位移点作为组合（1.0 恒荷载 + 1.0 活荷载）下位移考察点，得到荷载-位移曲线。在荷载加至标准值的 4.53 倍左右时，荷载-位移曲线出现刚度退化，取极限承载力系数为 4.53，满足《空间网格结构技术规程》JGJ 7-2010 第 4.3.4 条的规定：按弹性全过程分析求得的极限承载力，与荷载标准值的比值不小于 4.2。

（2）1.0 恒荷载 + 不均匀雪荷载稳定分析：考虑几何缺陷的一阶屈曲模态及临界荷载系数为 5.33。选取一阶屈曲模态最大位移点作为组合（1.0 恒荷载 + 1.0 不均匀雪荷载）下位移考察点，得到荷载-位移曲线。在荷载加至荷载标准值的 5.09 倍左右时，荷载-位移曲线出现刚度退化，取极限承载力系数为 5.09，满足规范 $K > 4.2$ 的要求。

4．节点分析

对支座连接节点采用有限元分析，拉索直径 $D = 110$，索体最小破断载荷 12101kN。分析载荷选用 0.6 倍破断力（7260.6kN）；节点主板采用 Q390GJ 钢，100mm 厚，按照《钢结构设计标准》GB 50017-2017 设计耳板尺寸时，销轴处考虑一半贴板厚度，单片贴板直径为 690mm，厚度为 40mm；销轴孔 $D = 212$mm，大部分区域的应力在 200MPa 以下，节点区域总体处于弹性范围内。支座节点详图见图 10.4-17，主要分析结果如图 10.4-18 所示。

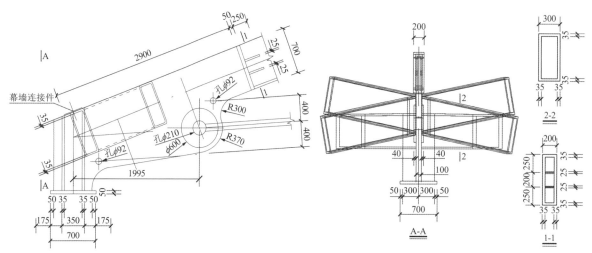

图 10.4-17　屋顶花园拉索节点

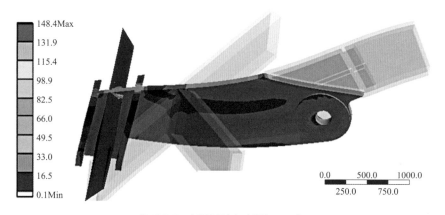

图 10.4-18　支座节点应力（单位：MPa）

5. 施工模拟与位形控制

由于索拱网壳屋盖为外露钢结构，对结构位形控制要求较高，设计中分别对网壳施工预起拱及考虑下部支承结构刚度的支座竖向施工预调进行了基于实际施工顺序的施工模拟分析，以保证屋盖结构整体位形满足要求。索拱整体刚度较大，受竖向拉杆影响，预起拱值并不是线性的，接近支座的局部还需要反向起拱，才能保证网壳面外方向的整体位形。同时，由于屋盖支座竖向刚度差异较大，支座竖向变形差对于屋盖整体位形的影响不可忽视。设计阶段基于整体结构实际施工安装顺序进行了施工模拟分析，并以此作为结构初始状态进行正常使用阶段结构变形计算，确定了屋盖各支座竖向变形预调值，实现了屋盖结构位形精准控制，满足结构外露和可开启天幕安装与使用要求。

10.4.5　试验研究

1. 试验目的

现行规范缺乏对钢管混凝土端柱组合墙的相关规定，未考虑大含钢率、钢斜撑布置形式、剪力墙洞口削弱等影响因素对组合墙设计的影响，所以对于组合剪力墙，特别是大含钢率、钢管混凝土端柱的新型组合墙的抗侧刚度、组合作用、内力分配、构件设计方法以及抗震构造措施等都有必要进行进一步的研究。

根据本项目组合墙设计情况，采用 1:6 缩尺比例进行试验构件设计，构件分组如下：Q1—钢筋混凝土剪力墙，Q2—带交叉斜撑型钢混凝土端柱剪力墙，Q3—带交叉斜撑钢管混凝土端柱剪力墙，Q4—带单向斜撑钢管混凝土端柱剪力墙（项目中采用的组合墙形式），Q5—带单向斜撑钢管混凝土端柱含洞口剪力墙（项目中采用的组合墙形式）。通过拟静力构件试验，研究组合剪力墙的破坏形态、承载能力、变形能力、刚度、滞回性能等，确定其抗侧刚度和型钢与钢筋混凝土协同受力情况，采用有限元软件进行数值模拟分析，与构件试验结果进行对比、总结。通过钢筋混凝土剪力墙、型钢端柱-带钢斜撑混凝土剪力墙对照组试验，分析新型钢管混凝土端柱-带钢斜撑混凝土剪力墙的受力性能优越性，为工程应用中构件设计方法提供数据支撑与验证。

2. 试验结果与分析

Q5 带单向斜撑钢管混凝土端柱含洞口剪力墙（项目中采用的组合墙形式）主要破坏形态及骨架曲线如图 10.4-19、图 10.4-20 所示，主要试验结论如下：

（1）试件 Q4 的水平承载力比试件 Q1 提高近 80%，这与设计参数吻合，表明带钢斜撑的混凝土剪力墙显著提高了钢筋混凝土剪力墙的承载力，说明该新型组合剪力墙具有较好的承载机制，能够满足工程的承载需求。

（2）新型组合剪力墙的屈强比比普通混凝土剪力墙小，说明它从明显屈服到极限荷载的发展过程长，这对"大震不倒"是有利的。

（3）与普通钢筋混凝土剪力墙对比，高含钢率组合墙的刚度明显加大，弹性刚度 Q4 比 Q1 提高近100%，而 Q5 比 Q1 提高超过 100%，说明型钢与混凝土组合作用明显。有利于提高底部转换结构的抗侧刚度，避免形成软弱层。建议在进行整体结构分析时考虑组合作用，提高组合墙的刚度，从而得到比较准确的地震作用效应。

（4）开洞组合剪力墙 Q5 承载能力和延性较不开洞口组合剪力墙 Q4 稍低，但是差别不大，说明设计中采取的加强措施是有效的。

（5）Q2、Q3 与普通钢筋混凝土剪力墙 Q1 对比，承载力提高近 100%，而 Q2 比 Q3 的延性更好，说明型钢与混凝土组合作用明显，Q3 的承载能力较 Q2 更高，说明钢管对混凝土端柱起到很好的保护作用，提高了组合墙的整体承载能力。

(a) Q5 破坏形态　　　　(b) Q5 混凝土裂缝分布

图 10.4-19　试件 Q5 破坏形态及裂缝分布

图 10.4-20　骨架曲线

10.5　结构监测

10.5.1　监测目的

国家会议中心二期项目采用 4G、无线传输、数据实时对传与存储、大数据分析等多种技术建立了项目自动化监测平台，旨在解决项目施工建造及正常使用过程中的下列问题：

（1）实时获得转换桁架卸载过程中构件内力和变形的数据，对卸载施工工艺和临时措施的可靠性、卸载过程与施工模拟分析的一致性进行验证，保障卸载过程的安全性和结构传力的可靠性。

（2）获得钢管混凝土端柱-带钢斜撑混凝土剪力墙浇筑过程和成型后的混凝土应力、钢筋应力和钢支撑应力变化规律，验证组合墙浇筑过程和使用阶段的可靠性。

（3）通过对转换层混凝土楼板的应力监测，检验卸载施工过程中转换层楼板混凝土与转换桁架的协同工作性能，获得卸载过程及卸载完成后混凝土楼板的受力状态，确保桁架与板的组合性能安全可靠。

（4）实现索拱拉索施工全过程和使用阶段的索力动态实时监测，保证施工阶段及正常使用阶段承载安全，实现外露屋盖结构位形校核与控制。

10.5.2　监测结果与分析

（1）巨型转换桁架卸载过程远程监控

通过卸载阶段和稳定阶段的实测值和数值模拟分析值对比可知，卸载过程中绝大多数测试点与理论值吻合较好，两个数值的差值均小于 10MPa，说明模拟分析结果可靠；稳定状态的实测值随着温度变化在一个稳定的值上下波动。结构在施工过程中与模拟分析值比较接近，施工结束后应力随温度稳定变化，无明显的安全隐患。

（2）新型组合墙施工过程性能分析

监测数据显示，同一个位置的混凝土和钢筋的正交方向的应变变化趋势相同，且能反映出现场的实际情况；墙内钢支撑和同位置钢筋的应变实测值无论是趋势上还是数值上均吻合，误差小于 5%，说明钢筋混凝土和钢支撑在混凝土浇筑过程中是协同工作的。

（3）巨型转换桁架卸载后承力楼板服役质量定量评估分析

监测结果显示，楼板同一位置板底及板顶传感器获取的混凝土应力及钢筋应力监控数据变化趋势相同，且钢筋计传感器数据变化基本为混凝土应力变化的 5～7 倍左右，这说明卸载施工转换层楼板混凝土与钢筋可协同工作，且应力实测变化值小于理论值，说明卸载过程中楼板结构安全，不会影响到下步施工。通过卸载过程中实测值和数值模拟值对比分析可知，卸载过程中绝大多数实测值在理论范围内。

（4）索拱屋面监测

选取关键部位、受力较大的拉索采用卡箍应变法进行施工阶段及运营期索力监测。在张拉50%和张拉结束后分别进行了数据采集，相关计算和分析结表明，张拉控制过程中与千斤顶的力值相比误差不到5%，施工准确率较高。完成所有拉索张拉并稳定5天后，对所有传感器进行了数据采集，实测值与理论值误差均在4%以内，表明拉索施工高质量完成，准确可控。

10.6 结语

国家会议中心二期项目作为北京2022年冬奥会和冬残奥会主媒体中心（MMC）所在场所，秉承"绿色办奥、共享办奥、开放办奥、廉洁办奥"精神，项目充分体现了大空间、多功能、高效率使用的特点，圆满完成主媒体中心任务。目前项目正有序开展赛后功能转换改造工作，建成后，国家会议中心二期项目主体建筑及其配套酒店、写字楼和商业，将与其紧邻的国家会议中心一期形成总规模超过130万 m² 的会展综合体，满足高端政务活动、大型国际交往活动、商务会展服务需求，成为新时期首都建设的精品力作。

为实现建筑的大气外观造型和特殊使用功能的需求，结构上采用了大跨度空间多层叠合布置的特殊结构体系，结构与建筑紧密结合，达到高度统一。设计中的主要创新点有：

（1）大跨多层叠合布置结构体系

通过合理布置转换结构，实现了底层跨度最大，二层跨度相对较小，顶层跨度又较大的特殊结构体系。在付出了一定结构代价的同时，实现了方便高效使用的建筑面积的翻番，大大节省了土地资源。

（2）钢管混凝土端柱-钢支撑混凝土剪力墙

为实现给大跨转换桁架提供可靠的刚性连接支座，同时提高转换层抗侧刚度，研究使用了钢管混凝土端柱-带钢支撑混凝土剪力墙的新型组合墙构件。通过数值模拟分析和拟静力试验验证，该组合墙具有良好的组合受力性能，承载力、刚度均大幅提高，适用于本工程。

（3）双拉腹杆索拱网壳

在跨度大、矢高小等主要不利条件下，采用了仅有两道竖向拉杆的索拱结构，有效减小了结构构件的截面尺寸，经精细化施工使结构外露，并与天幕幕墙有机结合；向上弯折的拉索和竖向拉杆比较纤细，既不影响使用高度，又较好地避免了对视线的干扰，很好地满足了建筑外观造型和使用要求。

作为冬奥场馆中开工最晚、体量最大的单体建筑，赛时、赛后的功能转换要求、极度紧张的建设周期和花园屋盖外露钢结构的精细化施工要求，都给设计和建造团队带来了巨大的挑战。在面对挑战时，结构工程师并未一味地追求结构合理性，而是在建筑功能与结构效率两者之间做出了取舍，在成就使用功能、实现外观效果的同时，通过结构体系、构件的创新性设计，系统周密的计算分析和试验验证等手段，尽量提高结构效率，经现场监测、检验验证，最终完成了这一"基于高效多功能性竖向叠层布置的大空间结构创新设计"工作。

10.7 延伸阅读

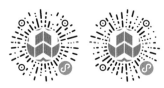

扫码查看项目照片、动画。

参考资料

[1] 建研科技股份有限公司. 国家会议中心二期（主体部分）风致振动分析报告[R]. 2019.

[2] 建研科技股份有限公司. 国家会议中心二期（主体部分）测压试验报告[R]. 2019.

[3] 北京交通大学. 新型组合墙拟静力试验报告[R]. 2023.

[4] 北京市建筑工程研究院有限责任公司. 国家会议中心二期项目（主体部分）施工过程监测报告[R]. 2021.

设计团队

结构设计单位：北京市建筑设计研究院有限公司（初步设计＋施工图设计）

结构设计团队：于东晖、韩　巍、王鑫鑫、常　婷、徐彦峰、程翰文、王耀榕、郝　彤、蔡　翀、滕　飞、刘　畅、
方启霄、梁梦彬、苏伏龙、刘洋涛、宋子魁、侯　燕、陈雅昕、钮亚楠、周　骏

执　笔　人：于东晖、王鑫鑫

本章部分图片、视频、动画资料由北辰会展投资有限公司和北京建工集团有限责任公司提供。

获奖信息

2021 年度中国钢结构协会技术创新奖；

2022 年度中国钢结构协会科学技术奖　一等奖；

第十一届"创新杯"建筑信息模型（BIM）应用大赛文化体育类 BIM 应用一等成果；

第十五届中国钢结构金奖年度杰出工程大奖。

第11章

重庆国际博览中心

11.1 工程概况

11.1.1 建筑概况

重庆国际博览中心工程位于重庆市两江新区的悦来新城中心区，北接悦来古镇，西邻嘉陵江，东侧为丘陵起伏的会展公园，工程沿嘉陵江流向呈北东-南西带状展开，属丘陵斜坡场地，总占地面积 1300m²，东西宽 800m，南北长 1500m，平面布局似一江边嬉水后欲展翅归林的蝴蝶，如图 11.1-1 所示。本工程建筑功能布局合理，造型优美且与自然环境完美契合，拥有国内西部规模最大的会展综合体、世界覆盖面积最大的铝结构屋面建筑等殊荣。

工程总建筑面积 60 万 m²，主要由构成蝴蝶左右两扇翅膀的北、南展馆区（总 16 个展厅），构成蝴蝶身体的自东向西依次为多功能厅、会议中心和悦来温德姆酒店，以及酒店左右两侧倚江堤而建的阶梯状的北、南台地商业区等 7 个相对独立的子工程组成。其中南、北两侧的展馆区和台地商业区沿场地中轴线对称，如图 11.1-2 所示。

图 11.1-1　重庆国际博览中心鸟瞰图

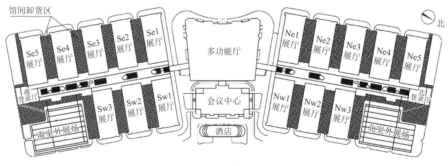

图 11.1-2　重庆国际博览中心总平面图

11.1.2 设计条件

1. 主体控制参数（表 11.1-1）

控制参数　　　　　　　　　　　　　　　　　　　　　　　　　　　　表 11.1-1

结构设计基准期	50 年	建筑抗震设防分类	展馆区 多功能厅 会议中心：重点设防类（乙类） 酒店：标准设防类（丙类）
建筑结构安全等级	展馆区 多功能厅 会议中心：一级 酒店、商业台地：二级	抗震设防烈度	6 度
结构重要性系数	展馆区、多功能厅、会议中心：1.1 酒店、商业台地：1.0	设计地震分组	第一组
地基基础设计等级	甲级	场地类别	展馆区、酒店、商业台地：Ⅲ类 多功能厅、会议中心：Ⅱ类
建筑结构阻尼比	0.05 0.04（钢结构影响的单体）		

2．临江建筑的风荷载取值修正

当地基本风压 50 年一遇是 $0.4kN/m^2$，100 年一遇是 $0.45kN/m^2$。考虑高层、大跨屋盖均属风敏感结构，基本风压按 100 年一遇取值，地面粗糙度取 B 类。由于本工程紧邻嘉陵江，在计算风荷载标准值时按如下两个风向计算并取大值：（1）计算风向顺嘉陵江流向时，风压高度变化系数的计算高度需从江面标高起算；（2）计算风行垂直嘉陵江流向时，对于沿江第一排结构，风压高度变化系数需考虑爬坡系数修正。如图 11.1-3 所示。

据此取嘉陵江水面年均高程 165.00m，算得酒店风荷载为风压高度变化系数控制，基本风压修正系数为 1.28；台地商业和展馆区风荷载为爬坡系数控制，基本风压修正系数分别为 1.57 和 1.87。

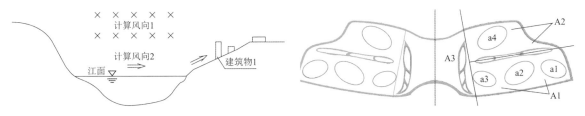

图 11.1-3　临江建筑风荷载标准值修正系数确定示意　　　　　图 11.1-4　屋盖三分力系数试验分区图

3．铝格栅造型屋盖 + 钢结构屋盖的双层屋盖的风荷载取值

本工程屋面造型复杂且为双层屋面，风荷载取值涉及金属屋面和铝合金格栅相互影响。大跨度钢屋盖属重要的风敏感结构，为确保结构的抗风安全，委托西南交通大学对本工程进行了 1∶300 模型的测力及测压风洞试验，取得了 36 个风向条件下建筑物顶棚各部分三分力系数、表面测压点的风压系数及分块风荷载体型系数。通过有限元时程计算分析，得到各位置的位移风振系数。

图 11.1-4 为屋盖三分力系数试验分区图，表 11.1-2 为各区在体轴系（坐标系沿截面形心主轴建立）下各风向角中最大三分力系数，表 11.1-3 为铝合金屋面各分区的最大及最小体型系数。从数据可以看出各区最大升力系数为 0.158，最小升力系数为 −0.1175，测力系数最大为 −0.1397。体型系数最大值出现在 11 区（0.4774），最小值出现在 12 区（−0.4788）。最大风振系数出现在 16 区（1.7012）。可见在靠近嘉陵江一侧的展馆（A2 区一侧）风荷载各系数均较大。

不同区域最大及最小静力三分力系数（体轴系）　　　　　　　　　　表 11.1-2

角度/°		升力系数	阻力系数	侧力系数	角度/°		升力系数	阻力系数	侧力系数
A1	最大值	0.1306	0.0623	0.0392	a2	最大值	0.0877	0.0749	0.0296
	最小值	0.0069	−0.018	−0.0468		最小值	−0.089	−0.061	−0.086
A2	最大值	0.1482	0.045	0.0475	a3	最大值	0.158	0.1087	0.0776
	最小值	−0.0574	−0.0802	−0.0795		最小值	−0.1175	−0.0591	−0.1167
A3	最大值	0.108	0.0483	0.0488	a4	最大值	0.119	0.0884	0.0528
	最小值	−0.0213	−0.08	−0.041		最小值	−0.0791	−0.097	−0.0538
a1	最大值	0.064	0.0408	0.0491					
	最小值	−0.033	−0.1059	−0.1397					

各分区体型系数最大值与最小值　　　　　　　　　　表 11.1-3

块号	最大值	对应角度	最小值	对应角度	块号	最大值	对应角度	最小值	对应角度
1 区	0.1750	60	−0.2145	110	11 区	0.4774	290	−0.0772	350
2 区	0.1063	300	−0.2235	100	12 区	0.0088	300	−0.4788	40
3 区	0.2836	290	−0.1554	20	13 区	0.0160	10	−0.2414	110

块号	最大值	对应角度	最小值	对应角度	块号	最大值	对应角度	最小值	对应角度
4 区	0.2169	290	−0.0960	150	14 区	0.0354	270	−0.5117	170
5 区	0.2669	260	−0.0797	20	15 区	0.0172	290	−0.3890	20
6 区	0.2025	290	−0.1173	150	16 区	0.0656	290	−0.5148	20
7 区	0.2170	70	−0.0994	0	17 区	0.0603	270	−0.3933	20
8 区	0.1820	290	−0.1399	20	18 区	0.0592	270	−0.3983	10
9 区	0.1042	260	−0.2088	20	19 区	0.0267	270	−0.7278	20
10 区	0.2098	260	−0.0527	10	20 区	0.4594	290	−0.1974	140

11.2 建筑特点

11.2.1 铝结构屋盖体系

重庆国际博览中心作为会展类的建筑群，为突出其整体性及建筑风格的一致性，建筑方案设计中重点突出了建筑群统一的第五立面（屋面）的蝴蝶造型轮廓。在展馆区、会议中心和多功能厅屋盖上部、各建筑单体之间的道路及广场上空设置了统一网格形式的蝴蝶状造型建筑屋盖。在蝴蝶的双翅区域设置了 4 个大小各异的椭圆形生态包，寓意重庆当地丘陵起伏、梯田遍布的自然地貌。造型屋盖总覆盖面积53.7 万 m^2。

由于重庆地区为酸雨环境，且造型屋盖大多落在各建筑单体的大跨钢屋盖和主体结构上，综合考虑造型屋盖的美观性和抗腐蚀性，尽量减小其自重对下部结构的影响，此造型屋盖采用了铝合金结构。由于铝型材采用固定模具热挤压成型工艺生产，因此铝结构设计中需选择型材产品，构件截面种类尽量归并统一。综合考虑成品铝型材长度标准及构件承载能力，铝格栅屋面采用2.6m×2.4m、2.4m×2.4m两种矩形网格，网格对角线设斜杆以提高整体性，支点典型间距相应取15.6m×9.6m、9.6m×9.6m两种。

11.2.2 支承铝结构屋盖的树状柱

根据造型屋盖覆盖的不同区域，建筑方案对支承铝格栅的结构做法及造型也有不同的要求。对于架在大跨度钢屋盖的金属屋面板上部且距离较小的铝格栅，需要保证支承构件不穿过金属屋面板以避免漏水；设计采用小方短柱支承铝格栅，短柱根部通过夹具与金属屋面的直立锁边固定。其他区域的铝格栅屋盖需布置不同尺度的树状柱来支撑，有效减少屋顶格栅的跨度和悬挑长度，将屋顶格栅跨度控制在 13m（或悬挑 6.5m）内。

对在钢屋盖上且升起较高的生态包造型区域，则需根据椭圆形生态包呈阶梯抬高的造型，结合下部钢屋架布置，设置屋顶树状柱与钢屋架上弦杆连接。对于展馆区内的室外广场上空的铝格栅屋盖，由在混凝土结构柱顶或梁顶生根的树状柱支承，由于铝格栅屋盖存在不同建筑造型的镂空区，需根据需要确定不同位置树状柱枝干的数量和悬挑长度（图 11.2-1）。对各建筑单体间道路、室外广场（展场）上空的铝格栅屋盖，需根据建筑要求布置较大的树状柱进行支承（图 11.2-2），此类树状柱的主干和枝干构件均较长，而连接枝干顶部的铝格栅刚度较低，因此树状柱的稳定分析及主枝干计算长度系数的确定是其结构设计重点。

图 11.2-1　展馆区内室外广场的铝格栅屋盖　　　　　图 11.2-2　室外广场上空的铝格栅屋盖

11.2.3　酒店的山丘形建筑造型

悦来温德姆酒店属会展配套五星级酒店，建筑造型仿场地周边丘陵地貌，总建筑面积为 5 万 m²，主体平面尺寸为164m×45m，地下 1 层、地上 16 层（含两层出屋面机房设备层），总结构高度为 69.5m。根据建筑造型需要，酒店屋顶层设 16.5m 高的椭球形单层铝网壳。如图 11.2-3 所示。

图 11.2-3　重庆悦来温德姆酒店

酒店首层为大堂及餐厅，2 层为会议厅及宴会厅，在首层大堂及 2 层宴会厅等大空间区域局部抽柱，在 3 层（设备层）内相应位置设整层 2.19m 高框支梁做托柱转换，以确保上部客房层净高要求。为形成山丘状的立面造型，4 层以上各层沿纵轴方向两侧逐层缩进 4.5m，因两端客房建筑功能要求，各层端部框架柱无法上延造成了 5～9.5m 跨悬挑区域。在保证各端部客房房间净高的前提下，分别采用局部密挑梁、在建筑隔墙位置布置斜撑和局部梁托柱等结构方案解决。

11.3　体系与分析

11.3.1　基础选型

工程建设场地为山地丘陵地貌，地形呈较缓的台阶状（地形坡角 5°～10°），中部斜坡底部局部有 11m 高的砂岩陡坎。场地整体地势南高北低，东高西低，西侧最低点高程 206m，南部山顶最高点高程 335m，场地相对高差 129m。

场区自然地坪以下 6m 即为岩石层，以泥岩和砂岩为主，中等风化带岩体较完整，可作为基础持力层。场地内的中风化泥岩承载力特征值范围 1870～4224kPa，中风化砂岩承载力特征值范围 4517～11170kPa。场地内建筑设计标高根据地势自西向东分为 240.000m、250.000m、260.000m、270.000m，场地平基施工分为挖方区和填方区，挖方区局部岩层需爆破＋机械破碎，填方区的回填土层厚度 10～35m，场平施工的最终平基土石方量达到：挖方 1500 万 m³，填方 1000 万 m³。

为确保场地内各大高差平台的土体边界稳定，在结构区范围采用地下室局部架空，土体放坡并设锚杆＋格构对边坡进行加固；在非结构区范围的边坡设计了环境挡墙，对高度小于 8m 的边坡采用了重力式挡墙支挡，对高度大于 8m 的边坡采用桩板挡墙或扶壁式挡墙支挡。

为防止填方区地面大面积沉降或不均匀沉降，场地平整施工中对填方区采用分层碾压和强夯、表层加筋碾压进行加固处理，具体要求如下：设计地坪高程竖向 1.0～3.0m 范围内设土工格栅（层间距 0.5m）并分层碾压；设计地坪高程竖向 3.0～10.0m 范围强夯处理（夯击能 3000kN·m）；设计地坪高程竖向 10.0m 至现状地坪采用分层碾压。

由于场地较为复杂，对不同结构单体根据柱位下基岩埋深的不同分别采用嵌岩桩基（持力层深度 >4m）和嵌岩独立柱基（持力层深度 ≤4m），对于酒店和会议中心等框架剪力墙结构中的墙下基础，也根据其下基岩埋深的不同，分别采用了嵌岩条基、嵌岩局部筏板、桩＋托墙梁和桩＋局部筏板等基础形式。由于基础嵌岩可有效地解决不均匀沉降问题，因此本工程在同一结构单元中根据不同区域的基岩埋深采用了不同的基础形式。

柱下桩基主要为一柱一桩，采用旋挖成孔灌注桩、少量短桩采用人工挖孔灌注桩，桩顶设地梁拉结。对于大跨房屋中仅能单向设拉梁的桩，沿跨度方向加设稳定桩＋附加桩顶拉梁以平衡柱根弯矩。旋挖桩桩径 1.0～2.5m，嵌岩深度根据荷载及基岩承载力的不同一般取 1～4 倍桩径，根据勘察报告建议，桩基设计中回填土桩侧负摩阻力系数取 0.3。因不同区域基岩埋深不同（北侧展馆区局部桩长达 37m），基岩承载力差异较大，各桩均要求超前钻进行岩样取心检验，以确定具体入岩标高和具体桩长，并对基岩承载力进行复核。

11.3.2 结构布置

1. 展馆区结构布置

南、北展馆区呈对称分布，各展馆区由登录厅、8 个单体展馆、馆间连接体（用于办公及餐饮等）和观众连廊等部分组成。展馆和登录厅为单层建筑，局部设二层机房夹层；馆间连接体和观众连廊为二层结构，同一展馆区东西侧展馆二层设连桥连通。8 个主展馆平面尺寸为 182m×72m，其中 2 个馆为净高 16m（至屋架下弦）的综合馆，可兼办体育及演出等活动；6 个馆为净高 12m 的普通馆，主要用于展览。展馆区各结构单元均为钢筋混凝土框架结构，地下部分为整体，±0.000 以上各单体间设防震缝分开。

主展馆 162m×70.2m 钢屋盖均采用倒三角形立体管桁架，登录厅屋顶 27m 跨采用双向平面钢桁架，总用钢量 5.2 万 t。立体桁架分梯形桁架和弧形桁架两种，其中 Se1/Ne1、Se2/Ne2、Se4/Ne4、Se5/Ne5、Sw2/Nw2 和 Sw3/Nw3 12 个展馆为弧形桁架，桁架端部高度为 5m，跨中桁架高度为 6.4m；Se3/Ne3 和 Sw1/Nw1 则为梯形桁架，展馆 Se3/Ne3 一端桁架高度为 5m，另一端为 7.5m，展馆 Sw1/Nw1 靠 Sw2/Nw2 一侧的桁架高度为 5m，靠通道 ST/NT 一侧的桁架高度则为 9m。各个展馆上弦平面的宽度均为 4m 等宽。

立体桁架为稳定性好的倒三角形断面的钢管桁架，弦杆管径为 P351×16、P402×(16～20)、P457×(16～20)、P500×(16～30)，腹杆管径为 P180×10～P402×(16～20)，主桁架支座采用专业厂家生产的抗震球铰支座。主檩条净跨度 14m，檩距 7.8m，采用箱形截面 □600×400×16×16。构件均采用 Q345B 钢。图 11.3-1 为展馆 SE3 整体结构模型，图 11.3-2 为该展馆主体钢屋盖及下部混凝土结构模型。

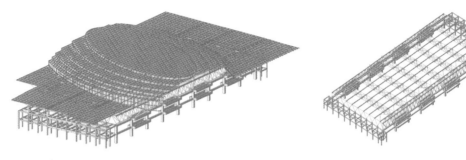

| 图 11.3-1 展馆（SE3）结构三维模型图 | 图 11.3-2 展馆（SE3）钢屋盖结构三维模型图 |

2. 多功能厅结构布置

多功能厅主要用于举办超大型国际会议及高端展览，结构地下 1 层，地上 3 层。主体平面 200m×270m，主登录厅屋盖整体呈"帽檐"形状，纵向长 260m，横向跨度 34～44m，主入口挑檐的悬挑长度 17～20.3m，结构高度 34m（至主屋盖顶），挑檐最大结构高度 37.3m。结构主体采用钢筋混凝土框架结构，如图 11.3-3 所示。

图 11.3-3 多功能厅主立面

多功能厅中部设117m×171m中央大厅，为单层超大空间会议厅，屋盖曲面为沿长向坡度较缓的筒拱，跨度 117m，采用双向平面钢桁架结构。多功能厅前厅及左右两侧序厅兼做南北展馆区的主登录厅，前厅屋盖采用 34～44m 跨平面钢桁架结构，侧厅屋盖采用 H 型钢梁。侧厅屋盖跨度 21.3～30.5m。钢屋盖恒荷载综合考虑金属屋面做法及吊挂荷载（含屋顶装饰铝格栅）取 1.5kN/m²，屋面活荷载取 0.3kN/m²。整体结构模型如图 11.3-4 所示。

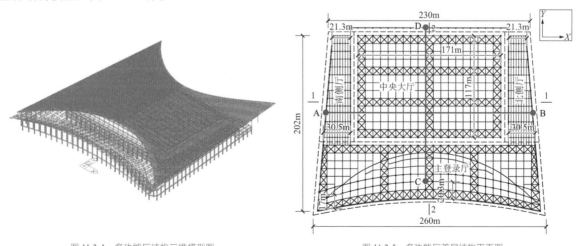

| 图 11.3-4 多功能厅结构三维模型图 | 图 11.3-5 多功能厅首层结构平面图 |

中央大厅屋盖Y向主跨度 117m，每间隔 9m 布置一榀折线形主桁架，桁架跨中高度 9m、端部高度 3m。屋盖X向跨度 171m，每间隔 9m 布置一榀次桁架，各榀次桁架高度随相应位置主桁架高度取 4.2～

9m。主桁架上下弦杆截面为 D630×(16～32)，腹杆截面为 D273×8～D457×14。次桁架上弦杆截面为 D406×(10～14)，下弦杆截面为 D356×(10～12)，腹杆截面为 D356×(10～12)，均采用 Q345b 钢材。结构整体结构平面图如图 11.3-5 所示，双向剖面图如图 11.3-6 所示。

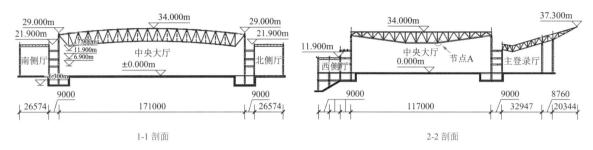

图 11.3-6　结构双向剖面图

3. 会议中心结构布置

会议中心主要用于举办大、中型会议及宴会。结构地下 2 层，地上 4 层，建筑平面尺寸 212m×81m，结构主体高 27m，顶层局部大宴会厅钢屋盖标高为 35.000m。建筑上部为铝结构装饰屋盖，如图 11.3-7 所示。

会议中心结构主体采用钢筋混凝土框架-剪力墙结构，首层 3 个平面尺寸分别为 24m×45m、27m×45m 和 33m×45m 两层通高大会议室的楼盖采用单向密肋钢梁结构，三层中部平面尺寸为 99m×54m 两层通高超大无柱主宴会厅的上部屋盖采用双向平面管桁架结构，屋面采用轻型金属屋面板。整体结构模型如图 11.3-8 所示。

图 11.3-7　重庆悦来国际会议中心

图 11.3-8　会议中心结构三维模型图

主宴会厅钢屋盖结构平面布置如下：主桁架总计 11 榀，沿 54m 跨方向间距 9m 布置，桁架上弦截面为 D426×(12～16)、下弦截面为 D377×(10～14)、腹杆截面为 D273×12～D194×6；沿 99m 跨方向间距 9m 布置 5 道次桁架，次桁架上弦截面为 D273×(6.5～16)、下弦截面为 D194×6～D377×10、腹杆截面为 D168×6～D273×10；屋盖周圈设上弦水平支撑，采用 φ25mm 钢拉杆。屋盖均为 Q345B 钢材，钢管均采用热轧无缝钢管，钢结构总重量 450t。钢屋盖施工采用"高空拼装，累积滑移"方案，以解决现场大型吊装设备使用困难的问题；配合滑移施工方案，设计进行了相应验算。

首层 45m×33m 大会议厅钢楼盖结构布置如下：主梁沿 33m 方向布置，每隔 3m 布一道主钢梁

（H1800×450×28×38），次梁沿45m方向布置布3道次梁（H500×250×14×18），上铺120厚混凝土楼板。其他各会议厅楼盖布置原则均同。采用MIDAS Gen软件，根据AISC评价指标对大会议厅楼盖进行了楼板舒适度验算。取人体重0.7kN/m²，步行频率取1.5、2.0、2.5、2.68Hz四种，考虑连续步行、原地踏步、沿纵/横向行走总计12种人行激励工况，分析结果表明各工况下楼盖最大竖向加速度满足舒适度要求。

4．酒店结构布置

酒店主体为钢筋混凝土框架-剪力墙结构，1层为大堂及餐厅，层高为8m；2层为会议厅及宴会厅，层高为8.9m；3层为设备层，层高为2.19m。1层大堂及2层宴会厅等大空间区域局部抽柱，在3层内相应位置设整层高托柱框支梁。为减小2、3层抗侧刚度的差异，在2层5.6m高处设框架梁，形成3.3m高的2层夹层，局部夹层作为酒店管理用房。4~14层为酒店客房层，层高为4.2m；15层为出屋顶机房设备层，层高为3.9m；16层为局部水箱间，层高为3.9~4.0m。酒店顶部为椭圆形单层铝格栅壳体结构。建筑整体如图11.3-3所示，酒店转换层平面结构布置见图11.3-9。

为形成山丘状的立面造型，4层以上各层沿纵轴方向两侧逐层缩进4.5m，因两端客房建筑功能要求，端部框架柱无法上延，各层形成的5~9.5m跨悬挑区域采用局部密挑梁、斜撑及梁托柱等结构处理方案。结构整体模型如图11.3-10所示。

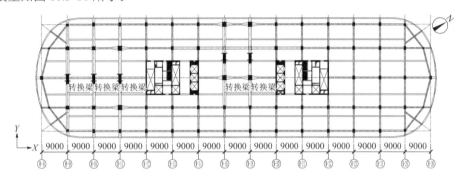

图11.3-9 酒店3层转换梁平面布置图

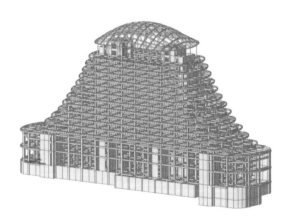

图11.3-10 酒店结构三维模型图

11.3.3 结构分析

1．展馆钢屋盖结构分析

因桁架上部树状柱及支承铝合金的小短柱布置不均造成传递到立体桁架两上弦的竖向力差异较大，且因建筑要求在桁架下弦间无水平系杆，需考虑立体桁架的平面外稳定问题。本节以展馆Se3/Ne3屋盖的立体桁架为例进行说明。如图11.3-11所示，在立体桁架顶部树状柱的一侧施加荷载（上部铝合金荷载），算得其平面外稳定承载力系数$K = 18.77$（图11.3-12），满足设计要求。

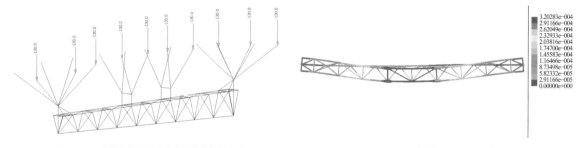

图 11.3-11　立体桁架平面外稳定计算荷载分布图　　　　图 11.3-12　立体桁架平面外失稳图

对展馆区钢结构屋盖进行了考虑双非线性的屈曲分析。构件采用考虑剪切变形刚度的纤维梁单元，钢材采用双线性随动硬化模型，对于 Q345 设定钢材的强屈比为 1.4，极限应变为 0.025。荷载标准值为考虑结构自重（包括桁架自重、铝结构自重）、风荷载、活荷载的标准值。以展馆 SW2 为例，选取的典型立体桁架跨中节点，节点的位移与荷载的关系见图 11.3-13，可以得出以下结论：

（1）结构的极限荷载可达荷载标准值的 5.26 倍，满足考虑双非线性分析下 $K > 2$ 的规范要求；

（2）在荷载加至荷载标准值的 4.7 倍后，刚度出现明显的退化；

（3）随着荷载的增加，结构的刚度也逐渐变小。

结构刚度退化一方面是受到结构几何非线性的影响，但更多的是由于来自结构构件进入塑性的数量逐渐增多、塑性发展逐渐加深导致的。图 11.3-14 是荷载达到 1 倍标准值时的塑性应变图，塑性应变为 0，构件均处于弹性阶段。图 11.3-15 是荷载达到 4.7 倍标准值时的塑性应变图，此时的塑性应变最大为 0.001。图 11.3-16 是荷载达到 5.26 倍标准值（临界状态）时的塑性应变图，塑性应变范围扩大到屋面桁架。

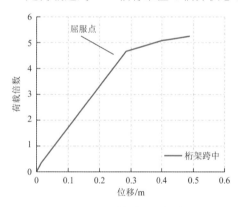

图 11.3-13　典型节点的荷载-位移曲线

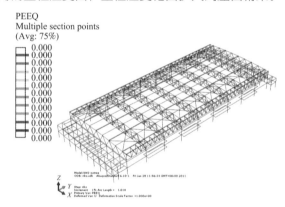

图 11.3-14　1 倍荷载的变形图

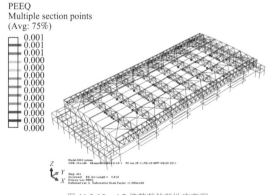

图 11.3-15　4.7 倍荷载的塑性应变图

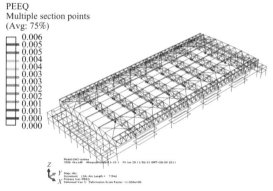

图 11.3-16　5.26 倍荷载的塑性应变图

2．多功能厅结构分析

（1）主体结构温度应力分析

多功能厅主体混凝土框架结构平面尺寸为216m × 261m，未分缝，属超长结构，采取 MIDAS Gen 对结构整体进行温度应力分析。根据重庆气象资料,当地年平均气温为 18℃,最高温度按 28℃考虑,最低温度按 7℃考虑。结构合龙温度取 13～23℃,混凝土收缩等效温度按 8℃考虑;则温度作用按升温 15℃,降温 24℃计算。综合考虑混凝土徐变松弛影响、混凝土开裂导致构件刚度降低等影响,刚度折减系数取 0.4。降温 24℃工况下,首层顶板温度应力:X向 1.75MPa、Y向 1.52MPa,屋面板温度应力:X向 1.18MPa、Y向 1.74MPa。首层顶板应力云图见图 11.3-17。

由分析结果可见,在降温工况下各层混凝土楼板的温度应力总体均小于 C30 混凝土抗拉强度标准值($f_{tk} = 2.01MPa$),仅在首层顶板局部角点区域出现应力集中,局部温度应力超过混凝土抗拉强度标准值。根据分析结果,对应力集中区楼板相应加大配筋以抵消温度拉应力;另采取增设施工后浇带、选用低热水泥并控制水泥用量,加强超长楼屋面梁、板的通长构造配筋等措施,以尽量避免结构出现有害的温度裂缝。

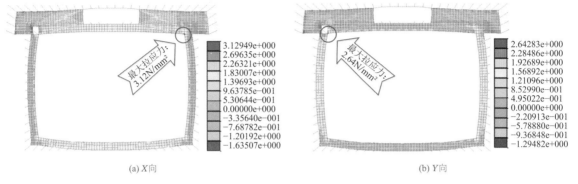

(a) X向　　　　　　　　　　　　　　　　(b) Y向

图 11.3-17　降温 24℃工况下首层顶板应力云图（单位:MPa）

（2）钢屋盖结构分析

采用 MIDAS Gen 对多功能厅中央大厅屋盖整体进行分析,前 3 阶振型如图 11.3-18 所示。屋盖在竖向恒荷载＋活荷载作用下,跨中最大挠度为 358mm,挠跨比 1/327。由结果可知,屋盖整体刚度分布均匀合理,竖向挠度满足规范限值要求。

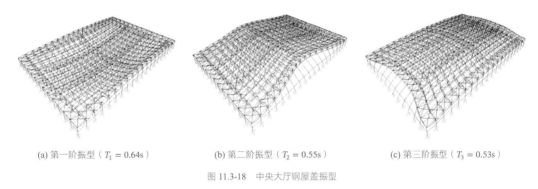

(a) 第一阶振型（$T_1 = 0.64s$）　　　　(b) 第二阶振型（$T_2 = 0.55s$）　　　　(c) 第三阶振型（$T_3 = 0.53s$）

图 11.3-18　中央大厅钢屋盖振型

考虑工程重要性,对屋盖结构进行了中震弹性验算。钢材强度采用标准值,地震作用组合项中不考虑温度影响,不考虑构件抗震承载力调整系数的有利影响。小震、中震作用下屋盖各类杆件最大应力比见表 11.3-1。由结果可见,中震作用下屋盖整体处于弹性工作状态。

屋盖小震、中震作用下各类杆件最大应力比　　　　　　　　表 11.3-1

地震作用	主桁架			次桁架		
	上弦	下弦	斜杆	上弦	下弦	斜杆
小震作用	0.85	0.78	0.87	0.76	0.65	0.83
中震作用	0.89	0.82	0.92	0.81	0.70	0.89

对各类桁架的上下弦主受力节点,根据钢结构规范相关 K 型节点计算公式对支管承载力进行了校核,结果均满足要求。另选取主桁架中受力较大的桁架下弦变截面处节点建立有限元模型进行受力分析,

分析结果如图 11.3-19 所示。该节点区平均最大应力为 210MPa，局部应力集中处最大应力为 265MPa，满足设计要求。

图 11.3-19　主桁架下弦节点应力分析结果（单位：MPa）

（3）钢屋盖的抗连续倒塌分析

为确保屋盖结构在极端状态下的安全性，对承载最大的中间榀主桁架进行单榀桁架整体失效的抗连续倒塌验算。计算中仅考虑结构自重及吊挂等恒荷载标准值作用，不考虑屋面活荷载、地震及风荷载作用。计算结果表明，中间榀桁架失效后，其两侧相邻主桁架支座区域的杆件应力均有所增大；失效主桁架两侧相邻两跨内的各榀次桁架的拱效应发挥明显，杆件应力明显增加；屋盖总体仍处于弹性工作状态，屋盖不会发生连续倒塌的情况。其中与失效主桁架相邻桁架杆件受力计算结果见表 11.3-2。

与失效主桁架相邻主、次桁架杆件最大应力及其应力比　　　　　　　　表 11.3-2

指标	相邻主桁架			相邻次桁架		
	上弦	下弦	斜杆	上弦	下弦	斜杆
最大应力/MPa	253	195	234	111	334	333
最大应力比	0.86	0.66	0.75	0.38	1.13	1.07

3．酒店结构分析

酒店 1 层大堂和 2 层的宴会厅因建筑使用功能需要而有五处拔柱情况，因此在其上部楼层（设备层）相应位置设 5 根钢骨混凝土转换梁以承托上部框架柱，转换柱采用钢骨混凝土柱。一般施工过程中转换梁上部逐层施工，转换梁及其上部各层无法共同形成刚度，转换梁在此过程中主要承受弯矩和剪力。若转换梁与其上 1 层或多层一同形成刚度，形成一榀空腹桁架受力，转换梁作为桁架下弦则基本以拉弯受力为主，受力状况将得到明显改善。为使转换构件设计更经济合理，选择 5 种施工加载方式对比计算，结果见表 11.3-3（以轴 M11 转换梁为例）。

由表中计算结果可知，随着空腹桁架包含楼层数的增加，转换梁的弯矩和剪力、所承担的上柱荷载有所减小，转换梁内钢骨截面及纵箍配筋量相应减小，降低施工难度。考虑到空腹桁架包含楼层数过多，将影响模板和支撑周转周期，对支撑体系的承载力和刚度的设计要求也将提高。综合考虑上述影响，设计中要求空腹桁架包含的楼层为 3～6 层。即要求在施工过程中，3～6 层的框架混凝土均达到设计要求强度后，方可拆模形成整体受力体系，共同承担上部结构的施工荷载。

不同施工加载方式计算结果　　　　　　　　表 11.3-3

空腹桁架包含的楼层号	3 层	3～4 层	3～5 层	3～6 层	3～7 层
跨中弯矩/kN·m	92099	89827	89039	87775	86628
剪力/kN	14198	14108	14017	13888	13766
上柱轴压力/kN	11672	11511	11357	11142	10938

11.4 专项设计

11.4.1 铝屋盖结构设计

本工程展馆区、多功能厅及会议中心各建筑钢屋盖上部、各建筑单体间的道路及广场区域上空，均设置了连续的单层铝结构屋盖。铝结构屋盖的总覆盖面积达到 53.7 万 m²，铝型材用量近 1 万 t，是目前世界上覆盖面积最大的铝壳装饰屋面。

铝结构设计需要注意：（1）铝材的弹性模量比钢材低，铝型材构件的抗弯刚度相对也偏低；（2）由于铝材的焊接强度降低较多，铝构件连接多采用板式（temcor）圆盘节点做法，用不锈钢铆钉对节点板与铝型材进行连接。此种节点做法要求壳体曲率变化不宜过大；（3）铝构件与钢结构连接的节点需做好防电化学腐蚀隔离设计。

铝屋盖结构体系自下而上总体由三部分组成：（1）各结构单位的钢屋盖结构；（2）屋顶钢结构树状柱（或小钢短柱）；（3）铝结构屋盖结构（或铝格栅屋面）。展馆区铝屋盖构成如图 11.4-1～图 11.4-3 所示。铝格栅屋面结构按2.6m × 2.4m、2.4m × 2.4m两种矩形网格布置主杆，并在对角线处加设斜杆。综合考虑产品特点及结构受力要求，造型屋盖铝合金材质为 6061-T6。格栅结构两个主受力方向的铝合金型材截面为 H300 × 150 × 8/10，斜向构件截面为 H300 × 150 × 6/10。铝合金杆件在交汇处采用板式节点连接，各杆件的上、下翼缘分别与 10mm 厚铝合金节点板通过 QBH9.66 × 20不锈钢环槽铆钉连接，如图 11.4-4 所示。铝屋盖结构设计采用 MIDAS Gen 软件完成，构件模型采用常规梁单元，节点按刚接处理，设计中偏安全考虑对结构强度和刚度进行了相应折减。

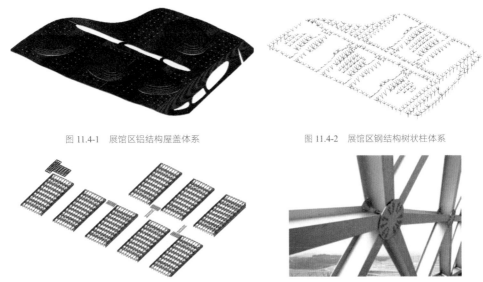

图 11.4-1 展馆区铝结构屋盖体系　　　　　图 11.4-2 展馆区钢结构树状柱体系

图 11.4-3 展馆区主体钢屋盖体系　　　　　图 11.4-4 单层铝壳 temcor 圆盘节点现场照片

铝格栅屋面区域支承体系主要由支撑平面铝格栅区域的小方短柱、支撑生态包和悬挑铝格栅区域的树叉柱组成。位于金属屋面上的小方短柱，其根部均固定在上层金属屋面板的直立锁边上以确保不穿透屋面。铝单壳区域支撑体系主要为树状柱，树状柱多采用圆钢管相贯焊接而成，生根于钢屋架上弦、局部屋面混凝土梁柱顶，部分位于室外通道两侧和室外广场的树杈柱根部直接插入地坪以下的桩基础内。

酒店屋顶椭球形单层铝壳结构的纵、横向跨度分别为 67.2m 和 40.6m，矢高为 15.7m，采用空间等边三角形网格形式，网格长度为 2.5m，底部支撑于结构顶层钢筋混凝土封边环梁上，网壳计算模型如图 11.4-5 所示。杆件统一选用 H300 × 150 × 8 × 10铝型材，采用板式圆盘节点，网壳根部端斜杆与支座埋件间采用不锈钢型材过渡以防止电化学反应。考虑后期使用阶段铝网壳外侧可能封闭，设计中屋面恒

荷载取 $1.0kN/m^2$，活荷载取 $0.5kN/m^2$。

　　采用 MIDAS Gen 对单层铝网壳进行了承载力分析和屈曲分析。承载力分析结果表明，杆件最大应力出现在铝网壳底部端斜杆处，杆件最大应力比为 0.73。屈曲分析分别考虑以下三种工况：①恒荷载＋活荷载，②恒荷载＋半跨活荷载，③恒荷载＋Y向风荷载；选取对应出现整体凹陷的屈曲模态作为初始缺陷分布模态，如图 11.4-7 所示。取各屈曲模态中位移最大点作为控制点，最大初始缺陷值取网壳短跨的 1/300（即 136mm），按比例调整各节点坐标得到初始缺陷的屈曲模型进行荷载-位移全过程分析。各工况下单层铝网壳的荷载-位移曲线如图 11.4-6 所示。分析结果表明：各工况下网壳的失稳模态基本表现为不同部位的凹陷屈曲，工况①~③下网壳失稳的荷载系数分别为 29、27.5、26，均大于 5，结构整体稳定性满足规范要求。

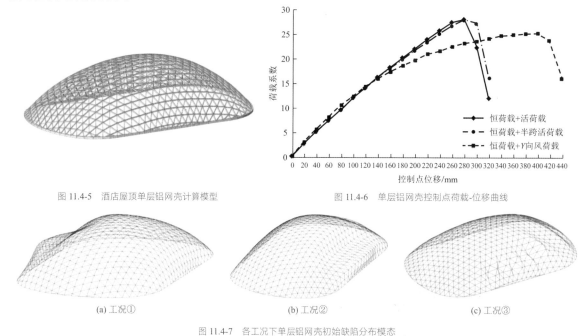

图 11.4-5　酒店屋顶单层铝网壳计算模型　　　　图 11.4-6　单层铝网壳控制点荷载-位移曲线

(a) 工况①　　　　　　　　　(b) 工况②　　　　　　　　　(c) 工况③

图 11.4-7　各工况下单层铝网壳初始缺陷分布模态

11.4.2　树状柱结构设计

　　铝合金屋盖的支撑体系为钢结构树状柱和方短柱两类。对于在钢结构直立锁边屋面上的铝合金平屋面则由小方短柱支承在钢结构立体桁架或主檩条上，统一采用400×400箱形截面，壁厚根据受力分别选用 16mm、20mm、25mm 三种。对于钢屋盖立体桁架上的树状柱，其树干为方形柱，尺寸为□700×500×24×24和□900×600×24×24两种；生根在地面或混凝土结构上的树状柱的树干均为圆管，圆管截面为 D800×(25~40)和 D1000×30；所有树状柱的枝干均为圆管，管径为 D351×16~D500×30。树状柱 D800×40钢材采用 Q345GJC，其他均采用 Q345B 钢。

　　因树状柱枝干较长（最长达到 20m），为保证其安全性，防止在偶然荷载下出现连续倒塌，在枝干端部布置了拉索，通过拉索将树状柱不同枝干相互拉结在一起或与主结构连接在一起，增强不同枝干之间及与铝合金屋盖的整体性。拉索为 GALFAN 镀层（锌−50%铝混合稀土合金镀层）钢绞线拉索，强度级别为 1670MPa，索体直径为 ϕ32，最小破断力为 868kN，弹性模量为 $1.6 \times 10^5 N/mm^2$，锚具为铸钢锚具。

1. 树状柱的节点设计

　　树状柱根据其支座位置的不同分为以下四类：A 类柱的柱底为地面，主要是通道 ST/NT、广场 SG/NG 的树状柱；B 类柱的柱底为混凝土柱，主要分布在各展馆长向端部；C 类（包括 C1 和 C2）柱均以展馆钢结构为支撑，其中 C1 支撑在桁架端部支座上，C2 支撑在立体桁架上弦；D 类柱的柱底为展馆短向两侧的混凝土悬挑梁。

　　A 类柱柱脚采用埋入式节点（图 11.4-8），B 类柱柱脚与主体结构通过预埋件连接（图 11.4-9），位于屋盖桁架端杆处的 C1 类树状柱柱脚与桁架支座连接（图 11.4-10）。C2 类树状柱与立体桁架上弦相贯焊接，相贯节点区的桁架上弦杆局部加大，并增设节点肋板进行加强，如图 11.4-11 所示；为减小温度应力对树状柱及钢桁架的影响，与树状柱连接的 14m 长檩条端部为铰接或轴向释放，立体桁架两上弦之间 4m 长檩条则与树状柱刚接以加强树状柱与立体桁架的整体性。D 类树状柱为倾覆力较大的折形柱，与混凝土梁连接采用了对穿预埋件以确保树状柱柱脚的节点刚度，如图 11.4-12 所示。

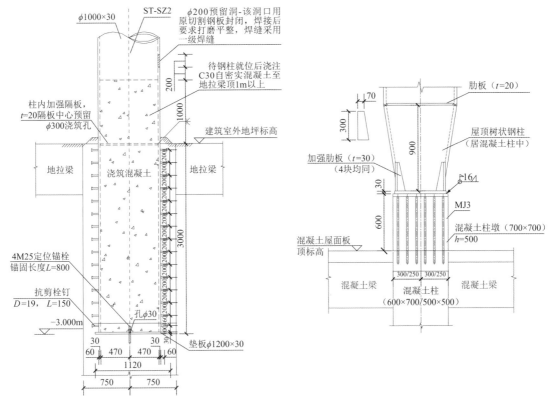

图 11.4-8　A 类树状柱柱脚做法　　　　　　　　　　　图 11.4-9　B 类树状柱柱脚做法

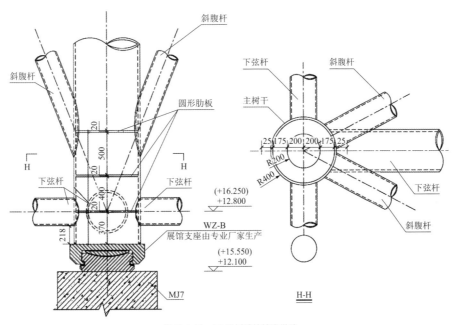

图 11.4-10　C1 类树状柱柱脚做法

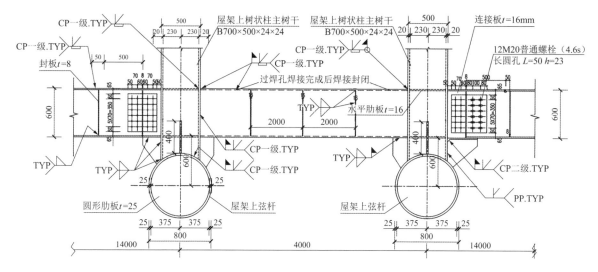

图 11.4-11　C2 类树状柱与立体桁架连接做法

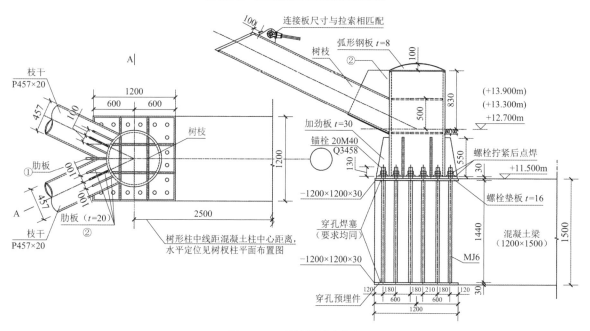

图 11.4-12　D 类树状柱柱脚做法

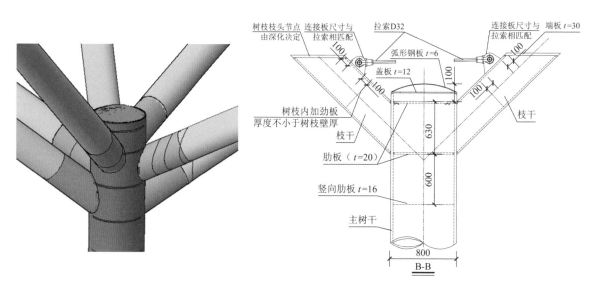

图 11.4-13　树状柱枝干相贯节点一般做法

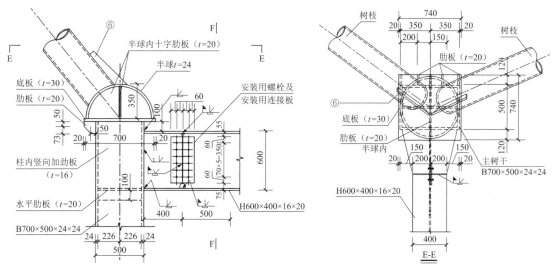

图 11.4-14　C2 类树状柱枝干相贯节点做法

　　由于与树状柱树干连接的枝干较多，为尽量避免枝干之间相贯，对部分枝干的相贯点进行上下平移，具体做法如图 11.4-13 所示，该节点做法为除 C2 类、D 类树状柱以外其他树状柱枝干相贯节点做法。对于 C2 类树状柱即桁架顶部树状柱节点做法如图 11.4-14 所示。考虑到钢屋盖结构超长，为减小温度工况下檩条连续布置对立体桁架的影响，檩条节点一端刚接一端轴向释放。

2. 树状柱的计算长度

　　树状柱的支撑有效地减小了屋顶铝格栅的跨度和悬挑长度，将屋顶格栅跨度总体控制在 13m 以内（悬挑长度 6.5m 以内）。为确保树状柱及枝干结构设计安全、计算长度取值准确可靠，对树状柱进行了特征值屈曲分析。以展馆 Se1/Ne1 及 Sw1/Nw1 为例，各展馆的稳定承载力特征值分析结果如图 11.4-15、图 11.4-16 所示。

　　因格栅支撑下端与钢柱相贯连接，上端通过铝合金格栅与其他支撑形成侧向稳定支撑，各个支撑分配的轴力不同，使各支撑起到了相互支持的作用。综合支撑上下端约束条件，支撑的计算长度系数小于 1。考虑其重要性，支撑的强度和稳定分析中计算长度系数均取 1.0。其他支撑上下端的约束条件类似，计算长度系数也均按 1.0 取。

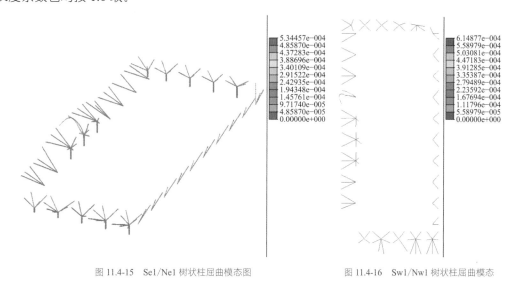

图 11.4-15　Se1/Ne1 树状柱屈曲模态图　　　　图 11.4-16　Sw1/Nw1 树状柱屈曲模态

　　因树状柱枝干较长且部分枝干与主干夹角较大，导致其由压弯构件转变为弯曲构件，节点受力较为复杂。而铝合金材料的弹性模量为钢材的 1/3，且格栅连接节点经研究不能完全按刚性节点考虑，导致铝格栅刚度偏小，特别是生态包区域的铝格栅采用折板体系，导致铝格栅无法对下部支承的树状柱形成有效的拉结。

为增强树状柱枝干之间的整体性，同时为防止在偶然荷载下因局部构件失效导致树状柱的连续性倒塌，设计中采用拉索对树状柱的枝干顶端进行拉结。考虑到树状柱各枝干的最优受力状态是轴压，确定拉索最优布置设计原则为：在枝干顶端布置相同竖向力的情况下，枝干与树干的连接处弯矩最小。经设计优化后的不同枝干数的树状柱拉索布置形式如图 11.4-17 所示。

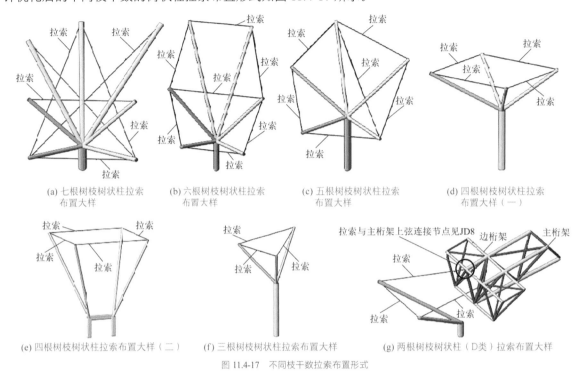

(a) 七根树枝树状柱拉索布置大样   (b) 六根树枝树状柱拉索布置大样   (c) 五根树枝树状柱拉索布置大样   (d) 四根树枝树状柱拉索布置大样（一）

(e) 四根树枝树状柱拉索布置大样（二）   (f) 三根树枝树状柱拉索布置大样   (g) 两根树枝树状柱（D类）拉索布置大样

图 11.4-17 不同枝干数拉索布置形式

11.4.3 特殊结构构件设计

1. 酒店转换构件的大震弹塑性分析

位于酒店 3 层的各榀托柱转换梁柱均属于重要的受力构件，设计采用钢骨混凝土组合构件以提高其承载能力和延性。转换柱上延至 4 层，内设构造钢骨以减小刚度突变的影响。转换梁截面尺寸为 1000mm×3490mm，梁内钢骨采用 H2890×600×60×60；转换柱截面尺寸为 1600mm×1400mm，柱内钢骨采用 H1000×600×60×60；转换柱上一层（4 层）框架柱截面尺寸为 1000mm×800mm，柱内钢骨采用 H500×300×20×20。转换梁、转换柱均采用 C60 混凝土一次整浇，纵筋和箍筋均采用 HRB400，钢骨采用 Q345GJC。

采用 ANSYS 软件对各转换构件进行了大震标准组合下的弹塑性有限元分析，以确保转换构件设计安全。图 11.4-18～图 11.4-20 分别为位于（M16）轴的转换构件在大震下的混凝土、纵向钢筋及梁内钢骨的主应力云图。

由图 11.4-18 可以看出，转换梁跨中底部少量混凝土单元拉应力超过抗拉强度标准值，出现裂缝；转换梁顶托上部框架柱和支座处梁底压应力最大值为 −22.251MPa，小于混凝土抗压强度标准值。由图 11.4-19 可以看出，转换梁下部配筋最大拉应力 319.969MPa，处于弹性受力阶段。由图 11.4-20 可以看出，转换梁内钢骨下翼缘跨中拉应力最大值为 206.532MPa，处于弹性工作状态。计算结果表明，各转换构件在罕遇地震工况下总体处于弹性工作状态，局部出现应力较大的区域，但均位于节点区之外，节点核心区内应力较小。

经典回眸 北京市建筑设计研究院有限公司篇

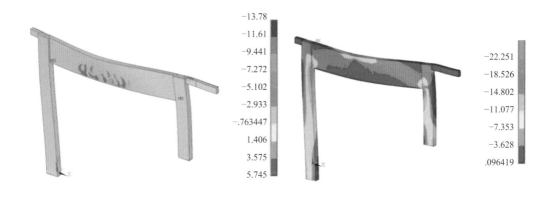

<table>
<tr><td>(a) 混凝土σ_1主应力图</td><td>(b) 混凝土σ_3主应力图</td></tr>
</table>

图 11.4-18　转换构件混凝土主应力云图（单位：N/mm²）

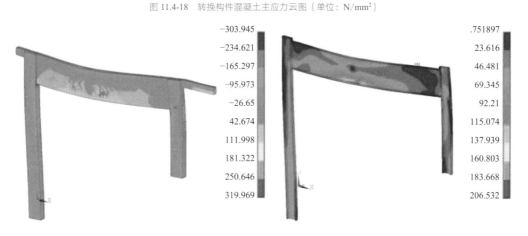

图 11.4-19　转换构件纵筋应力云图（单位：N/mm²）　　　　图 11.4-20　转换构件钢骨主应力云图（单位：N/mm²）

2. 酒店混凝土斜撑节点区应力分析

由于酒店沿纵向逐层缩进，在 8、11 层两端局部形成 6.3～8.0m 跨的悬挑区。为减小悬挑长度，在相应区域设500mm×500mm的钢筋混凝土斜撑（下层无框架梁），图 11.4-21 为酒店 8 层端部悬挑区现场照片。斜撑配筋如图 11.4-22 所示。考虑斜撑根部节点区受力较为复杂，采用 ANSYS 软件单独对节点区建模，进行设防地震工况下的弹塑性有限元分析，结果如图 11.4-23、图 11.4-24 所示。

由图 11.4-23（a）可知，节点区混凝土单元拉应力最大值为 2.323MPa，小于框架柱和斜撑混凝土（C50）的抗拉强度标准值，略大于框架梁混凝土（C30）的抗拉强度标准值，梁端混凝土开裂。由图 11.4-23（b）可知，节点区及梁端的混凝土单元压应力最大值分别为−19.231MPa 和−7.638MPa，均小于各构件混凝土抗压强度标准值。由图 11.4-24 可知，节点区各构件内钢筋（含纵筋及箍筋）所受拉应力均较低，框架梁上铁拉应力最大值为 342.994MPa，小于所用 HRB400 钢筋的抗拉强度标准值。分析结果表明，设防地震工况下斜撑节点区未出现较大的应力集中，处于弹性工作状态。

图 11.4-21　酒店 8 层端部悬挑区现场照片

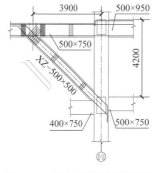

图 11.4-22　酒店 8 层端部斜撑配筋图

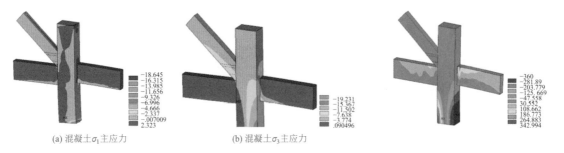

(a) 混凝土σ₁主应力   (b) 混凝土σ₃主应力

图 11.4-23　节点区混凝土主应力图（单位：N/mm²）　　　　图 11.4-24　节点区钢筋应力图（单位：N/mm²）

3．异形旋转钢梯设计

酒店 1 层大堂设单跑旋转钢楼梯至 2 层，楼梯高 8m，平面由 3 个曲率不等的相切圆弧拼接而成。该旋转楼梯的两端及层间混凝土挑梁可作为其支座。为增强楼梯的抗弯扭刚度，减轻楼梯自重，旋转楼梯主体结构采用口 B2200×311 箱形梁，上下翼缘板厚度为 14mm，肋板厚度为 10mm，钢材采用 Q235B。为提高旋转楼梯的舒适度、方便楼梯面石材面层铺装，踏步采用现浇 LC20 轻集料混凝土，内部配抗裂 $\phi6@150$ 双向钢筋网片。楼梯主体结构做法如图 11.4-25 所示。

考虑旋转楼梯自身受力较为复杂，对各支座钢筋混凝土梁的弯扭影响较大，采用 MIDAS Gen 对其单独建模，楼梯采用壳单元，考虑活荷载的满布、上/下梯段布置、左/右半跨布置等 15 种荷载工况下的应力计算分析。经对比分析，其最不利荷载工况为满布活荷载工况，此工况下旋转钢楼梯应力云图如图 11.4-26 所示。分析结果表明，最不利荷载布置工况下，旋转钢楼梯最大应力为 94.5N/mm²，竖向振动频率为 4.7Hz，均满足规范对结构安全及舒适度的相关要求。

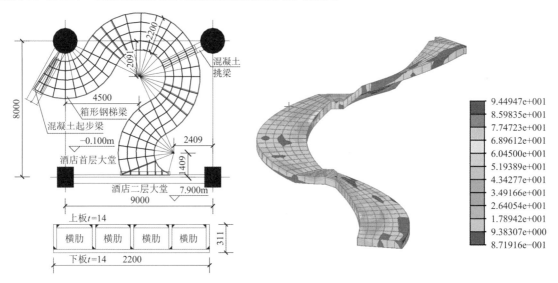

图 11.4-25　酒店首层异形旋转钢梯结构剖面图　　　图 11.4-26　最不利荷载布置工况下旋转钢楼梯应力云图（单位：N/mm²）

11.5　试验研究

目前国内对铝合金结构相关规范对板式（temcor）节点缺乏具体节点承载力计算公式，对本工程构件以弯、剪受力为主的圆盘节点受力性能研究工作基本空白，结合本工程对以承受弯矩和剪力为主的板式节点的承载能力、如何改进此节点等问题展开了相关科研工作。

11.5.1　试验设计

本试验在浙江大学空间结构研究中心实验室进行。综合考虑实际工程设计、试验场地、加载条件、测试设备等因素，确定从屋面短柱支承区截取一典型格栅结构区域作为试验模型（图 11.5-1），网格数量为7×4，为足尺模型。试验模型共加工两套，一套为节点处腹板间断的铝合金格栅结构，另一套为节点处腹板加强的铝合金格栅结构。支座节点设置在网格对角线方向杆件的交点处。

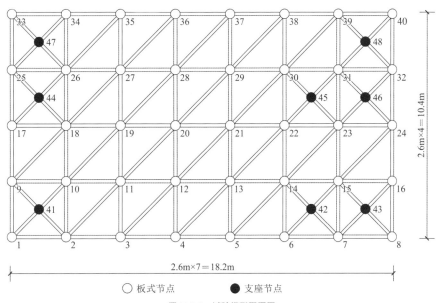

○ 板式节点　● 支座节点

图 11.5-1　试验模型平面图

对于节点处腹板间断的试验模型，基本构造完成以后不再作其他处理，见图 11.5-2（a）；对于节点处腹板加强的试验模型，还需在节点处对正交杆件的腹板采用铝合金连接板或角铝进行连接，从而提高节点的刚度，如图 11.5-2（b）、（c）所示。

(a) 腹板间断　　　　　　　　　　(b) 腹板采用连接板加强　　　　　　　　　(c) 腹板采用角铝加强

图 11.5-2　节点处杆件腹板处理方式

荷载值的确定遵循等效自重倍数的原则，实际工程与两个试验模型的自重均为 20.0kg/m² 左右。根据以上分析，确定加载级数为 5 级（包含加载架），各级荷载施加完毕后对应的等效自重倍数依次为 1.0 倍、1.5 倍、2.0 倍、2.5 倍、3.0 倍。

模型试验测试内容包括四个方面：（1）模型初始形状，测试模型安装完成后各节点的初始坐标，重点考察竖向坐标；（2）杆件翼缘正应力，对各级荷载作用下测点截面由弯矩引起的最大正应力进行测试；（3）杆件腹板剪应力，对各级荷载作用下测点截面腹板中性轴上的剪应力进行测试；（4）节点位移，测试各级荷载作用下板式节点的竖向位移和支座节点的水平位移。

11.5.2 试验结果及分析

通过对节点腹板间断和腹板加强模型在5×2、6×2、6×3三种支承条件下的加载试验结果进行分析，得到如下结论：

（1）不同支承条件下，两个试验模型在各级荷载作用下的应力值均处于较低水平。两个试验模型的最大测点剪应力值始终较小，到第四级荷载下最大值为16.95MPa；在加载架（1.0倍自重）作用下，各模型的最大测点正应力为24.17MPa，在第一级荷载（1.5倍自重）和第四级荷载（3.0倍自重）施加完毕后，该值分别为36.84MPa和74.17MPa。

（2）不同支承条件下，两个试验模型的内力与荷载呈线性变化规律。在相同的支承条件和荷载级下，节点腹板间断和腹板加强试验模型的对应测点正应力基本一致；对应测点的剪应力值虽有差别，但也保持一致的变化规律。

（3）在各支承条件下，加载过程中两个试验模型的节点竖向位移和荷载基本呈线性变化规律。

（4）两个试验模型刚度较弱，在试验过程中均产生了非常明显的大变形。在仅有加载架（1.0倍自重）的作用下，试验模型的挠跨比最大已经达到1/200左右；在第四级荷载（3.0倍自重）作用下，模型的挠跨比已达到1/100左右。两个试验模型在加载后均产生了较为明显的残余变形，如图11.5-3所示。

图 11.5-3　节点腹板加强模型在支承条件5×2下加、卸载过程产生的残余变形

将各测点的试验实测值与有限元模型中对应位置处的计算结果进行对比分析，可得到以下结论：

（1）铝合金杆件翼缘正应力测试数据与理论值结果吻合较好，且两个模型的实测值之间差异不大。在不同的支承条件下，两个模型各测点截面的最大正应力保持了线性变化规律，这与有限元计算结果是一致的。

（2）节点附近杆件腹板中性轴剪应力实测值与三组有限元计算结果差距较大，但变化规律与壳单元模型结果一致，均出现了腹板剪应力放大效应。节点处腹板采取加强措施后，剪应力放大效应有所降低，但从实测结果来看，降低幅度不大。由计算分析可知，节点承受的剪力值与附近加载点的荷载大小密切相关。在理论计算模型中，采取的假设为各加载点施加的荷载一致，即认为每个加载架会将荷载通过与试验模型接触的8个加载点均匀地传递到模型上；但在实际加载过程中，由于模型变形、加工误差等因素的影响，每个加载架与模型接触的8个加载点并不能实现荷载的均匀传递。因此，剪应力实测值与理论值会出现较大的出入。

（3）试验模型节点竖向位移与有限元计算结果的吻合程度受节点板与杆件翼缘之间滑移的影响较大。对比各组实测值与计算结果可以看出，不同支承条件下位移测点的试验实测值与有限元计算结果的吻合程度并不完全一致，造成这种现象的原因是节点区域的节点板与杆件翼缘之间产生了滑移，如图11.5-4所示。

(a) 加载前   (b) 加载后

图 11.5-4 加载前后节点板与杆件翼缘之间产生相对滑移

11.5.3 试验结论

通过对铝合金格栅结构足尺模型试验结果的分析，可得到以下结论：

（1）在相当于 3.0 倍自重的外荷载作用下，铝合金格栅结构的正应力和剪应力都处于较低水平，荷载和内力之间基本呈线性关系，试验加载过程未出现整体和局部失稳现象。

（2）铝合金格栅结构在自重作用下变形满足规范要求，挠度在跨度的 1/300 左右。铝合金格栅结构整体刚度较小，在外荷载作用下易产生较大变形，其实际承载能力受变形指标控制。

（3）在吊装及受荷过程中，由于节点板与杆件翼缘板之间摩擦力不足，易产生相对滑移而导致结构出现不可恢复的变形。

（4）节点处腹板采取加强措施可改善节点区域杆件腹板的剪应力分布，但对整体结构的受力（内力和变形）性能影响不大。

根据试验结果与数值计算结果对比，对以弯曲为主的铝合金格栅结构的设计方法建议如下：

（1）采用不考虑节点区域构造的梁单元模型可反映结构中杆件正应力的大小和分布，但节点区域杆件腹板剪应力无法准确模拟。考虑到模型试验实测的剪应力一直处于较低水平，因此采用梁单元模型对结构进行内力分析是可行的。

（2）设计施工中应考虑节点区域节点板与杆件翼缘间可能出现的相对滑移对结构位移和残余变形的影响。在铆钉孔径的加工精度和铆钉的安装精度不能得到有效保证的情况下，环槽铆钉不应按承压型螺栓设计。

（3）对于以弯曲受力为主的铝合金格栅结构而言，在外荷载较大或结构跨度较大的情况下，整个结构的设计可能受变形控制，因此应重视结构的刚度设计。

11.6 结语

重庆国际博览中心各单体建筑使用功能不同，且存在不同的设计难点，该工程已建成并投入使用多年，是国内超大型会展建筑综合体建筑中的成功案例。在结构设计过程中，主要完成了以下几方面的创新性工作：

（1）展馆区屋盖为双层屋面，铝合金屋面对下层屋面的影响较大。设计结合整体计算，同时结合合理设置温度缝及单/双向铰支座等构造措施，减小铝合金屋盖温度效应对主体结构的影响。展馆区树状柱顶端抗连续倒塌拉索的设计，将不同枝干拉结在一起，增强了不同枝干之间及与铝合金的整体性。

（2）多功能厅结构存在整体超长、屋盖结构跨度大且荷载较重等特点。针对上述结构特点，采用 **MIDAS Gen** 对超长混凝土结构进行了整体温度应力分析，对大跨度钢屋盖进行了中震弹性验算及抗连续性倒塌验算，并对主桁架关键相贯节点进行了应力分析。

（3）对酒店的转换构件及斜撑节点等重要构件进行中、大震作用下有限元分析，对旋转钢楼梯进行多工况下有限元分析和舒适度验算，对屋顶铝单网壳进行考虑初始缺陷的极限承载力分析。

（4）完成了腹板在节点处断开与连续两种情况的足尺铝合金格栅结构模型试验及数字分析，验证了本工程铝合金格栅结构具有足够的承载能力储备。完成了铝格栅结构的标准节点、支座节点、台阶变化处节点三类节点试验，对标准节点提出了不同加强构造对节点承载能力的提高效果。

11.7 延伸阅读

扫码查看项目照片、动画。

参考资料

[1] 重庆市地震工程研究所. 重庆会议展览馆建设场地地震安全性评价报告[R]. 2010.

[2] 西南交通大学风工程试验研究中心. 重庆西部国际会议展览中心风洞试验研究报告[R]. 2011.

[3] 浙江大学空间结构研究中心. 重庆国际博览中心铝合金格栅结构试验研究报告[R]. 2012.

设计团队

结构设计单位：北京市建筑设计研究院有限公司（初步设计＋施工图设计）

结构设计团队：卫　东、朱忠义、周文源、位立强、单瑞增、周忠发、秦　凯

执　笔　人：卫　东、周忠发

获奖信息

2017 年会第十五届中国土木工程詹天佑奖；

2017 年全国优秀工程勘察设计建筑工程设计奖一等奖；

2017 年全国优秀工程勘察设计建筑结构专业奖三等奖；

2017 年北京市优秀工程勘察设计奖专项奖（建筑结构）一等奖；

2017 年北京市优秀工程勘察设计奖综合奖（公共建筑）二等奖；

2015 年中国钢结构协会空间结构奖设计金奖。

第12章

国家大剧院

12.1 工程概况

12.1.1 建筑概况

国家大剧院位于北京西长安街南侧，人民大会堂西侧，占地面积 11.89hm²，南北纵向进深 450m，东西面宽 220m（北端）～250m（南端），剧院主体建筑面积 17.28 万 m²，另外还有与其连在一起的、为整个天安门地区服务的地下车库（4.6 万 m²），总计 21.9 万 m²。其主体由歌剧院、音乐厅、戏剧场和多功能小剧场组成。四个剧场的功能和装修风格各具特色，歌剧院金碧辉煌，有 2354 个座位，可供大型歌剧、芭蕾舞剧以及大型综合性文艺演出；音乐厅典雅大方，有 1966 个席位，专供各种类型、各种规模的音乐演出；戏剧场传统别致，有 1038 个席位，可供话剧及地方戏曲演出；多功能小剧场灵活多变，可容纳 510 个座位，供室内音乐、实验性话剧、讲座以及集会使用。

大剧院外观效果如图 12.1-1 所示，歌剧院观众厅室内效果如图 12.1-2 所示，音乐厅观众厅室内效果如图 12.1-3 所示。剧场舞台层整体平面如图 12.1-4 所示，歌剧院剖面如图 12.1-5 所示。

图 12.1-1　大剧院外景　　　　　　　图 12.1-2　歌剧院观众厅　　　　　　　图 12.1-3　音乐厅观众厅

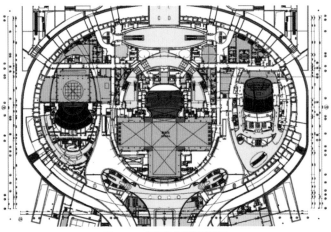

图 12.1-4　剧场舞台层整体平面

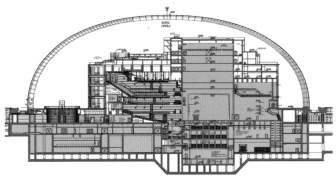

图 12.1-5　歌剧院剖面

12.1.2 设计条件

1. 主体控制参数

控制参数见表 12.1-1。

控制参数 表 12.1-1

结构设计基准期	50 年	建筑抗震设防分类	乙类
结构耐久性	100 年	抗震设防烈度	8 度（0.20g）
建筑结构安全等级	一级（结构重要性系数 1.1）	设计地震分组	第一组
地基基础设计等级	一级	场地类别	Ⅱ类
卓越周期	$T_g = 0.38s$	α_{max}	0.18

2. 风荷载

基本风压 $W_0 = 0.50kN/m^2$（100 年一遇），地面粗糙度 C 类，并与风洞试验结果取包络。

3. 地震效应荷载

按北京市地震局震害防御与工程研究所于 2000 年 10 月提供的《国家大剧院工程场地地震安全性评价报告（二期）》场地 100 年不同超越概率，不同阻尼比条件下−11.5m 处加速度设计地震动参数表的规定取值。本工程的混凝土结构的第一阶段抗震计算超越概率为 63%，阻尼比为 0.05，结构地震影响系数 $\alpha_{max} = 0.18$。

4. 特殊荷载

剧场由于功能的特殊性，舞台机械、布景、座椅、吊挂等都有一些特殊的布置要求和荷载要求，具体内容详见设计文件《活荷载、设备荷载的分布》。

12.2 建筑特点

国家大剧院工程作为 21 世纪北京乃至全中国的标志性工程，具有建筑创意完美、结构形式独特、内在功能一流的特点。该项目由于造型的独特和功能的特殊，对结构设计和计算提出了许多特别的要求。

12.2.1 大跨屋面网壳

巨大的超椭圆形壳体无疑是国家大剧院最富特色的形态，其平面投影东西向长轴长度为 212m，南北向短轴为 143m，高度为 46m。壳体设计采用了一个 2.2 次幂的超椭球方程，不但巧妙地满足了同一屋檐下三个剧场的放置要求，同时精确而又简单地解决了设计建模、制图、施工定位的复杂问题，完美地诠释了现代建筑的精髓。屋面钢结构与下部混凝土结构之间的相对关系可参见图 12.2-1，室内效果如图 12.2-2 所示。巨大的空间结构由 148 榀弧形桁架和中部的环梁组成，形成双层钢结构网壳，上部覆盖着玻璃和钛金属板，玻璃的形状宛如一幅打开的大幕充满神秘色彩，面向城市，好似一座城市中的舞台，一座城市中的剧院。

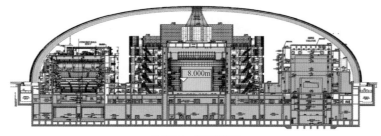

图 12.2-1 剧场横剖面

图 12.2-2 入口前厅内景

12.2.2 超长屋面钢结构支座环梁

建筑功能布置要求屋面钢结构直接坐落在下部混凝土结构上，为协调上部钢结构和下部混凝土结构的刚度及变形，采用沿屋面钢结构周边布置的混凝土环梁作为连接构件，上部钢结构采用埋件及锚栓与混凝土环梁连接，环梁与下部混凝土结构采用滑动支座连接。上部钢结构、环梁及下部混凝土结构的相对关系如图 12.2-3 所示。

图 12.2-3 屋面钢结构环梁

12.2.3 功能布置转换

歌剧院由于功能要求，上部为观众厅和弧形公共环廊，观众厅墙体和框架柱均采用弧形布置，如图 12.2-4 所示，下部为舞台布景制作、排练厅、演播室等重要配套功能，为正交结构布置，如图 12.2-5 所示。结构需要根据建筑功能的布置和要求，进行竖向构件的转换，对计算和构造都有较高的要求。

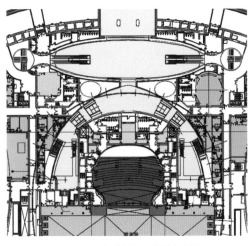

图 12.2-4 歌剧院地下二层局部布置

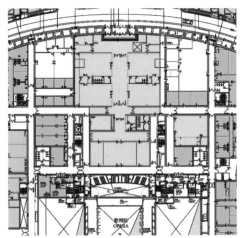

图 12.2-5 歌剧院地下一层局部布置

12.3 体系与分析

大剧院的主体建筑由外部围护结构和内部的歌剧院、戏剧场、音乐厅及公共大厅、配套用房组成。外围护结构为超椭球形的钢结构壳体，坐落在±0.000处混凝土大环梁上。三个剧场的主体结构部分采用钢筋混凝土框架剪力墙结构，其中柱子采用劲性钢筋混凝土柱和钢管混凝土柱。

12.3.1 结构选型

1. 屋面壳体

国家大剧院屋面钢结构网壳，造型独特，结构新颖，东西长轴尺寸为212.2m，南北短轴尺寸为143.64m，壳体高度为46.285m，总覆盖面积约为2.5万 m²，结构空间约为87.3万 m³，总设计用钢量6750t，是当时最大型的双层空间网壳结构。网壳周边设置了148榀弧形变高度桁架，下端坐落在混凝土环梁上，上端与椭圆形钢环梁连接，在屋面不透明的钛板部分设置了双层斜撑加强网壳的整体稳定性。

网壳的外形采用2.2次幂的超椭球外形进行布置，定位精度要求高。计算中对构件的定位、荷载的取值及输入要求很高。网壳的整体计算模型如图12.3-1所示。网壳的稳定性分析十分重要，考虑几何非线性和初始缺陷进行整体稳定性分析。

大直径环梁作为屋面钢结构网壳的支座，高2m，宽3.30~4.30m，周长600余米，下部采用弹性支座与混凝土结构连接。环梁除了竖向承载力之外，在温度作用、风荷载、地震作用下的受力和变形控制非常重要。针对设备通风孔的设置，采用钢骨进行加强。中部压环局部如图12.3-2所示。

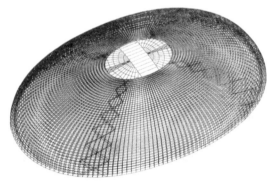
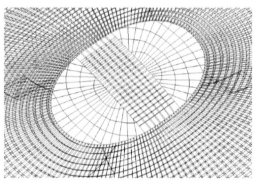

图12.3-1　屋面网壳计算模型　　　　　　　　　　　图12.3-2　中部压环局部布置

2. 歌剧院、音乐厅、戏剧场

剧场类建筑对隔声、隔振的要求很高，而混凝土结构相比钢结构更能满足建筑对隔声、隔振的要求，因此结构主体采用混凝土框架剪力墙结构。主要在观众厅、主舞台、后舞台、侧舞台周边布置墙体，在公共区和后勤区根据功能要求布置框架柱。计算模型见图12.3-3、图12.3-4。

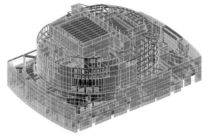

图12.3-3　戏剧场、歌剧院、音乐厅单塔计算模型

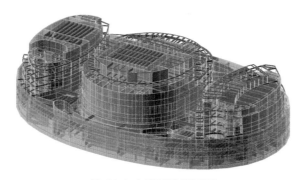

图 12.3-4 大剧院整体计算模型

3．基础

本项目采用天然地基，由于上部结构荷载不均匀，跨度相差较大，通过方案对比，采用箱形基础。基础高度 4.0m，歌剧院台仓局部基础高 5.0m。基础底标高为−26.000m，台仓最深处为−32.50m。箱形基础底板厚度为 1000mm，顶板厚为 600mm。地梁区格尺寸约为 4.0m × 4.0m，梁宽 800mm。与基础相连的上部剪力墙全部落在基础底板上。典型基础做法如图 12.3-5 所示。

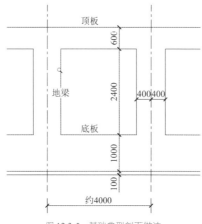

顶板

600

地梁 2400

400 400

底板

1000

100

约4000

图 12.3-5 基础典型剖面做法

本项目±0.000 标高 44.750m，抗浮设计水位 38.000m。由于基础埋置较深，水浮力很大，抗浮计算将直接影响到结构安全。通过方案对比，主体结构采用结构压重的方案，周边外墙采用格构式双层墙体挡土，台仓底板采用压重和自身刚度来抵抗水浮力。

施工期间降水，若采用常规的井点降水方法，会使该处形成"地下水漏斗"。随着不断地抽水，周边的土壤会因缺少地下水的"支撑"而产生沉降，并导致地基下陷。这将严重威胁人民大会堂等周边建筑的安全。经多方反复论证，最终采用地下连续墙方案，即将周边地下连续墙插入地下 40m 处厚 6m 的黏土滞水层中，形成了"大木桶"效应，仅在内部降水。使得这一难题迎刃而解。

12.3.2 结构布置

三个剧场在±0.000 以上为各自独立的结构单元，±0.000 以下为一个整体，采用框架剪力墙结构。结合建筑功能，在观众厅和舞台周边布置墙体，在公共区和后勤区根据功能要求布置框架柱，最大墙厚 700mm，最大柱截面 600mm × 1600mm。典型楼层布置如图 12.3-6 所示。

针对一些大跨和重载区域，采用多种方式进行结构布置。歌剧院观众厅顶板，标高 21.470m，最大跨度 36.600m，上部为公共休息区，下部设置舞台机械吊挂，荷载较大，采用单向混凝土预应力梁进行布置，如图 12.3-7 所示。歌剧院侧舞台和后舞台顶板，标高 14.580m，最大跨度 21.100m，上部需支撑多层办公，下部吊挂舞台机械，荷载要求高，采用双向预应力混凝土梁。歌剧院主舞台顶板，标高 33.500m，最大跨度 25.800m，上部为屋面，下部设置了多层舞台机械吊挂，荷载较大，采用单向钢骨混凝土梁。音乐厅观众厅顶板，标高 16.260m，上部为公共阅览区，下部设置了格栅及精装吊顶，采用单向预应力混凝土梁，如图 12.3-9 所示。戏剧场观众厅顶板，标高 11.830m，最大跨度 19.600m，上部需支撑多层功能布置，下部设置格栅及精装吊顶，采用单向预应力混凝土梁，如图 12.3-8 所示。戏剧场主舞台顶板，标高22.700m，上部为屋面，下部设置舞台机械，采用单向预应力混凝土梁。

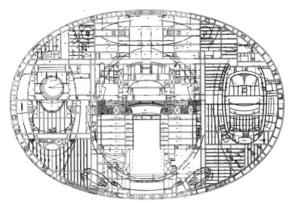

图 12.3-6 戏剧场、歌剧院、音乐厅−7.000m 标高布置

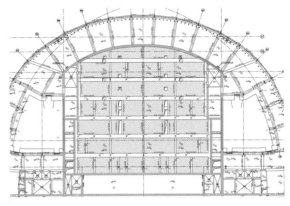

图 12.3-7 歌剧院观众厅顶板布置

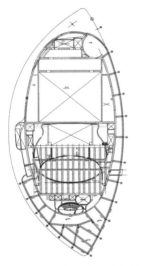

图 12.3-8 戏剧场观众厅顶板布置

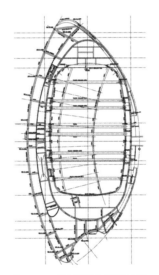

图 12.3-9 音乐厅观众厅顶板布置

12.3.3 加强措施

国家大剧院是国家重点工程，结构布置中存在多处不规则项，需要根据受力的特点进行加强。由于工程设计时还未开始执行超限审查制度，设计中未引入性能目标的概念，而是从概念设计的角度，加大结构的安全储备，对重点部位进行分析和加强。

（1）剧场墙体由于功能要求，普遍净高较高，稳定性要求高，提高主要墙体配筋率。

（2）剧场存在楼板大开洞，为保证水平力的传递，对舞台及观众厅周边楼板的配筋进行拉通加强。

（3）对于转换构件（包括托柱梁、厚板转换位置），在计算中进行详细分析，并对主筋进行加强。

（4）对于台口周边的暗柱，由于竖向荷载很大，加大截面尺寸并加强配筋。

（5）对于观众厅、舞台顶等大跨梁，由于端部支撑在周边墙体上，支座位置存在端部弯矩和钢筋锚固长度不足的情况，采用设置边框梁的方式进行加强，并在大跨梁端部墙体设置暗柱，保证端部弯矩的传递。

（6）对于框架柱，为保证二道防线，提高 $0.2Q_0$ 放大倍数的上限值。

12.3.4 结构分析

1. 屋盖结构

屋盖钢结构坐落在下部混凝土环梁上，环梁与下部混凝土结构采用弹性支座连接，因此，上部屋面钢结构的计算和下部混凝土结构的计算可以从弹性支座位置分开，保证荷载传递后可各自独立进行计算，具体内容详见 12.4.1 节。

2. 混凝土结构

国家大剧院虽然高度和层数均不大，但建筑对功能的要求极高。方案平面、立面的结构布置很不规则，许多竖向构件传力不直接，需经过多次转换。而作为水平构件的楼板，由于剧场功能要求导致开洞很大，从抗震的角度来说该体系不十分理想，并给结构计算、建模和整体分析增加了很大难度。

本工程的主要设计时间在 2001—2003 年，由于当时的计算软件的限制，针对结构布置中的多塔、错层、结构转换等计算难点，在保证计算精度的前提下，对模型的建立和参数的选取进行了相对应的简化和设置。最终对歌剧院、音乐厅、戏剧场建立分区模型和整体模型，并进行包络配筋。

1）计算模型的建立

（1）模型底部嵌固端位置的确定

模型底部嵌固端是传导地震效应的部位，根据工程的实际情况，消防通道标高为−11.000m，计算模型的嵌固端标高取−12.580m，北京市地震局 2000 年 10 月 16 日提供的《国家大剧院工程场地地震安全性评价报告二期》中提供了场地 100 年不同超越概率，不同阻尼比条件下−11.5m 处加速度设计地震动参数，结构计算的抗震分析就是按该报告提供的数据进行的。

（2）计算模型的简化

鉴于本工程十分复杂，构件数量、截面类型繁多，为保证主要受力构件计算结果的正确性，对计算模型进行了简化。本工程计算采用了 PKPM（SATWE）计算程序，该程序有容量限制，超过限制时无法生成计算使用的文本文件，也不能正常运行。为此，联系到该计算程序的编制人员，特为本工程进行了扩容，同时简化计算。

①计算楼层的简化

以能否传递整体水平地震作用为原则，选取部分楼层参与计算。只有水平连续的楼板才能有效地传递水平地震作用，不连续的局部楼板和夹层楼板不反映在计算模型中，而是将其垂直荷载加载在计算模型中，最终按照 8 个主要楼层进行计算。

②构件的简化

该工程的构件种类多、数量大，计算模型中输入了主要的墙、柱等受力构件，300mm 厚以上的墙体均输入了计算模型，并在局部考虑了 200mm 和 250mm 厚的墙体。±0.000 以下外圈的箱形基础墙体则仅考虑了 1m 厚的内侧墙忽略了外侧墙及横隔墙。

③楼板托柱、托墙的计算模型简化

由于该工程的复杂性，有许多楼板上托柱和托墙的情况，模型严格按照图纸布置，对于板上直接托柱、托墙的情况，在模型底部增设了"虚梁"，"虚梁"仅用于传递荷载，实际计算时程序自动去除。

2）程序的选用与设置

采用中国建筑科学研究院研制的 PKPM 软件，其中模型输入为 PM，结构计算为 SETWE。在 SATWE 中用杆元模拟梁柱及支撑，用在壳单元基础上凝聚而成的墙单元模拟剪力墙。

实际工程中有许多楼板开大洞的情况，洞口的分布对水平力的传递和竖向构件的约束有很大影响。由于楼板开洞形状不规则，在模型中统一采用开洞处板厚设置为 0 的方法处理楼板开洞。

由于本工程的特殊性决定采用弹性板假定来进行计算。首先板上托柱、托墙的情况必须通过弹性板进行荷载传递，其次，由于工程平面尺寸较大，平面十分复杂，考虑扭转时只有弹性板才能正确体现各点的位移。因此，模型中对各层楼板均采用弹性楼板假定（顶层除外）。但弹性板的设置会导致计算量成倍增加。

12.4 专项设计

12.4.1 大跨网壳结构设计

屋面钢结构网壳

国家大剧院屋盖结构采用了一种新型大跨度双层空腹网壳结构体系，为超椭球形的钢结构壳体，其东西长轴 212m，南北短轴 143m，建筑物总高度 46m。如图 12.4-1、图 12.4-2 所示。

壳体建筑外形曲面几何方程如下：

$$\left(\frac{x}{105.963}\right)^{2.2} + \left(\frac{y}{71.663}\right)^{2.2} + \left(\frac{z}{45.203}\right)^{2.2} = 1$$

其结构外部节点所在曲面由建筑外形曲面按偏离中心坐标 0.637m 得到，结构内部节点所在曲面由对应外部节点乘以比例系数得到，比例系数 $\alpha = (105.963 - 4.067)/105.963 = 0.96162$。

壳体由顶部环梁、148 榀辐射状的钢拱架和水平环向连系杆等组成。顶部环梁主要由折线状四边形箱梁、直线状矩形箱梁、H 型钢及支撑体系组成，平面呈椭圆状，长轴约 60m，短轴约 38m。148 榀钢拱架分 A、B 两种形式，A 型钢拱架用 60mm 厚钢板拼焊而成，共 46 榀，用于透明的玻璃区域；B 型钢拱架由 H 型钢拼焊而成，共 102 榀，用于不透明的钛板部分，如图 12.4-3～图 12.4-6 所示。水平系杆采用 $\phi194 \times 5$ 与 $\phi194 \times 8$ 等规格的钢管，水平环向布置。为增加整体刚度，局部加设了钢管斜撑。壳体在 ±0.000 处锚固于高度 2m、宽度渐变、周长近 600m 的混凝土大环梁内，大环梁与地下室主体结构间采用刚性滑动支座隔开，使得正常使用状态下及水平力作用下的两部分变形能够协调。

图 12.4-1 屋面网壳施工阶段照片图

图 12.4-2 网壳中部压环照片

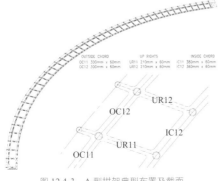

图 12.4-3 A 型拱架典型布置及截面

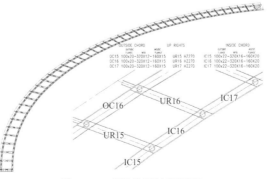

图 12.4-4 B 型拱架典型布置及截面

图 12.4-5 A 型拱架照片　　　　图 12.4-6 B 型拱架照片

在传统的网格结构中，构件常采用圆钢管，每一节点所连杆件较多，因而施工复杂。在大跨及超大跨度的结构中常采用多层形式，从外观角度讲，结构显得纷乱繁杂，难以实现建筑师提出的流畅、简洁、明快的要求。

法国 ADP 公司提出的网壳结构方案所采用的空间结构体系具有建筑造型美观、安装简便、传力明确、经济效益好等诸多优点，有别于一般的双层网壳结构体系。为验证该体系的受力和稳定性能，委托浙江大学土木工程系进行了壳体的内力和整体稳定性核算。

1）荷载条件

主要考虑以下几种荷载，其取值分值为：

（1）结构自重：由自编导载程序自动处理；

（2）屋面恒荷载：0.97kN/m²；

（3）屋面活荷载：0.36kN/m²（雪荷载）；

（4）风荷载：包括X向和Y向。根据荷载规范中球形建筑物的风荷载体型系数，由自编程序导出各节点的风荷载；

（5）温度作用：考虑±12.6℃的温度变化。

2）分析工况：

主要考虑以下几种荷载组合工况：

（1）1.2×自重＋1.2×屋面恒荷载＋升温 12.6℃；

（2）1.2×自重＋1.2×屋面恒荷载＋降温 12.6℃；

（3）1.2×自重＋1.2×屋面恒荷载＋1.4×屋面活荷载（满跨）；

（4）1.2×自重＋1.2×屋面恒荷载＋1.4×屋面活荷载（前半跨满跨）；

（5）1.2×自重＋1.2×屋面恒荷载＋1.4×屋面活荷载（左半跨满跨）；

（6）1.2×自重＋1.2×屋面恒荷载＋1.4×[屋面活荷载（满跨）＋x向风]×0.85；

（7）1.2×自重＋1.2×屋面恒荷载＋1.4×[屋面活荷载（前半跨满跨）＋x向风]×0.85；

（8）1.2×自重＋1.2×屋面恒荷载＋1.4×[屋面活荷载（左半跨满跨）＋x向风]×0.85；

（9）1.2×自重＋1.2×屋面恒荷载＋1.4×[屋面活荷载（满跨）＋y向风]×0.85；

（10）1.2×自重＋1.2×屋面恒荷载＋1.4×[屋面活荷载（前半跨满跨）＋y向风]×0.85；

（11）1.2×自重＋1.2×屋面恒荷载＋1.4×[屋面活荷载（左半跨满跨）＋y向风]×0.85。

3）分析模型简介

采用通用分析软件 ANSYS 及自编非线性分析程序进行分析。建模时，直接根据结构的物理单元划分有限元单元，建立精确反映结构单元、节点之间关系的双层空腹网壳模型。其中双层部分主构架单元采用空间梁单元，环向连杆采用空间桁架单元，内环梁以内单层部分杆件采用空间梁单元，斜撑杆件采用空间桁架单元，所有底部节点均为固接。

4）位移分析结果

表12.4-1给出了精确双层网壳模型在不同工况下的最大、最小变形值。

各工况中结构在设计荷载下最大（小）位移（单位：m）　　　　　　表12.4-1

	X向		Y向		Z向		总位移
	最小	最大	最小	最大	最小	最大	
工况1	−0.0935	−0.0936	−0.2484	−0.2295	−0.2942	−0.0271	−0.3010
工况2	−0.0695	−0.0695	−0.2226	−0.2040	−0.3058	−0.0207	−0.3145
工况3	−0.0985	−0.0986	−0.2596	−0.2413	−0.3276	−0.0262	−0.3352
工况4	−0.0920	−0.0920	−0.2551	−0.2248	−0.4147	−0.0653	−0.4447
工况5	−0.0949	−0.0949	−0.2495	−0.2311	−0.3295	−0.0510	−0.3407
工况6	−0.0930	−0.1441	−0.2225	−0.2028	−0.3038	−0.1148	−0.3388
工况7	−0.0830	−0.1338	−0.2213	−0.1744	−0.4335	−0.2365	−0.4889
工况8	−0.0883	−0.2300	−0.2004	−0.1884	−0.4444	−0.2746	−0.5005
工况9	−0.0872	−0.0872	−0.2946	−0.1526	−0.4046	−0.1245	−0.4886
工况10	−0.0993	−0.0988	−0.4123	−0.1348	−0.5382	−0.2581	−0.6764
工况11	−0.0813	−0.1079	−0.2678	−0.1425	−0.4214	−0.2145	−0.4990

注：荷载设计值下位移控制值为：$1.3 \times B/300 = 63.4$cm，B为超级椭圆的短轴直径。

由表12.4-1可以看出，在风荷载作用下，特别是在工况10最不利风荷载及活荷载作用下，结构变形最大，设计荷载下的最大挠度达53.82cm，总变形达67.64cm。转换为标准荷载下的挠度为42cm左右，约为短跨跨长的1/348。

需指出的是，在本报告分析中，风荷载的取值是在无风洞试验结果的情况下参考荷载规范球面的风荷载体型系数得到的，与实际情况相比存在差别。但根据经验，实际情况（风洞试验结果）将比球面的风荷载型体对结构更为不利。

5）网壳杆件内力

采用自编后处理程序，对各工况下结构内力进行验算分析。假定所用钢材的应力设计值为300N/mm²，即按16Mn类钢材考虑。验算结果表明，强度验算时应力可控制在250N/mm²；强轴稳定验算时，环向杆件计算结果仍可满足要求，但少数主构架杆件，特别是由板形梁组成的主构架的杆件，其计算结果将超出，且超出较多；弱轴稳定验算时，则有更多的主构架杆件计算结果超出。这是因为此时杆件的长细比较大，导致压杆稳定系数很小。若考虑主构架杆件为双向受弯构件，则在风荷载作用下稳定验算时计算结果将超出更厉害。

6）整体稳定性分析

采用通用程序ANSYS及自行研制的结构非线性跟踪分析程序，分别在精确模型基础上对具有代表性的荷载工况进行结构稳定分析。在分析中，将对应的一种荷载组合作为加载模式，按比较加载进行弹性非线性跟踪分析。

由于计算量非常大，仅选取两种主要工况进行非线性跟踪，即工况3和工况10。在工况3下，结构最大位移节点的荷载一位移曲线如图12.4-7所示。图中，λ为比较加载时的荷载比较系数，当$\lambda = 1$时即为当前的设计荷载水平；Δ_z为位移最大节点的Z向变形（挠度绝对值）。

由图12.4-7可知，在此工况下，结构弹性几何非线性分析下的最大挠度为37.61cm，而对应工况下弹性线性分析的最大挠度为32.76cm。相比之下，非线性分析的挠度较线性增大15.0%。同时，结构杆件的最大应力也有所增大。结构弹性几何非线性极限承载力为设计荷载的 2.85 倍（$\lambda_{\max} = 2.85$），此时结构最大Z向变形将达 2.89m。在此之前，结构的荷载-变形曲线所表现的非线性程度不太高。

在工况 10 下，结构最大位移节点的荷载-位移曲线如图 12.4-8 所示。

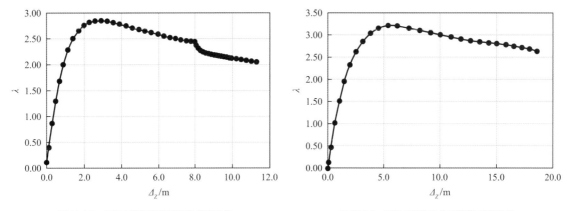

图 12.4-7 工况 3 下稳定分析荷载-位移曲线   图 12.4-8 工况 3 下稳定分析荷载-位移曲线

由图 12.4-8 可知，在此工况下，结构弹性几何非线性分析下的最大挠度为 62.04cm，而对应工况下弹性线性分析的最大挠度在此工况下为 53.82cm。相比之下，非线性分析的挠度增大 15.3%。同时，结构杆件的最大应力也有所增大。结构弹性几何非线性极限承载力为设计荷载的 3.20 倍（$\lambda_{\max} = 3.20$），此时结构最大Z向变形将达 5.4m。很明显，在此工况下，结构变形较工况 3 大许多。

通过两种网壳结构模型的稳定跟踪分析可以看出，在现有的荷载水平及现有结构方案下，结构具有较大的整体刚度，不会发生整体失稳现象，但根据以往经验，弹性几何非线性分析下极限荷载的安全储备偏低。

12.4.2 大尺度环梁设计

巨型钢网壳屋盖在±0.000 处锚固于下部周长近 600m 的大尺度椭圆形混凝土环梁上，环梁截面高度 2m，宽度为 3.30～4.30m，随与之斜交的钢拱脚宽度变化。混凝土环梁底沿环向 8.20m 间距均匀布置了 72 对抗震球形钢支座，将环梁及上部钢屋盖结构与地下室主体结构脱开。抗震球形钢支座内设水平双向钢弹簧，允许地震作用下产生一定的水平位移并提供恢复力，减小水平地震作用对钢屋盖和环梁的影响。环梁平面布置如图 12.4-9 所示，环梁与上部屋盖和下部主体结构的连接做法如图 12.4-10 所示。

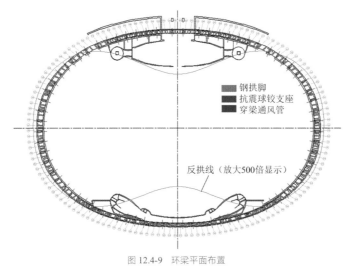

图 12.4-9 环梁平面布置

为减小上部壳体拱脚水平推力引起环梁水平向变形的不利影响，根据钢屋盖和环梁在恒荷载工况作用下的变形计算结果，设计中采取了对环梁在水平X、Y向预起反拱的措施，环梁南北侧中部Y向最大水平预起拱值达到 55mm。图 12.4-9 所示的环梁起拱中轴线为起拱值放大 500 倍的结果。

作为上部巨型钢屋盖的支座，壳体拱脚的水平推力在环梁内产生了较大的轴向拉力，对钢筋混凝土环梁非常不利；同时作为钢屋盖的支座，混凝土环梁的水平和竖向变形也会导致上部壳体的内力分布变化。因此在环梁设计中，对考虑温度、风荷、地震作用等多工况组合下的变形和裂缝进行了严格的控制。由于无法采用施加预压力或内置通长钢骨等措施，环梁设计采用了全截面配筋方式并适当降低钢筋拉应力水平，确保作为结构关键构件的钢筋混凝土环梁在一般工况下整体处于低应力工作状态。

根据通风要求，在混凝土环梁的南、北侧大厅范围的四处梁段内，每隔 3.70m 预留贯穿环梁的直径 400mm 的送风管，对此段环梁截面造成削弱，并导致梁内部分钢筋不贯通，设计中在上述梁段内设置箱形截面钢骨进行加强。如图 12.4-11 所示。

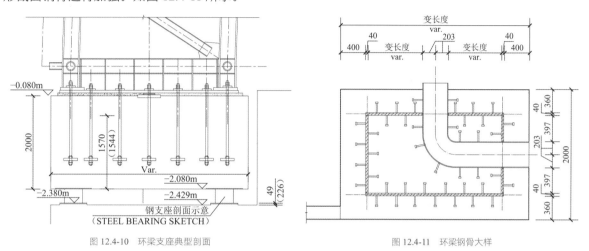

图 12.4-10　环梁支座典型剖面　　　　　　　　　　图 12.4-11　环梁钢骨大样

钢筋混凝土环梁自身处于拉、弯、剪、扭综合作用下的复杂受力状态，截面承载力及配筋计算规范均无相关公式。为确保环梁的结构安全、明确环梁的受力特性，选取环梁内力最大的两个工况：（1）屋盖满跨恒活荷载；（2）屋盖满跨恒荷载 + 半跨活荷载（北侧），建立了环梁的实体有限元模型进行受力分析。

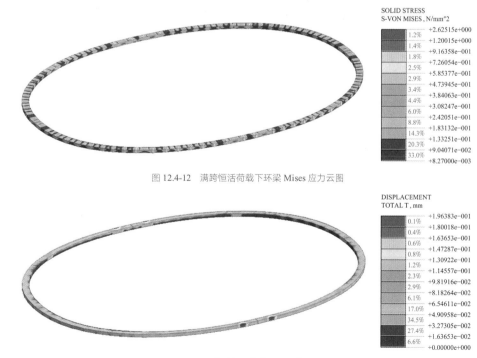

图 12.4-12　满跨恒活荷载下环梁 Mises 应力云图

图 12.4-13　满跨恒活荷载下环梁变形云图

计算结果表明：（1）在此两种工况下，环梁应力/位移的数值及分布规律很接近，满跨恒活荷载工况略大，表明上部屋盖及环梁恒荷载（含自重）起主要控制作用；（2）环梁整体 Mises 应力为 0.93MPa，小于环梁混凝土抗拉强度设计值，环梁总体处于低应力工作状态；（3）环梁南北侧中部的最大变形为 0.2mm，环梁刚度较大，其变形对上部结构的影响很小。满跨恒活荷载作用下环梁的应力和变形如图 12.4-12、图 12.4-13 所示，分析结果表明钢筋混凝土环梁结构安全。

12.4.3 厚板结构转换

本项目为剧场建筑，由于地下二层以下，功能主要为排练室和演播室，竖向构件为正交布置，地下一层以上，功能主要是观众厅和公共大厅，墙体和框架柱为弧线布置，需要在地下二层顶板进行大量的构件转换。通过方案对比，由于墙体形状的任意性，对弧线布置的结构墙体，采用 600mm 的厚板进行转换，对于弧线布置的框架柱，采用梁托柱进行转换。典型的厚板转换平面如图 12.4-14 所示。

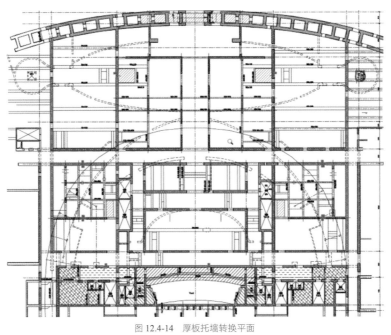

图 12.4-14　厚板托墙转换平面

对于厚板转换，在 PKPM 计算中采用弹性板 6 进行详细的应力分析，提取各项内力进行配筋设计，并在构造上进行加强。

12.5 结论

国家大剧院作为 21 世纪北京乃至全中国的标志性工程，具有建筑创意完美、结构形式独特、内在功能一流的特点。该项目采用了多种独特的结构形式和布置，对后期项目有很大的借鉴意义。在结构设计的过程中，主要进行了以下几方面的创新性工作：

（1）屋面大跨度钢结构网壳，结构新颖，造型独特。在设计中充分考虑温度、风荷载、地震的影响，补充整体稳定性分析，加强节点连接，控制下部混凝土环梁的变形和裂缝。

（2）通过多种手段保证上部屋面钢结构在多工况下的受力，并解决自身在温度和地震下的变形控制，对由于设备通风管道的布置造成的截面削弱采用钢骨进行了加强。

（3）由于建筑功能的复杂性，存在多处竖向构件的转换。对于弧形墙体，采用厚板进行转换，采用有限元进行内力分析，配筋进行加强。对于梁托柱转换，提高抗震等级，并进行配筋加强。

12.6 延伸阅读

扫码查看项目照片、动画。

参考资料

[1] 北京市地震局. 国家大剧院工程场地地震安全性评价报告二期[R]. 2000-10-16.

[2] 法国 ADP 公司. 楼面做法、活动地板和架空板厚度的定位[R]. 2000.

[3] 法国 ADP 公司. 活荷载、设备荷载的分布[R]. 2000.

设计团队

结构设计单位：北京市建筑设计研究院有限公司（施工图设计）

法国 ADP 公司（方案及初步设计）

结构设计团队：刘季康、张　徐、王桂云、韩　巍、鲁馨宜、吕雪珍、朱　鸣、卫　东、李宇清

执　笔　人：韩　巍、卫　东、宋子魁

获奖信息

2008 年第八届中国土木工程詹天佑奖，工程大奖；

2008 年第五届中国建筑学会：建筑创作奖，优秀奖；

2009 年全国勘察设计行业奖：公共建筑，一等奖；

2009 年新中国成立 60 周年建筑创作大奖；

2015 年第十四届全国优秀工程勘察设计奖，金质奖。

第13章

哈尔滨大剧院

13.1 工程概况

13.1.1 建筑概况

哈尔滨大剧院位于哈尔滨市松北区（新城区）文化中心岛内，包括大剧场（1536 座）、小剧场（414 座）、地下车库及附属配套用房等。该项目是哈尔滨标志性建筑，依水而建，其建筑与哈尔滨文化岛的设计风格和定位相一致，体现出北国风光大地景观的设计理念。2016 年 2 月，哈尔滨大剧院被 **ArchDaily** 评选为"2015年世界最佳建筑"之"最佳文化类建筑"。哈尔滨大剧院鸟瞰图及大剧场内景图如图 13.1-1、图 13.1-2 所示。

图 13.1-1　哈尔滨大剧院鸟瞰图　　　　　　　　图 13.1-2　大剧场内景

建筑设计时不局限于本身的剧院功能，力图从剧院、景观、广场和立体平台多方位给市民及游客提供不同的空间感受。大剧场地上共 8 层，地下 1 层（主舞台台仓及乐池部分为地下 2 层），地上建筑高度为 56.48m、地下埋深为 6.5m（台仓局部埋深为 15m）。小剧场地上共 3 层，地下 1 层（舞台台仓部分为地下 2 层），地上建筑高度为 25.75m、地下埋深为 6.5m（台仓局部埋深为 9.5m）。±0.000 绝对高程为 125m。

13.1.2 设计条件

1. 主体控制参数（表 13.1-1）

控制参数　　　　　　　　　　　　　　　　　　　　　　　　　　　　表 13.1-1

结构设计基准期	50 年	建筑抗震设防分类	重点设防类[标准设防类]
建筑结构安全等级	一级[二级] （结构重要性系数 1.1[1.0]）	抗震设防烈度	6 度
地基基础设计等级	一级	设计地震分组	第一组
结构阻尼比	钢结构 0.02、混凝土 0.05（小震）/0.05（大震）	场地类别	Ⅲ类

注：[ ]内为小剧场及地下车库控制参数。

2. 主要荷载

根据《建筑结构荷载规范》GB 50009-2001（2006 版）（以下简称《荷载规范》），基本风压取 0.65kN/m²（100 年一遇）。项目开展了风洞试验，模型缩尺比例为 1：150。风荷载体型系数依据风洞试验报告取值。基本雪压取 0.70kN/m²（考虑本工程处于较空旷地带，且造型复杂，基本雪压要求高于 100 年一遇）。钢结构合龙温度为 5～15℃，GRC 屋面板部分升温+25℃、降温−25℃；玻璃屋面板部分升温+35℃、降温−25℃；暴露在保温以外的部分在施工阶段，升温+45℃、降温−60℃。

3. 地震作用

设计分析时，小震作用反应谱采用《建筑抗震设计规范》GB 50011-2010（以下简称《抗规》）反应谱与安评报告推荐反应谱的包络值，详见表 13.1-2 和图 13.1-3。中震作用与大震作用反应谱采用《抗规》反应谱。

計算用小震設計地震動參數表   表 13.1-2

50 年超越概率	地面水平加速度峰值 $A_{\max}/(\mathrm{cm/s^2})$	水平地震影响系数最大值 $\alpha_{\max}$
63%	20	0.049
T_1/s	反应谱特征周期 T_g/s	r
0.1	0.45	0.95

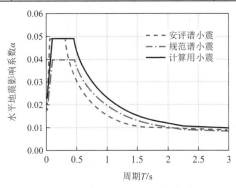

图 13.1-3　小震作用安评谱与规范谱对比

13.2　建筑特点

13.2.1　复杂建筑功能布置

大剧场、小剧场及售票厅的相对关系如图 13.2-1 所示。大剧场采用镜框式舞台布置，小剧场采用伸展式舞台设计，均由舞台区、观众厅、公共空间以及演员后台组成。大、小剧场的公共空间与售票厅连通，组成超大的公共空间。

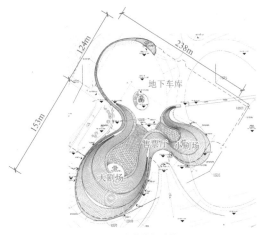

图 13.2-1　各单体相对关系

1. 大剧场

大剧场镜框式舞台布置见图 13.2-2，典型剖面见图 13.2-3。观众厅（37.1m×32.4m）包括一层池座和两层楼座，共 1536 个座位，观众座位区域无竖向构件，部分楼座需通过悬挑结构实现。观众厅屋面标高 26.000m，以上为屋顶花园及局部两层设备用房。

舞台区包含主舞台、侧舞台和后舞台。主舞台（32.4m×25.5m）台口宽 18.4m，高 12m，屋面标高 36.000m，主要作为露天景观平台。侧舞台（21.9m×25.5m）台口宽 21.45m，高 12m，屋面标高 18.000m，上方设有三层办公及设备用房。后舞台（24.0m×22.5m）台口宽 20.2m，高 12m，屋面标高 18.000m，上方设有两层办公用房。

综上所述，观众厅及舞台上方均为大跨度屋面，需承托 2～3 层功能用房，并给下挂的舞台机械提供良好支承条件。

经典回眸 北京市建筑设计研究院有限公司篇

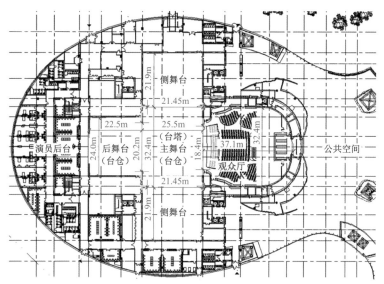

图 13.2-2　大剧场镜框式舞台布置

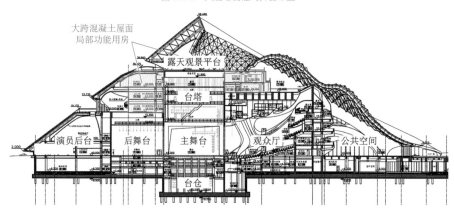

图 13.2-3　大剧场典型剖面示意图

2. 小剧场

小剧场伸展式舞台设计如图 13.2-4 所示。舞台尺寸为 15.8m×20.5m，观众厅尺寸为 16.95m×20.5m，仅有一层池座，共 414 个座位。

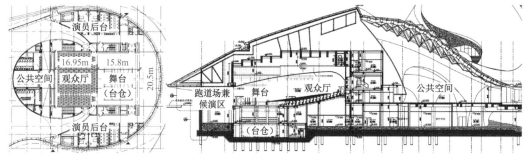

图 13.2-4　小剧场伸展式舞台设计及典型剖面示意图

13.2.2　复杂自由曲面造型

哈尔滨大剧院造型随意、流畅，并没有计算规律可循，也无法套用任何几何形体的某一部分，如何确定结构体系是一个很大挑战。经过多轮讨论、研究、对比，最终采用多种形式钢结构组合的结构体系，对原本无规律的模型进行最大程度的优化。图 13.2-5 给出了大剧场复杂屋面造型示意。

大剧场休息厅部位的玻璃幕墙（玻璃顶钢结构部分）从标高 6.000m 爬升到 54m，中间出现 2 次曲面波峰和波谷，玻璃顶网壳的曲面和弯扭依靠箱形梁与鼓形节点的弯扭连贯连接实现。

大剧场后区外壳呈现扇形变曲面，从最短水平跨度 16m、长度 34m 的扇形渐变到最大水平距离 53m、长度 62m 的扇形，标高从 1.330m 上升到 34.300m。折弯段较长且折弯点较多，最多处出现 6 次折弯，最大折弯角度达到 90°。

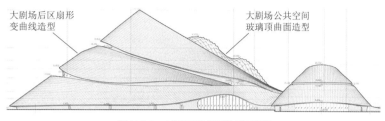

图 13.2-5　大剧场复杂屋面造型示意图

13.2.3　特殊舞台机械功能预留

舞台机械条件预留是剧场设计中的重要环节，是实现剧场功能不可或缺的一部分。在结构施工图设计阶段，需要配合各舞台机械厂家，做好荷载、设备夹层、连接条件的预留预埋工作，主要涉及主升降台、芭蕾舞车台、乐池升降台、侧台车台、车载转台、防火幕、舞台及观众厅钢格栅与马道等。图 13.2-6 给出了大剧场观众厅以及舞台区主要舞台机械的布置示意图。

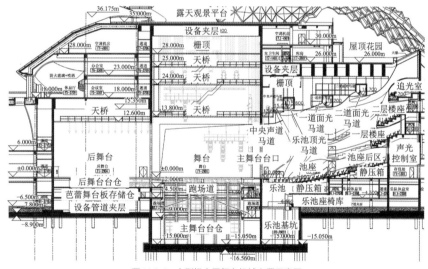

图 13.2-6　大剧场主要舞台机械布置示意图

13.3　体系与分析

13.3.1　结构体系

1. 结构选型

根据建筑体型与功能分区，将整个建筑划分为 10 个结构单元，如图 13.3-1 所示，包括大剧场、小剧场、6 个车库单元与 2 个水池桥单元。各结构单元之间的防震缝宽度为 100mm，满足中震不碰撞的要求。由于车库冬季不供暖，温差变化大，温度作用效应明显，故将其每 50～70m 划分为一个单元，共 6 个单元。地下一层周围部分区域没有回填土，暴露在室外，因此嵌固层位置统一设置在桩基承台顶面（标高−7.900m）。

大剧场与小剧场主体采用钢筋混凝土框架-剪力墙结构，外壳及异形楼梯采用钢结构。混凝土强度等级为 C30～C40，钢材采用 Q345B（板厚 ≤ 25mm）、Q345C（板厚 25 < t ≤ 35mm）、Q345GJD（板厚 > 35mm）与 Q460GJD（支承大、小剧场的格构柱）。车库 A、车库 F 采用钢筋混凝土框架结构，其余车库单元均采用钢筋混凝土框架-剪力墙结构。大剧场剪力墙抗震等级为二级，框架抗震等级为三级；小剧场和地下车库剪力墙抗震等级为三级，框架抗震等级为四级。

大、小剧场结构体系的特点基本相同：（1）±0.000 标高以下为钢筋混凝土结构地下室；（2）±0.000 标高以上内部功能用房均采用钢筋混凝土框架-剪力墙结构；（3）外表面的建筑自由曲面造型通过钢结构实现；（4）钢结构各部分之间的空间相对关系较为复杂；（5）钢结构体系的组成较为复杂，有单层网壳、双层网壳、折梁、曲梁等形式；（6）钢结构部分与混凝土部分连接关系紧密；（7）外壳钢结构落地点基本上直接伸至基础，±0.000 标高楼板与外壳钢结构相交处需开洞避开钢结构。

由于大、小剧场两部分建筑外表面形状具有自下而上逐渐向内倾斜的特点，且为满足剧场功能要求，内部混凝土结构刚度大、承载能力高，所以外壳钢结构在结构体系上采取了以下措施：（1）覆盖后区混凝土结构的外壳钢结构支承于混凝土结构上；（2）覆盖公共空间的外壳钢结构通过钢格构柱与抗震支座直接落于混凝土基础上、并在较高标高处与混凝土结构的空间邻近位置采用联系构件加抗震支座的方式进行支承。

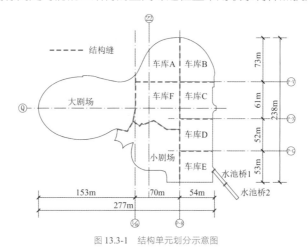

图 13.3-1　结构单元划分示意图

2. 大剧场结构布置

图 13.2-2 和图 13.2-3 给出了大剧场典型建筑平、剖面图，对应的结构整体计算模型，如图 13.3-2 和图 13.3-3 所示。

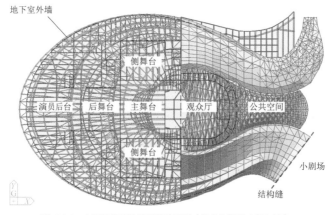

图 13.3-2　大剧场整体计算模型俯视图（红色为混凝土剪力墙）

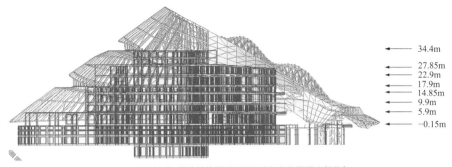

图 13.3-3　大剧场整体计算模型侧视图（红色为混凝土部分）

34.4m
27.85m
22.9m
17.9m
14.85m
9.9m
5.9m
-0.15m

　　舞台四周以及观众厅四周的双层剪力墙厚均为 500mm，双层剪力墙之间的拉结墙体以及竖向交通核部位的剪力墙厚度为 200～400mm。演员后台以及公共空间的结构柱尺寸为 600mm×600mm～800mm×800mm。观众厅结构顶标高为 25.850m，单向布置跨度 32.4m 的预应力混凝土梁，尺寸为 800mm×3000mm～1100mm×3000mm；部分屋面上方有两层设备用房，梁上起柱处荷载较大，因此在预应力混凝土梁中增设钢骨 H2600×400×40×80～H2600×700×40×80。主舞台结构顶标高为 34.400m，单向布置跨度 25.5m 的混凝土梁，尺寸为 800mm×2500mm。侧舞台结构顶标高为 17.900m，上方设有三层办公/设备用房，单向布置跨度 21.9m 的混凝土梁，尺寸为 1000mm×3500mm。后舞台结构顶标高为 17.900m，上方设有两层办公用房，单向布置跨度 22.5m 的混凝土梁，尺寸为 600mm×2500mm～800mm×2500mm。

　　钢结构部分通过合理设置结构缝及支座，将复杂问题简单化，使得传力路径清晰。经多轮分析验证，将钢结构部分分成后区钢结构、玻璃顶钢结构、侧面钢结构和旋转楼梯四部分。各部分的空间相对关系如图 13.3-4 所示。

　　后区钢结构分为折梁区和网壳区。标高 34.400m 以下部分采用折梁结构，与后区混凝土结构在标高 5.900m、17.900m、34.400m 楼层处的环梁侧面连接，与侧面钢结构设缝断开。34.4m 平台以上部分采用网架结构，支承于标高 34.400m 的混凝土框架梁以及玻璃顶钢结构上，与侧面钢结构设缝断开。典型的钢结构简化模型及支座条件详见图 13.3-5。

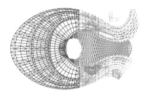
(a) 后区钢结构（红色区域）

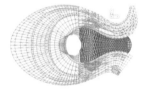
(b) 玻璃顶钢结构（红色区域）

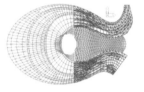
(c) 侧面钢结构（红色区域）

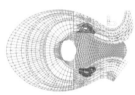
(d) 旋转楼梯（红色区域）

图 13.3-4　大剧场钢结构分区示意图

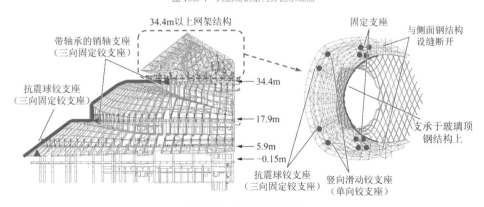

图 13.3-5　后区钢结构示意图

　　玻璃顶钢结构支承于标高 34.4m、27.85m 混凝土和侧面钢结构网壳上。结构形式为单层网壳，跨度为 15.7～45.48m，总长度为 70.45m。标高 27.850m 混凝土平台上支承点到大剧场入口处悬挑雨篷的长度约为 45.37m。玻璃顶网格形式为较均匀的菱形，边长 2.3～3.5m。因为是外露钢结构单层网壳，建筑师要求截面形式为箱形截面且尽可能一致。大剧场玻璃顶钢结构计算模型及其边界条件详见图 13.3-6。

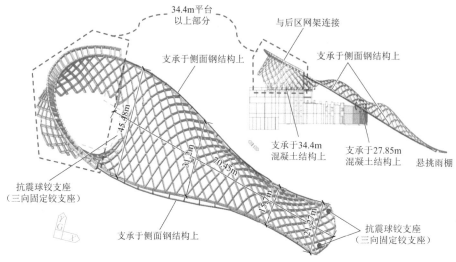

图 13.3-6　玻璃顶钢结构与混凝土连接示意图

大剧场侧面钢结构采用双层网壳，与后区钢结构和小剧场在交接处设缝断开。结构高度约为 7.8～43m、长度约为 55～80m。侧面钢结构与后区钢结构设缝断开处有两处支点，侧面 34.4m 处支点提供竖向（Z向）和Y向水平支承，释放X向的水平位移。A 侧钢结构有三个落地格构柱，格构柱间的跨度分别约为 42m、16.9m。B 侧钢结构外轮廓与 A 侧在局部是镜像关系，但是落地格构柱的布置与 A 侧稍有不同。除侧面以及与后区交界位置支承于混凝土主体结构之外，自重主要由落地格构柱承担。大剧场侧面钢结构计算模型及其边界条件详见图 13.3-7。

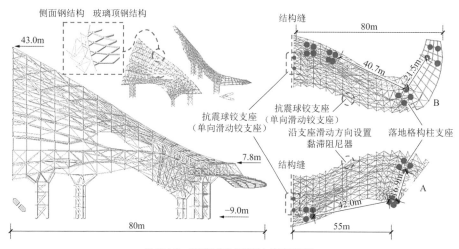

图 13.3-7　侧面钢结构与混凝土连接示意图

3. 小剧场结构布置

图 13.2-4 给出了小剧场典型建筑平、剖面图，对应的结构整体计算模型及各部分相对关系详见图 13.3-8。

舞台及观众厅四周的双层剪力墙厚均为 500mm，双层剪力墙之间的拉结墙体厚度为 200～400mm。演员后台以及公共空间的结构柱尺寸为 400mm×400mm～900mm×900mm。观众厅结构顶标高为 14.000m，单向布置 20.5m 跨度的混凝土梁，尺寸为 500mm×1800mm～500mm×2100mm；主舞台结构顶标高为 10.500～12.500m，单向布置 20.5m 跨度的混凝土梁，尺寸为 500mm×1800mm～

500mm × 2100mm。

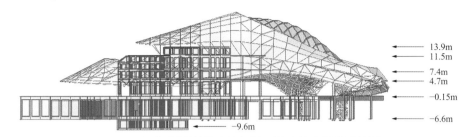

图 13.3-8　小剧场整体计算模型及各部分相对关系（红色为混凝土部分）

小剧场钢结构可以分为五个部分：后区悬挑钢结构、后区侧面钢结构、后区剧场顶钢结构、公共空间落地双层网壳钢结构和玻璃顶钢结构。各钢结构的相对关系及支承条件如图 13.3-9 所示。

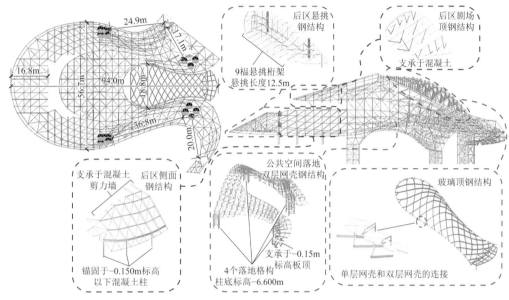

图 13.3-9　小剧场钢结构计算模型及支承条件

13.3.2　性能目标

1. 抗震超限分析和采取的措施

根据《超限高层建筑工程抗震设防专项审查技术要点》的规定，本项目存在两项不规则，具体如下：

（1）大、小剧场考虑偶然偏心的扭转位移比最大分别为 1.42 与 1.54（均为个别层），但是层间位移角极小，均小于 1/9999；大剧场相邻层质心相差最大为相应边长 27%左右、小剧场相邻层质心相差最大为相应边长 14%左右；（2）大、小剧场的舞台与观众厅存在大开洞。

除上述两项外，其他无不规则项，因此判定本工程不属于超限高层建筑。针对不规则问题，设计中采取了如下应对措施：

（1）增加大开洞处周围楼板板厚、提高剪力墙性能目标；（2）根据建筑功能合理设置剪力墙，保证各区域楼板有足够的抗侧力构件；（3）薄弱层按照《抗规》放大地震剪力；（4）缩进处楼板及上下楼层剪力墙配筋适当加强；（5）局部托柱梁按转换梁设计，并按转换层要求加厚楼板、加强配筋。

2. 抗震性能目标

根据《高层建筑混凝土结构技术规程》JGJ 3-2010（以下简称《高规》）所述抗震性能化设计方法，确定主要结构构件的抗震性能目标，如表 13.3-1 所示。钢结构关键构件包括：邻近支座 4 个区格内的弦杆、腹杆；悬挑桁架的弦杆、腹杆；异形玻璃屋面单层网壳构件。

主要结构构件抗震性能目标		表 13.3-1
结构单元	构件	抗震性能目标
大剧场、小剧场	所有剪力墙	中震不屈服
	钢结构关键构件	中震弹性
	钢结构支座	中震弹性

3.针对不规则开展的分析设计工作

（1）采用 SATWE 对混凝土主体模型进行计算分析，外壳钢结构以荷载的形式施加到 SATWE 模型中；（2）采用 MIDAS 对整体结构三维空间模型进行计算分析，并将混凝土部分的计算结果与 SATWE 计算结果进行包络设计；（3）以（1）和（2）小震反应谱分析结果作为构件设计的主要依据；（4）对整体计算模型进行小震弹性时程分析；（5）对车库进行温度作用效应分析；（6）对整体模型进行非线性稳定分析；（7）对整体模型进行大震动力弹塑性时程分析。

13.3.3 结构分析

因篇幅所限，这里以大剧场的计算结果为例。

1.混凝土主体结构模型小震反应谱分析

采用 SATWE 计算，分析时采用弹性楼板（膜单元），仅位移结果采用刚性板假定，钢结构外壳作为荷载加在相应位置。主要计算结果及振型详见表 13.3-2 和图 13.3-10。

大剧场混凝土部分基本信息			表 13.3-2
周期/s	T_1	T_2	T_t
	0.379s（Y向平动）	0.361s（X向平动）	0.308s（扭转）
基底剪力/kN 剪重比/%	F_{EkX}	F_{EkY}	—
	40718 2.79	41955 2.87	—
层间位移角（地震作用）	X	Y	—
	<1/9999	<1/9999	—

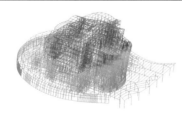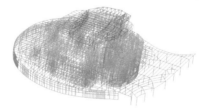

(a) 第1阶振型   (b) 第2阶振型   (c) 第三阶振型

图 13.3-10 混凝土部分主要振型及周期

2.整体模型小震反应谱分析

采用 MIDAS 对整体模型进行计算，考虑结构前 60 阶振型，振型参与质量累计超过 90%，典型振型及周期如图 13.3-11 所示。

3.整体模型小震弹性时程分析

针对整体模型，选择了七条地震波进行计算，包括五条天然波（由北京震泰工程技术有限公司提供）和二条人工波（由安评报告提供）。七条波的平均地震影响系数曲线与抗规规定的目标反应谱曲线在统计意义上相符。七条地震波的平均谱与计算用反应谱的对比如图 13.3-12 所示。时程分析法基底剪力与反应谱法基底剪力的对比详见表 13.3-3。

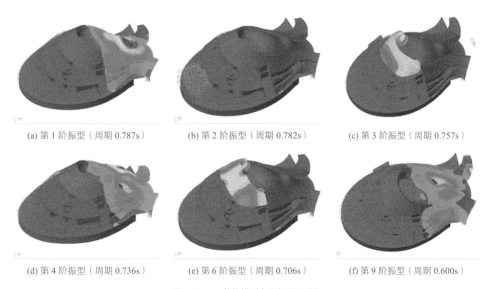

(a) 第 1 阶振型（周期 0.787s）　　(b) 第 2 阶振型（周期 0.782s）　　(c) 第 3 阶振型（周期 0.757s）

(d) 第 4 阶振型（周期 0.736s）　　(e) 第 6 阶振型（周期 0.706s）　　(f) 第 9 阶振型（周期 0.600s）

图 13.3-11　整体模型主要振型及周期

小震弹性时程分析法与反应谱法基底剪力比较　　　　　　　　　　　表 13.3-3

地震波	时程法/反应谱	
	X向	Y向
天然波 1	1.39	1.05
天然波 2	1.32	1.32
天然波 3	1.11	1.18
天然波 4	1.16	1.11
天然波 5	1.28	1.17
人工波 1	0.88	0.81
人工波 2	0.92	0.94
平均值	1.15	1.08

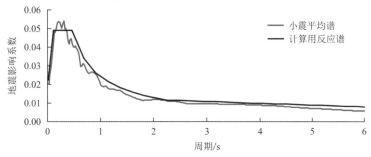

图 13.3-12　小震弹性时程平均谱与计算反应谱对比

4．整体模型大震动力弹塑性时程分析

采用 ABAQUS 对整体模型进行大震动力弹塑性时程分析，钢筋混凝土梁柱单元采用了建研科技股份有限公司开发的混凝土材料用户子程序进行模拟。分析中考虑几何非线性和材料非线性，楼板按照弹性进行计算。

1）构件模型及材料本构关系

梁、柱及斜撑等杆件采用纤维梁单元；剪力墙和楼板采用四边形或三角形缩减积分壳单元。钢材采用双线性随动硬化模型，考虑包辛格效应，在循环过程中，无刚度退化。混凝土采用弹塑性损伤模型，该模型能够考虑混凝土材料拉压强度差异、刚度及强度退化以及拉压循环裂缝闭合呈现的刚度恢复等，计算中混凝土均不考虑截面内横向箍筋的约束增强效应，仅采用规范中建议的素混凝土参数。

2）地震波输入

按照《抗规》的要求，选用两条天然波和一条人工波，罕遇地震加速度时程曲线的峰值选用125Gal。图13.3-13给出了时程波转反应谱与规范谱的对比。

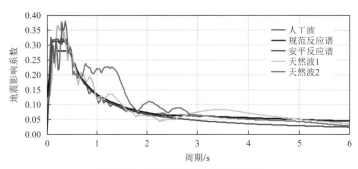

图 13.3-13　时程波转反应谱与规范谱对比

3）动力弹塑性时程分析结果

（1）罕遇地震分析参数

地震波同时沿X向、Y向和Z向输入。每条地震波分析两个工况，$X：Y：Z = 1：0.85：0.65$ 和 $X：Y：Z = 0.85：1：0.65$。

（2）基底剪力响应

表13.3-4给出了基底剪力峰值及其剪重比统计结果。

大剧场大震时程分析底部剪力　　　　　　　　表13.3-4

输入方向	X主方向输入		Y主方向输入	
地震波	V_x（MN）	剪重比	V_y（MN）	剪重比
人工波	261.4	18.19%	189.5	13.19%
天然波 1	272.8	18.99%	269.4	18.75%
天然波 2	272.6	18.97%	236.0	16.43%
三组波均值	268.93	18.72%	231.63	16.12%

（3）楼层位移及层间位移角响应

在结构每层各角点取4个参考点，根据各点位移的时程输出得到层间位移以及最大层间位移等数据。X为主输入方向时，混凝土结构楼顶最大位移为11.03mm，楼层最大层间位移角为1/1257，在第5层出现；Y为主输入方向时，混凝土结构楼顶最大位移为10.84mm，楼层最大层间位移角为1/1464，在第5层出现。结构变形满足《抗规》中钢筋混凝土框架-剪力墙结构弹塑性层间位移角限值1/100的要求。

（4）罕遇地震下竖向构件损伤情况分析

以剪力墙为例，图13.3-14给出了人工波作用下剪力墙的受压损伤因子分布示意图。在6度三向罕遇地震作用下，结构剪力墙筒体基本完好，仅在两处钢结构支座位置及个别深连梁有中度损伤；部分混凝土柱钢筋出现塑性，最大塑性应变约为4.974e-3；部分混凝土梁钢筋进入弹塑性状态，最大塑性应变约为1.080e-3。

如图13.3-15所示，在6度三向罕遇地震作用下钢结构有部分构件进入弹塑性状态。最大塑性应变约为8.487e-4，塑性应变远小于钢材极限应变0.025。

（5）结论

在大震作用下，大剧场结构墙体混凝土基本完好，仅局部出现中度损伤；大部分钢筋混凝土梁柱构件未进入屈服阶段；钢结构部分杆件进入塑性阶段，最大塑性应变为8.487e-4，远小于钢材极限应变0.025。整体结构强度退化不大，具有足够的能力进行内力重新分布以维持其整体稳定性。结构变形满足《抗规》中1/100限值的要求。分析结果表明，大剧场满足大震作用下结构不倒塌的抗震性能目标。

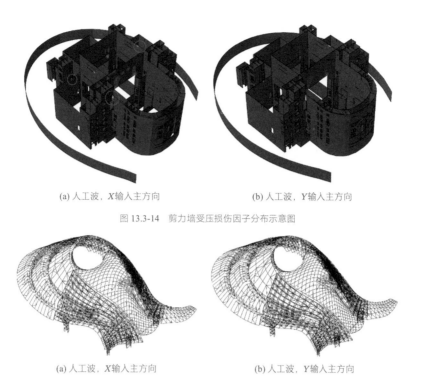

(a) 人工波，*X*输入主方向   (b) 人工波，*Y*输入主方向

图 13.3-14 剪力墙受压损伤因子分布示意图

(a) 人工波，*X*输入主方向   (b) 人工波，*Y*输入主方向

图 13.3-15 钢结构塑性应变分布示意图

13.4 专项设计

13.4.1 大剧场后区钢结构设计专项

1. 异形折梁设计

为更加清楚地了解后区钢结构边界条件与变形情况，从后区钢结构中取出 4 榀典型构件进行分析，折梁形状及计算详见图 13.4-1。

由于后区钢结构依附于混凝土结构之上，按一般施工顺序，需要待混凝土结构拆模达到设计强度以后，才能开始后区钢结构施工。因此，后区钢结构安装之前，混凝土结构在自重作用下的弹性变形已经完成。钢结构在自重与附加恒荷载作用下，扣除支座位移得到的各段挠跨比满足 1/300 限值要求。

大剧场后区钢结构构件并非承载力控制，而是受到截面类型和尺寸的限制，主梁应力比总体水平不高，大部分构件应力比在 0.8 以下。

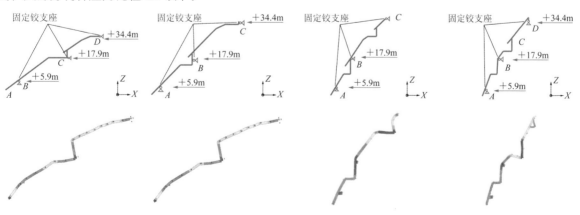

图 13.4-1 大剧场后区钢结构 4 榀典型构件计算假定及示意图

2. 支座设计

后区钢结构使用多种支座，包括带轴承的销轴支座、抗震球铰支座、固定支座、竖向滑动铰支座等。各种支座的位置及节点大样如图 13.4-2 所示。

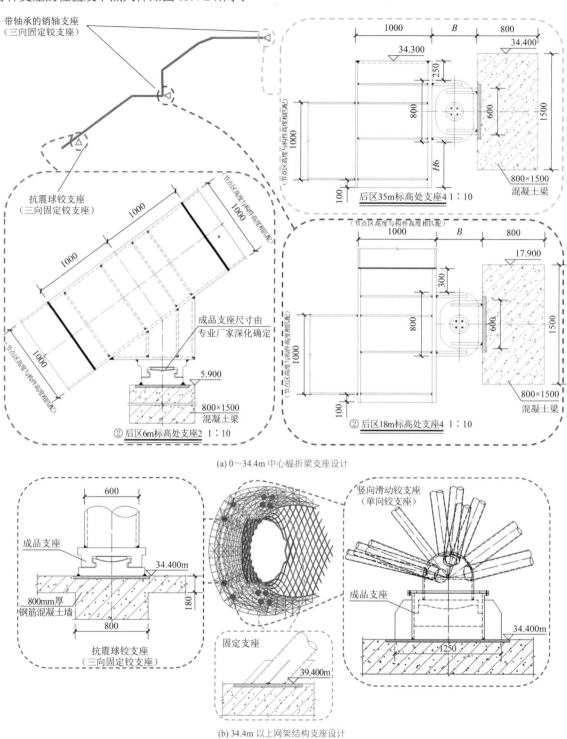

(a) 0～34.4m 中心榀折梁支座设计

(b) 34.4m 以上网架结构支座设计

图 13.4-2　大剧场后区钢结构典型构件简化模型及支座设计

3. 舒适度分析

大剧场后区折梁钢结构上设置人行步道，对其舒适度进行分析。对后区单层钢结构进行模态分析，主要竖向自振振型及周期如图 13.4-3 和表 13.4-1 所示。模态分析结果表明，结构竖向振动频率大于 3Hz，满足相关规范对人行道结构舒适度的控制要求。

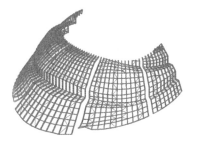

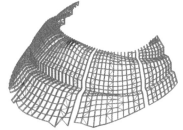

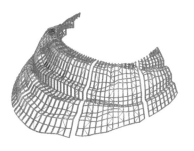

(a) 第 1 竖向振动主振型　　　　　　(b) 第 2 竖向振动主振型　　　　　　(c) 第 3 竖向振动主振型

图 13.4-3　后区折梁竖向主振型

后区折梁钢结构自振频率（竖向振动）　　　　　　　　　　表 13.4-1

模态号	频率/（rad/s）	频率/（r/s）	周期/s
16	21.907	3.487	0.287
23	24.142	3.842	0.260
57	154.568	24.600	0.041

13.4.2　大剧场玻璃顶及侧面钢结构设计专项

1. 侧面钢结构双层网壳及支座设计

大剧场 A 侧钢结构,在静力与动力荷载作用下变形最大位置一般出现在跨中位置,最大值为 115mm,以近似跨度 42m 计算,挠跨比 1/380。B 侧面钢结构在恒荷载 + 活荷载标准值组合下的最大变形约 108.5mm,按近似跨度40.2m计算,挠跨比为 1/371。在 X 向地震作用下沿着网壳平面外方向的水平变形 30.9mm,约为 $l/1300$（l 为跨度）。图 13.4-4 给出了 A 层钢结构典型支座节点设计。

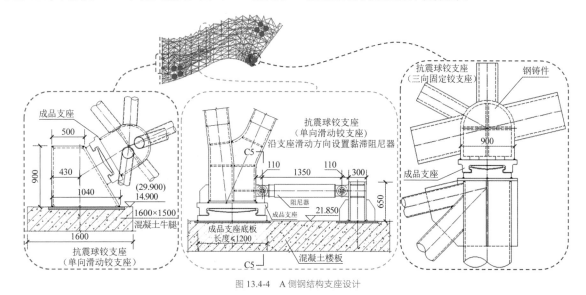

图 13.4-4　A 侧钢结构支座设计

2. 结构稳定性分析

大剧场侧面钢结构和玻璃顶钢结构跨度大,且体型复杂,结构的整体稳定性是重点关注的问题。考虑以下三种结构稳定的计算:(1)线性屈曲分析;(2)考虑大变形的几何非线性的稳定分析;(3)考虑材料和几何双重非线性的稳定分析。

（1）线性屈曲分析

对大剧场侧面双层网壳与玻璃顶单层网壳钢结构,选取 1.0 恒荷载 + 1.0 活荷载工况,在 ANSYS 中计算线性屈曲模态。分析结果如表 13.4-2 所示,结构最低稳定系数为 9.026。

阶数	特征值	屈曲模态	阶数	特征值	屈曲模态
1	9.026	侧面和玻璃顶	6	34.533	侧面和玻璃顶
2	14.519	侧面和玻璃顶	7	35.573	侧面和玻璃顶
3	15.238	侧面和玻璃顶	8	41.492	侧面和玻璃顶
4	19.059	侧面和玻璃顶	9	44.812	侧面和玻璃顶
5	23.819	侧面和玻璃顶	10	57.47	侧面和玻璃顶

（2）几何非线性稳定分析

对屋顶大跨度钢结构，考虑几何非线性，按照《空间网格结构技术规程》JGJ 7-2010 中对初始缺陷的要求考虑初始缺陷，进行结构的弹性稳定极限承载力分析。在 ANSYS 模型中，将 1.0 恒荷载 + 1.0 活荷载作为外加荷载，考虑几何非线性对结构进行稳定计算，最终屋盖在极限承载力状态下的最大位移和应力如图 13.4-5 所示，稳定系数K为 5.01。

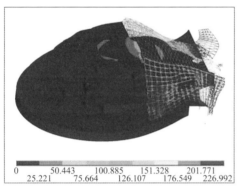 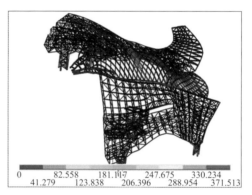

(a) 极限承载力对应的位移云图（单位：mm）   (b) 极限承载力对应的应力云图（单位：MPa）

图 13.4-5 几何非线性稳定分析结果

（3）材料和几何双重非线性稳定分析

和弹性大变形的稳定计算方法相同，进行整体结构的材料和几何双重非线性稳定分析，最终屋盖在极限承载力下的位移和最大应力如图 13.4-6 所示，稳定系数K为 2.60。

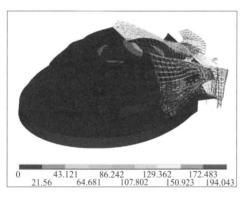  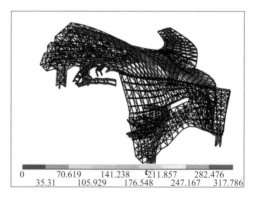

(a) 极限承载力对应的位移云图（单位：mm）   (b) 极限承载力对应的应力云图（单位：MPa）

图 13.4-6 材料和几何双重非线性稳定分析结果

3. 节点有限元分析

选取典型节点进行有限元受力分析。采用通用软件 ABAQUS 建立节点模型并划分网格，然后导入到 MIDAS 整体模型中进行分析计算。根据弹塑性力学和有限单元法的原理，采用连续体的板壳和实体单元来模拟节点区域的受力情况，三维分析模型的建立基于节点的实际构造形式。对于节点有限元模型采用 4 节点线性积分壳体单元（S4R）和四面体单元（C3D4）。

（1）34.400m 标高平台玻璃顶支座节点

选取该节点出现较大内力值的三个荷载工况进行弹性分析，结果如图 13.4-7 所示。经分析可以发现最大应力值为 276MPa，小于钢材设计强度（295MPa），说明该关键节点区域处于弹性工作状态。除了节点区域的约束边界上有较大的应力出现外，少数应力较大的区域出现在杆件相交的尖角处，因此应该对构件进行倒角处理。

 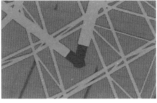  

(a) 节点位置　　　　　　　　(b) 节点有限元模型　　　　　　(c) 最大应力云图

图 13.4-7　34.400m 标高平台玻璃顶支座节点

（2）玻璃顶与双层网壳转换节点

选取该节点出现较大内力值的三个荷载工况进行弹性分析，结果如图 13.4-8 所示。经分析可以发现最大应力值为 294MPa，接近钢材设计强度（295MPa），说明该关键节点大部分区域处于弹性工作状态，少数应力较大的区域主要出现在杆件相连处，应通过增加加劲板的方式进行处理。

(a) 整体模型示意　　　　　　(b) 节点有限元模型　　　　　(c) 最大应力云图

图 13.4-8　玻璃顶与双层网壳转换节点

13.4.3　舞台机械的设计及预留

1. 舞台机械活荷载预留

舞台机械预留活荷载详表 13.4-3。

活荷载标准值（单位：kN/m²）　　　　　　　　　　　　　　　　　表 13.4-3

功能	活荷载标准值	功能	活荷载标准值
主舞台台面	4.0	天桥	工艺提供，不小于 4.0
侧舞台台面	4.0	舞台基坑	工艺提供
后舞台台面	4.0	面光桥	2.5
乐池	4.0	观众席及休息厅	3.0
主舞台台上设备吊挂	7.0（包含栅顶）	观众通廊	3.5
侧、后舞台台上设备吊挂	3.0	排练厅及化妆间	3.0
小剧场台上设备吊挂	5.0（包含栅顶）	声光控制室及耳光室	7.0

注：所有舞台设备荷载均不包括设备自重，该自重由舞台设备厂商提供。

2. 典型舞台机械布置

图 13.4-9 给出了大剧场主舞台上方吊挂钢结构的示意图。主舞台上方设有滑轮梁层、格栅层以及多道钢码头及天桥。

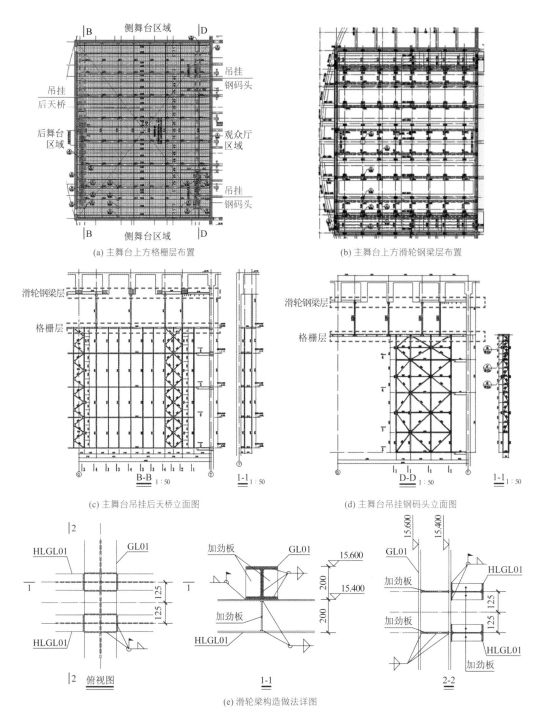

(a) 主舞台上方格栅层布置

(b) 主舞台上方滑轮钢梁层布置

滑轮钢梁层

格栅层

B-B 1:50   1-1 1:50

(c) 主舞台吊挂后天桥立面图

滑轮钢梁层

格栅层

D-D 1:50   1-1 1:50

(d) 主舞台吊挂钢码头立面图

HLGL01   GL01

俯视图   1-1   2-2

(e) 滑轮梁构造做法详图

图 13.4-9 大剧场主舞台上方舞台机械构造做法

13.5 结语

1. 哈尔滨大剧院体型与功能都很复杂，通过合理设置剪力墙等抗侧力构件，保证整体刚度与抗震承载力，复杂外壳通过钢结构实现，满足了建筑对于外形和功能的各种要求。

2. 根据建筑效果的要求，外壳钢结构采用单层网壳、双层网壳、折梁等多种结构形式，钢结构在混凝土结构上设置合理的支座与连接，有机结合为一个整体。

3. 大震弹塑性分析表明，罕遇地震作用下，结构层间位移角远远小于规范限值，剪力墙混凝土基本完好，钢结构杆件部分进入塑性阶段，其塑性应变远小于钢材极限应变，大部分钢筋混凝土梁柱构件未进入屈服阶段，整体结构强度退化不大。结构满足罕遇地震作用下的性能要求。

4. 对钢结构部分分别按照线性屈曲分析、几何非线性、几何与材料双非线性进行了全过程分析，整体稳定满足规范要求。

5. 针对复杂钢结构节点，进行了节点有限元详细分析，针对分析结果对节点进行局部加强。节点承载力均满足要求。

13.6 延伸阅读

扫码查看项目照片、动画。

参考资料

[1] 魏冬. 异形建筑数字化建造的实施——哈尔滨大剧院[J]. 建筑技艺, 2017(11): 113-118.

[2] 北京大学. 哈尔滨大剧院风荷载研究报告风振分析部分[R]. 2011.

[3] 黑龙江省地震工程研究院. 哈尔滨大剧院工程场地地震安全性评价报告[R]. 2010.

[4] 智浩, 金建涛, 葛德刚. 舞台机械技术、工艺、应用系列—舞台机械工艺[J]. 演绎科技, 2021(10): 35-43.

设计团队

结构设计单位：北京市建筑设计研究院有限公司（初步设计＋施工图）

结构设计团队：朱　鸣、朱忠义、戴夫聪、张玉峰、王春磊、刘　飞、卜龙瑰、刘传佳

执　笔　人：常　婷

本章部分图片由北京市建筑设计研究院有限公司杨超英及上海宝冶集团有限公司提供

获奖信息

2017 年全国优秀工程勘察设计行业奖公建一等奖；

2017 年全国优秀工程勘察设计行业奖结构一等奖；

2017 年北京市优秀工程勘察设计奖公建一等奖；

2017 年北京市优秀工程勘察设计奖结构专项二等奖；

2017—2018 中国建筑设计奖建筑结构专业奖二等奖；

2013 年度中国钢结构金奖；

2017 年第十四届中国土木工程詹天佑奖工程大奖；

2017 年第十四届中国土木工程詹天佑奖创新集体。

第14章

珠海歌剧院

14.1 工程概况

14.1.1 建筑概况

珠海歌剧院日月贝方案取自"珠生于贝，贝生于海"，与珠海城市品位一脉相承，诠释的是珠海在中国大陆率先拥抱海洋文明的富有历史文化沉淀的城市精神特质。建成后的珠海歌剧院将是技术与艺术的完美结合体，它将采用世界先进声、光学设计和舞台工艺设计（图 14.1-1）。其主体建筑大剧场拥有观众席 1600 座，由前厅、观众厅和舞台三部分组成，满足大型歌舞剧、音乐剧、芭蕾舞剧、话剧、交响乐、大型综合演出等的需要，小剧场满足地方原创表演艺术作品演出、先锋剧、小剧场话剧、地方剧种、现代舞、小型综合文艺演出、新闻发布、艺术普及、签售活动、时装秀台、企业年会等需要。在保证项目艺术性的前提下，珠海歌剧院增加了旅游观光、休闲餐饮、时尚文化等元素。旨在借助"中国唯一海岛歌剧院"概念，打造中国南方地区最具吸引力的文化旅游胜地。

图 14.1-1 歌剧院完工实景图

珠海歌剧院项目位于珠海香洲东部、距大陆最近距离约 350m 的野狸岛，是离珠海市区最近的海岛，现以海燕桥与市区相连。岛呈东北向，南望珠海渔女，直线距离约 1300m，西面至西北面为香洲港（主要为渔港、客运港），北面为宽约 250m 的航道，东望香港的大屿山。总建筑面积 59000m²，其中歌剧院主体建筑面积 48500m²，配套建筑面积 10500m²。包括大剧场、小剧场、车库以及大小剧场之间共享大堂，另外自环绕剧场主体道路外侧共有六块形状各异的绿化带向上延伸汇聚至剧场贝壳边缘。贝壳除标志性造型外，还为剧院提供竖向交通空间。大剧场主体建筑地上高度 40m，地下层高 4.5m，舞台台仓局部下沉至 15m 深度，大剧场贝壳高度 90m。小剧场主体地上高度 18m，地下高度 4.5m，贝壳高度 55.6m。建筑平、立面如图 14.1-2、图 14.1-3 所示。

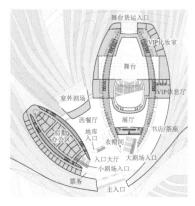

图 14.1-2 珠海歌剧院平面关系图

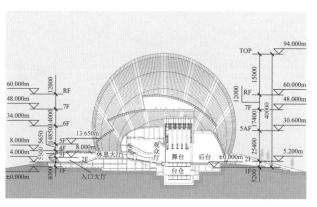

图 14.1-3 大剧场建筑立面图

14.1.2 设计条件

1. 总体控制参数（表 14.1-1）

表 14.1-1

结构设计基准期	50 年，耐久年限 100 年	建筑抗震设防分类	重点设防类（乙类）
建筑结构安全等级	一级（$\gamma_0 = 1.1$）	抗震设防烈度	7 度（0.1g）
地基基础设计等级	甲级	设计地震分组	第一组
建筑高度类别	A 级	场地类别	Ⅲ类

2. 风荷载

（1）基本风压：$0.9kN/m^2$（100 年一遇）；

（2）地面粗糙度类别：A 类。

本工程属于风敏感结构，场地风环境及结构体形复杂，风荷载取值的合理性决定了该体系的经济性和安全性。考虑到工程尺度较大，受限于风洞试验设备和场地，试验模型缩尺比例小，细部区域风荷载的试验结果可能存在偏差。为了保证风荷载取值的可靠性和合理性，进行 CFD 数值模拟，与风洞试验互为审核，如图 14.1-4～图 14.1-6 所示。

图 14.1-4 风洞试验实景图

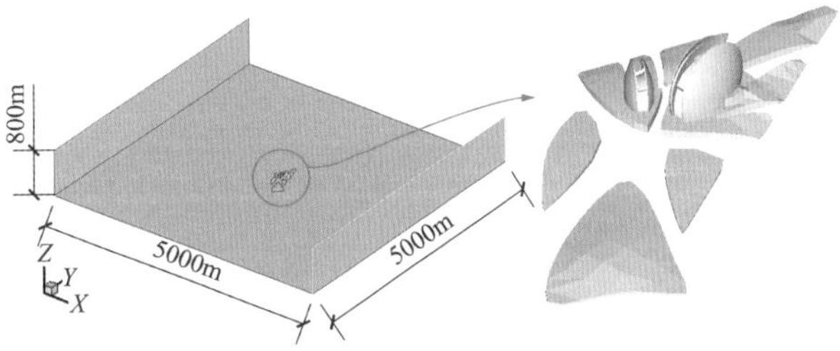

图 14.1-5 CFD 数值模拟

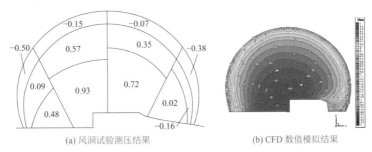

(a) 风洞试验测压结果

(b) CFD 数值模拟结果

图 14.1-6 90°风向角结果对比

3. 温度作用

根据珠海历史气象资料及工程的预计合龙时间，设定合龙温度为 20～25℃。

混凝土：考虑处于室内环境，温度变化相对较小，参考工程经验，升温、降温均取 15℃。

钢结构升温：贝壳钢构件取 20℃，天窗部分钢结构考虑太阳辐射取 30℃。

钢结构降温：贝壳钢构件取 −15℃，天窗部分钢构件取 −25℃。

钢结构施工升温：钢结构升温 40℃（仅和恒荷载组合，荷载分项系数取 1.0）。

14.2 建筑特点

14.2.1 极具视觉冲击力的"日月贝"形态

珠海歌剧院设计方案来自"日月贝"这一独特的海洋物种，并对其形象加以提炼。一大一小两个"贝壳"，构成了歌剧院的整体形象，在珠海的大部分区域都可以看到它在海面上"亭亭玉立"。

"大贝壳"最大高度达 90m，"小贝壳"最大高度接近 60m，独特的贝壳造型使得上部区域存在较大的悬臂薄弱区（图 14.2-1 及图 14.2-2）；同时，项目所在场地为海岛区域，需抵抗超级台风的侵袭，因此，抗风设计是本项目设计的重点和难点。

 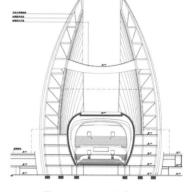

图 14.2-1 "大小贝壳"造型　　　　图 14.2-2 "大贝壳"剖面

14.2.2 主体建筑平面多处大开洞

由剧场功能空间需求决定，主舞台自台仓底（标高−15.000m）至顶（标高 40.000m）全高范围、侧台全高 19m 范围、后台全高 27m 范围均无楼板；观众厅内部池座及楼座看台为斜板，且楼座前方为大洞口，对于结构水平力的传递有不利影响，设计时需要重点关注，如图 14.2-3 所示。

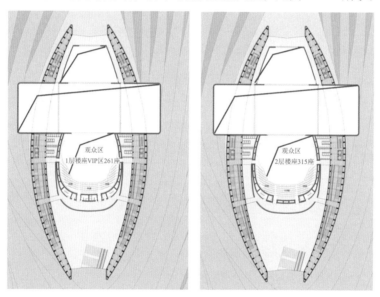

图 14.2-3 大剧场楼面大开洞

14.2.3 "珍珠"造型的观众厅

"珠生于贝"是建筑方案的精髓所在，在大贝壳内部，建筑师将入口大堂正对的观众厅外形设计为圆润的珍珠形态，成就了建筑方案的点睛之笔，如图 14.2-4 所示。

珍珠的外部造型为空间异形的自由双曲面，双曲面墙体需兼作楼座等竖向承重构件，同时要满足严格的声学要求。该造型的实现增加了结构设计及建造的难度，需从受力和施工的可行性及便利性着手综合考虑。

图 14.2-4 珍珠造型的观众厅外景

14.3 体系与分析

14.3.1 结构选型

1. 基础选型

由于场地地层除花岗岩外，主要为人工填土及第四系海陆交互相沉积地层，其中人工填土呈上部稍压密、下部松散状态，厚度较大（最大可达 10.50m）；在设防烈度 7 度地震作用下会产生严重液化现象。因此，基础方案采用桩基础，分管桩和混凝土灌注桩两种桩型。在荷载很大、重要性突出的区域（大剧场、小剧场观众厅及舞台区域）采用钻孔灌注桩，桩径 800mm，以中风化花岗岩作为桩端持力层。在其他区域采用预应力高强混凝土管桩，桩径 500mm，桩长 40m 左右，以强风化花岗岩作为桩端持力层，台仓区域底板采用抗拔桩，管桩剖面如图 14.3-1 所示。基础采用桩基拉梁加抗水板，桩承台之间设拉梁。抗水板与拉梁上表面齐平。

桩基设计参数见表 14.3-1。

桩基设计参数   表 14.3-1

桩号	桩型	桩径D/mm	桩端持力层	混凝土强度等级（标准）	单桩竖向抗压承载力特征值/kN	单桩竖向抗拔承载力特征值/kN
Z1	灌注桩	1000	第 13、14 层中风化花岗岩	C35	6200	
YGZ1 YGZ1(a)	预制管桩	500	进入 11、12 层强风化花岗岩	PHC500-125AB PHC500-125A	2000 2300	500
Z1a	灌注桩	1000	同 Z1	C35	5000	1200

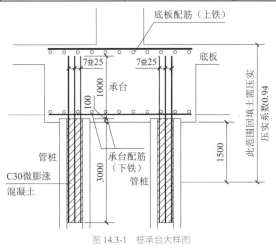

图 14.3-1 桩承台大样图

2．贝壳钢结构选型

贝壳钢结构在进行结构体系比选时，对贝壳面分别考虑网架、交叉桁架及钢桁架方案。由于建筑功能需要，在剧场结构高度范围内需要布置较多的内部竖向交通，如楼梯、电扶梯以及辅助用房，网架结构及交叉桁架结构体系很难适应空间需求，相比较而言钢桁架方案适应能力更强。由于最初设想的天窗结构两端铰接于贝壳钢架上的方案在台风作用下的抗侧刚度不足，需要在此基础上再增加刚度，最终采用天窗桁架与贝壳桁架设计刚接形成巨型框架的结构体系（图14.3-2）。

结合建筑的贝壳造型，沿扇形布置格构式巨型钢框架，通过环向连系梁形成整体结构（图14.3-3）。

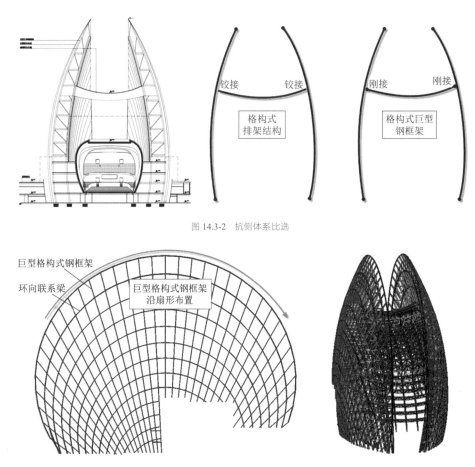

图14.3-2　抗侧体系比选

图14.3-3　由巨型框架扇形布置形成整体结构

14.3.2　结构布置

1．混凝土结构

主舞台平面尺寸 32m×25m，高度为 40m，侧台平面尺寸 20m×25m，主台两侧对称布置，高度19m，顶部采用钢筋混凝土井字梁结构，梁高 2.7m，贝壳结构立柱落在梁上。后台平面和立面形状与贝壳相同，平面尺寸约为 21m×26m，高度 27m。主台、侧台、后台采用 500mm 厚钢筋混凝土墙围合，台口高度 13.5m。侧台台口顶采用大梁托起上部塔台的混凝土墙体及侧台屋顶。台口大梁跨度 20m，支撑在台柱上。

观众厅平面尺寸约 31m×32m，位于主台南侧，外轮廓为空间弧形壳体，与主台相接，顶为钢桁架屋盖，其纵横剖面与结构空间形式见图 14.3-4。观众厅包括一层池座（含乐池）和一层楼座及设备机房。楼座出挑 7.5m，采用混凝土变截面挑梁，梁高 1600～750mm。其支点为厚 600mm 横贯观众厅的弧形钢筋混凝土墙，由于通道及投影需要，此墙上开设多个大洞口。另楼座之上另设一道与支撑墙平行但错开的弧形混凝土墙将楼座区与机房区分开，此墙通过斜柱将力传至底部。

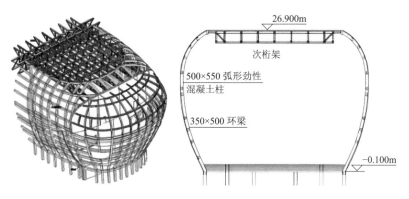

图 14.3-4 观众厅结构空间及横剖图

观众厅外围采用与其轮廓一致的弧形钢筋混凝土柱及环向拉梁组成，弧形柱截面为500mm×550mm，采用劲性混凝土柱，拉梁截面为350mm×500mm。由于观众厅两侧为弧形构件，仅能承受自身重量，因此，将观众厅屋盖单向支撑于主台台口前大桁架及楼座上方的混凝土墙上。

2. 贝壳钢结构

（1）短轴抗侧体系

沿钢结构短轴方向风荷载为主要荷载，起控制作用，两片"贝壳"在短轴方向采用实腹桁架与空腹桁架相结合形成的格构式框架提供抗侧，同时在两片贝壳的天窗布置桁架，并与两侧桁架刚接，形成巨型钢框架，成为短轴方向主要抗侧基本单元（图14.3-5），两侧天窗采用钢箱梁连接两端空腹桁架，形成短轴方向的次要抗侧基本单元（图14.3-6），相邻抗侧基本单元通过钢结构内外曲面上的环向弦杆刚性连接，协调抗侧基本单元之间的变形，从而形成整体的抗侧体系，如图14.3-7所示。主弦杆截面规格主要为 B600×300×12×16，截面外围尺寸不变，壁厚有所变化。腹杆截面规格在空腹部分截面为 B600×300×12×16，上部有斜腹杆部分腹杆截面为 B250×250×10×10，两侧天窗箱梁截面规格主要为 B800×300×20×20，中部天窗桁架截面规格主要为上弦杆 B400×500×12×16、下弦杆 B400×250×12×12、腹杆 B250×250×10×12。

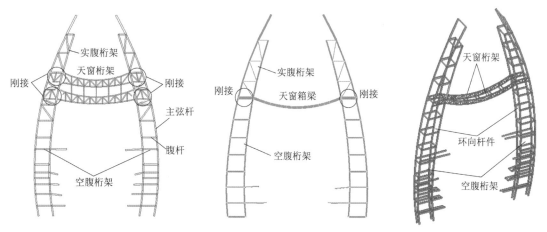

图 14.3-5 钢结构短轴方向主要抗侧基本单元　图 14.3-6 钢结构短轴方向次要抗侧基本单元　图 14.3-7 钢结构短轴方向抗侧力体系

（2）长轴抗侧体系

沿贝壳钢结构长轴方向通过环向弦杆将放射性空腹桁架连接成整体，环向弦杆与空腹桁架弦杆刚接（图14.3-8），组成连续钢框架结构，形成长轴方向主要抗侧体系。环向弦杆主要截面规格主要为 B400×250×12×12，两侧落地区由于受力形式的变化，截面规格增大为 B400×300×16×16。

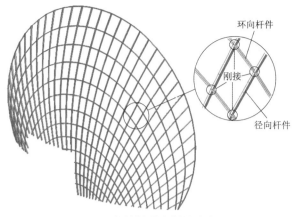

图 14.3-8 钢结构长轴方向抗侧力体系

（3）支撑条件

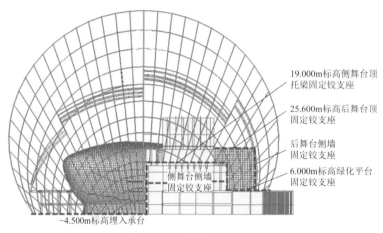

19.000m标高侧舞台顶
托梁固定铰支座

25.600m标高后舞台顶
固定铰支座

后舞台侧墙
固定铰支座

6.000m标高绿化平台
固定铰支座

侧舞台侧墙
固定铰支座

−4.500m标高埋入承台

图 14.3-9 巨型钢框架支承条件

主体钢结构通过下部混凝土框架及墙体提供支承，分4个支承区（图 14.3-9），分别是−4.500m 标高支承区、6.000m 标高支承区、后舞台侧墙支承区以及侧舞台顶部托梁支承区。其中−4.500m 标高落地区与下部混凝土承台采用埋入式钢柱脚；6.000m 标高及后舞台侧墙支承区下部为混凝土墙体，采用钢销轴支座释放弯矩（图 14.3-10）。观众厅和贝壳钢结构之间采用钢结构连桥，部分连桥钢梁两端铰接，可为钢结构提供部分水平支撑；部分连桥一端滑动，不参与整体受力（图 14.3-11）。

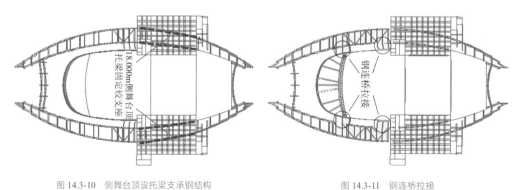

图 14.3-10 侧舞台顶设托梁支承钢结构 　　　　图 14.3-11 钢连桥拉接

14.3.3 性能目标

1. 结构的超限及复杂情况

（1）本结构属于特殊体型结构；

（2）歌剧院主体混凝土结构单独计算扭转位移比大于1.2，主体混凝土结构扭转不规则；

（3）歌剧院楼座层开洞面积超过30%，楼板不连续；

（4）第五层上下刚度突变，相邻层刚度变化大于70%或连续三层变化大于80%；

（5）观众厅楼座大悬挑（7.5m），观众厅弧形混凝土柱，支撑观众厅楼座之斜柱；

（6）台口处自13.5m处，台口大梁托混凝土墙，局部转换，侧台顶贝壳钢结构托梁荷载通过台口大梁传至台柱，传力复杂。

2．结构设计中的应对措施

针对上述几点，对关键构件制定了抗震性能的目标，对于重要部位采用多种软件进行受力对比及复核，根据需要取包络值设计。由于主体结构空旷，没有明显的层，计算层间位移角时，按功能区分别考虑。对钢结构进行详细变形控制及承载力要求，分析方法如下：

（1）进行多种工况下的整体稳定性分析；

（2）进行温度内力分析及结构在风荷载和地震作用下的性能分析；

（3）进行地震时程分析；

（4）进行数值风洞分析及风振分析；

（5）对大开洞区域进行楼板应力有限元分析。

3．结构的抗震薄弱部位

（1）托侧台顶大梁的台口柱；

（2）观众厅空间弧形柱。

4．抗震性能目标

根据本工程的结构特点，确立抗震性能目标如下，性能目标见表14.3-2。

混凝土结构抗震设计性能目标

表14.3-2

地震烈度		多遇地震	设防地震	罕遇地震
性能等级		没有破坏	可修复损坏	无倒塌
层间位移角限值		1/800	—	1/100
性能	剧场混凝土墙	规范设计要求，弹性	—	允许进入塑性，控制变形
	剧场混凝土台柱	规范设计要求，弹性	中震弹性	允许进入塑性，控制变形
	剧场观众厅混凝土弧形柱	规范设计要求，弹性	抗剪弹性抗弯不屈服	允许进入塑性，控制变形
	剧场侧台顶托贝壳钢结构混凝土梁	规范设计要求，弹性	抗剪弹性抗弯不屈服	允许进入塑性，控制变形
	剧场观众厅看台梁	规范设计要求，弹性	抗剪弹性抗弯不屈服	允许进入塑性，控制变形
	观众厅转换斜柱	规范设计要求	中震弹性	允许开裂，控制裂缝宽度
	大悬挑构件支承构件	规范设计要求	中震弹性	允许开裂，控制裂缝宽度

钢结构抗震设计性能目标见表14.3-3。

钢结构抗震设计性能目标

表14.3-3

抗震设防水准	第一水准（小震）	第二水准（中震）	第三水准（大震）
抗震性能	不损坏	基本完好	不倒塌
分析方法	反应谱法为主，时程法补充计算	反应谱法为主，时程法补充计算	时程法计算
控制标准	按照弹性设计	按照弹性设计	控制大震下位移出挑区≤1/70、悬臂区≤1/100、筒支区≤1/100、楼层区≤1/100 主桁架与天窗桁架连接节点大震不屈服

14.3.4 结构分析

鉴于本工程的复杂性，进行了多模型分析计算，包括贝壳钢结构与主体钢筋混凝土结构的整体分析模型（MIDAS 建模），用于分析钢结构的强度和刚度等力学性能。不含钢结构的纯主体钢筋混凝土结构模型（PKPM 建模）、不含主体钢筋混凝土结构的纯贝壳钢结构模型（MIDAS 建模）。

1. 周期与振型

结构各个方向的振型参与质量均超过 90%，图 14.3-12 为几个主要的振动模态图。

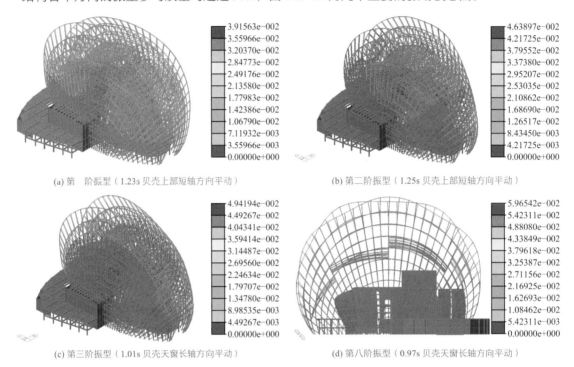

(a) 第一阶振型（1.23s 贝壳上部短轴方向平动） (b) 第二阶振型（1.25s 贝壳上部短轴方向平动）

(c) 第三阶振型（1.01s 贝壳天窗长轴方向平动） (d) 第八阶振型（0.97s 贝壳天窗长轴方向平动）

图 14.3-12 结构主要振动模态

2. 结构静力位移及风荷载下侧移比

贝壳结构在恒荷载 + 活荷载标准组合下，典型榀桁架竖向最大变形为 33.9mm，发生在中部天窗桁架跨中，挠跨比为 1/1954。最大水平变形为 55.3mm，发生在主桁架顶，侧移比为 1/832。满足规范要求。风荷载作用以垂直贝壳面（90°风向角）最强，结构顶部最大变形为 177mm。各方向风荷载作用下，各分区最大侧移比见表 14.3-4。

各向风荷载下各分区最大侧移比 表 14.3-4

风向角	简支区	悬臂区	出挑区
0°	1/2158（1/200）	1/813（1/150）	1/472
45°	1/245（1/200）	1/352（1/150）	1/181
90°	1/360（1/200）	1/334（1/150）	1/249
135°	1/448（1/200）	1/341（1/150）	1/208
180°	1/1249（1/200）	1/1043（1/150）	1/739
225°	1/467（1/200）	1/432（1/150）	1/217
270°	1/338（1/200）	1/1323（1/150）	1/1075
315°	1/380（1/200）	1/395（1/150）	1/193

括号中数据为性能控制目标。

大剧院在恒荷载＋活荷载工况下变形如图14.3-13所示，在短轴向风作用下变形如图14.3-14所示。

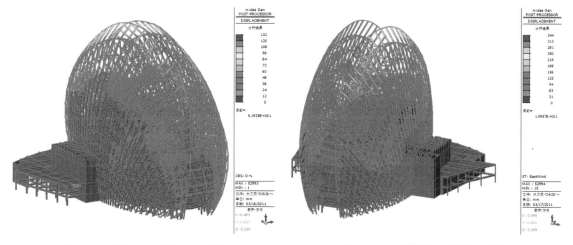

图14.3-13　恒荷载＋活荷载工况下变形　　　　　　　图14.3-14　大剧院短轴向风作用下变形图

3．反应谱分析结果

地震下剪重比见表14.3-5，满足最小剪力系数要求。与风荷载相比，以最不利短轴向钢架顶部最大变形数值作为对比对象，短轴向风荷载顶部变形为344mm，小震地震下为51mm，接近6.7倍，因此，贝壳钢结构的承载力基本为风荷载控制。

结构剪重比　　　　　　　　　　　　　　　　　　表14.3-5

地震方向	长轴方向	短轴方向
总剪力/kN	26372	24070
等效重力荷载代表值/kN	729212	
剪重比	0.036	0.033

4．小震弹性时程分析

（1）位移

地震波单向输入，钢结构最高点最大水平位移、竖向位移与反应谱比较见表14.3-6。

钢结构最高点水平位移与竖向位移比较（单位：mm）　　　　表14.3-6

地震方向	位移方向	反应谱	时程分析			时程分析/反应谱		
			El-h	Taft-h	人工波	El-h	Taft-h	人工波
长轴	X轴	9.8	9.3	11.2	9.6	0.95	1.14	0.86
	Y轴	28.9	27.4	32.4	28.6	0.95	1.12	0.99
短轴	X轴	40.5	42.1	39.5	45.8	1.04	0.96	1.13
	Y轴	4.84	4.24	5.54	3.84	0.88	1.14	0.79
竖向	Z轴	2.94	3.12	3.42	2.73	1.06	1.16	0.93

（2）反应谱内力调整

考虑到贝壳钢结构属于高柔结构，存在高阶振型的不利影响，振型分解反应谱法可能低估高柔部分构件的实际地震内力，将各时程波下的最大单元内力与反应谱计算的单元内力进行比较，通过调整系数调整反应谱法构件内力，用于构件承载力进行校核。

14.4 专项分析

14.4.1 贝壳钢结构分析

1. 格构式巨型框架体系稳定性分析方法

格构式巨型框架结构的稳定研究包含格构式框架柱的稳定性以及单肢构件的稳定性。在设计过程中进行承载力设计时，构件的稳定性通过稳定承载力得到体现。构件的稳定承载力计算需要确定计算长度 μl 及惯性矩 I 两个参数。

（1）格构式框架柱稳定

对于空间结构中的格式框架柱，由于存在一定的整体空间作用，格构柱的计算长度需要专门研究。通过对格构式巨型框架结构进行线弹性屈曲分析，得到格构柱的平面内的极限承载力 P_{cr}；为充分考虑实际格构柱的沿柱高的刚度变化，采用有限元推覆计算的方式计算抗弯惯性矩 I_x。

格构柱的抗弯惯性矩 I_x 大小取决于横梁和斜撑的刚度，横梁或斜撑的刚度越大，抗弯惯性矩越接近符合平截面假定的实腹构件。《钢结构设计规范》GB 50017-2003 给出了缀件为缀板和缀条的换算长细比的计算公式，但在计算长度不确定的情况下推导不出格构柱的抗弯惯性矩 I_x。为充分考虑实际格构柱的沿柱高的刚度变化，采用有限元推覆计算的方式计算抗弯惯性矩 I_x。

选取典型的格构柱段模型，考虑沿柱高的肢柱、横梁及斜撑的截面规格变化，底部约束，顶部施加框架平面内的水平力进行静力加载。

格构柱的抗侧刚度 K 取平均位置截面计算为：

$$K = \frac{3EI_x}{L^3} + \frac{GA}{L} \tag{14.4-1}$$

由静力计算结果可以得到：

$$K = \frac{F}{D} \tag{14.4-2}$$

联立式(14.4-1)和式(14.4-2)，可得

$$I_x = \left(\frac{F}{D} - \frac{GA}{L}\right) \cdot \frac{L^3}{(3E)} \tag{14.4-3}$$

根据极限承载力及抗弯惯性矩可以得出格构柱的计算长度 μL，可以按照钢结构规范进行格构柱承载力校核。

（2）格构式框架柱的单肢柱稳定

单肢柱的稳定计算相对常规、简单，考虑空间作用的影响，同样采用弹性屈曲分析求得单肢柱的极限承载力 P_{cr}，即可得到单肢柱的计算长度，从而得到构件的稳定系数，用于构件稳定承载力的校核。

（3）整体稳定性评估

由于实际工程中结构的非线性和不可避免的初始缺陷，只能作为线性解。因此应研究基于非线性挠度理论的第二类稳定问题，它是一种极值型失稳。采用有限元理论分析计算薄壁箱形变截面钢拱结构的稳定性。针对第一类稳定问题，进行线性稳定分析，即假定结构失稳时处于弹性小变形范围，结构的稳定分析转化为求解特征值问题，其最小特征值可作为失稳临界荷载。

通过计算钢结构从加载到失稳全过程的结构响应，得出荷载-位移关系曲线的顶点，一般可作为结构失稳破坏的极限荷载。采用有限元方法和牛顿-拉夫逊法求解，用弧长法跟踪平衡路径全过程，得到几何非线性屈曲系数和/或初始缺陷分析屈曲系数。

2. 单榀桁架稳定分析

根据以上稳定分析方法，应用到本工程，对于如图 14.4-1 所示的单榀桁架进行计算分析，分别考虑

竖向承载和水平承载两种受荷模式。

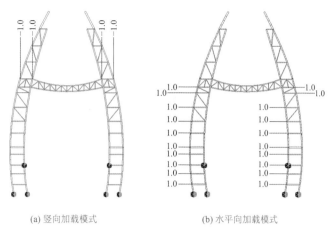

(a) 竖向加载模式　　　(b) 水平向加载模式

图 14.4-1　巨型钢框架单榀计算模型

（1）竖向承载模式下的构件稳定分析

单榀计算模型的第 1 阶屈曲模态如图 14.4-2（a）所示，为格构柱整体失稳模态，可得格构柱整体计算长度为163.7m，以该计算长度进行长细比及稳定系数计算和格构柱的稳定承载力验算，验算结果表明承载力满足设计要求。

单榀计算模型的第 8 阶屈曲模态如图 14.4-2（b）所示。为格构柱单肢构件计算长度u_l = 5.2m，计算长度系数为 0.8～0.9，以该计算长度系数作为单根构件稳定设计的依据进行构件层面的稳定性验算。

（2）水平承载模式下的构件稳定分析

单榀计算模型的第 1 阶屈曲模态如图 14.4-3 所示。

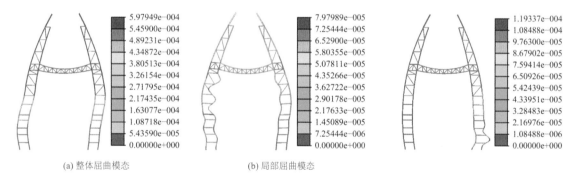

(a) 整体屈曲模态　　　(b) 局部屈曲模态

图 14.4-2　竖向荷载模式下屈曲模态　　　图 14.4-3　水平荷载模式下单榀桁架第 1 阶屈曲模态

由计算结果可知，根据欧拉公式可知，计算长度为 4.8m，计算长度系数约为 0.8。

综合以上分析，实际受力为两种荷载模式同时存在，单肢构件计算长度取两种模式的包络值，用以进行构件稳定承载力验算。

3. 整体稳定性分析

鉴于屋顶钢结构跨度较大，且为空间曲面结构，存在一定的薄膜内力，需保证整体稳定性满足规范要求。根据《空间网格结构技术规程》JGJ 7-2010 要求，当按弹性全过程分析，安全系数K需大于 4.2，按弹塑性全过程分析时，安全系数K可取为 2.0。考虑本工程风荷载作用较小，暂考虑恒荷载（含结构自重）与活荷载标准组合的荷载模式。

采用 ANSYS12.0 进行荷载位移时间历程分析。稳定分析的模型为整体模型（图 14.4-4），同时考虑几何非线性和材料非线性，并考虑初始缺陷的影响。荷载模式有恒荷载＋活荷载、恒荷载＋风荷载两种。在恒荷载＋活荷载模式下，结构极限承载力系数K为 5.0，满足规范要求。极限状态最大变形为 968mm，钢结构位移最大点荷载-位移曲线见图14.4-5，从图中可以看出，屋顶结构在考虑双重非线性下，非线性特性较明显，表明结构整体稳定性较好。

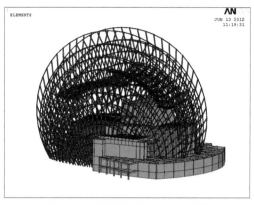

图 14.4-4　整体稳定性分析 ANSYS 模型

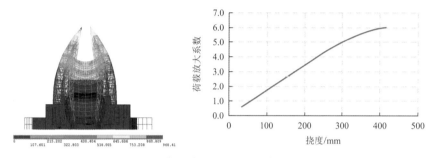

图 14.4-5　稳定分析极限变形云图及荷载位移曲线

在恒荷载＋风荷载模式下，结构极限承载力系数K为 3.5，满足规范要求。极限状态最大变形为 2063mm，钢结构位移最大点荷载-位移曲线见图 14.4-6，从图中可以看出，屋顶结构在考虑双重非线性下，非线性特性很明显。

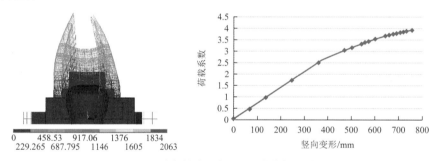

图 14.4-6　稳定分析极限变形云图及荷载位移曲线

4．特殊节点分析

考虑到主桁架与天窗桁架连接部分受力较大，连接杆件较多，选取受力较大的节点进行原位有限元分析，如图 14.4-7 所示。

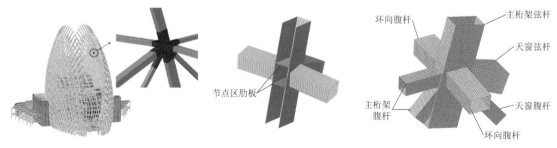

图 14.4-7　节点有限元模型示意

经典回眸·北京市建筑设计研究院有限公司篇

由于节点区受力复杂,节点区各杆件壁厚适当增大,各箱形杆件节点区规格分别为:主桁架弦杆为B600×300×24×30,天窗桁架上弦为B400×500×24×30,环向腹杆为B300×400×24×24,主桁架腹杆及天窗桁架腹杆为B250×250×12×12。主桁架弦杆节点区加两道横向肋板,肋板厚度为16mm。

对该节点建立有限元模型,网格尺寸在40mm左右,将该有限元节点合到整体模型中进行计算分析。非抗震下,控制工况为90°风荷载,最大应力为229MPa(图14.4-8),应力比在0.75以内,满足设计要求。

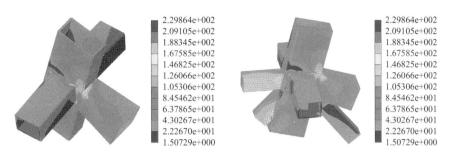

图14.4-8 非抗震及小震包络应力云图

等效中震组合下包络最大应为172MPa(图14.4-9),节点处于弹性阶段,且应力比较低;等效大震组合下包络最大应力为313MPa(图14.4-10),节点未屈服。综上表明,节点承载力满足静力及大震不屈服的抗震性能目标。

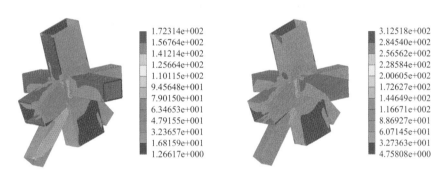

图14.4-9 中震组合应力云图   图14.4-10 大震组合下应力云图

14.4.2 观众厅异形混凝土结构分析

观众厅异形结构由外围弧形密柱与环向拉梁组成(图14.4-11),屋顶采用钢结构,整体以标注的方向(Y向)为主受力方向。A区及B区屋顶荷载由钢桁架及钢梁以图14.4-12中的传力路径传至基础,钢桁架及钢梁与墙顶铰接。屋顶横向(X向)钢梁两端与观众厅弧形混凝土柱铰接(图14.4-13),起拉接观众厅弧形混凝土柱的作用,同时将屋顶竖向荷载传至Y向主受力构件。观众厅采用200mm厚混凝土板围护,起隔声作用,同时受力上起到膜张力作用,此为安全储备,不参与计算。

中震作用下,观众厅屋顶梁验算结果应力比小于0.95。单独将弧形柱及支承结构取出,进行稳定性分析验算,第一阶模态特征值为5.05,模态形状为屋顶钢梁局部失稳。加强钢梁平面外稳定构造,结构整体稳定满足设计要求。

观众厅弧形墙采用四边形板单元,单元尺寸600mm左右,单元长短边比值小于2,单元夹角不小于60°,楼座板与墙相交界处采用三角形板单元过渡,三角形单元各边尺寸保持均匀。单元厚度600mm。核心筒、台口墙与弧形墙采用刚性连接单元。采用SATWE和MIDAS分别建模,在SATWE中用竖直墙模拟弧形墙整体建模计算,利用MIDAS建立弧形墙进行整体建模计算,两者计算结果互相对比取大值。采用MIDAS单独计算弧形墙内力(考虑中震弹性的地震组合工况)。

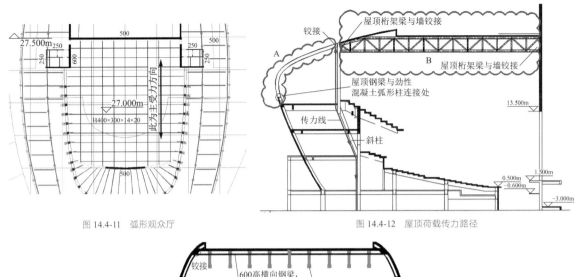

图 14.4-11 弧形观众厅

图 14.4-12 屋顶荷载传力路径

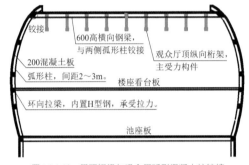

图 14.4-13 屋顶钢梁与观众厅弧形混凝土柱铰接

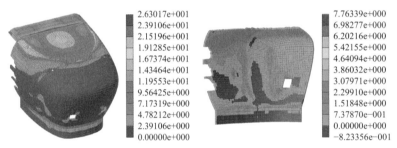

图 14.4-14 观众厅弧形混凝土墙应力云图　　图 14.4-15 观众厅弧形混凝土墙应力云图

　　由应力云图（图 14.4-14 及图 14.4-15）可知，观众厅弧形墙最大应力出现在顶板与竖墙过渡区域，是因为在屋顶梁与弧形墙身相交部位应力集中，此处墙身最大拉应力为 7.7MPa，超过混凝土抗拉强度，采取措施如下：

　　（1）加强构造，提高配筋率，使得钢筋强度大于因为混凝土开裂而失去的受拉承载力。

　　（2）在墙身对应梁部位设置暗柱，柱内配置型钢，提高了墙身刚度，从而增强了稳定性和抗震性能，相应楼座及池座处梁内设置型钢。

　　（3）观众厅空间弧形墙内设置构造型钢，在位于墙顶与平板交界处设置型钢环梁与其连接，形成型钢骨架。便于墙身定位找形。

　　（4）除上述梁墙相交部位，观众厅弧形墙大部分区域拉应力均小于 2.5MPa，小于混凝土抗拉设计值 2.64MPa（墙混凝土强度等级为 C50）。

14.5　结语

　　结合建筑特点，兼顾功能空间布局，采用高效、简洁的结构体系，使结构与建筑外形及功能相统一。

针对设计重难点，在设计与建造过程中，主要有以下几方面的创新工作：

（1）格构式巨型钢框架结构体系

在珠海歌剧院项目设计过程，由于结构造型及荷载条件的特殊性，通过多轮方案比选，考虑功能的适应性和抗侧刚度的需求上，最终采用格构式巨型钢框架结构体系作为主要的抗侧体系，为国内首创。

（2）观众厅异型混凝土结构设计与建造

观众厅外形为复杂双曲面形态，需兼顾受力及隔声效果要求，最终选取钢骨架式混凝土墙体形式，钢骨架提高了墙体的承载能力及延性，也可作为墙体浇筑过程中的临时支撑。鉴于结构受力的复杂性，进行了多模型分析计算，针对观众厅弧形混凝土墙、观众厅屋顶梁、弧形混凝土柱进行了专项分析，确保了该复杂曲面墙体的建造、使用过程中的承载安全。

（3）格构式钢框架结构体系稳定性分析

本工程格构式钢框架结构体系的稳定包括局部的构件稳定、框架形格构式柱稳定、格构式柱组成的巨型框架稳定。构件层面稳定性属于常规分析，框架形格构柱的稳定在本工程首次提出，不同于支撑形格构柱，需通过推覆分析结果推导出等效抗弯惯性矩，利用屈曲分析求解，并应用于构件的稳定承载力设计。格构式柱组成的巨型框架稳定性则依靠整体稳定的安全系数来控制。通过对多层级的钢结构稳定性分别控制，确保了新型钢结构体系的稳定性满足设计需求。

注：2017年第13号台风"天鸽"于8月23日12时50分在珠海金湾区沿海地区登陆，最大风力14级（48m/s），中心附近的风压为1.44kN/m²，而设计风压为1.24kN/m²，台风的实际风压超出设计风压16%。台风过后回访珠海歌剧院，未发现巨型钢框架主体结构以及幕墙等围护结构损坏，受到了业主的高度赞扬。

14.6 延伸阅读

扫码查看项目照片、动画。

参考资料

[1] 许伟. 珠海歌剧院风洞试验报告[R]. 广州：广东省建筑科学研究院，2010.

[2] 李华峰，朱忠义，卜龙瑰，等. 珠海歌剧院CFD数值风洞模拟报告[R]. 北京：北京市建筑设计研究院，2011.

设计团队

结构设计单位：北京市建筑设计研究院有限公司（初步设计＋施工图）

结构设计团队：束伟农、朱忠义、侯　郁、陈　林、宋　玲、卜龙瑰、沈凯震、罗洪斌、陈　一、刘传佳、李华峰

执　笔　人：卜龙瑰、陈　林

获奖信息

2019 年国际咨询工程协会（FIDIC）特别优秀奖；

2019 年全国优秀勘察设计奖（公共）建筑设计一等奖；

2019 年全国优秀勘察设计奖优秀建筑结构二等奖；

2013 年北京市第十七届优秀工程设计 BIM 优秀奖；

2019 年北京市优秀工程勘察设计奖建筑结构专项奖二等奖；

2019 年北京市优秀工程勘察设计奖公共建筑综合奖一等奖；

2019 年第十七届中国土木工程詹天佑奖。

第15章

凤凰中心

15.1 工程概况

15.1.1 建筑概况

凤凰中心（图 15.1-1）位于北京朝阳公园西南角，占地面积 1.8hm²，总建筑面积 7.2 万 m²，建筑高度 51.15m。2007 年，凤凰传媒决定在北京建立传媒中心，他们希望这座建筑既能体现出凤凰传媒人的进取精神，又能体现出中国的文化底蕴。北京市建筑设计研究院首席建筑师邵韦平先生提出的由"莫比乌斯环"概念演变而来的方案脱颖而出。"莫比乌斯环"产生连续循环的形象与凤凰生生不息的精神不谋而合，南侧办公楼与北侧演播楼的布置演绎出凤凰传媒台标中两只凤凰阴阳交织的意境，体现出中国传统文化的阴阳相合。"一阴一阳"的两栋楼座与"永动"的"莫比乌斯环"生态外壳结合在一起构成了多个开放共享、能够展现凤凰文化的公共空间，如图 15.1-2 所示。整个建筑不仅充满着动感和活力，还与不规则的道路方向、转角以及朝阳公园的景观形成了和谐的关系，如图 15.1-3、图 15.1-4 所示。

图 15.1-1 凤凰中心

正+反=接　　　上+下=承　　　内+外=连

阴+阳=交　　　凤+凰=融　　　中+西=补

图 15.1-2 凤凰中心建筑设计理念

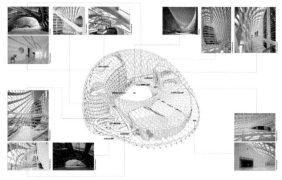

图 15.1-3 凤凰中心模型及局部景观

图 15.1-4 凤凰中心东庭内景

凤凰中心奇特的造型给结构设计提出了巨大挑战。设计团队通过 5 年的实践和探索，克服了诸多前所未有的技术难题，利用前沿的数字信息技术和多年工程经验，完美地实现了建筑设计理念。

内部办公楼地上十层，顶板高度 43.4m；演播楼六层顶板高度 27.3m。建筑总高度为 51.15m。

15.1.2 设计条件

1）主体结构控制参数（表 15.1-1）

控制参数表　　　　　　　　　　　　　　　　　　　　　　　　　　　表 15.1-1

结构设计基准期	50 年	建筑抗震设防分类	标准设防类（丙类）
建筑结构安全等级	二级（结构重要性系数 1.0）	抗震设防烈度	8 度（0.20g）

地基基础设计等级	一级	设计地震分组	第一组
建筑结构阻尼比	材料阻尼	场地类别	Ⅲ类

2）风荷载

结构变形验算时，按 50 年一遇取基本风压为 0.45kN/m²，承载力验算时取基本风压的 1.1 倍，场地粗糙度类别为 C 类。由于项目造型新颖，规范没有对应体型的体型系数，因此通过风洞试验研究结构的风荷载，模型缩尺比为 1∶250。设计中采用了规范风荷载和风洞试验结果进行包络验算。

3）温度作用

（1）假定合龙温度为 15～25℃，外层（上层）构件暴露在室外，内层（下层）构件位于室内。

（2）使用阶段温度作用

暴露在室外的钢构件在太阳的暴晒下最高温度为 60℃，内部构件由于有玻璃幕墙的覆盖，取 25℃，交界面最高温度取平均值 42.5℃。

升温：外层（上层）构件温度升高60 − 15 = 45℃，内层（下层）构件温度升高42.5 − 15 = 28℃

降温：外层（上层）构件降温荷载为−30℃，内层（下层）构件为−30℃

（3）施工阶段温度作用

仅和恒荷载组合，荷载分项系数取 1.0，钢结构升温 45℃；结构降温−30℃

其他地上结构楼面荷载标准值根据《建筑结构荷载规范》GB 50009-2001（2006 年版）采用。

4）地质条件：基础持力层土质为卵石层、圆砾层和细砂层、中砂层，地基承载力标准值为 280kPa。本工程基础采用钢筋混凝土梁板式筏形基础，地基采用天然地基方案。

15.2 建筑特点

15.2.1 复杂外表皮构成的外幕墙体系

由"莫比乌斯环"概念演变而来的外皮幕墙要求主体支撑结构延续连续、圆润、永动的造型，平面投影要最大程度地拟合凤凰台标，三维骨架内要嵌入平面玻璃幕墙，建筑、结构如何定位轴线就是首先面临的难题。

1. 轴网的形成

本项目的特殊性要求必须建构一个与创意相适应的三维几何控制体系，使建筑构件在创建过程中得到依附和参照。在基础控制面（图 15.2-1）的基础之上，设计团队依靠数字技术生成三维基础控制线，包括钢结构主肋中心线、次肋中心线、幕墙分格线。这三组 NURBS 样条曲线交错形成的非线性控制网格是构建外壳钢结构和表皮系统的重要基础；办公楼、演播楼则采用了曲面轮廓控制下的放射轴线与正交轴线相结合的二维轴网系统（图 15.2-2）。经多次优化调整，两套互不相关的轴线控制系统在重叠部位形成了耦合关系，并在各自参数中产生关联。

2. 复杂外表皮下的幕墙

通过多轮建筑方案对比，提出一种全新的模式，将玻璃幕墙嵌在斜交网格中间，要求外壳钢结构主次肋分离。为了实现建筑的美学表现力，将网壳结构的双向构件通过交叉点的连杆侧向连接，构建节点区构件连续且抗弯抗剪协调的新型叠合网壳结构体系，形成主次肋分离的空间效果（图 15.2-3），有效拟合了自由曲面外壳，同时为幕墙一体化建构创造了基础，最终外壳钢结构造型见图 15.2-4、图 15.2-5。

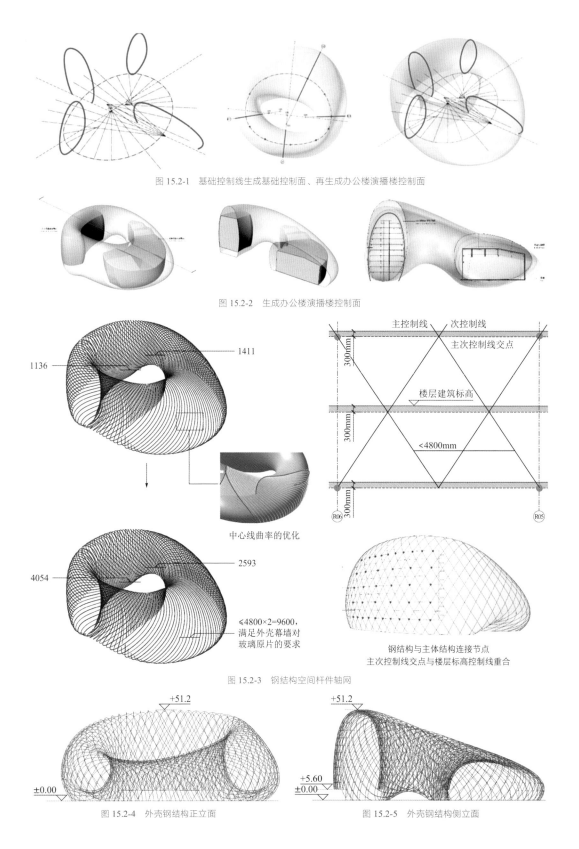

图 15.2-1 基础控制线生成基础控制面、再生成办公楼演播楼控制面

图 15.2-2 生成办公楼演播楼控制面

中心线曲率的优化

≤4800×2=9600，满足外壳幕墙对玻璃原片的要求

钢结构与主体结构连接节点
主次控制线交点与楼层标高控制线重合

图 15.2-3 钢结构空间杆件轴网

主控制线 次控制线
主次控制线交点
楼层建筑标高
<4800mm

图 15.2-4 外壳钢结构正立面

图 15.2-5 外壳钢结构侧立面

15.2.2 内部存在多个建筑单元

幕墙外表皮下包含两组主要单体建筑：办公楼、演播楼。这两组建筑之间通过东西拱桥、旋转坡道、通天梯、7m 平台、马道在多个标高紧密相连在一起，与永动的"莫比乌斯环"共同创造出"一体"的多个公共文化空间。

15.3 体系与分析

15.3.1 方案对比

1. 外幕墙钢结构

常规单层网格结构虽然能较好的适应自由曲面的成型，但由于双向（或三向）构件位于同层曲面，优美自由的网格曲线被节点打断，节点构造相对复杂且外观效果欠佳。再如，常规的外置型幕墙在应对复杂的自由曲面时，通过平面去拟合曲面非常困难，影响建筑效果；而内嵌式幕墙结构体系由于自由网格的非标准化及施工困难，导致建造成本大大增加，且施工偏差的存在会影响建筑效果。

结合本项目建筑美学效果需求，为凸显"莫比乌斯环"的外立面效果，提出了一种新型的空间网格体系——新型叠合网壳结构，将网壳构件沿中心曲面法线方向错开一定距离、布置于内外侧不同的曲面上，设置垂直于中心曲面法向的连梁，将内外层构件连接成整体网壳（图15.3-2），形成节点区构件连续且抗弯抗剪协调的新型叠合网壳结构体系。该体系双向网格沿曲面法向错开形成内、外两向网格，实现网格构件不受交叉节点影响而各自连续；幕墙结构可布置于内、外两向网格之间，实现室内、室外不同的单向网格的效果。同时，连接节点隐藏于网格相交的重叠区域，弱化了传统单层网格节点尺度偏大及构造不美观的缺点。

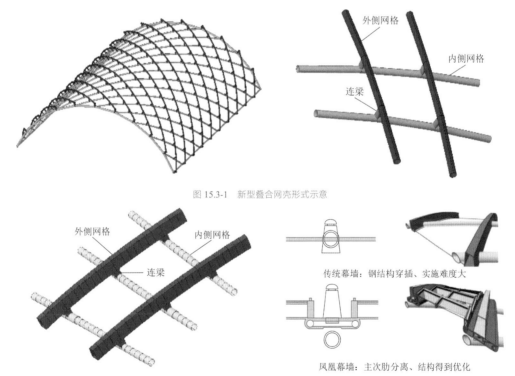

图 15.3-1 新型叠合网壳形式示意

外侧网格　　　内侧网格

连梁

传统幕墙：钢结构穿插、实施难度大

凤凰幕墙：主次肋分离、结构得到优化

图 15.3-2 新型叠合网壳结构局部和幕墙的关系实例

为分析进一步对叠合网格的力学性能，选取典型的柱面壳作为方案比选对象，分别采用单层网壳（非叠合布置）与新型叠合网壳结构，对比竖向刚度及整体稳定性的差异，如图15.3-1、图15.3-2所示。

（1）竖向刚度对比

在恒、活荷载标准组合下，对比单层网壳（非叠合）及新型叠合网壳的竖向挠度（图15.3-3），从变形云图看，叠合之后对整个壳体的刚度分布没有影响，竖向变形的分布规律一致。但叠合之后竖向刚度得到加强，最大变形由单层网壳的70.5mm减小到52.5mm，减小26%，跨中沿长度方向各参考点的竖向挠度减小20%左右。

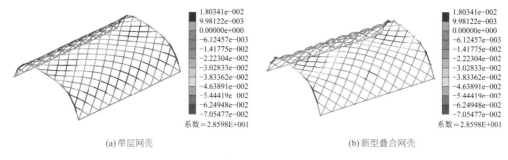

| (a) 单层网壳 | (b) 新型叠合网壳 |

图 15.3-3　挠度

竖向刚度对比表明，新型叠合网壳结构比单层网壳（非叠合）竖向刚度有较大幅度的提高。

（2）整体稳定性对比

对于网壳结构，整体稳定性是设计的关键。为了分析叠合作用对整体稳定的影响，对单层网壳（非叠合）和新型叠合网壳结构同时考虑几何大变形和材料非线性的双非线性荷载位移全过程分析。采用通用有限元软件 ANSYS（R15.0）进行非线性分析，分析结果（图 15.3-4）表明，同时考虑双非线性时，新型叠合网壳结构的极限承载力系数由 3.9 提高到 5.3，结构的稳定性得到较大幅度提高。

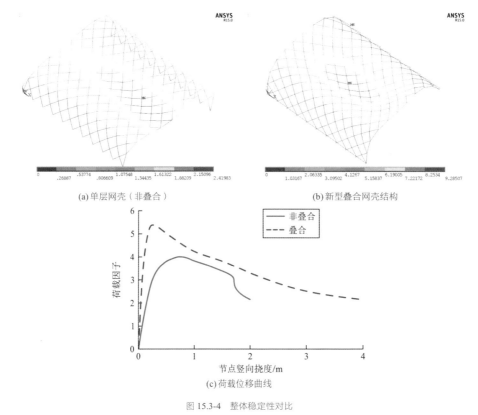

| (a) 单层网壳（非叠合） | (b) 新型叠合网壳结构 |

(c) 荷载位移曲线

图 15.3-4　整体稳定性对比

以上对比结果表明，在相同的跨度及矢高比下，新型叠合结构比单层网壳（非叠合）在竖向刚度及整体稳定性方面均有明显提高。

本项目新型结构体型较传统叠合网壳结构的承载力提高35%，建造效率也大幅提升，形成高效的复杂曲面空间整体受力结构体系。针对本项目的空间结构，开发了专用程序，生成了基于自由曲面新型叠合网壳的弯扭构件模型和设计软件。

2. 主体混凝土结构

办公楼：由于内嵌于外壳钢结构，造成办公楼形体沿高度向内侧不规则收进。

方案一：框架-剪力墙结构，外围劲性混凝土柱，混凝土水平斜梁。该方案梁窝内利用率低，如

图 15.3-5（a）所示。

方案二：框架-剪力墙结构，外围劲性混凝土柱，放射状混凝土梁。该方案劲性柱不利于与外壳钢结构的连接，如图 15.3-5（b）所示。

方案三（实施方案）：钢管混凝土框架柱-剪力墙结构，钢框梁，混凝土楼板，R3\R9 轴加斜撑。将混凝土纵墙与钢框柱调整到一条轴线上，加强纵向结构刚度，并将劲性柱改为钢管混凝土柱，对外有利于与外壳钢结构的连接，对内机电管线能充分利用梁窝空间，增加建筑完成面净高。R3\R9 轴柱间增设人字撑，协调办公楼的扭转变形。如图 15.3-5（c）所示。

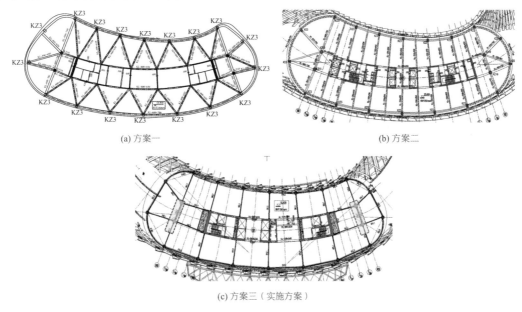

(a) 方案一

(b) 方案二

(c) 方案三（实施方案）

图 15.3-5　主体混凝土结构方案对比

15.3.2　结构布置

本工程地下部分为一个整体结构单元，最大平面轮廓尺寸为直径约 119m 的近似圆形（图 15.3-6）。工程地上有四组主结构：外壳钢结构、办公楼、演播楼、东西拱桥；四组附属结构：旋转坡道、通天梯、7.000m 标高平台、马道组成。四组附属结构和四组主结构相互联系形成了一个非常复杂的结构体系，详见图 15.3-7。

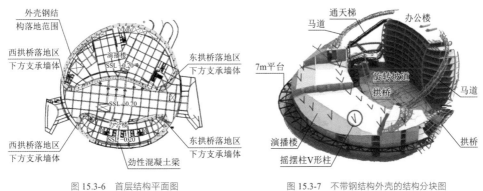

图 15.3-6　首层结构平面图

图 15.3-7　不带钢结构外壳的结构分块图

（1）外壳钢结构，作为三维幕墙的支承系统，采用新型叠合网壳结构，在两座主体建筑间形成了舒适的内部共享空间，增强了结构刚度和稳定性，提高了施工效率，实现了建筑和结构的完美结合。

（2）办公楼为 10 层钢框架-剪力墙结构，地上最大平面轮廓是尺寸约为 74.6m×26.3m 的蚕豆形，外框架均为斜柱，其中首层为底座向内收的 V 字形斜柱，二至九层则为单向斜柱。由于办公楼南北外环梁、斜柱相交的节点是外壳钢结构的外挂支点，其外形是随着外壳钢结构变化的。

（3）演播楼采用框架-剪力墙结构，演播楼最大平面轮廓是尺寸约为111.6m×39m的多边形，立体外形呈土豆形。内部并列布置100m²、200m²、600m²、1200m²演播厅，混凝土顶板为不规则坡起。屋顶设置了16组V形摇摆柱，以支承上面的外壳钢结构。

（4）连接办公楼及演播楼的东西钢结构拱桥两端分别支承于地下室顶板，地下沿桥方向结合建筑功能设置放射状混凝土墙，以抵抗钢桥下水平推力。此处外壳钢结构从拱桥下围合穿过、不落地，形成一个下空腔，拱桥作为外壳钢结构底部的支承。

（5）旋转坡道为宽度3m、总长235m的钢结构，从演播楼的二层通过旋转坡道到达演播楼的四层。

（6）通天梯为宽度3.2m、水平投影总长约43m的钢结构，连接演播楼的四层和办公楼的九层半（设备夹层）。

（7）7.000m标高平台为宽度8~12m的钢平台，连接演播楼与外壳钢结构。

（8）马道，悬挂在外壳钢结构内侧顶部，连接办公楼、演播楼的屋顶。

15.3.3 性能目标

1. 混凝土结构不规则情况

根据《超限高层建筑工程抗震设防专项审查技术要点》，对结构的不规则性进行了检查，工程存在的不规则情况如下：办公楼平面扭转不规则（考虑偶然偏心的扭转位移比为1.31，大于1.2），演播楼平面扭转不规则（考虑偶然偏心的扭转位移比为1.39，大于1.2）且演播楼内演播厅楼板不连续（开洞面积占比大于30%），属于存在复杂连接的连体结构。

2. 结构的抗震重点加强部位

根据结构特点，抗震重点加强部位有以下几处：外壳钢结构与办公楼、演播楼混凝土结构连接处，钢结构拱桥±0.000以下混凝土支座处；连体部位；办公楼剪力墙筒体及斜柱；演播楼屋顶摇摆柱；演播楼1200m²演播厅楼板多层开大洞处。

3. 主体结构抗震设防性能目标（表15.3-1）

主体混凝土结构抗震设防性能目标 表15.3-1

部位	需加强的构件	小震	中震	大震
办公楼及演播楼	剪力墙底部加强区	弹性	抗弯不屈服，抗剪弹性	不屈服
	剪力墙非底部加强区及框剪结构中的混凝土柱（含斜柱）	弹性	抗弯不屈服，抗剪弹性	部分屈服，不发生脆性破坏
	剪力墙连梁	弹性	抗剪不屈服，抗弯部分屈服	大部分屈服
屋盖钢结构	东西两侧空腔部位及演播楼顶V形柱	弹性	弹性	不屈服
	其他钢构件	弹性	不屈服	允许部分屈服

15.3.4 计算分析

1. 鉴于本工程的复杂性，进行了多模型分析计算，包括：

（1）不含外壳钢结构的办公楼、演播楼混凝土整体模型，此时钢结构（外壳、东西拱桥、旋转坡道、通天梯）作用在办公楼、演播楼混凝土结构上的反力以荷载的形式加入到混凝土模型中。采用PKPM软件建模。

（2）包含外壳钢结构，但不含东西拱桥、旋转坡道、通天梯钢结构的办公楼混凝土单体模型，采用MIDAS软件建模，此模型计入了附着在办公楼上的全部外壳钢结构构件的自重和部分构件刚度。旋转坡道、通天梯的作用以荷载的形式考虑在内。

（3）不含外壳、东西拱桥、旋转坡道、通天梯钢结构的办公楼混凝土单体模型,采用 PKPM 和 MIDAS 软件建模,钢结构外壳、旋转坡道和通天梯的作用以荷载的形式考虑在内。

（4）不含外壳、东西拱桥、旋转坡道、通天梯钢结构的演播楼混凝土单体模型,采用 PKPM 和 MIDAS 软件建模,钢结构外壳、旋转坡道和通天梯的作用以荷载的形式考虑在内。

（5）包括含外壳、东西拱桥、旋转坡道、通天梯钢结构和办公楼、演播楼混凝土结构的整体模型（即包括前述六个结构单元）,采用 MIDAS 软件建模,分析连体的影响及相互作用。

2．外壳钢结构单体计算分析结果

1）外壳钢结构静力分析

静力计算分析主要保证钢结构的挠度满足规范要求。考虑到结构边界条件复杂,分区进行挠度控制。钢结构在恒荷载与活荷载的标准组合下变形云图如图 15.3-8 所示。通过分区挠度计算,最大挠跨比为 1/362,满足性能要求。

2）外壳钢结构动力分析

采用 Ritz 向量法进行特征值分析,各个方向的振型参与质量均超过 90%,表 15.3-2 列出前 3 阶模态的周期,前三阶振型见图 15.3-9～图 15.3-14。

结构动力特性　　　　　　　　　　　　　　　　表 15.3-2

模态号	周期/s	振动模式
1	1.19	西侧空腔
2	1.03	办公楼Y方向平动
3	0.94	东侧空腔

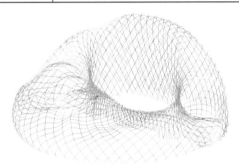

图 15.3-8　外壳钢结构在恒、活荷载下的变形云图（单位：m）

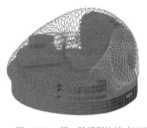 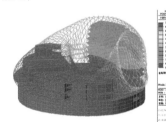

图 15.3-9　第一阶振型比较（MIDAS）　　图 15.3-10　第二阶振型比较（MIDAS）　　图 15.3-11　第三阶振型比较（MIDAS）

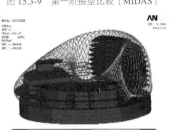 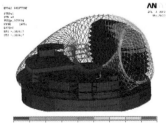 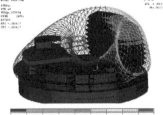 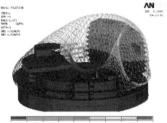

图 15.3-12　第一阶振型比较（ANSYS）　　图 15.3-13　第二阶振型比较（ANSYS）　　图 15.3-14　第三阶振型比较（ANSYS）

结论:

(1) 由于结构过于复杂,很难出现单一方向的振动模态;

(2) 结构局部振动较多,东西侧空腔部位相对较柔,低阶振型主要在该位置。

3) 构件应力比控制

根据构件的重要程度,对部分重要构件确定了相应的性能目标。通过计算,各类构件承载力满足既定的性能目标。

4) MIDAS 模型与 ANSYS 模型弹性时程结果对比

考虑到本结构的复杂性,按照《建筑抗震设计规范》第3.6.6条要求,进行多遇地震作用下的内力和变形分析时,采用不少于两个不同力学模型的软件,并对其计算结果进行比较分析。

对比结果表明,两个模型的动力特性吻合很好,进一步对构件的内力及变形进行对比,结果差异较小,验证了计算模型的合理性。

5) 结构整体稳定分析

稳定分析的模型为整体模型,包括混凝土结构和整体钢结构。整体稳定采用荷载位移全过程分析,具体按照以下两个模型进行:

模型一:几何非线性模型。

模型二:考虑几何和材料双重非线性并考虑初始缺陷的模型。钢结构按理想弹塑性考虑,加载模式为恒荷载 + 活荷载。

分析结果(图 15.3-15、图 15.3-16)表明:几何非线性分析的屈曲因子为 11.6;几何和材料非线性分析的屈曲因子为 3.5。整体稳定性满足性能目标。

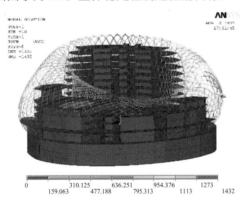
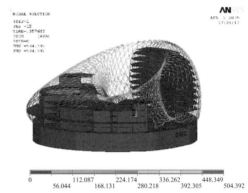

图 15.3-15　几何非线性极限状态下变形云图(单位:mm)　　图 15.3-16　双重非线性极限状态下变形云图(单位:mm)

15.4　子项设计

15.4.1　外壳钢结构-新型叠合网壳结构

外壳钢结构设计的重难点在于复杂曲面模型的建立、曲面大网格结构荷载施加以及异形截面(梯形)承载力设计,模型的精度、荷载施加及承载力验算的准确性直接影响设计的安全性及经济性。

1. 复杂曲面结构模型的建立

模型建立的精准度直接影响结构的经济性、安全性及可靠性,定位的准确性则对建筑效果影响较大。为了建立更为精确的整体模型,设计中采用三维建模软件 DP(Digital Project)。该软件用以在航空、汽车制造业广泛应用的三维建模软件 CATIA 的基础上进行二次开发,其功能比 CATIA 更加强大,对使用者要求较高，建模工作由建筑师和结构工程师协同完成。

对于结构计算模型，受限于目前通用有限元软件的计算功能及计算速度，空间弯扭构件由分段直线的单元模拟。通过如下对比分析，得出分段长度不大于400mm时，用直线单元模拟弯扭构件的精度能够满足设计要求。取典型弯扭构件（图15.4-1）进行对比分析，长度约5.4m，截面为等腰梯形截面（上边宽330mm，壁厚24mm，下边宽500mm，壁厚16mm，高700mm，腹板厚度16mm），分别建立梁系模型和板壳单元模型，其中梁系模型中，长度控制在400mm以内，加入到整体模型中计算，施加同样的支承条件，重点比较四个角点应力。

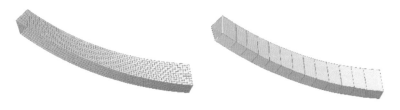

图15.4-1 弯扭构件模型

对比结果表明，对于梯形截面的四个角点，组合应力的绝对最大值相差很小，角点1相差6%，角点2相差7%，角点3相差2%，角点4相差4%，且采用梁单元计算的应力偏高，可以认为用多段等截面梁单元模拟弯扭构件满足工程要求。

弯扭构件的重要特点则是单元主轴方向沿着中心曲线逐渐变化，计算分析不能忽略这种变化对结构刚度及承载力的影响。因此要求旋转每个单元的局部坐标系保证局部坐标系的主轴方向与单元所在点的面法线垂直（图15.4-2）。

2. 面荷载施加方法

屋面采用框架式幕墙结构，主结构采用尺寸为（3～4）m×（4～5）m的近似菱形网格。由于部分区域曲面曲率较大，简化为平面计算荷载误差较大，编写空间曲面网格结构的荷载施加程序。如图15.4-3所示。

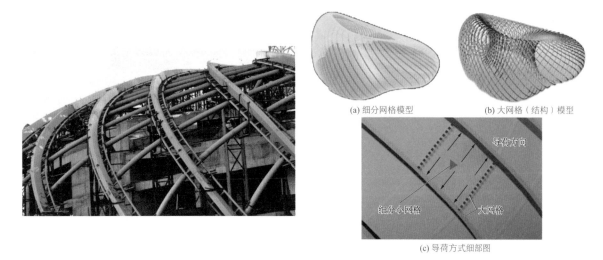

(a) 细分网格模型　　(b) 大网格（结构）模型

导荷方向

细分小网格　　大网格

(c) 导荷方式细部图

图15.4-2 部分弯扭构件示意　　　　　图15.4-3 曲面大网格结构荷载施加原理示意

第一步：细分曲面形成细小的三角形网格（边长尺度在10cm以内），通过坐标判断识别所属的大网格（结构网格）。具体实现方法为将三角形重心投影至大网格的平面，判断投影点是否在大网格内部。

第二步：将小三角形荷载导至对应大网格目标单元上。具体实现方法为计算三角形重心距离各目标单元的距离，按照距离大小反比例分配给各目标单元。

第三步：把各单元荷载分配的荷载叠加后形成荷载文件导入计算模型。精确计算曲面荷载并按照一定的规则分配到相关构件上，减小了因为过度简化造成的偏差。

3．构件承载力设计

1）高强钢的应用

为了满足建筑对主构件外围尺寸统一和尺寸不宜过大的双重条件，对于局部受力较大部位，通过加大壁厚来满足受力要求，最大壁厚为115mm。但壁厚超过35mm的用钢量为总用钢量的10%左右，为了尽可能地减小结构自重，有效降低生产、加工及安装成本，随着板厚的增加，采用了国内能够生产的高强度、高性能钢材，具体见表15.4-1。

构件材质   表 15.4-1

构件材质	Q345C	Q345GJD	Q420GJD	Q460GJE
板厚t（mm）	$t \leqslant 35$	$35 < t \leqslant 50$	$50 < t \leqslant 90$	>90

2）构件计算长度系数研究

对于该工程的双向叠合构件形成的单层空间网格结构，受力相对复杂，绝大部分构件都处在拉弯、压弯状态，部分区域网壳形成轴力为主的受力模式，构件的稳定性对构件的承载力影响显著，同时考虑到双向构件在节点位置错开通过连梁连接，与常规单层网格结构的约束不同，构件的计算长度系数很难依据经验确定。因此，通过简化模型及整体模型分别进行屈曲分析来得到构件的计算长度系数，用于构件的稳定承载力计算。

（1）简化模型（图 15.4-4）

根据本结构双向叠合的几何构型及基本受力特点，取三个基本单元进行有限元分析，旨在得到构件的计算长度系数。分析模型中，主肋及主次肋连梁采用板壳单元模拟，并划分精细网格，次肋采用梁单元模拟。

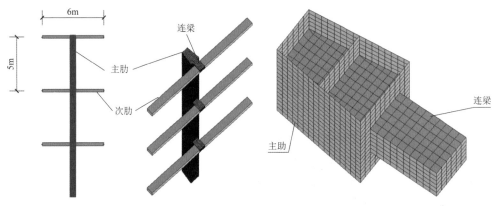

图 15.4-4　简化模型

有限元分析模型一：在主肋一端施加荷载，次肋不施加荷载。主肋底部铰接，次肋远端铰接。通过屈曲分析得到第一屈曲模态为主肋整体的面外屈曲。根据荷载临界系数计算得到外侧网格极限稳定承载力，由欧拉方程计算出外侧网格面外计算长度系数为1.96，如图 15.4-5 所示。

有限元分析模型二：在主肋一端施加荷载，同时考虑次肋轴压力为其稳定强度的 0.8 倍。主肋底部铰接，次肋一侧是固定铰，另一侧仅提供面外支撑，如图 15.4-6 所示。

根据荷载临界系数计算得到外侧网格极限稳定承载力，由欧拉方程计算出外侧网格面外计算长度系数为 2.23。

（2）整体模型

考虑到简化模型中对边界条件以及构件的弯曲情况简化过多，与实际仍有较大差别，从设计安全的较多出发，同时通过整体模型屈曲分析（图 15.4-6）进行构件计算长度系数分析，并将得到的计算长度系数与简化模型得到的计算长度系数进行包络取值，如图 15.4-7 所示。

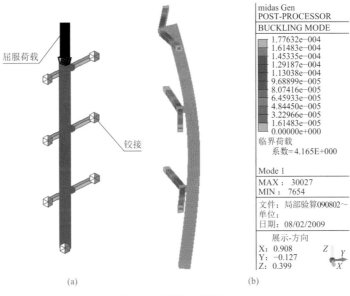

图 15.4-5　有限元分析模型一

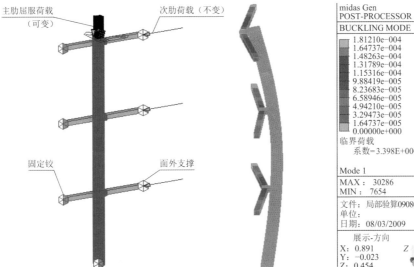

图 15.4-6　有限元分析模型二

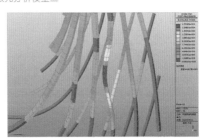

(a) 外侧网格屈曲模态

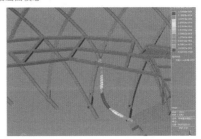

(b) 内侧网格屈曲模态

图 15.4-7　整体模型屈曲模态

通过屈曲分析得到外侧网格最不利面外计算长度系数为 1.88，面内计算长度系数 1.05；内侧网格最不利面外计算长度系数为 1.38，面内计算长度系数 0.95。

整体模型的计算结果表明，整体模型中实际的约束条件以及约束构件的内力水平比简化模型略好，外侧主网格计算长度系数小于简化模型。另外由于内侧网格构件的线刚度小于外侧网格，在承载过程中受到外侧网格的保护，计算长度系数略小于外侧网格。设计时按包络结果并结合经验，内、外侧网格面外计算长度系数取 2.30，面内 1.15，如图 15.4-8、图 15.4-9 所示。

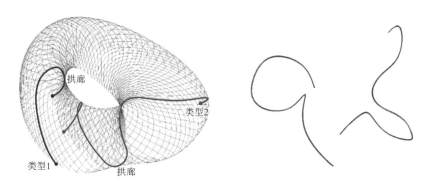

图 15.4-8　典型主肋 P11、P22 形状

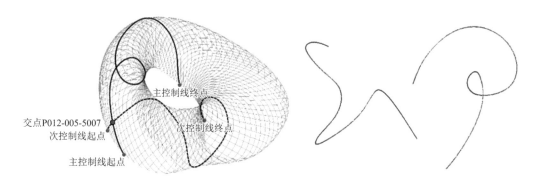

图 15.4-9　典型次肋 S010、S040 形状

3）异形断面弯扭构件承载力校核

在空间结构中，薄壁箱形构件可能受到拉、压、弯、剪、扭等各种内力的作用。由于约束扭转效应产生的翘曲应力较小，在薄壁箱形构件正截面验算时可不考虑。在已知截面特性的条件下，可以分别进行正截面强度、抗剪强度、受压稳定性验算。

通用计算软件无此类复杂构件的截面优化功能。在本工程优化设计中，按照规范公式，编制构件截面特性以及承载力校核程序，接驳结构通用有限元软件 MIDAS 的构件内力计算结果，校核构件承载力，确保异形构件受力安全的前提下，减少用钢量，节约造价。

4）新型叠合网壳节点设计

新型叠合网壳采用双向交叉形成的四边形网格，节点连接刚度对网壳面内刚度影响较大。一方面通过准确模拟，真实反映节点刚度，另一方面节点构造要与计算假定相吻合。同时，在叠合空间预留幕墙连接龙骨实现幕墙龙骨与叠合构件一体化设计，有效降低了曲面幕墙安装现场定位的难度。节点构造详见图 15.4-10、幕墙龙骨与叠合构件连接详见图 15.4-11。

5）落地节点设计

为了建筑美观要求，所有外围钢结构必须沿着原轴线斜率落地，考虑到每一处落地角度的不同，我们采取分节方式处理，上一节支座成品采购，支座内嵌鼓形节点，可以释放双向变形。下一节工厂加工现场微调整，高效、完美地实现了建筑师的构想，详见图 15.4-12～图 15.4-15。

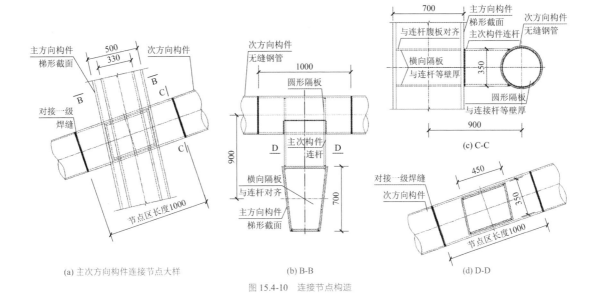

(a) 主次方向构件连接节点大样

(b) B-B

(c) C-C

(d) D-D

图 15.4-10 连接节点构造

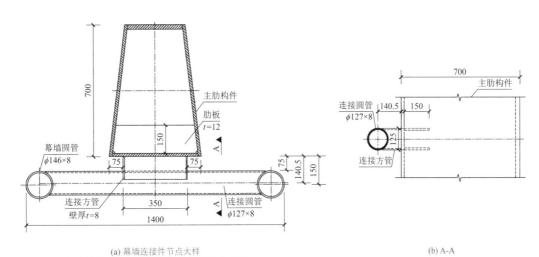

(a) 幕墙连接件节点大样

注：图中连接圆管沿主肋方向1.5m间隔均匀布置。

(b) A-A

图 15.4-11 幕墙龙骨与叠合构件连接构造

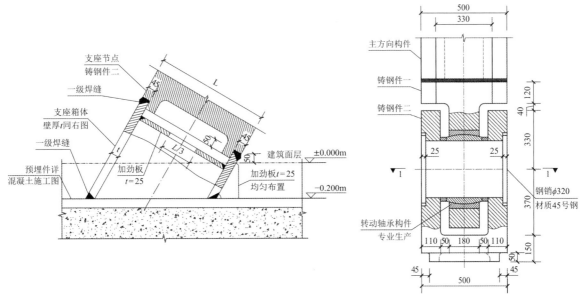

图 15.4-12 钢结构落地支座节点大样

图 15.4-13 钢结构落地支座剖面

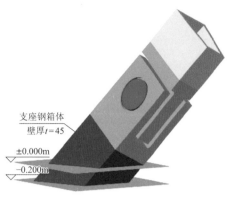

支座钢箱体
壁厚$t=45$

±0.000m
−0.200m

图 15.4-14　钢结构落地

图 15.4-15　支座落地

15.4.2　办公楼设计

结构形式：钢框架-混凝土核心筒。

图 15.4-16 中显示了办公楼各楼层板边线的投影线，结合图 15.4-17 的剖面，可见办公楼的立面造型为底座向内收、立面向单侧倾斜的形式。由于外壳钢结构在办公楼处需要挂在主体结构上，因而办公楼对外壳钢结构的支承作用非常关键。通过调整建筑方案使得各层的结构墙柱构件可以沿放射向轴线拉通（图 15.4-16 粗虚线所示位置），形成良好的整体性。外环梁采用箱形截面、两侧柱间加斜撑以提高外围结构刚度，同时提高墙、柱的抗震性能目标，并在最外侧的 R3 轴和 R9 轴上加钢斜撑（见图 15.4-17）以增强结构抗侧刚度。由于办公楼为扁长蚕豆形，为保证纵向刚度与横向刚度相对接近，通过调整斜撑布置高度来满足要求。

由于办公楼 V 形柱（钢管混凝土柱）在一、二层间东西两侧离拱桥太近，建筑师要求各取消一组 V 形柱，造成 V 形柱在一、二层不能闭环。通过二层采用劲性混凝土环梁提高二层刚度，在首层与 V 形柱下连接的混凝土梁做成劲性环梁，保证 V 形柱上下稳定（见图 15.4-18、图 15.4-19）。

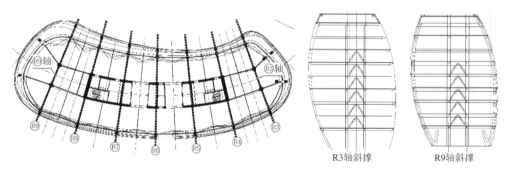

图 15.4-16　办公楼结构墙柱构件沿轴线拉通

R3轴斜撑　　R9轴斜撑

图 15.4-17　办公楼 R3 轴和 R9 轴立面

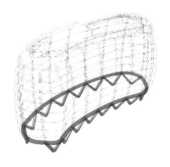

图 15.4-18　二层 V 形柱上劲性环梁

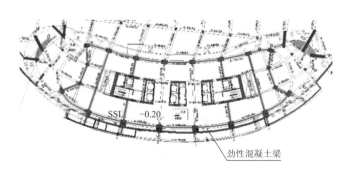

SSL　−0.20

劲性混凝土梁

图 15.4-19　首层 V 形柱下劲性混凝土环梁

办公楼作为外壳钢结构的重要支撑，其节点连接方式极为重要。其南北两侧外挂点位见图 15.4-20，图中编号表示不同的连接方式：A—刚性连接、B—铰接、C—滑动支座、E—铰接、F—铰接，连接点做法详见图 15.4-21、图 15.4-22。屋顶及外侧需要提供刚度，节点连接方式为固接 A 节点；中部只需提供竖向力，均为铰接节点，其中 B\E 位置为双向铰支座，F 为单向铰支座；办公楼外侧的 R3/R9 轴处一侧固接 A 节点，一侧为滑动支座 C 节点，用来释放巨大的温度应力。

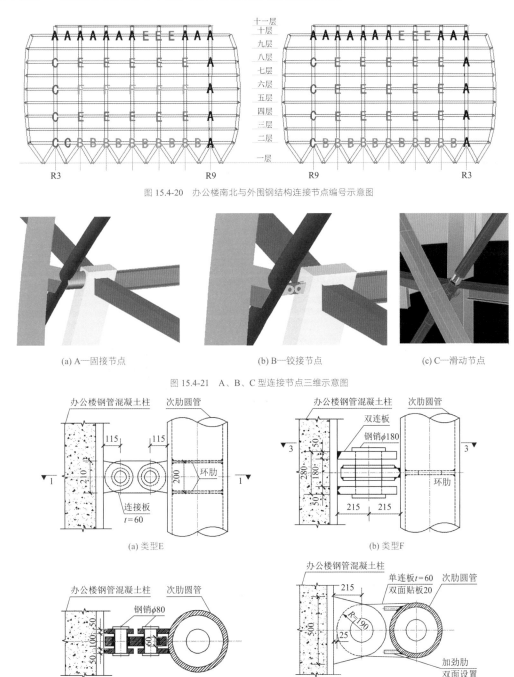

图 15.4-20　办公楼南北与外围钢结构连接节点编号示意图

(a) A—固接节点　　　　(b) B—铰接节点　　　　(c) C—滑动节点

图 15.4-21　A、B、C 型连接节点三维示意图

(a) 类型 E　　　　　　　(b) 类型 F

(c) 1-1　　　　　　　(d) 3-3

图 15.4-22　E、F 型连接节点平面示意图

15.4.3　演播楼设计

演播楼：最大平面轮廓尺寸约为 111.6m×39m，屋顶外形由多个折面组成，内部有 100m²、200m²、600m²、1200m²（图 15.4-24）四个演播厅，为无楼板的大空间结构，屋顶设置了 16 组 V 形摇摆柱为外

壳钢结构提供支承（图 15.4-23），并在 7.000m 标高处与外壳钢结构共同提供环形平台支承。

演播楼采用钢筋混凝土框架-剪力墙结构，柱尺寸以800mm×800mm的方形截面为主，墙厚为300mm、400mm，梁截面以 600mm×700mm 为主。

V 形摇摆柱截面采用圆管，采用 351mm×24mm 和 351mm×40mm 两种截面。摇摆柱上节点与次肋结构同方向，下节点与 V 形柱同平面，最大限度地释放上卜节点弯矩、扭矩。如图 15.4-25、图 15.4-26 所示，埋件下方的混凝土梁均调整为与 V 形摇摆柱同平面方向，保持传力方向一致。另外，由于演播厅楼板开大洞，结合建筑使用功能设置了一定数量的混凝土墙，以提高结构的整体性。演播楼屋顶收进处局部扭转位移比偏大，在该处结合建筑布置加设斜向支撑，减小局部位移比以满足规范要求。

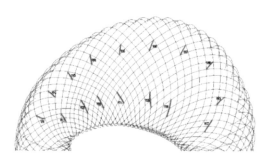

图 15.4-23　演播楼顶 V 形摇摆柱示意图

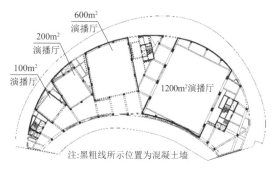

图 15.4-24　演播楼二层平面

图 15.4-25　演播楼屋顶 V 形摇摆柱现场照片

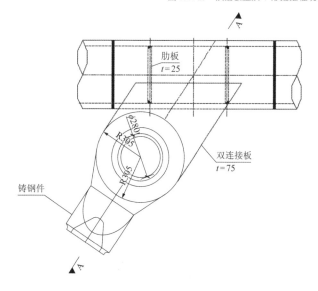

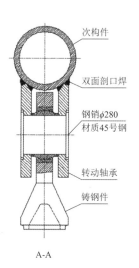

(a) 屋顶V形支撑柱顶节点大样（类型一）

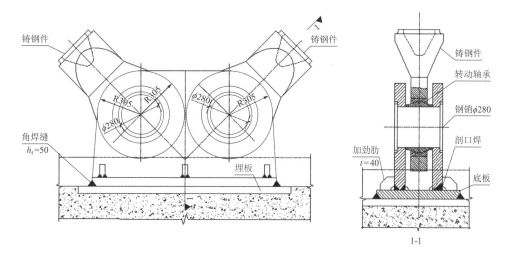

(b) V形柱落地节点大样

图 15.4-26　V形摇摆节点上下节点大样

15.4.4　东西拱桥设计

连接办公楼及演播楼的东西钢结构拱桥，如图 15.4-27 所示。拱桥跨度为 34m 左右，矢高 6.4m，拱桥两端分别支承于地下室墙上，与外壳钢结构采用拉梁连接。拱桥一方面支承上部 7.000m 标高平台，另一方面也增大了外壳钢结构下方的竖向刚度，拱桥施工过程及完成后照片见图 15.4-28～图 15.4-31。

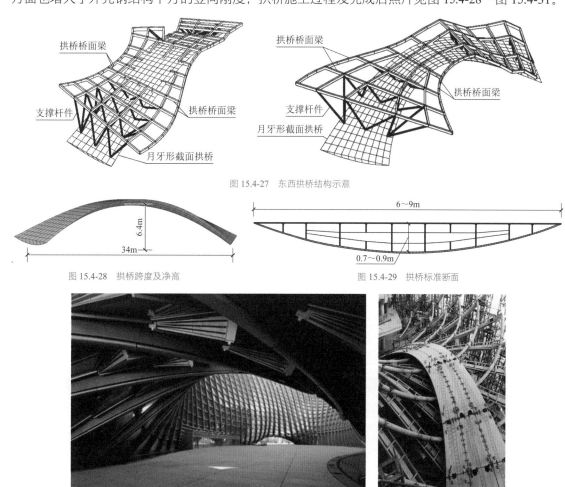

图 15.4-27　东西拱桥结构示意

图 15.4-28　拱桥跨度及净高

图 15.4-29　拱桥标准断面

图 15.4-30　拱桥外立面实景

图 15.4-31　拱桥施工现场照片

15.4.5 特殊结构单元构造研究

（1）"悬浮"的旋转坡道

如图 15.4-32 所示，旋转坡道为宽度 3m，总长 235m 的钢结构，分别支承在办公楼、演播楼以及外壳钢结构上，最上层局部设拉索。在坡道端部演播楼上做一个混凝土"簸箕"，在其上进行减隔震设计，一方面通过隔震支座减小外壳与演播楼的拉接刚度及支座反力，另一方面通过阻尼器及支座的铅芯耗散能量，降低坡道面的水平振动（图 15.4-33）。通过旋转坡道支撑节点的巧妙设计，实现了旋转坡道悬浮在空中的效果。

（2）通天梯设计

通天梯为宽度 4.2m，水平投影总长约 43m，提升高度 20m 连接办公楼与演播楼的钢结构，梯面与水平面夹角为 30°，标准断面形式见图 15.4-34，平立面见图 15.4-35，为减小对整体计算的影响，下端支承于演播楼的五层（图 15.4-36），上端支承在办公楼九层半处（图 15.4-37），办公楼仅提供竖向支承，垂直行梯的水平方向设置阻尼器，减小地震下的振动及位移。

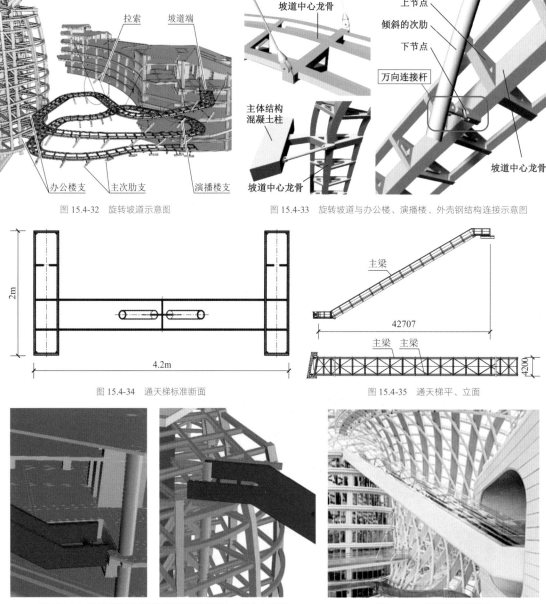

图 15.4-32 旋转坡道示意图

图 15.4-33 旋转坡道与办公楼、演播楼、外壳钢结构连接示意图

图 15.4-34 通天梯标准断面

图 15.4-35 通天梯平、立面

图 15.4-36 通天梯位于演播楼的下支座及位于办公楼的上支座

图 15.4-37 通天梯实景照片

（3）7.000m 标高平台设计

在演播楼 7.000m 标高处围绕着演播楼有一圈结构平台，最宽处近 12m，由于该标高处演播楼内部无楼板，因此不考虑由演播楼悬挑该结构平台，而是选择采用单独钢结构方案，一端与演播楼铰接，另一端与外壳钢结构采用滑动支座连接（图 15.4-38、图 15.4-39）。

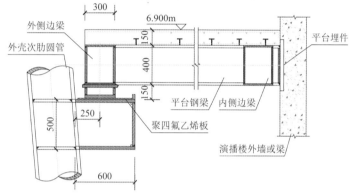

图 15.4-38　7.000m 标高平台剖面图及现场照片

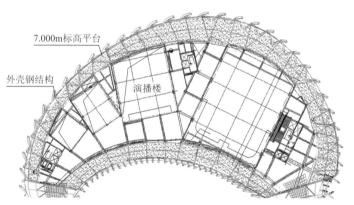

图 15.4-39　7.000m 标高平台平面图及实景

15.5 结语

外幕墙钢结构将内部两个单体混凝土结构连接为一体，形成复杂连体结构。为此，我们提高了两座单体混凝土建筑相关部位的抗震性能目标，保证这组复杂连体建筑的整体结构安全。

外幕墙钢结构采用新型叠合网壳结构体系，效率高、施工简单，实现了建筑与结构的完美结合。对复杂外形的空间结构，通过编制程序实现参数化建模、荷载施加、异形截面承载力验算，提高了设计速度和精度，确保了结构的安全度及经济性。

复杂空间结构的稳定性是设计的重点。通过对构件层面的计算长度分析及整体层面的极限承载力全过程分析，保证结构的稳定性满足设计要求。

凤凰中心结构设计创造了集复杂曲面找形、三维空间大跨钢结构与多重子结构相结合的新颖复杂结构体系；通过将CATIA、Rhino和CAD结合起来的信息传递技术，实现了复杂结构设计—建造的无缝对接；最终成为建筑与结构的完美统一的经典案例。

15.6 延伸阅读

扫码查看项目照片、动画。

参考资料

[1] 周思红 .凤凰国际传媒中心结构设计[J].建筑结构, 2011, (9).

[2] 邵伟平. 无尽空间:自由与秩序[J].《建筑创作》凤凰中心专辑, 2015, (6).

[3] Zhou S, Zhu Z, Shu W , et al. Phoenix Centre Design and Construction of a Complex Spatial Structure Based on 3D Digital Technology[J]. Structural engineering international, 2019, 29(3):377-381.

[4] 朱忠义, 周思红, 束伟农, 等. 凤凰国际传媒中心[A]//北京市建筑设计研究院有限公司. 超限高层建筑工程抗震设计汇编: 下册. 北京: 中国建筑工业出版社, 2016.

设计团队

结构设计单位：北京市建筑设计研究院有限公司

结构设计团队：

顾　问　总：齐五辉、束伟农

混凝土团队：周思红、张世忠、沈凯震、王　伟

钢结构团队：朱忠义、王　毅、卜龙瑰、李华峰

执　笔　人：朱忠义、周思红、卜龙瑰

获奖信息

第十七届全国优秀工程勘察设计行业（公共建筑）一等奖；

第十七届全国优秀工程勘察设计行业（结构）一等奖；

2014 中国建筑学会建筑创作奖 公共建筑类金奖；

北京市第十八届优秀工程设计 公共建筑一等奖；

北京市第十八届优秀工程设计 结构专项一等奖；

第九届全国优秀建筑结构设计奖 一等奖；

北京市科学技术奖 二等奖；

2017 国际桥梁及结构工程 杰出结构大奖；

2015 亚洲建协建筑奖（AAA）荣誉提名奖。

第16章

腾讯北京总部大楼

16.1 工程概况

16.1.1 建筑概况

腾讯北京总部大楼位于北京市海淀区中关村软件园二期西南角，地上 7 层，体型呈正方形 180m×180m，地下 3 层，东西向长度约 204m，南北向长度约 285m，高度 36.32m，建筑面积约 33.4 万 m²，是一以办公为主，兼具展览、休闲运动、多媒体演播等辅助功能的大型公共建筑，地下二、三层为人防区域。鸟瞰效果图如图 16.1-1 所示。

腾讯北京总部把 33.4 万 m² 的办公功能完全整合在一栋建筑中，被称为"亚洲最大的单体办公楼"，可满足 7500 名员工需求，单栋建筑平面展开尺寸达到180m×180m，这种超大办公空间本身就是一项巨大的设计创新。本项目的建筑设计的理念是"凝聚、融入、沟通"，为员工提供了全新的生活与工作方式。超大平面的办公空间能让员工在其中充分交流和分享，符合互联网企业部门与部门之间、员工与员工之间彼此强联系的工作模式。在宏大、开放的建筑空间中，员工紧密地凝聚在一起，在互动与沟通中，激发了无限可能。

图 16.1-1　建筑鸟瞰效果图

16.1.2 设计条件

1. 主体控制参数（表 16.1-1）

控制参数表 表 16.1-1

结构设计基准期	50 年	建筑抗震设防分类	重点设防类（乙类）
建筑结构安全等级	一级（结构重要性系数 1.1）	抗震设防烈度	8 度（0.20g）
地基基础设计等级	一级	设计地震分组	第一组
建筑结构阻尼比	0.05（小震）/0.06（大震）	场地类别	Ⅲ类

2. 风荷载和雪荷载

基本风压和基本雪压按 50 年一遇的标准取值，分别为 0.45kN/m² 和 0.40kN/m²。

16.2 建筑特点

腾讯北京总部大楼的巨型悬挑给人带来巨大的视觉冲击力，丰富的内部空间又给人愉悦的工作、生活体验。追根溯源，这样一座特别的建筑却源于非常标准、规则的正方体，确实不可思议。通过建筑师的灵感切割，完美地实现了有序与无序、理性与感性的结合。建筑师与结构工程师携手同行，在建筑物内找寻内在的结构逻辑，利用力学原理、结构规律和工程经验，在无序中建立有序，最终达到艺术性与科学性的高度融合。建筑实景照片如图 16.2-1 所示。

图 16.2-1　建筑实景照片

16.2.1　体型特别复杂的高烈度区建筑

独特的建筑造型、多样的使用功能以及丰富的内部空间，造成了腾讯北京总部大楼复杂的体型。建筑立面有较多内凹造型和切角造型，内部充满了各种挑空、中庭以及大跨度空间，所有这些都导致了结构体型的复杂性。本工程结构楼板很不连续，由于建筑内部有很多中庭、挑空位置，每层楼板最窄处的有效宽度均小于规范规定要求（不小于 50%），图 16.2-2 中描述了各层楼板有效宽度指标。另外由于本工程立面有局部切角，内部有游泳馆、演播厅、篮球馆等大空间，竖向构件也存在多处不连续的情况，需要做结构转换。再加上本项目位于高烈度区，这些都给结构的抗震设计带来较大的难度。

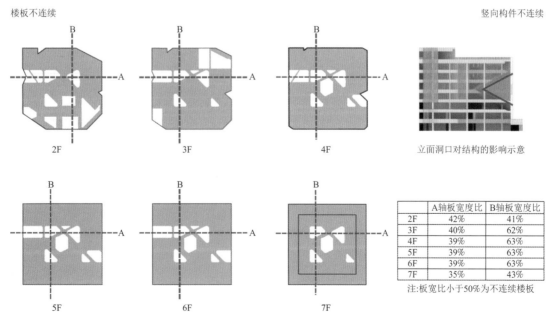

	A轴板宽度比	B轴板宽度比
2F	42%	41%
3F	40%	62%
4F	39%	63%
5F	39%	63%
6F	39%	63%
7F	35%	43%

注：板宽比小于50%为不连续楼板

图 16.2-2　楼板不连续平面示意

16.2.2 角部切割形成的超长悬挑入口空间

本工程建筑东南、西南、东北存在巨大切角，东南角切口边长约为 49m，西南角切口约为 75m×50m，东北角切口约为 83m×41m，结构悬挑长度巨大，如图 16.2-3 所示。超大的悬挑尺寸，虽然给建筑效果带来了极大的震撼力，但也给结构设计带来了极大的挑战。

经典回眸

北京市建筑设计研究院有限公司篇

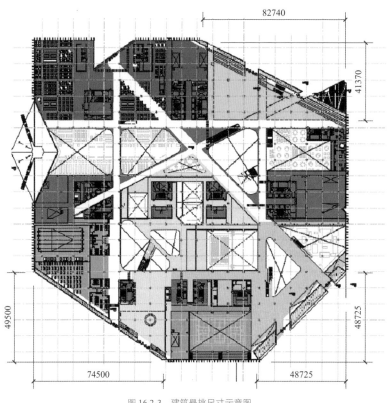

图 16.2-3　建筑悬挑尺寸示意图

16.2.3 丰富的空间感受及多样性的内部功能

由于本工程是大型互联网公司的总部项目，所以已不仅仅是一座单纯的办公大楼，俨然被打造成一个园区。为了实现多样的内部功能以及丰富的空间感受，设置了较多的跃层和斜面空间。本项目中共有 6 处中庭。其中 2 个中庭为室外中庭；4 个中庭为室内中庭，其中有两个室内中庭有玻璃采光顶。另外本项目中还有三处悬挑角部大堂，分别为东北角员工大堂、东南角 VIP 大堂、西南角公众大堂。此外室内游泳池、综合室内球场、1 号演播厅均为高大空间建筑场所。部分大堂和中庭透视方案图如图 16.2-4 所示。

图 16.2-4　部分中庭和大堂透视方案图

16.3 体系与分析

本工程在整个建筑物的不同角部设置悬挑，且悬挑尺度已经远远超出常见建筑的尺度，这种方案必然导致结构的不稳定，形成类似头重脚轻的"不倒翁"，同时，内部存在的大量挑空更加剧了问题的严重性。如何找到足够的支撑确保整体建筑的稳固性，是结构工程师必须要解决的首要问题。通过反复分析论证，与建筑师充分沟通与协作，找到了解决问题的关键点。交通核是建筑重要的交通设施，也是整个建筑必要的结构支撑构件，通过核心筒数量、墙厚及位置的多轮调整，建筑方案逐步推进。同时，结合建筑的外观效果，建筑周圈布置了闭合的巨型桁架结构，实现了结构的超长悬挑，加强了整个建筑的整体性，还增强了整体结构的抗侧能力。这种新型结构体系的确定为后续工程的顺利开展奠定了良好的基础。

考虑到结构体系特殊、体型复杂、严重超限以及工程的重要性，采用了性能化抗震设计方法。计算分析采用多个程序校核，计算结果按多个模型分别计算并采用包络设计，提出了详细的针对性措施，保证结构的可实施性及安全性。由于悬挑结构的特殊性，对结构楼板、悬挑部位的竖向地震作用、不同施工顺序带来的影响，悬挑及大跨部位的舒适度，构造复杂及受力较大的节点等进行了详尽的分析。鉴于该工程结构的复杂性及重要性，进行了地基、基础的沉降变形观测，上部结构施工期间的检测和监测，以及使用过程中的健康监测。

16.3.1 方案对比

1. 角部有柱与无柱悬挑方案分析

本工程建筑平面的角部设置了大悬挑，在设计之初提出了下面两个结构方案：

方案一：角部设置立柱，在上部楼层设置主桁架及次桁架，桁架下设置吊柱，根据下部建筑楼层的需要布置结构平面体系，角部区域采用钢结构。

方案二：角部不设置立柱，在整个建筑外围设置围合的巨型桁架，在上部楼层设置主桁架及次桁架，桁架下设置吊柱，根据下部建筑楼层的需要布置结构平面体系，角部区域及外围桁架采用钢结构。方案效果如图 16.3-1 所示。

(a) 方案一　　　　　　　　　　　　　　　　　　　(b) 方案二

图 16.3-1　不同方案效果图

虽然方案一用钢量较省，但有立柱对建筑的整体效果影响较大。取消巨柱，能更好地体现了整个建筑的"力度"，达到了预期的效果，而且周圈围合的巨型桁架能有效地提高建筑的侧向刚度和抗扭刚度，增加了结构的整体性，由于设置了双向悬挑构件，可以进一步考虑结构的空间作用，方案对比参数详见表 16.3-1。最终甲方选择了更有震撼力效果的方案二。

	优点	缺点	造价（三切角位置用钢量估算）
方案一	结构传力比较明确、合理，避免了过大的悬挑，用钢量相对小，施工相对简单	由于不可以在建筑周圈设置支撑或剪力墙，整个建筑物的侧向刚度及抗扭刚度较弱	约为 7830t
方案二	取消巨柱，更好地体现了整个建筑的力度，达到了预期的效果。提高了整个建筑物的侧向刚度及抗扭刚度	由于悬挑很大，且整个建筑周圈均设置钢桁架，用钢量较大。周圈钢桁架与楼层结构相连，较为复杂，需仔细研究，会导致不同施工分项（混凝土及钢结构）穿插，施工较为复杂	约为 11860t

2. 立面巨型钢桁架选型分析

设计初始，从超长悬挑结构的刚度、传力的合理性、节点构造的复杂性、悬挑部位不同布置方案的竖向加速度、建筑效果等不同角度对立面桁架布置方案进行了比选。为了更好地研究竖向地震对悬挑部位的影响，设计时比较了图 16.3-2 所示多种不同钢桁架布置情况下的西南角悬挑部位竖向加速度及位移的分布情况。

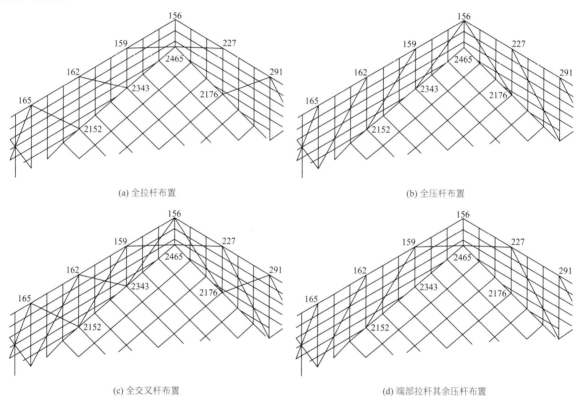

(a) 全拉杆布置　　　　　　　　　　　　　(b) 全压杆布置

(c) 全交叉杆布置　　　　　　　　　　　　(d) 端部拉杆其余压杆布置

图 16.3-2　西南角悬挑部位部分方案杆件布置示意图

通过对多种不同钢桁架布置情况下的西南悬挑部位竖向加速度及位移的分布情况的对比，可以得出以下结论：

（1）全部交叉杆布置方案的竖向变形最小，刚度最大，但竖向加速度也最大；而全拉杆布置的竖向变形最大，刚度最小，但竖向加速度也最小。其余布置方案结果在两者之间。

（2）由竖向振动导致的竖向位移，几种方案均在 8.5～9.5mm 之间，差距细微。

综合考虑，采用了顶部及斜向杆件均为拉杆的方案，该方案桁架刚度较好，受力区域分布比较明确，节点较易处理，建筑外观好。

3. 地基基础方案比选论证

本项目地下部分平面尺度大，埋置较深，而主体塔楼地面以上仅 7 层，且多处为挑空区域，该建筑物的重量小于基坑开挖移去的土重。由于本建筑造型及使用功能的特点，处在不同位置的竖向承重构件所支撑的重量差异很大，造成基础荷载分布不均匀，且主体塔楼周圈设置的巨型钢桁架结构对基础变形非常敏感，如何控制基础不同部分的差异沉降，是必须要解决的问题。设计时需要综合考虑地基、基础和上部结构共同作用条件以及施工方案，进行深入的沉降分析，并采取有效的技术措施，将基础各部分的沉降差异控制在合理的范围内。基于勘察报告对地基基础的建议，本项目基础持力层为粗砂⑥$_1$层，持力层土质情况较好，经多方案比较，采用天然地基。

表 16.3-2 对桩基方案和天然地基方案进行了费用和工期对比分析。

基础方案综合对比表　　　　　　　　　表 16.3-2

方法	筏板（混凝土 C40）		抗浮设计		抗压桩设计		效果评价	
	厚度	方量/m³	抗浮区域	方量/m³	抗压区域	方量/m³	费用/万	评价
天然地基	主楼及外扩 1 跨半范围 2.3m，局部 2.5m，纯地下室部分 1.6m	123000	纯地下室局部需打抗浮桩	4500	满足要求	0	12900	桩基施工造成工期延长约 5 个月
桩基方案	桩基基础厚度 2m，局部加厚，抗水板厚度 0.8m，纯地下室筏板厚度 1.0m（地下室有覆土位置为 1.6m）	65000	地下室部分布置抗浮桩	5500	主楼柱下基础	24500（20500）	11990（10990）	

注：1.（ ）中为桩基后注浆方案的相关方量和费用；
　　2. 筏板费用统计未考虑配筋率差异。

根据基础协同分析结果，结合建筑功能，综合考虑工期及造价等因素，尤其是桩基方案会使工期延长 5 个月以上，最终采用平板式筏形基础。筏形基础由于底面积大，可减小基底压力，同时也可提高地基土的承载力。平板式筏基整体性好、刚度大，能更好地调整不均匀沉降。

由于本工程上部体型原因，不同位置的竖向承重构件所支撑的重量差别较大，基础荷载分布不均，采用刚度大的厚板基础，可以充分地协调变形，更好地实现设计意图。设计中从以下几个方面采取措施，以期将基础各部分的沉降差异控制在合理的范围内：

（1）采用整体性好、刚度大的厚板式筏基，能更好地调整不均匀沉降、协调变形。

（2）通过精细的基础协同分析，力争将各部分的沉降差异控制在最小的范围内。

最终实施时，主楼范围筏板厚度取 2300mm（局部 2500mm），纯地下室部分筏板厚度取 1600mm，基础混凝土强度等级按 C40 考虑，所有板厚变化处均应采用渐变方式过渡，坡度取 1∶4。

16.3.2　结构布置

本工程采用了钢筋混凝土核心筒-长悬臂巨型钢桁架-混凝土框架结构体系，中央区域由钢筋混凝土核心筒及框架组成，中央区域外为钢结构，在整个建筑外围设置围合的长悬臂巨型钢桁架。在三个切角的上部楼层设置转换桁架，桁架下设置吊柱，根据下部建筑楼层的需要布置结构平面体系。外围钢结构通过与其邻跨的型钢混凝土构件连接逐步过渡到内部的钢筋混凝土结构。室内篮球场、游泳池、演播厅等部位设置了多榀跨度为 18m、27m 的转换钢桁架，以传递上部结构传来的荷载。室内空中连桥、跨度较大楼梯及折线形楼梯采用钢结构。图 16.3-3 和图 16.3-4 分别为内部钢结构布置区域和外围结构巨型桁架立面。

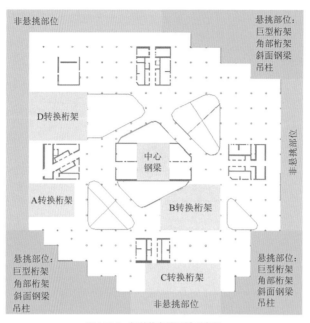

图 16.3-3　钢结构布置区域示意图

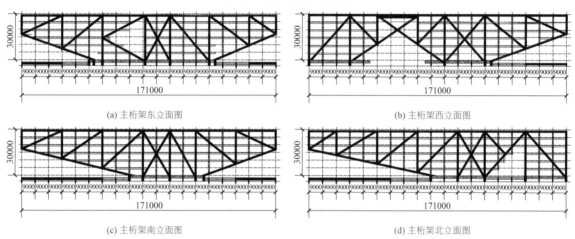

| (a) 主桁架东立面图 | (b) 主桁架西立面图 |
| (c) 主桁架南立面图 | (d) 主桁架北立面图 |

图 16.3-4　四个立面巨型桁架布置图

混凝土部分抗震等级：地下二层及以上的剪力墙一级，框架一级；地下三层二级；

钢结构部分抗震等级：外圈巨型桁架、支撑及转换桁架二级；其他钢结构二级；

与转换桁架相连框架柱的抗震等级一级。

超出主楼相关范围的无上部结构纯地下部分抗震等级为：剪力墙及框架均三级；

外圈巨型桁架、支撑、转换桁架及相连框架柱的结构安全等级一级，其余部分二级。

16.3.3　性能目标

抗震性能化指标　　　　　　　　　　　　　　　表 16.3-3

抗震水准			多遇地震（小震）	设防烈度地震（中震）	罕遇地震（大震）
性能水平定性描述			不破坏	可修复损坏	无倒塌
层间位移角限值			1/800	—	1/100
剪力墙	墙肢	压弯拉弯	规范设计要求，弹性	弹性（底部加强部位）不屈服（其他楼层及次要墙体）	允许进入塑性，控制变形
		抗剪	规范设计要求，弹性	弹性	抗剪截面不屈服
	连梁		规范设计要求，弹性	允许进入塑性	最早进入塑性

抗震水准		多遇地震（小震）	设防烈度地震（中震）	罕遇地震（大震）
巨型悬挑桁架、柱间支撑、转换桁架、吊柱及相邻结构柱	巨型悬挑桁架	规范设计要求，弹性	弹性	不屈服
	柱间支撑	规范设计要求，弹性	弹性	允许进入屈曲，控制变形
	转换桁架	规范设计要求，弹性	弹性	不屈服
	与桁架连接结构柱	规范设计要求，弹性	弹性	不屈服
	吊柱	规范设计要求，弹性	弹性	不屈服
其他	构件	规范设计要求	允许进入塑性	出现弹塑性变形，无倒塌
	节点	不先于构件破坏		

除了表 16.3-3 中的性能指标，针对巨型悬挑结构还考虑了如下加强措施：

（1）对于周圈巨型桁架、柱间支撑、转换桁架及相邻框架按性能化要求设计；设计中考虑巨型钢桁架施工顺序带来的影响。

（2）对周圈巨型桁架、柱间支撑、转换桁架等采用钢结构，相关框架柱采用钢骨混凝土柱或钢管混凝土柱，并严格控制轴压比，使结构柱在大震作用下有较大的安全储备和延性；相邻混凝土筒剪力墙的底部加强区按中震弹性设计，采取措施提高结构的延性。

（3）巨型悬挑钢结构桁架大震计算时，结构阻尼比按 2.0%采用。

（4）提高关键构件抗震等级，外圈巨型桁架、支撑及转换桁架、其他钢结构按二级计算；与转换桁架相连框架柱按一级计算。

（5）基础采用厚度较大、刚度好的平板式筏基，保证地基承载力安全，控制差异沉降，巨柱下底板加厚以保证大震下的抗震性能。

（6）采用不同软件对巨型悬挑桁架补充计算，对不同工况作用下关键构件进行应力分析并进行舒适度分析，保证结构安全及使用舒适性。

（7）按规范要求补充竖向地震计算，保证巨型悬挑部位在竖向地震作用下安全。

（8）按《高层建筑混凝土结构技术规程》的要求，进行防连续倒塌的分析并采取相应措施。

（9）大悬挑部位楼面拉应力较大处，采取楼面及相邻过渡部位设置钢支撑等加强措施。

（10）悬挑部位的转换桁架上弦钢构件应至少向内延伸一跨。

16.3.4　结构分析

1. 小震弹性计算分析

本工程采用多种程序对整体结构进行验证分析，部分结果详见表 16.3-4，多种程序的相互验证有效的保证了设计模型的准确性。

结构整体指标 表 16.3-4

			SATWE		MIDAS		ETABS		YJK	
周期	T_1/s	振型系数	0.5770	Y向平动	0.5419	Y向平动	0.5370	Y向平动	0.5833	Y向平动
	T_2/s	振型系数	0.5028	X向平动	0.4699	X向平动	0.4680	X向平动	0.5084	X向平动
	T_t/s	振型系数	0.3933	扭转	0.3817	扭转	0.3820	扭转	0.3984	扭转
	T_t/T_1		0.682		0.704		0.711		0.683	
剪重比	X向		9.69%		9.7%		9.8%		9.796%	
	Y向		8.60%		8.7%		8.9%		8.583%	
X向地震	最大层间位移角		1/1833		1/1217		1/1054		1/1340	
	位移比最大值		1.22		1.116		1.14		1.32	

		SATWE	MIDAS	ETABS	YJK
Y向地震	最大层间位移角	1/1453	1/1108	1/1248	1/1100
	位移比最大值	1.34	1.325	1.15	1.40

2. 弹性时程分析

（1）小震时程分析

由于本工程结构竖向布置不规则，且属于规范规定的复杂高层建筑结构，因此需要采用弹性时程分析进行补充计算。本工程采用的小震地震波均为中国建筑科学研究院根据本工程的特点专门提供的地震波，设计时从中筛选了五条天然波和两条人工波。每条时程曲线计算所得的结构底部剪力均不小于振型分解反应谱法求得的底部剪力 65%，多条时程曲线计算所得的结构底部剪力平均值不小于振型分解反应谱法求得的底部剪力 80%。因此结构计算用的七条时程波是有效、可靠的。通过不同程序的计算对比，可以得知，按三条时程波计算的结果，X向剪力包络值比规范大了 13% 左右，而 Y 向时程分析的剪力包络值比规范大了 10% 左右。按七条时程波计算的结果，X 向、Y 向时程分析的剪力平均值与规范基本一致，出于安全考虑，本工程对反应谱分析方法进行的地震作用放大系数为 1.1。

（2）大震时程分析

本工程采用的大震地震波，也是中国建筑科学研究院根据本工程的特点专门提供的地震波，从中筛选了两条天然波和一条人工波。大震计算用的每条时程曲线计算所得的结构底部剪力均不小于振型分解反应谱法求得的底部剪力 65%，多条时程曲线计算所得的结构底部剪力平均值不小于振型分解反应谱法求得的底部剪力 80%，因此结构计算用的三条时程波是有效、可靠的。由大震时程分析的结果可以看出，X 向的剪力包络值与规范基本一致，而 Y 向时程分析的剪力包络值比规范大了 8% 左右，因此本工程大震工况下对反应谱分析方法的地震作用放大系数为 1.08。

3. 中震弹性及大震不屈服分析

根据本工程的性能目标，需要在双向水平地震作用下，按多个模型进行包络设计，且底部加强部位的墙肢承载力按中震弹性复核，并满足大震的截面剪应力控制要求；其余部位的主要墙肢偏压承载力满足中震不屈服的要求，受剪承载力满足中震弹性和大震的截面剪应力控制要求。外圈巨型桁架的性能指标也需要按目标要求进行控制，使之满足受力要求。

四种程序计算下 F1 层不同地震作用层剪力对比（本计算为无地下室模型）（单位：kN）　　表 16.3-5

计算程序	规范小震		规范中震		规范大震	
	X向	Y向	X向	Y向	X向	Y向
SATWE	228809.56	203067.16	551956.12	489603.00	1124947.38	1002607.62
ETABS	230549.4	209966.3	577882.9	553905.8	1121171	1030008.0
MIDAS	225160.0	201450.0	564700.0	543280.0	1012600.0	988710.0
YJK	230237.48	201730.64	611045.17	549939.61	1135980.99	1001601.04

从表 16.3-5 中的计算结果可以看出，几种软件计算的楼层地震剪力虽然略有差异但差别不大，因此计算结果是可靠的。通过几种不同软件的相互校核，保证了中震弹性以及大震不屈服的抗震性能目标的实现。

4. 静力弹塑性分析

本工程进行了静力弹塑性分析，在 Pushover 分析曲线中，根据结构的能力曲线和 8 度罕遇地震需求曲线能够求得性能控制点，性能控制点对应的结构层间位移角小于规范规定的限值。从结构的出铰部位和顺序来看（图 16.3-5），在设防烈度地震的作用下，结构在一些连梁和剪力墙中出现了塑性铰，但数量不是很多；在罕遇地震作用下，结构的一部分连梁和剪力墙出现了塑性铰，且一些塑性铰屈服程度较深。但从基底剪力-顶点位移相关曲线上可以看到，整体结构仍处于强化上升的工作阶段，在罕遇地震对应点之后的曲线上升态势还比较明显。钢结构在此过程中始终整体处于弹性阶段。计算分析结果表明结构能够经受8度罕遇地震的考验。

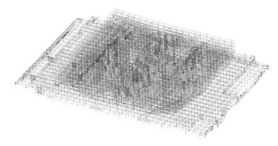

图 16.3-5　性能点处铰状态示意图

16.4 专项设计

16.4.1 超长悬挑结构设计

1. 悬挑结构的竖向地震分析

本工程设防烈度为8度，场地类别为Ⅲ类，建筑角部结构悬挑长度巨大（40～80m），而且位于结构近顶部，加速度反应较大，对竖向地震作用比较敏感。对于该工程悬挑部位的竖向地震作用效应，采用竖向反应谱法和竖向时程分析法对结构的竖向地震作用进行了分析。图16.4-1中标注了主要对比杆件的位置。

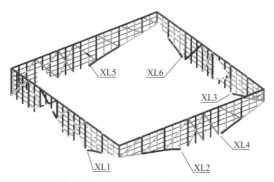

图 16.4-1　悬挑位置主要斜撑位置示意图

表16.4-1和表16.4-2为结构悬挑位置主要斜撑在3条地震波（多遇地震）及反应谱条件下及自重（恒荷载＋0.5活荷载）作用下轴力的比值，结构阻尼比分别采用5%和2%。

部分悬挑构件轴力竖向地震效应（阻尼比5%）（单位：kN）　　　　表 16.4-1

构件编号	恒荷载＋0.5活荷载	竖向反应谱	S169_S171	S169_S171	S845-4_S845-6	平均值
XL2	40595	4653	3797	3610	4081	3829.33
占自重比例		11.46%	9.35%	8.89%	10.05%	9.43%
XL3	29049	3948	2441	2330	3601	2790.67
占自重比例		13.59%	8.40%	8.02%	12.40%	9.61%
XL6	39321	4254	2658	2999	4191	3282.67
占自重比例		10.82%	6.76%	7.63%	10.66%	8.35%

构件编号	恒荷载＋0.5 活荷载	竖向反应谱	S169_S171	S169_S171	S845-4_S845-6	平均值
XL2	40595	5252	5251	5920	6121	5764.00
占自重比例		12.94%	12.94%	14.58%	15.08%	14.20%
XL3	29049	4898	3605	3715	6053	4457.67
占自重比例		16.86%	12.41%	12.79%	20.84%	15.35%
XL6	39321	4730	3500	3982	5543	4341.67
占自重比例		12.03%	8.90%	10.13%	14.10%	11.04%

　　规范规定，8 度设防时，竖向地震作用标准值可取该结构或构件承受的重力荷载代表值的 10%。由表 16.4-1、表 16.4-2 可知，巨型桁架根部支撑杆件的轴力竖向地震效应（时程分析包络值与反应谱分析的结果），均大于规范规定的竖向地震作用系数的底线值 0.1。根据时程分析的平均值结果，实际结构设计中，以重力荷载代表值的 15% 作为本结构悬挑部位的竖向地震效应。

2．楼板应力分析

　　楼板作为水平抗侧力构件，在承受和传递竖向力的同时，把水平力传递和分配给竖向抗侧力构件，协调同一楼层中竖向构件的变形，使建筑物形成一个完整的抗侧力体系，以保证水平力传递和内力调整的可靠性，最重要的是保证楼板自身传力的抗剪、抗拉承载力和楼板竖向构件汇交处节点的水平承载力。作为超长悬挑构件，楼板的应力分析及控制是设计中重要的关注点。

　　小震作用下，采用混凝土抗拉强度标准值作为控制连接板混凝土核心层开裂的指标。中震作用下，采用水平钢筋的抗拉强度设计值作为连接板承载能力的指标。荷载组合采用"1.20 恒荷载＋1.40 活荷载"。部分计算结果详见图 16.4-2。

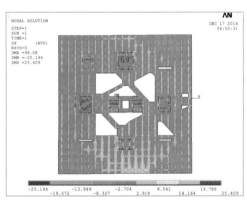

(a) 六层顶楼板 X 向正应力 S_x（小震）

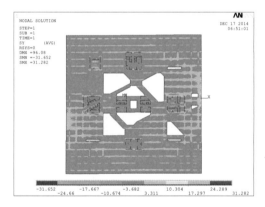

(b) 六层顶楼板 Y 向正应力 S_y（小震）

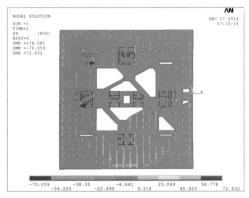

(c) 六层顶楼板 X 向正应力 S_x（中震）

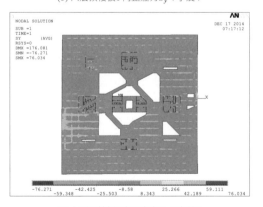

(d) 六层顶楼板 Y 向正应力 S_y（中震）

图 16.4-2　巨型桁架顶层楼板应力云图

通过多工况、多模型的楼板应力分析，结合实际工程经验，采取了如下技术措施：楼板大部分区域采取了双层双向配筋（HRB400钢筋），直径一般为12~14mm，间距一般为150mm，对板受力较大区域（如与核心筒相连、巨型钢桁架顶部楼面等）的配筋予以加强。钢结构部分，仅在整体刚度要求高、受力较大以及考虑双向受力的区域（如巨型钢桁架顶部楼面及转换桁架所在楼面）采用了钢筋桁架楼承板。考虑工程造价因素，其他部位采用了闭口型压型钢板组合楼板的常规做法。对于悬挑部位应力较大部分，采用了设置钢板带的做法，即在相关区域的结构楼板上设置了20mm厚的钢板（板宽2500mm），钢板通过ϕ19@200栓钉与钢筋混凝土楼板连接，并对悬挑区域的楼板浇筑顺序进行了规定，施工中应按要求严格执行。

3．防倒塌分析

（1）立面主桁架杆件局部失效

在模型中，对每一个斜角的立面巨型桁架，选择了一根主要斜撑杆人为截断，图16.4-3中红圈所示。在分析中，选取的荷载组合是1.0恒荷载 + 0.5活荷载，截面承载力计算时，材料设计强度按规范取值，混凝土强度取标准值；钢材强度，正截面承载力验算式时取标准值的1.25倍，受剪承载力验算时取标准值。通过计算得知截断所选的斜撑杆件后，剩余结构符合防倒塌的性能要求。

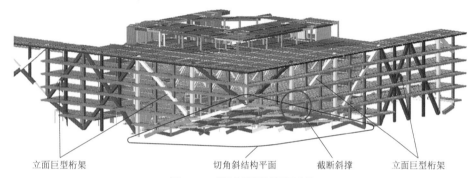

图16.4-3　悬挑位置结构模型示意图

立面巨型桁架　　　切角斜结构平面　　截断斜撑　　立面巨型桁架

（2）角部斜面主梁失效

本工程是通过加强角部斜面结构的面内刚度来保证大悬挑底部受压构件的承载能力。但是角部斜面构件由于建筑开门洞的需求，部分斜面主梁在底部被打断或者移位，导致角部大悬挑的下弦压力无法有效地通过角部斜面结构传递给首层结构平面。因此，需要验算角部斜面主梁全部失效时，周圈立面桁架的结构受力、变形，防止结构出现连续性倒塌。

计算模型主要对以下指标进行验证：①失效前后整体模型的计算指标；②失效前后立面桁架的设计应力；③失效前后立面桁架的竖向位移。

通过计算表明，角部斜面对于整体结构提供的刚度和强度均有10%左右的贡献，当角部斜面失效时，主体结构仍可以满足不倒塌的设计原则。

4．楼面舒适度控制

考虑西南角的悬挑跨度最大，且有多功能厅位于切角下部，本工程对腾讯总部大楼西南角的人行激励振动进行了初步研究，研究中关注了人行激励导致的悬挑部分的振动。根据国内外的相关文献，计算了在多功能厅40人同步行走和300人有节奏活动时多功能厅和屋顶的振动响应。

通过计算得出，40人同步行走情况下，多功能厅及办公区的振动都很小，基本不影响建筑的舒适性；300人有节奏活动时，多功能厅舞台区域和位于悬挑端部的办公区域振动加速度较大，在一定程度上影响结构的舒适性，需采取一定的减振措施。多功能厅位置参考商场及室内连廊的舒适度控制要求，标准是竖向加速度<0.15m/s²；而屋顶主要考虑下部办公的需要，标准是竖向加速度<0.05m/s²。本工程采用TMD（调谐质量阻尼器）技术来解决舒适度不足问题，TMD布置方案如图16.4-4和图16.4-5所示，TMD参数详见表16.4-3。

型号	数量/个	单个 TMD 质量/t	TMD 总质量/t	频率/Hz	阻尼比
A	8	2.4	19.2	2.11	0.10
B	8	2.4	19.2	2.55	0.10
C	4	2.4	9.6	2.94	0.10

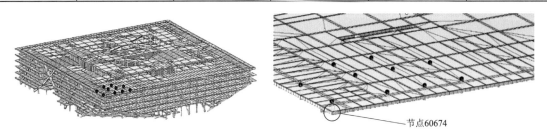

图 16.4-4　TMD 布置在屋顶示意图

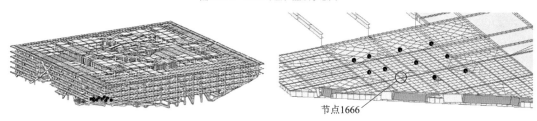

图 16.4-5　TMD 布置在多功能厅示意图

加 TMD 前后部分节点的加速度响应对比   表 16.4-4

多功能厅节点 1666			
工况	无 TMD 时的加速度/（m/s²）	有 TMD 时的加速度/（m/s²）	减振效果/%
工况 4	0.4068	0.0541	87
工况 5	0.2656	0.0364	86
工况 6	0.3237	0.0395	88
屋顶节点 60674			
工况	无 TMD 时的加速度/（m/s²）	有 TMD 时的加速度/（m/s²）	减振效果/%
工况 4	0.1998	0.0455	69
工况 5	0.1472	0.0393	80
工况 6	0.1419	0.0349	75

根据表 16.4-4 中的计算结果可以得出，分别在多功能厅和屋顶西南角各安装 24t（共 48t）垂向 TMD 后，结构的垂向振动加速度峰值有很大程度的降低，大大提高了结构的舒适性，可以满足舒适度要求。

5. 复杂节点分析

（1）由于造型的需要以及结构布置的要求，本工程切角钢结构斜面，在根部会与混凝土钢骨柱交接。为了保证连接顺畅和节点安全，设计时在节点位置设计了一圈抱箍环梁，采用 Solid45 单元建立有限元仿真模型，对节点进行弹塑性分析。计算模型和应力云图见图 16.4-6。

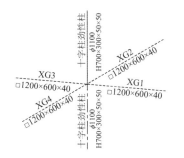
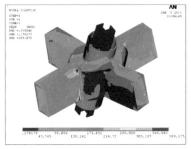
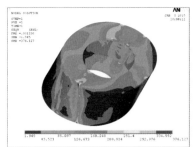

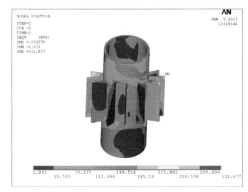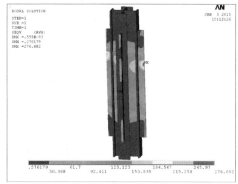

图 16.4-6　单元 Mises 应力分析云图及节点杆件编号图

通过计算结果可以看出，轴力较大的两根箱形梁只在与环梁连接过渡的地方有小区域进入屈服状态，节点区域基本处于弹性范围内。根据计算结果将环梁上、下盖板的厚度增大至 60mm，并将相应节点区的构件和加劲构造板件的材质均提升至 Q390GJ-C。

（2）在切角部分，顶层设计的是双向整层的钢桁架，下部设置吊柱连接下部几层的楼板，由于受力较大，同时为保证吊柱的安全性，对该节点也采用 Solid45 单元建立有限元模型，对节点进行弹塑性分析。计算模型和应力云图见图 16.4-7。

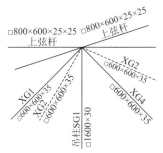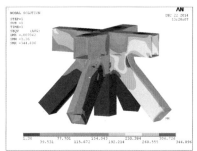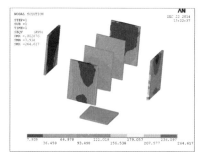

图 16.4-7　单元 Mises 应力分析云图及节点杆件编号图

结果表明，轴力较大的一根杆件在与竖向立柱连接处有较大区域进入屈服，其余杆件除与竖向立柱和横梁连接过渡区有小部分进入屈服外，其他区域仍处于弹性范围内。

（3）周圈大悬挑桁架的下弦受压根部受力很大，且桁架根部各杆件相交构造复杂，有必要对其节点进行有限元分析。计算模型和应力云图见图 16.4-8。

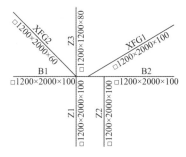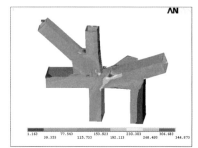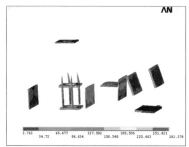

图 16.4-8　单元 Mises 应力分析云图及节点杆件编号图

6. 特殊节点构造

由于建筑造型和功能决定了结构布置，在超长悬挑情况下，底部斜面受力较大，尤其在大震作用下，根部节点受力很大。如果采用刚接形式，节点处不但轴力很大，弯矩也很大，节点很难处理。设计中采用铰接形式，但节点需考虑能适应一定范围的平面外转动。本工程采用了自润滑向心关节轴承节点（图 16.4-9），最大节点轴向静力荷载设计值为 42000kN，为国内最大的建筑用自润滑向心关节轴承。

图 16.4-9　自润滑向心关节轴承节点现场照片

16.4.2　复杂体型及内部空间多样化建筑的抗震设计

1. 不同类型构件抗侧力贡献分析

本工程造型特殊，内部有混凝土框架柱、剪力墙，外圈有巨型钢桁架，因此有必要研究不同抗侧力构件的剪力值和倾覆力矩值。设计时分别统计了巨型钢桁架、内部框架柱、混凝土核心筒三种类型抗侧力构件的剪力和倾覆力矩值。

计算结果表明纯框架柱承担的剪力比值最大值为 15.5%，倾覆力矩比最大值为 17.6%，而且各层总体变化不大。剪力墙在四层以下即钢桁架层以下时，倾覆力矩占 80% 左右，剪力占 60% 左右，是结构抗侧力的主要构件。而到了五、六层，即钢桁架层时，外框巨型桁架和两层通高的钢桁架的剪力与倾覆力矩比值则明显提高，基本与剪力墙的抗侧能力持平。由此可见，对剪力墙和巨型钢桁架制定合理的抗震性能指标是完全必要的。

2. 多模型分块结构抗震性能分析

由于本工程楼板开洞比较大，楼板严重不连续，设计时将整个楼分成了 A～E 共五块，如图 16.4-10 所示，分别计算分块模型的结构特性并与整体模型对比，在设计时取包络值，以确保结构的安全性。验算分块模型，主要是因为开洞较多，地震作用可能无法有效地传递至相近的核心筒和框架，因此要保证每个分块内的核心筒和框架有足够的承载能力。分块时删除周边桁架，并把容易有局部振动部分的结构剔除，将重量加在柱子上，以确保分块模型计算地震作用的精度。

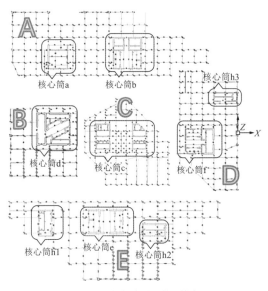

图 16.4-10　分块模型划分及核心筒编号图

分块模型核心筒与整体模型核心筒 F1 层地震力比较　　　　表 16.4-5

工况 核心筒	X向地震力/kN			Y向地震力/kN		
	分块	整体	分块/整体	分块	整体	分块/整体
核心筒 a	11877.9	12180.9	0.975	18806.8	17548.8	1.07
核心筒 b	36668.4	34503.9	1.06	26477.6	28831.9	0.92
核心筒 c	34759.0	32226.9	1.08	34825.1	36044.3	0.97
核心筒 d	46219.1	41253.6	1.12	32793.0	29995.3	1.09
核心筒 e	25936.4	17752.0	1.46	7674	6143.0	1.25
核心筒 f	34463.0	21944.6	1.57	35570.5	38468.2	0.92
核心筒 h1	11715.6	12849.5	0.91	8309.0	11353.8	0.73
核心筒 h2	18069.0	17939.0	1.01	6173.4	8191.0	0.75
核心筒 h3	18469.8	17697.2	1.04	4277.8	4726.6	0.90

从表 16.4-5 中的计算结果中可知分块计算结果与整体计算结果相近。核心筒 e、核心筒 f 的分块计算结果变化较大，其余核心筒与整体计算中相差较小。无论整体计算还是分块计算，由于体型原因及建筑布置原因，均有不同程度的局部振动，从而影响了整体计算的质量有效系数，设计时需要通过增加振型数量以及分块分析的方法来进行适当的计算比较。局部核心筒需要进行包络设计，大部分核心筒均可以通过整体计算进行抗震分析。分块分析确保了结构开洞较多时，结构抗震分析的准确性。

设计时还验算了下面四层结构为分块、上面三层结构为整体，以及整体计算但将中部楼板全部取消的情况，也对每个核心筒的内力进行了对比分析。最终设计时，结构配筋对各种验算模型采用包络设计。

3．大跨度转换结构分析

本工程室内篮球场、游泳池、演播厅等建筑大空间存在结构柱不连续，需要结构转换。如图 16.4-11 所示，设计中，采用钢结构桁架形式实现大跨度转换，采用了性能化抗震设计方法，转换桁架设计时尤其要校核验算竖向地震的内力占比，保证竖向地震作用系数满足规范要求。为了更好地研究悬挑部分楼板对于转换桁架内力的影响，设计时对大震-刚性楼板-楼板刚度无折减、大震-去刚性楼板-楼板刚度无折减和大震-去刚性楼板-楼板刚度折减三种计算模型中分别进行桁架的计算分析和构件设计。图 16.4-12～图 16.4-15 为其中一榀典型桁架内力计算结果。

图 16.4-11　大演播室上空转换桁架三维效果图

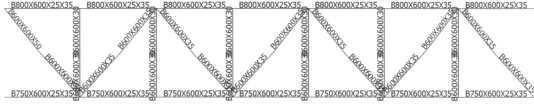

图 16.4-12　切角区典型桁架模型截面图

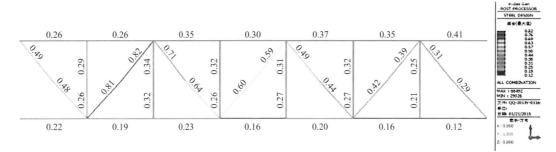
图 16.4-13 应力比图（大震-刚性楼板-板刚度无折减）

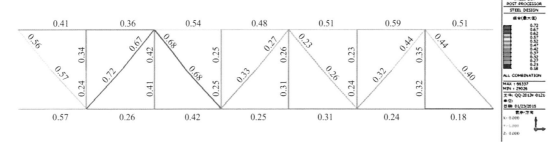
图 16.4-14 应力比图（大震-去刚性楼板-板刚度无折减）

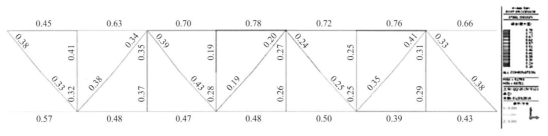
图 16.4-15 应力比图（大震-去刚性楼板-板刚度折减）

从多模型对比结果可知，整体模型下桁架的上弦杆在中震、大震情况下楼板破坏，楼板刚度受损时，其计算结果是偏不利的，这是由于楼板分担了与其相连的转换桁架上弦杆的大部分轴力（将近 2/3～3/4），而桁架上弦杆的设计又是轴力起控制作用的。因此，对于与楼板相连且轴力起控制作用的结构构件（桁架构件等）在进行中震、大震及施工模拟情况下的验算时，需进行考虑了楼板刚度退化的包络设计。

16.4.3 施工模拟分析

在设计阶段，首先按照一次加载的方式进行分析。通过结果可以看出，上部悬挑部位楼板在悬挑桁架以及下部斜面支撑均出现较大应力。由于结构整体悬挑尺度较大，结构形式特殊，不同的施工顺序形成的刚度变化对结构影响很大。因此需要通过模拟施工分析，结合结构的实际受力情况，来确定合理的施工顺序。通过改变施工顺序，改变整体结构的刚度形成次序，以调整部分施工阶段的荷载对结构受力的影响。

最终考虑如下施工顺序进行模拟分析：

第一步：内部混凝土结构（含梁与楼板）与外圈大桁架，具体施工次序见图 16.4-16，外圈桁架施工次序见图 16.4-17。

（从第二步开始施工三个角部悬挑区域）

第二步：上部两层悬挑桁架（含梁、但不含楼板）。

第三步：由上至下依次施工结构吊柱及结构梁。

第四步：施工楼板，由3层楼板开始施工，再施工2层、1层楼板，之后施工5层、4层楼板，最后施工6层楼板。

第五步：施工底部斜面支撑。

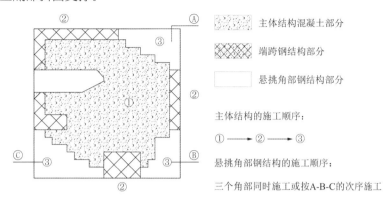

图16.4-16　施工阶段整体施工顺序示意图

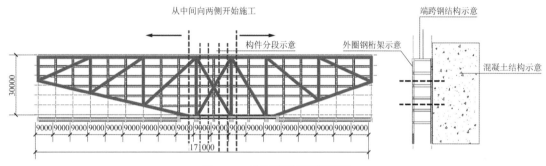

图16.4-17　外圈桁架施工顺序示意图

由于底部构件（底部吊柱、底部斜面支撑根部斜杆等）受力较大，设计时希望通过调整施工顺序，提前释放悬挑部位的变形，使悬挑部位上部结构（顶层楼板、外圈大桁架及两层悬挑桁架）承担更多的重量和地震作用，以减小结构悬挑部位底部构件负担。在计算时按特定的施工顺序定义计算模型，施加施工荷载进行分析；再用一次加载方式定义模型，施加施工荷载以外的使用荷载进行分析。用两个模型的叠加结果与一次加载方案的结果进行对比。其中施工荷载考虑了结构自重和 $1kN/m^2$ 的施工活荷载，剩余非一次结构荷载（隔墙荷载、吊顶等）和正常使用阶段的活荷载为施工外荷载。

总之，施工顺序的制定，对结构构件受力、结构整体的内力分配有着重要的影响。不同的施工顺序使相同的结构中构件的受力发生明显的变化。结构形式越是复杂，这种影响越明显。因此需要更加重视施工阶段的施工模拟，与施工方妥善协商，确定最终的施工模拟顺序，保证施工过程不会对结构产生不利影响。

16.5　结构监测

1．地基基础沉降监测

本项目沉降观测工作从2015年8月开始到2020年6月结束，第17期及第17期之前的观测工作顺利完成并按时提供了临时观测成果，第18期沉降点重新布置取初值、平差、统计及分析，到2020年6月8日沉降观测结束。

图16.5-1为东南角大悬挑区域不同位置点的沉降对施工进度的变化图。从图中可以看出，悬挑位置荷载的调整并未对悬挑位置附近沉降点产生明显影响，仅个别点（T74）发生了一定的增加，这也正好说明了厚筏基础对于不均匀分布的差异荷载有很好的调整作用。

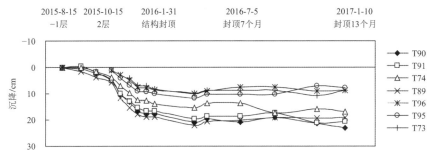

图 16.5-1　大悬挑区域（东南角）不同点沉降图

通过对沉降结果的研究分析，可以得出如下的结论：

（1）对于建筑平面上分布有多个核心筒和局部挑空的情况，通过整体大面积筏板基础可有效调节差异荷载引起的差异沉降，使基底反力分布更趋向于均匀。对于多塔楼分布复杂的条件下，应重点关注核心筒周围的沉降差以及核心筒本身的倾斜。

（2）针对该建筑物的大悬挑引起的柱轴力和基底反力的较大变化，厚筏基础的存在能有效调整差异沉降变化，使筏板基础钢筋应力控制在较小范围内。

（3）对于复杂荷载分布的高层建筑筏板基础厚度的确定，在控制差异沉降的同时，应重点关注核心筒附件及大柱的冲切范围区域，必要时应进行设计加强。

2. 楼板应力监测

图 16.5-2 为楼板应力检测结果，图 16.5-3 中所示为楼板应力监测位置。测试结果相当于 1.0 恒荷载 + 0.5 活荷载工况下的楼板应力，从结果中可以看出，目前楼板应力比较稳定，测试结果位于预期范围内。

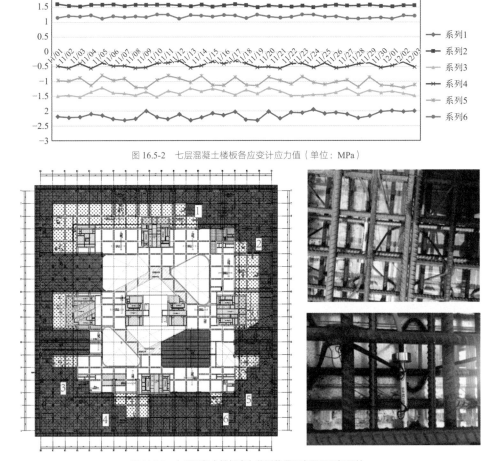

图 16.5-2　七层混凝土楼板各应变计应力值（单位：MPa）

图 16.5-3　七层混凝土楼板应力监测位置示意图及现场照片

16.6 结语

腾讯北京总部大楼体型较大、造型独特、功能多样、空间丰富，结构设计与建筑紧密结合，充分实现了建筑功能与效果。设计中进行了结构材料、结构体系、基础形式的比选论证，多程序多模型的计算分析，抗震的性能化设计以及特殊部位的专项研究等工作，针对不同部位提出了详细的技术措施，保证了结构的安全性、合理性及可实施性。

在结构设计过程中，主要完成了以下几方面的创新性工作：

1．体型特别复杂超长悬挑的组合结构体系

本工程的结构体系与建筑紧密结合，充分实现了建筑功能与效果，采用了钢筋混凝土核心筒-长悬臂巨型钢桁架-混凝土框架结构体系。结构体系由钢筋混凝土构件、钢构件、组合构件共同构成，设计中除考虑其适用性外，还进行了必要的技术经济分析，充分发挥其综合优势。

2．高烈度区超长悬挑结构

本工程由于结构体系的特殊性，核心筒中沿着整个平面外侧以及受悬挑影响较大部位的剪力墙受力较大。型钢（钢板）混凝土剪力墙具有自重轻、施工速度快的优点，与钢筋混凝土剪力墙相比具有更好的延性，同时自身具有良好的防火性能。根据墙肢拉应力、剪应力和配筋情况设置了钢板，以提高核心筒剪力墙的抗震性能。提高关键构件的抗震等级，严格控制与周圈钢结构相连的钢筋混凝土结构柱的轴压比，柱内配置型钢，加强建筑外围钢结构与内部混凝土结构的拉结。针对本工程的结构特点，重点考虑了三个切角区域（大悬挑部位）的舒适度问题。采用 TMD 减震措施，有效减小结构断面，减少结构用钢量，节约原材料，同时提高建筑舒适度。

3．荷载分布极不均匀、沉降差异敏感结构的天然地基基础方案

本工程结构整体刚度较弱，柱荷载分布极不均匀，核心筒、转换及悬挑结构支撑柱等部位荷载集中，巨型悬挑桁架及转换桁架刚度大，对不均匀沉降非常敏感，抗浮水位高。考虑本工程的结构特点和荷载分布情况，经计算分析，采用了天然地基筏形基础方案。通过改变筏板厚度来调整地基刚度，从而在满足承载力的前提下，通过对基础差异沉降尽量调平来降低上部结构次内力、降低基础内力，增加基础的安全储备。基础设计中除满足小震安全性的同时，还按中震、大震对巨型悬挑根部的结构柱、转换部位的支撑柱、主要核心筒等重要部位进行了复核。

16.7 延伸阅读

扫码查看项目照片、动画。

参考资料

[1] 祁跃, 郭晨喜, 张硕, 等. 腾讯北京总部超限高层建筑抗震设计可行性论证报告[R]. 北京市建筑设计研究院有限公司 2014.

[2] 束伟农, 阎东东, 祁跃, 等.腾讯北京总部大楼项目大悬挑混合结构施工力学问题研究[R]. 北京市建筑设计研究院有限 公司 2019.

[3] 祁跃, 郭晨喜. 腾讯北京总部大楼超长悬挑结构的设计及舒适度研究[R]. 北京市建筑设计研究院有限公司 2020.

设计团队

结构设计单位：北京市建筑设计研究院有限公司

结构设计团队：祁　跃、郭晨喜、束伟农、张　硕（大）、常坚伟、张　翀、张硕（小）、陈　冬、杨　轶、计凌云

执　笔　人：郭晨喜、祁　跃

获奖信息

2021 年北京市优秀工程勘察设计奖综合奖（公共建筑）一等奖；

2021 年北京市优秀工程勘察设计奖专项奖（建筑结构）一等奖；

2019—2020 建筑设计奖公共建筑二等奖；

2019—2020 建筑设计奖结构专业二等奖；

2022 年第十九届中国土木工程詹天佑奖。

第17章

保利国际广场

17.1 工程概况

17.1.1 建筑概况

保利国际广场项目位于北京市朝阳区大望京村，项目包括三栋办公塔楼和地下室。本章主要介绍主塔楼设计情况。主塔楼地上 32 层，结构主体高度为 161.2m。地下共有 3 层，B1 层主要功能为商业，B2 和 B3 层主要为车库和机房。基础埋深 17.6m，采用桩筏 + 平板基础，主塔楼下采用直径 800mm 的后压浆灌注桩。

主塔楼建筑外形采用独特的钻石型折叠网格造型，依据建筑体型，结构采用交叉网格筒中筒体系，外筒为钢管混凝土斜柱构成的交叉网格结构，无竖直柱子，内筒为钢筋混凝土剪力墙核心筒。主塔楼为超限高层建筑，建筑建成照片和剖面图如图 17.1-1 所示，建筑典型平面图如图 17.1-2 所示。

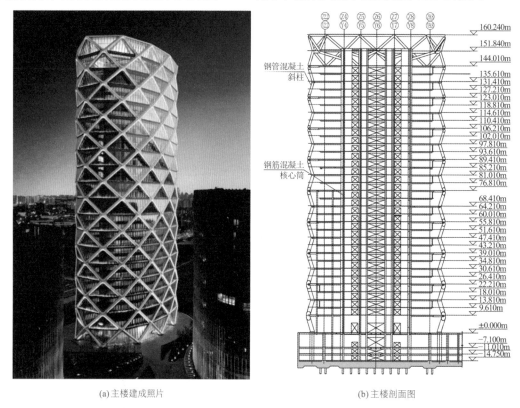

(a) 主楼建成照片　　　　　　　　(b) 主楼剖面图

图 17.1-1　保利国际广场建成照片和主楼剖面图

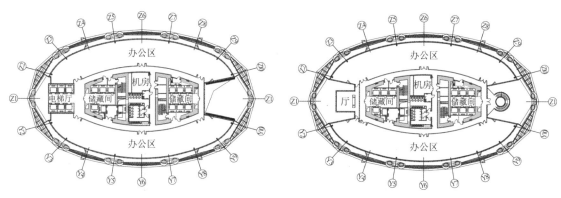

图 17.1-2　建筑典型平面图

17.1.2 设计条件

1. 主体控制参数（表 17.1-1）

控制参数   表 17.1-1

结构设计基准期	50 年	建筑抗震设防分类	标准设防类（丙类）
建筑结构安全等级	二级（结构重要性系数1.0）	抗震设防烈度	8 度（0.20g）
地基基础设计等级	一级	设计地震分组	第一组
建筑结构阻尼比	0.04（小震）/0.06（大震）	场地类别	III 类

2. 风荷载

结构变形验算时，风荷载按《建筑结构荷载规范》GB 50009-2012 取值，取 50 年一遇基本风压 0.45kN/m²，承载力验算时按基本风压的 1.1 倍取值，场地粗糙度类别为 C 类。项目开展了风洞试验，模型缩尺比例为 1：250。设计中采用了规范风荷载和风洞试验结果进行位移和强度包络验算。

17.2 建筑特点

17.2.1 无竖直柱的交叉网格外框筒

塔楼建筑外形为独特的钻石型折叠网格，且折叠网格呈双向倾斜，网格间效果通透、大气，因此外框不能有竖向直立柱，要求结构外框受力构件与建筑外形高度匹配，从而满足建筑外形效果，同时要有效解决外围护幕墙的竖向支承问题。

17.2.2 128m 通高中庭和各层楼面大开洞

建筑方案在椭圆平面的长轴两端设置了大面积的采光中庭，中庭自首层直至屋顶通高，高度达 128m，每层开洞面积约 130m²，建筑效果通透大气，是建筑设计的一大亮点，如图 17.2-1 所示。为了满足建筑设计的这个亮点，中庭区域自下而上不能有结构构件穿越，这也是结构设计中需要重点考虑的部位之一。

图 17.2-1　128m 通高中庭实景

17.2.3　隔层悬吊楼盖和长悬挑楼梯

塔楼钻石状折叠网格每段跨越两层，因此楼层自然划分为节点楼层和中间楼层。节点楼层的标高与折叠网格端节点对应，中间楼层的标高与折叠网格中点对应，中间楼层楼盖与外网格构件不连接，采用从节点楼层下挂的吊柱支承。在中庭区域，设有悬挑长度达 10m 的连续四层的螺旋楼梯，由核心筒上挑出的挑梁承担。

17.3　体系与分析

17.3.1　方案对比

方案设计阶段，依据交叉网格造型及建筑和结构一体化的原则，考虑了方案 1（核心筒 + 抗弯框架 + 交叉网格外筒）和方案 2（核心筒 + 交叉网格外筒）两种结构方案，并从建筑效果、结构特性和经济指标等方面进行了对比。

1. 方案 1：核心筒 + 抗弯框架 + 交叉网格外筒

该方案由钢筋混凝土核心筒、周边抗弯框架及楼面梁组成，同时设置周边斜撑参与抵抗侧向荷载，周边斜撑与钻石状网格立面结合，以减小主要基于重力荷载设计的核心筒墙和抗弯框架柱尺寸，形成"核心筒 + 抗弯框架 + 交叉网格外筒"的结构体系，如图 17.3-1、图 17.3-2 所示。

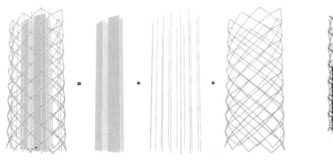

(a)整体结构体系　　(b)钢筋混凝土核心筒　　(c)承重框架柱　　(d)抗侧力斜网格

图 17.3-1　方案 1 抗侧力体系组成　　　　　　　图 17.3-2　结构体系示意图

2. 方案 2：核心筒 + 交叉网格外筒

该方案由钢筋混凝土核心筒、周边交叉网格参与抵抗侧向荷载，形成"核心筒 + 交叉网格外筒"的结构体系，交叉网格系统直接支承折叠式的双层外墙系统，形成"板状"三角形立面几何外形，如图 17.3-3、图 17.3-4 所示。

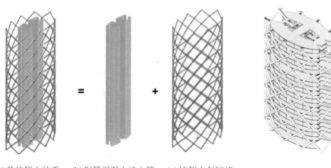

(a)总抗侧力体系　　(b)钢筋混凝土核心筒　　(c)抗侧力斜网格

图 17.3-3　周边斜撑方案抗侧力体系组成　　　　图 17.3-4　结构体系示意图

3．结构方案对比

1）两种结构方案的室内效果对比如图 17.3-5 所示，建筑效果和结构性能对比如表 17.3-1 所示。由对比结果可知，方案 2 在建筑效果、结构特殊部位处理及施工周期方面都具有更好的效果。

图 17.3-5　方案 1 与方案 2 室内效果对比

方案 1 与方案 2 建筑效果和结构性能对比　　　　　　　　　　　　　　表 17.3-1

	方案 1	方案 2
建筑效果	①使用空间内有柱子； ②大堂内柱子需要转换； ③核心筒端部的柱子不利于出入电梯的人员交通； ④为保证双层幕墙处空间沿大楼高度连续，需采用桁架状隔板支撑	①使用空间内没有柱子； ②大堂内没有柱子； ③核心筒端部无柱，通往电梯的人员交通通畅； ④双层幕墙处不需设置复杂的隔板支撑； ⑤双层幕墙系统和周边斜网格合一
结构性能	①核心筒和柱尺寸主要根据重力荷载确定； ②周边斜网格体系仅参与抵抗侧向力； ③大堂范围内的柱子需做转换； ④楼层与周边斜网格之间存在空隙，需要设置楼盖水平桁架传力； ⑤非预制构件多，支模量大，施工周期较长； ⑥结构材料成本较低	①核心筒和交叉网格共同抵抗重力荷载和侧向荷载； ②不需要在大堂处转换柱子； ③楼板每两层完全连接到周边斜网格，中间层在斜网格柱中支承； ④斜网格可以预制，支模量大为减少，施工周期显著缩短； ⑤结构材料成本略高

2）结构基本周期对比如表 17.3-2 所示，两种结构方案的基本周期差异较小，说明两种方案结构刚度基本相当。

方案 1 与方案 2 结构基本周期对比　　　　　　　　　　　　　　　表 17.3-2

	T_1/s	T_2/s	T_t/s
方案 1	2.82	2.58	0.82
方案 2	2.75	2.33	0.52

3）经济性指标对比如表 17.3-3 所示。

方案 1 与方案 2 经济性指标对比　　　　　　　　　　　　　　　表 17.3-3

	方案 1	方案 2（斜网格采用钢构件）	方案 2（斜网格采用钢管混凝土构件）
混凝土/（$\mathrm{m}^3/\mathrm{m}^2$）	0.42	0.31	0.39
钢筋/（$\mathrm{kg/m}^2$）	80.6	59.1	55.1
钢材/（$\mathrm{kg/m}^2$）	123	163	131

由上述对比结果可知，方案 2（斜网格采用钢管混凝土构件）综合最优，在此基础上进一步优化：

（1）在斜网格节点中心之间布置外环梁，且将节点楼层的楼板延伸至节点位置，取消节点楼层楼板平面内桁架；（2）中间楼层的楼面梁不连接至斜网格中心，改为从上方节点楼层悬吊。

17.3.2 结构布置

如前所述，折叠网格造型将楼层划分为节点楼层和中间楼层，节点楼层和中间楼层典型平面如图17.3-6、图17.3-7所示。节点楼层设吊柱吊挂中间楼层竖向重量。

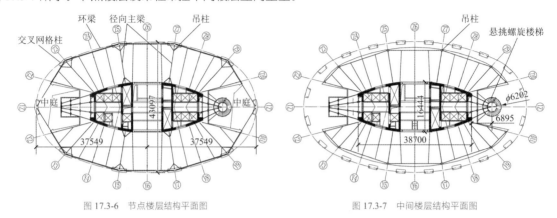

图 17.3-6 节点楼层结构平面图　　　　　　图 17.3-7 中间楼层结构平面图

主楼抗侧力体系包括交叉网格外筒和钢筋混凝土核心筒剪力墙。核心筒外的楼盖承重体系采用"钢梁＋组合楼板"，楼板厚度120mm。核心筒内采用现浇钢筋混凝土梁板体系，板厚150mm。周边斜网格系统支承直接与之相连的外幕墙。

外网格斜柱采用圆钢管混凝土构件，充分利用约束高强混凝土的优良抗轴压能力，同时便于斜柱的施工操作，钢管焊接就位后即可在管内浇筑混凝土，节省了工期和造价。外网格斜柱的截面由底部的D1300mm×50mm逐渐过渡至顶部D700mm×20mm。

钢筋混凝土核心筒墙厚自底部的1200mm（外墙）＋800mm（内墙）过渡到500mm（外墙）＋500mm（内墙）。24层以下混凝土强度等级为C60，以上为C50。

与交叉网格节点相连的外环梁截面一般采用H型钢，在椭圆平面的长轴端部，由于楼面开大洞，为增强网格节点的面外支撑作用，采用箱形截面。梁高均为900mm。自下而上，随着环梁轴力的减小，环梁翼缘宽度由500mm逐渐过渡到300mm。与交叉网格相连的径向主梁采用变截面H型钢梁，与网格节点相连的一端，根据连接构造需要和悬挂吊柱受力需要，梁高900mm；与核心筒相连的一端，为减小内外筒变形差引起的弯矩，梁高700mm。翼缘宽度一般为300mm。

主塔楼核心筒剪力墙抗震等级特一级，交叉网格外框抗震等级一级。由于正负零平面存在较大错层，且嵌固层刚度比不足，采用地下二层顶板作为上部结构的嵌固端。

17.3.3 性能目标

1. 塔楼超限分析

主塔楼存在以下超限情况：（1）周边外筒为圆钢管混凝土斜柱构成的交叉网格结构，无竖直柱；（2）每层平面长轴端部有楼板大开洞，开洞面积大于楼层面积的30％；（3）楼板结构中的中间层（非节点层）悬挂于上方的节点层；（4）B1层顶板处，室内外地面高差1.7m，形成错层。

2. 抗震性能目标

根据《高层建筑混凝土结构技术规程》JGJ 3-2010（以下简称《高规》）所述抗震性能化设计方法，

确定了主要结构构件的抗震性能目标，如表 17.3-4 所示。

主要结构构件抗震性能目标   表 17.3-4

地震水准	多遇地震	设防烈度地震	罕遇地震
允许层间位移角	1/800	—	1/100
核心筒墙肢性能	弹性	受弯不屈服，受剪弹性	剪压比 $V/(F_{ck}A) < 0.15$
连梁性能	弹性	允许进入塑性	—
交叉网格的钢管混凝土（CFT）构件（底部 1/6 高度及其上 2 层高过渡区）	弹性	弹性	控制塑性转角及轴向拉压应变
交叉网格的 CFT 构件（其他位置）	弹性	不屈服	控制塑性转角及轴向拉压应变
交叉网格边梁以及节点与核心筒之间的径向主梁（底部 1/6 高度及其上 2 层高过渡区）	弹性，减小楼板刚度以计算梁内轴力	弹性	控制塑性转角
交叉网格边梁以及节点与核心筒之间的径向主梁（其他位置）	弹性，减小楼板刚度以计算梁内轴力	不屈服	控制塑性转角
交叉网格的节点	弹性	弹性，混凝土强度折减	不屈服
吊柱	弹性，考虑竖向地震应力比不高于 0.5	弹性	—
节点层楼板配筋	弹性	不屈服	
中庭周围楼面内支撑	弹性	不屈服	

3. 设计措施

针对塔楼存在的超限情况，设计中主要采取了如下应对措施：

（1）交叉网格构件采用钢管混凝土（CFT）构件，其抗震承载能力与延性都比较好。

（2）开洞周边楼盖采用弹性楼板假定，并对由于开洞导致的外交叉网格约束削弱进行补充计算分析，包括弹性屈曲分析和大震下的稳定分析。

（3）核心筒转角和墙肢端部均设置实腹式型钢，节点楼层的楼层标高处设置型钢梁，构成核心筒内的型钢混凝土框架，提高核心筒的抗震承载力和结构延性。

（4）主塔楼嵌固端取在 B1 层地面。

（5）考虑交叉网格柱和吊柱失效，进行了连续倒塌分析。对典型交叉网格节点进行有限元分析和节点试验，检查应力分布，验算抗震性能目标。

（6）进行了弹性和弹塑性时程分析，验证了大震下结构的抗震性能；进行温度作用分析，结合相关荷载组合对交叉网格结构构件进行验算。

17.3.4 结构分析

1. 主要分析内容（表 17.3-5）

主要分析内容   表 17.3-5

分析项目	分析内容	备注
小震弹性分析	考察结构基本动力特性、基底剪力水平、地震和风作用下的变形指标等	采用 ETABS 和 SATWE 分别计算
小震弹性时程分析	结构楼层地震作用、侧向变形等	作为反应谱法的补充计算
非线性静力推覆分析	验证结构的受力性能和抗震设计假设，考察结构屈服机制	采用 Perform-3D 软件分析，两个主轴方向分别进行
动力弹塑性时程分析	进行三向地震输入的动力弹塑性时程分析，考察结构在大震下的性能水平和各类构件的损伤分布情况，找出结构薄弱部位	采用 ABAQUS 软件分析，共进行两组天然波和一组人工波的计算
其他专项分析	外框连续倒塌分析、通高中庭处外网格稳定性分析、悬挑楼梯和长楼盖舒适度分析、交叉网格外框节点有限元分析	

2．小震弹性分析

采用 ETABS 和 SATWE 分别计算，计算结果见表 17.3-6～表 17.3-8。两种软件计算的结构总质量、振动模态、周期、基底剪力、层间位移角等均基本一致，可知模型的分析结果准确、可信。结构第一扭转周期与第一平动周期比值为 0.217，表明交叉网格筒中筒体系抗扭刚度很强。结构前三阶振型如图 17.3-8 所示。

总质量与基本周期计算结果   表 17.3-6

周期		ETABS	SATWE	SATWE/ETABS	说明
总质量/t		82755	79467	96.0%	
周期/s	T_1	2.8564	2.8514	99.8%	Y向平动
	T_2	2.1706	2.0662	95.2%	X向平动
	T_t	0.6201	0.6501	104.8%	扭转振型

基底剪力计算结果   表 17.3-7

荷载工况	ETABS/kN	SATWE/kN	SATWE/ETABS
X向地震	34758	36992	106.4%
Y向地震	31758	31730	99.9%
X向风荷载	7575	9121	120.4%
Y向风荷载	12148	16078	132.3%

层间位移角计算结果   表 17.3-8

荷载工况	ETABS	SATWE	SATWE/ETABS
X向地震	1/1157	1/1189	97.3%
Y向地震	1/804	1/802	100.2%
X向风荷载	1/3289	1/3514	93.6%
Y向风荷载	1/1266	1/1045	121.1%

 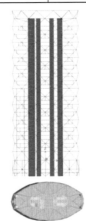 

(a) 一阶振型 　　　　　　(b) 二阶振型 　　　　　　(c) 三阶振型
（T_1 = 2.86s，Y向平动）　（T_2 = 2.17s，X向平动）　（T_t = 0.62s，扭转振型）

图 17.3-8　前三阶振型

3．静力推覆分析

采用 Perform-3D 非线性有限元分析程序对塔楼进行非线性静力推覆分析。静力推覆分析采用与一阶振型相同的侧向力分布模式，同时考虑整个结构的材料非线性和几何非线性（P-Δ效应），并考虑了强度退化效应。

（1）静力推覆分析模型

Perform-3D 模型中主要模拟了由斜支撑和水平梁组成的周边斜网格、核心筒剪力墙、连梁等对结构响应影响较大的构件。

（2）静力推覆分析结果

不同等级地震作用下的静力推覆分析侧向位移如表 17.3-9 所示。大震作用下，最大层间位移角在各方向都不超过 1/100。在推覆分析中结构没有出现局部或者整体失稳现象，推覆至 2 倍大震位移时，结构仍然没有发生整体屈曲现象。静力推覆分析表明整体结构在大震下是非常安全的。

静力推覆分析相对位移　　　　　　　　　　　　　　表 17.3-9

	X向屋顶相对位移	X向最大层间位移	Y向屋顶相对位移	Y向最大层间位移
小震	1/1667	1/1250	1/1252	1/909
中震	1/556	1/400	1/385	1/278
大震	1/270	1/185	1/192	1/141

4．动力弹塑性时程分析

采用 ABAQUS 进行结构的弹塑性时程分析，并考虑以下非线性因素：几何非线性、材料非线性、施工过程非线性。

1）构件模型及材料本构关系

梁、柱及斜撑等杆件采用考虑剪切的纤维梁单元，剪力墙和楼板采用四边形或三角形缩减积分壳单元。钢材本构模型采用双线性随动硬化模型，考虑包辛格效应；混凝土采用弹塑性损伤模型，计算中混凝土均不考虑截面内横向箍筋的约束增强效应，仅采用规范中建议的素混凝土参数。

2）地震波输入

根据《建筑抗震设计规范》GB 50011-2010（2016 年版）的要求，进行动力时程分析时，按建筑场地类别和设计地震分组选用两组实际地震记录和一组人工模拟的加速度时程曲线。计算中，地震波峰值加速度取 400Gal（罕遇地震），地震波持续时间取 25s。

3）动力弹塑性时程分析结果

（1）罕遇地震分析参数

依次选取结构 X 或 Y 方向作为地震输入主方向，对应正交方向为次方向，分别输入三组地震波的两个水平分量记录进行计算，同时考虑竖向地震输入。结构初始阻尼比取 4%。每个工况地震波峰值按水平主方向∶水平次方向∶竖向 = 1∶0.85∶0.65 进行调整。

（2）基底剪力响应

表 17.3-10 给出了基底剪力峰值及其剪重比统计结果。

大震时程分析基底剪力和剪重比　　　　　　　　　　表 17.3-10

地震波	X 主方向输入		Y 主方向输入	
	V_X/MN	剪重比	V_Y/MN	剪重比
人工波	228.01	23.45%	200.43	20.61%
天然波 1	237.66	24.44%	162.06	16.67%
天然波 2	202.89	20.87%	160.12	16.47%
三组波均值	222.85	22.92%	174.20	17.92%

（3）楼层位移及层间位移角响应

X 为主输入方向时，楼顶最大位移为 471mm，楼层最大层间位移角为 1/144；Y 为主输入方向时，楼顶最大位移为 699mm，楼层最大层间位移角为 1/114，均满足规范限值要求。

（4）罕遇地震下竖向构件损伤情况

核心筒剪力墙墙肢的混凝土受压损伤因子分布和外框筒斜柱和钢柱的钢材塑性应变分布如图 17.3-9、图 17.3-10 所示，8 度三向罕遇地震作用下，20 层以上大部分连梁混凝土受压损伤因子超过 0.5，发挥了屈服耗能的作用；主要剪力墙墙肢基本完好，仅局部轻微损伤。钢管混凝土柱和钢柱均未进入塑性阶段。

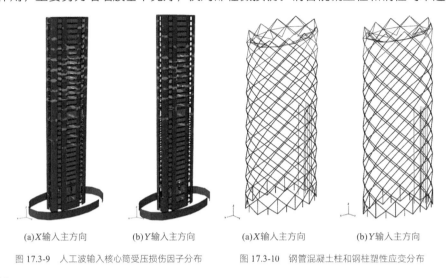

(a)X输入主方向　　　(b)Y输入主方向　　　　(a)X输入主方向　　　(b)Y输入主方向

图 17.3-9　人工波输入核心筒受压损伤因子分布　　　图 17.3-10　钢管混凝土柱和钢柱塑性应变分布

（5）结论

结构在大震作用下，最大层间位移角均不大于 1/100，满足规范要求，整个计算过程中，结构始终保持直立，能够满足规范的"大震不倒"要求；20 层以上大部分连梁混凝土受压损伤因子超过 0.5，损伤较严重，形成了铰机制，发挥了屈服耗能的作用；主要核心筒剪力墙基本完好，仅局部轻微损伤；钢管混凝土柱和钢柱均未出现明显塑性；个别混凝土梁和部分钢梁进入塑性阶段。分析结果表明整体结构在大震下是安全的，达到了预期的抗震性能目标。

17.4　专项设计

17.4.1　交叉网格外筒结构设计

1. 结构竖向承重体系设计

主塔楼核心筒以外楼板厚度 120mm，核心筒内楼板厚 150mm。外幕墙系统由周边斜网格系统支承。结构楼盖体系重力荷载传递路径为：楼板→钢梁或钢筋混凝土梁→核心筒剪力墙或外网格斜柱→基础，建筑外围护系统重量由外网格斜柱直接传递至基础。

与交叉网格节点相连的外环梁除承担本层楼面荷载外，还由于环箍效应而承受轴向拉力。在 1.2 恒荷载＋1.4 活荷载工况下，下部楼层的外环梁轴力设计值最大达到 2900kN。环梁构件采用宽翼缘 H 型钢或者箱形截面，并形成闭合环。

节点楼层与空间网格相连的径向主梁既承受本层楼面荷载，还要通过吊柱承担其下方的中间楼层荷载，同时还由于约束网格节点的径向变形趋势而受到很大的轴向拉力。在 1.2 恒荷载＋1.4 活荷载工况下，下部楼层的径向梁轴力设计值最大可达到 11280kN。为了有效传递轴向力，径向主梁与核心筒内的钢骨梁直接相连、钢骨梁按与径向梁轴向受拉等强设计。

交叉网格外筒承担着巨大的竖向和水平荷载，在中震组合下构件轴力设计值最大接近 50000kN。因此，外筒斜柱采用了圆钢管混凝土构件。外网格钢管混凝土斜柱的截面根据构件的内力分布，呈空间变化，在椭圆平面的短轴附近，构件尺寸相对较大。根据结构不同部位的受力情况匹配材料，显著提高材料利用率，比传统的框架结构体系可节省钢材用量15%以上。在竖向荷载作用下，外网格柱的轴力分布如图17.4-1所示，自底层的最大轴力27500kN，逐渐过渡到顶部的500kN。

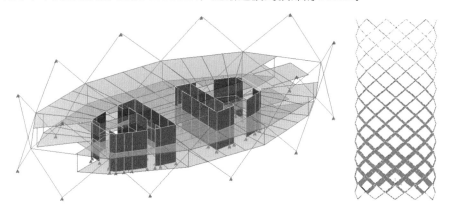

图 17.4-1　竖向荷载作用下，外网格柱的轴力分布示意图

2．结构抗侧力体系设计

主塔楼的抗侧力结构体系包括独特折叠外形的交叉网格外筒和钢筋混凝土核心筒。

1）交叉网格外筒受力性能分析

交叉网格筒体的受力性能与一般框筒有很大差别，主要体现在以下几点：

（1）交叉网格外筒刚度巨大，能够承受很大的水平荷载，为减小内筒的刚度提供了可能，从而为建筑内部的布置提供了更大的自由度，可以取得更好的建筑效果和综合效益。

（2）侧向力主要由斜柱的轴向力平衡，倾覆力矩引起的竖向力也由交叉网格节点斜柱的轴力平衡，因此柱内的剪力和弯矩比较小。

（3）交叉网格在水平和竖向荷载作用下，均表现出明显的空间受力特征，交叉网格筒体的受力性能与结构高宽比、斜柱倾斜角度、斜柱截面面积、斜柱与环梁的相对刚度比等均有关系。

（4）交叉网格外筒的抗侧刚度超过混凝土核心筒，延性弱于常规框架体系，体系的屈服机制和抗震防线设置明显不同于传统框架核心筒结构。

2）交叉网格外筒和核心筒内筒承担的倾覆力矩和地震剪力

交叉网格筒中筒结构在倾覆力矩和地震剪力的分配上与常规的框架核心筒结构差别很大，外筒由于具有很大的结构刚度，承担了大部分的侧向荷载。本工程的X、Y向地震剪力和倾覆力矩对比如图17.4-2、图17.4-3所示。

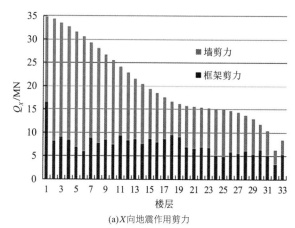

(a)X向地震作用剪力

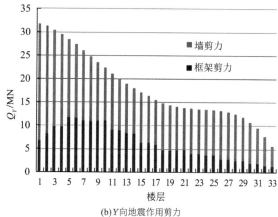

(b)Y向地震作用剪力

图 17.4-2　内外筒承担的剪力对比

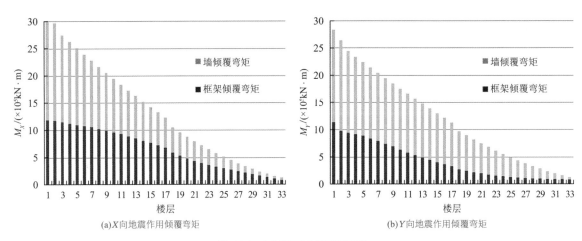

(a)X向地震作用倾覆弯矩   (b)Y向地震作用倾覆弯矩

图 17.4-3　内外筒承担的倾覆弯矩对比

从图 17.4-2、图 17.4-3 可知：（1）外筒承担的剪力比例均大于 20%。X向外筒承担的剪力比例甚至达到 70%以上。由于X、Y向的高宽比以及内筒的刚度不同，两个方向外筒承担的剪力比例也有一定差异。（2）外筒承担的倾覆弯矩也比较大，在X方向达到 59%，Y方向为 39%。由此可见，交叉网格结构体系内外筒抗震防线的分布与传统框架-核心筒结构体系相比发生了明显的变化，外筒是体系主要的抗侧力构件，成为结构的第一道抗震防线；内部核心筒成为体系的第二道抗震防线；而内筒中最先屈服的连梁，可以视为体系的附加抗震防线。

交叉网格外筒的斜柱是结构抗侧力和承重的关键构件，一旦发生较严重屈服则不易实现"可修"，因此控制斜柱在中震下保持弹性或者不屈服，构件设计时取中震弹性或者中震不屈服组合的内力作为设计内力。墙肢作为最后一道防线，若发生严重屈服则难以确保结构"不倒"，因此仅允许主要剪力墙构件发生较轻的抗弯屈服，通过控制大震下墙肢的剪压比，可以实现这一目标。应允许连梁塑性充分发展，进而降低结构刚度，减小地震作用，作为主要的地震耗能构件。

3．连续倒塌分析

为了考察交叉网格外筒的抗连续倒塌性能，对结构进行连续倒塌分析。分析中，删除结构底部在重力荷载作用下轴力最大的交叉网格构件，计算分析剩余结构的承载能力，结果表明结构不会出现连续倒塌现象。图 17.4-4 示意了连续倒塌分析中，删除 CFT 构件前后的结构情况。

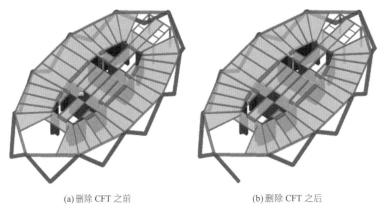

(a)删除 CFT 之前   (b)删除 CFT 之后

图 17.4-4　连续倒塌分析拆除构件示意

连续倒塌分析中，采用如下计算假定：

1）考虑结构整体施加的活荷载作用，荷载组合分项系数按规范取值，分别为恒荷载 1.20，活荷载 1.40，并考虑风荷载作用，组合系数为 0.2。

2）构件拆除后的内力重分布过程是一个动力过程，此过程中构件内力可能高于最终状态。因此构件验算时增加了一个额外的附加内力F_d。其中F_d是（1.2 × 恒荷载 + 1.4 × 活荷载）组合中构件在 CFT 斜杆拆除前和拆除后的内力变化。例如，某构件轴力原为 1000kN，在新的结构中为 1200kN，则此构件按照1200 + 200 = 1400kN附加内力进行承载力校核。

3）由于抗连续倒塌分析与短时间相关，安全度可比普通设计有所降低。构件承载力按照材料强度标准值计算。

基于以上假设条件，组合荷载为：（1）1.2DL + 1.4LL + 0.28W；（2）1.2DL + 1.4LL + 0.28W + F_d，其中 DL 表示恒荷载，LL 表示活荷载，W 表示风荷载。

结构连续倒塌分析中，交叉网格外框钢管混凝土构件的N-M承载力分布如图 17.4-5 所示。

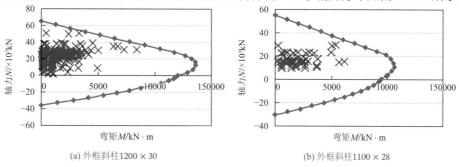

(a) 外框斜柱1200 × 30   (b) 外框斜柱1100 × 28

图 17.4-5　外框圆钢管混凝土构件和箱形梁N-M承载力曲线

由图 17.4-5 验算结果可知，交叉网格外筒的圆钢管混凝土构件具有良好的承载能力，结构不会出现连续倒塌现象。

4．通高中庭处交叉网格外筒稳定性分析

如图 17.1-2、图 17.2-1 所示，由于 128m 通高中庭区域内的外网格节点无径向梁和楼板的拉接作用，外筒的稳定性较差，因此进行了此区域外筒的稳定性研究。通过概念分析可知，通高中庭周边的外网格为折叠型四边形网格，稳定性较差，在节点之间增加水平杆件，将原来的折叠四边形网格变成三角形网格，结构的稳定性得到显著加强，增加的水平连系梁与幕墙玻璃凹凸分界面重合，对建筑外观效果的影响也较小，如图 17.4-6 所示。

  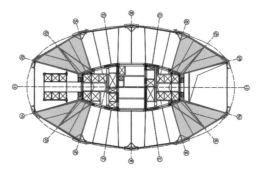

(a) 中庭外网格原设计方案　　(b) 中庭外网格改进后设计方案

图 17.4-6　通高中庭区域外网格加强措施　　图 17.4-7　中庭楼面大开洞区域外网格加强措施

为了加强中庭两侧的楼层结构强度，并确保中庭斜交网格构件在中庭周围楼板受到大震破坏的情况下仍保持稳定，在中庭周边的楼盖平面内设置了水平钢斜撑（图 17.4-7 中红色区域），加强交叉网格结构的平面外稳定，支撑的性能目标为中震不屈服。

采用 SAP2000 建立整体模型进行弹性屈曲分析。分析时不考虑中庭区域周边楼板平面内刚度，并考虑 1.0 恒荷载 + 0.5 活荷载产生的P-Δ效应，在P-Δ效应的基础上计算大震作用下外网格的稳定性。为简化计算，偏保守地将小震作用线性放大 6.28 倍作为大震作用施加。共计算 5 种工况，计算结果如表 17.4-1 所示。

序号	工况	稳定系数
1	仅自重作用下	41.63
2	X向大震作用 + 自重作用	40.62
3	Y向大震作用 + 自重作用	36.95
4	X向大震作用 + (恒荷载 + 0.5 活荷载)	30.81
5	Y向大震作用 + (恒荷载 + 0.5 活荷载)	28.03

从整体稳定分析结果可知中庭处 CFT 斜网格稳定系数远大于 5.0，结构整体稳定性不是控制因素，结构构件达到极限强度后，才会发生整体失稳的情形。在动力弹塑性分析中，也对中庭处斜网格结构进行了重点校核，结果表明其在大震作用下不会出现结构失稳破坏。

17.4.2 钢管混凝土柱交叉网格节点设计

交叉网格斜柱、外环梁、径向楼面梁在交叉节点处交汇，节点既承担和传递斜柱构件的内力，同时也承受环梁、径向楼面梁的拉、弯、剪复合内力作用，受力十分复杂，是整个结构体系中的关键部位。对于交叉网格结构的节点，设计中存在以下几点不利因素：（1）由于建筑造型的需要，交叉网格构件交叉节点处的外轮廓截面面积小于两根相贯的构件截面面积之和；（2）交叉网格节点区域，连接的构件种类、数量较多，节点区混凝土浇筑质量不易保证，节点的承载力较理想条件有所降低。结构设计中，"强节点，弱构件"是实现结构良好抗震性能的基本原则，如何克服上述不利因素，实现节点设计的性能目标要求，是交叉网格结构设计的关键内容。

1. 交叉网格节点受力特性分析

选取受力最大的底层交叉网格节点进行研究。为保证钢梁与钢管混凝土柱的可靠连接，同时考虑建筑效果要求，设计了一种新型的相贯节点，此节点的核心区为中央竖直连接板和内设加劲肋的中央柱体，斜柱与核心区相贯连接，环梁和楼面径向梁与核心区等强连接。其中，中央柱体的外形由上、下水平隔板和斜柱的相贯线沿竖直方向拉伸得到，为改善柱体的刚度、避免应力集中，在其内部设置了竖向加劲肋。为便于混凝土的浇筑，在上、下水平隔板上各开设了两个直径 500mm 的浇筑孔。交叉网格节点示意及构造做法如图 17.4-8 所示。

(a) 节点示意

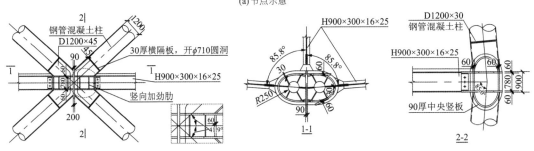

(b) 节点构造做法

图 17.4-8 交叉网格节点示意及构造做法

对节点区相连的构件中震工况下的内力成分进行分析，可知节点区最主要的内力成分来自斜柱，斜柱的内力主要为轴向压力，比环梁和径向梁的内力高一个数量级左右。

2．节点的概念设计方法

1）节点设计原则

钢管混凝土交叉网格节点的设计原则如下：（1）强节点弱构件，通过概念设计和有限元分析，保证节点区的承载能力高于构件，作为结构体系中的关键节点，节点承载力应保证中震弹性，同时应具有较好的延性；（2）传力直接，节点区应有可靠传递主受力构件内力的能力，在材料强度相同的条件下，构件与节点区连接处的截面面积应大于构件截面面积；（3）施工操作方便，要保证节点区混凝土和斜柱段混凝土便于浇筑，并考虑节点混凝土浇筑不密实导致其承载能力折减。

节点设计时，首先，从传力明确和施工方便的角度，确定节点构造做法；其次，根据节点强于构件的原则初步确定板件厚度；再次，采用有限元方法，验证节点的承载能力和刚度；最后，通过试验进一步校核节点分析的结果。

2）节点设计方法

斜柱的内力主要为轴向压力。因此，以控制斜柱正交方向轴压承载力为原则进行设计是可靠的，即节点区以外构件（钢和混凝土）的轴压承载力不大于节点区钢截面的轴压承载力。需要设计确定的截面包括：中央竖板的厚度、中央柱体的壁厚、上下水平隔板的厚度。节点的截面命名如图17.4-9所示。

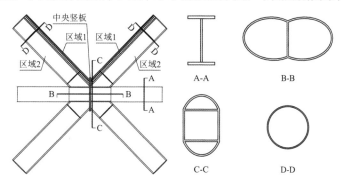

图 17.4-9　交叉网格节点截面命名示意图

计算过程如下：

（1）区域 1 轴压承载力控制

如图 17.4-9 所示，将截面划分为两部分，区域 1 的轴向力主要通过中央竖板传递，区域 2 的轴向力主要通过中央柱体传递。

假定钢管混凝土构件段钢管的壁厚为 t，则钢管混凝土柱的轴压承载力为：

$$N_{\mathrm{u}} = f_{\mathrm{sc}} \cdot A = (1.14 + 1.02\xi_0) \cdot f_{\mathrm{c}} \cdot \pi r^2$$

式中，f_{sc} 为钢管混凝土轴心受压强度设计值。根据"钢管混凝土柱在区域 1 内的轴压承载力与中央竖板的轴压承载力相等"的原则可得：

$$\frac{\left(\dfrac{\theta}{2}r^2 - \dfrac{r^2}{2} \cdot \sin\theta\right)}{\pi r^2} \cdot N_{\mathrm{u}} = 2\pi r \cdot t' \cdot f_{\mathrm{a}}$$

由此计算得到中央竖板的厚度为：

$$t' = \frac{(\theta - \sin\theta)}{4\pi^2 r \cdot f_{\mathrm{a}}} \cdot N_{\mathrm{u}} \approx 3t$$

式中，f_{c} 和 f_{a} 分别为混凝土和钢材的轴心抗压强度设计值；$\xi_0 = \alpha_{\mathrm{s}} f_{\mathrm{a}} / f_{\mathrm{c}}$ 为钢管混凝土构件截面的约束效应系数设计值；θ 为区域 1 对应的圆截面上的圆心角。

（2）竖向轴压承载力控制

根据竖向轴压总承载能力控制，钢管混凝土构件段轴压等效截面为 D-D 截面，节点核心区的轴压等效截面为 B-B 截面，则等效关系式为：

$$N_{u,B\text{-}B} = 2 \cdot N_{u,D\text{-}D}$$

采用与步骤（1）类似的计算方法，得到 B-B 处中央柱体的壁厚为 2.0t。

（3）水平向轴压承载力控制

水平向截面面积最小处为 C-C 截面，水平环梁的对应截面为 A-A 截面，则水平轴压承载力等效关系式为：

$$N_{u,C\text{-}C} = 2 \cdot N_{u,D\text{-}D} + N_{u,A\text{-}A}$$

根据前面得到的中央竖板和中央柱体的板厚，采用与步骤（1）类似的计算方法，得到上下水平隔板的厚度为 2.0t。

3．节点有限元分析

1）节点有限元分析原则

采用有限元分析研究此类型钢管混凝土柱交叉网格节点的传力机理，验证前述设计原则的可靠性。考虑节点区混凝土施工因素，对混凝土承载能力的折减做如下考虑:（1）按节点区混凝土强度折减 50%计算，取中震弹性组合内力进行分析;（2）按不计节点区混凝土强度计算，取中震不屈服组合内力进行分析。

2）分析模型和边界条件

节点模型按照实际节点与构件的尺寸、构造进行建模，钢管混凝土柱取至 1/2 构件长度位置，即水平荷载作用下的反弯点处。钢管采用四节点厚壳单元，本构关系采用理想弹塑性模型，钢材材质 Q345，计算取标准强度 345MPa；钢管混凝土构件段的混凝土采用八节点实体单元，强度等级 C60，受压本构关系采用约束混凝土的本构，受拉按照《混凝土结构设计规范》GB 50010-2010（简称《混规》）的本构关系计算。

节点区不考虑混凝土的约束提高作用，采用素混凝土的本构关系。普通混凝土受压、受拉均采用《混规》的本构关系。考虑节点区混凝土承载能力折减 50%，强度等级等效为 C30 混凝土。

计算模型如图 17.4-10 所示，计算软件采用 ABAQUS。

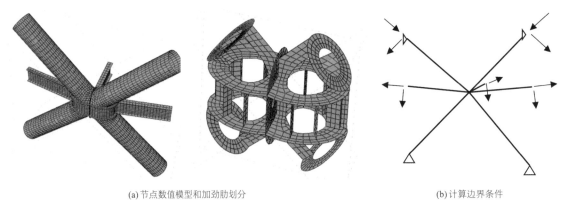

(a)节点数值模型和加劲肋划分   (b)计算边界条件

图 17.4-10 交叉网格节点有限元分析模型

3）分析结果

（1）按节点区混凝土强度折减 50%分析

计算结果显示，核心区钢材平均应力在 160MPa 以下，核心区 C30 混凝土最大受拉应力在 1MPa 以下，节点核心区在中震作用下处于弹性状态。主要分析结果如图 17.4-11 所示。由于节点区和构件区采用了不同的混凝土强度等级和本构模型，混凝土的应力在核心区和构件段有些不连续。

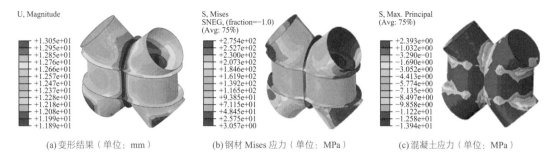

(a) 变形结果（单位：mm）　　　　(b) 钢材 Mises 应力（单位：MPa）　　　　(c) 混凝土应力（单位：MPa）

图 17.4-11　中震弹性内力组合分析结果

（2）按不计节点区混凝土强度计算

去除上下水平隔板之间的核心区混凝土，采用中震不屈服组合内力加载。不填充混凝土严重削弱了节点核心区刚度，导致变形模式和应力分布等结果和前一工况有较大不同。

计算结果显示，钢材最大 Mises 应力为 259MPa，没有发生明显的塑性变形，基本可保证中震不屈服。主要结果如图 17.4-12 所示。

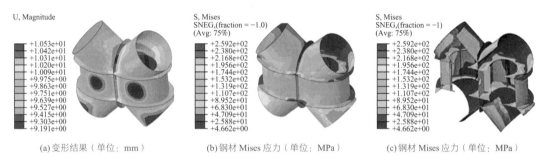

(a) 变形结果（单位：mm）　　　　(b) 钢材 Mises 应力（单位：MPa）　　　　(c) 钢材 Mises 应力（单位：MPa）

图 17.4-12　中震不屈服内力组合分析结果

由上述分析结果表明，交叉网格钢管混凝土节点在考虑核心区混凝土折减的情况下，能够满足中震不屈服内力作用下的承载能力需求。斜交钢管混凝土柱与上、下水平隔板相交处应力水平最高，是需要重点加强的区域。采用折减节点区混凝土参与系数的方法，偏安全地考虑了混凝土浇筑不密实的问题。通过有限元分析，检验了节点在中震作用下的承载能力，结果表明节点是安全的。

17.4.3　悬吊楼盖和长悬挑楼梯舒适度性能

根据建筑造型和结构抗震需要，楼盖结构采用隔层悬吊的方案，中间楼层通过吊柱悬挂于节点楼层的径向主梁之下，结构的竖向刚度小，且可能存在上下楼层相互影响的问题；在中庭区域，设有最大悬挑长度达 10m 的连续四层的螺旋楼梯，主要结构布置如图 17.4-13 所示，受楼面支承条件制约，主要由自核心筒悬挑的挑梁承担，螺旋楼梯受力性能复杂，竖向刚度较小。这些区域，均可能存在人行激励下舒适度性能不满足要求的可能，故对其进行了舒适度性能分析。

分别采用了《高规》附录 A 的分析方法和英国混凝土学会《步行引起的结构振动设计指南》CCIP-016 的分析方法进行研究，并互相验证。分析时选取一个激振力节点和一个反应节点，将动态激振力应用于激振力节点，计算反应节点的加速度反应。计算分析阻尼比取为 3%，取 1.0 恒荷载作为质量源参与计算，激励力按普通人的体重取为 0.7kN。悬吊楼盖模型第一阶竖向振型频率为 2.16Hz，为被悬吊楼层中部跨度最大处的竖向振动。楼盖竖向振动加速度最大的位置为节点楼层跨中，最大值为 0.06m/s²，满足《高规》对于办公建筑的峰值加速度限值；同时，也满足 CCIP-016 的反应系数小于 8 的要求。悬挑楼梯第一阶竖向振型频率为 4.14Hz，为悬挑前段的竖向振动。在人行激励下，峰值加速度为 0.08m/s²，满足《高规》对于连廊、楼梯的峰值加速度限值。

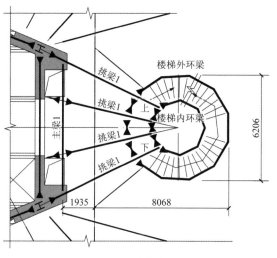

图 17.4-13　悬挑螺旋楼梯平面图

17.4.4　特殊节点构造

1. 楼层吊挂节点

为了避免外网格斜柱的中点受到过大的侧向力，中间楼层的边梁与外网格斜柱脱开，通过吊柱悬挂至上一层节点楼层的径向梁上。吊柱采用矩形钢管截面（□300×150×15×15），上端与节点楼层径向梁下设置的双耳板焊接，在中间楼层处与外围环梁连接。为增加一道防线，保证在吊柱上吊点失效的情况下，中间楼层仍有可靠的支承，吊柱向下延续一层至下一节点楼层，在下一节点楼层处通过钢套管进行竖向滑动连接，避免日常状态下将中间楼层的楼盖荷载传递至下部节点楼层，保证节点构造与设计假定相符。楼层吊挂节点做法如图17.4-14～图17.4-16所示。

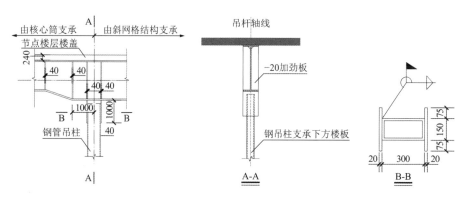

图 17.4-14　吊柱上端节点构造

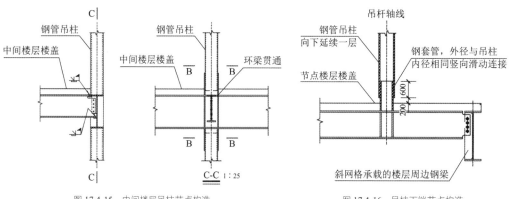

图 17.4-15　中间楼层吊柱节点构造　　　　图 17.4-16　吊柱下端节点构造

2．径向梁与核心筒连接节点

节点楼层的径向主梁是塔楼结构体系中重要的一环，它既承受了本层楼盖的重力荷载，又通过吊柱承担了下层楼盖重力荷载，另外由于径向主梁与外网格斜柱节点直接相连，起到约束网格节点径向变形的作用，因此径向主梁还承受了很大的轴向拉力。为保证径向主梁的轴力有效可靠地传递至核心筒剪力墙上，在核心筒外围墙体及与径向主梁对位的内部墙体中均设置了钢骨梁，并在纵横墙相交位置设置竖向钢骨，径向主梁与剪力墙内的钢骨梁直接相连，钢骨梁按与径向梁轴向受拉等强设计。典型节点楼层剪力墙钢骨布置及径向主梁与钢骨连接示意如图 17.4-17 所示。

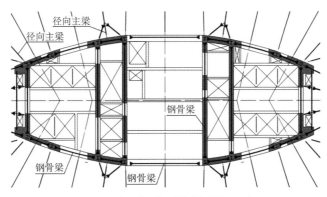

图 17.4-17　典型节点楼层剪力墙钢骨布置示意图

径向主梁与剪力墙内钢骨柱对位时，径向主梁与钢骨柱按轴向受拉等强连接，当径向主梁与剪力墙内钢骨柱不对位时，径向主梁两侧设置转换梁与钢骨柱按轴向受拉等强连接，径向主梁与钢骨梁的连接构造大样如图 17.4-18～图 17.4-20 所示。

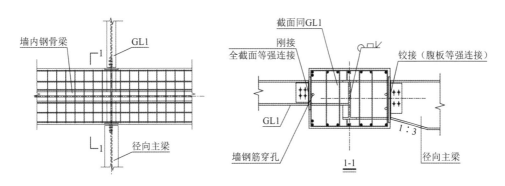

图 17.4-18　径向主梁与剪力墙钢骨连接大样一

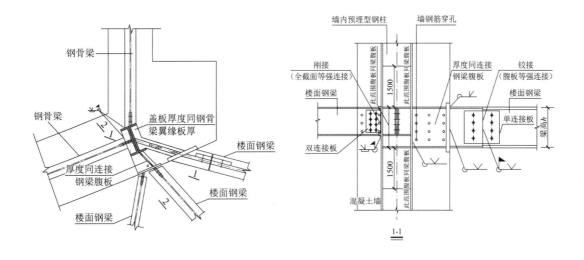

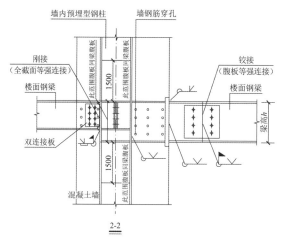

图 17.4-19 径向主梁与剪力墙钢骨连接大样二

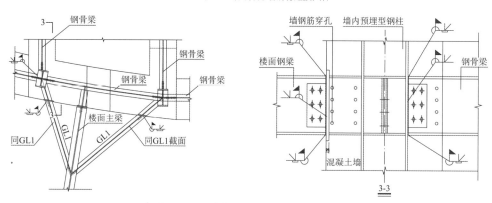

图 17.4-20 径向主梁与剪力墙钢骨连接大样三

经
典
回
眸

北
京
市
建
筑
设
计
研
究
院
有
限
公
司
篇

17.5 试验研究

为了验证节点构造的合理性，了解节点实际受力的工作性状、破坏机理、承载能力和混凝土发挥的作用，开展节点试验，同时将试验结果与节点有限元分析结果对比，调整有限元分析的参数。

1. 试验设计

选取典型的交叉网格节点作为试验对象，根据加载架的空间和加载设备能力，试件比例取 1：5.5。共进行两种类型节点试验。第一种类型的试件截面根据原定设计按比例缩尺得到；第二种类型的试件壁厚为 2 倍设计值，节点区钢材厚度为原设计的 55%，以保证节点核心区首先发生破坏。每种类型三个试件（每种类型中有一个构件在节点区水平钢板间不灌混凝土），共六个试件。试件模型及试件加载设备照片如图 17.5-1、图 17.5-2 所示。

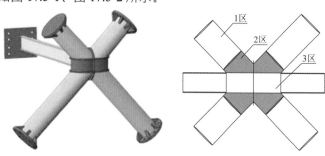

图 17.5-1 试件模型和节点区域示意

图 17.5-2 试件加载设备照片

2．试验结果

对于第一类试件，节点区有混凝土试件压缩变形几乎可以忽略，基本处于弹性工作状态；节点区无混凝土试件压缩变形稍大，说明混凝土对节点区刚度有一定影响。对于第二类试件，节点区有混凝土和无混凝土的试件圆盘间均有明显的压缩变形，接近极限荷载时，节点区无混凝土的试件受压发生鼓曲，核心区压缩变形迅速增大；从其荷载-变形曲线来看，节点表现出较好的延性。

在1.2重力荷载代表值＋1.0倍中震作用下，节点均基本处于弹性工作状态。随着荷载逐渐加大，第一类试件为钢管柱发生破坏，节点区强于杆件区；第二类试件为节点区发生破坏，其中节点区不灌混凝土的试件圆盘间鼓曲破坏更明显。在1.2重力荷载代表值＋3.8倍中震荷载作用下，节点核心区圆盘受压鼓曲，试件破坏，试验终止。节点破坏情况如图17.5-3所示。

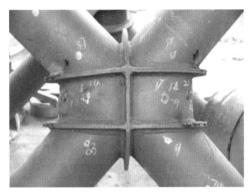

图17.5-3　节点核心区屈曲状态

3．分析验证

有限元计算的承载力结果（材料强度均采用实测值）与试验承载力对比结果如表17.5-1所示。从表中可以看出，第一类试件计算结果与试验结果的误差在10%以内，第二类试件计算结果误差在16%以内，有限元模型模拟较为准确，说明分析方法合理，可用于其他部位类似节点的分析。

计算与试验承载力对比　　　　　　　　　　　　　　　表17.5-1

试件编号	试件类型	计算值/kN	试验值/kN	误差
Y5-1	第一类试件-节点区带混凝土	3460	3231	7.1%
Y5-1*	第一类试件-节点区带混凝土	3460	3290	5.2%
Y5-1a	第一类试件-节点区不带混凝土	3450	3591	−3.9%
Y5-2	第二类试件-节点区带混凝土	6080	5240	16.0%
Y5-2*	第二类试件-节点区带混凝土	6080	5294	14.8%
Y5-2a	第二类试件-节点区不带混凝土	3210	2912	10.2%

注：表中Y5-1与Y5-1*、Y5-2与Y5-2*为完全相同的试件，互为验证

4．试验结论

经过试验研究，并结合有限元分析，可以得到如下结论：

（1）经过试验验证，原节点的设计方法可行，节点构造合理。

（2）有限元分析结果与试验结果基本吻合，说明分析方法合理，可用于其他节点设计分析。

（3）通过混凝土强度折减系数可考虑节点区混凝土浇筑密实情况对承载力的影响。

（4）节点区中央竖板厚度可优化，节点区焊缝根据破坏情况分区域按不同等级控制。

17.6　结语

北京保利国际广场主塔楼是首都机场进入北京市区的地标性建筑，其造型独特、大气、典雅，是首

都东大门的一道靓丽风景。结合建筑独特的钻石型折叠网格造型，结构体系选用了钢管混凝土交叉网格筒中筒结构体系，充分发挥了该结构体系的优良结构性能，并完美实现了建筑的造型效果。

在结构设计过程中，主要完成了以下几方面的创新性工作：

1. 交叉网格结构抗侧力体系设计与分析

北京保利国际广场主塔楼的抗侧力结构体系包括独特折叠外形的交叉网格外筒和钢筋混凝土核心筒。通过数值模拟分析研究了地震作用下各类构件的屈服顺序，确定了内外筒抗震防线的分布，以及结构体系塑性耗能的关键构件，合理制定结构构件在不同烈度地震作用下的性能目标。

2. 交叉网格结构竖向承重体系设计与分析

由于外网格斜柱跨越两层，为避免地震作用下柱中受到较大的侧向力，楼层划分为节点楼层和悬吊楼层。进行了竖向承载体系的连续倒塌分析和冗余度设计，改进了悬吊楼层的吊柱节点构造做法，提高了悬吊楼层竖向承重体系冗余度。

3. 钢管混凝土交叉网格节点设计与试验研究

交叉网格的节点受力和构造复杂。为了保证安全，对交叉网格节点采取了概念设计、有限元分析和试验研究相结合的方法。经验证，有限元分析结果与试验结果基本吻合，节点的设计方法可行，节点构造合理。交叉网格节点可按照钢与混凝土强度组合相加的方法进行节点承载力计算，在浇筑密实情况下，试验值与计算值较为相符。实际施工过程中如果不能保证节点区混凝土浇筑密实，计算节点强度，可以对混凝土的作用进行折减。

设计过程中也着重关注了中庭开洞处交叉网格体系的整体稳定性能，进行了整体稳定性分析和动力弹塑性分析，结果表明其在大震作用下不会出现结构失稳破坏。对于悬吊楼盖和长悬挑楼梯，进行了人行荷载作用下的舒适度分析，采用《高规》和CCIP-016的分析方法分别验证了结构舒适度，结果表明竖向峰值加速度位于规范限值内，楼盖竖向刚度设置合理。

保利国际广场采用的钢管混凝土交叉网格筒中筒结构体系，具有侧向刚度大、抗扭刚度大、建筑空间布置灵活的特点，是用于超高层建筑的一种优良结构体系。交叉网格外筒在竖向荷载和水平荷载作用下均体现出明显的空间受力特征，结构体系内外筒抗震防线的分布与传统框架-核心筒结构体系相比发生了明显的变化。与此同时，还存在楼面开大洞、楼盖隔层悬吊等不规则因素。在结构设计中，确定了合理的构件抗震性能目标，确保了结构体系的耗能机制和多道抗震设防机制，实现了"小震不坏、中震可修、大震不倒"的设计目标。该项目已经建成投入使用多年，建筑结构完成度很高，业界评价良好，是交叉网格结构应用在超高层建筑中的成功案例。

17.7 延伸阅读

扫码查看项目照片、动画。

参考资料

[1] 建研科技股份有限公司. 北京保利大望京办公楼高层建筑群测压风洞试验报告[R]. 2011.

[2] 北京市建筑设计研究院有限公司, SOM 建筑设计事务所.保利大望京办公楼区（636 地块）超限高层建筑抗震设计可行性论证报告[R]. 2011.

[3] 建研科技股份有限公司. 保利国际广场钢管混凝土交叉节点试验报告[R]. 2012.

设计团队

结构设计单位：北京市建筑设计研究院有限公司（初步设计＋施工图设计）

　　　　　　　SOM 建筑设计事务所（方案＋初步设计）

　　　　　　　筑博设计股份有限公司（施工图设计）

结构设计团队：甄　伟、盛　平、王　轶、高　昂、赵　明、张万开

执　笔　人：甄　伟、张万开

本章部分图片由 SOM 建筑设计事务所和建研科技股份有限公司提供。

获奖信息

2017 年全国优秀工程勘察设计行业奖优秀建筑工程设计一等奖；

2017 年北京市优秀工程勘察设计奖综合奖（公共建筑）一等奖；

2017 年北京市优秀工程勘察设计奖结构专项二等奖；

2017 年全国优秀工程勘察设计行业奖结构二等奖；

2017—2018 年中国建筑学会建筑设计奖结构专业二等奖。

第18章

丽泽 SOHO 中心

18.1 工程概况

18.1.1 建筑概况

丽泽 SOHO 中心位于北京市丰台区丽泽桥东侧，处于丽泽金融商务区 E04 地块，项目地块北邻丽泽路，东邻骆驼湾东路，西至丽泽中二路，南至骆驼湾南路，由 SOHO 中国有限公司开发建设，主要功能为办公，总建筑面积约 17.28 万 m²，其中地上 45 层，建筑面积 12.40 万 m²，地下 4 层，建筑面积 4.88 万 m²，建筑高度为 199.99m。

地铁联络线自西北向东南贯穿整个地块，两座流线型的塔楼分别设置在地铁联络线两侧，如 DNA 双螺旋结构盘旋而上，各层平面从首层开始逐层旋转至 45°，两个单塔围绕而成一个约 200m 高的室内中庭，形成复杂的非线性建筑形体。

主体结构无裙房，出地面即为主塔楼，整栋建筑无标准层、无竖直柱，中庭挑空区从下至上呈盘旋的趋势，体型上为反对称结构。图 18.1-1 所示为丽泽 SOHO 实景照片。

图 18.1-1 丽泽 SOHO 实景照片

18.1.2 设计条件

1. 主体控制参数（表 18.1-1）

控制参数			表 18.1-1
结构设计基准期	50 年	建筑抗震设防分类	标准设防类（丙类）
建筑结构安全等级	二级（结构重要性系数 1.0）	抗震设防烈度	8 度
地基基础设计等级	一级	设计地震分组	第一组
建筑结构阻尼比	0.04（小震）/0.06（大震）	场地类别	Ⅲ类

2. 风荷载

结构变形验算时,取 50 年一遇基本风压 $0.45kN/m^2$,承载力设计时按基本风压的 1.1 倍采用,实取 $0.50kN/m^2$,地面粗糙度类别为 C 类。

本项目总高度约为 200m,建筑形式特殊,周边环境影响较为复杂,项目开展了风洞试验,模型缩尺比例为 1:300。设计中采用了规范风荷载和风洞试验结果进行位移和强度包络验算。

18.2 建筑特点

18.2.1 地铁联络线自西北向东南贯穿整个地块

本项目地下共有 4 层,在地下 3、4 层有地铁联络线隧道自西北向东南贯穿整个地下室,联络线平面如图 18.2-1 所示。

地块北侧和东侧分别与 14 号线和 16 号线地铁站接驳,地铁轨道 14 号线与 16 号线联络线斜穿用地,且联络线斜穿时高程发生变化,高差在 4m 左右。地下室部分在一定高度区间被联络线一分为二。地铁出站口从地下二层开始与该项目共建,结构一体化,这些都带来了设计和协调工作的复杂性。

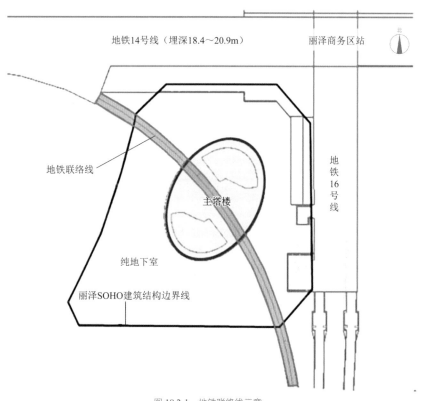

图 18.2-1　地铁联络线示意

18.2.2 两个单塔围绕而成一个约 200m 的通高中庭

从图 18.2-2 可以看出,为避开地铁联络线,建筑师把核心筒一分为二,放在联络线两侧,中间是通高中庭。在中庭一侧,只有零星几根建筑幕墙的分格可以布置一些大角度的斜柱,两侧围绕核心筒的框架柱只有半圈。

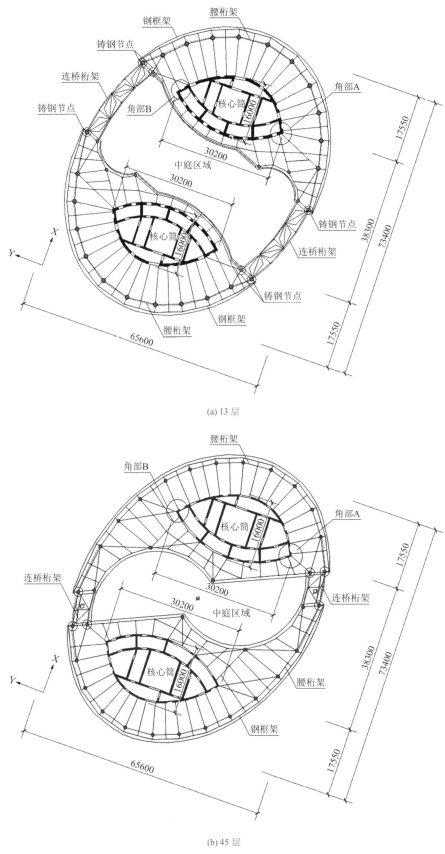

(a) 13 层

(b) 45 层

图 18.2-2 结构平面示意

中庭两侧双塔盘旋上升的建筑造型，使得楼面一端不断延伸，其竖向支撑体系也相应增加，在投影上最终形成了 20m 左右的大跨度悬挑，如图 18.2-3 所示。

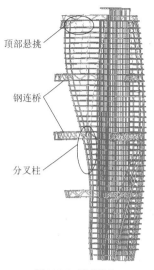

图 18.2-3　顶部悬挑

18.2.3　两个单塔呈反对称结构造型

如图 18.2-4 所示，首先在"圆柱体"中部剖切形成两个单塔，然后扭转 45°，即形成本项目基本造型，两个单塔中心对称。

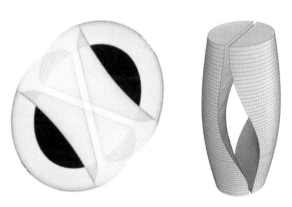

图 18.2-4　反对称结构造型

18.3　体系与分析

18.3.1　方案对比

分析建筑特点可以看出，单塔有两项"先天不足"：

（1）单侧框架柱导致 Y 向刚度不足；

（2）平面旋转及大悬挑带来的结构水平扭转。

要解决这两个问题，必须依靠可靠的连接使两个单塔共同受力。为考察不同连接形式下两个单塔共同工作的不同效果，在方案设计时提出如图 18.3-1 所示的几种方案：

方案 1：在双塔之间每隔 5 层设一道一层高的桁架连接（连桥方案）。

方案 2：在双塔之间每隔 5 层设一道 5m 宽连系梁，挑空区的幕墙面按幕墙的龙骨位置设置支撑，支撑刚度较弱（DNA 方案）。

方案 3：在双塔之间每 5 层设一道连系梁，挑空区的幕墙面设立柱支撑上部结构（立柱传力方案）。

方案 4：在方案 3 的基础上，在两个单塔的周圈斜柱上加斜撑，斜撑数量较少，在幕墙内和幕墙外的立面，每个楼层仅出现一根斜撑（立柱＋立面斜撑方案）。

方案 5：类似方案 3，将立柱换为与幕墙龙骨反向的斜撑，能够将悬挑部分的荷载直接传至另外一侧的单塔之上（反向 DNA 方案）。

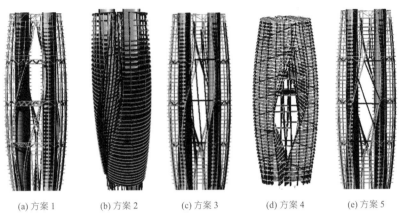

(a) 方案 1　　(b) 方案 2　　(c) 方案 3　　(d) 方案 4　　(e) 方案 5

图 18.3-1　结构体系对比方案

以上各方案均为圆钢管混凝土框架-钢筋混凝土核心筒结构体系，为了减轻结构自重，降低悬挑结构的影响，将方案 3、方案 4 和方案 5 的混凝土核心筒，改变为钢框架-支撑核心筒，形成对应的方案 6、方案 7 和方案 8。

表 18.3-1 给出了各对比方案的计算结果，列出了各种模型的主要特征周期 T、恒荷载和活荷载两种静力下的结构扭转变形 Δ（扭转值为结构两端最大扭转值的绝对值之和）以及水平地震下结构的层间位移角 θ。

各方案主要计算结果对比　　　　　　　　　　　　　　表 18.3-1

方案号	T/s $T_1/T_2/T_3$	方向	Δ/mm 恒荷载作用下	Δ/mm 活荷载作用下	θ
1	4.1/3.8/2.3	X	103	26	1/736
		Y	102	9	1/644
2	6.9/6.3/4.6	X	525	180	1/345
		Y	400	136	1/186
3	4.06/4.02/2.56	X	68	14	1/620
		Y	51	10	1/636
4	3.74/3.67/2.23	X	53	10	1/771
		Y	41	7	1/710
5	3.91/3.50/2.39	X	50	10	1/689
		Y	37	8	1/684
6	5.28/4.82/3.51	X	143	28	1/456
		Y	109	22	1/434
7	4.63/4.31/2.84	X	97	19	1/678
		Y	73	14	1/499
8	5.06/4.42/3.28	X	119	26	1/421
		Y	90	16	1/445

同为钢筋混凝土核心筒，方案 1 的连桥方案与幕墙大空间处设立柱方案 3，扭转位移分别为 103mm 和 68mm，两方案位移角均满足要求，两套方案均成立，在解决平面扭转位移上，方案 3 稍好。

在方案 2 中，两个单塔之间由幕墙网格连接，连接很弱，位移角不满足要求，恒荷载下结构平面扭转达到 525mm，一侧的最大位移达到 270mm，接近单塔结构，扭转位移太大。

方案 4 和方案 5 相比，设立柱与斜柱的效果接近。在连接楼板处，立柱（方案 3）的柱间间隔最大约 10m，梁的跨度比较合适，斜柱（方案 5）的柱间间隔最大约 23m，连接横梁的截面高度较大。

方案 3～方案 5 与方案 6～方案 8 的计算结果表明，钢筋混凝土核心筒与圆钢管框架-支撑核心筒相比，钢筋混凝土核心筒的刚度大，平面扭转位移和位移角结果均较好，因此放弃钢框架-支撑核心筒的结构方案。

方案 4 和方案 3 相比，单塔立面的斜撑能够提高单塔自身的刚度，减小结构的平面扭转位移，同时减小结构的层间位移角。单塔立面加斜撑，能提高单塔高度，是"抗"的思路，两个单塔之间幕墙位置设立柱，属于将悬挑荷载直接传递至结构下部或基础，属于"疏导"的思路。

总结以上各方案，方案 2 中按幕墙龙骨网格布置支撑，支撑方向与悬挑受力不一致，效率很低，基本上是单塔受力，该方案加上方案 4 中的斜撑"抗"的措施，单塔结构亦不成立，因此排除单塔结构成立的可能性。

方案 1 属于加强两个单塔间联系，是使两个单塔成为一个"整体"受力体系的思路；方案 3 和方案 5 是"疏导"的思路，方案 3 将单塔悬挑荷载直接传递至基础，方案 5 通过反向 DNA 似的斜撑将悬挑荷载传递至对面单塔下部；方案 4 是"抗"+"疏导"的思路，是对方案 3 的加强，这些方案均成立。

由于方案 3～方案 5 中两个单塔之间中庭幕墙位置设的立柱或斜柱、主结构外立面加斜撑对建筑外立面效果有影响，最终确定采用方案 1——连桥方案。

18.3.2　结构布置

1. 结构体系

在确定了结构方案之后，结构、建筑、机电专业一起对方案 1 进行优化加强，主要优化内容有：

（1）调整电梯数目及布置、增加设备用房面积，将公共卫生间移至核心筒内，使得核心筒面积大幅度增加，从最初的单侧核心筒面积约 180m² 到最终的约 320m²，增大了 77%，核心筒的增加大大提高了单塔的刚度，减小了结构的平面扭转位移。

（2）悬挑部分板边线内凹，减小悬挑部分的楼板面积，减小了悬挑部分质量。

（3）加强连桥，增大连桥的高度及宽度，将连桥的上下弦延伸至结构核心筒。

最终形成主屋面高度 191.5m 的反对称复杂双塔用跨度 9～38m 弧形钢连桥组成的结构体系。结构主受力体系由筒体-单侧弧形框架的两个单塔与椭圆形腰桁架组成，双塔之间在 13、24、35 每个设备层及顶层处各设置一道连桥及腰桁架。

结构的抗侧力体系主要由以下几种构件组成：圆钢管混凝土斜柱、钢筋混凝土核心筒、腰桁架、塔楼之间的连桥等，如图 18.3-2 所示。

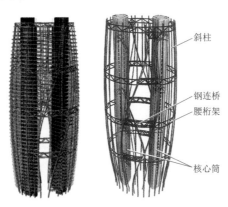

斜柱

钢连桥
腰桁架

核心筒

图 18.3-2　主要受力体系

2. 主要结构构件

结构核心筒剪力墙厚度从底部厚 800mm 逐渐变化到顶部厚 400mm；框架柱和钢梁等截面尺寸见表 18.3-2。

	截面	位置	材料
钢梁	H800 × 300 × 14 × 25	外框梁	Q345B
	H600 × 200 × 12 × 20	主框梁	
	H400 × 150 × 8 × 13	板边梁	
	H500 × 200 × 8 × 12	次梁	
框架柱	ϕ1200 × 24	1～20 层	Q345C C60 C50
	ϕ1000 × 20	21～31 层	
	ϕ800 × 16	32～顶层	
幕墙连桥	ϕ800 × 24		Q345B
腰桁架斜撑	ϕ800 × 16		Q345B

18.3.3 性能目标

1. 抗震超限分析

本项目为混合结构，结构高度 191.5m，8 度区钢管混凝土框架-钢筋混凝土核心筒结构限制高度为 150m，本项目超高 27.7%；考虑偶然偏心的扭转位移比最大为 1.26，超过 1.2；属于多塔连体结构；结构顶部存在大悬挑，自重下存在扭转；两个单塔之间有多道连桥连接，属于复杂连接结构。由此可见本项目为复杂的超限高层结构，进行了超限审查。

2. 性能目标（表 18.3-3）

主要构件抗震性能目标 表 18.3-3

构件	小震	中震	大震
圆钢管混凝土柱、落地斜柱、钢连桥上下弦及连桥附近楼面水平桁架	弹性	弹性	不屈服
钢框架梁、腰桁架斜撑	弹性	不屈服	
Y 形柱节点	弹性		不屈服
核心筒主要剪力墙	弹性	不屈服，墙肢拉力≤$2f_{tk}$	不屈服，满足抗剪截面限制条件

相关杆件的节点设计不得低于杆件的性能目标。

为避免不同计算软件不同计算假定导致的刚度和内力偏差，采用 PKPM、MIDAS Gen 和 ANSYS 等多个软件进行复核。而对于同一软件，亦采用刚性楼板、弹性楼板、零刚度楼板等不同模型对不同指标不同构件进行合理模拟，以期反映真实受力情况，并使设计成果更偏于安全。

18.3.4 结构分析

本项目采用 PKPM-SATWE 软件及 ETABS 分别独立建模：

（1）主楼 + 地下室模型；

（2）仅主体结构地上部分建模（控制参数）。

由于本工程结构体型复杂，存在平面不规则的情况，并应进行抗震性能化设计，因此需要进行多角度、多工况及两个独立程序等分析。

本项目主要应用的计算软件情况如表 18.3-4 所示。

小震弹性分析、小震时程分析	SATWE，ETABS
中震不屈服分析、中震弹性分析	SATWE
大震不屈服分析	SATWE，ABAQUS
大震弹塑性分析、连续倒塌分析	ABAQUS
施工模拟分析	SAP2000
节点有限元分析	ABAQUS

1．小震弹性计算分析

本结构嵌固层为地下一层顶板，地下一层及以上各层的钢管混凝土柱抗震等级为一级；核心筒剪力墙抗震等级为特一级；钢结构框架抗震等级为二级。

表 18.3-5 给出了结构的主要周期 T 及振型，表 18.3-5 还给出了各振型的扭转角 θ，扭转系数 Z。结构的前两阶振型为纯平动的振型，第 3 阶为纯扭转振型，扭转平动周期比为 $3.17/4.29 = 0.74$，满足规范不超过 0.85 的要求。

结构的主要周期及振型结果　　　　　　　　　　　表 18.3-5

振型	T/s	$\theta/°$	Z	振型
1	4.29	91.6	0	Y 向第 1 阶平动
2	3.84	1.6	0	X 向第 1 阶平动
3	3.17	172.09	0.56	第 1 阶扭转
4	1.12	125.48	0	Y 向第 2 阶平动
5	1.07	12.49	0.5	X 向第 2 阶平动
6	1.06	35.88	0.06	第 2 阶扭转

结构重力代表荷载值为 181080t，平均 $1.46t/m^2$，表 18.3-6 给出了规范设计谱下的结构自重及基底作用力，表 18.3-7 给出了结构位移情况，规范位移角限值为 1/640，均满足设计要求。表 18.3-8 给出了结构扭转位移比（楼层竖向构件的最大水平位移和层间位移与该楼层平均值的比值的较大值 u_{max}/u_m）情况。

根据《高层建筑混凝土结构技术规程》JGJ 3-2010 各层框架部分分配的楼层地震剪力标准值的最大值不宜小于结构底部总地震剪力标准值的 10%。小震工况下，X 向基底地震剪力标准值为 24527kN，首层框架部分分配的楼层地震剪力标准值为 2584kN，剪力占比为 10.54%，规定水平力下框架底层倾覆弯矩占比为 20.4%；Y 向基底地震剪力标准值为 23863kN，框架部分分配的楼层地震剪力标准值最大值出现在第 20 层，为 5770kN，剪力占比为 24.16%，规定水平力下框架底层倾覆弯矩占比为 14.17%。由于框架部分分配的地震剪力标准值小于底部总剪力标准值的 20%，但其最大值不小于结构底部总剪力标准值的 10%，应按结构底部总剪力标准值的 20% 和框架部分楼层剪力中最大值的 1.5 倍二者的较小值进行调整。

规范设计谱下的结构基底作用力　　　　　　　　　表 18.3-6

地震作用	SETWE		ETABS	
	X	Y	X	Y
V_0/MN	48.92	47.38	50.67	47.39
$V_0/G_E/\%$	2.71	2.62	2.81	2.63
$V_0/G_E/\%$	3.02	2.78	3.2	2.92
$M_0/(MN \cdot m)$	5609	5367	5396	5100

工况	项目	SETWE	ETABS
小震	θ_X	1/801	1/816
	楼层	24	31
	u_{max}/u_m	1.10	1.04
	θ_Y	1/651	1/763
	楼层	22	31
	u_{max}/u_m	1.05	1.05
风	θ_X	1/2029	1/2039
	楼层	24	31
	θ_Y	1/998	1/1560
	楼层	22	31

规范设计谱下扭转位移比情况 表 18.3-8

工况	项目	SATWE	ETABS
X向	u_{max}/u_m	1.15	1.08
	楼层	1	1
	θ_X	1/5106	1/7375
Y向	u_{max}/u_m	1.24	1.16
	楼层	1	1
	θ_Y	1/4919	1/6555

框架柱与核心筒之间最大距离为 12m，不存在楼板开大洞情况，框架柱和核心筒之间地震作用传递正常，结构不存在稳定问题。梁、柱构件的验算均考虑压弯稳定。小震下，底层外框柱的轴压比在 0.7 左右，主要剪力墙的轴压比在 0.35 左右，框架梁的应力比在 0.5 以内，次梁的应力比在 0.8 左右。连桥弦杆的应力比在 0.6 以内，腹杆的应力比在 0.5 以内。

2. 中震下抗震性能分析

（1）中震不屈服下墙肢受拉分析

最大拉力出现在首层，墙肢拉力为 5.85MPa，其余墙肢拉力均小于 $2f_{tk} = 2 \times 2.85 = 5.7$MPa。

（2）中震不屈服下剪力墙承载力配筋

剪力墙按承担 100% 楼层地震剪力调整，满足中震不屈服墙承载力验算。

（3）中震弹性下钢管混凝土柱承载力验算

钢管混凝土落地斜柱按中震弹性工况验算其承载力，所有落地斜柱均满足设计要求。

（4）一侧单塔分析

为了保证结构可靠，在非常特殊的情况下，一旦两个单塔之间的连桥全部失效，要求结构除位移不满足规范限值外，主要构件（剪力墙承载力、斜柱、框架梁、腰桁架）能够满足中震不屈服的设计要求。

3. 大震下抗震性能分析

（1）大震不屈服下墙肢抗剪截面

根据抗震性能目标，本工程在罕遇地震下的设计要求为：加强区大震下主要墙肢（$t \geq 600$mm）抗剪截面满足要求，即 $\dfrac{V}{f_{ck}A} < 0.15$。

（2）大震不屈服下单塔之间的钢连桥应力比验算

两个单塔之间仅依靠4层连桥联系为一个整体，则连桥成为保证结构整体性最为关键的构件，因此将其抗震性能目标提高至大震不屈服。

4．动力弹塑性时程分析

（1）三组8度罕遇地震记录、三向输入作用下的弹塑性时程分析下，结构顶点最大位移为1230mm，最大层间位移角为1/105，未超过1/100的要求。但结构四个角点A、B、C、D的层位移及层间位移角结果显示，结构存在一定的扭转效应。整个计算过程中，结构始终保持直立，满足规范"大震不倒"的要求。

（2）在三组8度罕遇地震记录、三向输入作用下的动力弹塑性分析中，将各楼层层间位移角与弹性大震反应谱分析对应结果进行包络，分别乘以双向输入弹性大震反应谱分析给出的各楼层层间位移角值，结构楼层最大层间位移角分别为1/149（X为主方向）及1/103（Y为主方向），均小于1/100。

（3）分析结果显示，连梁基本全部破坏，其受压损伤因子均超过0.97，说明在罕遇地震作用下，连梁形成了铰机制，符合屈服耗能的抗震工程学概念。

（4）分析结果显示，在地震作用最强的人工波作用下，底部墙体、第35层处墙体（加强层，刚度突变处）及顶部的局部墙体有一定的损伤。

（5）分析结果显示，钢管混凝土柱内型钢均未出现塑性应变；连桥构件未出现塑性应变；部分连接连桥与核心筒的桁架构件出现塑性应变；钢管混凝柱与钢连桥满足大震不屈服的性能目标。

18.4 专项设计

18.4.1 基于地铁正常运行要求的沉降控制分析

由于地铁联络线日常行驶车辆很少，对上部结构振动影响小，且二者共构施工做法简单，质量可靠，因而本项目主体结构和地铁联络线隧道是连为一体的，如图18.4-1所示。为保证地铁正常运行，需要对主体结构的后期沉降进行严格控制，在进行基础设计时，沉降控制及观测成为重中之重。

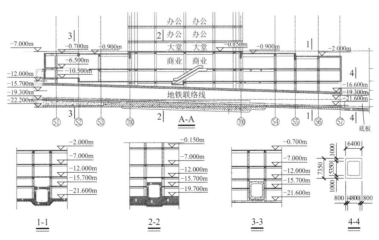

图18.4-1 地铁与主体结构相互关系示意图

邻近的首创丽泽采用天然地基方案，沉降稳定。对于丽泽SOHO，基底持力层在⑤层卵石层，未修正的地基承载力标准值$f_{ka} = 550$kPa。除上述地铁联络线的苛刻要求外，在不考虑核心筒基础底板范围外扩的情况下，核心筒基底压力已超过 1950kPa，远大于修正后的地基承载力特征值。因此，最终选取了控制沉降更为有效的桩筏基础方案。

在确定桩端持力层时，参考邻近丽泽商务区且先施工的国家金融信息中心（G 项目）和 C9 地块项目（M 项目）的试验桩数据分析，第三纪黏土岩层对于采用桩筏基础的超高层并非理想的桩端持力层，其桩端土刚度远小于其上的第四纪卵砾岩层，因此最终选择不入岩的短桩方案，如图 18.4-2 所示。

本工程地上主体结构核心筒及框架柱区域设计荷载都较大，因此在主楼投影范围内采用相同抗压桩，筏板板厚 3.0m，桩径 0.85m，有效桩长 16.5m，采用旋挖成孔灌注桩施工工艺，桩侧、桩端复式后注浆。其他区域板厚 600mm，设置抗拔桩，桩径 600mm，有效桩长不小于 12m，采用旋挖成孔灌注桩施工工艺，桩侧后注浆。两区域之间设置过渡区，板厚 1900mm。桩筏基础基于变调平设计，桩位布置如图 18.4-3 所示。

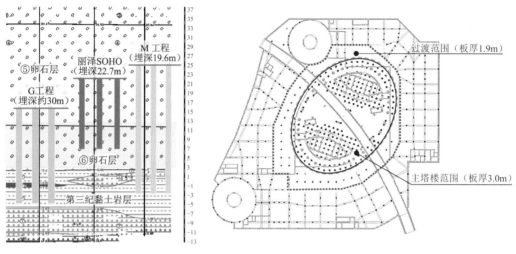

图 18.4-2　地层分布与桩端持力层位置　　　　　图 18.4-3　桩筏基础桩位布置图

为更为准确地进行沉降计算，运用 Plaxis 3D Foundation 进行地基沉降数值有限元计算分析，计算结果如图 18.4-4 所示，主楼沉降量最大值为 40.32mm，主裙楼差异沉降局部为 0.12%，略大于规范限值要求（0.10%），通过设置沉降后浇带解决。主体结构封顶 274 天后沉降观测结果如图 18.4-5 所示，实测最大沉降量为 38.62mm，沉降数值计算结果与沉降观测两者变形趋势及数值完全吻合。根据联络线观测点的实测数据，2017 年 12 月 31 日沉降为 28.35mm，沉降稳定后数据为 29.45mm，后期沉降小于 5mm，达到轨道建设管理沉降控制限值要求。

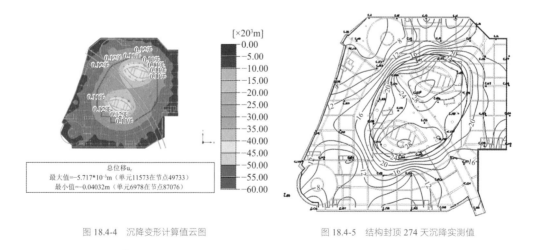

图 18.4-4　沉降变形计算值云图　　　　　图 18.4-5　结构封顶 274 天沉降实测值

18.4.2　连桥对保证结构整体性的作用分析

通高中庭使得两个单塔之间仅依靠 4 层连桥联系为一个整体，因此，整个结构中连桥成为保证结构整体性最为关键的构件，因此将其抗震性能目标提高至大震不屈服。建立 9 个分析模型，分析不同部位的连桥对结构整体性的影响，如图 18.4-6 所示。

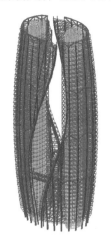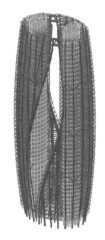

    (a) model1-单塔   (b) model2-仅 13 层连桥   (c) model3-仅 24 层连桥   (d) model4-仅 35 层连桥   (e) model5-仅顶部连桥（一层高）

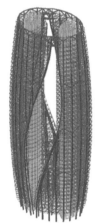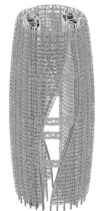

   (f) model6-仅顶部连桥（两层高）   (g) model7-顶部及 35 层连桥   (h) model8-24 和 35 层及顶部连桥   (i) model9-四个连桥

图 18.4-6   不同连桥分析模型

从表 18.4-1 的结果来看，分析 Y 向层间位移角，单塔结构的层间位移角为 1/419，4 个连桥分别单独加，顶部连桥所起的作用最大，位移角减小至 1/557；底部连桥所起的作用最小，位移角减小至 1/459。但是，如果仅保留顶部连桥 + 中上部第 35 层连桥（model 7）与仅有顶部连桥（model 6）结构的层间位移角接近，仅从 1/557 减小至 1/559。如果将中部连桥加上，即有上部三个连桥同时起作用（model 8），结构的层间位移角为 1/665，与所有连桥均存在（model 9）的位移角 1/667 非常接近。

从以上的分析结果来看，上部连桥所起的作用最大，但要保证结构整体性良好，上部三个连桥均起到较大作用，需要共同作用。

X 方向，主要是单塔自行承受地震水平作用力，各个模型的层间位移角基本一致，最小位移角仅比单塔无连桥的模型小 6%。Y 方向，为两个单塔相互依靠的关系，连桥越多、连接越强，结构的刚度越大，层间位移角越小，当有结构上部两个连桥时，层间位移角能比单塔的减小 25%，当四个连桥都存在时，层间位移角能比单塔模型减小 37%。

不同计算模型下的主要分析结果   表 18.4-1

模型号	描述	X 向层间位移角	各模型与单塔比值	Y 向层间位移角	各模型与单塔比值
1	单塔，无连桥	1/786		1/419	
2	仅第 13 层设备层连桥	1/820	95.9%	1/459	91.3%

模型号	描述	X向层间位移角	各模型与单塔比值	Y向层间位移角	各模型与单塔比值
3	仅第24层设备层连桥	1/816	96.3%	1/471	89.0%
4	仅第35层设备层连桥	1/838	93.8%	1/516	81.2%
5	仅顶部连桥,连桥一层高	1/833	94.4%	1/550	76.2%
6	仅顶部连桥,连桥两层高	1/831	94.6%	1/557	75.2%
7	顶部+35层两个连桥	1/834	94.2%	1/559	75.0%
8	顶层+35层+24层连桥	1/827	95.0%	1/665	63.0%
9	全部4个连桥	1/827	95.0%	1/667	62.8%

钢连桥截面除满足整体模型计算的大震不屈服工况承载力验算之外,还需满足在大震不屈服工况下,连接单塔所需的最大拉力、剪力及由剪力产生的弯矩。连接单塔所需的最大地震作用是连桥及其上下附近楼层地震作用的叠加。

由于该部分竖向地震所占比例增加,按照悬挑中部楼层(即35层)悬挑部位的竖向地震时程反应与地面竖向地震时程加速度的峰值的比值进行反应谱结果的竖向地震放大,调整荷载组合的系数,竖向地震放大2.3倍。

由此进行连桥的截面设计,基本每10层两个连桥连接,每个连桥有上下两榀桁架承担水平拉力及剪力,悬挑部分质量产生的地震作用由连桥承担。

如图18.4-7所示,构造上,在有钢连桥的楼层设置环带桁架(腰桁架),使其与钢连桥外侧面组成封闭的环箍体系。考虑建筑空间使用要求,钢连桥内侧面与框架柱相连后不再设置桁架,通过楼面梁将水平力传至核心筒角部,楼面梁抗震性能目标为中震弹性、大震不屈服。

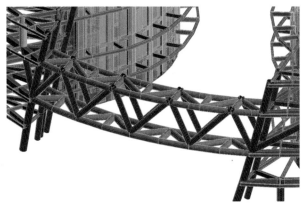

图18.4-7　24层钢连桥计算模型

18.4.3　大尺度悬挑位置防连续倒塌分析

此悬挑涉及范围约20层,悬挑部分总面积约占相关楼层总面积的5%左右,由于楼层的总质量及总刚度都集中在以核心筒为主的单塔中心部位,悬挑部分的总质量与楼层总质量之比将更小,因而可以将这一巨型悬挑理解为单塔核心筒体系下伸出的一个"大牛腿",由落地的角部分叉柱承担其主要竖向荷载,其水平力由各层楼面梁及连桥与腰桁架组成的环带桁架所承担。

在对此悬挑位置结构进行设计时,按零刚度楼板模型计算上部悬挑部位可能产生的拉力,并计入中震竖向地震影响,以考察相关钢梁和支撑部位框架柱及墙肢的受力。

当连桥、楼面钢梁或分叉柱失效时,为避免悬挑部分发生倾覆,造成大面积的连锁破坏,对该部分进行了防连续倒塌的分析。

本工程结合实际情况及静力弹性分析结果确定破坏形式,选取如下几个部位的关键杆件采用单工况弹塑性动力拆杆法进行分析：

（1）工况一：拆除45层一侧钢结构连桥杆件，如图18.4-8所示。

（2）工况二：拆除35层一侧钢结构连桥杆件，如图18.4-9所示。

（3）工况三：拆除Y形柱根部柱单元，如图18.4-10所示。

（4）工况四：拆除顶层悬挑端钢梁和混凝土楼板构件，如图18.4-11所示。

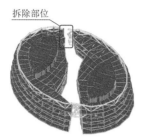
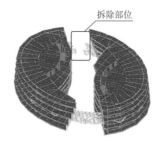

图18.4-8　工况一拆除部位示意图　　图18.4-9　工况二拆除部位示意图

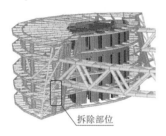

图18.4-10　工况三拆除部位示意图　　图18.4-11　工况四拆除部位示意图
（图中楼板未表达）

与常规先假设结构中某一构件失效的拆除构件法不同，本项目选取了弹塑性动力拆杆法对结构进行了分析，其大致步骤为：

（1）首先计算竖向荷载作用下的结构内力并求得失效构件对剩余结构的反力F，拿掉欲拆除的构件，计算结构在竖向荷载和失效构件对剩余结构反力F作用下形成初始内力、刚度和变形，模拟结构的初始平衡态；

（2）反力F从幅值降为零，并将其变化过程简化为线性，以此作为时程荷载模拟构件失效承力消失的过程，假设其变化过程持续时间为t_0，即构件在经历t_0时间后失效，丧失承载力。在构件失效瞬间，结构内力、变形开始发生变化，以观察该构件失效瞬间结构的动力反应。

以上四个工况的连续倒塌拆除分析表明，以上四个关键部位失效，不会造成结构整体的连续性倒塌，说明结构具有较好的多道传力途径，具有较强的抗连续倒塌能力。

18.4.4　复杂节点设计

不规则网格的混合结构在节点处理上的工作量很大，处理多角度斜交、小角度相贯、钢筋协调均为节点设计要考虑的问题。本项目中连桥是将两个单塔拉成一个整体、保证双塔协同工作的基础，分叉柱（Y形柱）承担了顶部20m结构大悬挑的竖向传力，两者均为关键性构件，对结构整体的安全性影响很大，其节点构造复杂、受力较大，设计可靠性尤为重要。而中庭挑空区从下至上呈盘旋的趋势，这使得核心筒角部节点处各层楼面梁与核心筒内型钢的连接角度均不相同，如图18.4-12所示。在设计时需要尽量用统一的做法去解决这种非标准层问题。考虑到节点复

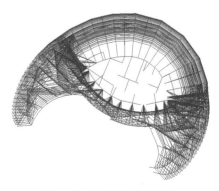

图18.4-12　各层楼面梁柱平面投影

杂连接可能带来的安全问题，对节点的设计进行专项研究是十分必要的。

外框架构造比较复杂的节点主要集中在连桥和分叉柱处，如分叉柱的相贯节点、连桥桁架多杆件相贯节点、连桥与单塔连接处多杆件相交节点等。考虑到施工杆件较多时沿相贯线切割比较复杂，并且焊缝互相重叠，在焊接时产生的应力集中，连桥与单塔连接处连接肢较多、杆件内力较大的重要节点（8根及以上杆件相连且存在标高差异的连桥端节点）采用铸钢节点的形式，这些节点在工厂内整体浇筑，整体性较好。但同时由于铸钢节点的成本较高、自重较大，其他节点仍采用相贯焊接的形式，其构造简单，易于加工安装并且承载力良好。图18.4-13为13层连桥与单塔连接处9根杆件相交的铸钢节点，图18.4-14为14层连桥与单塔连接处7根杆件相交的焊接节点（此节点最终因制作原因依然选用了铸钢形式），本工程中节点设计性能目标为不低于其连接杆件的抗震设防性能目标。

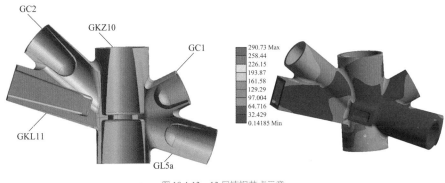

图 18.4-13　13 层铸钢节点示意

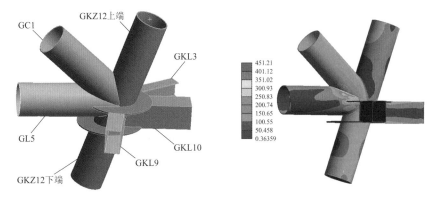

图 18.4-14　14 层焊接节点示意

突出部分的分叉柱通过两次分叉形成三根柱子来承担顶部结构大悬挑的竖向传力，第一次分叉从18层底标高71.250m处开始，第二次分叉从20层底标高79.450m处开始。相贯的两根钢管柱在分叉处夹角很小，如采用铸钢节点形式，铸钢件长度可能达到7m，自重大，运输及安装困难，此处节点最终采取焊接形式，安装就位后如图18.4-15所示。

在核心筒的角部，墙内型钢与楼面钢梁的连接不是直接在型钢上设置牛腿，而是通过连接板将预埋件钢板与型钢进行连接，再将楼面钢梁连接在预埋件钢板上，如图18.4-16所示。其原因有如下几点：（1）核心筒角部节点位置各层楼面梁与核心筒内型钢的连接角度均不相同，而采用埋件钢板的形式则可以用统一的做法解决不同角度连接的问题；（2）牛腿外伸出核心筒会影响爬模施工；（3）连接板与核心筒的水平箍筋产生冲突，以埋件钢板替代原核心区被断掉的箍筋，增强核心区节点的整体性。

钢梁与剪力墙刚接时，钢骨与埋件钢板间在钢梁上下翼缘高度处各设置一块水平横隔板传递弯矩，同时加强钢骨与预埋件钢板连接的整体性。铰接时则不设置水平横隔板，便于暗柱纵向钢筋穿过节点核心区。考虑连接复杂节点处的钢筋协调，对于与墙内钢骨腹板垂直的水平拉筋，穿过钢板的拉筋直径控制在12mm，每隔一根穿过型钢腹板；不穿过型钢腹板的拉筋，紧贴腹板增设纵向架立筋进行拉结。此外，传递楼面钢梁弯矩的水平横隔板与纵向受力筋也会产生冲突，根据楼面钢梁性质及内力的不同，分情况选取穿筋孔、钢筋连接器、搭筋板等方法处理。

图 18.4-15　突出部分分叉柱

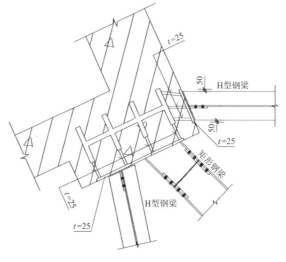

图 18.4-16　核心筒角部钢骨柱节点

如图 18.4-17 所示，在楼面钢梁与核心筒连接的其他位置，对于规则部分的结构梁，当核心筒计算墙内不需要钢骨时，采用预埋件连接以方便施工并节省成本。对于中庭悬挑部分结构梁，则一律在墙内设置构造钢骨，采用外伸牛腿的方式进行连接，以确保悬挑构件在节点处可靠锚固。

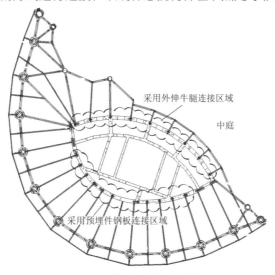

图 18.4-17　楼面梁与核心筒连接情况

18.4.5　反对称结构的施工模拟分析

反对称结构单体在自重及水平力作用下产生的扭转效应不能像对称结构那样被自平衡掉，对于超高层建筑，这一绝对值叠加使得扭转效应异常明显。

与常规项目不同，本项目在自重下即发生结构的平面变形，需要进行施工模拟计算分析，分析结构在常规的施工措施下，可能发生的扭转位移量及其对结构安全的影响。

采用的施工模拟过程主要为一个施工步一个楼层，遇到带连桥楼层先施工主体塔楼，施工完连桥所在楼层塔楼及其上部三层主体结构后，施工连桥钢结构，并采用临时钢拉杆作为连桥结构的临时支撑。顶层连桥为结构塔楼部分施工完成后，施工连桥结构。待结构整体施工完成后，拆除连桥施工过程中加入的临时钢拉杆。

对于竖向力作用下的变形，通过施工模拟计算，考虑二阶弹性大变形和材料的几何非线性，结构施工过程中的最大X向变形约21mm，最大Y向变形约32mm，在施工过程中，与施工单位紧密配合，进行施工监测并实时纠偏，以降低体系自身扭转带来的影响。

对于水平力作用下的扭转效应，在平面布局上增大核心筒尺度，强轴方向核心筒高宽比约为6.7。通过提高结构自身抗力，有效抵御地震等水平荷载下产生的扭转效应。

18.5　试验研究

18.5.1　试验目的

如前文所述，本项目位于北京8度抗震设防地区，结构超高超限，为确保主体结构在地震作用下满足规范相应要求，了解结构动力特性及地震响应是否如数值分析所预测，应超限高层建筑工程抗震设防专项审查专家组要求，对其进行了模拟地震振动台试验。根据项目特点，模型振动台的试验目的包括以下几点：

（1）测定模型结构的动力特性：自振频率、振型、结构阻尼比等，以及它们在不同水准地震作用下的变化；

（2）实测分别经受8度多遇、设防、罕遇等不同水准地震作用时模型的动力响应，包括结构在弹性和弹塑性阶段的位移、加速度及主要构件应变反应；

（3）观察、分析结构抗侧力体系在地震作用下的受力特点和破坏形态及过程（如构件开裂、塑性破坏的过程、位置关系等），找出可能存在的薄弱层及薄弱部位；

（4）重点研究双塔的协同工作性能，连接桁架是否能在各个阶段有效地协调双塔在地震作用下的变形和受力；

（5）验证结构的抗震性能是否如数值分析所预测，检验结构是否满足规范三水准的抗震设防要求，检验结构各部分是否达到设计设定的抗震性能目标；

（6）在试验结果及分析研究的基础上，对本结构的结构设计提出可能的改进意见与措施，进一步保证结构的抗震安全性。

18.5.2　试验设计

图18.5-1　振动台试验模型

振动台试验是在中国建筑科学研究院建筑安全与环境国家重点实验室进行的。振动台模型的缩尺比为1∶25，如图18.5-1所示，模型底板尺寸约为3.3m×3.3m；模型总高8.04m，模型自重为7.5t，加配重49.1t，模型底板自重5.4t，模型总重62t。试验共分为小震、中震、大震共25个工况，并在每个阶段前、后以白噪声激励模型检测结构自振特性变化。

材料弹模相似比约为1∶3.0，试验前根据同条件养护试块结果略做调整。根据振动台承载能力，确定质量密度相似比为4.902。通过以上确定的三个相似比，根据模型设计相似理论，可推导得到模型的其他相似关系如表18.5-1所示，其中，加速度放大系数为1.7。

根据结构各层楼面尺寸、楼层高度及层质量测算，1∶25的缩尺模型中可以布置49.1t的配重（铁块及铅块），且保证配重沿结构竖向和在楼面上的分布与原结构基本一致。试验进行前按照实际测得的材料弹性模量和模型重量进行微调，配重（铁块及铅块）均布置在模型结构中楼面上，配重沿结构竖向分布与原结构基本一致。

模型相似关系（模型/原型）　　　　　　　　　　　　　表 18.5-1

物理量	相似关系	物理量	相似关系
长度	1：25	密度	4.902
弹性模量	1：3.0	时间	0.1534
线位移	1：25	速度	0.261
频率	6.519	水平加速度	1.70
应变	1.000	重力加速度	1.0
应力	1：3.0	集中力	0.0005333
质量	0.0003137		

18.5.3　试验现象与结果

试验模型经历相当于从 8 度小震到 8.5 度大震的地震波输入过程，峰值加速度从 119Gal（相当于 8 度小震）开始，逐渐增大直到 867Gal（相当于 8.5 度大震）。各级地震作用下模型结构反应现象及动力响应简述如下：

（1）工况 2～工况 22（相当于 8 度小震）

本级输入共包括 21 次地震输入。试验过程中，整体结构振动幅度小，模型其他反应亦不明显，未听到构件破坏响声。输入结束后，模型各方向频率略降低，主要构件未出现地震造成的损伤，达到了小震不坏的要求。

（2）工况 24～工况 26（相当于 8 度中震）

本级输入共包括 3 次地震输入。试验过程中，模型结构振动幅度有所增大，整体结构动力响应较大，听到构件响声。三向地震作用下，未出现明显扭转。8 度中震后，模型 X、Y 向频率降低，较试验开始前 X 向一阶降低 23.56%、Y 向一阶降低 25.15%，说明结构出现损伤，观察发现外框构件整体完好，下部墙体出现少量损伤，说明频率的下降主要是由核心筒损伤造成的。

（3）工况 28（相当于 8 度大震）

本级包括 1 次三向地震输入。试验中模型振动幅度较大，位移仍以整体平动为主，扭转效应不明显，出现了构件破坏响声。输入结束后对模型外框进行了观察，未观测到损伤，下部墙体损伤有所增加，8 度大震后，模型 X、Y 向频率继续降低，较试验开始前 X 向一阶降低 26.70%、Y 向一阶降低 33.13%。8.5 度大震后结构仍保持良好的整体性，这说明结构具有良好的延性和耗能能力。

（4）工况 30（8.5 度大震）

在顺利结束预定设计工况试验后，专家认定模型承载力有一定的富余，增加了 8.5 度大震（加速度峰值 510Gal，比设计大震加速度峰值 400Gal 高 27.5%）的振动台试验。

本级输入共包括 1 次三向地震输入。试验中模型整体振动幅度较 8 度大震略有增加，伴随焊缝开裂声。因上一工况 8 度大震输入造成的损伤使得结构变柔，结构的动力响应减弱。位移仍以整体双向平动为主，扭转效应不明显。模型结构自振频率继续下降，较试验开始前 X 向、Y 向一阶分别降低 33.51%、38.65%。在 8.5 度大震（超设防烈度）作用后，模型结构主要抗侧力构件虽出现一定损伤，结构最大层间位移角达到约 1/68，但仍保持良好整体性未倒塌，这说明结构有一定的抗震储备能力。

18.5.4　试验结论

根据观察的试验现象及测量的试验数据，经过分析，得出以下结论：

（1）在弹性阶段，模型的动力特性与原型计算结果符合较好，能满足本次振动台试验设计相似比关系。

（2）8 度小震作用下，结构反应较小，频率略下降，结构主要构件未出现损伤。两个方向层间位移角均在结构顶部较大，各组地震波作用下，X 向平均最大层间位移角出现在 36 层，为 1/869；Y 向 7 条波平均最大层间位移角也出现在 36 层，为 1/646。

（3）8 度中震作用后，模型 X、Y 方向频率有一定下降，表明结构发生一定损伤。试验现象及动应变的测试结果表明，结构的关键构件基本保持弹性。

（4）8 度大震作用后，模型 X、Y 方向一阶平动频率分别下降至弹性阶段的 73.3%、66.9%；结构发生了一定损伤，但仍保持较好的整体性。X 方向及 Y 方向最大层间位移角分别为 1/127 及 1/92。虽然 8 度大震个别测点层间位移略超 1/100（抗震设计目标限值），但考虑到试验的偶然因素及前述层间位移角数据采集的特殊性，且试验为小震中震多次加载后进行大震试验，有损伤累积，位移比单次加载的结果要大，结合结构的损伤情况，认为结构总体上能满足抗震性能要求。

（5）在经历相当于 8.5 度大震作用后，模型 X、Y 方向的一阶平动频率继续下降，分别下降到弹性初始阶段的 66.5%、61.3%，结构损伤增加，结构最大层间位移角达到约 1/68，但结构仍保持了较好的整体性，关键构件基本完好，说明结构具有良好的变形能力和延性，具有一定的抗震储备能力。

（6）位移结果表明，通过外框柱、核心筒、环带桁架、连桥组成的抗侧力体系，具有良好的抗扭刚度。

（7）构件的应变测试结果及损伤情况表明，结构主要抗侧力构件可满足构件性能目标的要求。

综上所述，本工程结构设计合理，能够满足规范要求，原结构总体可达到预设的抗震设计性能目标。

根据振动台试验的损伤结果，核心筒损伤集中在结构下部，是结构相对薄弱的部分，在施工图设计中，提高了 14 层以下墙体水平、竖向钢筋的配筋率。图 18.5-2 所示突出部分外挑较大的框架柱底层柱根出现了局部屈曲现象，在施工图设计中，对此亦进行了构造加强。

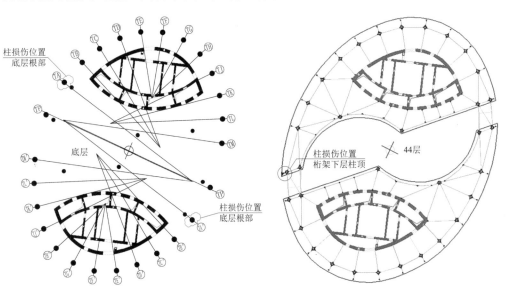

图 18.5-2　外框钢管混凝土柱损伤位置

构件的应变测试结果及损伤情况表明，结构主要抗侧力构件可以满足构件性能目标的要求。结构体系具有良好的变形能力和延性，具有一定的抗震储备能力。

18.6 结语

由于丽泽SOHO中心项目地块有地铁联络线自西北向东南贯穿，所以建筑师将核心筒分设在联络线两侧，通高中庭呈现螺旋上升的建筑造型，结构在自重下出现平面扭转且Y向刚度很弱，结构设计复杂。

方案阶段针对设立面斜撑的"抗"的思路、设斜柱的"疏导"的思路以及设连桥"箍"成一个整体的思路，进行了方案比选，最终选择设置4道连桥的"箍"的思路，并对连桥的位置及作用进行了详细分析，将连桥与设备层腰桁架连成圆环，提高了结构的整体性。

设计中对中庭螺旋上升造型形成的顶部长悬挑结构进行了防连续倒塌的分析，避免连桥、楼面钢梁或分叉柱失效时，悬挑部分发生倾覆，造成大面积的连锁破坏。

复杂的结构造型，形成了很多复杂节点，设计中对连桥与主体的连接节点、承担顶部大悬挑荷载的分叉柱以及众多的多角度斜交、小角度相贯等节点都进行了详细的节点设计与计算分析。

针对反对称结构在自重下即发生平面变形的特点，进行了施工模拟计算分析，分析结构在常规的施工措施下，可能发生的扭转位移量及其对结构安全的影响。

针对主体结构与地铁隧道共构的要求，为保证地铁正常运行，基础设计中采用沉降控制分析方法对基础选型、主体各阶段尤其是后期沉降进行了认真分析。

本项目采用单侧弧形钢管混凝土框架-混凝土筒体的双塔连体结构体系完美实现建筑的设计理念，达到预期的效果，使得具有世界最高中庭的"天空之眼"矗立于首都西南的丽泽商圈。

参考资料

[1] 杜义欣, 等. 丰台区丽泽金融商务区E-04地块商业金融用地项目超限高层建筑工程抗震设防审查报告[R]. 中国建筑科学研究院有限公司, 2014.

[2] 张宏, 等. 丽泽SOHO项目模拟地震振动台模型试验研究报告[R]. 中国建筑科学研究院有限公司, 2015.

[3] 肖从真、杜义欣, 等. 丽泽SOHO双塔复杂连体超限高层结构体系研究[R]. 中国建筑科学研究院有限公司, 2016.

[4] 王旭, 等. 丽泽SOHO中心复杂体型结构节点设计[R]. 北京市建筑设计研究院有限公司, 2016.

设计团队

结构设计单位：北京市建筑设计研究院有限公司（施工图）
　　　　　　　中国建筑科学研究院有限公司（初步设计）

结构设计团队：束伟农、杨　洁、王　旭、岑永义、许　刚、肖　捷、荆芘芘、孙宏伟、方云飞、王　媛

执　笔　人：杨　洁、王　旭、杜义欣、张　宏

本章部分图片由中国建筑科学研究院有限公司提供

获奖信息

2021 年全国工程勘察建筑设计行业优秀勘察设计奖（建筑设计）一等奖；

2021 年北京市优秀工程勘察设计奖综合奖（公共建筑）一等奖；

2021 年北京市优秀工程勘察设计建筑结构专项奖一等奖；

2020 国际高层建筑奖（International Highrise Award）从 14 个国家/地区的 31 座提名建筑中选取 5 座入围决赛，北京丽泽 SOHO 作为国内唯一项目名列其中。

第19章

深圳中洲控股金融中心

19.1 工程概况

19.1.1 建筑概况

项目位于深圳市南山商业文化中心区的西端，属于南山区的核心位置，西至后海大道，南临中心区景观水系和海德一道，北接人行天桥和天利广场，东部则与正在建设中的南山商业文化中心区自然融合，直至海岸线，建成时是南山区的标志性建筑和第一高楼。

总建筑面积为 23.19 万 m²，其中地上 17.19 万 m²，地下建筑面积 6 万 m²。地上建筑由 A 座、B 座和 C 座三个部分组成，建筑总平面见图 19.1-1，立面效果图见图 19.1-2。

图 19.1-1 建筑总平面图

图 19.1-2 建筑立面效果图

其中，A 座为办公、酒店主楼，上部是五星级酒店，标准层层高为 3.6m，截面呈"Π"形，下部是五 A 级智能办公，1~5 层层高 6m，标准层层高 4.2m，地上共 62 层，建筑总高度为 300.80m。B 座为酒店式公寓，1~2 层层高 6m，3 层层高 5.5m，标准层层高为 3.4m，共 35 层，建筑总高度为 156m。C 座为裙楼，是酒店配套及商业服务设施用房，共 4 层，建筑总高度为 24m。图 19.1-3 为建筑南立面图，图 19.1-4 为 A 座剖面图。

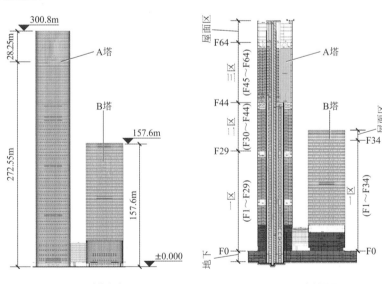

图 19.1-3 建筑南立面图   图 19.1-4 A 座剖面图

地下 3 层，基坑深度 17m，设有地下停车库，机电大型机房，后勤服务用房，地下 3 层为六级人防，地下室最大平面轮廓尺寸为147.35m×140.40m，将地上三部分建筑在地下连为一体。

A 座主楼标准层平面是43.8m×43.8m的矩形，高宽比 6.87，核心筒平面尺寸为21.4m×24.4m，核心筒高宽比为 13.46。B 座公寓平面为47.4m×28.6m的矩形，高宽比 5.45，核心筒平面为9.4m×18.2m，核心筒高宽比为 15.7。

A 座塔楼超出混合结构适用的最大使用高度（160m）88%，B 座塔楼属 B 级高度钢筋混凝土高层建筑，A、B 座均为超限高层建筑，C 座不属于超限高层建筑，本文主要介绍 A 座主楼的结构设计情况。

19.1.2 设计条件

1）主体控制参数

根据《建筑抗震设计规范》GB 50011-2001 和《建筑抗震设防分类标准》GB 50223-2004 规定，本工程主体设计控制参数见表 19.1-1。

主体设计控制参数　　　　　　　　　　　　　　　　表 19.1-1

结构设计基准期	50 年	抗震设防分类标准	标准设防类（丙类）
结构安全等级	二级（重要性系数 1.0）	抗震设防烈度	7 度（0.1g）
地基基础设计等级	一级	设计地震分组	第一组
结构阻尼比	0.04（小震）/0.06（大震）	场地类别	Ⅱ类

2）荷载作用

（1）活荷载按《建筑结构荷载规范》GB 50009-2001（2006 年版）取值。

（2）风荷载

A 座主楼为超 B 的高层建筑，需通过风洞试验确定建筑表面平均风压分布、极值风压分布以及行人区域风环境，根据结构风振分析确定建筑各楼层平均风荷载、等效静力风荷载以及楼顶加速度响应，设计算结构风荷载重现期采用 100 年，对应的深圳市区基本风压分别为 0.90kN/m²，计算建筑舒适度的风荷载重现期采用 10 年，对应的深圳市区基本风压为 0.45kN/m²。

3）场地条件

根据工程场地地震安评报告，地表 20m 内等效剪切波速测试结果，场地土类型为中软-中硬土，建筑场地类别为 Ⅱ类。本场地地面脉动卓越周期T_g为 0.34s，地震基本烈度为 7 度。本场地没有发现活动断裂在本场地经过，在遭受基本烈度为 7 度的地震作用时，本场地没有软土震陷问题，但可能发生轻微程度的砂土液化现象，为抗震不利地段。

4）地震动参数

按照《建筑抗震设计规范》GB 50011-2001（简称《抗规》），抗震设防烈度为 7 度，设计基本地震加速度为 0.1g。建筑场地为 Ⅱ类，特征周期为 0.35s，小震阻尼比为 0.04。

《抗规》给出的地震动参数：地震影响系数$\alpha_{max} = 0.0863g$；$T_g = 0.35s$

安评报告给出的地震动参数：地震影响系数$\alpha_{max} = 0.0975g$；$T_g = 0.40s$

两者对比：（1）安评报告建议的峰值在周期小于 1s 的范围内，高于《抗规》规定的峰值；（2）在周期大于 1s 的范围内，安评谱（峰值）明显低于《抗规》谱（峰值）。

由于本工程结构的基本周期都在 1s 以上，因此，按安评谱计算得到的结构响应肯定低于按规范谱得到的计算结果。因此，本工程的弹性计算分析的反应谱峰值和特征周期T_g按照安评报告取值，反应谱公式按《抗规》，如图 19.1-5 所示。设防地震、罕遇地震作用的计算同样按《抗规》取值。

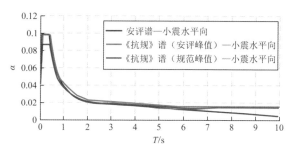

图 19.1-5　安评报告与《抗规》反应谱的对比（水平小震）

5）地基基础

本工程地基基础设计等级为甲级，根据多种基础方案的综合比较结果，采用人工挖孔桩和钻孔灌注桩相结合的基础方案。考虑场地大部分区域微风化基岩埋藏较深，部分钻孔深度 60m 以上仍为中风化花岗岩，结合上部结构分析的墙、柱轴力大小，主塔楼桩端持力层为中风化花岗岩，地质报告提供的桩端阻力特征值分别为：强风化花岗岩层 1800kPa、中风化花岗岩层 4500kPa。

6）风荷载取值

根据汕头大学提供的风洞试验报告，工程的风振主要由横风向控制的，导致风洞试验得出的风力数据比规范计算出来的风力数据高。

原因是目前一般计算软件在计算风荷载时只考虑顺风向响应，而风洞试验分析所提供的等效风荷载是依照最大位移等效的，由于结构是横风向控制，在 0°（X 向）风向角最大位移是发生在 Y 向，且位移值大于在 90°风向角（顺风向）的位移值，风洞试验报告的等效风荷载是在保证其产生的在 Y 向的位移和采用结构动力学解出的 Y 向最大位移相同的原则下提供的。

根据试验及程序计算结果，由风洞试验得出的 Y 向风荷载值要大于沿 Y 向按规范计算出的风荷载值。

19.2 建筑特点

19.2.1 建筑高度超限

本工程 A 座地上共 62 层，建筑总高度为 300.80m，标准层平面呈 43.8m × 43.8m 的矩形，高宽比 6.87，核心筒平面为 21.4m × 24.4m，核心筒高宽比为 13.46。A 座塔楼超出混合结构适用的最大使用高度（160m）88%。工程所在深圳市为抗震设防烈度 7 度区，基本地震加速为 0.1g，重现期 100 年基本风压为 0.90kN/m²，又经常受台风袭扰，故需要结合建筑避难楼层采取加强措施，提高建筑结构抗侧刚度，抵御地震及风等水平作用影响。

19.2.2 立面造型复杂

酒店标准平面呈凹字形，东侧为满足建筑 18 层通高边庭空间的要求，平面内收 16.3m，核心筒内收 10.3m。东侧边框架中间两根柱子取消，柱间距变为 27m，每隔三层设一根钢梁，此钢梁只抵抗幕墙传来的水平风荷载，不承受竖向荷载。四角部在距端点各 3m 的位置增加 4 根角柱。酒店层结构平面布置如图 19.2-1 所示。

酒店层结构平面东侧凹进的尺寸大于相应方向总尺寸的 30%，属平面不规则结构。由于楼板不规则结构受力复杂，传力不明确，容易造成结构局部薄弱部分率先破坏，进而导致结构整体破坏，因此，需采用较严格的性能目标进行设计，确保结构安全。

19.2.3 楼层功能多变

本工程地上 1～2 层为入口大堂，3～42 层为办公楼层，44～64 层为酒店。在 1～3 层为高大空间，层高达到 12m，在办公层取消了角柱，存在跨度较大的悬挑结构。另外，外框架柱与核心筒不对齐，使得框架梁与外框架柱斜交，带来连接构造方面的问题。办公楼层结构平面布置如图 19.2-2 所示。

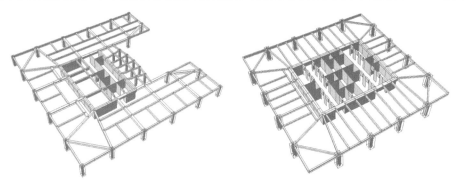

图 19.2-1　酒店楼层典型结构平面布置图　　　　　图 19.2-2　办公楼层结构平面布置图

在酒店标准层平面呈凹字形，东侧为满足建筑 18 层通高边庭空间的要求，平面内收 16.3m，核心筒内收 10.3m。东侧边框架中间两根柱子取消，柱间距变为 27m，四个角部在距端点各 3m 的位置增加 4 根角柱。酒店层结构平面布置如图 19.2-2 所示。酒店层结构平面东侧凹进的尺寸大于相应方向总尺寸的 30%，属平面不规则结构。由于楼板不规则结构受力复杂，传力不明确，容易造成结构局部薄弱部分率先破坏，进而导致结构整体破坏，因此，需采用较严格的性能目标进行设计，确保结构安全。

建筑要求办公层四个角部无柱，而酒店层四角部有柱，需要进行转换。43 层角柱由 40～42 层的边柱伸出的 V 形钢斜撑与 41～42 层伸出的钢梁组成的斜撑桁架支撑，角柱采用钢管混凝土柱。V 形钢斜撑如图 19.2-3、图 19.2-4 所示。

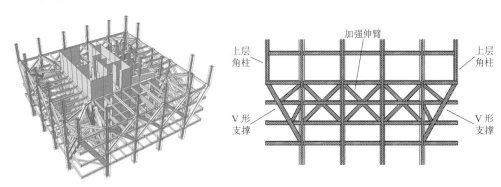

图 19.2-3　中部加强层及支撑 43 层以上角柱示意图　　　　　图 19.2-4　V 形钢斜撑剖面图

为满足酒店东侧内收的要求，X 向核心筒长度由 24.2m 降至 13.4m，部分核心筒在办公层顶部结束后转换为框架结构，框架柱生根于下部核心筒的角部，造成结构抗侧刚度突变。

19.3　体系与分析

19.3.1　加强层位置选择

A 座主楼在高度方向共设有 4 个避难层，分别在 13～14 层、28～29 层、43～44 层以及 63～64 层，除 43～44 层外，其余避难层均为两层通高。由于 13～14 竖向高度较低楼层位移比较小，布置加强层贡献率低，故基于布置伸臂对层间变形以及楼层刚度影响，结合上部 3 个避难层考察不同高度位置加强层效果。如图 19.3-1 所示，其中图 19.3-1（a）为结构三维计算模型，图 19.3-1（b）为无加强层示意图。一道加强层设置在 43～44 层，见图 19.3-1（c）；两道加强层设置在 43～44 层、63～64 层，见图 19.3-1（d）；三道加强层设置在 28～29 层、43～44 层、63～64 层，见图 19.3-1（e）。

1）变形影响

图 19.3-2（a）为不布置伸臂 A 栋建筑在多遇地震与重现期 100 年风力作用下楼层位移比，从图可以明显看出，重现期 100 年风荷载影响大于多遇地震作用。从变形趋势上看，在 25 层以下楼层层间位移比基本满足规范限值要求；在 45 层上下受结构墙厚及框架柱尺寸变化影响，层间位移比出现了局部突变；在高度方向 43～44 层附近层间位移比较大。

如图 19.3-2（b）所示，43～44 层布置有一道加强伸臂，与图 19.3-1（b）相比，无论多遇地震作用或重现期 100 年风荷载作用，楼层位移比均明显变小，除 Y 向风力作用下局部楼层位移比超过规范限制 1/500 外，其余均符合规范要求，由此可知一道加强层布置于建筑竖向 2/3H 位置，加强效果较为直接。但从图也可以看出，加强层楼层与上下楼层相比出现了明显的刚度突变。

图 19.3-2（c）为在图 19.3-1（b）布置一道加强层的基础上，结合建筑避难层位置，在建筑物顶部 63～64 层布置第 2 道加强层，考虑到布置第 1 道加强层后仅有局部楼层在 Y 向风力作用下层间位移比超限，故顶部布置的加强层仅为外挑伸臂，未布置外围环桁架，从计算结果可知，第 2 道伸臂布置后，多遇地震及重现期 100 年风力作用下楼层位移比均满足规范限值（1/500）。

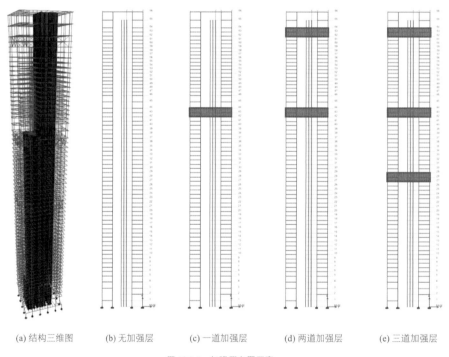

(a) 结构三维图   (b) 无加强层   (c) 一道加强层   (d) 两道加强层   (e) 三道加强层

图 19.3-1　加强层布置示意

按建筑楼层功能布置，28～29 层为避难层，可以结合建筑避难功能要求设置结构加强层，图 19.3-2（d）为对应图 19.3-1（e）布置三道加强层的结构楼层位移比统计结果，在 28～29 层布置加强层后楼层位移比减小，但效果比前两道加强层差，但第 3 道伸臂布置后第 1 道伸臂引起的刚度突变有所改善。另外考虑到本工程所在深圳地区属于亚热带季风气候区，气候特点为夏季吹东南风，冬季吹西北风，常年风力大且持续时间长。由于地理位置原因，深圳市又多次遭受台风和超强台风袭击，根据相关气象资料，深圳市每年遭受不同程度台风侵袭 3～4 次，是我国遭受台风影响最为严重的城市之一，部分超强台风荷载作用远超荷载规范规定的重现期 100 年 0.9kN/m²，在风荷载反复作用下，多次出现大的变形，不可避免地会对结构造成损伤，进而影响结构整体刚度，导致结构阻尼值出现明显下降进而影响结构安全，在28~29层设置加强层不影响建筑功能，故28~29层仍设置为结构加强层。

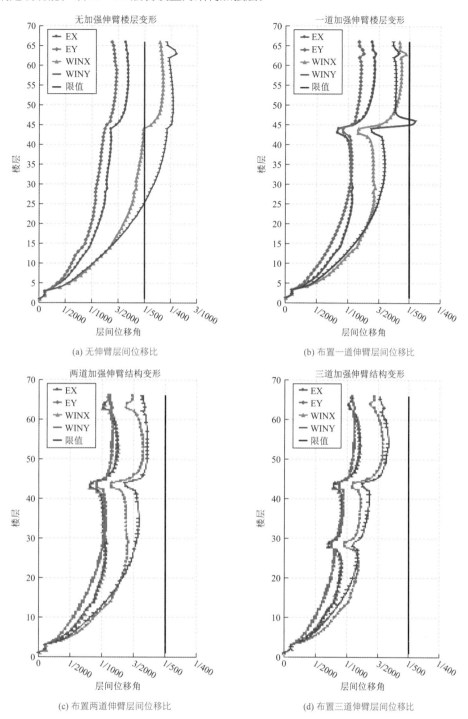

图 19.3-2　加强层对楼层位移比影响

2）周期影响

从表 19.3-1 可以看出，无加强层时结构自振周期最长达到 7.029s，在 43~44 层布置第 1 道加强层后，周期缩短为 5.945s，缩短比例达到 15%，而后在 63~64 层和 28~29 层布置的第 2、3 道加强层对周期影响不明显，第 2 道加强层对结构自振周期变化影响仅 1%，第 3 道加强层为 6%，从表 19.3-1 也可以看出，四种加强层布置方案的结构第一扭转周期与第一平动周期比值均小于 0.4，说明主体结构平面布置较为合理，具有较强的抗扭转能力。

加强层布置	周期/s			比值 T_t/T_1
	第一平动 T_1	第二平动 T_2	第一扭转 T_t	
无加强层	7.029	6.71	2.172	0.309
一道加强层	5.945	5.912	2.165	0.364
两道加强层	5.890	5.823	2.161	0.366
三道加强层	5.513	5.456	2.133	0.386

3）刚度影响

结构的自振周期主要受结构质量和刚度影响，在本工程中加强层伸臂增加的质量与整体结构质量相比可以忽略，故在质量一致的前提下，自振周期主要受刚度影响。

由公式 $T = \sqrt{M/k}$ 可以得出，$K = M/T^2$，即建筑结构刚度与自振周期平方成反比。

计算可得：$K_0 = M/49.4$；$K_1 = M/35.3$；$K_2 = M/34.7$；$K_3 = M/30.4$，主体结构刚度变化幅度见图 19.3-3，从图可以看出，在 43~44 层布置第 1 道加强层刚度提升 39.9%，在 63~64 层布置第 2 道加强层刚度仅提升 1.73%，进而在 28~29 层布置第 3 道加强层刚度提升 14.1%。

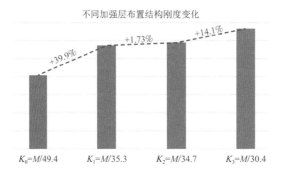

图 19.3-3 加强层布置对主体结构刚度影响

统计不同伸臂布置方案对结构楼层刚度影响（图 19.3-4），在 43~44 层第 1 道加强层刚度贡献最为明显，63~64 层伸臂桁数量少，同时在建筑物顶部位置，刚度影响明显小于第 1 道加强层，最后在 28~29 层布置第 3 道加强层刚度贡献弱于第 1 道加强层，但强于第 2 道加强层。

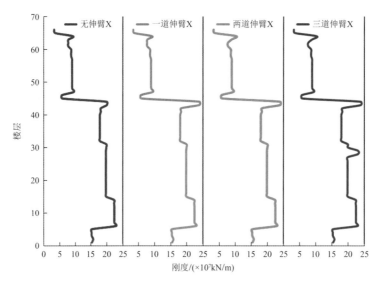

图 19.3-4 加强层布置对楼层剪切刚度影响

通过上述分析对比，本工程采取的加强层布置方案较为合理，伸臂加强作用明显。当主体结构受到侧向荷载作用，核心筒产生变形，通过伸臂协调作用，外框柱一侧受拉另一侧受压，形成反向力偶，减小主体结构在侧向力作用下的变形，平衡部分倾覆力矩，有效控制了结构在地震及风荷载等主要侧向力作用下结构变形。仅布置一道伸臂时 42 层侧向刚度为 $4.45 \times 10^6 \mathrm{kN/m}$，与 43 层伸臂层侧向刚度比值为 0.90；当布置最下方三道伸臂时，42 层侧向刚度提升为 $4.93 \times 10^6 \mathrm{kN/m}$，与 43 层伸臂层侧向刚度比为 0.95，第 3 道伸臂有效缓解了加强层引起的刚度突变，提升了结构安全性能。

19.3.2 方案对比

结构方案选型可行性分析主要考虑以下几个方面的因素：业主要求、建筑方案（对结构方案起主要作用）、建筑所处的环境（地质、地震、风等）、结构方案合理性、经济性、施工可行性等方面。

（1）结构方案选型

根据建筑方案，从经济合理的角度出发，认为以下两种结构方案能够满足建筑设计方案的要求。

方案 1：框架-核心筒结构体系，其中，框架柱为型钢混凝土柱，框架梁为钢筋混凝土梁，核心筒为钢筋混凝土结构，楼盖为现浇钢筋混凝土板，如图 19.3-5 所示。

方案 2：框架-核心筒结构体系，其中，框架柱为型钢（钢管）混凝土柱、框架梁为钢梁，核心筒为钢筋混凝土结构，楼盖为组合结构，如图 19.3-6 所示。

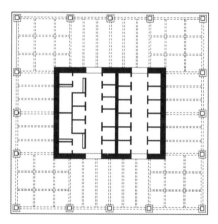
图 19.3-5 方案 1 楼盖

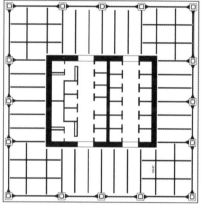
图 19.3-6 方案 2 楼盖

（2）方案 1 与方案 2 对比分析

在多遇地震作用下，方案 1 与方案 2 初步分析结果如表 19.3-2 所示。

多遇地震作用反应谱分析结果 表 19.3-2

	控制指标	方案 1	方案 2	备注
周期	平动第一周期T_1/s	5.844	5.520	在 28～29 层、43～44 层及 63～64 层，设置三道伸臂桁架及环向桁架的加强层。
	扭动第一周期T_t/s	2.458	2.134	
	扭动周期/平动周期	0.421	0.386	
剪重比	X向	1.38%	1.35%	
	Y向	1.49%	1.43%	
质量参与系数	X向	92.32%	91.57%	
	Y向	91.17%	90.39%	
X向地震	最大层间位移角	1/792	1/1053	
	位移比最大值	1.01	1.02	
Y向地震	最大层间位移角	1/920	1/1161	
	位移比最大值	1.01	1.02	
底部框架倾覆弯矩百分比	X向	3.73%	3.51%	
	Y向	3.04%	2.62%	

（3）结构方案对比

根据初步计算结果，均能适应建筑造型、使用功能的要求，也可以满足建筑结构安全性能要求。

混凝土对抵抗轴向压力非常有效，在压力较大的构件中使用混凝土可发挥其材料的优势，因此，核心筒结构采用钢筋混凝土结构，框架柱采用型钢（钢管）混凝土柱；通过使用高强混凝土，可减小墙、柱截面尺寸，提高建筑使用率，结构方案经济性较好。

方案1楼盖体系采用现浇混凝土结构，材料组成单一，结构造价低，但结构自重较大、施工速度较慢，结构抗侧效果低于方案2。方案2楼盖体系采用组合楼盖结构，结构自重轻、施工速度快，缺点是楼板与钢梁通过栓钉连接，在风荷载等侧向力作用下容易造成栓钉松动、楼板开裂，引起主体结构刚度退化。

19.3.3　结构布置

核心筒采用现浇钢筋混凝土结构，可采用爬模快速施工。混凝土的刚度大，耐火性能好，初始造价和后期维护的费用都较低。高强混凝土 C60～C80 已经得到广泛应用，可在达到同样强度的同时，减小结构占用面积。但混凝土强度的增加，会降低结构的延性，不利于抗震设计，因此本项目在混凝土墙内设置了型钢柱，主要目的是增加核心筒的延性和刚度，从而增加整体结构的刚度。

型钢混凝土框架柱有足够的强度和刚度，可以有效地承担竖向力和水平力，比钢柱强度高，比混凝土柱截面小，有利于建筑布置。使用 Q345 型钢和高强混凝土（C60 或更高级别）会使钢与混凝土组合截面柱的优点更突出。有利于钢结构的安装，更好地利用混凝土的高强抗压性能。

楼板体系的选用与结构体系、平面布置、机电需要、建筑净高、施工进度等密切相关，综合考虑以上因素，选用钢梁＋组合楼板方案，加强层、核心筒内楼板厚度为 150mm；普通标准层楼板厚度为120mm。楼板自重减轻，可有效降低核心筒、框架柱的截面尺寸，同时减小地震作用，节约成本并缩短施工工期。

基于上述对比分析，在满足建筑造型及使用功能的要求前提下，A座主楼采用带有加强层的框架-核心筒双重抗侧力结构体系，即由钢筋混凝土核心筒和周边型钢混凝土框架两部分组成。其中，核心筒为钢筋混凝土结构，框架柱为内钢管混凝土柱，楼层结构采用钢梁＋混凝土组合楼板。根据计算结果在设备层和避难层设置三道加强伸臂和两道环桁架，以提高结构的抗侧刚度。

A座主楼分别在第28～29层、第43～44层、第63～64层设置下、中、上三道两层通高的加强层，结构体系构成见图19.3-7。其中第2道加强层位于整个结构高度的2/3处，对提高结构整体刚度最有效，而顶部加强层的设置，对于弥补42层以上X向核心筒削弱引起的刚度不足也起到很大作用。在结构1/3高度处多设一道加强层，虽对增加抗侧刚度不显著，但可使每道加强层的刚度减少，从而降低结构的内力突变程度，水平伸臂构件采用桁架形式。

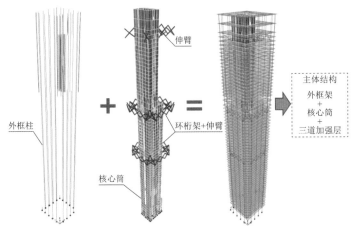

图 19.3-7　结构体系构成

A 座楼核心筒外墙厚度逐层依次减小（1300～800mm）；外围设 16 根矩形内钢管混凝土柱，截面逐层依次减小（1800mm×1800mm～1000mm×1000mm）；楼层框架梁为工字钢梁，楼板为 120mm 厚现浇钢筋混凝土楼板，楼板与钢梁之间通过栓钉连接。结构典型楼层平面布置见图 19.3-8。

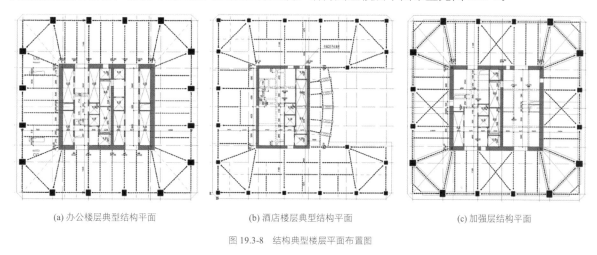

(a) 办公楼层典型结构平面　　　　　(b) 酒店楼层典型结构平面　　　　　(c) 加强层结构平面

图 19.3-8　结构典型楼层平面布置图

19.3.4　性能目标

本工程结构高度 278.95m，根据《高层建筑混凝土结构技术规程》JGJ 3-2002 规定，抗震设防烈度 7 度区 B 级框架-核心筒结构最大适用高度为 190m，本工程高度超限。根据《超限高层建筑工程抗震设防专项审查技术要点》，对规范涉及结构不规则性的条文进行了检查，结果见表 19.3-3。

建筑结构一般规则性超限检查　　　　　　　　　　　　　　　　　表 19.3-3

项目	超限类别	超限判断		备注
转不规则	考虑偶然偏心的扭转位移比大于 1.2	1.21（仅 Y 方向 2 层）	超	
偏心布置	偏心距大于 0.15 或相邻层质心相差较大	无		
凹凸不规则	平面凹凸尺寸大于相应边长的 30%	第 3 区达 39%	超	
组合平面	细腰形或角部重叠形	无		同时有三项及三项以上不规则的高层建筑
楼板不连续	有效宽度小于 50%，开洞面积大于 30%，错层大于梁高	仅 2 层楼板开洞面积约为楼板面积的 35%	超	
刚度突变	相邻层刚度变化大于 70% 或连续三层变化大于 80%	47、48 层不满足	超	
尺寸突变	缩进大于 25%，外挑大于 10% 和 4m	无		
构件间断	上下墙、柱、支撑不连续，含加强层	45 层以下无角柱由 V 形钢斜撑支撑	超	
承载力突变	相邻层受剪承载力变化大于 80%	43 层不满足	超	

通过逐项检查，建筑结构无严重不规则超限项，故本工程为高度超限及一般规则性超限。根据超限检查结果以及本工程重要性程度，对核心筒、外框柱以及伸臂桁架和角部 V 形支撑等构件设定抗震设计目标见表 19.3-4。

A 座主楼结构为风荷载控制，小震不控制，中震有一定富余，在指定抗震设计性能目标时充分考虑了这一特点，整体的抗震性能目标既兼顾了风荷载作用下的刚度、强度需求，亦保证了结构在不同烈度地震作用的刚度、强度及延性要求。

地震烈度		多遇地震	设防地震	罕遇地震
性能等级		没有破坏	可修复损坏	无倒塌
层间位移角限值		1/500	—	1/100
性能	核心筒墙受剪承载力	规范设计要求，弹性	弹性	满足受剪截面的条件，控制变形
	核心筒墙受弯承载力	规范设计要求，弹性	不屈服	允许进入塑性，控制拉应力
	外框柱	规范设计要求，弹性	弹性	允许进入塑性，控制拉应力
	伸臂桁架	规范设计要求，弹性	弹性	允许进入塑性，控制变形
	腰桁架	规范设计要求，弹性	弹性	允许进入塑性，控制变形
	角部 V 形支撑	规范设计要求，弹性	弹性	不屈服，控制变形
	楼面钢梁（主梁）	规范设计要求，弹性	不屈服	允许进入塑性
	墙体连梁	规范设计要求	不屈服	允许进入塑性

19.3.5 结构分析

1）多遇地震作用分析

弹性计算分析软件分别采用 PKPM 系列的 SATWE、PMSAP 结构空间分析程序和 MIDAS 空间分析软件进行对比校核，计算分析采用整体空间结构模型，梁柱采用空间杆单元、墙采用壳单元，并考虑重力二阶效应（$P\text{-}\Delta$ 效应）。

楼板计算模型：根据《广东省实施〈高层建筑混凝土结构技术规程〉（JGJ 3-2002）补充规定》第 4.1.3 条即"结构在竖向荷载及风荷载、地震作用下的内力与位移计算，一般可采用刚性楼板假定。当楼板凹凸不规则或局部不连续，或当楼板过于狭长、平面内变形明显时，应采用弹性楼板或局部弹性楼板模型进行补充计算"。本工程在楼板凹凸不规则及楼板开大洞周围采用弹性板中定义的弹性膜，另外在加强层所在的楼层，整层采用弹性膜，这样将使得加强层桁架得到更为精确的构件内力，并在中震分析中考虑楼板刚度的退化作用将楼板取消。为弥补加强层楼板刚度的退化，在加强层楼板处增加水平支撑。结构主要自振周期和最大位移比见表 19.3-5。

A 座结构主要自振周期和最大位移比   表 19.3-5

分析程序	类别	SATWE	PMSAP	MIDAS
最大位移比	X 向	1.14	1.10	1.05
	Y 向	1.21（仅 2 层）	1.20	1.16
主要自振周期	T_1	5.8161（Y 向）	5.655（Y 向）	5.320（Y 向）
	T_2	5.4420（X 向）	5.567（X 向）	5.230（X 向）
	T_3	2.4035（扭转）	2.680（扭转）	2.340（扭转）
	T_3/T_1	0.413	0.474	0.440

从表 19.3-5 可知，三个程序得出的结构主要自振周期基本一致；结构最大位移比，仅 SATWE 计算的地上 2 层最大位移比为 1.21，超出规范限值 1.2，其余楼层和计算结果均未超出规范限值；周期比 T_3/T_1 最大值为 0.474，小于 0.90。

计算程序		SATWE	PMSAP	MIDAS
地震作用下 最大位移/mm	X向	198.3（67 层）	196.2（67 层）	179.3（67 层）
	Y向	215.8（67 层）	201.3（67 层）	188.1（67 层）
地震作用下 最大层间位移角	X向	1/1016（53 层）	1/1071（53 层）	1/1219（53 层）
	Y向	1/908（47 层）	1/955（47 层）	1/942（47 层）
风荷载作用下 最大位移/mm	X向	283.6（67 层）	298.8（67 层）	273.95（67 层）
	Y向	2979.3（67 层）	309.3（67 层）	275.01
风荷载作用下 最大层间位移角	X向	1/782（33 层）	1/769（33 层）	1/813（33 层）
	Y向	1/651（47 层）	1/634（47 层）	1/675（47 层）
水平地震作用 基底剪力	Q_X（kN）	25877	25813	24260
	Q_Y（kN）	26832	26741	25693
结构总重量G_{eq}/kN		1985814.69	1981872	1849200
剪重比	Q_X/G_{eq}	1.35%	1.30%	1.3%
	Q_Y/G_{eq}	1.35%	1.35%	1.4%
振型质量 参与系数	X向	95.16%	94.72%	93.66%
	Y向	93.05%	92.81%	91.02%
最大轴压比	结构柱	0.58	0.58	0.57
	结构墙	0.43	0.44	0.42

从表 19.3-6 可知，在多遇地震与风荷载作用下，结构柱与结构墙最大轴压比均小于规范限值，楼层层间位移角小于规范限值 1/500，主体结构具有较高抗侧刚度，在多遇地震与风荷载作用下，结构整体处于弹性状态。

2）设防地震分析

本工程高度超限及体型不规则超限，为保证结构的安全，本次设计中提高了重要构件的安全度水平，剪力墙受剪承载力和加强层桁架按中震弹性设计，剪力墙受弯承载力和外框架柱按中震不屈服设计，计算程序为 SATWE。中震弹性计算中按中震考虑地震最大影响系数，保留荷载、材料分项系数，但不计结构抗震的内力增大系数、抗震内力调整和承载力抗震调整系数γ_{re}。中震不屈服设计中按中震考虑地震最大影响系数，荷载的分项系数和材料分项系数均取 1.0，钢筋和混凝土材料均采用标准强度。A 座结构中震和 100 年一遇风荷载作用计算结果见表 19.3-7。

A 座结构中震和 100 年一遇风荷载作用计算结果
表 19.3-7

荷载	设防地震	100 年一遇风荷载（风洞试验）
中部加强层的伸臂桁架	0.82（最大应力比）	0.92（最大应力比）
中部加强层的外环腰桁架	0.65（最大应力比）	0.71（最大应力比）
顶部加强层的伸臂桁架	0.68（最大应力比）	0.55（最大应力比）
顶部加强层的外环腰桁架	0.31（最大应力比）	0.27（最大应力比）
V 形支撑	0.44（最大应力比）	0.41（最大应力比）
核心筒墙体受剪承载力	满足承载力要求	满足承载力要求
核心筒墙体受弯承载力	满足承载力要求	满足承载力要求
核心筒墙体连梁	少量出现塑性铰	全部处于弹性
外框柱	0.81%（计算最大配筋率）	0.81%（计算最大配筋）

计算结果表明，在中震作用下核心筒剪力墙和加强层桁架均满足中震弹性的设防目标，加强层桁架上下的框架柱也处于弹性状态，核心筒剪力墙连梁在塔楼的中部出现少量超筋，但在100年一遇风荷载（风洞试验）作用下全楼均处于弹性。核心筒剪力墙底部加强区受弯承载力经中震不屈服验算，满足中震不屈服的设防目标。外框架柱与43层角柱下的V形支撑经验算其承载力满足中震弹性的要求。

3）罕遇地震损伤分析

原结构设计时非线性地震分析采用的是静力弹塑性分析方法，分析结果基本可以判断建筑结构是否能够达到所设定的目标性能。基于显式积分的动力弹塑性分析方法，可以直接将地震波输入结构进行弹塑性时程分析，能更好地反映不同相位差下构件的内力分布。计算采用有限元分析程序，模型基于PKPM系列程序配筋计算结果，可以准确反映结构构件尺寸、材料强度和配筋情况。模态分析前三阶振型周期分别为5.536s（X）、5.496s（Y）、2.264s（T），嵌固层（±0.000m）以上部分结构总质量约为215467.3t，与PKPM程序计算模型基本一致。

本工程拟建场地建筑抗震设防烈度为7度（0.1g），设计地震分组为第二组，场地土类型为Ⅱ类。基于场地类别和设计地震分组采用三组加速度时程曲线。采用TH030TG040、TH052TG040两条天然波，以及RH3TG040人工波，三组地震波加速度时程曲线如图19.3-9所示，将加速度峰值调整为220Gal，地震波的频谱特性、有效峰值和持续时间均满足规范要求。

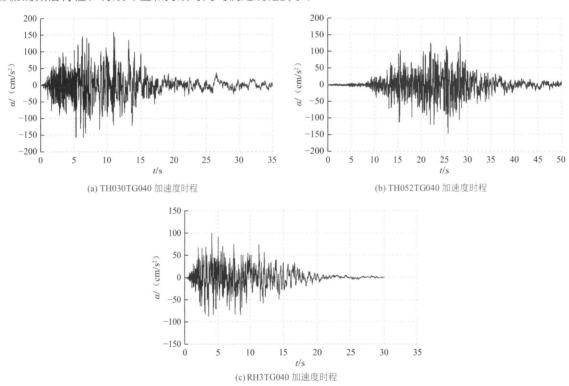

(a) TH030TG040 加速度时程

(b) TH052TG040 加速度时程

(c) RH3TG040 加速度时程

图 19.3-9　大震动力弹塑性分析采用的三组地震波

（1）层间位移角：统计三条地震波作用下X向与Y向层间位移角包络值，设置两道加强层的方案X向最大层间位移角为1/213，见图19.3-10（a），位于53层，Y向最层间位移角为1/187，位于46层，见图19.3-10（b）；设置三道加强层的方案X向最大层间位移角为1/225，位于62层，见图19.3-10（c）；Y向最层间位移角为1/225，位于60层，见图19.3-10（d）；两种伸臂布置方案X向与Y向层间位移角均远小于规范限值1/100。三道伸臂布置方案层间位移角略小于布置两道伸臂，主体结构在大震作用下无倒塌风险。

（2）核心筒：在框架核心筒结构中剪力墙至关重要，它承担了大部分水平地震作用。统计三条地震波计算结果包络值，两道伸臂布置方案71.1%的墙体无损伤，22.3%的墙体发生轻微损伤，6.8%的墙体发生轻度损伤，见图 19.3-11（a）；三道伸臂布置方案 76.3% 的墙体无损伤，18.0% 的墙体发生轻微损伤，5.2% 的墙体发生轻度损伤，但有 0.5 的墙体发生中度损伤，主要在连梁部位，连梁损伤可以起到耗能和保护主要墙体的作用，见图 19.3-11（b）。

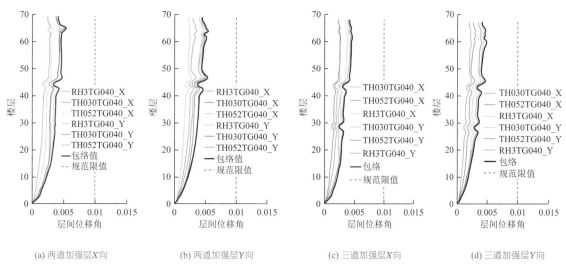

(a) 两道加强层X向   (b) 两道加强层Y向   (c) 三道加强层X向   (d) 三道加强层Y向

图 19.3-10　大震作用下层间位移角

（3）结构柱：在框架核心筒结构中，按规定外围框架柱承担不少于 20% 的水平地震作用，起到第二道防线作用，统计三条地震波作用的包络值，本工程结构柱损伤较为轻微，两道伸臂布置方案框架柱 67.5% 无损伤，31.6% 轻微损伤，有 0.9% 的框架柱发生轻度损伤，仅有 0.1% 的框架柱发生中度损伤见图 19.3-12（a）；三道伸臂布置方案框架柱 75.3% 无损伤，23.6% 轻微损伤，有 1.1% 的框架柱发生轻度损伤，框架柱未出现中度或重度损伤，见图 19.3-12（b）。

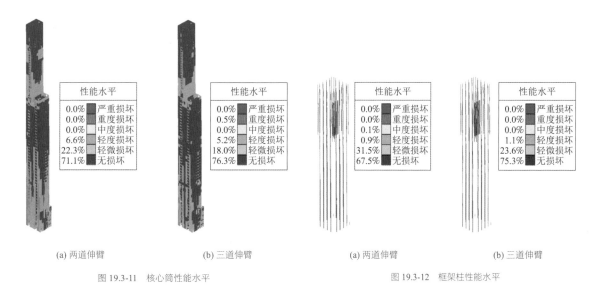

(a) 两道伸臂   (b) 三道伸臂   (a) 两道伸臂   (b) 三道伸臂

图 19.3-11　核心筒性能水平　　　　图 19.3-12　框架柱性能水平

（4）伸臂及环桁架：伸臂桁架及环桁架在结构体系中起到重要加强作用，同样统计三条地震动作用下包络结果，两道伸臂布置方案加强层伸臂桁架及环桁架 92.8% 无损伤，7.2% 发生轻微损伤，见图 19.3-13（a）；三道伸臂布置方案加强层伸臂桁架及环桁架 97.2% 无损伤，2.8% 为轻微损伤，见图 19.3-13（b）。

上述分析表明，两道加强层布置方案和三道加强层布置方案结构均能满足预定性能目标，从变形指标和构件性能水平看，三道加强层布置方案明显优于两道加强层布置方案，采用三道加强层方案建筑结构布置合理，有较强的抵抗地震能力，在罕遇地震作用下，建筑物损伤程度可控，具有较高的安全储备，建筑结构无倒塌，安全有保证。

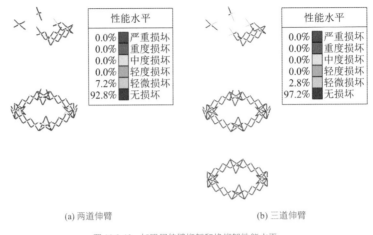

(a) 两道伸臂　　　　　　　　　　　　　　(b) 三道伸臂

图 19.3-13　加强层伸臂桁架和换桁架性能水平

19.4　专项设计

19.4.1　加强层设计

（1）伸臂桁架：在外框架柱与核心筒之间设置伸臂桁架的主要目的是减小结构侧移，工作机理是提高水平荷载作用下的外框架柱的轴力，从而增大框架承担的倾覆力矩，减小内核心筒承担的倾覆力矩。伸臂桁架对结构形成的反弯作用可以有效增大结构的抗侧刚度，减小结构侧移，一般情况下也会减小外框架的剪力分担比。

（2）环向桁架：在结构周围设置环向桁架的作用是使各框架柱承受的轴力均匀变化，因此也可以达到提高外框架抗倾覆力矩能力及减小侧移的目的，但是不如伸臂有效。

在框架-核心筒结构中，视外框架柱的数量和布置方式，可以设环向桁架，也可以不设置；由于环向桁架可以减小框筒结构的剪力滞后，因而在筒中筒结构中，环向桁架可以加大结构的整体刚度并减小其侧移。

（3）加强层：结构可以根据具体情况，仅设置一种或者同时设置以上两种构件，设置了伸臂桁架、环向桁架的楼层可统称为加强层。设置加强层后，导致结构沿高度方向刚度不均匀，刚度突变带来内力突变，因此加强层及上下相邻层构件的内力会出现较大的改变，加强层的刚度越大，内力突变的程度也越大，这种突变会产生薄弱层效应。

因此，在结构抗风设计中，采用伸臂桁架、环向桁架的效果很好，这样可以采用刚度大的加强层，以形成较大的抗侧刚度。

而在抗震设计的结构中，应尽可能减小出现薄弱层形成的不利效应，因此可以不设置加强层时，就不必设置加强层；需要设置加强层时，也不宜采用刚度过大的伸臂和环向桁架，以避免加强层范围出现过大的刚度突变。

A 座第 1 道加强层位于 28～29 层，第 2 道加强层位于 43～44 层，第 1 道和第 2 道加强层均由从核心筒伸出的 X 形伸臂和围绕外框柱布置的环桁架组成，见图 19.4-1。

第 3 道加强层位于 63～64 层，仅在 X 向布置了伸臂桁架，同时在结构竖向第 3 区段（44～63 层）由于建筑立面需要，东侧混凝土核心筒缩小同时建筑立面造型内凹，在 63 层形成局部大跨度转换，边跨转换跨度达 27m, 内部转换跨度为 20.1m, 结合加强层布置, 在 63~64 层布置转换桁架支撑上部楼层框架柱, 见图 19.4-2。

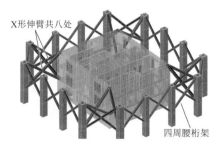

图 19.4-1　第 1 道与第 2 道加强层布置　　　　图 19.4-2　第 3 道加强伸臂及转换桁架布置

伸臂桁架设置在 28-29 层、43-44 层以及 63~64 层, 并在核心筒内贯通, 优化结构效能, 提高了结构抗侧刚度。两道环向桁架分别设置在 28~29 层、43~44 层, 增加了外框架的抗侧刚度和抗扭刚度, 从而降低扭转效应在地震作用下的影响, 布置环桁架后, 减少了伸臂桁架对连接处框架柱影响, 可以更好地协调外围框架柱共同参与受力。

19.4.2　角部转换设计

建筑造型要求办公层四角部无柱, 而酒店层四角部有柱, 42 夹层以上角柱由 41 层周边伸出的 V 形钢斜撑与 41、42 层伸出的边角钢梁组成的三维斜撑桁架支撑, 如图 19.4-3 所示。三维斜撑桁架和外围环桁架加强了与 V 形斜撑拉结, 增强了 V 形斜撑的承载力和稳定性。由于 V 形斜撑位置重要且受力复杂, 设计中加强了该部分分析, 包括重要节点受力状态、斜撑构件在三水准地震作用下以及 100 年重现期风荷载作用下构件性能, 严格控制构件应力水平。

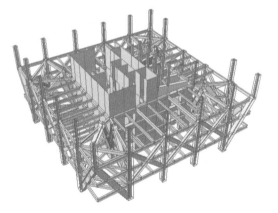
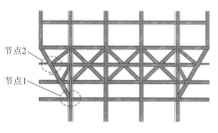

(a) V 形钢斜撑楼层三维图　　　　　　　　　(b) V 形钢斜撑剖面图

图 19.4-3　第一区角部转换示意图

根据位置重要性选择了图 19.4-3 所示两个节点, 其中节点 1 为型钢混凝土柱与纯钢构件连接处, 节点 2 为纯钢连接节点。

节点 1 采用 MIDAS Gen 进行小震、大震以及 100 年重现期风荷载作用线性静态有限元分析, 采用四面体实体单元, 边界条件为各杆端均设置固端约束, 见图 19.4-4。

小震作用下, V 形钢斜撑的最大应力出现在与钢骨柱相交部位中间点, 峰值为 250MPa, 满足小震弹性要求, 周边其他结构构件均处于弹性状态, 混凝土未拉裂, 见图 19.4-5 (a)。

在重现期 100 年的风荷载作用下, V 形钢斜撑及周边钢构件的应力均在 345MPa 以内, 但构件连接部位应力水平较高, 应加强构造措施, 施工时保证焊缝尺寸及焊接质量, 见图 19.4-5 (b)。

大震作用下，V 形钢斜撑约 99%区域的应力在 345MPa 以内，钢材未屈服。考察节点区域钢骨柱混凝土受力，约 97%区域的混凝土拉应力均在 2.64MPa 以内，混凝土未拉裂，少部分区域超出 2.64MPa，不会对节点承载力有大的影响。周边部分一般构件在大震作用下损伤严重，但对主体结构安全影响不大，不会引起结构失效出现倒塌，见图 19.4-5（c）。

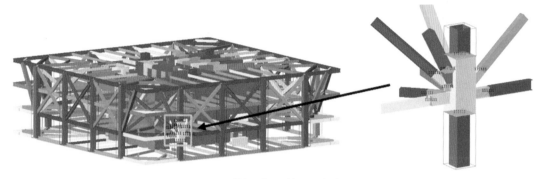

图 19.4-4　节点 1 位置及其与周边杆件关系

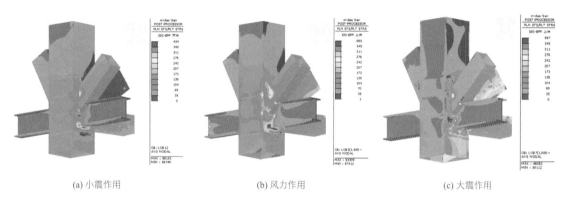

(a) 小震作用　　　　　　　　　(b) 风力作用　　　　　　　　　(c) 大震作用

图 19.4-5　节点 1 应力分布

节点 2 位置及边界条件如图 19.4-6 所示。

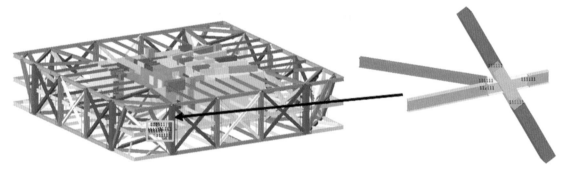

图 19.4-6　节点 2 位置及其与周边杆件关系

在小震作用下，节点 2 的应力水平较低，节点区域最大应力为 164MPa，处于弹性状态，V 形斜撑最大应力为 70MPa，见图 19.4-7（a）。

在风荷载作用下，节点 2 最大应力为 189MPa，整体处于弹性状态，V 形斜撑最大应力为 88MPa，见图 19.4-7（b）。

大震作用下，节点 2 的应力水平仍较低，节点区域最大应力为 202MPa，V 形斜撑最大应力为 93MPa，具有较大安全储备，见图 19.4-7（c）。

在小震、重现期 100 年风荷载以及和大震作用下，节点 2 钢材应力值均未超过 265MPa，均处于弹性状态。

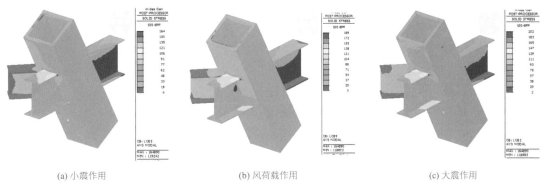

| (a) 小震作用 | (b) 风荷载作用 | (c) 大震作用 |

图 19.4-7 节点 2 应力分布

19.4.3 转换桁架设计

由于建筑造型需要，在结构分段第 3 区 44～62 层内收 16.5m 形成凹形平面，在 63 层至屋顶层恢复正常楼层平面布置，在 63 层分别形成 2 道 27m 和 20.1m 的大跨度转换，同时造成结构分段第 3 区核心筒偏置，结合第 3 道加强层布置，竖向采用钢桁架托柱转换，在凹形区域顶部边框布置加强边桁架可以更好地传递水平力，也能提升刚度、减缓核心筒偏置的不利影响。在剩余核心筒设置外挑伸臂桁架，加强与转换桁架和边桁架拉结，提高区域抗侧刚度。对大跨度转换桁架设置了性能目标，采用 MIDAS 分析了重现期 100 年风荷载工况组合和大震工况组合（考虑竖向地震影响）作用下转换桁架变形和应力情况。

63～64 层转换桁架竖向变形计算结果如图 19.4-8 所示。小震工况组合作用下跨度 27m 转换桁架挠跨比约 1/310，风控工况组合下转换桁架挠跨比约 1/262，大震工况组合下转换桁架挠跨比约 1/207。

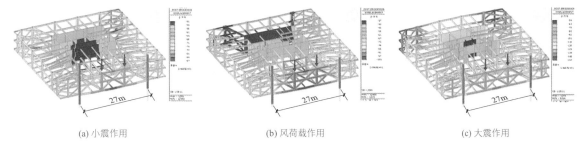

| (a) 小震作用 | (b) 风荷载作用 | (c) 大震作用 |

图 19.4-8 跨度 27m 转换桁架竖向变形图

重现期 100 年风荷载作用工况组合和大震工况组合（考虑竖向地震影响）作用下转换桁架最大值应力分布如图 19.4-9 所示。除楼层梁应力比大于 1.0 外，转换桁架及伸臂桁架等构件应力比均小于 1.0，满足大震不屈服的强度要求。上述分析表明转换桁架以及伸臂桁架变形及应力满足预定设计目标。

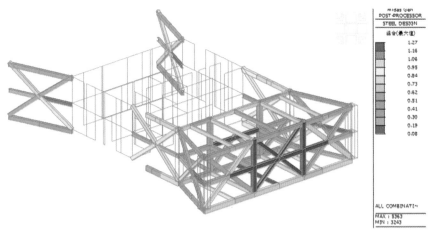

图 19.4-9 楼层 63～64 层伸臂及转换桁架大震下应力分布

19.4.4　加强措施设计

（1）结合建筑设备层和避难层布置在 A 座主楼 28～29 层、43～44 层设置伸臂桁架及环向桁架加强层，在 63～64 层采用伸臂桁架加强措施。

（2）A 座主楼外框架柱采用型钢（钢管）混凝土柱，并控制轴压比小于 0.60，确保外框架柱在大震作用下有较大的安全储备和延性。核心筒剪力墙关键部位的墙肢、暗柱采用型钢加强，提高结构的延性。

（3）将框架和核心筒抗震等级均提高一级，按特一级考虑。

（4）在 2、3 层楼板开洞周边及酒店层 U 字形开口部位的两侧采用弹性楼板验算并配筋，并对楼板开洞的 3 层顶板及酒店层 U 字形开口部位的两侧采用加大结构板厚度同时增加配筋的措施。楼板加强措施如图 19.4-10 所示。

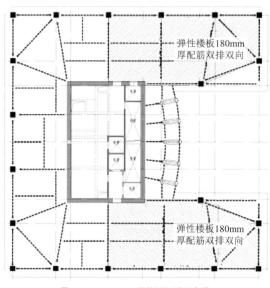

弹性楼板180mm
厚配筋双排双向

弹性楼板180mm
厚配筋双排双向

图 19.4-10　42～61 层楼板加强示意图

19.5　结语

本工程属于高度超限的超高层建筑，通过对比分析较选取了合理的结构方案，量化每道伸臂对整体广义刚度贡献，确定了结构加层布置方案，通过设置 V 形斜撑和转换桁架解决了结构转换问题。工程各项计算指标较为理想，采取的措施合理有效，通过大震损伤分析也得到了验证，整体设计符合规范要求。本章结合工程设计进行了归纳总结，可以得出如下结论供同类型超高层建筑参考：

（1）超高层中布置伸臂和环桁架构件的加强层对抗侧刚度提升效果明显，合理的加强层布置可以提高结构抗侧刚度，减小结构墙柱尺寸，提高工程经济性。

（2）伸臂设置在不同的楼层加强效果有一定差异，可以结合计算结果选择层间位移角较大的楼层布置，一道伸臂的合理布置位置在 2/3 高度处，两道伸臂布置于结构高度中部与顶部，三道伸臂应沿高度均匀分布。

（3）布置多道伸臂有助于减小因加强层布置引起的楼层刚度突变，提高主要结构构件性能水平。

（4）对以混凝土构件为主的抗侧力超高层结构，在沿海等风力作用较大地区，风荷载作用频次远高于地震作用，应适当提高结构抗侧刚度。

19.6 延伸阅读

扫码查看项目照片、动画。

参考资料

[1] 北京市建筑设计研究院有限公司. 深圳南山中心区 T106-0028 地块超高层主楼（A 塔楼）抗震审查报告[R]. 2008.

[2] 汕头大学风洞实验室. 深圳市南山商业文化中心区 T106-0028 地块风洞试验和风振分析报告[R]. 2008.

[3] 束伟农, 高建民, 宋玲, 等. 深圳南山中心区 T106-0028 地块中 A 座超高层结构设计与研究[J]. 建筑结构, 2009, 39(12):127-131.

[4] 刘凯, 张崇厚, 刘彦生, 等. 超高层建筑结构中腰桁架和伸臂桁架的应用问题[J]. 建筑结构, 2019, 49(6): 12-16.

[5] 董尧, 吕大刚. RC 框架-剪力墙结构的一致倒塌风险决策分析[J]. 工程力学, 2022,39(S1):71-77.

设计团队

结构设计单位：北京市建筑设计研究院有限公司

结构设计团队：束伟农、高建民、宋　玲、齐五辉、侯　郁、杨　洁、石　昇、薛红京、邓益安、罗洪斌、王静薇

执　笔　人：束伟农、薛红京

获奖信息

2017 年度全国优秀工程勘察设计行业奖优秀建筑工程设计二等奖；

2017 年北京优秀工程勘察奖（公共建筑）二等奖；

2017 年北京优秀工程勘察奖（建筑结构）二等奖；

2017—2018 年建筑设计奖（结构专业）一等奖。

第20章

国瑞·西安金融中心

20.1 工程概况

20.1.1 建筑概况

国瑞·西安金融中心项目位于西安市高新区创业新大陆北侧，东西侧紧邻规划路，南临创业新大陆绿化广场，地理环境优越，交通便利。总建筑面积 289978m²，其中地上面积 225633m²，塔楼部分 218662m²，裙房部分 6971m²，地下面积 64345m²。地上塔楼 75 层，建筑总高度 349.70m（室外地坪至屋面结构高度），商业裙房 3 层，建筑高度为 24m，裙房和塔楼之间设置了变形缝。

塔楼建筑方案简洁优雅，立面及平面均较为规则，顶部塔冠的观光层不设置外框架柱，观光层以上均为悬挑结构，在观光层吊顶设置了灯光照明，寓意着中国西部的灯塔。首层大堂高 15.3m，自下而上共设置 5 个避难层，建筑效果图和剖面图如图 20.1-1 所示，建筑典型平面图如图 20.1-2 所示。

(a) 国瑞·西安金融中心效果图　　　(b) 主楼剖面图

图 20.1-1　国瑞·西安金融中心效果图和主楼剖面图

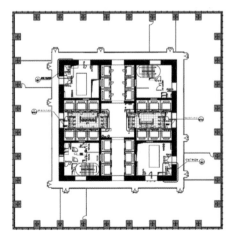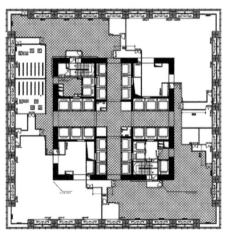

图 20.1-2　建筑典型平面图

20.1.2　设计条件

1. 主体控制参数（表 20.1-1）

控制参数　　　　　　　　　　　　　　　　　　　　　　　　表 20.1-1

结构设计基准期	50 年	建筑抗震设防分类	重点设防类（乙类）
建筑结构安全等级	二级	抗震设防烈度	8 度
结构重要性系数	1.0	设计地震分组	第一组
地基基础设计等级	甲级	场地类别	Ⅲ类
建筑结构阻尼比	0.04（小震）		

2. 风荷载

结构变形验算时，按 50 年一遇取基本风压为 $0.35kN/m^2$，承载力验算时按基本风压的 1.1 倍，场地粗糙度类别为 B 类。项目开展了风洞试验，设计中采用了规范风荷载和风洞试验结果进行位移和强度包络验算。

20.2　建筑特点

20.2.1　高烈度区的超高层建筑

本工程包含女儿墙的高度为 350.3m，建筑塔楼底面尺寸为54m × 54m，高宽比约 1：6.5，建筑尺度和比例极佳，建筑整体坚挺、高耸。建筑设计策略充分体现建筑自身形体的朴素之美，摒弃过多的装饰与不必要的体态动势，方形的平面贯彻所有楼层，建筑整体简洁而优雅。为了突出整体立面效果，建筑师希望结构布置尽量规律，竖向构件的截面和间距均匀一致，外框架的柱子截面尽量小，并与幕墙分隔相协调，柱截面不超过一个幕墙网格的尺寸，形成较为通透、规律的建筑效果。建筑立面效果如图 20.2-1 所示。

图 20.2-1　建筑立面效果

同时，本工程是国内较少的位于高烈度区（8 度 0.2g）超过 350m 的超高层建筑，结构抗震性能要求高。甲方对于结构成本有严格的控制，希望结构体系和构件尽量优化，在满足抗震性能的同时尽量节省成本。

20.2.2　塔楼顶部的悬挑塔冠

顶部的塔冠是国瑞·西安金融中心形象设计的点睛部位，在建筑顶部（第 71 层）为公众开放了一个完全开敞的空中活动平台，可举办各种市民活动及展览，亦可让西安市民在城市制高点鸟瞰长安胜景。由于取消了外围的结构柱，人们在这里可以独享城市上空 360°无遮挡的视觉景观，饱览西安的城市文化遗产。

塔冠顶部为悬挑结构，在悬挑部位设置了瑰丽多变的灯光照明，与城市夜景交相辉映，为西安的天际线增添了一抹亮色，意为新丝路、新起点，也寓意屹立于中国西部的灯塔（图 20.2-2）。

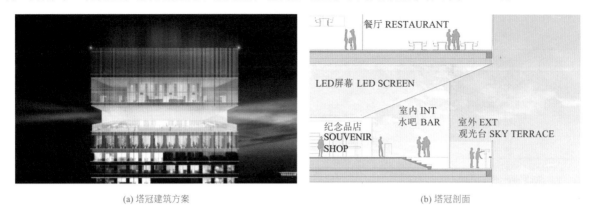

（a）塔冠建筑方案　　　　　　　　　　　　　　（b）塔冠剖面

图 20.2-2　塔冠建筑效果

20.2.3　首层开敞大堂

超高层办公建筑中，首层大堂建筑效果的好坏直接影响建筑整体方案，为了突出首层大堂的开敞和通透，本工程大堂的高度为 15.3m，建筑师希望大堂部位外围柱子的间距尽量大，将上部结构的小柱网转换为超过 9m 的大柱网，也希望柱截面尺寸尽量小、大小一致、有规律性，且建筑立面上没有复杂的转换构件。建筑师的上述要求给结构设计提出了很大的挑战，通过对多个大堂柱子及转换方案的对比，最终选用了 V 形柱转换的方案，详见图 20.2-3。上部结构的 6m 柱距在首层转换为下部的 12m 柱距，也有利于塔楼地下部分的建筑布置。

图 20.2-3　首层大堂 V 形柱方案

20.3　体系与分析

20.3.1　方案选型

本工程高度 350m，结合建筑立面造型，结构体系采用了带加强层的框架核心筒混合结构体系，地上75 层，标准层层高 4.3m，主要功能为办公，结构立面详见图 20.3-1。方案设计阶段，为了在充分体现建筑效果的基础上，优化结构设计以减小材料用量，进行了多项结构方案选型，特别体现在结构外框架的柱网、加强层的布置两个方面。

1．外框架方案对比

外框架柱子的尺寸和间距是建筑方案关心的重要问题。超高层建筑中，外框架是框架核心筒结构中的第二道抗震防线，必须具备一定的刚度，以保证大部分楼层外框架承担的地震剪力大于 10%。小柱网外框架的结构刚度大，承担的地震剪力容易达到要求，但是通透效果不好。大柱网外框架则需要增加构件截面提高其刚度，材料用量较多，柱截面较大。因此对外框架的选型进行了方案对比，方案 1 采用钢骨混凝土柱＋钢梁，外框架柱距 4.5m，方案 2 采用钢骨混凝土柱＋钢梁，外框架柱距 6m，方案 3 采用钢骨混凝土柱＋钢骨混凝土梁，外框架柱距 7.5m，58层以上柱距转换为 9m，详见图 20.3-2～图 20.3-4。三个方案核心筒和伸臂桁架等抗侧力构件的布置相同，结构荷载和楼板厚度相同，仅调整外框架的选型。具体对比结果详见表 20.3-1。

结构基本动力特性对比如表 20.3-2 所示，根据结构方案对比结果，三种结构方案的基本周期动力特性差异较小，具有基本相当的结构刚度。建筑效果方案 2 最好，经济性指标方案 3 最优，考虑到方案三的施工周期过长，经过与建设单位充分沟通，最终选择了方案 2。

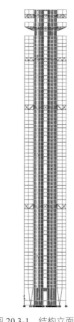

图 20.3-1　结构立面布置

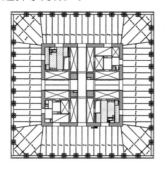 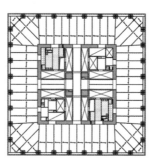 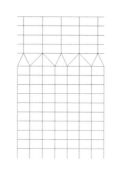

图 20.3-2　方案 1 典型楼层平面图　　图 20.3-3　方案 2 典型楼层平面图　　图 20.3-4　方案 3 立面转换示意

各方案建筑、结构效果对比　　　　　　　　　　　　　　　　　表 20.3-1

	方案 1	方案 2	方案 3
框架基本情况	结构外框架柱采用钢骨混凝土柱，柱距 4.5m，下部结构的柱截面尺寸约1.3m×1.4m； 外框架梁采用钢梁，钢梁高度 1050mm，钢梁宽度 300mm，翼缘厚度 20mm； 楼面次梁间距 2.25m	结构外框架柱采用钢骨混凝土柱，柱距 6.0m，下部结构的柱截面尺寸约1.6m×1.6m； 外框架梁采用钢梁，钢梁高度 1050mm，钢梁宽度 400mm，翼缘厚度 30mm； 楼面次梁间距 3m	结构外框架柱采用钢骨混凝土柱，柱距 7.5m，下部结构的柱截面尺寸约1.8m×1.8m； 外框架梁采用钢骨混凝土梁，钢骨混凝土梁截面1000mm×500mm； 楼面次梁间距 3m
建筑效果	柱距小，整体效果不够通透； 柱截面较小； 柱子与外幕墙的网格不能完全对应； 次梁的间距小，影响办公区域的机电布置； 柱子多，首层大堂转换复杂	柱距大，整体效果较通透； 柱截面较小； 柱子与外幕墙的网格可以完全对应； 次梁的间距合理，不影响办公区域的机电布置； 柱子少，首层大堂转换构件少	柱距大，整体效果较通透； 柱截面最大； 柱子截面超过幕墙网格，效果不好； 次梁的间距合理，不影响办公区域的机电布置； 首层大堂转换复杂
结构性能	外框架刚度好，材料用量小； 首层大堂转换复杂； 次梁间距较小，组合梁效率低； 施工周期短； 结构自重最小	外框架刚度一般，材料用量较大； 首层大堂转换合理； 次梁间距合理，组合梁效率高； 施工周期短； 结构自重适中	外框架刚度好，最省材料； 大堂转换构件尺寸最大； 次梁间距合理，组合梁效率高； 施工周期长； 结构自重最大

方案 1、方案 2、方案 3 结构主要指标对比　　　　　　　　　　　　表 20.3-2

主要计算指标	方案 1	方案 2	方案 2
周期/s	6.8	6.9	6.6
恒荷载＋活荷载/万 t	37.9	38.8	41.5
最大相对侧移	1/513	1/511	1/510
底层剪重比	2.09%	2.13%	2.14%
框架剪力最小值	9.21%	9.03%	15.6%

2. 加强层方案对比

为了协调外框架和核心筒的差异变形，减少外框架的剪力滞后效应，本工程设置了腰桁架和伸臂桁架。方案设计阶段对加强层的布置进行了方案对比，方案 1 采用了两道伸臂桁架 + 三道腰桁架，方案 2 采用三道伸臂桁架 + 三道腰桁架。两个方案核心筒和外框架的布置相同，结构荷载和楼板厚度相同，仅调整伸臂桁架的布置，从建筑效果、结构特性和经济指标等方面进行了对比。

方案 1 加强层设置在第二和第四避难层，加强层的层高 6m，另外在第五避难层设置了腰桁架。方案 2 加强层设置在第一、第三和第五避难层，加强层的层高 4.3m。两个方案中，每个加强层均设置 8 道伸臂桁架，详见图 20.3-5，楼面板采用钢筋桁架楼承板，加强层楼板厚度 200mm。伸臂桁架和腰桁架的立面布置详见图 20.3-6、图 20.3-7。

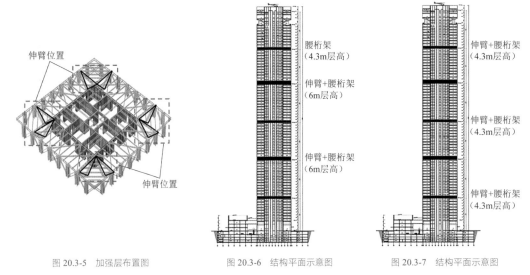

图 20.3-5　加强层布置图　　　图 20.3-6　结构平面示意图　　　图 20.3-7　结构平面示意图

宏观建筑效果和结构性能对比如表 20.3-3 所示，结构基本动力特性对比如表 20.3-4 所示。

由表 20.3-3 和表 20.3-4 可知，两种结构方案的基本周期动力特性差异较小，但是方案 1 伸臂桁架的数量更少，对爬模施工的影响小，施工周期短，经过与建设单位充分沟通，最终选择了方案 1。

各方案建筑、结构效果对比　　　　　　　　　　　　　　　　表 20.3-3

	方案 1	方案 2
建筑效果	加强层的层高较高，伸臂桁架构件对避难层建筑和设备布置影响小； 加强层的数量少	加强层的层高较小，伸臂桁架构件对避难层建筑和设备布置影响很大，特别影响避难层机电管线布置； 加强层的数量多
结构性能	伸臂桁架的高度较大，结构效率高； 材料用量少； 腰桁架高度较大，减少剪力滞后的效果更好； 伸臂桁架数量少，对爬模施工的影响小； 上部加强层与伸臂连接的柱拉应力小	伸臂桁架的高度较小，结构效率低； 材料用量多； 腰桁架的高度较小，减少剪力滞后的效果差； 伸臂桁架数量多，对爬模施工的影响大； 上部加强层与伸臂连接的柱拉应力大

方案 1 与方案 2 结构主要指标对比　　　　　　　　　　　　　　表 20.3-4

主要计算指标	方案 1	方案 2
周期/s	6.9	6.9
恒荷载 + 活荷载/万 t	38.8	38.8
最大相对侧移	1/511	1/509

20.3.2　结构布置

主楼采用带加强层的框架核心筒结构体系，外框由型钢混凝土柱与钢梁组成，内筒为钢筋混凝土剪力墙核心筒，底部加强区剪力墙设置了钢板，加强层等墙体受力较大的楼层剪力墙内设置了钢支撑。剪力墙抗震等级特一级，框架抗震等级特一级。由于正负零平面存在下沉广场，且有局部的错层，因此将地下二层顶板作为上部结构的嵌固端。

　　本工程从上至下均匀布置有五个避难层，利用第二、四避难层设置结构伸臂桁架和腰桁架，并在最上面的一个避难层设置腰桁架。结构总共设置两道伸臂桁架，三道腰桁架。

　　主楼的抗侧力结构体系包括钢骨混凝土柱和钢梁组成的外框架、钢筋混凝土核心筒剪力墙、伸臂桁架和腰桁架。核心筒为主要的抗侧力构件，承担主要的地震剪力，框架和伸臂桁架作为次要的抗侧力构件，承担部分地震作用。结构抗侧力体系的示意详见图 20.3-8，塔楼一侧的首层地面为建筑下沉广场的位置，其楼板有较大开洞，故选择楼板较为完整的地下一层地面作为结构的嵌固部位。

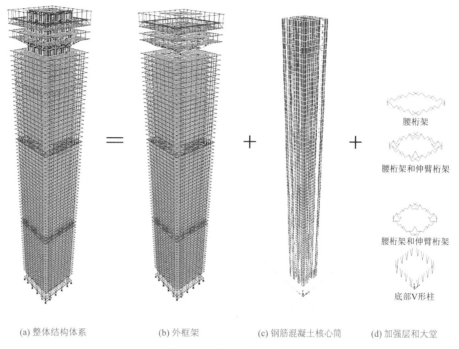

| (a) 整体结构体系 | (b) 外框架 | (c) 钢筋混凝土核心筒 | (d) 加强层和大堂 |

图 20.3-8　抗侧力体系组成

　　塔楼主要楼盖承重体系采用"钢梁＋组合楼板"，一般楼面次梁的跨度为 11～12m，次梁间距约 3m，钢梁采用组合梁，楼板采用钢筋桁架组合楼板，标准层楼板厚度 110mm，加强层楼板厚度 200mm。楼面梁与外框架柱、外框架梁或者核心筒的连接方式均采用铰接。

　　典型楼层和加强层的结构平面图如图 20.3-9、图 20.3-10 所示。

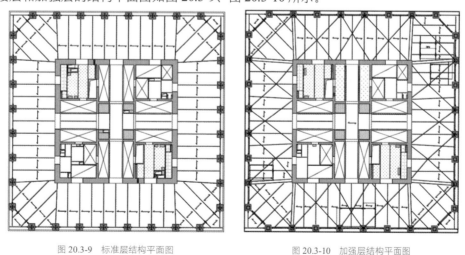

图 20.3-9　标准层结构平面图　　　　　　　　图 20.3-10　加强层结构平面图

　　外框架由钢骨混凝土柱和钢梁组成，相对于钢管混凝土柱，钢骨混凝土柱的质量更容易保证且型钢的用量略小。柱子的截面由正方形变为长方形，边长尺寸由底部的 1.6m 逐步减少为顶部的 0.9m。

　　核心筒自基础承台延伸至整个结构的顶部，上下贯穿整个结构，核心筒的布置在各楼层保持不变。

核心筒平面尺寸为29.5m×30m，外墙厚度从底部的 1.4m 逐渐减少为顶部的 0.5m，核心筒的高宽比约 11.8。

基础采用桩筏基础，其中塔楼采用了直径 1m 的灌注桩，长度 65～70m，裙房部分采用了直径 0.6m 的混凝土抗拔桩，长度约 14m。塔楼的筏板厚度 4m，裙房的筏板厚度 0.8m。

20.3.3 性能目标

1. 抗震超限分析和采取的措施

根据《超限高层建筑工程抗震设防专项审查技术要点》，本工程地上结构总高度约 350m，高度超限为本工程主要的超限项目。另外由于加强层、顶部悬挑桁架等原因，结构还存在竖向不规则和局部的斜柱等不规则项，故本工程塔楼为超限高层建筑。

针对超限问题，设计中采取了如下应对措施：

（1）采用比常规结构更高的抗震设防目标，重要构件均采用中震或大震下的性能标准进行设计。

（2）采用两种空间结构计算软件相互对比验证，并通过弹性时程分析对反应谱的结果进行调整。

（3）控制结构自身的刚度，避免出现剪重比过小的情况。同时控制外框架的刚度，提高外框架在地震作用下承担的水平剪力，充分发挥外框架作为第二道防线的作用。

（4）采用有限元分析软件进行结构大震下的弹塑性时程分析，控制大震下层间位移角不大于 1/100，并对计算中出现的薄弱部位进行加强。

（5）采用有限元分析软件对重要节点进行详细的弹塑性有限元分析。

（6）主要构件的抗震等级为特一级，竖向构件中均设置钢骨并严格控制竖向构件的轴压比，框架柱的轴压比不超过 0.65，剪力墙的轴压比不超过 0.45。

（7）底部加强区剪力墙内设置钢板，可提高剪力墙的抗震性能指标。

2. 抗震性能目标

根据抗震性能化设计方法，确定了主要结构构件的抗震性能目标，如表 20.3-5 所示。

主要构件抗震性能目标   表 20.3-5

地震水准		多遇地震	设防烈度地震	预估的罕遇地震
性能水准		完好无损	轻度损坏	中度损坏
层间位移角		1/500（首层 1/2000）	—	1/100
核心筒主要墙肢	底部加强区	弹性	不屈服、抗剪弹性	抗剪不屈服、抗剪截面满足要求
	一般区域	弹性	不屈服并控制剪应力水平	形成塑性铰、抗剪截面满足要求
	加强层及上下层	弹性	不屈服、抗剪弹性	抗剪不屈服、抗剪截面满足要求
	顶部支撑悬挑的墙体及相邻下层	弹性	不屈服、抗剪弹性	抗剪不屈服、抗剪截面满足要求
	连梁	弹性	允许进入塑性	最早进入塑性，形成塑性铰
框架柱	标准层	弹性	不屈服	晚于框架梁形成塑性铰、抗剪截面满足要求
	加强层及上下层	弹性	弹性	晚于框架梁形成塑性铰、抗剪截面满足要求
	首层 V 形柱及对应地下部分的柱子	弹性	弹性	抗剪不屈服、抗剪截面满足要求
外框架	框架梁	弹性	允许进入塑性	形成塑性铰
	腰（伸臂）桁架	弹性	不屈服	形成塑性铰
	首层 V 形柱顶外框梁	弹性	弹性	抗剪不屈服、抗剪截面满足要求
其他	节点	弹性	不先于构件破坏	不先于构件破坏

20.3.4 结构分析

1. 结构主要分析内容和方法

采用多种计算软件，对主体结构在多遇地震、设防地震、罕遇地下的地震位移反应、剪重比等整体指标以及构件承载力、损伤情况进行分析。

小震下的整体指标计算包括周期、位移、地震剪力等，采用了 ETABS 和 SATWE 两个计算软件对比分析，其中 SATWE 采用了反应谱的分析方法，ETABS 采用了反应谱分析方法和时程分析方法。通过时程分析研究长周期高柔结构的高阶振型对结构地震作用的影响，根据时程分析得到的地震剪力对反应谱方法进行放大修正，反应谱方法的计算结果和设计结果均考虑了此放大，同时通过时程分析对结构在小震下的层间位移角进行了复核。

小震下主体结构的构件计算和设计以及中震、大震下主体结构构件的性能分析主要采用 SATWE 软件，采用反应谱方法计算。计算中震工况时，连梁的折减系数采用 0.5；计算大震工况时，连梁的折减系数采用 0.3，特征周期增加 0.05，阻尼比增加 0.03。

采用 ABAQUS 进行结构在罕遇地震下的弹塑性时程分析，分析内容包括结构位移及层间位移角、地震剪力、框架的损伤情况、剪力墙的损伤情况、重要楼板的损伤情况、加强层和 V 形柱的损伤情况等，并对重要的节点进行了弹塑性分析。

2. 小震弹性分析整体结果

采用 ETABS 和 SATWE 反应谱分析得到的主体结构计算结果见表 20.3-6～表 20.3-8。两种软件计算的结构总质量、振动模态、周期、基底剪力、层间位移比等均基本一致，可以判断模型的分析结果准确、可信。结构前三阶振型图如图 20.3-11 所示。

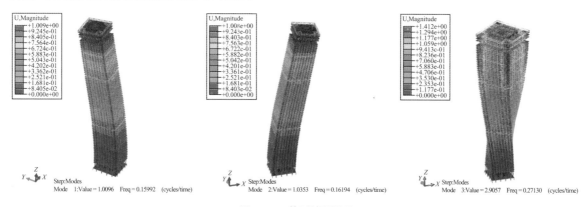

图 20.3-11　前三阶振型图示

总质量与周期计算结果　　表 20.3-6

周期		ETABS	SATWE	SATWE/ETABS	说明
总质量/t		318447	315508	99%	
周期/s	T_1	6.20	6.15	99%	Y 平动
	T_2	6.14	6.08	99%	X 平动
	T_3	3.34	3.64	109%	扭转

基底剪力计算结果　　表 20.3-7

荷载工况	ETABS/kN	SATWE/kN	SATWE/ETABS	说明
EX	70980	73900	104%	X 向地震
EY	70770	73900	104%	Y 向地震

荷载工况	ETABS	SATWE	SATWE/ETABS	说明
SX	1/618	1/559	110%	X向地震
SY	1/609	1/544	111%	Y向地震

3. 罕遇地震下动力弹塑性时程分析结果

采用 ABAQUS 进行结构的弹塑性时程分析时考虑以下非线性因素：几何非线性、材料非线性、施工过程非线性。梁、柱等杆件采用纤维梁单元；楼板采用四边形或三角形缩减积分壳单元；剪力墙采用分层壳单元，详见图 20.3-12。按建筑场地类别和设计地震分组选用不少于两组实际地震记录和一组人工模拟的加速度时程曲线。罕遇地震计算过程中结构阻尼比取 0.04，水平两方向和竖向地震波峰值加速度比为 1∶0.85∶0.65，罕遇地震加速度峰值取 0.40g。

结构X向各层最大层间位移角如图 20.3-13 所示，从图中可以看出 L033-456XY 工况下第 43~46 层层间位移角为 1/106。结构Y向各层最大层间位移角如图 20.3-13 所示，从图中可以看出 L033-456YX 工况下第 40~45 层层间位移角为 1/109。

构件计算结果表明，连梁首先屈服，起到较好的耗能作用。核心筒未出现某层贯通的损伤，底部加强区大部分墙体的累积受压损伤较小，墙体内的大部分钢板应力水平小于 230MPa，少量钢板产生屈服。框架柱混凝土未出现压溃，柱内型钢并未出现全截面屈服，伸臂桁架和腰桁架进入塑性，但塑性发展程度并不充分。绝大部分楼板损伤因子小于 0.4，结构顶部楼板的受压损伤最大值达到 0.971，在后续施工图设计中进行了加强。

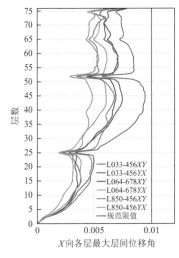
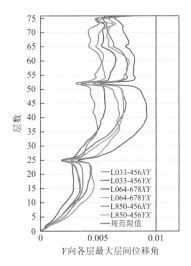

图 20.3-12 弹塑性计算模型　　图 20.3-13 大震弹塑性时程下层间位移角

20.4 专项设计

20.4.1 首层大堂 V 形柱设计

1. 方案比选

首层大堂的设计是本工程建筑设计的重点，也是结构设计的难点。首层大堂外框架柱的结构方案既要实现建筑柱网间距从上部结构 6m 到下部结构 12m 的转换，达到通透的视觉效果，也要保证首层的柱截面与上部结构基本一致、有规律性，同时还要具有足够的刚度和强度，保证高烈度区外框架结构作为抗震第二道防线的作用。结构设计时对比了多种外框架的布置方案,包括桁架转换方案、外框架柱直接落地方案、斜柱转换方案等,详见图 20.4-1。

相对于普通的梁式转换或者桁架转换,采用 V 形柱的转换方式(图 20.4-2)可以保证首层的柱截面较小,截面边长不大于 1.8m,同时首层外框架还具有较大的刚度,能分担更多的地震剪力,更好地发挥第二道防线的作用。本工程的 V 形柱并非连续布置,故在首层顶设置了高度为 2.5m 的劲性混凝土梁,保证 V 形柱整体的刚度,首层框架承担的剪力大于底部总剪力 8%。对首层的斜柱设置了大震不屈服的性能目标,通过有限元软件分析了首层柱在大震下的弹塑性抗震性能、稳定性、防倒塌性能等,并控制首层在小震下的层间位移角不大于 1/2000。

V 形柱在大震弹塑性计算下的混凝土应变结果如图 20.4-3 所示,部分框架柱边缘混凝土压应变小于混凝土极限压应变 0.0033,表明混凝土未出现压溃,V 形柱钢板的应力结果如图 20.4-4 所示,最大应力小于 300MPa,均未发生屈服。上述结果表明,V 形柱在罕遇地震下的抗震性能较好。

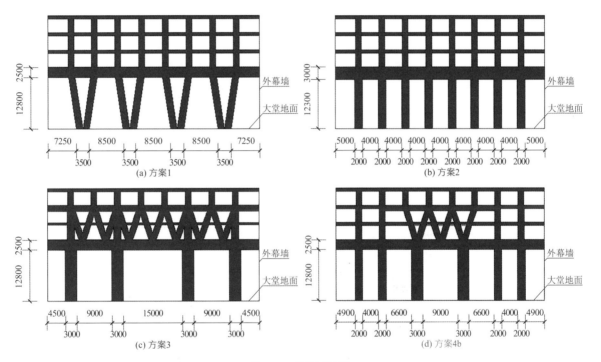

(a) 方案1

(b) 方案2

(c) 方案3

(d) 方案4b

图 20.4-1　首层大堂方案

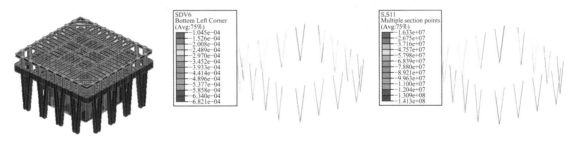

图 20.4-2　首层 V 形柱转换大样　　　图 20.4-3　V 形柱角部混凝土应变　　　图 20.4-4　V 形柱角部型钢应力

2.V 形柱计算长度分析

外框柱与框架边梁形成了抗侧力体系的第二道防线,其自身稳定性将直接影响结构的整体稳定性。构件的计算长度反映了构件端部所受约束作用的大小,因为外框柱刚度较大,除伸臂或腰桁架的约束之外,各层楼板对其约束是有限的。因此外框柱计算长度无法直接取各楼层层高,也不符合直接按《高层建筑混凝土结构技术规程》JGJ 3-2010(简称《高规》)来确定的条件。因此,应采取线弹性屈曲分析来合理确定其计算长度。计算楼盖侧向约束刚度时，可以取出某一代表楼层模型，在外框柱通过该楼层楼面处施加水平轴线方向上的单位力，并考虑楼板和钢梁刚度折减等条件，得到在此单位力下的楼层平动位移，再取其倒数即为该楼层楼板对柱的侧向约束刚度。采用 SAP2000 分析得出外框柱的屈曲临界荷载，并反算计算长度，详见图 20.4-5。

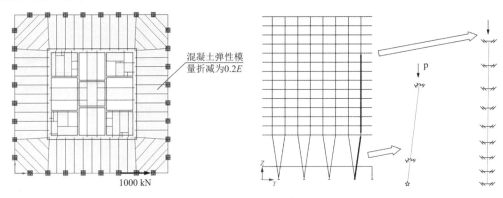

图 20.4-5　V 形柱计算长度分析

3. 节点设计

V 形柱节点采用三维有限元软件分析，计算模型详见图 20.4-6，X 向地震和 Y 向地震均采用"大震不屈服"计算工况。型钢 Mises 应力及塑性应变如图 20.4-7 所示，局部 Mises 应力最大值为 340.5MPa，接近但并未达到 Q345 级钢材屈服应力 345MPa，说明型钢并未产生屈服。

混凝土塑形应变及受压损伤分别如图 20.4-8 所示，混凝土局部塑形应变最大值为 0.00237，节点表面混凝土处，由于没有箍筋的约束，所以应变较大，混凝土受压损伤的分布与塑性应变的分布一致，最大损伤为 0.58，大部分混凝土未出现损伤，说明 V 形柱节点满足"大震不屈服"的标准。竖向钢筋及箍筋应力如图 20.4-9 所示，钢筋局部应力最大值出现在 V 形柱根部附近，为 400MPa，达到钢筋屈服应力 400MPa。

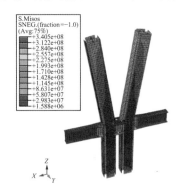

图 20.4-6　节点计算模型　　　　　　　　　图 20.4-7　节点型钢应力

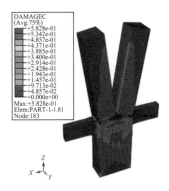
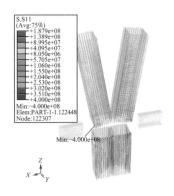

图 20.4-8　节点混凝土塑形应变及受压损伤　　　图 20.4-9　节点钢筋应力

20.4.2　塔冠悬挑结构设计

由于建筑方案的需要，本工程地上 71 层为观光层，外框柱在观光层停止，并不向上延伸。顶部的 73 层和 74 层由支撑在核心筒上的悬挑桁架支撑，其中 73 和 74 层地面由位于 72 层的悬挑桁架支撑，74 层的顶板由位于 75 层的悬挑桁架支撑，详见图 20.4-10。对于超高层结构顶部的大悬挑结构，设计中存在以下几点不利因素：（1）收进部分的结构刚度存在突变，核心筒的墙体承担了全部地震作用，墙体为薄弱部位；（2）结构悬挑和收进部位位于塔楼顶部，顶部的楼层可能出现鞭梢效应，地震作用相对于常规结构被放大；（3）钢结构悬挑桁架的根部位置受力集中，节点设计复杂，特别是支撑墙体内的混凝土浇筑质量不易保证。如何克服上述几点不利因素，实现设计的性能要求，是尤为关键的内容。

结构设计时，采取了以下方法保证悬挑结构的安全。（1）采用时程分析，考虑鞭梢效应对水平和竖向地震的放大作用，保证结构在大震下的安全性。（2）对支撑悬挑桁架的墙体提出了更高的性能目标，在核心筒墙体内设置钢支撑（图 20.4-11），增加墙体的厚度，达到中震弹性，大震抗剪不屈服的设计目标。（3）对此部分墙体进行大震弹塑性时程分析验证，研究其在罕遇地震下的性能。（4）优化节点设计，悬挑桁架的上下弦杆在墙体内贯通，保证弦杆的受力可靠。（5）适当增大结构楼板的厚度，增加楼板配筋并且设置了楼面水平支撑。

采用了时程分析方法、反应谱方法和规范规定的简化算法对悬挑结构在竖向地震下的反应进行了对比分析，选用了反应谱方法进行小震下的结构设计，同时利用时程分析和反应谱方法验证悬挑结构中震和大震下的性能。

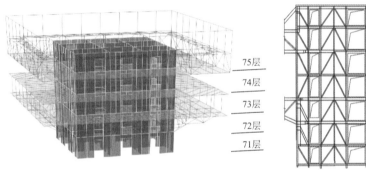

图 20.4-10　塔楼顶部结构布置

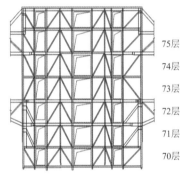

图 20.4-11　72 层悬挑桁架布置

1. 不同方法计算悬挑结构竖向地震的结果对比

为了研究顶部悬挑结构在竖向地震下的鞭梢效应，分别采用了时程分析方法、规范规定的简化计算方法、竖向反应谱方法计算结构在竖向地震下的反应，研究不同计算方法下竖向地震工况桁架主要受力构件的应力水平。分析结果表明，通过竖向地震时程分析得到的桁架应力最大，通过反应谱分析得到的结果稍小，均远大于规范规定的简化算法（$0.1G_{eq}$，G_{eq} 为重力荷载代表值）。时程分析得到的竖向地震下的杆件内力约为反应谱计算方法的 1.1 倍，约为简化算法的 3 倍。悬挑桁架的结构设计采用反应谱方法，并根据时程分析得到的结果进行放大调整。

2. 中震和大震下的分析验证

（1）采用反应谱方法验算悬挑结构中震和大震下的性能

悬挑结构的抗震性能目标为中震弹性、大震不屈服，采用反应谱分析方法，对中震和大震下的结构的性能进行验证。中震下的工况定义为 1.2DL（恒荷载作用）+0.6LL（活荷载作用）±1.3E_h（水平地震作用）±0.5×1.1E_v（竖向地震作用）、1.2DL + 0.6LL ± 0.5E_h ± 1.3×1.1E_v，其中竖向地震根据时程分析的结果进行了放大，放大系数为 1.1。大震下的工况定义为$1.0DL + 0.5LL \pm 1.0E_h \pm 0.38 \times 1.1E_v$、$1.0DL + 0.5LL \pm 0.38E_h \pm 1.0 \times 1.1E_v$，其中竖向地震根据时程分析的结果进行了放大，放大系数为 1.1。中震和大震下的结果见图 20.4-12，通过计算分析可以看到，悬挑结构可以满足设定的性能目标。

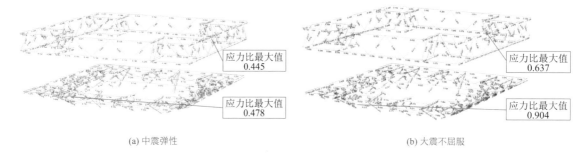

应力比最大值 0.445

应力比最大值 0.478

应力比最大值 0.637

应力比最大值 0.904

(a) 中震弹性　　　　　　　　　　　　(b) 大震不屈服

图 20.4-12　塔冠钢结构应力比图

（2）采用时程分析验算悬挑结构大震下的性能

采用时程分析的方法对大震下悬挑结构的安全性进行复核，采用竖向地震为主的时程分析结果，工况定义为$1.0DL + 0.5LL \pm 1.0 (0.85Eh_x + 0.65Eh_y + 1.0E_v)$，其中$Eh_x$、$Eh_y$、$E_v$分别代表$x$向水平加速度时程最大值、$y$向水平加速度时程最大值、竖向加速度时程最大值。结果详见图 20.4-13，通过结果可见，钢结构悬挑构件在大震时程工况下的应力比均小于1。

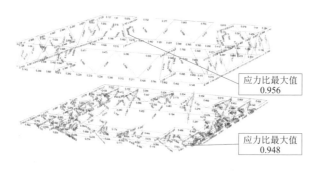

应力比最大值 0.956

应力比最大值 0.948

图 20.4-13　塔冠钢结构应力比图

3．节点设计

节点的设计原则如下：（1）钢结构悬挑桁架支撑在混凝土墙内设置的钢柱上，保证节点连接的强度大于杆件强度。（2）上下弦杆在墙体内贯通，保证弦杆的轴力有效传递，也减少墙体分担的局部弯矩。（3）为增加支撑墙体的性能，墙体内设置钢支撑和钢梁，墙体的钢结构采用开口构件，方便浇筑混凝土。典型的节点如图 20.4-14、图 20.4-15 所示。

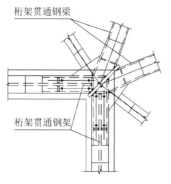

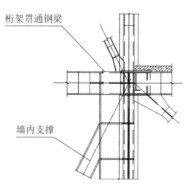

桁架贯通钢梁

桁架贯通钢梁

桁架贯通钢架

墙内支撑

图 20.4-14　悬挑桁架下弦节点平面示意　　　图 20.4-15　悬挑桁架上弦节点立面示意

20.4.3 钢板剪力墙设计

本工程核心筒是塔楼主要抗侧力构件，是塔楼抗震的最重要一道防线。为了提高结构的抗震性能，核心筒墙体采用了以下主要加强措施：（1）提高墙体的性能目标，其中底部加强区、加强层及其上下楼层、支撑塔冠的墙体抗震性能达到中震抗弯不屈服，大震抗剪不屈服；（2）控制剪力墙的轴压比不超过0.45；（3）进行大震弹塑性分析，了解结构的薄弱部位，验证结构在大震下的性能；（4）控制中震下核心筒的拉应力水平。

剪力墙结构构件内力分析和设计均采用反应谱分析法，考虑小震、中震和大震下的不同工况，采用弹塑性时程分析法判断墙体在大震下的损伤情况。

1. 剪力墙中钢板和型钢设置

为满足墙体轴压比要求，减小底部核心筒墙体的厚度，同时也为了大幅度提升剪力墙的抗震性能、延性耗能能力及抗倒塌安全储备，底部加强区剪力墙内设置了钢板，并设置多层钢支撑过渡层；加强层及上下层的墙体，核心筒剪力墙内设置了钢支撑。为了保证核心筒底部名义拉应力在双向地震下不超过两倍混凝土抗拉强度，核心筒角部边缘构件内设置较多型钢，型钢承担全部拉应力的同时也能降低名义拉应力。普通楼层在核心筒边缘构件设置型钢。塔楼剪力墙内型钢的布置详见图20.4-16～图20.4-18。

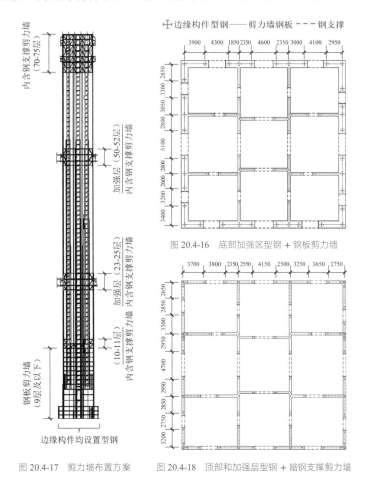

图 20.4-16 底部加强区型钢 + 钢板剪力墙

图 20.4-17 剪力墙布置方案   图 20.4-18 顶部和加强层型钢 + 暗钢支撑剪力墙

2. 墙体弹塑性时程分析结果

通过大震时程分析的结果，对剪力墙的抗震性能进行评估。可以看到剪力墙累积受压损伤主要出现在结构顶部（图20.4-19），核心筒外墙未出现某层贯通的损伤，损伤主要位于连梁及洞口处（图20.4-20）。伸臂之间墙体（第24～51层）累积受压损伤主要位于连梁及洞口处，伸臂层与伸臂桁架相连的墙体也出现损伤，平均损伤因子小于0.4（图20.4-21）。顶部墙体连梁均充分屈服，与顶部桁架处相连墙体损伤较为明显（图20.4-22）。

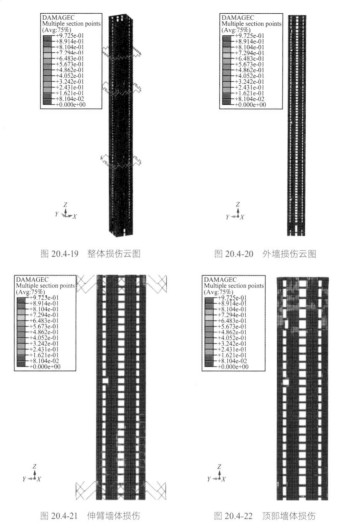

图 20.4-19　整体损伤云图　　　　图 20.4-20　外墙损伤云图

图 20.4-21　伸臂墙体损伤　　　　图 20.4-22　顶部墙体损伤

核心筒底部加强区外墙累积受压损伤如图 20.4-23 所示，从图中可以看出，除连梁进入塑性之外，大部分墙体的累积受压损伤因子小于 0.1。底部加强区内墙累积受压损伤如图 20.4-24 所示，从图中可以看出，绝大部分连梁进入塑性，大部分墙体的累积受压损伤因子小于 0.1。

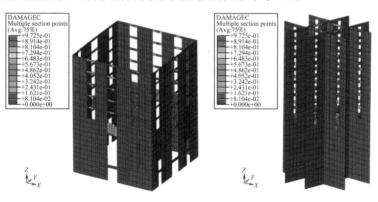

图 20.4-23　底部加强区外墙受压损伤云图　　　　图 20.4-24　底部加强区内墙损伤云图

核心筒底部加强区外墙钢板 Mises 应力如图 20.4-25 所示，从图中可以看出局部钢板应力达到 356MPa，产生屈服，大部分钢板的应力水平小于 230MPa。核心筒底部加强区内墙钢板 Mises 应力如图 20.4-26 所示，从图中可以看出局部钢板应力达到 362MPa，产生屈服，大部分钢板的应力水平小于 240MPa。

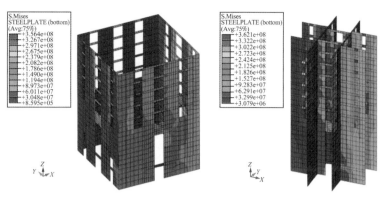

图 20.4-25　底部加强区外墙钢板应力云图　　　　图 20.4-26　底部加强区内墙钢板应力云图

20.4.4　基础变刚度调平设计

1．桩基础平面变刚度调平设计

本工程的塔楼重量大，特别是混凝土核心筒传递的竖向荷载远大于外围的框架柱，同时本工程地基条件一般，主要的桩基持力层为黏土层，这也导致了核心筒部位会有比较大的沉降。

为了有效分散核心筒的压力，塔楼核心筒四角的剪力墙在地下室向外延伸，扩大核心筒范围，以减小筏板厚度和不均匀沉降。同时本工程桩基布置采用了变刚度调平设计，采用长短桩变调平设计思路，框架柱最外侧两排抗压桩有效桩长取 65.0m，单桩抗压承载力特征值取 11000kN，核心筒区域有效桩长 70.0m、抗压承载力特征值 12000kN，桩侧、桩端均采用了后注浆。塔楼桩基布置详见图 20.4-27。

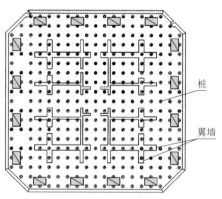

桩

翼墙

图 20.4-27　桩基布置图

2．数值沉降变形计算分析

采用国际地基基础与岩土工程专业数值分析有限元计算软件 PLAXIS 3D 2013，考虑上部结构、基础和地基的相互作用，考虑地基土和结构的相互作用，进行主裙楼整体模型的计算分析，如图 20.4-28 所示。

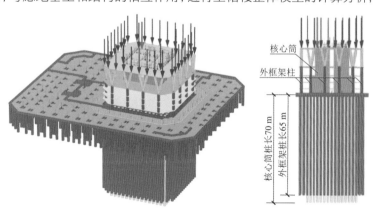

核心筒

外框架柱

核心筒桩长70 m

外框架桩长65 m

图 20.4-28　计算模型

沉降计算结果统计见表 20.4-1，可见主楼筏板挠度小于地基变形允许值，满足规范要求，主裙楼差异沉降为 0.13%，大于规范的 0.10%限值，这是由于主楼筏基和地下室筏基交接处荷载分布不均匀导致的，如图 20.4-29 所示，该沉降问题通过在主裙楼之间设置沉降后浇带解决。

建筑物	最大沉降量/mm	筏板挠度/%	主裙楼差异沉降/%
主楼	92	0.031	0.13
裙房	68	—	—
规范规定值	—	≤ 0.05	≤ 0.10

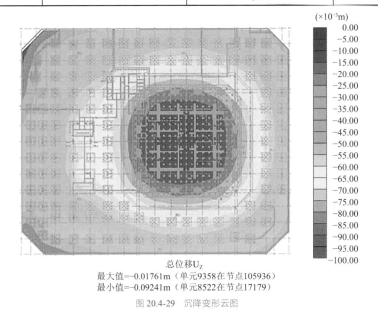

总位移U_z
最大值=-0.01761m（单元9358在节点105936）
最小值=-0.09241m（单元8522在节点17179）
图 20.4-29 沉降变形云图

根据沉降计算结果，进行迭代计算，得到桩基及地基的基床系数，该计算结果应用于基础筏板的内力及配筋计算。筏板内力分析考虑了桩基和桩间土的共同工作，相对于常规的分析方法，有效减小了筏板的厚度和桩基长度。

20.4.5　结构精细化设计

本项目从方案设计阶段开始就把成本控制放在最重要的位置上，建设单位对整体成本控制提出了极高的要求。塔楼建筑方案简洁优雅，去掉了复杂的建筑造型，功能上也尽量进行统一，避免涉及更多的结构转换。如何控制高烈度区超高层项目的结构成本是本工程结构设计的重点，在设计过程中进行了大量的方案对比和精细化设计，主要有以下几个方面：

1. 结构布置的选型对比

在方案选型阶段已进行了介绍，本工程地上塔楼设计过程中，针对外框架的柱距和外框架的形式进行了详细的方案比选，选用的外框架方案既满足了建筑功能的需要，又具有很好的刚度，能有效发挥第二道防线的作用，避免了为增加框架的刚度而导致的外框架材料用量增加。另外对比了外框架柱采用钢管混凝土柱和型钢混凝土柱两种不同方案，外框架采用钢骨混凝土方案的经济性优于外框架采用钢管混凝土柱的方案。

针对伸臂桁架的选型和布置方式进行了方案对比，最终选用了两道伸臂桁架和三道腰桁架的结构布置方案。选用两道伸臂桁架可以有效的减少结构成本和施工周期，在结构63层增设的腰桁架位于结构层间位移角最大的位置，在不增加伸臂桁架数量的前提下，有效减小了结构层间位移角，降低结构成本。

2. 合理性能目标的确定

本工程塔楼的结构布置尽量规则简单，竖向构件连续合理，通过建筑和结构专业的紧密配合，保证结构主体的规则性，在广泛咨询专家意见的前提下合理地制定了性能目标，避免了因为局部结构不规则导致的性能目标提高。

3．核心筒的优化设计

本工程核心筒是结构抵抗地震作用的第一道防线，发挥最大的作用，因此对核心筒的强度和刚度提出了很高的要求，核心筒的材料用量也是结构成本最重要的部分。结构设计过程中，适当增大了底部区域核心筒墙体的厚度，减小剪力墙中钢板的厚度，同时在很多需要加强的位置采用钢支撑剪力墙代替钢板剪力墙，减小了墙体中型钢的用量。

4．经济合理的楼盖系统

塔楼楼盖采用钢-混凝土组合梁形式，楼板采用钢筋桁架组合楼板，标准层楼板厚度110mm，次梁的间距为3m。钢筋桁架组合楼板防火性能好，能更好地适应悬挑部位布置，同时钢筋桁架组合楼板组合梁中钢材的利用率更高，可以一定程度减少次梁的用钢量。标准层楼面钢梁跨度约12m，钢梁高度490mm，通过加工阶段起拱解决钢梁挠度过大问题，钢梁腹板位置预留设备洞口以提高楼层净高，同时在剪力墙的端部减小了梁高，便于走廊位置的管线布置。施工图设计阶段，参考顾问单位及建设方意见，适当提高了舒适度的标准，对楼面钢梁进行了加强。

通过大量的优化设计，本工程的结构成本得到了很好的控制，根据已通过施工图审查的图纸，本工程塔楼部分用钢量计算值见表20.4-2。

<table>
<tr><td colspan="3" align="center">沉降计算结果表</td><td align="right">表20.4-2</td></tr>
<tr><td>项目</td><td colspan="2">型钢用量/t</td><td>用量占比</td></tr>
<tr><td>核心筒</td><td colspan="2">7211</td><td>25.0%</td></tr>
<tr><td>梁</td><td colspan="2">9531</td><td>33.1%</td></tr>
<tr><td>柱</td><td colspan="2">8374</td><td>29.1%</td></tr>
<tr><td>斜杆</td><td colspan="2">806</td><td>2.8%</td></tr>
<tr><td>屋顶层悬挑结构</td><td colspan="2">1427</td><td>5.0%</td></tr>
<tr><td>楼梯</td><td colspan="2">540</td><td>1.9%</td></tr>
<tr><td>锚栓</td><td colspan="2">180</td><td>0.6%</td></tr>
<tr><td>附属结构（雨篷等）</td><td colspan="2">720</td><td>2.5%</td></tr>
<tr><td>汇总</td><td colspan="2">28789</td><td>—</td></tr>
</table>

塔楼地上地下面积共计22万m²，按塔楼计算的型钢用量为131kg/m²（不含栓钉、节点板、连接螺栓、混凝土内的埋件）；钢筋用量约99kg/m²（不含基础底板和桩内钢筋）。结构成本控制满足了建设单位提出的要求，在已建的同类工程中处于优秀水平。

20.5 结语

国瑞西安金融中心项目，是国内少数高烈度区高度达到350m的超高层建筑，也是西安市的地标性建筑，其造型简洁、优雅，充分结合了建筑效果和结构受力需要。结构体系选用了带加强层的框架核心筒结构体系，通过充分的优化设计，在实现建筑效果的前提下达到了非常好的经济效益，结构整体的材料用量大幅低于已建成的同类建筑。

在结构设计过程中，主要完成了以下几方面的创新性工作：

（1）框架核心筒结构外框架柱距的优化设计与分析

通过方案对比，优化了外框架的柱网布置，在同类的建筑中首次采用了6m的外框架柱距，既保证了外框架作为第二道防线的效果，也实现了建筑效果对柱截面尺寸以及柱子与幕墙协调的要求，取得了相当可观的经济效益。通过合理地设置伸臂桁架和腰桁架，保证了塔楼的整体性能。

（2）塔楼首层大堂 V 形柱设计与分析

由于地上结构的柱网为 6m，为了保证首层大堂的效果，同时有利于地下室部分的建筑功能布置，首层大堂首次采用 V 形柱进行转换的方式。V 形柱结合首层顶的劲性混凝土环梁，在结构布置简洁的同时具有良好的刚度，保证了外框架承担的地震剪力的比例，有效的发挥了外框架作为第二道防线的作用。

（3）超高层结构塔冠悬挑结构设计与分析

超高层结构的顶部在地震作用下可能有很大的鞭梢效应，本工程塔楼的塔冠为悬挑结构，鞭梢效应更为明显。为了保证安全，对塔冠部分采取了概念设计、有限元分析相结合的方法。通过弹性时程分析的手段，对反应谱计算的结果进行修正，同时采用弹塑性时程分析的方法对塔冠在大震下的性能进行研究，针对薄弱部位采取加强措施。

另外，设计过程中对核心筒墙体进行了大量的优化设计，采取了增设钢板、钢支撑等加强措施，并对内置钢板混凝土剪力墙的构造进行了大量优化。弹性计算分析和弹塑性时程分析表明，本工程的核心筒具有良好的抗震性能，可以满足设计目标。同时对于标准层楼盖和长悬挑楼盖，进行了人行荷载作用下的舒适度分析，采用《高规》的分析方法分别验证了结构舒适度，结果表明竖向峰值加速度位于规范限值内，楼盖竖向刚度设置合理。

国瑞西安金融中心采用了带加强层的框架核心筒混合结构体系，具有侧向刚度大、空间利用率高、结构构件简洁、建筑空间布置灵活等特点，很好的满足了建筑方案的要求。在结构设计过程中，对外框架的选型、伸臂桁架的选型、核心筒的加强措施、楼板次梁的选型等采取了大量的方案对比分析，在此基础上，从结构体系层面到构件设计层面进行了全面且充分的优化工作，合理确定了有效的耗能机制、多道防线设防机制、构件的抗震性能目标，在保证结构抗震性能的同时达到了很好经济效果，整体材料用量指标远低于甲方确定的控制值。该项目已经封顶，建筑结构完成度高，是高烈度区高层建筑的成功案例。

20.6 延伸阅读

扫码查看项目照片、动画。

参考资料

[1] 建研科技股份有限公司. 利科·西安国际金融中心风致振动分析报告[R]. 2014.

[2] 北京市建筑设计研究院有限公司. 利科·西安国际金融中心超限高层建筑工程可行性论证及抗震设计报告[R]. 2014.

[3] 陕西大地地震工程勘察中心. 利科·西安国际金融中心工程场地地震安全性评价工作报告:2014003AP003[R]. 2014.

[4] 方云飞，王媛，孙宏伟. 国瑞·西安国际金融中心超长灌注桩静载试验[J]. 建筑结构, 2016, 46(17): 99-104.

[5] 中华人民共和国住房和城乡建设部. 超限高层建筑工程抗震设防专项审查技术要点. 建质[2015]67 号[A]. 2015.

[6] 陈国栋，郭彦林，范珍，等. 钢板剪力墙低周反复荷载试验研究[J]. 建筑结构学报, 2004, 25(2): 19-26,38.

[7] 刘斌，杨蔚彪，陆新征，等. 剪力墙内支撑布置方案对超高层建筑结构抗震性能的影响[J]. 建筑结构, 2016, 46(3): 1-5.

设计团队

结构设计单位：北京市建筑设计研究院有限公司（初步设计＋施工图设计）

结构设计团队：束伟农、苗启松、李文峰、卢清刚、孙宏伟、陈　晗、陈　曦、阎东东、苏宇坤、万金国、方云飞

执　笔　人：束伟农、陈　晗

中信大厦

21.1 工程概况

21.1.1 建筑概况

中信大厦位于北京市朝阳区 CBD（中央商务区）核心区，东至金和东路，南至规划绿地，西至金和路，北至光华路。建筑高度为 528m，用地面积约 1.15 万 m²，建筑面积约 43.7 万 m²，其中地上约 35 万 m²，地下约 8.7 万 m²，地上 108 层，地下 7 层，主要功能为办公。外轮廓尺寸从底部的 78m×78m 向上渐收进至 54m×54m，再向上渐放大至顶部的 69m×69m，形似古代酒器——尊，建筑实景如图 21.1-1 所示。

图 21.1-1　建筑实景

典型建筑标准层平面与剖面图如图 21.1-2 所示。

21.1.2 设计条件

1. 主体控制参数（表 21.1-1）

控制参数　　　　　　　　　　　　　　　　　　　　　　　　　　　　　　　　表 21.1-1

结构设计基准期	50 年	建筑抗震设防分类	重点设防类（乙类）
建筑结构安全等级	一级	抗震设防烈度	8 度（0.2g）
结构重要性系数	1.1	设计地震分组	第一组
地基基础设计等级	一级	场地类别	Ⅱ类
建筑结构阻尼比	0.035（小震、中震）/0.05（大震）	周期折减系数	0.85（小震）/0.95（中震）/1.0（大震）

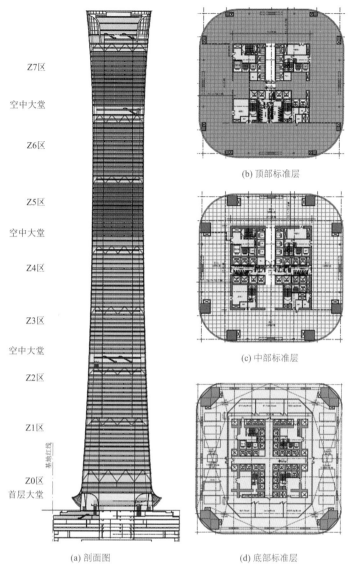

Z7区

空中大堂

Z6区

Z5区

空中大堂

Z4区

Z3区

空中大堂

Z2区

Z1区

基地红线

Z0区
首层大堂

(a) 剖面图

(b) 顶部标准层

(c) 中部标准层

(d) 底部标准层

图 21.1-2　典型建筑标准层平面图与剖面图

2．风荷载与地震作用

结构变形验算取 50 年重现期风压 0.45kN/m²，承载力验算取 50 年重现期风压放大 1.1 倍，舒适度验算取 10 年重现期风压 0.30kN/m²。地面粗糙度类别为 C 类。风荷载分析采用的阻尼比，承载力与变形验算取 0.02，风振验算取 0.015。风荷载按风洞试验和规范风荷载进行包络设计。

地震作用计算采用规范谱，并将规范谱大于 6s 后直线拉平取用。考虑安评谱与规范谱的包络设计。

21.2　建筑特点

21.2.1　高烈度区细腰形的超高层建筑

中信大厦结构高度约 528m，是在高烈度区 8 度（0.2g）已建成的唯一一栋超过 500m 的超高层建筑。且呈现独特的中部收进顶部放大的细腰造型，其轮廓如图 21.2-1 所示。底部轮廓尺寸为78m×78m（P1平面），标高 286.000m 处收进至54.9m×54.9m（P2 平面），标高 385.000m 处收进至最小54m×54m（P3

平面），再向上则逐渐放大，标高 454.000m 放大至57.15m×57.15m（P4 平面），屋顶标高 527.700m 放大至69m×69m（P5 平面）。

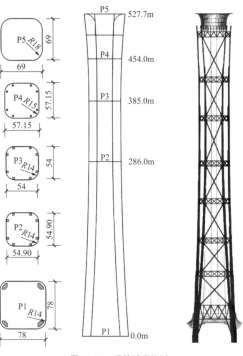

图 21.2-1　建筑轮廓控制

21.2.2　建筑-结构一体化设计

　　中信大厦具有独特的细腰造型。为实现建筑效果，同时也为结构能够获得更大的抗侧刚度，巨型柱应尽可能贴近建筑外完成面，在巨型柱截面较大的区域采用八边形或六边形的形状。巨型外框筒的外控制面采用分段折面的形式来贴合建筑曲面表皮，该做法既可以较好地控制巨型外框筒与建筑外完成面的距离，又可降低构件的加工与施工难度。

　　采用建筑-结构一体化设计方法，塔冠结构、塔冠二次结构以及雨篷结构，均可完全贴合屋面或者幕墙，实现较好的建筑效果。塔冠立柱的上部区段和雨篷结构的主悬挑梁均采用弯扭形式的箱形截面。塔冠结构、塔冠二次结构以及雨篷结构模型如图 21.2-2 所示。

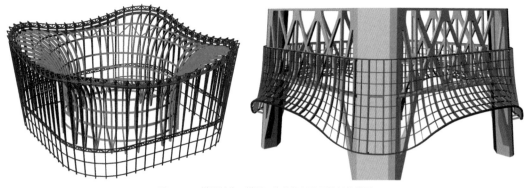

图 21.2-2　塔冠结构、塔冠二次结构以及雨篷结构模型

21.2.3　超大通透建筑空间的实现

　　转换桁架将整个塔楼分成 Z0 区～Z8 区等 9 个区段，其中 Z0 区为大堂，Z1 区～Z7 区为办公区段，

Z8 区为观光或其他功能。在每个办公区段，仅设置截面为 H650×450的重力柱承担本区段的重力荷载，形成了 25～50m 的超大通透空间，有效提高建筑品质。在 Z0 区首层大堂，由于 Z1 区办公区域的重力柱已经由转换桁架承担，巨型斜撑也优化靠近巨型柱的"八"字形斜撑，最终在首层大堂形成了约 18m 高、近 50m 宽的无柱、通透空间。首层大堂实景图如图 21.2-3 所示。

图 21.2-3　首层大堂实景图

21.3　体系与分析

21.3.1　方案对比

由于建筑规划的调整、业态的变化，中信大厦的高度与结构体系也随之变化。在设计之初，即第一次超限咨询审查时，建筑总高度达到 546m，建筑功能为办公。进行了单斜撑巨型外框筒、交叉斜撑巨型外框筒以及底部交叉斜撑＋上部密柱框筒等结构体系的比选。到第二次超限咨询审查时，建筑总高度降低至 536m，后又降低至 528m，业态也由原来的办公楼变为底部办公，上部酒店。对应采用了底部交叉斜撑＋上部密柱框筒的结构体系。在正式超限审查时，建筑高度确定为 528m，而业态又回到全部办公楼，结构体系也随之确定为最为高效的巨型支撑外框筒-混凝土核心筒。结构体系演变见表 21.3-1。

结构体系演变　　　　　　　　　　　　　　　　　　表 21.3-1

结构计算模型简图						
高度/m	546	546	546	536	528	528
结构体系	巨型框架单斜撑＋混凝土核心筒	巨型框架双斜撑＋混凝土核心筒	巨型框架双斜撑/密柱框筒＋混凝土核心筒	巨型框架双斜撑/密柱框筒＋混凝土核心筒	巨型框架双斜撑/密柱框筒＋混凝土核心筒	巨型框架双斜撑＋混凝土核心筒
重力荷载代表值/MN	7026	7068	7158	6856	6727	6408
周期/s	8.55/8.20/2.73	8.38/8.05/2.62	8.14/7.85/2.62	7.64/7.21/3.19	7.37/7.33/2.79	7.59/7.54/2.45
剪重比/%	1.920	1.966	1.963	1.903	1.991	2.026

21.3.2 结构布置

本工程采用巨型支撑外框筒-混凝土核心筒的双重抗侧力体系。巨型支撑外框筒由巨型柱、转换桁架以及巨型斜撑组成。8 根巨型柱分布于塔楼外围（7 层及以下为 4 根），采用多腔钢管混凝土柱，转换桁架与巨型斜撑均采用焊接箱形截面。混凝土核心筒采用钢板混凝土剪力墙、钢板支撑混凝土剪力墙。核心筒内中间十字区楼板、核心外围楼板均采用钢筋桁架楼承板，其他楼板采用压型钢板组合楼板。核心筒、巨型柱抗震等级为特一级，巨型斜撑、转换桁架抗震等级为一级。地下二层顶板作为上部结构的嵌固端。结构标准层平面如图 21.3-1 所示。

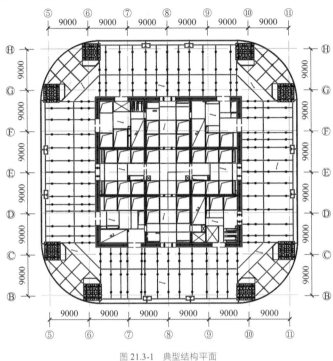

图 21.3-1 典型结构平面

21.3.3 性能目标

（1）超限检查

本工程结构高度 528m，《高层建筑混凝土结构技术规程》JGJ3-2010 中规定 8 度（0.2g）地区、筒中筒结构 B 级的最大适用高度为 170m，属于高度超限高层建筑。

因为塔楼的细腰造型，取 7 个典型平面计算结构最不利高宽比，详见表 21.3-2。随着高度的增加和体型的收进，高宽比亦减小，底部高宽比最不利，为 7.14，略超过规范高宽比限值 7。核心筒高宽比约 13.2。没有平面、立面、刚度突变等不规则项。

典型平面高宽比计算   表 21.3-2

计算平面	1	2	3	4	5	6	7
计算平面以上高度/m	528	485	429	374	310	247	173
宽度/m	73.9	68.0	62.6	58.5	55.0	53.3	52.4
高宽比	7.14	7.13	6.85	6.39	5.64	4.63	3.30

（2）抗震性能目标

主要构件的抗震性能目标见表 21.3-3。

地震水准（参考级别）			多遇地震（小震）	设防烈度地震（中震）	预估的罕遇地震（大震）
性能水准			不损坏	可修复损坏	无倒塌
层间位移角限值			1/500	—	1/100
核心筒	墙肢	压弯拉弯	规范要求，弹性	弹性（底部加强区）	允许进入塑性，控制混凝土压应变和钢筋拉应变在极限应变内
				不屈服（其他部位）	允许进入塑性，控制混凝土压应变和钢筋拉应变在极限应变内
		抗剪	规范要求，弹性	弹性	抗剪截面不屈服
	连梁		规范要求，弹性	允许进入塑性	最早进入塑性
巨型框架	巨型柱		规范要求，弹性	弹性	破坏程度可修复，塑性铰 $\theta <$ IO
	转换桁架		规范要求，弹性	弹性	不屈服
	角部桁架及顶部桁架		规范要求，弹性	弹性	弦杆形成塑性铰 $\theta <$ IO 腹杆允许进入屈曲，屈曲挠度 $\Delta_c <$ IO
	巨型斜撑		规范要求，弹性	弹性	允许进入屈曲，屈曲挠度 $\Delta_c <$ IO
	重力柱		规范要求，弹性	不屈服	破坏程度可修复并保证生命安全，塑性铰 $\theta <$ LS
其他	塔冠立柱、塔冠转换梁		规范要求，弹性	弹性	不屈服
	塔冠环梁等其他结构		规范要求，弹性	弹性	破坏程度可修复并保证生命安全，塑性铰 $\theta <$ LS
	雨篷结构		规范要求，弹性	弹性	破坏程度可修复并保证生命安全，塑性铰 $\theta <$ LS
	其他构件		规范要求，弹性	允许进入塑性	破坏严重但不倒塌，塑性铰 $\theta <$ SS
节点			不先于构件破坏		

注：1. θ 为构件端部塑性铰转角值，Δ_c 为构件屈曲挠度。
　　2. 大震作用下，验算以每一种构件的塑性变形水平，与 ATC40 和 FEMA356 给出的防倒塌对应的构件变形最大可接受限值（SS）、生命安全限值（LS）以及结构正常运行限值（IO）进行比较。
　　3. 大震屈服的性能目标仅适用于支撑塔冠结构的转换梁，其他位置的转换梁的抗震性能目标均为中震弹性设计。

21.3.4　结构分析

本工程采用 ETABS、MIDAS 等独立的力学模型进行整体结构的计算分析，弹塑性分析采用 ABAQUS 软件，构件承载力验算采用理正结构工具箱、XTRACT 以及 SAP2000 等软件。

1. 小震弹性分析

整体结构计算中，验算整体指标时采用嵌固层以上模型，嵌固层取为地下二层顶。承载力验算时取嵌固层以上模型和带地下室的筏板以上模型进行包络设计。整体指标验算时考虑楼板刚性假定，承载力验算时均不考虑刚性楼板，并且在验算转换桁架相关构件时还需要扣除楼板的有利作用。风荷载下连梁刚度折减系数取 1.0，地震作用连梁折减系数分别取 0.7（小震）、0.5（中震）、0.3（大震）。地震作用阻尼比分别取 0.035（小震、中震）、0.05（大震）。地震作用周期折减系数分别取 0.85（小震）、0.95（中震）、1.0（大震）。

结构重力荷载代表值约 66 万 t，每平方米重量约 1.89t。结构基本周期 7.513s，周期比 0.337，计算最小剪重比 0.021，达到规范要求的最小剪重比 0.024 的 85%，可按《建筑抗震设计规范》GB 50011-2010

第5.2.5条条文说明的要求调整至最小剪重比0.024进行工程设计。根据最小剪重比调整后的最大层间位移角为1/556，小于1/500满足性能目标要求。

2．动力弹塑性时程分析

选用5组实际地震波和2组人工模拟的地震波，进行结构的弹塑性时程分析，并考虑几何非线性、材料非线性、施工过程非线性。地震波峰值加速度取400Gal，地震波有效持续时间取40s，考虑水平主方向、水平次方向以及竖向等三个方向同时作用。

（1）基底剪力响应

表21.3-4给出了基底剪力峰值及其剪重比统计结果，剪重比约为6.95%～11.78%。

底部剪力对比　　　　　　　　　　　　　　　　　　　　　　　　　表21.3-4

地震波编号	X向为输入主方向		Y向为输入主方向	
	V_X/MN	剪重比	V_Y/MN	剪重比
USA00782	556.5	8.40%	460.0	6.95%
L0397	642.2	9.70%	533.8	8.06%
USA00356	545.4	8.24%	511.2	7.72%
USA00358	543.4	8.21%	653.7	9.87%
USA00223	558.5	8.44%	617.4	9.32%
L845-7	779.7	11.78%	538.9	8.14%
L845-12	634.8	9.59%	717.4	10.83%
平均值	608.7	9.19%	576.0	8.70%

（2）楼层位移及层间位移角响应

表21.3-5汇总了观察点在输入七组波的14个工况下结构的位移、位移角响应。X向为输入主方向时，楼顶最大位移平均值为1.774m，楼层最大层间位移角平均值为1/117，在第107层。Y向为主输入方向时，楼顶最大位移平均值为1.776m，楼层最大层间位移角平均值为1/117，在第84层。

结构顶点最大位移及最大层间位移角统计　　　　　　　　　　　表21.3-5

		USA00782	L0397	USA00356	USA00358	USA00223	L845-7	L845-12	平均值
X向主方向	顶点最大位移/m	1.764	1.714	1.866	2.292	1.38	1.787	1.618	1.774
	最大层间位移角及对应楼层号	1/112	1/118	1/126	1/94	1/131	1/102	1/117	1/117
		107	107	102	107	84	83	107	107
Y向主方向	顶点最大位移/m	1.708	1.574	1.959	2.404	1.504	1.786	1.498	1.776
	最大层间位移角及对应楼层号	1/124	1/130	1/106	1/97	1/126	1/105	1/78	1/117
		107	85	83	83	100	84	98	84

（3）构件损伤分析

剪力墙的损伤情况如图21.3-2所示，绝大部分墙体损伤较轻，损伤因子小于0.1。损伤较大的区域主要集中在第80～86层，包括核心筒外墙在洞口两侧的边缘构件位置及核心筒内外墙的连接位置。对损伤较为严重的墙体进行内力校核，损伤最大处的墙体尚未达到极限强度，满足抗震性能目标的要求。连梁大部分进入塑性，发挥了耗能作用。

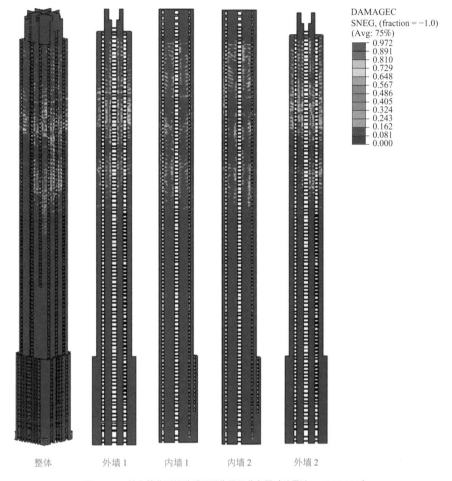

图 21.3-2　核心筒典型墙肢受压损伤因子分布图（地震波：USA00223）

　　剪力墙内置的钢板和钢板支撑的塑性发展情况如图 21.3-3 所示。其中绝大部分钢板没有出现塑性应变，仅在与连梁相连的局部出现塑性应变，塑性应变最大值约为 799με。部分钢板支撑出现塑性应变，塑性应变最大值约为 3627με。型钢暗柱没有出现塑性应变。外框筒巨型柱、巨型斜撑以及转换桁架基本没有出现塑性应变。

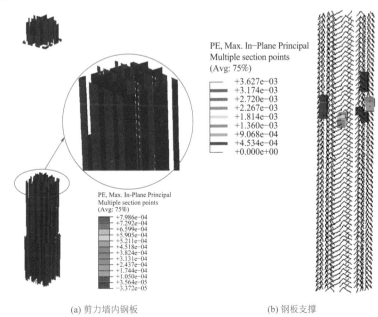

(a) 剪力墙内钢板　　　　　　(b) 钢板支撑

图 21.3-3　塑性应变分布

21.4 专项设计

21.4.1 取消沉降后浇带设计

地下室尺寸为136m×84m，扣除塔楼的 6.5m 厚筏板，可设置沉降后浇带的最大范围如图 21.4-1 所示。该沉降后浇带隔离的纯地下范围较小，且存在倾覆风险，故取消沉降后浇带。

450

经典回眸

北京市建筑设计研究院有限公司篇

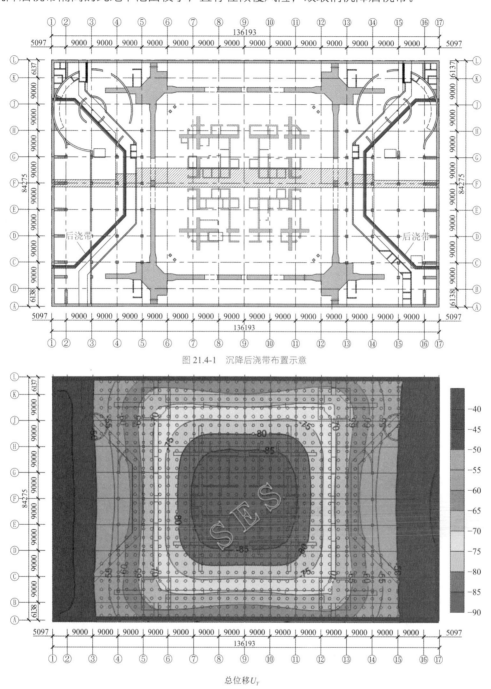

图 21.4-1　沉降后浇带布置示意

图 21.4-2　取消沉降后浇带最终沉降变形图

最大值 = −0.04235（单元 202 在节点 37997）；最小值 = −0.08855（单元 1142 在节点 39600）。

本工程仅在塔楼下布桩：核心筒及巨型柱下采用桩径 1.2m、桩长 44.6m 的工程桩，其他区域采用桩径 1.0m、桩长 40.1m 的工程桩，以第⑫层卵石层为桩端持力层。纯地下室区域采用天然地基。通过上部结构-桩-土的协同作用分析,对比分析了设置或取消沉降后浇带的主裙楼差异控制和主楼筏板整体挠曲变形的差异。取消沉降后浇带的最终沉降变形如图 21.4-2 所示。取消沉降后浇带最大沉降量为 93.73mm,主塔楼下筏板的整体挠度为 0.037%,主裙楼的差异沉降为 0.094%。

本工程实测沉降变形曲线如图 21.4-3 所示。最终沉降量约 100mm,沉降变形整体趋于均匀、稳定。自主体结构封顶后,最大沉降变形平均增大了 20mm,约为总体沉降变形的 20%,阶段平均速率约为1.91mm/100d,整体沉降速率较为平稳。

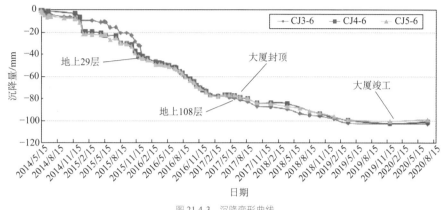

图 21.4-3 沉降变形曲线

21.4.2 巨型支撑外框筒设计

1. 外框筒建筑-结构一体化设计

建筑-结构一体化设计的关键目标是实现结构传力与建筑效果的统一。本工程巨型外框筒的外控制面采用分段折面的形式来贴合建筑曲面表皮,共设置 12 个控制转折标高,具体见表 21.4-1,该做法既可以较好地控制巨型外框筒与建筑外完成面的距离,又可降低结构自身的加工难度。

巨型柱转折标高汇总 表 21.4-1

编号	1	2	3	4	5	6	7	8	9	10	11	12
控制转折标高/m	−9.100	43.150	89.350	144.350	208.850	271.350	345.350	409.350	418.650	483.850	493.200	503.200

在底部,采用四根八边形的巨型柱,从第 7 层起一分为二,变为八根五边形的巨型柱,到第 19 层变为矩形的截面形式,巨型柱分叉示意如图 21.4-4 所示。将图示中 P、P' 两个角点设置为水平控制点(第 19 层及以下增加 Q、Q' 两控制点)。建筑师要求巨型外框筒外完成面与外控制面的最小距离为 500mm(底部分叉前为 1200mm),以满足幕墙安装等要求。为使结构受力最优,巨型柱分叉之后转折标高位置的截面形心在一竖直面内。巨型柱俯视定位如图 21.4-5 所示。

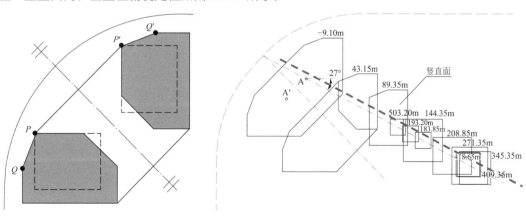

图 21.4-4 巨型柱分叉示意 图 21.4-5 巨型柱俯视定位图

根据巨型柱几何定位与截面形状，巨型柱转折处以水平控制面为对接面，该连接方式可完全实现钢材对接无错边，给构件的加工、定位、安装带来较大方便，易于提高工程质量。其不利之处在于构件的有效截面面积（横截面面积）略小于水平控制截面面积，但差异可控。

2. 柱脚设计

（1）柱脚方案

外框筒承担约 50% 的重力荷载，80% 的倾覆弯矩。巨型柱柱脚的设计最大轴压力和轴拉力分别为 4085MN 和 263MN。综合考虑地下室埋深、底板厚度、巨型柱截面类型、荷载大小、施工可行以及经济性等因素，采用非埋入式柱脚。柱脚形式案例对比见表 21.4-2。

柱脚形式案例对比　　　　　　　　　　　　　　　　　表 21.4-2

	上海中心	深圳平安	广州东塔	天津高银 117	北京中信大厦
设防烈度	7 度（0.1g）	7 度（0.1g）	7 度（0.1g）	7 度（0.15g）	8 度（0.2g）
建筑（结构）高度/m	632（580）	646（540）	530（518）	597（597）	528（528）
结构体系	巨型框架＋伸臂桁架＋核心筒	巨型框架＋巨型斜撑＋核心筒	巨型框架＋巨型斜撑＋核心筒	巨型框架＋巨型斜撑＋核心筒	巨型框架＋巨型斜撑＋核心筒
基础形式	桩筏基础	独立桩基础	独立/箱形基础	桩筏基础	桩筏基础
巨型柱形式	钢骨混凝土	钢骨混凝土	钢管混凝土	钢管混凝土	钢管混凝土
埋深（地下层数）/m	−25.4（5 层）	−28.8（5 层）	−26.7（5 层）	−19.35（3 层）	−38.35m（7 层）
柱脚形式	非埋入/外包	半埋入/外包	非埋入/B5 外包	非埋入/B3 外包	非埋入/外包
埋入深度/mm	0	1700	0	0	0

巨型柱在地下室范围外包 500～700mm 厚的钢筋混凝土，由外包混凝土内的钢筋与柱脚锚栓共同承担巨型柱的拉力，可减小柱脚锚栓的数量以及柱脚锚栓的强度。设置四道翼墙增大巨型柱在地下室的刚度。巨型柱及翼墙的柱脚锚栓布置如图 21.4-6 所示。单根巨型柱及其翼墙的锚栓数量共计 292 根，锚栓采用屈服强度为 650MPa、460MPa 的钢拉杆，其规格与数量见表 21.4-3。

锚栓规格与数量　　　　　　　　　　　　　　　　　表 21.4-3

锚栓规格	M70	M70	M50
锚栓材质	GLG650	GLG460	GLG460
巨型柱范围	106	84	—
翼墙范围	24	—	78

（2）柱脚与翼墙有限元分析

柱脚与翼墙有限元分析模型如图 21.4-7 所示。考虑轴压最大和轴拉最大两种最不利工况。轴压最不利工况下巨型柱的钢板、外包混凝土、内填混凝土应力分布如图 21.4-8 所示，钢板应力最大值为 245MPa，纵向应力沿竖向逐渐减小，翼墙起到了扩散作用。外包混凝土最大压应力为 18.9MPa，内填混凝土最大压应力 23.9MPa，小于 C70 混凝土抗压强度标准值 44.5MPa。翼墙的钢板和混凝土应力分布如图 21.4-9 所示，翼墙与巨型柱连接的上端应力最大，为 337MPa，但区域较小，纵向应力沿竖向逐渐减小，远离巨型柱的区域，应力水平较低。翼墙内混凝土最大压应力为 20.9MPa，小于混凝土抗压强度标准值。

轴拉最不利工况下巨型柱与翼墙钢板应力分布如图 21.4-10 所示，钢板应力的变化趋势与轴压工况基本一致，巨型柱钢板纵向应力从上到下逐渐减小，柱脚处的最大应力约 78MPa，翼墙钢板的纵向应力从上到下存在扩散的趋势，在顶部与巨型柱连接处的应力较大，达到 140MPa，但较快扩散。翼墙的墙脚处最大应力约 70MPa，发生在与巨型柱连接的根部，但大面积应力水平较低。

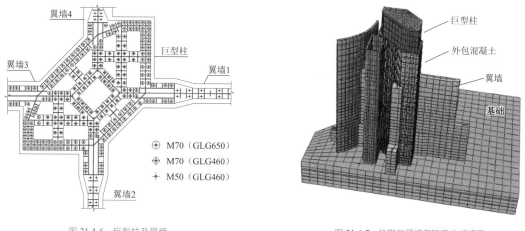

图 21.4-6 巨型柱及翼墙

翼墙4

巨型柱

翼墙3

翼墙1

⊕ M70（GLG650）
◈ M70（GLG460）
✛ M50（GLG460）

翼墙2

巨型柱
外包混凝土
翼墙
基础

图 21.4-7 柱脚与翼墙有限元分析模型

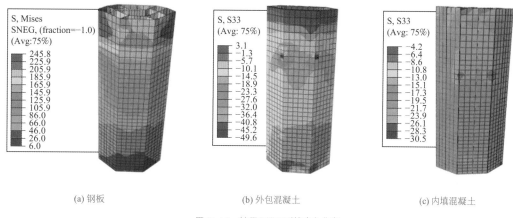

(a) 钢板

S, Mises
SNEG, (fraction=−1.0)
(Avg:75%)
245.8
225.9
205.9
185.9
165.9
145.9
125.9
105.9
86.0
66.0
46.0
26.0
6.0

(b) 外包混凝土

S, S33
(Avg: 75%)
3.1
−1.3
−5.7
−10.1
−14.5
−18.9
−23.3
−27.6
−32.0
−36.4
−40.8
−45.2
−49.6

(c) 内填混凝土

S, S33
(Avg: 75%)
−4.2
−6.4
−8.6
−10.8
−13.0
−15.1
−17.3
−19.5
−21.7
−23.9
−26.1
−28.3
−30.5

图 21.4-8 轴压工况巨型柱应力分布

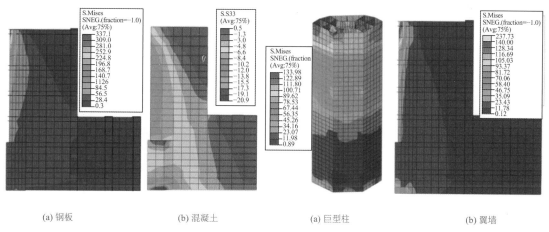

(a) 钢板

S.Mises
SNEG.(fraction=−1.0)
(Avg:75%)
337.1
309.0
281.0
252.9
224.8
196.8
168.7
140.7
1126
84.5
56.5
28.4
0.3

(b) 混凝土

S.S33
(Avg:75%)
0.5
−1.3
−3.0
−4.8
−6.6
−8.4
−10.2
−12.0
−13.8
−15.5
−17.3
−19.1
−20.9

(a) 巨型柱

S.Mises
SNEG.(fraction
(Avg:75%)
133.98
122.89
111.80
100.71
89.62
78.53
67.44
56.35
45.26
34.16
23.07
11.98
0.89

(b) 翼墙

S.Mises
SNEG.(fraction=−1.0)
(Avg:75%)
237.73
140.00
128.34
116.69
105.03
93.37
81.72
70.06
58.40
46.75
35.09
23.43
11.78
0.12

图 21.4-9 轴压工况翼墙应力分布图

图 21.4-10 轴拉工况钢板应力分布

3. 巨型柱设计

（1）截面构造

巨型柱 MC0、MC1A、MC1～MC7 的截面形式如图 21.4-11 所示。MC0 为八边形，MC1A 为六边形，MC1～MC7 为矩形。MC0 共 13 个腔，MC1A、MC1～MC6 共 4 个腔，MC7 无分腔。MC0 在第 7 层分成两根 MC1A，为使该位置传力最优，将 MC1A 的外围板、分腔板直接向下延伸作为 MC0 的部分外围板、分腔板，再在之间设置构造联系板，形成了 MC0 的 13 个腔体。各腔面积 4～8m²，基本可满足施工时人员操作。

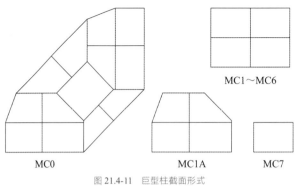

图 21.4-11　巨型柱截面形式

为使巨型柱的钢板与混凝土具有良好的组合作用，共同受力，各腔体构造见表 21.4-4。①由面板、分腔板以及内填混凝土组成基本架构，控制各分腔混凝土体积，减小各腔内混凝土水化热；②在各楼层标高处、与巨型斜撑和转换桁架连接处增加水平隔板，为面板、分腔板提供侧向约束，传递楼板、巨型斜撑和转换桁架的内力，水平隔板上预留人孔、穿筋孔；③增加竖向加劲肋与拉结钢筋，使面板、分腔板满足宽厚比要求并加强侧向约束，面板竖向加劲肋连续布置，分腔板竖向加劲肋间断布置；④在各分腔混凝土中增加钢筋芯柱，配筋率 0.4%，抵抗混凝土收缩、徐变。虽然巨型柱承担荷载巨大，但通过上述精细化的构造设计，控制钢板厚度不大于 60mm，有效减少钢材用量和焊接量，降低施工难度。

巨型柱主要分腔构造　　　　　　　　　　　　　　　　　　　　　　　表 21.4-4

构件组成	面板、分腔板	增加水平隔板	增加竖向加劲肋与水平拉结钢筋	增加腔内纵向钢筋与箍筋
材料信息	板厚 60，材质 Q390	板厚 30/60，材质 Q345	板厚 30，材质 Q345；HRB400，φ20@600	HRB400，φ25 HRB400，φ8@250
分叉前				
分叉后				

（2）计算长度

计算长度是巨型柱设计的难点之一。影响巨型柱计算长度的主要因素包括巨型柱的几何参数、边界条件以及跨中支撑条件等。巨型柱在相邻转换桁架之间的长度为 46～66m，其间与十几层楼板连接，楼板对巨型柱计算长度的影响显著。

通过设置楼板混凝土弹性模量的折减系数，采用轴向荷载法分析巨型柱的计算长度。楼板刚度折减系数与巨型柱的计算长度系数变化关系如图 21.4-12 所示。各巨型柱计算长度系数变化范围：①MC1A，0.618～0.366；②MC2，0.665～0.350；③MC3，0.673～0.296；④MC4，0.616～0.266；⑤MC5，0.573～0.210；⑥MC6，0.552～0.190；⑦MC7，0.528～0.129。折减系数大于 0.2 后，各巨型柱的计算长度系数基本稳定。对比 MC1A～MC7 计算长度系数的变化规律，巨型柱截面越小，楼板约束相对越强，对应的计算长度系数越小。

楼板刚度折减系数与巨型柱长细比变化关系如图 21.4-13 所示。在不考虑楼板约束时，MC7 的长细比达 76，MC1A~MC6 的长细比介于 25~45 之间，属于中长柱，稳定对承载力影响显著。而考虑楼板约束后，长细比显著减小。当楼板刚度折减系数大于 0.2 后，长细比趋于稳定。本工程设计采用折减系数 0.2 时楼板约束对应的长细比进行构件设计，MC1A~MC7 的长细比介于 17~21 之间，参考《矩形钢管混凝土柱结构技术规程》CECS 159：2004 附录 A，确定巨型柱的稳定系数为 0.946，稳定对承载力影响较小。

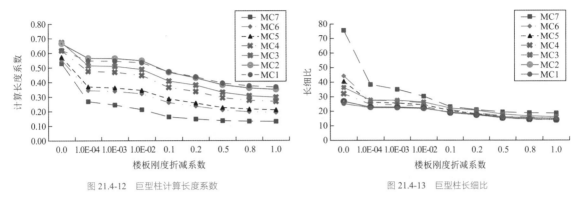

图 21.4-12　巨型柱计算长度系数　　　　　　　　　　图 21.4-13　巨型柱长细比

（3）分叉节点

巨型柱在第 7 层分叉，分叉后两根巨型柱沿轴线张开，且因建筑功能的需要，分叉后两根巨型柱之间净距须不小于 3m，使得分叉后一段截面面积出现"底小上大"的不利情况：19.49m²（标高 43.150m）~21.13m²（标高 84.400m）。分叉节点及截面如图 21.4-14 所示。

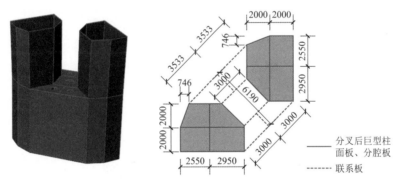

分叉后巨型柱面板、分腔板
联系板

图 21.4-14　巨型柱分叉节点截面

针对分叉后对巨型柱带来"底小上大"的不利情况，通过分阶段调整面板、分腔板的钢板厚度，控制多腔钢管混凝土柱分叉后底部截面的折算面积大于顶部，使得分叉后底部的实际承载力强于顶部，即"底大上小"。取三个标高的截面比较：截面面积最小的分叉处（标高 43.150m）、截面面积增大的顶部（标高 84.400m）以及中间位置（标高 63.780m），通过调整面板与分腔板的钢板厚度（结合巨型柱所使用的板材厚度 30~60mm），按刚度等效原则，将钢材面积折算成混凝土面积，折算后底部面积已大于中部与顶部，见表 21.4-5。对分叉后巨型柱进行截面承载力分析，分别得到其 X 向、Y 向各截面承载力包络线，验算结果如图 21.4-15 所示，可实现"底大上小"的目标。

折算面积计算表　　　　　　　　　　　表 21.4-5

标高/m	面板厚/mm	分腔板厚/mm	钢材面积/m²	混凝土面积/m²	总面积/m²	折算面积/m²
43.150	60	60	1.58	17.91	19.49	26.71
63.780	60	30	1.33	19.23	20.56	26.63
84.400	50	30	1.17	19.96	21.13	26.47

注：钢材弹性模量（E_s）与混凝土弹性模量（E_c）之比：$E_s/E_c = 5.568$。

455

第 21 章　中信大厦

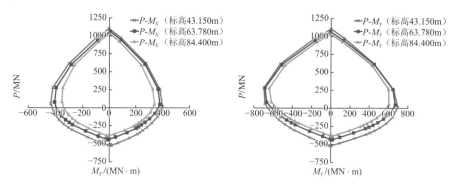

图 21.4-15 各截面承载力比较

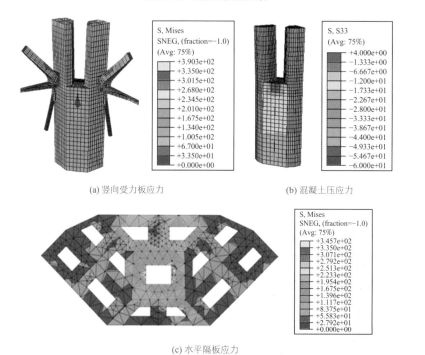

(a) 竖向受力板应力

(b) 混凝土压应力

(c) 水平隔板应力

图 21.4-16 中震弹性节点应力云图（单位：MPa）

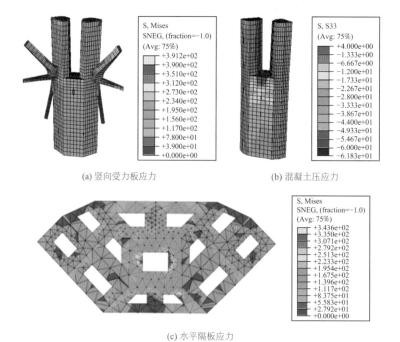

(a) 竖向受力板应力

(b) 混凝土压应力

(c) 水平隔板应力

图 21.4-17 大震不屈服节点应力云图（单位：MPa）

通过有限元分析验证该分叉节点在中震弹性以及大震不屈服性能目标下结构设计的可靠性，分析结果如图 21.4-16、图 21.4-17 所示。中震弹性与大震不屈服的应力分布规律基本一致。面板与分腔板（Q390）在大震作用下平均压应力约为 255MPa，最大压应力约为 365MPa，仍有一定安全储备；分叉位置水平隔板（Q345）在大震作用下平均拉应力约 210MPa，最大拉应力约 330MPa，已接近屈服强度，主要发生在两分叉柱之间的隔板位置，存在一定程度的应力集中。C70 混凝土在大震作用下平均压应力约为 29MPa，最大压应力约为 46MPa，整体均小于混凝土抗压强度标准值。

4．巨型斜撑设计

（1）布置形式

巨型斜撑主要有单斜和交叉两种形式。本工程不同布置形式的巨型斜撑计算结果见表 21.4-6。可知单斜撑与交叉斜撑在截面面积近似相等的条件下（单斜撑加高或加宽），结构第一阶周期相差 1.1%，扭转周期比基本相同，顶点位移相差 1.8%，基底剪力相差 4.1%～8.3%，差异较小。可知单斜撑与交叉斜撑在结构整体刚度贡献上的作用基本一致。

单斜撑与交叉斜撑相比，虽然结构各阶周期变化很小，但振动方向由X向或Y向的纯平动，变为X向和Y向耦合的斜向平动。以第一阶振动模态的振型参与系数为例，由交叉斜撑的 0.46（X向）＋0（Y向）变为单斜撑的 0.41（X向）＋0.05（Y向），最不利地震作用方向由 0°变为 7°。主要因为单斜撑的非对称性，斜撑对结构整体刚度贡献越大，最不利地震作用方向偏转的角度越大。从结构设计角度，单斜撑和交叉斜撑均为可行的方案，但交叉斜撑的截面、壁厚较小，更便于施工安装。巨型斜撑形式的选择，还需结合建筑的立面效果、室内效果等因素综合考虑。

不同布置形式的巨型斜撑计算结果对比 表 21.4-6

布置形式	截面尺寸/mm	面积/cm²	T_1/s	T_2/s	T_3/s	顶点位移/mm	基底剪力/MN
交叉斜撑	□1600×900×60	2856[①]	7.51	7.51	2.50	561	158
单斜撑（加高）	□3200×900×72	5697	7.59	7.57	2.53	571	171
单斜撑（加宽）	□1600×1800×89	5735	7.59	7.59	2.53	570	164

[①] 2856cm² 为单根交叉斜撑截面面积。

（2）与次框架的关系

巨型斜撑与次框架不连接，次框架只承担本区的重力荷载，巨型斜撑主要承担水平荷载，二者之间没有荷载的传递，传力单一。巨型斜撑为避让次框架的内退会影响到建筑的使用空间，巨型斜撑与巨型柱、楼板的连接节点稍显复杂。巨型斜撑与次框架连接后，二者互为约束，提高结构冗余度的同时，内力传递略显复杂。二者的连接仅改变了重力荷载的传力路径，对地震作用下的构件内力影响较小，巨型斜撑和次框架柱的总荷载增加不明显。二者的连接可整合巨型斜撑与次框架柱所占空间，便于建筑功能排布，并且可以减小次框架柱截面，利于实现更通透的建筑效果。

（3）计算长度

影响巨型斜撑计算长度的主要因素有巨型斜撑的几何参数、边界条件以及跨中支撑条件。在塔楼每个区段，巨型斜撑与很多楼层连接，本工程考虑楼板对巨型斜撑计算长度的影响。楼板刚度折减系数与巨型斜撑平面内、平面外的计算长度系数的关系如图 21.4-18 所示，MB1～MB7 为巨型斜撑编号。平面内几何长度L取端点至交叉点的距离为 29～35m；平面外几何长度L取两端端点的距离为 62～74m。

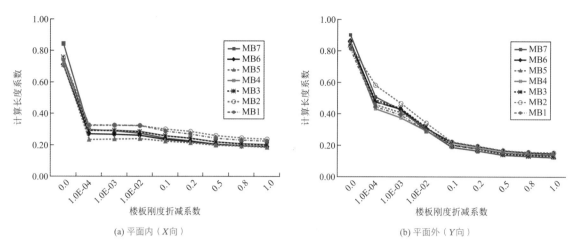

(a) 平面内（X向）　　　　　　　　　　　　　　　(b) 平面外（Y向）

图 21.4-18　巨型斜撑计算长度系数

不考虑楼板约束时，巨型斜撑平面内计算长度系数在 0.71~0.84 之间，对应的计算长度为 21.8~27.1m；平面外计算长度系数在 0.49~0.54 之间，对应的计算长度为 57.4~69.0m，按此计算长度进行构件设计不合理。考虑不同刚度的楼板约束时，巨型斜撑平面内计算长度系数由无楼板约束时的 0.84 减小至 0.35，显著降低；随着楼板约束的加强，计算长度系数稳定在 0.20~0.24，可见楼板对巨型斜撑的约束作用显著。

（4）节点加腋对比

巨型斜撑与巨型柱外皮平齐连接，考虑三个加腋方案：方案一不加腋；方案二单侧加腋，将一道腹板转折作为加腋板；方案三单侧加腋，在方案一的基础上增加一道腋板，如图 21.4-19 所示。

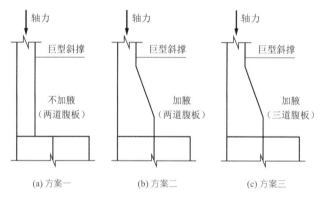

(a) 方案一　　　　　　　　(b) 方案二　　　　　　　　(c) 方案三

图 21.4-19　三个加腋方案

在中震弹性控制组合作用下，三个加腋方案的有限元分析结果如图 21.4-20 所示，可知方案一巨型斜撑的腹板尚未屈服，满足设计要求；方案二非加腋侧腹板出现大面积屈服；方案三非加腋侧腹板也出现较大面积的屈服，但屈服面积小于方案二。该结果表明，单侧加腋无法减小巨型斜撑对巨型柱偏心影响，并且会产生偏心，使非加腋侧的板件应力增加而屈服，存在安全隐患，工程中应根据受力需要加腋，避免偏心。

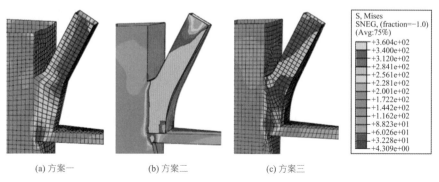

(a) 方案一　　　　　　　　(b) 方案二　　　　　　　　(c) 方案三

图 21.4-20　三个加腋方案有限元分析结果

5. 主要节点设计

巨型柱与转换桁架、巨型斜撑的连接节点如图 21.4-21 所示。巨型柱在与转换桁架、矩形斜撑连接位置均设置了水平加劲肋，水平加劲肋上设置有钢筋孔，供约束混凝土收缩变形的钢筋笼穿过。转换桁架弦杆通过水平加腋与巨型柱连接，减小端部弯矩影响，而巨型斜撑、转换桁架腹杆等轴力为主的构件水平不加腋。

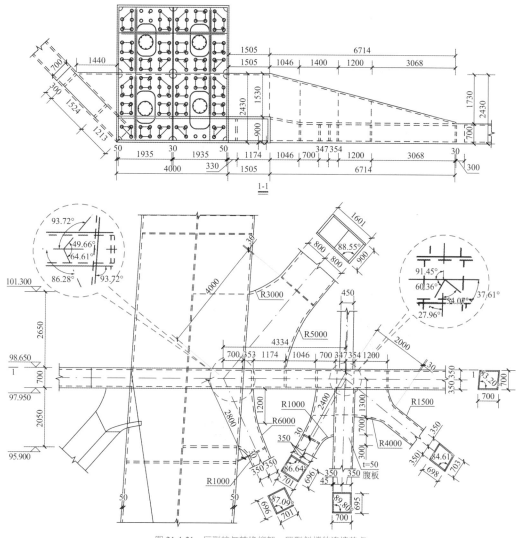

图 21.4-21 巨型柱与转换桁架、巨型斜撑的连接节点

节点三维模型如图 21.4-22 所示。节点设计需兼顾传力直接、施工可行、构造可靠。进一步通过节点有限元分析验证节点设计，在设计性能目标下的安全性。

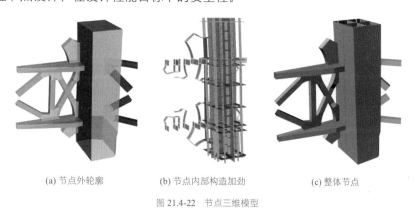

(a) 节点外轮廓   (b) 节点内部构造加劲   (c) 整体节点

图 21.4-22 节点三维模型

设计性能目标下主要分析结果如图21.4-23、图21.4-24所示。中震弹性控制组合下，巨型柱与转换桁架节点区钢材应力小于100MPa，巨型斜撑根部应力接近于300MPa，但均没有进入塑性。巨型柱内混凝土最大压应力约15.6MPa。大震不屈服控制组合下，巨型柱与转换桁架节点区钢材最大应力约250MPa，巨型斜撑根部应力约400MPa，局部进入塑性。巨型斜撑的性能目标为中震弹性，故大震不屈服工况作用下局部进入屈服即可满足设计性能目标的要求。

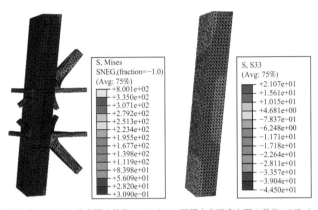

钢结构 von mises 应力图（单位：MPa）　　混凝土主压应力图（单位：MPa）

图 21.4-23　中震弹性控制组合钢材与混凝土应力云图

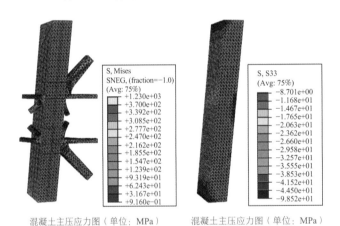

混凝土主压应力图（单位：MPa）　　混凝土主压应力图（单位：MPa）

图 21.4-24　大震不屈服控制组合钢材与混凝土应力云图

21.4.3　核心筒设计

1. 墙体设计

（1）底部区域墙体设计

为满足轴压比，底部区域采用内置钢板混凝土墙，外墙最厚1200mm，内置60mm厚钢板；内墙最厚500mm，内置20mm厚钢板。结合建筑在核心筒外设置电梯的需求，在核心筒外围、F018层以下的井道外墙增设500mm厚的翼墙，既可以分担底部楼面荷载，又可以减小底部各区的楼面跨度，取得较好的效果。底部区域核心筒典型平面如图21.4-25所示。

（2）细腰区域墙体设计

为减轻结构自重以利于抗震，核心筒中、上部区域墙厚相对较薄，细腰区域的核心筒墙厚400~500mm。设计团队提出采用"一"字形钢板支撑替代H型钢支撑，是国内超高层中首次使用内置钢板支撑混

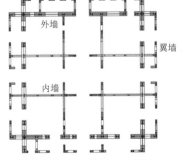

图 21.4-25　底部区域核心筒典型平面

经典回眸

北京市建筑设计研究院有限公司篇

凝土墙。通过模型试验验证了内置钢板支撑混凝土墙的性能，具体可参见本章内置钢板支撑混凝土墙试验研究有关内容。分析表明，细腰区域通高设置钢板支撑，不仅保证了核心筒竖向刚度和强度均匀，而且明显地降低了剪力墙的损伤，改善了大震作用下的结构抗震性能。核心筒结构大部分墙肢混凝土受压损伤因子较小，钢板支撑保持在弹性工作状态。

（3）倒塌预测分析

结构在特大地震作用下发生倒塌破坏的过程中，构件会逐渐破坏失效而退出工作。通过 MSC.Marc 进行有限元分析，采用弹塑性动力增量时程分析方法，逐步增大地震强度，直至结构发生倒塌，得到引起结构倒塌的临界地震强度，进而预测大厦的倒塌破坏过程。输入三组地震波（L0169、L0397 和 L845-12），调整初始地面运动峰值加速度PGA = 400Gal，对原设计方案和实施方案分别进行弹塑性动力增量时程分析。

定义结构抗倒塌安全储备系数 CMR，其大小为某地震作用下结构临界倒塌时地震峰值加速度 PGA 与罕遇地震峰值加速度 PGA 之比。结构最终倒塌形态、倒塌临界地面运动峰值加速度 PGA 以及安全储备系数 CMR 对比见表 21.4-7。细腰区域通高设置钢板支撑，其抗倒塌储备安全系数 CMR 的三条地震波计算平均值为 2.875，结构有较大的抗倒塌安全储备。

倒塌临界 PGA 及 CMR 对比   表 21.4-7

结构最终倒塌形态示意图			
地震波	L845-12	L0397	L0169
倒塌临界 PGA/Gal	850	1200	1400
安全储备系数 CMR	2.125	3.0	3.5

2. 双连梁设计

超高层的核心筒功能高度集中，进出核心筒的管线密集，管线能否合理排布穿越核心筒墙体是建筑品质控制的关键因素之一。为配合解决此问题，在管线密集穿越的区域采用双连梁的设计方案，双连梁的上连梁为 700mm 的钢筋混凝土梁，中间预留 500mm 的洞口供管线穿越，下连梁为 500mm 的钢筋混凝土梁或软钢连梁阻尼器。为了更好地发挥阻尼器的耗能，将其布置在有害层间侧移角相对较大的楼层：第 59～72 层、第 75～86 层、第 89～102 层，每层 4 组，共计 160 组。平面布置及工程照片如图 21.4-26 所示。

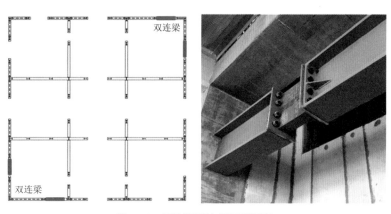

图 21.4-26 双连梁平面布置及工程照片

21.5 试验研究

21.5.1 振动台试验

1. 试验设计

图 21.5-1 振动台试验模型

振动台试验模型采用微粒混凝土模拟混凝土，细铁丝模拟钢筋，黄铜模拟钢材。微粒混凝土的弹性模量及强度取原型的 1/3.0，细铁丝的面积根据强度等效进行换算。根据相似关系，长度相似比为 1/40；根据振动台承载能力，确定密度相似比为 5.80；根据模型加工同期试块材性试验实测结果，确定弹性模量相似比为 1/3.2。

模型底板尺寸约为 3.2m×3.2m；模型总高 13.20m（不含底板），模型自重约为 7.80t，加配重 52.47t，模型底板自重 5.12t，模型总重 65.39t（含底板）。配重（铁块及铅块）均布置在模型结构中楼面上，配重沿结构竖向分布与原结构基本一致。

模型设计中采取了抽层的简化措施：在非加强层，每隔一层去掉一层楼板，总计去掉 53 层。将抽掉楼层的重力荷载代表值均分到上下楼层相应位置上，使荷载沿竖向的分布与原结构基本相同。振动台试验模型如图 21.5-1 所示。

2. 主要结论

（1）8 度小震作用，结构反应较小，频率基本未下降，表明结构未出现损伤。X 向平均最大层间位移角为 1/660；Y 向平均最大层间位移角为 1/666，满足规范及抗震设防目标要求。

（2）8 度中震作用，模型频率略降，结构发生轻微损伤，结构的关键构件基本保持弹性。

（3）8 度大震作用，模型两个主轴方向的基频分别下降至弹性阶段的 95.2%、94.4%；结构发生一定损伤，但仍保持较好的整体性。X 向、Y 向最大层间位移角分别为 1/103 及 1/96，基本满足抗震设防目标要求。

（4）在相当于 8.5 度大震作用下，模型主轴方向的基频继续下降，分别下降到弹性初始阶段的 90.4%、92.9%，结构损伤增加，结构最大层间位移角达到约 1/81，但结构仍保持了较好的整体性，关键构件基本完好，说明结构具有良好的变形能力和延性，具有一定的抗震储备能力。

（5）试验过程中，外框巨型柱在第 7 层分叉位置，根部外侧焊缝出现较长开裂情况，具体如图 21.5-2 所示。分叉处明显损伤出现在 8 度大震作用后，开始阶段焊缝开裂较小，在 8.5 度大震作用下开裂宽度明显增大，应对该节点重点关注。

图 21.5-2 振动台模型巨型柱分叉位置损伤情况

21.5.2 巨型柱分叉节点试验

根据分叉柱的实际尺寸以及试验设备尺度与加载能力等条件，确定几何缩尺比例为 1：12。根据相似原则，原型分叉柱柱顶轴力约为 740000kN，模型加载轴力为 8244kN。

固定分叉柱柱底截面，在分叉柱柱顶、巨型斜撑与转换桁架施加荷载。试验分别考虑为中震和大震两组工况。经比较，巨型斜撑与转换桁架传来的轴力，一侧压一侧拉对节点设计更不利，结合上述边界条件分析，最终确定试验荷载施加如图 21.5-3 所示，试验试件及加载装置如图 21.5-4 所示。

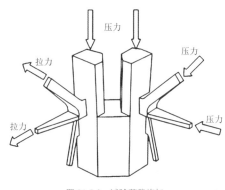

图 21.5-3 试验荷载施加

图 21.5-4 试件及加载装置

2. 试验结论

中震工况下，巨型柱分叉后柱身平均应变约为−1000με（压应力 206MPa），分叉前柱身平均应变约为−600με（压应力 124MPa）。试验现象和应变测试结果表明，中震阶段巨型柱分叉节点模型柱身钢板、分叉处水平加劲肋均处于弹性状态。

大震工况下，巨型柱分叉后柱身平均应变约为−1300με（压应力 268MPa），分叉前柱身平均应变约为−800με（压应力 165MPa）。试验现象和应变测试结果表明，在大震阶段巨型柱分叉节点模型柱身钢板总体上处于弹性状态，分叉处水平加劲肋和支撑处于弹性状态。

超越工况是加载至大震的 1.25 倍轴压荷载时，分叉柱身和受拉斜撑连接处附近应变较大，柱身钢板鼓曲，进而造成上柱受压破坏。

21.5.3 内置钢板支撑混凝土墙试验

1. 试验设计

根据原型墙的尺寸，考虑加载装置的加载能力，确定几何缩尺比例为 1：2.86。设计了钢板支撑剪力墙（编号 SW1）与 H 型钢支撑剪力墙（编号 SW2）两个试件，如图 21.5-5 所示。

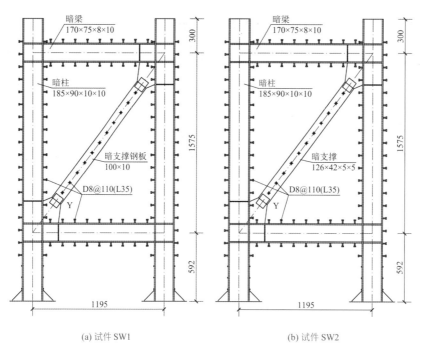

(a) 试件 SW1   (b) 试件 SW2

图 21.5-5　试件 SW1 和 SW2 的钢结构图

2. 破坏形态

试件 SW1 和 SW2 的损坏过程基本相同。从各部位钢材和钢筋屈服或屈曲时对应的位移角可以看出，试件 SW1 和 SW2 钢支撑屈服和水平分布钢筋屈服时的位移角均为 0.6%，钢支撑屈曲时位移角为 0.9%。不论钢板支撑还是 H 型钢支撑，屈曲都发生在屈服之后，材料强度已充分发挥。试件位移角为 1.5% 时的破坏照片如图 21.5-6 所示。试验结束时，墙体布满斜裂缝，水平分布钢筋和钢支撑屈服，腹板混凝土在剪压作用下压溃，破坏形态为剪切破坏。

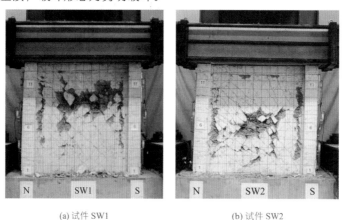

(a) 试件 SW1   (b) 试件 SW2

图 21.5-6　试件破坏形态（位移角 = 1.5%）

3. 试验结论

（1）内置钢板支撑和内置 H 型钢支撑的截面面积相等、轴心受拉承载力相等的前提下，两种墙的刚度和受剪承载力基本相同，极限变形能力和耗能能力也基本相当。

（2）小震和中震下，内置钢板支撑与内置 H 型钢支撑混凝土剪力墙试件的混凝土未开裂，处于弹性范围，满足中震抗剪弹性的抗震性能目标；大震下出现斜向剪切裂缝，但钢筋和钢支撑未屈服，试件受剪的安全度约为 2.2，满足大震不屈服的抗震性能目标。

（3）采用内置钢板支撑剪力墙，能方便混凝土浇筑，提高混凝土浇筑的密实性。核心筒剪力墙根据抗震性能需求合理设置钢板支撑，能保证核心筒结构竖向刚度和强度均匀，并提高剪力墙的承载力和延性，改善大震下的结构抗震性能。

21.6 监测研究

21.6.1 主体结构健康监测

1. 目的与意义

健康监测的总体目标为建立科学、合理、经济的监测平台，通过对大厦整体的地震作用、风荷载、振动、应变、温度等的监测，真实地反映结构状态；监测全面、数据保存完整，为后续的数据再利用、结构的工作性能评价及理论研究提供科学依据；数据分析及报警，为结构的安全运营及结构的养护维修管理提供参考；良好的设备及软件兼容性，为将来的维护提供便利，为系统的升级预留空间。

2. 主要监测内容

（1）风荷载监测

风速仪安装在高于塔楼屋顶 1m 处。风速监测传感器数量和布置应能够获得塔楼顶部不同方向的来流风速和风向数据；获得不同风场特性，为评估结构在风场中的行为及其抗风稳定性的分析提供依据。综合考虑仪器的量程精度、楼顶风场的特点，要求至少布置一台风速仪，并尽可能保持较高的风速测量精度，监测结果应包括脉动风速、平均风速和风向。

（2）加速度及结构动力反应监测

在结构的 1 层、7 层、17 层、29 层、44 层、58 层、74 层、87 层、105 层的几何中心设置 X 向和 Y 向加速度传感器。动力响应传感器数量及布置应能获取结构的前 5 阶 X 向平动、Y 向平动及部分扭转振型共计 15 阶模态的周期、振型和阻尼比。传感器类型以加速度计为主、辅以必要的速度及位移传感器作为校核。传感器采样频率应在 100～1000Hz 的范围，传感器应能可靠地获取动力响应的长周期分量。

根据结构动力特性的计算结果，在不同高度楼层分别布设加速度传感器，并满足不同方向的振动测试。通过结构动力监测获得的加速度时程记录、频响函数来推算结构参数的变化，从而进行结构模态参数识别等，得到结构的频率和阻尼比。

（3）结构应力应变监测

结构的内力和位移是外部荷载作用效应的重要参数，其中内力是反映结构受力情况最直接的参数，跟踪结构在建造和使用阶段的内力变化，是了解结构形态和受力情况最直接的途径，也是判断结构效应是否符合设计计算预期值的有效方式。对结构关键部位构件的应力情况进行监测，把握结构的应力情况，可以确保结构的安全性。

应变监测应针对结构受力较大、受力状态复杂的应力、受力不利杆件较为集中的区域。对巨型柱、核心筒墙体、转换桁架、巨型斜撑等重要构件和节点的内力状态等进行监测，及时发现损伤部位。而且需考虑适当布置备份测点以防个别测点应变传感器（或应变片等）失效。

（4）结构温度及应变监测

在结构建造和使用过程中，构件表面的日温差、构件在向阳和背阳处的表面温差、不同季节的温差均将致使结构产生十分明显的变形和内力。在核心筒角部钢骨、外框筒巨型斜撑与转换桁架、巨型柱连接节点处分别放置温度传感器。

21.6.2 巨型柱应力应变监测

1. 目的与意义

巨型柱为多边形多腔钢管混凝土柱，如何确保各腔内的混凝土在长期组合作用下的受力状态与性能一直是工程面临的难题。为判断巨型柱内部混凝土的密实性、构造设计的合理性，从腔内混凝土对钢管内壁的压力测试、钢管应变、混凝土水化热、混凝土收缩等方面提供分析与设计参考。

2. 主要监测内容

（1）钢管内壁侧压力测试

通过压力盒采集仪对浇筑过程中钢管壁所受的侧压力数据进行实时采集。浇筑完成后 1356d 期间观测到的管壁侧压力变化规律曲线如图 21.6-1 所示。由图可见，浇筑后 72h 内，混凝土浇筑阶段的静水压力以及混凝土水化热导致的混凝土膨胀对钢管壁产生了侧向作用力；在浇筑后一周内，混凝土水化持续进行，其对钢管壁产生的压强逐渐增大；此后，由于混凝土温度不断下降，管壁压强逐渐降低并趋于平稳。

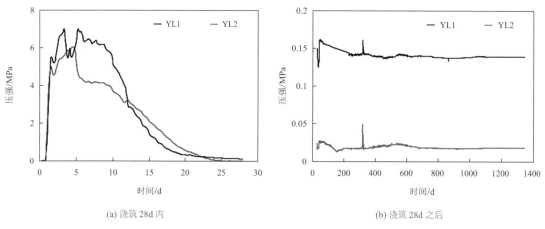

(a) 浇筑 28d 内　　　　　　　　　(b) 浇筑 28d 之后

图 21.6-1　钢管壁侧向压强数据

（2）钢管壁应变测试

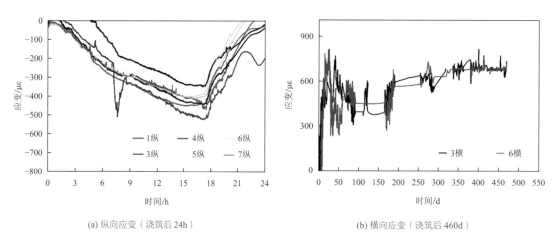

(a) 纵向应变（浇筑后 24h）　　　　　　　　(b) 横向应变（浇筑后 460d）

图 21.6-2　钢管壁应变数据

通过安装在钢管壁上的应变片测量钢管壁的应变，可以明确施工过程中钢管初应力的大小，为工程实践提供一定的参考。提取典型应变测点数据如图 21.6-2 所示（拉应变为正，压应变为负）。测试数据表明：在浇筑阶段，由于混凝土的凝固，使得重力作用下的钢管表面的纵向应变表现为明显的压应变；后期混凝土水化热导致的温升引起了混凝土的膨胀，而混凝土的收缩会产生相反的影响。根据钢管壁应变的测试结果，两者综合作用的结果是钢管壁受到核心混凝土的环向支撑，钢管壁横向应变在后期表现为明显的拉应变。

（3）核心混凝土水化热测试

选取巨型柱内部腔体，在同一标高处等距离布置测点，进行核心区混凝土水化热测试。在巨型柱混凝土浇筑完成后550d内观测到的各测点（W1、W3、W4、W6）温度以及环境温度（室温）变化规律曲线如图21.6-3所示。混凝土浇筑过程的初期，混凝土水化放热导致其温升迅速；在浇筑完成后约24h后，水化热导致的温升基本达到峰值。浇筑完成约3d以后，核心混凝土温度开始逐渐下降，下降速度最快约2℃/d，温度下降平稳缓慢。此后，混凝土的温度以较为稳定的速率缓慢下降，截至浇筑后270d的测量数据显示，混凝土的温度稳定在10℃左右，水化热导致的钢管内混凝土温度更高的现象已经消失。

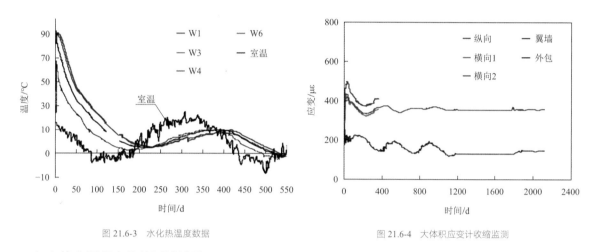

图 21.6-3 水化热温度数据   图 21.6-4 大体积应变计收缩监测

（4）核心混凝土收缩测试试验

在核心混凝土收缩测试中，对巨型柱中心腔的混凝土的纵向和横向收缩变形进行量测。浇筑完成后2126d内的混凝土收缩应变的发展规律如图21.6-4所示。数据表明，在混凝土浇筑完成的5~6h之后，巨型柱腔内核心混凝土的收缩有一个较快的增长过程。浇筑300d之后，混凝土的收缩稳定在340-400με之间。在外包混凝土浇筑完成以后，布置在相应位置处的应变计数值也出现同样的快速增长过程，浇筑后6d，收缩应变快速增长至约250με。此后外包混凝土处的应变维持在120-200με，基本稳定。

21.7 结语

中信大厦作为在高烈度区8度（0.2g）已建成的唯一一栋超过500m的超高层建筑，且呈现中部收进顶部放大的独特细腰形造型，刷新了北京城市天际线高度，成为北京市新地标。中信大厦采用巨型支撑外框筒-混凝土核心筒的双重抗侧力体系，在满足预定"小震不坏、中震可修、大震不倒"的性能目标的前提下，力求整体结构具有更优的抗震、抗风性能，呈现了较高的建筑品质。在设计与建造过程中，主要实现如下技术创新：

（1）通过上部结构-桩-土共同作用分析以及基础沉降变形实测，取消超高层沉降后浇带，主裙楼沉降差异控制和主楼筏板整体挠曲变形均满足设计要求。

（2）巨型外框筒采用建筑-结构一体化设计方法，实现了结构传力与建筑效果的统一，优化了巨型结构转折处的连接节点，便于提高焊接质量，从根本上解决影响工程质量且不易控制的问题。

（3）巨型抗拉组合柱脚，利用柱脚锚栓和外包混凝土内钢筋共同承担巨型柱的拉力，发挥外包混凝土内钢筋的抗拉作用，减少柱脚锚栓的数量和降低柱脚锚栓的强度，节省造价，提高施工效率。

（4）本工程首次采用内置"一"字形钢板支撑混凝土墙，降低了细腰区域核心筒墙体的损伤，改善了大震作用下的结构抗震性能。

（5）考虑长期效应的巨型柱监测研究，验证了巨型钢管混凝土柱在长期荷载作用下具有可靠的组合性能。

21.8 延伸阅读

扫码查看项目照片、动画。

参考资料

[1] 加拿大 RWDI 公司.北京市朝阳区 CBD 核心区 Z15 地块超高层风致结构响应研究报告书[R]. 2012.

[2] 奥雅纳工程咨询（上海）有限公司.北京市朝阳区 CBD 核心区 Z15 地块项目结构超限设计专家审查报告[R]. 2013.

[3] 建研科技股份有限公司.北京市朝阳区 CBD 核心区 Z15 地块项目超高层塔楼模拟地震振动台模型试验报告[R].2014.

[4] 清华大学.北京市朝阳区 CBD 核心区 Z15 地块项目巨型柱分叉节点钢暗撑混凝土剪力墙试验研究报告[R]. 2014.

[5] 北京市勘察设计研究院有限公司.北京市朝阳区 CBD 核心区 Z15 地块项目沉降观测及基础监测报告[R]. 2020.

[6] 同济大学,上海同磊土木工程技术有限公司.北京市朝阳区 CBD 核心区 Z15 地块项目结构健康监测报告[R]. 2021.

设计团队

结构设计单位：北京市建筑设计研究院有限公司（设计总体单位）

奥雅纳工程咨询（上海）有限公司（ARUP）（初步设计）

华东建筑设计研究院有限公司（建设单位结构顾问）

中信建筑设计研究总院有限公司（施工图设计审核）

结构设计团队：杨蔚彪、束伟农、齐五辉、常为华、祁　跃、宫贞超、孙宏伟、汪承华、张培培、田士川、吴　炅、李伟强、李华峰、薛红京、何本贵、张爵扬、朱博浩、徐子亮

执　笔　人：杨蔚彪、束伟农、常为华、宫贞超

本章部分图片由 KPF 建筑设计事务所、清华大学和中国建筑科学研究院有限公司、北京市勘察设计研究院有限公司提供。

获奖信息

2021年全国优秀工程勘察设计建筑结构与抗震设计一等奖；

2021年北京市优秀勘察设计奖（建筑结构专项奖）一等奖；

2021年北京市优秀勘察设计奖（抗震防灾专项奖）一等奖；

2019年世界结构大奖（高耸或细长结构奖）（Structural Awards 2019, Award for Tall or Slender Structures）；

2019年第十三届中国钢结构金奖杰出工程大奖；

2019年中建集团科学技术奖一等奖；

2019—2020年度中国建筑学会科技进步奖一等奖；

2021年华夏建设科学技术奖一等奖。